戰爭史 전쟁사의 수학적 분석과 평가

승리의 조건을 찾아서

Looking for Requirements of Victory

권오정 지음

KYOWOO

이 책을 하늘에 계신 사랑하는 부모님께 바칩니다.

머리말

인간은 경쟁을 하지 않으면 안되는 존재입니다. 왜냐하면 혼자 살 수 없는 존재가 인간이기 때문입니다. 영국의 사회학자이며 철학자인 H. Spencer (1820~1903)는 "인간은 삶이 두려워 사회를 만들고 죽음이 두려워 종교를 만들었다." 라고 말하였습니다. 즉, 인간은 사회적 동물이며 사회를 구성하고 있는 인간은 자연적으로 개인, 조직, 기업, 국가 등과 같은 형태로 서로 경쟁하게 되고 경쟁을 통해 사회를 더 발전시킵니다. 현대사회에서는 경쟁을 직장에서의 개인적 승진 경쟁으로부터 스포츠에서의 승리를 위한 경쟁, 연구소에서 더 첨단화된 기술을 개발하기 위한 경쟁, 학교에서의 더 나은 교육을 제공하기 위한 경쟁, 기업간의 무한한 경쟁, 국가 이익을 지키기 위한 외교전쟁과 군사적 충돌 및 전쟁 등으로 구분할 수도 있습니다.

현대사회의 스포츠에서의 승리와 패배는 극명한 차이를 보입니다. 직장에서 개인적 경쟁에서 승리하면 승진과 이에 따른 더 높은 지위와 보수가 보장되지만 패배한 개인은 승자가 가지는 다양한 혜택을 맛보는 대신 어려운 시기를 겪게 됩니다. 프로축구, 야구, 골프 등 스포츠 종목에서 승리하는 선수와 팀은 엄청난 부와 명예를 가지게 되지만 패배하는 선수와 팀은 연봉의 삭감뿐만 아니라 팀이 해체가 되는 비운을 맛볼 수도 있습니다. 연예인의 경우에도 인기가 있는 연예인은 대중으로부터 사랑을 받고 엄청난 부와 명예를 가지게 되지만 몇 년씩 준비한 아이돌 그룹도 대중으로부터 사랑을 받지 못하면 연예계 진출과 동시에 사라지는 비운을 겪기도 합니다.

기업간 경쟁은 더 많은 사람들의 이익이 걸려있으며 승패에 따라 기업의 이익이 좌우되고 때로는 기업의 생존이 걸려있기도 합니다. 따라서 많은 기업들은 물리적 제품, 서비스 등 기업에서 생산하는 재화를 시장에서 더 많이 판매되도록 다양한 노력을 합니다. 패배한 기업은 많은 손실을 감수해야 하며 직원들의 보수나 복지에 여유를 가지기 힘들며 기업의 발전에도 많은 제약을 받을 뿐만 아니라 시장에서 사라져야 할 경우도 있습니다.

하물며 국가간 경쟁인 전쟁의 역사를 미루어 보면, 고대 국가에서도 승리한 국가는 패배한 국가의 부를 뺏고 국가가 더 발전할 수 있었는데 비해 패배한 국가는 많은 인명 손실은 물론 재산을 강탈당해 오랫동안 국민 전체가 힘든 시기를 보내고 국가가 지도에서 없어지는 경우도 많이 있었습니다.

따라서 인류는 오랜 기간 동안 각 경쟁의 시스템에서 어떻게 하면 승리할 수 있는가에 대해 많은 연구와 고민을 해 온 것이 사실입니다. 전쟁에서의 승리의 원인을 고대로부터 현대에 이르는 많은 전쟁사를 분석하여 '전쟁의 원칙'을 도출하였습니다. 전쟁의 원칙은 목표의 원칙, 공세의 원칙, 집중의 원칙, 병력절약의 원칙, 기동의 원칙, 지휘통일의 원칙, 경계의 원칙, 기습의 원칙, 간명의 원칙 등입니다. 이렇듯 전쟁을 큰 틀에서 분석하여 승리의 요인을 핵심적으로 정리하여 전략과 전술에 적용하고자 많은 노력을 해 왔습니다.

20 세기에 들어와서는 많은 군사사상가 및 과학자들이 수학적인 방법으로 전쟁을 분석하여 승리의 요인을 찾고자 하는 노력을 경주하였습니다. 그 대표적인 방법론이 Lanchester 미분방정식을 이용한 다양한 Lanchester Equation 입니다. Lanchester Equation 은 앞에서 설명한 전쟁의 원칙을 일부 설명 가능하며 수학적으로 전투를 Modeling 하여 전쟁과 전투를 수학적으로 해석하고 이해하는데 기여했을 뿐만 아니라 이를 바탕으로 만든 Wargame 모델로 다시 군사력 건설을 하는 순환 구조로 20 세기 후반과 21 세기에 활발하게 연구되고 있습니다.

또 하나의 승리의 조건을 찾는 접근법은 Game Theory 로서 상호 의존적인 의사결정에 관한 이론이며 이를 이용하여 전쟁 또는 경쟁관계를 Game 관점에서 해석하고 이를 수학적 방법으로 해결합니다. 일반적으로 Game 이란 효용 극대화를 추구하는 행위자들이 일정한 전략을 가지고 최고의 보상을 얻기 위해 벌이는 행위를 말합니다. Game Theory 는 사회 과학, 특히 경제학에서 활용되는 응용 수학의 한 분야이며, 생물학, 정치학, 컴퓨터 공학, 철학에서도 많이 사용되며 참가자들이 상호작용하면서 변화해 가는 상황을 이해하는 데 도움을 주고, 그 상호작용이 어떻게 전개될 것인지, 매 순간 어떻게 행동하는 것이 더 이득이 되는지를 수학적으로 분석할 수 있습니다.

승리의 요인과 조건을 찾아 수학적으로 분석한 인류의 먼 여정은 이제 2016 년을 맞이하여 새로운 전기를 마련하고 있는데 그 대표적인 접근법이 인공지능이라고 생각합니다. 2016 년 우리는 Deep Learning 을 기반으로 만들어진 AlphaGo 가 이세돌 9 단을 4 대 1 로 이기는 것을 목격하였습니다. 바둑에서만큼은 기계가 인간을 이길 수 없을 것이라는 믿음이 사라진 것입니다. 왜냐하면 바둑의 수는 우주의 원자의 수보다도 더 많으므로 기계가 슈퍼컴퓨터와 같은 인간의 뇌를 이길 수는 없을 것으로 생각되었기 때문입니다. 그러나 대국에서 인간의 대표인 이세돌 9 단이 AlphaGo 에게 패배함으로써 Machine Learning 에 대한 아이디어가 화두가 되었고 이제껏 인간이 보지 못했던 새로운 방법론을 보게 된 것입니다.

앞으로 경쟁관계에 있어서 승리의 요인과 조건을 찾는 문제는 어쩌면 인공지능이 더 잘 찾을 수도 있습니다. 그러나 인공지능을 구현한 Deep Learning 의 방법론은 알고 있지만 어떻게 인공지능이 승리의 수를 찾을 수 있었는지는 인간은 완전히 알지 못합니다. 2017 년 12 월에는 Supervised Learning 이 아닌 규칙만 가르쳐 주고 그 규칙에 따라 스스로 바둑을 공부한 AlphaGo Zero 가 Supervised Learning 으로 학습한 AlphaGo 를 모두 이겼다고 AlphaGo 를 만든 DeepMind 사가 발표하였습니다. 이렇듯 앞으로의 경쟁에서의 승리의 조건은 또 다른 국면으로 전환한 것이라고 생각됩니다.

이 책은 2016 년부터 'KAIST 산업 및 시스템 공학과' 초빙교수로 재직하면서 강의한 '무기체계 분석' 과목 중 일부를 정리한 것입니다. 무기체계 분석은 무기체계의 발전사, 전략과 무기체계의 관계, 무기체계의 구조와 능력, 무기와 표적의 할당, 무기체계의 신뢰도·가용도·정비도, 전투 Modeling & Simulation(M&S), 강내외 탄도학 등 다양한 분야를 다루는 학문입니다. 이 중 수학적 전투 Modeling 분야의 각종 서적과 논문을 요약하여 관심있는 군사학 관계자들과 후학들이 쉽게 이 분야를 공부할 수 있도록 요약하였습니다. 이 책을 저술하면서 수학적 전투 Modeling 에 관심이 있는 후학들에게 방법론의 정수를 쉽게 이해시키기 위해 많은 예제를 포함하였습니다. 이 책은 국방관련 대학 및 대학원의 교재, 방위산업 기업, 국방관련 연구소, 합참 및 각군 분석기관 등에서 사용될 수 있을 것으로 생각됩니다.

수학적 전투 Modeling 은 영국의 항공공학자인 Frederick William Lanchester 가 1 차 세계대전시 공중전 분석을 기초로 한 Lanchester Equation 이 그 시초라고 할 수 있습니다. Lanchester Equation 은 전투의 해석뿐만 아니라 기업간의 경쟁, 조직간 경쟁, 스포츠에서의 경쟁, 개인간의 경쟁에서도 그 영향력을 발휘할 수 있습니다. 군사적 Domain 은 민간 Domain 의 하나의 특수한 경우라고 생각할 수밖에 없기 때문에 이러한 해석이 가능한 것입니다.

이 책의 목표는 경쟁관계에 있어서 중요한 승리의 요인을 찾아 미리 준비하고 경쟁에서 적용함으로써 승리할 수 있는 조건을 달성하는 방법론을 소개하는 데 있습니다. Lanchester Law를 설명하는 기반은 군사적 배경이지만 다른 영역으로의 해석은 독자들의 몫입니다. 군사적 영역에서 민간의 다른 영역으로의 Mapping 은 그다지 어려운 것이 아니고 간단한 아이디어와 노력으로 가능할 것으로 생각됩니다. 이 책의 일부에서도 이러한 방법을 소개하고 있습니다.

이 책이 나오기까지 많은 격려를 아끼지 않은 KAIST 신성철 총장님과 김수현 부총장님, 산업 및 시스템공학과 학과장 이태식 교수님을 비롯한 학과의 모든 교수님들께 감사의 말씀을 드립니다. 특히, 저의 박사학위 지도교수이자 은사이신 박성수 교수님께 존경의 말씀을 드리고 싶습니다. KAIST에서 초빙교수로 일할 수 있도록 기회를 준 한국연구재단 홍정의 과장님께도 감사의 말씀을 드립니다. 또한, 이 책의 교정을 맡아준 육군분석평가단 김각규 박사, 정원일 박사, 김재오 박사께도 감사의 말씀을 드립니다. 집필간 전적인 신뢰를 표시해주고 힘을 보태준 아내 장은주와 두 딸 권하진, 권예인에게도 사랑과 감사의 말을 전하고 싶습니다.

그러나 이 책은 많은 내용을 국내외 각종 도서와 논문, 인터넷으로부터 가져와 나름대로 해석하고 정리한 것이기 때문에 내용적으로 완벽하지 않을 뿐만 아니라 많은 오류가 있을 수도 있습니다. 독자들께서 오류를 지적해 주시면 부족한 부분은 향후 개정판을 통하여 발전시키고 더 많은 전투에 대한 수학적 분석과 승리의 조건을 추가하여 발전시켜 나갈 것을 약속드립니다.

2019. 1. 4　KAIST에서　권오정

목 차

제 1장. 피할 수 없는 경쟁과 전쟁

인간의 행위 중에서 가장 예측하기 힘든 것이 무엇일까? 미래의 결과를 현재의 상태를 보고 결정하고자 하는 욕망은 인간의 오랜 숙원이자 기대였다. 불확실한 미래에 대한 두려움으로 고대에서는 점성술이 발달되었고 주역, 관상, 궁합, 풍수지리학, 토정비결과 같은 것들이 출현하게 되었다. 이러한 점성술을 기반으로 하는 예측방법은 과학적이고 통계적인 방법이라기 보다는 동양사상의 한 축과 연결된 신비로운 영역에 속하며 과학의 증명을 받지 않은 직관적 학문이다.

과학기술의 발달로 과거와 현재의 데이터에 의존하여 미래를 예측하고자 하는 Forecasting Theory, Regression Analysis, Game Theory, Artificial Intelligence 와 같은 이론들이 발달되었다. Forecasting 은 Time Series 데이터에 근거해 미래의 데이터를 예측하는 방법이며 Regression Analysis 는 과거의 데이터에 근거해 미래의 데이터의 인과관계를 예측하거나 관찰된 연속형 변수들에 대해 두 변수 사이의 모형을 구한 뒤 적합도를 측정해 내는 분석 방법이다. Regression Analysis 은 시간에 따라 변화하는 데이터나 어떤 영향, 가설적 실험, 인과 관계의 Modeling 등의 통계적 예측에 이용될 수 있다.

Game Theory 는 상호 의존적인 의사 결정에 관한 이론이다. Game 이란 효용 극대화를 추구하는 행위자들이 일정한 전략을 가지고 최고의 보상을 얻기 위해 벌이는 행위를 말한다. Game Theory 는 사회 과학, 특히 경제학에서 활용되는 응용 수학의 한 분야이며, 생물학, 정치학, 컴퓨터 공학, 철학에서도 많이 사용된다. Game Theory 는 참가자들이 상호작용하면서 변화해 가는 상황을 이해하는 데 도움을 주고, 그 상호작용이 어떻게 전개될 것인지, 매 순간 어떻게 행동하는 것이 더 이득이 되는지를 수학적으로 분석해 준다.

미래 예측에 Artificial Intelligence 은 지도학습이나 비지도학습과 같은 방법 또는 강화학습과 같은 방법으로 미래에 발생할 일들을 예측하고 있다. 2016 년 AlphaGO 와 이세돌 9 단과의 바둑 대결에서 AlphaGo 는 일반적으로 통용되지 않은 수를 두어 많은 바둑 전문가들이 패착이라고 평가했다. 그러나 그 수가 대국이 끝나고 난 후 신의 한 수로 받아들여진 경우도 있다.

영화 Minority Report 에서는 예언자가 꿈에서 본 미래의 범죄 현장이 스크린에 그대로 재현되는 장면이 나온다. 경찰은 이 영상을 보고 잠재적인 범죄자를 체포한다. 미국 MIT 컴퓨터과학과 인공지능 연구소의 Antonio Torralba 교수와 Carl Vondrick 연구원은 2016 년 12 월 Spain Barcelona 에서 열린 신경정보처리시스템 국제학회에서 사진을 보여주면 그 다음 장면을 예측해 영상을 만들어내는 인공지능을 개발했다고 밝혔다. 이를테면 인공지능이 골프장에 서 있는 사람의 사진을 보고 그린의 깃대 쪽으로 걸어가는 영상을 만들고, 아기의 울먹이는 듯한 모습의 사진을 보고 얼굴을 찡그리는 영상을 제시하고 바닷가 사진을 보여주면 파도가 치는 풍경을 만들어내고 식이다. 연구진은 골프코스, 해변, 기차역, 병원, 어린 아이 등으로 구성된 주요장면을 두 개의 신경망 인공지능에 200 만 개의 동영상을 5,000 시간 동안 보여주면서 집중적으로 학습시켰다 그 결과 Machine Learning System 은 사진을 통해 다음 모습을 예측해 동영상으로 만들어 냈다. 영국 과학잡지 Newscientist는 이 시스템이 만들어낸 동영상은 길이가 1~2 초 정도로 짧았고 화질도 아주 선명하지 못했으나 주어진 장면에서 도출할 수 있는 미래 영상을 정확하게 보여줬다고 밝혔다.

이 기술은 두 개의 신경망이 서로 경쟁하듯 학습하는 '적대적 학습' Machine Learning 기술을 기반으로 했다. 하나의 신경망은 사진을 보고 미래를 보여주는 동영상을 만들어 내고, 다른 하나는 실제 이미지와 생성된 동영상을 구별해 맞는 지 판단한다. 이 Algorithm은 향후 보안 전략이나 자율주행자동차 등에도 적용할 수 있다. 예를 들어, 보안 카메라에 찍힌 사람의 이미지를 보고 다음 동작을 예측해 동영상을 만들 수 있는 식이다. Carl Vondrick는 이 기술이 향후 도우미 로봇이 장애물을 피하거나 움직이는 데 도움을 줄 수도 있다고 밝혔다.

그러나 여전히 미래는 인간의 능력 밖에 위치한 영역에 속하며 불확실한 미래에 대한 두려움은 여전히 인간을 지배하고 있다. 주식시장에서 미래에 대한 잘못된 예측은 투자자들의 많은 재산의 손실과 기업의 생존을 결정하기도 한다. 주식시장도 수많은 변수들이 작용되어 하나의 결과를 도출하는 것이므로 기업의 진정한 가치에 의해 주가가 평가되지만 많은 가짜 소식에 의해서도 주가가 출렁거리기도 한다. 일반적으로 정확한 주가를 예측하는 것은 사실상 불가능하다. 미래의 정확한 주가 예측이 가능하다면 수많은 사람들이 억만장자가 되어 있을 것이지만 현실적으로 그렇지 않은 것을 보면 주가 예측은 쉽지 않다는 것을 말해 준다.

경영에서의 미래 예측 역시 기업의 성공과 발전에 영향을 미치는 것임에 틀림없다. 미래 소비자의 요구에 부합하는 제품과 서비스를 창출하여야 기업은 무한 경쟁속에서 살아 남을 수 있다. 미래 시장의 기대에 부응하지 못하면 기업은 도태될 가능성이 높아진다. 스포츠에서도 승패의 결과에 따라 수많은 후원사와 감독, 선수들의 운명이 결정되며 팬들의 환호와 실망이 교차된다. 현대의 스포츠는 단순한 게임 수준이 아니라 국민의 사기를 올리기도 하지만 정권의 인기와 영향이 있기도 하다. 승리하는 감독과 선수는 명예와 부를 한꺼번에 움켜 잡지만 패배하는 감독과 선수는 빛도 없이 무대에서 사라져야 하는 것이다.

인간의 행위 중에서 가장 예측이 힘들고 그 결과가 치명적인 것은 전쟁과 전투에 관한 것이다. 주가예측의 실패는 투자자의 손실과 기업의 생존에 국한되고 경영에서의 예측실패는 기업의 성패에 국한되고 스포츠에서의 예측 실패는 감독과 선수의 실패에 국한되지만 전쟁과 전투의 예측 실패는 한 국가의 생존에 관련된 문제이고 수많은 생명들이 살상되는 문제이다. 전쟁의 패배는 장기간 수많은 국민들에게 고통을 강요한다. 인간의 역사에서 전쟁의 그늘에서 벗어난 적은 한번도 없다. 고대에서부터 바로 지금 이 순간까지 전쟁은 늘 인간과 함께 있어 왔고 전쟁을 통해 수많은 고통과 절망을 강요해 왔다. 무기를 동원한 전쟁은 아니더라도 인간은 늘 생존 경쟁에서 헤어날 수 없다. 다른 경쟁자와 비교하여 상대적 우위를 달성해야 직장에서 승진할 수 있을 뿐만 아니라 기업은 발전할 수 있고 생존할 수 있다.

그러므로 어떤 방법을 사용해야 승리의 조건을 만들 수 있는 지를 판단하는 것은 대단히 중요한 가치를 가지는 의사결정문제이다. 내가 가진 자원을 가지고 상대방을 이길 수 있는 방법은 무엇인가? 어떻게 불리한 여건을 극복하고 승리할 것인가? 이러한 관점에서 전쟁과 전투의 승리의 조건을 분석하여 활용하고 평시 군사력 건설시 이를 기반으로 활용한다면 미래 전쟁과 전투에서 승리할 가능성을 높일 수 있을 것이다. 나아가서 승리의 조건을 가지고 현재의 군사력을 평가하고 비교하여 어떤 분야에 자원을 더 투자해야 하는지 분석해야 한다.

이 책은 인간의 행위 중에서 가장 예측하기 힘든 전투의 승리 조건을 분석하여 미래 전투에 대비할 수 있도록 하며 평시 군사력 건설의 기반으로 삼기 위해 여러 가지 승리의 조건과 전쟁사를 분석하여 그 논리의 타당성을 분석할 것이다. 전투에서의 승리의 조건은 단순히 군사 분야에 국한되지 않고 적용 영역을 민간영역으로 Mapping 시키면 주식시장과 기업, 스포츠, 개인 경쟁 분야에서도 활용 가능하다. 왜냐하면 모든 인간의 행위는 공통된 영역이 존재하며 특별한 영역을 위한 몇 가지 조건을 해당 영역에 맞게 조정하면 다른 분야에서도 활용 가능하기 때문이다. 이런 의미에서 군사 분야에서 시작된 승리의 조건을 따지는 학문이 민간 분야로 확대 적용되는 것은 융합의 의미를 가진다. 현대의 학문적 Trend 인 융합 즉 Convergence 는 모든 분야의 학문적 성과가 다른 분야에서도 활용 가능하고 융합된 학문적 성과 달성이 일반적으로 개별 학문 결과보다 훨씬 더 큰 성과를 낸다. 마찬가지로 군사적 방법에서 시작한 승리의 조건이 다른 영역에 적용되면 더 큰 성과를 낼 수 있고 이 책에서 이야기하는 군사적 승리의 조건이 기업과 개인적인 다양한 전쟁의 영역에서 승리를 도출하는 융합이 달성될 수 있을 것이다.

제 2장. 전투의 수학적 해석 기원

2.1 고대의 전투 해석

중국 춘추시대 오나라 병법가 손자(孫子)는 그의 저서 손자병법(孫子兵法) 第一[始計篇]에서 다음과 같이 전쟁에 대해 갈파하고 있다.

> 전쟁이라는 것은 나라의 중대한 일이므로, 이해와 득실을 충분히 검토하고 시작하지 않으면 안된다. 우선 나와 상대방의 우열을 분석하고, 이길 수 있는지 없는지를 분간할 일이다. 이때, 판단의 기준으로 삼을 것은 도道, 천天, 지地, 장將, 법法의 5 가지 조건이다.
>
> 이들 조건을 비교, 검토하여 승산이 있으면 싸울것이요, 승산이 없다고 생각되면 싸움을 피할 일이다. 승산이 없이 전쟁을 시작하는 것은 어리석기 그지없다.
>
> 일단 전쟁에 임하면 반드시 이기지 않으면 안 된다. 이기기 위하여는 전쟁의 본질을 파악해야 한다. 전쟁은 시종 속임수이다. 어떻게 상대의 허를 찌를 것인가, 이것이 승패의 갈림길이다.
>
> "전쟁은 나라의 중대한 일이다. 국민의 생사와 국가의 존망이 걸려 있다. 그러므로 신중하게 검토하지 않으면 안 된다. "
>
> 즉, 전쟁을 즐겨하는 장군치고 큰 인물이 없다. 옛부터 명군이요 명장이라는 사람들은 모두가 군사행동을 신중히 하고 있다. 손자는 싸워서 이기는 것은 최하책이요 싸우지 않고 이기는 것은 최상책이라고 하였다

손자병법에서도 전쟁의 승패를 미리 예측해 보면 이길 수 있는 가능성이 높아진다고 말하고 있다. 전쟁전 승패를 예측하는 것은 고대에서는 쉬운 일은 아니었을 것이다. 따라서 고대에서 주로 수행했던 방법은 적과 아군의 전력을 비교하는 것이다. 그러나 현대에서도 정확한 적 정보를 얻기 어려운 것인데 고대에서는 더욱 더 힘들었을 것이다. 적 정보를 가지고 있다고 해도 적과 아군의 전력을 비교하는 것은 단순한 보병의 수나 기병의 수 정도였을 것이다. 현대와 같이 적과 아군의 부대구조, 무기체계, 지휘관의 능력, 병력수, 부대수, 지휘통제통신 능력,

지형의 유리와 불리점, 기상의 영향 등과 같이 종합적으로 분석하는 체계는 갖추어져 있지 않았을 것이다. 그러나 고대에서도 적과 아군의 전력을 비교해 미리 비교 분석해 보고 전쟁에 나가길 병법서에서 이야기하고 있다.

> 夫未戰而廟算勝者, 得算多也. 未戰而廟算不勝者, 得算少也.
> (부미전이묘산승자, 득산다야. 미전이묘산불승자, 득산소야)
>
> 전쟁은 시작하기 전에 최고작전회의에서 적과 아군의 전력을 비교 계산해야 한다. 승리할 자는 승산이 많은 것이다. 전쟁은 시작하기 전에 전력을 비교해서 승리할 수 없는 자는 승산이 적은 것이다.
>
> 多算勝, 少算不勝, 而況於無算乎. 吾以此觀之, 勝負見矣.
>
> (다산승, 소산불승, 이황어무산호. 오이차관지, 승부견의)
>
> 승산이 많은 자는 승리하고, 승산이 적은 자는 승리하지 못한다. 하물며 검토를 아니하는 자는 말해 무엇하랴. 나는 이것으로써 전쟁의 승부를 미리 알 수 있다.

그림 2.1 손자와 손자병법

2.2 근현대의 전투 해석

Koenigspiel 은 1664 년 독일 Ulm 에서 Christopher Weikhmann 에 의해 발명된 초기 Wargame 기구이다. Koenigspiel 은 30 개의 말과 큰 판을 가지고 있는 커다란 Chess 와 같은 모습을 가지고 있었다. 1780 년 독일의 C.L. Helwig 박사는 Koenigspiel 을 더 정교하게 발전시켰다. Helwig 는 200 개의 특별한 말과 1,666 개의 정방형 사각형의 판을 고안하였으며 그 이후 Koenigspiel 은 전 유럽으로 전파되었다.

1780~1824 년 사이에 Wargame 은 몇 가지 발전을 하게 되는데 이러한 발전의 대부분은 1824 년 프러시아의 Von Reisswitz 중위에 의해서이다. Von Reisswitzsms 그의 아버지에 의해 발명된 Wargame 을 발전시키고 수정하였으며 'Instructions for the Representation of Tactical Maneuvers under the Guise of a Wargame' 이라는 책을 출판하였다. Koenigspiel 은 특정한 제한사항 속에서 Chess 와 같은 형태로 부대가 전진하는 모습으로 훈련을 지원하여 독일군의 훈련과 연습을 위한 중요한 요소가 되었다. Koenigspiel 은 또한 군사경험의 기반위에서 전투를 위한 의사결정을 지원할 수 있어서 독일군에서 광범위하게 사용되었다.

Wargame 의 역사를 살펴보면 전쟁 체스(1780 년), 군사학교 Wargame(1797 년), 미 해군 대학 Wargame(1886 년), 미 해군 Wargame(1903 년), Lanchester 법칙의 발견(1916 년), 정치-군사 게임(1929 년), 일본군 Wargame(1941 년), Game 이론 개발(1943 년), Mote Carlo Simulation(1949 년), IDAHEX 모델 개발(1976 년), Janus 모델 개발(1978 년), 합동 연습 모의체계 개발(1982 년), 해군 Wargame 체계 개발(1985 년), 방공모의체계 개발(1986 년), ModSAF 모델 개발(1990 년), OneSAF 모델 개발(2001 년)로 이어지고 있다.

20 세기에 들어와서 전쟁을 수학적으로 해석하고자 하는 시도가 시작되었다. 수학적 전투모형은 수학적인 방법으로 전투현상을 Modeling 하고 해석하는 학문이다. 앞에서 언급한 것과 같이 전쟁은 이 세상에서 가장 해석하기 어려운 인간의 행위이다. 전투는 2 개 집단이 쌍방간 적대행위를 하는 행동으로 부대의 규모가 클수록, 제대가 복잡할수록 해석하는 것이 어려워진다. 전쟁 및 전투는 전략, 전술, 부대 규모, 부대 편제, 무기체계의 양과 질, 지형, 기상, C4I 의 능력, 정보수집 능력, 작전계획의

유효성, 적의 의도, 전투원의 의지, 사기, 군기, 단결력, 정신력 등 수 많은 요소들이 반영되어 승패가 결정된다. 따라서 이러한 요소들을 수학적으로 Modeling 하고 해석하는 것은 현대의 수학적 성과로도 상당히 어려운 일이다.

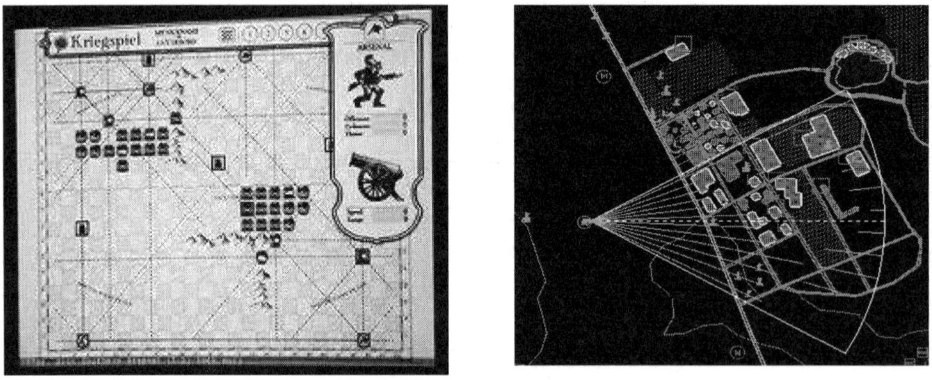

그림 2.2 Koenigspiel과 JANUS 모델

그러나 전투의 핵심요소를 잘 선정하고 통제가능한 요소로 구분해 낸 다음 적절한 모습으로 Modeling 하여 해석하고 점차 확대시켜 나간다면 궁극적으로 전투행위 자체를 해석할 수 있고 전투결과를 예측할 수 있다. Modeling 이라는 것이 현실을 적절한 수준에서 흉내내어 그리는 것이며 Model을 기초로 시간적 흐름속에서 사건을 진행시켜 나가서 요망하는 결과를 예측하는 것이 Simulation 이다. 이러한 시도는 많은 수학자들과 공학자들의 관심사였고 많은 성공을 거두었다. 전투를 예측할 수 있어야 예측된 결과를 바탕으로 작전계획을 수립하고 평시 군사력 건설을 할 수 있는 것이다. 전투결과를 모르는 상태에서 경험과 직관 만으로 부대를 운영하고 군사력을 건설하는 것은 상당한 위험을 초래할 가능성이 많은 것이다.

수학적 전투모형에서 우리가 알고 싶은 것은 Blue Force 와 Red Force 중 어느 측이 승리할 것인가? 한측이 승리했을 때 나머지 한측의 잔여 전투력은 얼마인가? 전투력의 지속 시간은 얼마인가? 한측이 다른 한측의 전투력의 몇 배가 되는 시간은 언제인가 등이다. 또한, 이를 바탕으로 어떻게 전투력을 운용했을 때 승리를 할 수 있는가 하는 전법 개발이다. 동일한 부대와 전투장비, 탄약, 지형, 기상을 가지고 동일한 규모의 적을 상대로 하더라도 어떻게 작전계획을 수립하고 작전을 진행시키는 것이 승리할 수 있는 것인가는 많은 군사가들의 궁극적 관심사이다. 이러한 질문에 수학적 분석과 해석은 군사가들에게 많은 직관과 합리적 선택을 하게 할 것이다.

전투모형은 Lanchester 모형뿐만 아니라 Epstein, Osipov 등 많은 모형이 있지만 이 책에서는 가장 대표적인 Lanchester 전투모형에 대해 알아보고 그 이외의 모형들은 소개 위주로 기술하고자 한다. 그리고 Iwo Jima 전투, Kursk 전투, Ardennes 전투, 인천-서울 전투, 명량 해전, 미국 남북전쟁, Napoleon 의 Russia 원정 등을 대상으로 Lanchester 전투모형을 적용하여 실제 전투와 이론간의 일치성과 간극을 확인하고자 한다. 이 책은 이러한 이론과 전쟁사 분석을 바탕으로 로봇과 드론, Artificial Intelligence 가 전장을 지배하여 첨단과학기술로 전장을 가시화하고 모든 체계가 Networking 하는 미래의 전장을 묘사하는 새로운 전투 Modeling 방법에 대해 고민하는 계기를 마련하고자 한다.

제 3장. Deterministic Lanchester 전투모형

3.1 개요

1차 세계대전은 항공기가 전장에 처음으로 등장한 전쟁이다. 1914년 영국의 항공공학자인 Frederick William Lanchester는 1차 세계대전의 공중전 결과를 분석하여 Lanchester 법칙을 발표하였다. Lanchester는 과학자, 발명가, 항공이론가이며 항공기 엔진 설계에 참여했으므로 특별히 공중전의 결과를 예측하는데 관심이 많았다. 1914년 1차 세계대전 이전에 공학저널에 공중전에 관련된 몇 편의 논문을 발표하였다. 1916년에는 이러한 논문을 모아 'Aircraft in Warfare: the Dawn of the Fourth Arm' 이라는 제목으로 책으로 발간하기도 했다. 이 책에는 Lanchester Square Law라고 알려진 미분방정식을 묘사한 부분이 포함되어 있다.

Lanchester의 관심은 피아 생존율과 손실에 관한 것이었다. 공중전 사례를 분석하던 Lanchester는 아주 특이한 사실 하나를 발견했는데 잔여 생존 전력의 문제였다. Dover 해협을 사이에 두고 영국군 전투기와 독일군 전투기 사이의 공중전에서 상식에 어긋나는 전투결과를 보고 그는 새로운 직관에 눈을 떴다. 예를 들어 같은 성능을 가진 영국군 전투기 10대와 독일군 전투기 8대가 끝까지 전투를 한다면 상식적으로는 영국군 전투기 2대가 생존해야 한다고 생각된다. 그러나 1차 세계대전의 공중전 결과는 더 많은 영국군 전투기가 생존했다. 처음에는 조종사 개개인의 능력이나 전투기량의 결과가 아닐까 하는 생각을 하기도 했으나 그렇게 단정하기는 너무 많은 사례들이 상식의 밖에 있었다. 수학과 확률이론에 해박했던 Lanchester는 새로운 직관을 동원하여 그의 이론을 펼치기 시작했다.

그림 3.1은 Lanchester 이론을 개발한 F. W. Lanchester와 Lanchester 전투모형의 시발점인 1차 세계대전 공중전을 나타낸다. Lanchester가 주장한 Square Law에서는 현대전의 장거리를 운용하는 무기는 전투의 본질을 극적으로 변화시킬 수 있는 능력이 있다고 제시하였다. Lanchester 법칙은 전투에 대한 해석뿐만 아니라 1960년대 경영학의 주요 원리로 부각되어 한정된 자본을 어디에 투자하여 경쟁사보다 효율적인 수익을 창출할 것인가? 라는 문제에 적용되었다.

Lanchester 법칙의 한계는 실제 전투에서 중요시되는 지형, 기상, 전술, 전략, 지휘관 의도, 사기, 군기, 정신력 등은 묘사되지 않는다. 그러나 전투력을 평가하고 전투결과를 과학적으로 분석하는 데는 아주 우수한 직관력과 영감을 줄 수 있는 유용한 수단이며 무형의 요소들도 Lanchester 법칙에 포함하고자 하는 노력들이 진행되고 있다.

그림 3.1 F. W. Lanchester와 Lanchester 전투모형의 시발점 1차 세계대전 공중전

Lanchester 모형은 Homogeneous 모형과 Heterogeneous 모형으로 구분한다. 두 모형 모두 손실률, 소모율, 피해율, 전투효율 등을 기본으로 한다. Homogenous 모형은 부대의 전투력을 단일 Scalar로 표현한다. 교전하는 부대들이 같은 무기효과를 가지고 있다고 간주한다. 반면 Heterogeneous 모형은 손실률은 무기와 표적 형태, 그리고 다른 변동 요인들로 평가된다.

그림 3.2는 전투의 절차와 전투소모 판단 절차를 도식화한 것이다. 전투는 적을 탐지하고 식별하여 표적을 타격하는 것을 결심하고 부대를 이동시키거나 화력으로 표적을 공격한다. 이러한 일련의 절차의 가운데 표적획득과 교전결심, 표적 선정을 한 다음, 공격하고 피해평가를 한 다음 표적을 적절한 수준에서 파괴하였으면 공격을 종결하고 추가적 타격이 필요시 다시 재타격하는 절차를 반복함으로써 소모와 피해가 발생하게 된다.

3.1.1 Homogenous Lanchester 모형

Homogenous Lanchester는 부대가 가진 무기체계가 동질적인 것을 의미한다. 즉, 소총만으로 편성되어 있다든지 전차로만 구성되어 있다든지 하는 형태이다. Homogenous Lanchester 모형은 학문적 모형이며 고대 전투를 검토하는데 유용하고 현대전에는 적합한 모형이 아니다. 이러한 Homogenous Lanchester 모형은 현실적으로는 소규모 부대에 대해 적용할 수 있지만 여러 무기체계 형태를 다 보유하고 있는 부대에 대해서는 비현실적이다. 그러나 계산상 편의를 위해 여러 무기체계를 보유하고 있는 부대를 무기체계 지수 방법 등 Weapon Scoring 방법을 사용하여 Homogenous Lanchester 모형으로 간주하여 분석하는 방법도 많이 사용하고 있다. Weapon Scoring 방법은 각 무기체계가 가지고 있는 가중치와 수량을 근거로 점수화하여 Heterogenous 부대를 Homogenous한 부대로 표현하는 것을 의미한다.

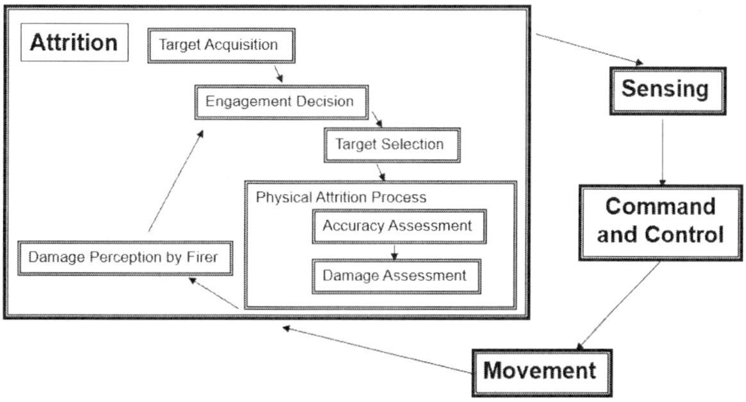

그림 3.2 전투의 절차와 전투소모 판단 절차

3.1.2 Heterogenous Lanchester 모형

Heterogenous Lanchester 모형은 여러 가지 형태의 무기체계를 보유하고 있는 여러 부대가 하나의 전투 단위를 구성하고 있을 때 전투를 모형화하기 위해 사용하는 방법이다. 이러한 형태의 모형은 Homogenous Lanchester 모형에 비해 복잡한 계산을 요구한다.

Heterogeneous 모형에서 살상률은 공격하는 모든 체계의 살상의 Summation Function으로 묘사한다. 여기서 가정하는 것은 여러 체계들의 공격의 Synergy 효과는 없다는 것이다. Synergy 효과를 묘사하는 것은 상당히 어려운 문제이어서 별도의 다른 방법론을 적용해야 한다. 또 다른 가정은 다수의 체계로부터 공격을 당해 살상 또는 피해를 입는 체계는 여러 공격을 하는 무기체계의 수에 비례하는 손실률 또는 살상률을 적용한다. Heterogenous 모형을 해결하는 특별한 공식이 없고 여러 가지 수학적 방법을 동원하여 해결하여야 한다. Heterogeneous 모형은 현대전에 더 적합하며 직접사격, 간접사격, 공대지 사격, 지대공 사격, 공대공 사격, 지뢰지대 등 분리된 알고리듬에 의해 모형화 되고 결합되기도 한다. Heterogeneous 모형안에서는 상대방 전력의 강도, FEBA(Forward Edge of Battle Area: 전투지역전단), 지휘부의 의사결정, 훈련, 군기, 지휘 통솔력, 사기, 지형, 무기체계 능력, 기갑부대 능력 등을 고려하는 직간접적 절차를 가지고 있어야 한다.

3.1.3 전투의 수학적 해석

Lanchester 법칙을 설명하기 전에 아주 간단한 전투 상황을 살펴보자. 50척의 함정과 200대의 항공기가 교전한다고 가정한다. 함정이 항공기를 요격할 확률은 50%이며 항공기가 함정을 격침시킬 확률은 5%이다. 이 때 1차 교전 후 잔여 함정과 항공기 수는 다음과 같다.

함정: 50 척 – (200 기 × 0.05) 척 = 40 척

항공기: 200 기 – (50 척 × 0.5) 기= 175 기

2차 교전 후 잔여 함정과 항공기 수는 다음과 같이 계산할 수 있다.

함정: 40 척 – (175 기 × 0.05) 척 = 31.25 척

항공기: 175 기– (40 척 × 0.5) 기 = 155 기

이런 식으로 함정이나 항공기가 소멸될 때까지 진행시켜 보면 어느 측이 승리하는지 알 수 있다. 표 3.1과 같이 7차 교전 후 함정은 소멸되는 것을 알 수 있고 항공기는 112.19 기가 살아 남는다는 것을 알 수 있다. 이러한 예는 지극히 단순한 전투의 수학적 Modeling이다. 그러나 이 예는 앞으로 설명할 수학적 전투 Modeling을 설명하는 가장 기본적인 바탕이 된다.

표 3.1 교전 후 잔여 함정 및 항공기 수

피해율	0.50	0.05
전투 수행 주체	함정	항공기
최초 수량	50.00	200.00
1차 교전후 수량	40.00	175.00
2차 교전후 수량	31.25	155.00
3차 교전후 수량	23.50	139.38
4차 교전후 수량	16.53	127.63
5차 교전후 수량	10.15	119.36
6차 교전후 수량	4.18	114.28
7차 교전후 수량	−1.53	112.19

전투행위를 묘사하는 또다른 가정을 세워 전투행위를 묘사해 보자. Blue Force는 100명의 전투원으로 구성되어 있고 Red Force는 90명으로 구성되어 있다. 양측이 전투를 하는데 전투역량은 동일하며 1분당 10명이 1명을 살상할 수 있다. 이러한 경우 양측의 병력이 시간이 진행됨에 따라 어떻게 감소하는지 살펴보면 표 3.2와 같다. 최초 100명의 병력과 90명의 병력은 10명의 차이 밖에 나지 않지만 15분후에는 Blue Force는 40.45명이 생존하지만 Red Force는 1.33명만 생존하여 극명한 차이가 발생한다.

표 3.2 동일한 살상률과 최초 병력수에 따른 잔여 인원

시간(분)	Blue Force 잔여인원	Red Force 잔여인원
0	100.00	90.00
1	91.00	80.00
2	83.00	70.90
3	75.91	62.60
4	69.65	55.01
5	64.15	48.04
6	59.34	41.63
7	55.18	35.69
8	51.61	30.18
9	48.59	25.02
10	46.09	20.16
11	44.08	15.55
12	42.52	11.14
13	41.41	6.89
14	40.72	2.75
15	40.45	1.33

전투력의 질적인 차이를 비교하기 위해선 수많은 질적 요소들을 추출하고 이를 표준화 혹은 계층화해서 일괄된 기준으로 통합한 하나의 평가 체계가 요구된다. 보통 군사력을 비교할 때 최소 4가지 이상, 가능한 한 많은 조건의 수를 가정한 평가 방식, 최근 미국의 LAND 연구소 같은 곳에선 정성적 비교를 위해 중국군의 전력을 20 여 가지 정도의 질적 평가 대상을 추출함으로써 판단 요소의 누락을 막으려고 노력하는 중이다.

균형 모형 중의 하나인 비교정태 모형으로서 전력지수 비교론은 시간개념이 누락된 상태비교 방식이다. 여기에 시간이라는 도함수를 포함하면 바로 Simulation, 정성적 비교 방식이 된다. 보통 Simulation이라고 Wargame을 통해 구현되는 연산 결과들이다.

3.2 Lanchester Square Law

Lanchester Square 법칙은 Lanchester Power 법칙이라고도 불리는데 전투력의 집중 효과를 설명하는 법칙으로 해석된다. Lanchester Square 법칙은 직사화기 교전사항을 묘사한다. 피아 전투부대가 화기의 사정거리에 위치하고 상대방의 위치와 사격 후 표적의 생존여부 관측이 가능하며 표적이 무력화되면 다른 생존 표적으로 전환하여 사격하는 것으로 가정한다.

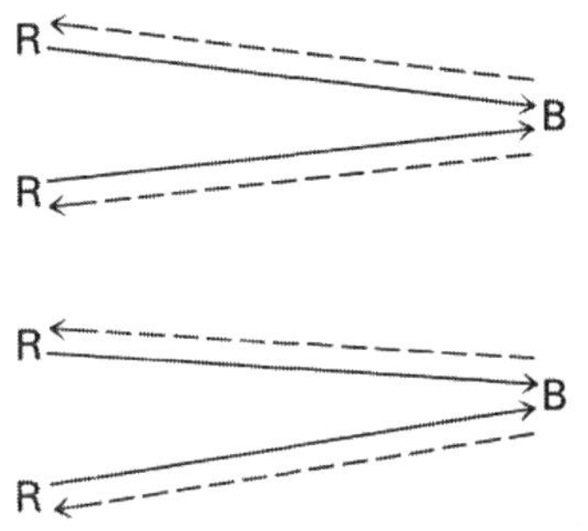

그림 3.3 Square Law에서의 화력집중 개념

그림 3.3과 같이 Red Force는 2개의 Blue Force에 대해 사격을 집중할 수 있다. 이 의미는 Red Force들은 같은 Blue Force 표적에 사격을 할 수 있다. 그림 3.4는 현대전에서 사용하는 총포류, 화포류, 항공기 등이 화력의 집중 및 분배가 용이하다는 것을 나타내고 있다.

Square Law의 점사격과 지역사격에 대해 다음과 같이 해석할 수 있다.

1. 점사격: 표적이 충분히 많거나 공격하는 전투원이 일정한 비율로 표적의 정확한 위치 확인이 아주 쉽다.
2. 지역사격: 공격하는 각 전투원이 단위 시간 동안 특정 지역 내의 모든 표적과 교전한다. 표적은 일정한 밀도를 유지하는 지역에 분산되어 있어서 표적 수를 감소시키는 것이 확보하고 있는 지역을 감소시킨다.

그림 3.4 현대전의 모습

Lanchester 법칙을 수학적으로 Modeling하기 위해 다음과 같은 Notation을 정의하자.

B: Blue Force의 전투력

R: Red Force의 전투력

$\frac{dB}{dt}$: 단위 시간 당 Blue Force의 전투력 손실량

$\frac{dR}{dt}$: 단위 시간 당 Red Force의 전투력 손실량

α : 단위 시간당 Red Force의 단위 전투력에 의한 Blue Force의 손실량으로 일반적으로 손실률로 표현

β : 단위 시간당 Blue Force의 단위 전투력에 의한 Red Force의 손실량으로 일반적으로 손실률로 표현

t : 단위 시간

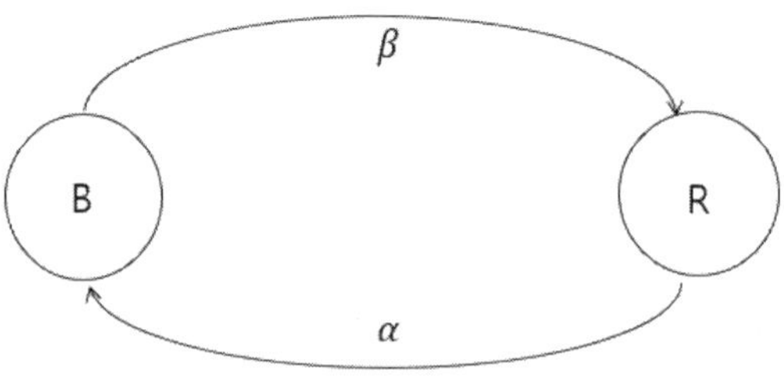

그림 3.5 Lanchester Square Law Concept Diagram

일반적으로 손실률은 소모율, 살상률, 전투효율과 같은 의미로 사용된다. 실제 이 매개변수는 무기체계, 병력, 훈련수준, 전투근무지원, 지형, 기상, 지휘통솔력, 사기, 군기 등 제 요소가 입력변수가 되는 함수이다. 그러나 여기서는 단순히 이를 종합하여 결정된 매개변수로 가정한다. 그러면 식 (3−1), (3−2)와 같은 미분방정식을 수립할 수 있다.

$$\frac{dB}{dt} = -\alpha R \qquad (3-1)$$

$$\frac{dR}{dt} = -\beta B \qquad (3-2)$$

식 (3−1), (3−2)는 Blue Force 전투력의 시간당 감소량은 Red Force의 규모와 단위 시간당 Red Force의 단위 전투력에 의한 Blue Force의 손실률의 곱에 비례한다는 것을 나타내고 있다. 반대로 Red Force 전투력의 시간당 감소량은 Blue Force의 규모와 단위 시간당 Blue Force의 단위 전투력에 의한 Red Force의 손실률의 곱에 비례한다는 것을 의미한다.

두 식의 양변을 나누면 식 (3−3)과 같다.

$$\frac{dB}{dt}\Big/\frac{dR}{dt} = -\alpha R/-\beta B \;\rightarrow\; \frac{dB}{dR} = \frac{\alpha R}{\beta B} \qquad (3-3)$$

양변을 시간에 대해 적분하면 식 (3−4)와 같다.

$$\int_{B_0}^{B} \beta B dB = \int_{R_0}^{R} \alpha R dR \qquad (3-4)$$

여기서 B_0, R_0는 각각 최초 시점의 Blue Force와 Red Force의 전투력이며 B, R은 특정 t 시점의 Blue Force와 Red Force의 전투력이다. 식 (3−4)를 풀어 보면 식 (3−5)와 같은 Square 형태의 수식이 성립한다. 따라서 이러한 전투모형을 Lanchester Square 법칙이라고 한다.

$$\beta(B_0^2 - B^2) = \alpha(R_0^2 - R^2) \qquad (3\text{–}5)$$

손실 교환율(Casualty Exchange Rate) $\frac{dB}{dR}$는 식 (3–7)과 같다.

$$\frac{dB}{dt}/\frac{dR}{dt} = -\alpha R(t)/-\beta B(t) \qquad (3\text{–}6)$$

$$\frac{dB}{dR} = \frac{\alpha R}{\beta B} \qquad (3\text{–}7)$$

소모계수율(Ratio of Attrition Coefficient)는 식 (3–8)과 같이 정의 가능하다.

$$\frac{\alpha}{\beta} = \frac{(B_0^2 - B^2)}{(R_0^2 - R^2)} \qquad (3\text{–}8)$$

3.2.1 어느 측이 승리할 것인가?

Blue Force가 최종적으로 승리하려면 식 (3–12)와 같은 조건을 만족해야 한다. 식 (3–9)~(3–11)은 식 (3–12)를 유도하는 과정이다. 왜냐하면 최종적으로 $R = 0$이 되어야 하므로 식 $\frac{\alpha}{\beta} = \frac{(B_0^2 - B^2)}{(R_0^2 - 0)}$ 을 전개하면 $\alpha/\beta = (B_0^2 - B^2)/(R_0^2 - 0)$이 되고 $\frac{B_0}{R_0} > \sqrt{\frac{\alpha}{\beta}}$ 조건이 나온다.

$$\alpha R_0^2 = \beta(B_0^2 - B^2) \qquad (3\text{–}9)$$

$$\beta B_0^2 - \alpha R_0^2 = \beta B^2 \qquad (3\text{–}10)$$

$$B^2 > 0 \rightarrow \beta B_0^2 - \alpha R_0^2 > 0 \qquad (3\text{–}11)$$

$$\frac{B_0}{R_0} > \sqrt{\frac{\alpha}{\beta}} \qquad (3\text{–}12)$$

이 때 Blue Force의 잔존 전투력 B_e는 식 (3–13)과 같다.

$${B_e}^2 = B_0^2 - \frac{\alpha}{\beta} R_0^2 \qquad (3\text{–}13)$$

양측의 승패의 원인은 초기 전투력 비율과 상대적 손실률에 의해 결정된다는 것을 알 수 있다. 동일한 방법으로 Red Force가 최종적으로 승리하려면 최종적으로 $B = 0$이 되어야 하므로 $\frac{B_0}{R_0} < \sqrt{\frac{\alpha}{\beta}}$ 조건이 나온다. 이 때 Red Force의 잔존 전투력 R_e은 식 (3-14)와 같다.

$$R_e{}^2 = R_0^2 - \frac{\beta}{\alpha} B_0^2 \qquad (3-14)$$

만약 $\beta B_0^2 = \alpha R_0^2$ 이면 t 시간의 양측 전투력 규모는 동일하며 $B\sqrt{\beta} = R\sqrt{\alpha}$ 가 성립한다.

특정 시간 t에서 Blue Force와 Red Force의 전투력 차이를 살펴보자. Lanchester Square 법칙의 공식은 앞에서 설명한 것과 같이 식 (3-15), (3-16)과 같다.

$$\beta(B_0^2 - B^2) = \alpha(R_0^2 - R^2) \qquad (3-15)$$

$$\beta B_0^2 - \beta B^2 = \alpha R_0^2 - \alpha R^2 \qquad (3-16)$$

$t > 0$에서 $B(t) = \beta B^2$, $R(t) = \alpha R^2$ 이므로 양측의 전투력 차이는 $\beta B^2 - \alpha R^2$이다. 이 전투력 차이를 시간에 대한 변화율을 구해 보면 식 (3-17)과 같다.

$$\frac{d(\beta B^2 - \alpha R^2)}{dt} = 2\beta B \frac{dB}{dt} - 2\alpha R \frac{dR}{dt} = 2\beta B(-\alpha R) - 2\alpha R(-\beta B) = 0 \qquad (3-17)$$

즉, Lanchester Square 법칙에서 전투력 차이의 변화율은 0 이므로 전투력 차이는 항상 일정하다. 이 일정한 값을 C 라 하면 $\beta B^2 - \alpha R^2 = C$가 된다. 만약 $C = 0$ 이면 $\beta B^2 = \alpha R^2$, $\sqrt{\beta}B = \sqrt{\alpha}R$ 가 된다. 그림 3.6 에서 stand off line 에 양측의 전투력이 위치하게 되면 전투결과는 어느 측도 승리하거나 패배하지 않고 비기게 된다. 만약 $C \neq 0$ 이면 Blue Force 또는 Red Force 의 유리점에 따라 쌍곡선 형태의 곡선으로 전투가 진행되고 한측이 승리하게 된다.

앞에서는 시간 t 가 연속형 변수(Continuous Variable)일 때를 가정해서 Lanchester Square 법칙을 설명했는데 t가 이산형 변수(Discrete Variable)일 때는

어떻게 해석할 수 있는지에 대해 살펴보자. t가 이산형 변수인 경우에는 식 (3-18), (3-19)와 같이 생각할 수 있다.

$$\frac{\Delta B}{\Delta t} = -\alpha R \text{ 또는 } (B_{i+1} - B_i)/(t_{i+1} - t_i) = -\alpha R \quad (3\text{-}18)$$

$$\frac{\Delta R}{\Delta t} = -\beta B \text{ 또는 } (R_{i+1} - R_i)/(t_{i+1} - t_i) = -\beta B \quad (3\text{-}19)$$

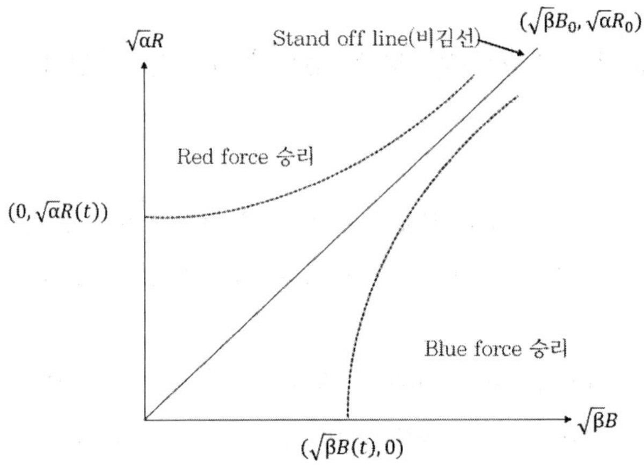

그림 3.6 Lanchester Square Law 승리 조건

여기서 $t_{i+1} - t_i = 1$로 놓아 단위 시간 구간이라고 하면 식 (3-20), (3-21)과 같은 식이 성립한다.

$$B_{i+1} = B_i - \alpha R \quad i = 0,1,2,\ldots \quad (3\text{-}20)$$

$$R_{i+1} = R_i - \beta B \quad i = 0,1,2,\ldots \quad (3\text{-}21)$$

이 식을 시간에 따라 정리하면 표 3.3 으로 생각할 수 있다.

표 3.3 이산적 시간에 따른 전투력 변화

i	t	B_i	R_i
0	t_0	B_0	R_0
1	t_1	$B_1 = B_0 - \alpha R_0$	$R_1 = R_0 - \beta B_0$
2	t_2	$B_2 = B_1 - \alpha R_1 = B_0 - \alpha R_0 - \alpha R_0 + \alpha\beta B_0 = B_0 - 2\alpha R_0 + \alpha\beta B_0$	$R_2 = R_1 - \beta B_1 = R_0 - \beta B_0 - \beta B_0 + \beta\alpha R_0 = R_0 - 2\beta B_0 + \beta\alpha R_0$
3	t_3	$B_3 = B_2 - \alpha R_2 = B_0 - 2\alpha R_0 + \alpha\beta B_0 - \alpha R_0 + \alpha 2\beta B_0 - \alpha\beta\alpha R_0 = B_0 - 3\alpha R_0 + 3\alpha\beta B_0 - \alpha^2\beta R_0$	$R_3 = R_2 - \beta B_2 = R_0 - 2\beta B_0 + \beta\alpha R_0 - \beta B_0 + \beta 2\alpha R_0 - \beta\alpha\beta B_0 = R_0 - 3\beta B_0 + 3\beta\alpha R_0 - \alpha\beta^2 B_0$
4	t_4	……….	……….

식 (3-20), (3-21)을 이용하여 $B_0 = 100$, $R_0 = 50, \alpha = 0.1$, $\beta = 0.05$인 경우 12시간 이후의 전투력 규모를 살펴 보면 $B_{12} = 68.65$, $R_{12} = 1.52$ 가 되고 $\frac{B_{12}}{R_{12}} = 45.2$가 된다.

표 3.4 전투력 변화 ($B_0 = 100$, $R_0 = 50, \alpha = 0.1$, $\beta = 0.05$)

i	t	B_i	R_i	B_i/R_i	$B_i - R_i$	$B_i + R_i$
0	t_0	100.00	50.00	2.00	50.00	150.00
1	t_1	95.00	45.00	2.11	50.00	140.00
2	t_2	90.50	40.25	2.24	50.25	130.75
3	t_3	86.43	35.78	2.42	50.75	122.21
4	t_4	83.91	31.41	2.64	51.50	114.32
…	…	…	…	…	…	…
12	t_{12}	68.65	1.52	45.20	67.13	70.17

만약 $B_0 = 100$, $R_0 = 50$, $\alpha = 0.2$, $\beta = 0.05$인 경우는 표 3.5 와 같다. 표 3.5 를 보면 $\frac{B_i}{R_i} = 2$ 로서 일정한 값을 가진다는 것을 알 수 있다. $\beta B_0^2 = \alpha R_0^2$ 인 경우이므로 어느 측도 승리할 수 없다.

표 3.5 전투력 변화 ($B_0 = 100$, $R_0 = 50$, $\alpha = 0.2$, $\beta = 0.05$)

i	t	B_i	R_i	B_i/R_i	$B_i - R_i$	$B_i + R_i$
0	t_0	100	50	2	50	150
1	t_1	92	45	2	45	135
2	t_2	81	45.5	2	40.5	121
3	t_3	72.9	36.45	2	36.5	109.3
4	t_4	65.61	32.8	2	32.8	98.4
...	...	...	...	...	...	...
12	t_{12}	...	...	...	...	...

전투손실 계수 비율을 식 (3-22)와 같이 정의하자.

$$\mu^2 = \frac{\alpha}{\beta} = \frac{B_0^2 - B^2}{R_0^2 - R^2} \qquad (3-22)$$

만약 $\mu < 1$ 이면 $\alpha < \beta$ 가 되고 R의 손실이 B의 손실보다 크기 때문에 B보다 R이 먼저 전투력을 상실한다. 반대로 만약 $\mu > 1$ 이면 $\alpha > \beta$ 가 되고 B의 손실이 R의 손실보다 크기 때문에 R보다 B가 먼저 전투력을 상실한다.

동일한 개념으로 식 (3-22)의 양변을 Log를 취하면 식 (3-23)과 같다. 식 (3-23)에서 $ln\,\mu$를 우월 매개변수(Advantage Parameter)라고 한다.

$$ln\,\mu = \frac{1}{2}(ln\alpha - ln\beta) = \frac{1}{2} ln\,(\frac{B_0^2 - B^2}{R_0^2 - R^2}) \qquad (3-23)$$

만약 $ln\,\mu < 0$ 이면 R의 손실이 B의 손실보다 크기 때문에 B보다 R이 먼저 전투력을 상실한다. 반대로 $ln\,\mu > 0$ 이면 B의 손실이 R의 손실보다 크기 때문에 R보다 B가 먼저 전투력을 상실한다.

표 3.6은 Blue Force와 Red Force의 최초 전투력과 전투효율을 나타내고 있다.

표 3.6 Blue Force와 Red Force의 최초 전투력과 살상률

구분	Blue Force	Red Force
Force Level	18,000	15,000
살상률(명/일)	0.02	0.04

이러한 경우 Blue Force 와 Red Force 의 시간에 따른 전투력 감소는 그림 3.7 과 같다. Red Force 가 Blue Force 보다 2 배의 전투효율을 가진 경우 Red Force 가 최초 전투력의 열세에도 불구하고 승리한다.

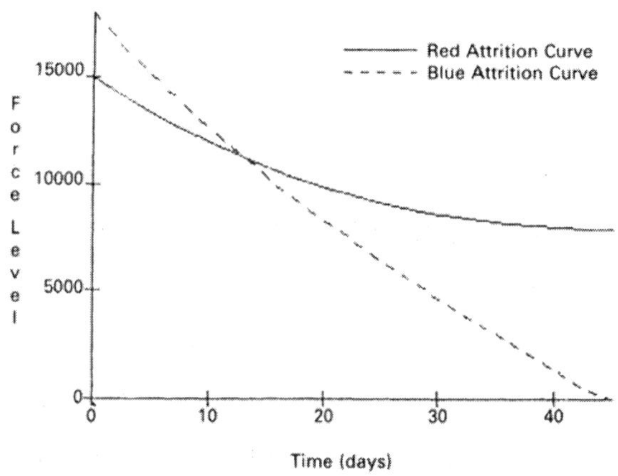

B=18,000, Red =15,000, $\alpha = 0.04$, $\beta = 0.02$

그림 3.7 전투력 변화

식 (3-24)를 통해 Blue Force 와 Red Force 전력이 여러 상황에서 어떻게 변화하는지 알아보자. Lanchester Squrae Law 는 식 (3-24)와 같다.

$$\frac{dB}{dt} = -\alpha R, \quad \frac{dR}{dt} = -\beta B \qquad (3-24)$$

그림 3.8에서 보는 것과 같이 Blue Force의 최초 전투력은 30, Red Force의 최초 전투력은 60이다. Blue Force와 Red Force의 살상률 α, β가 공히 0.04라면 Blue Force는 14시간이 지난 후 소멸되고 Red Force 14시간이 지난 후 50의 전투력이 잔존한다.

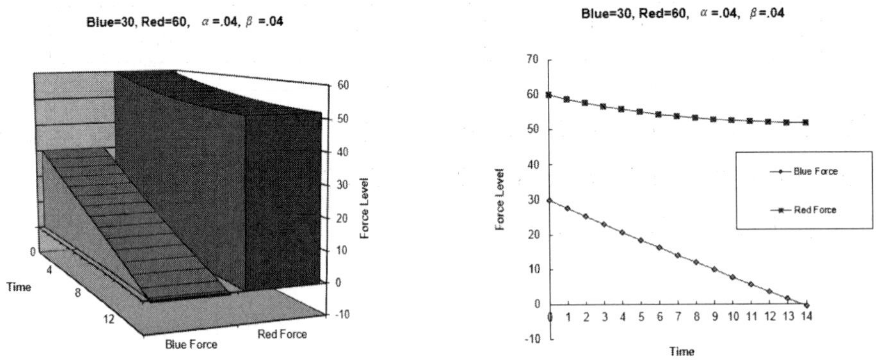

그림 3.8 동일 살상률과 2 배의 전투력으로 시작한 전투결과

다음은 살상률을 α =0.01로 하고 β=0.1로 β 가 α 보다 10배 높게 할 때 어떤 결과가 나오는지 살펴보면 보자. 24시간 경과 후 Red Force는 소멸 당하는데 비해 Blue Force는 20 전투력으로 잔존한다. 즉, 전투효율 다시 말하면 살상률이 10배이면 비록 Red Force가 2배의 최초 전투력을 가지고 있어도 24시간 후에는 전멸당하고 최초 30 전투력을 가진 Blue Force는 24시간 경과 후 10 전투력만 손실되고 20 전투력이 잔류한다. 이렇듯, 전투효율 즉 살상률이 아주 중요한 역할을 한다는 것을 알 수 있다.

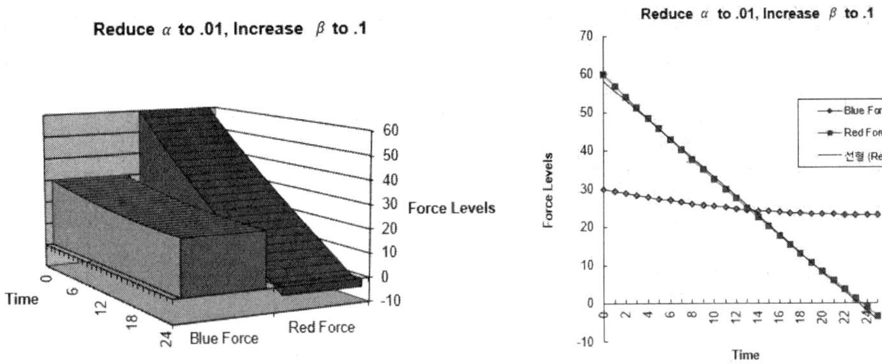

그림 3.9 살상률 감소 및 증가 효과

다음으로 Red Force는 최초 60 전투력에서 Blue Force 전투력 30을 추가해서 최초 전투력을 90으로 했을 때 어떤 결과가 나올까? 전투효율, 즉 살상률은 위와 같이 Blue Force가 Red Force보다 10배라고 가정한다. 이런 경우는 그림 3.10에서 보는 것과 같이 이 경우에도 58시간 정도가 지나면 Red Force는 소멸되고 Blue Force가 승리한다는 것을 알 수 있다. 그 만큼 작은 전투력으로 큰 전투력을 가진 부대를 이기는 것은 전투효율을 높이는 방법이 좋은 방법이라는 것을 알 수 있다. 물론 전투효율, 즉 살상률을 높이는 것은 전투기량을 높이는 방법인데 사격술, 전술, 지형을 이용하는 기술, 방호 기술, 지휘 통제의 향상, 지휘관 또는 지휘자의 지휘통솔력, 우수한 무기체계 등 여러 요인들의 조합으로 발현되는 것이다.

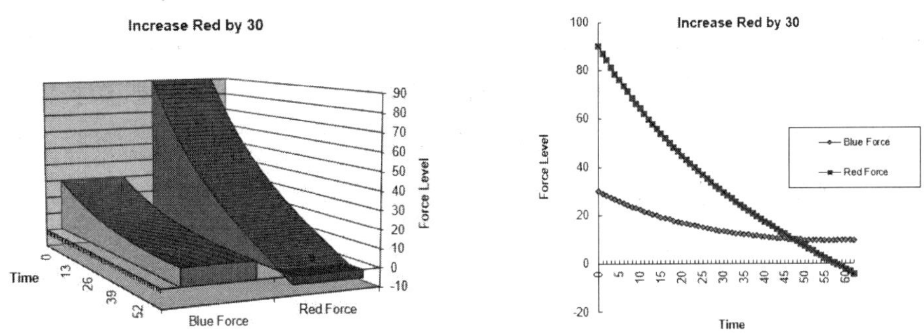

그림 3.10 Red Force 전투력을 30 증가

만약 Red Force 전투력을 10을 더 증강해서 100으로 시작하면 어떻게 될까? 이런 경우는 그림 3.11에서 보는 것과 같이 58시간 정도가 지나면 Red Force가 승리하게 된다. 즉 Red Force가 Blue Force 보다 전투효율이 1/10인 경우 최초 전투력이 3.3배 이상 될 때 승리하게 된다. 그러나 Blue Force 30을 소멸시키는데 Red Force는 80의 손실을 각오해야 한다.

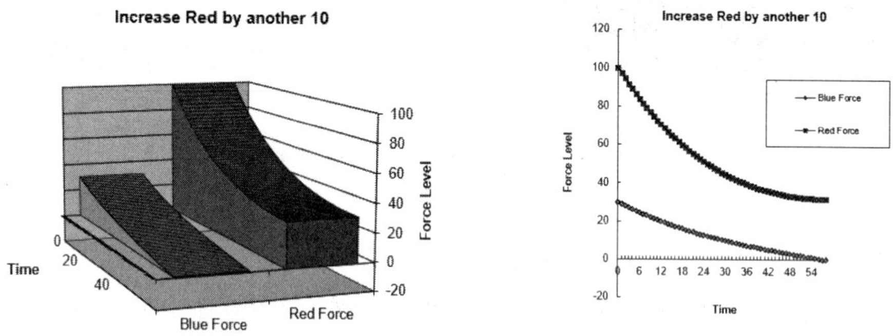

그림 3.11 Red Force 전투력 10 추가 증가

[예제 3-1]

Blue Force은 기관총으로 무장되어 있고 Red Force는 소총으로 무장되어 있다. 기관총의 살상률이 소총보다 5배 높다고 가정하자. Red Force는 최초 병력이 2,000명이다. 이를 상대하기 위한 Blue Force의 소요되는 병력은 얼마인가?

Blue Force의 기관총 살상률이 Red Force의 소총 살상률보다 5배 높으므로 $\alpha = 1$로 놓으면 $\beta = 5$라고 할 수 있다. 또한 $R_0 = 2{,}000$이다. 전투 종결 후 $B = R = 0$가 되면 양측이 대등하다고 할 수 있으므로 다음과 같은 식이 성립한다. 이러한 기관총과 소총으로 무장한 병력간 전투는 Lanchester Square 법칙의 기본 가정과 부합하므로 Lanchester Square 법칙을 적용할 수 있다.

$$\beta B_0^2 = \alpha R_0^2$$
$$5B_0^2 = 1 \times 2{,}000^2$$
$$B_0 = 894.42$$

즉, Red Force에 대등한 전력을 유지하려면 Blue Force는 894.42명이 필요하다.

[예제 3-2]

Blue Force의 전차는 2대이며 Red Force의 전차는 5대이다. 양측은 사정거리내에 위치하고 피해 관측이 가능하며 표적 무력화 후 전환하여 집중사격 가능하다. 양측의 손실률은 동일하다. 전투결과는 어떻게 예상할 수 있는가?

양측의 손실률이 동일하다는 것은 $\alpha = \beta = 1$로 둘 수 있다. 손실률이 동일하면 수적으로 열세한 Blue Force가 먼저 소멸될 것이므로 $B = 0$가 될 때 Red Force의 잔존 전투력을 계산해 보면 Lanchester Square 법칙에 의해 다음과 같다.

$$\beta(B_0^2 - B^2) = \alpha(R_0^2 - R^2)$$
$$1 \times (2^2 - 0^2) = 1 \times (5^2 - R^2)$$
$$R^2 = 5^2 - 2^2 = 21$$
$$R = \sqrt{21} = 4.58$$

Blue Force와 Red Force의 차이는 3대이지만 Blue Force가 소멸 당하지만 Red Force는 약 0.42대만 손실을 당한다. 이것은 전투력의 집중이 얼마나 효과적인지를 설명하고 있다.

만약 $\alpha = 0.2$ 이고 $\beta = 0.1$ 이라고 하자. α 와 β 의 비율 $\frac{\alpha}{\beta} = 2$ 이다. 이 때 Lanchester Square 법칙을 적용해 보면 다음과 같다.

$$\beta B_0^2 = 0.1 \times 2^2 = 0.4$$
$$\alpha R_0^2 = 0.2 \times 5^2 = 5.0$$

$\beta\ B_0^2 < \alpha\ R_0^2$ 이어서 전투를 끝까지 진행하면 Red Force가 승리한다. 이 때 $B = 0$을 대입해 보면 Red Force의 잔존 전투력은 $R = 4.79$가 된다.

$$\beta(B_0^2 - B^2) = \alpha(R_0^2 - R^2)$$
$$0.1(2^2 - 0^2) = 0.2(5^2 - R^2)$$
$$R = 4.79$$

α가 β보다 2배가 되지만 잔존 전투력의 차이는 4.79−4.58=0.21 대에 불과하다.

이 경우 손실률 차이보다 전투력의 차이가 더 영향을 미친다는 것을 알 수 있다.

좀 더 양측 손실률 비율을 더 크게 해 보자. 만약 $\alpha = 0.3$이고 $\beta = 0.1$이라고 하자. α와 β의 비율 $\frac{\alpha}{\beta} = 3$이다. 이 때 Lanchester Square 법칙을 적용해 보면 다음과 같다.

$$\beta B_0^2 = 0.1 \times 2^2 = 0.4$$
$$\alpha R_0^2 = 0.3 \times 5^2 = 7.5$$

$\beta B_0^2 < \alpha R_0^2$ 이어서 전투를 끝까지 진행하면 Red Force가 승리한다. 이 때 $B = 0$을 대입해 보면 Red Force의 잔존 전투력은 $R = 4.86$이 된다.

$$\beta(B_0^2 - B^2) = \alpha(R_0^2 - R^2)$$
$$0.1(2^2 - 0^2) = 0.3(5^2 - R^2)$$
$$R = 4.86$$

α가 β보다 3배가 되지만 잔존 전투력의 차이는 4.86−4.58=0.28 대에 불과하다. 이 예에서는 손실률 비가 3배나 증가하지만 Blue Force가 소멸될 때 Red Force의 잔존 전투력이 증가하는 경우는 그리 크지 않다는 것을 의미하며 전투력 크기가 지배적인 영향을 미친다는 것을 알려 준다.

[예제 3-3]

Blue Force와 Red Force의 무기체계 질적 수준은 동일하다. 직사화기의 사거리 내에서 교전하며 화력의 집중이 가능하다. Blue Force의 최초 전투력 $B_0 = 1{,}000$이고 Red Force의 최초 전투력 $R_0 = 1{,}000$ 이다. Blue Force는 전투력을 한꺼번에 집중 운용하고 Red Force는 전투력을 500씩 2차례 나누어 축차 투입한다고 가정해 보자.

무기체계의 질적 수준이 동일하다는 것은 $\alpha = \beta = 1$이라고 할 수 있다. 따라서 전투력이 많은 Blue Force가 승리할 것이라는 것은 자명하다. Lanchester Square 법칙을 사용할 수 있는 전투 상황이므로 다음과 같은 수식으로 평가 가능하다.

$$1(1{,}000^2 - B^2) = 1(500^2 - 0^2)$$
$$B = 866$$

1차 전투 후 Blue Force는 866 전투력이 잔존하는데 비해 Red Force는 소멸된다. 즉 Red Force 500 전투력을 소멸시키는데 Blue Force의 전투력 손실은 134 발생하였다. 이 상태에서 다시 Red Force가 500 전투력을 축차 투입하여 Blue Force 866 전투력과 교전하면 그 결과는 다음과 같다.

$$1(866^2 - B^2) = 1(500^2 - 0^2)$$
$$B = 707$$

전투 후 Blue Force는 707의 전투력이 생존하게 되고 손실은 2차 교전 시 투입된 866에서 707을 뺀 159 전투력이다. 종합적으로 Red Force는 1,000 전투력이 다 소멸되는데 비해 Blue Force는 707 전투력이 생존하게 되고 1, 2차 교전에서 총 손실은 293에 불과하다. 이 사실로 미루어 보았을 때 전투력의 집중이 얼마나 현대전에서 중요한 것인가를 여실히 보여준다. 전투력의 축차 투입은 패배의 지름길이라는 것을 실증하고 있다.

3.2.2 t 시점에서 전투력 수준은?

Lanchester Square 법칙의 방정식은 다음과 같다.

$$\beta(B_0^2 - B^2) = \alpha(R_0^2 - R^2)$$

위 식을 다시 정리하면 다음과 같다.

$$B = \sqrt{B_0^2 - \frac{\alpha}{\beta}(R_0^2 - R^2)}$$

위 식을 $\frac{dR}{dt} = -\beta B$에 대입한다.

$$\frac{dR}{dt} = -\beta\sqrt{B_0^2 - \frac{\alpha}{\beta}(R_0^2 - R^2)} = -\sqrt{\alpha\beta}\sqrt{(\frac{\beta}{\alpha})B_0^2 - (R_0^2 - R^2)}$$

$$\int_R^{R_0} dR \Big/ \sqrt{R^2 + (\frac{\beta}{\alpha})B_0^2 - R_0^2} = \int_0^t -\sqrt{\alpha\beta}\,dt$$

위 적분을 풀기 위해 다음과 같은 부정적분 공식을 이용한다.

$$\int dx \Big/ \sqrt{x^2 + y^2} = ln\,(x + \sqrt{x^2 + y^2}) + C$$

$x^2 = R^2$, $y^2 = (\frac{\beta}{\alpha})B_0^2 - R_0^2$ 로 놓으면 다음과 같이 풀 수 있다.

$$ln\left(\mathrm{R} + \sqrt{R^2 + \left(\frac{\beta}{\alpha}\right)B_0^2 - R_0^2}\right) - ln\,(R_0 + \sqrt{\left(\frac{\beta}{\alpha}\right)B_0^2}) = -\sqrt{\alpha\beta}\ t$$

$$\frac{\left(R + \sqrt{R^2 + \left(\frac{\beta}{\alpha}\right)B_0^2 - R_0^2}\right)}{(R_0 + \sqrt{\left(\frac{\beta}{\alpha}\right)B_0^2})} = e^{-\sqrt{\alpha\beta}t}$$

$$\left(\sqrt{R^2 + \left(\frac{\beta}{\alpha}\right)B_0^2 - R_0^2}\right) = (R_0 + \sqrt{\left(\frac{\beta}{\alpha}\right)B_0^2})\,e^{-\sqrt{\alpha\beta}t} - R$$

양변을 제곱하고 R로 정리하면 다음과 같다.

$$R^2 + \left(\frac{\beta}{\alpha}\right)B_0^2 - R_0^2 = (R_0 + \sqrt{\left(\frac{\beta}{\alpha}\right)B_0^2})^2\,e^{-2\sqrt{\alpha\beta}t} + R^2 - 2R(R_0 + \sqrt{\left(\frac{\beta}{\alpha}\right)B_0^2})\,e^{-\sqrt{\alpha\beta}t}$$

$$R = \frac{1}{2}\{\left(R_0 + \frac{\beta}{\alpha}B_0\right)e^{-\sqrt{\alpha\beta}t} + \frac{\left(R_0^2 - \frac{\beta}{\alpha}B_0^2\right)e^{\sqrt{\alpha\beta}t}}{R_0 + \sqrt{\frac{\beta}{\alpha}}B_0}\}$$

$$= \frac{1}{2}\{\left(R_0 + \frac{\beta}{\alpha}B_0\right)e^{-\sqrt{\alpha\beta}t} + \frac{(R_0 + \sqrt{\frac{\beta}{\alpha}}B_0)(R_0 - \sqrt{\frac{\beta}{\alpha}}B_0)e^{\sqrt{\alpha\beta}t}}{R_0 + \sqrt{\frac{\beta}{\alpha}}B_0}\}$$

$$= \frac{1}{2}\{\left(R_0 + \sqrt{\frac{\beta}{\alpha}}B_0\right)e^{-\sqrt{\alpha\beta}t} + \left(R_0 - \sqrt{\frac{\beta}{\alpha}}B_0\right)e^{\sqrt{\alpha\beta}t}\}$$

$$= \frac{1}{2}\{R_0(e^{\sqrt{\alpha\beta}t} - e^{-\sqrt{\alpha\beta}t}) - \sqrt{\frac{\beta}{\alpha}}B_0(e^{\sqrt{\alpha\beta}t} - e^{-\sqrt{\alpha\beta}t})\}$$

$$=R_0(\frac{1}{2})(e^{\sqrt{\alpha\beta}t} - e^{-\sqrt{\alpha\beta}t}) - \sqrt{\frac{\beta}{\alpha}}B_0(\frac{1}{2})(e^{\sqrt{\alpha\beta}t} - e^{-\sqrt{\alpha\beta}t})$$

여기서 $cosh\theta = \frac{1}{2}(e^{\theta} + e^{-\theta})$, $sinh\theta = \frac{1}{2}(e^{\theta} - e^{-\theta})$ 공식을 사용하면 t 시간의 Red Force 의 전투력 수준 $R(t)$는 식 (3-25)와 같다.

$$R(t) = R_0\,cosh(\sqrt{\alpha\beta}t) - \sqrt{\frac{\beta}{\alpha}}B_0 sinh(\sqrt{\alpha\beta}t) \qquad (3\text{-}25)$$

동일한 방법으로 유도해 보면 t 시간의 Blue Force 의 전투력 수준 $B(t)$는 식 (3-26)과 같다.

$$B(t) = B_0\,cosh(\sqrt{\alpha\beta}t) - \sqrt{\frac{\alpha}{\beta}}R_0 sinh(\sqrt{\alpha\beta}t) \qquad (3\text{-}26)$$

3.2.3 전투는 언제 종결될 것인가?

전투가 종결되는 시점은 $R(t) = 0$ 이거나 $B(t) = 0$가 되는 시점 t 이다. $B(t) = 0$가 되는 시점 t를 t_B라고 하고 $R(t) = 0$ 가 되는 시점 t를 t_R이라고 하자. 먼저 t_R을 구해보면 식 (3-31)과 같다.

$$R(t) = \frac{1}{2}\left(R_0 + \sqrt{\frac{\beta}{\alpha}}B_0\right)e^{-\sqrt{\alpha\beta}t} + \frac{1}{2}\left(R_0 - \sqrt{\frac{\beta}{\alpha}}B_0\right)e^{\sqrt{\alpha\beta}t} = 0 \qquad (3\text{-}27)$$

$$\left(R_0 + \sqrt{\frac{\beta}{\alpha}}B_0\right)e^{-\sqrt{\alpha\beta}t} = -\left(R_0 - \sqrt{\frac{\beta}{\alpha}}B_0\right)e^{\sqrt{\alpha\beta}t} \qquad (3\text{-}28)$$

양변에 ln를 취하고 정리하면 식 (3-29), (3-30)과 같다.

$$-\sqrt{\alpha\beta}t + ln\left(R_0 + \sqrt{\frac{\beta}{\alpha}}B_0\right) = \sqrt{\alpha\beta}t - ln\left(R_0 - \sqrt{\frac{\beta}{\alpha}}B_0\right) = \sqrt{\alpha\beta}t + ln\left(\sqrt{\frac{\beta}{\alpha}}B_0 - R_0\right) \quad (3-29)$$

$$2\sqrt{\alpha\beta}t = ln\left(R_0 + \sqrt{\frac{\beta}{\alpha}}B_0\right) - ln\left(\sqrt{\frac{\beta}{\alpha}}B_0 - R_0\right) = ln\left\{\left(R_0 + \sqrt{\frac{\beta}{\alpha}}B_0\right) / \left(\sqrt{\frac{\beta}{\alpha}}B_0 - R_0\right)\right\}$$

$$= ln\left(\frac{\sqrt{\beta}B_0 + \sqrt{\alpha}R_0}{\sqrt{\beta}B_0 - \sqrt{\alpha}R_0}\right) \quad (3-30)$$

그러므로 t를 t_R로 대체하면 t_R은 식 (3−31)과 같다.

$$t_R = \frac{1}{2\sqrt{\alpha\beta}} ln\left(\frac{\sqrt{\beta}B_0 + \sqrt{\alpha}R_0}{\sqrt{\beta}B_0 - \sqrt{\alpha}R_0}\right) \quad (3-31)$$

위와 동일한 방법으로 t_B를 구해 보면 식 (3−32)와 같다.

$$t_B = \frac{1}{2\sqrt{\alpha\beta}} ln\left(\frac{\sqrt{\beta}B_0 + \sqrt{\alpha}R_0}{\sqrt{\alpha}R_0 - \sqrt{\beta}B_0}\right) \quad (3-32)$$

[예제 3−4]

$B_0 = 30, R_0 = 60, \alpha = 0.04, \beta = 0.04$ 라고 할 때 한측이 소멸 당하는 시간은 언제인가?

$$\beta B_0^2 = 0.04 \times 30^2 = 36$$
$$\alpha R_0^2 = 0.04 \times 60^2 = 144$$

$\beta B_0^2 < \alpha R_0^2$ 이어서 전투를 끝까지 진행하면 Red Force가 승리한다. 이 때 전투가 종료되는 시간 t_B는 다음과 같다

$$t_B = \frac{1}{2\sqrt{\alpha\beta}} ln\left(\frac{\sqrt{\beta}B_0 + \sqrt{\alpha}R_0}{\sqrt{\alpha}R_0 - \sqrt{\beta}B_0}\right) = \frac{1}{2\sqrt{0.04 \times 0.04}} ln\left(\frac{\sqrt{0.04} \times 30 + \sqrt{0.04} \times 60}{\sqrt{0.04} \times 60 - \sqrt{0.04} \times 30}\right) = 13.73$$

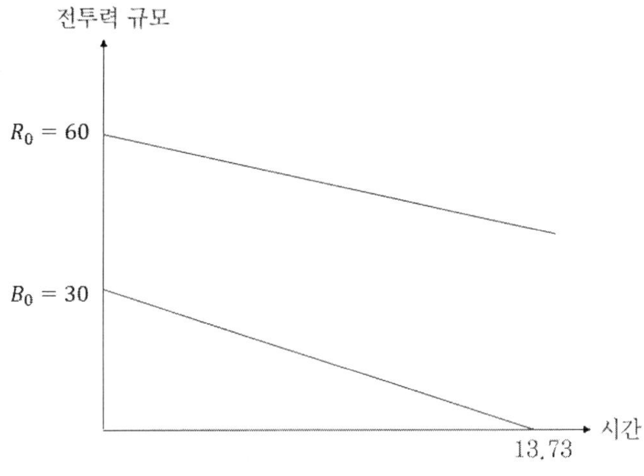

그림 3.12 전투력 변화 ($B_0 = 30, R_0 = 60, \alpha = 0.04, \beta = 0.04$)

[예제 3-5]

$B_0 = 30, R_0 = 60, \alpha = 0.01, \beta = 0.1$ 이라고 할 때 한측이 소멸 당하는 시간은 언제인가?

$$\beta B_0^2 = 0.1 \times 30^2 = 90$$
$$\alpha R_0^2 = 0.01 \times 60^2 = 36$$

$\beta B_0^2 > \alpha R_0^2$ 이어서 전투를 끝까지 진행하면 Blue Force 가 승리한다. 이 때 전투가 종료되는 시간 t_R은 다음과 같다.

$$t_R = \frac{1}{2\sqrt{\alpha\beta}} ln\left(\frac{\sqrt{\beta}B_0 + \sqrt{\alpha}R_0}{\sqrt{\beta}B_0 - \sqrt{\alpha}R_0}\right) = \frac{1}{2\sqrt{0.01 \times 0.1}} ln\left(\frac{\sqrt{0.1} \times 30 + \sqrt{0.01} \times 60}{\sqrt{0.1} \times 30 - \sqrt{0.01} \times 60}\right) = 23.57$$

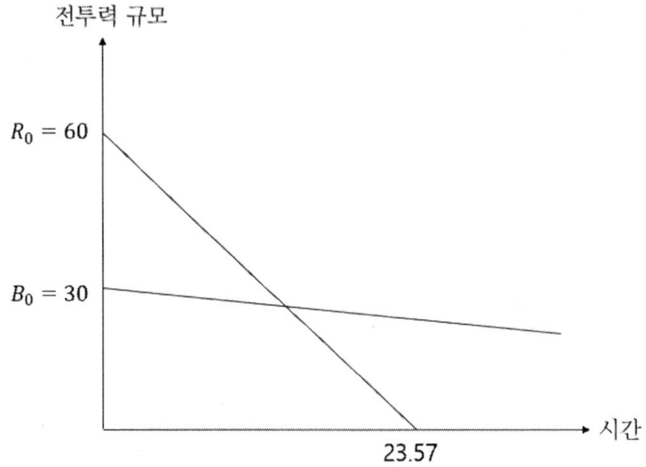

그림 3.13 전투력 변화($B_0 = 30, R_0 = 60, \alpha = 0.01, \beta = 0.1$)

Lanchester Square 법칙을 전쟁의 원칙의 관점에서 살펴 보면 집중의 원칙과 같다. 동서고금의 수많은 전쟁을 연구한 전쟁역사학자들이 밝혀낸 전쟁의 원칙이 있다. 군사학자 마다 전쟁의 원칙은 약간 상이 하기는 하지만 대부분 비슷한 의견을 내는 것은 전쟁의 원칙 중에 집중의 원칙이 반드시 포함된다.

아래는 인류 전쟁사를 연구한 학자들과 군사사상가들이 찾아낸 전쟁의 원칙이다. 인류의 모든 전쟁의 역사를 연구해 보면 모든 전쟁에서 공통적으로 승리의 요인이 발견되는데 이러한 원칙이 전쟁을 승리로 이끄는데 지배하는 원칙이라는 것이다. 전쟁의 원칙은 일반적으로 다음과 같이 제시되어 있다.

1. 목표의 원칙
2. 공세의 원칙
3. 집중의 원칙
4. 병력절약의 원칙
5. 기동의 원칙
6. 지휘 통일의 원칙
7. 경계의 원칙
8. 기습의 원칙
9. 간명의 원칙

전쟁의 원칙 중 '집중의 원칙' 은 압도적인 전투력을 결정적인 장소와 시간에 집중해야 한다는 것이다. 동시에 전투력의 제 요소를 짧은 시간에 결정적인 효과를 획득할 수 있는 곳에 동시에 운용함으로써 집중을 달성할 수 있다. 전투력을 집중함으로써 얻어지는 효과는 전투력을 집중해서 달성하기보다 수적으로 열세한 전투력으로 결정적인 결과를 달성하는 데 있다.

전투력 집중의 원칙을 지키지 못해 전투에서 패배한 사례를 들어보면 한국전쟁 초기 의정부지구 전투와 창동지구 전투가 대표적인 예라고 할 수 있다.

3.2.4 Lanchester Square Law 와 전투사례

3.2.4.1 의정부 지구 전투

의정부 지구 전투는 1950 년 6 월 25 일부터 6 월 26 일까지 한국전쟁 발발 당시에 서울시 북방 17Km 의 경기도 양주군 의정부읍 정면에서 유재흥 준장이 지휘하는 국군 7 사단과 이형근 준장이 지휘하는 2 사단이 김웅이 지휘하는 북한군 1 군단 예하의 2 개 사단과 1 개 기갑여단으로 구성된 공격집단의 공격을 저지하고 이를 격멸하고자 한 방어전이다.

육군 총참모장 채병덕 소장은 7 사단 사령부를 시찰한 후 재경부대를 의정부지역에 우선적으로 투입하는 동시에 후방 3 개 사단을 서울로 이동시키도록 조치하였다. 사단본부가 대전에 소재하고 있던 2 사단 (사단장 이형근 준장)은 개전 당일 내려진 명령에 따라, 우선 가용병력인 1 개 대대를 이끌고 25 일 야간에 의정부에 이동해 있었다. 후속병력들은 26 일에 도착할 예정이었다. 육군 총참모장 채병덕은 7 사단 사령부(사단장 유재흥 준장)를 2 차례 시찰하였다. 7 사단은 전날에 과반수의 병력을 손실한데다 잔여병력이 분산상태에 있고, 2 사단은 당장 가용병력이 1 개 대대 밖에 없으니 병력과 장비도 문제이지만 보다 화급한 요건은 후방의 예비사단이 현지에 진출하여 전투전개를 할 수 있는 시간 문제였다.

그리하여 채병덕 육군 총참모장은 시찰 후, 재경부대를 의정부지역에 우선적으로 투입하는 동시에 후방 3개 사단을 서울로 이동시키도록 조치하였다. 6월 26일 01시에 7사단 사령부를 다시 시찰한 육군 총참모장 채병덕은 어떠한 일이 있어도 의정부를 고수해야 한다고 역설하면서 반격명령을 하달하였다.

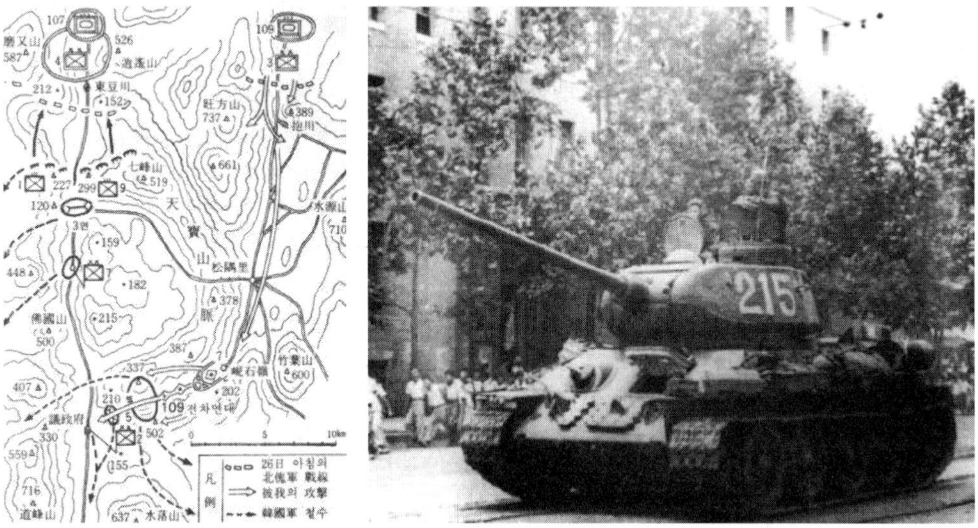

그림 3.14 의정부 지구 전투상황도와 북한군 전차

2사단장 이형근 등 군 지휘부의 일각에서는 반격작전을 전개할 시기가 아니라는 것과 병력을 축차로 투입하는 것 보다 주력이 도착한 후에 전투력을 집중 운용해야 한다는 것, 북상중인 2사단 등 예비사단을 한강 남안으로 집결시켜 방어가 유리한 한강선 방어진을 구축함과 아울러 일선 분산병력을 수습하는 것이 타당하다고 강력히 건의하였다. 그러나 채병덕 총참모장 등 육군 지휘부는 정치적인 의의와 심리적 영향을 배려한 전략면에서 수도 서울의 포기는 있을 수 없다고 강경하게 맞섰다. 채병덕 총참모장은 무조건 반격으로 전환하라고 엄명하고 북한군 전차는 육탄공격으로 파괴하라고 강조하였다.

이에 따라 6월 26일 아침부터 전날 의정부로 후퇴한 7사단은 동두천을 목표로 반격을 감행하게 되었으며, 2사단은 축석령을 경유하여 포천을 목표로 반격하였다. 결국, 6월 25일과 26일 사이에 의정부 지구에 투입된 증원부대는 1개 경찰대대를 포함해 총 15개 대대에 이르렀다. 그러나 이 부대들은 건제를 고려하지 않고 축차적으로 투입되었다. 더욱이 탄약을 위시한 각종 보급지원이 뒤따르지 못했으며 유무선 통신망이 구성되지 않아 인접부대와 연락 및 협조는 고사하고 상하급 제대간에도 통신이 소통되지 않아 전투력을 발휘할 수가 없었다.

그림 3.15 육군 총참모장 채병덕 소장과 2사단장 이형근 준장

3.2.4.2 창동 지구 전투와 미아리 지구 전투

창동 전투는 의정부 전투의 축차 진지에서 실시한 전투이다. 한국전쟁 발발 초기에 북한군의 기습적인 전면 남침으로 38 도 분계선에 연한 전선이 무너지자

38 도선으로부터 45Km 에 불과한 수도 서울에 대한 위협에 직면하게 되었다. 이에 이응준 소장이 이끄는 국군 5 사단과 유재흥 준장이 이끄는 7 사단이 당시 서울특별시 시계 지역이었던 미아리와 창동 지역에서 전투를 수행하였는데 이를 창동전투라고 한다. 당시 창동은 의정부와 서울의 중간 정도에 위치하고 있었다. 따라서 육군본부는 창동과 그 일대를 '서울 사수'를 위한 최후의 방어선으로 판단하였다.

6 월 27 일 17 시 현재 서울 쌍문동인 양주군 노해면에 의정부지구전투사령부가 설치되었다. 사령관에는 7 사단장 유재흥 준장이 임명되었다. 그에게 주어진 임무는 창동 지역에 투입된 2 사단을 포함한 모든 전투부대를 통합지휘하여 서울로 진입하는 북한군의 진격을 막아내는 것이었다. 하지만 당시의 국군은 전쟁 발발 이전 "국군은 대통령으로부터 명령을 기다리고 있으며, 명령만 있으면 점심은 평양에서 먹고 저녁은 신의주에서 먹을 수 있다."라는 신성모 국방장관의 호언장담이 무색할 정도로 전쟁에 대한 준비가 되어 있지 않았다. 통신수단이 확보되어 있지 않았던 것은 말할 것도 없었고, 전투를 치르는데 가장 중요하다고 할 수 있는 탄약과 식량의 보급지원체제조차 갖추지 못했다.

이러한 상황 속에서 창동방어선에 집결한 병력은 부대별로 300 에서 700 명 수준으로 총 1 개 연대 규모에 지나지 않았다. 그들이 상대해야 할 적은 전차 40 대와 자주포 및 차량을 보유한 북한군 기갑부대였다. 27 일 아침 8 시경 공격이 시작되었다. 국군은 105mm 곡사포 6 문과 57mm 대전차포를 쏘며 북한군 전차의 진격을 막으려 했다. 하지만 전투가 시작된 지 얼마 지나지 않아 포탄이 모두 떨어졌고, 병사들이 휴대했던 실탄마저 모두 고갈되었다. 결국 창동방어선은 전투가 시작된 지 3 시간도 채 지나지 않은 27 일 오전 11 시경에 돌파되고 말았다.

창동방어선을 돌파 당한 국군은 소대 또는 중대 단위로 분산되어 미아리방어선으로 후퇴하였다. 이보다 앞서 채병덕 총참모장은 27 일 아침 7 시경에 5 사단장 이응준 소장을 미아리지구 전투사령관에 임명하고 의정부지구전투사령관 유재흥 준장과 함께 미아리방어선에서 서울방어를 위한 최후의 결전을 하도록 하였는데, 창동방어선이 무너진 뒤 약 2 시간이 지났을 때부터 철수병력이 미아리 일대로 모여들기 시작했다. 이 때 유재흥 준장도 미아리방어선 현지에 도착하였다.

창동방어선에서 철수한 병력을 재편성하고 후방에서 증원된 국군 5 사단 15 연대 2 대대, 20 연대 1 대대 및 수도경비사령부의 8 연대 2 대대 등이 합류하여 도합 3,000 여명의 병력이 북한군의 서울 진입을 막기 위한 미아리 방어선을 형성하고 있었다. 지휘계통의 혼란을 막기 위해 좌측부대는 이응준 소장이 우측부대는 유재흥 준장이 지휘하기로 합의하였다.

한편 창동방어선을 돌파한 북한군은 149 고지에서 일단 진격을 멈추고 전황을 살피고 있었으므로, 상황은 잠시 동안 소강상태를 유지하고 있었다. 이 시간을 이용하여 국군은 방어진지를 편성하면서 길음교와 중랑교에 폭약을 설치했다. 다리를 폭파하여 북한군 전차의 진격을 막기 위해서였다.

북한군의 공격은 27 일 17 시경부터 시작되었다. 북한군 4 사단과 105 전차여단의 선두부대가 20 여대의 전차를 앞세우고 기마부대를 후속시켜 미아리방어선 600~700m 까지 진격해 왔다. 김한주 소령이 지휘하고 있던 20 연대 제 1 대대는 이들의 진로에 집중사격을 실시하여 1 대의 전차를 격파하는 등의 전과를 거두고 북한군을 일시 후퇴시켰다. 하지만 27 일 자정 북한군의 2 차 공격이 시작되었고, 국군의 방어진지가 차례로 돌파되기 시작했다. 국군이 마지막 수단으로 선택한 길음교 폭파도 폭파시기의 판단착오로 인해 교량폭파에 실패함으로써 북한군의 전차가 길음교를 통과하기 시작하였다. 이후 제 15 연대 2 대대가 중심이 되어 북한군 전차를 막기 위해 모든 화력을 집중하는 육탄공격을 20 여 분간 감행하였으나 장병들의 희생만을 남기고 실패하였다. 설상가상으로 이즈음 장병들이 휴대한 탄약마저 떨어져 가고 있었다.

28 일 01 시 5~6 대의 북한군 전차가 미아리방어선을 최초 돌파하는 것을 시작으로 미아리방어선이 붕괴되었다. 국군의 사기는 크게 떨어져 대부분의 부대가 분산되어 철수하기 시작했지만 일부 부대는 방어진지에서 끝까지 저항하거나 서울시내에서 국지적인 시가전을 펼쳐 북한군에게 타격을 주기도 했다. 하지만 그들의 노력만으론 서울로 밀고 들어오는 북한군의 기세를 막기엔 역부족이었다.

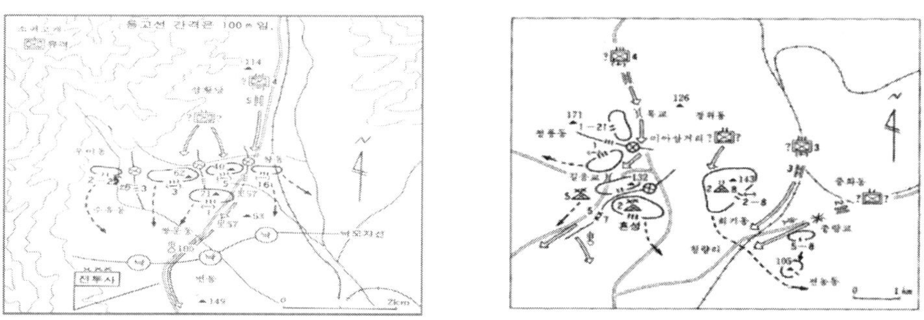

그림 3.16 창동지구와 미아리 지구 전투상황도

병력의 축차 투입

한국전쟁 이전 국군은 1 사단을 문산에, 7 사단을 동두천에, 6 사단을 춘천에, 8 사단을 강릉에 배치하여 38 선을 방어하게 하였다. 2 사단은 대전에, 3 사단은 대구에, 5 사단은 전주에 주둔하고 있었다. 창동 전투 전사의 기록에 따르면 후방에서 병력을 전방으로 투입하는데 1 개 열차에 2 개 중대에서 1 개 대대 규모로 창동역에 도착하여 축차 투입하였다. 누가 후방에서 증원되는 병력을 축차 투입하였는가 하는 것은 여러 가지 설이 있는데 분명하지는 않다.

많은 사람들이 채병덕 총참모장이 축차투입시킨 것으로 알고 있지만 '실제로 무모한 축차투입을 한 사람은 이형근 2 사단장이다' 라는 주장의 근거를 보면 다음과 같다.

이형근 장군은 당시의 축차투입이 마치 채병덕 총참모장의 명령인 듯 책임을 미루고 있으나 다른 사람들의 증언과 비교하여 보면 그의 주장은 역시 신뢰하기 어렵다는 것을 알 수 있다. 2 사단 참모장 최창언 대령의 말에 따르면 "지휘다운 지휘를 할 수 없다. 이형근 사단장이 도착한 대대마다 자신이 직접 공격 명령을 하달해 버려 이곳에는 사령부뿐이다......" 고 말했었다. 그러면서 최대령은 "후속하는 대대가 도착하면 포천을 향하여 공격한다." 고 결의를 표명했으며 "이것은 명령이므로." 라고 체념한 듯이 말했다.

그 현장을 보고 있었던 전방지휘소장 강문봉 대령은 다음과 같이 회상했다. "부대는 1 개 열차에 2 개 중대에서 1 개 대대씩 분승하여 축차적으로 창동역에 도착했다. 그때 통일적인 전투투입을 주창한 이형근 준장인지라 부대의 집중이 끝난 다음 전투에 참가할 것을 명령할 것으로 생각하고 있었는데 이형근 사단장은 부대가 도착 되는대로 전투투입을 명해서 결국 소모시켜 없앤 것 같이 보였다. 그러한 현상을 육본에 보고했더니 달려온 채병덕 총참모장은 창동역에서 지휘중인 이형근 준장을 보고 '나는 축석령을 확보한 후 반격하라고 말한 것이지 축차 전투에 투입하라는 명령을 하달한 기억이 없다. 전술의 초보도 모르는 애송이가 대들기만 하다니......' 라고 힐난했다.". 그 중에는 병사들이 보고 있는 앞에서 말채찍으로 마구 때렸다고 말해준 장군도 있었다.

2 사단 16 연대장 문용채 대령은 1 대대만을 이끌고 26 일 04 시 창동역에 하차하여 즉시 도보행군으로 북상했다고 한다. 문용채 연대장은 이형근 사단장으로부터 "즉시 전진하여 축석령을 확보하라." 는 명령을 받았다. 그때 연대장은 "얼마 있으면 또 대대가 도착하여 올 것이므로 전 부대를 장악하여 전진하고 싶다." 고 간청했으나 "시간이 없다." 고 엄명했다고 한다.

김병휘 25 연대장이 이형근 사단장에게 2 개 대대를 이끌고 왔다고 보고하니 "5 연대가 우측에 3 연대가 좌측에 있는데 둘 다 위험하니 양 대대를 각각 5, 3 연대에 배속하라." 고 했다고 회고했다. 그래서 그는 "제가 연대장인데 대대를 다 남의 연대에 주고나면 저는 무엇을 합니까?" 하니 이형근 사단장이 "참, 그렇군. 여하튼 빨리 데려와라." 고 하였다고 주장하였다.

이때 옆에 있던 어떤 장군은 "채병덕 총참모장은 전황을 보고하려 한 이형근 준장을 보자 마자 입에 담을 수 없는 욕설을 퍼붓고 주먹이 올라갈 것만 같았다." 고 그 분위기를 이야기하여 주었다. 채병덕 총참모장의 말은 다음과 같았다고 한다. "나는 그러한 반격을 명령한 기억이 없다. 속히 일부 병력으로 축석령을 확보하고 사단 주력이 모이면 반격하라고 말했었다. 그런데 차례차례 병력을 투입하여 소모시킨다는 것은 언어도단이다. 책임을 져라. 1 개 대대씩 투입한다는 것은 평소의 언동과 다르고 전술의 상식 밖이다. 여기서 해임한다. 부대는 즉시 유재흥 준장에게 지휘시킨다." .

3.2.4.3 독일군의 Schlieffen 계획과 Manstein의 Sichelschnitt 작전

Schlieffen 계획은 전투력의 집중을 통한 승리를 도모한 계획이다. 이 계획은 1차 세계 대전 벽두인 1914년 8월 프랑스와 벨기에를 침공한 배경이 된 독일의 전쟁계획이다. 1891년에서 1906년 사이에 참모총장을 역임한 Schlieffen 원수가 1905년에서 1906년 사이에 수립한 계획으로서, 프랑스 3공화국을 1개 전선에서 상대하여 승리하기 위한 공세 계획이었다. Schlieffen 계획은 단기결전을 염두에 둔 것이었다.

그림 3-17 좌측 지도에서 볼 수 있듯 Schlieffen 계획에서의 독일은 우익 5개 군을 네덜란드, 벨기에, Ardennes 지역으로 크게 우회 시키고 좌익 2개 군은 전략적 후퇴를 통해 프랑스군의 주력부대를 유인하여 포위 섬멸하는 것이었다. Schlieffen

계획에서 우익과 좌익의 비율은 7:1로 망치와 모루의 역할을 대변한다.

Schlieffen 은 신속하게 프랑스를 공격하면 러시아가 개입하기 전 6주 이내에 프랑스를 격파할 수 있다고 확신하면서 그러한 단기결전을 성공시키기 위한 기동전 위주의 계획을 작성했다. 그는 기원전 216년 Hannibal 장군이 로마군을 격파한 Cannes 전투를 이상적인 모델로 생각해 왔으며 정면 아닌 측방 또는 후방을 집중 공격하는 것이 모든 전투에서 승리의 비결이라고 믿었다. 동서고금을 막론하고 전장에서의 승리는 주로 방어가 취약한 측후방에서 이루어진 사실로부터 그런 확신을 갖게 된 것이다.

전투력의 집중은 무력충돌이 실시되는 일정한 시간과 장소에서 적에 비해 우세한 전투력을 보유하고 행사하는 과정과 결과이다. 현대에는 전투력의 집중에서부터 제반 노력의 집중으로 범위가 확대되고 있다. 전투력 집중을 달성하기 위해서는 결정적이지 않은 시간과 장소에서는 노력을 절약할 필요가 있으므로 집중의 원칙은 절약의 원칙과 긴밀하게 연계된다.

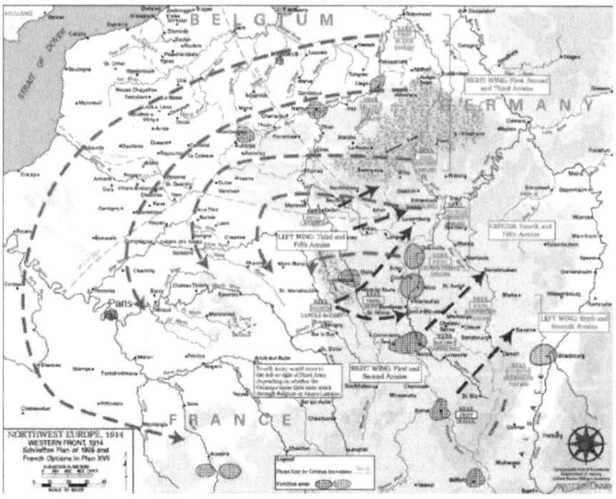

그림 3.17 Schlieffen 계획과 Schlieffen 장군

전투력 집중은 상대적인 개념으로서 전체적으로는 열세하더라도 군사작전이 일어나는 결정적인 시간과 장소에서 우위를 달성하고 이를 연속적으로 조직화하는 것이 중요하다. 전투력 집중의 원칙을 다른 전쟁원칙과 결합시키면 수적으로 열세한 전투력일지라도 결정적인 성과를 거둘 수 있다. 현대전에서는 집중이 병력보다는 화력을 중심으로, 공간적 집중보다는 시간적 집중으로, 동시성과 통합성을 위주로

달성되거나 나타난다.

그림 3.18 Moltke, Manstein, 낫질 작전

그러나 Schlieffen 의 뒤를 이은 참모총장이 된 Helmuth von Moltke 는 Schlieffen 의 계획을 변경시켜 실제 1 차 세계대전에서는 Schlieffen 의 계획대로 진행되지는 않았다. Moltke 는 우익과 좌익의 병력 비율을 7:1 에서 3:1 로 변경하여 우익의 1, 2 군은 18 개에서 13 개 군단으로 축소하였고 동부전선에서도 승리하기 위해 우익 병력 4, 5 개 군단을 일부 동부 전선으로 전환시켰으며 우익 전선 후방에 있던 6 개 군단 예비대를 좌익 지원 가능 위치로 이동시켰다. 이러한 조치로 인해 우익이 Schlieffen 의 계획보다 많이 약화되었으며 전투력의 집중의 이점을 포기하게 된다.

2 차 세계대전 서부전선의 야전군 사령관 Manstein 은 프랑스가 프랑스와 독일 국경에 구축한 Maginot 선을 우회하여 벨기에로 공격하는 낫질(Sichelschnitt) 작전을 수립하였다. 낫질 작전은 곡식의 밑동을 낫으로 자르는 모습을 표현하는 작전명으로 1939 년 10 월에 최초 작성된 프랑스 침공 계획이다. 낫질 작전의 근간이 된 이른바 '황색 작전(Fall Gelb)' 의 초안은 Schlieffen 계획과 기본적으로 같은 구성으로, 바다에 인접한 우익에 주공을 두어 좌익에서 우익으로 크게 선회, 벨기에 및 북프랑스에서 방어에 나설 프랑스군을 포위섬멸하는 데 주안점을 두고 있었다. 이처럼 Schlieffen 계획은 병력의 집중을 통해 일거에 프랑스를 점령하려는 군사적 철학이 있었다. 물론 Schlieffen 계획의 어려움과 실행 불가능성에 대해 말하는 군사 사상가도 없는 것은 아니나 병력 집중의 사상은 오랜 시간 동안 인류가 전쟁을 통해 체득한 전쟁의 원칙이다. 이러한 원칙을 Lanchester 가 수학적 전투 Modeling 을 통해 증명한 것이다.

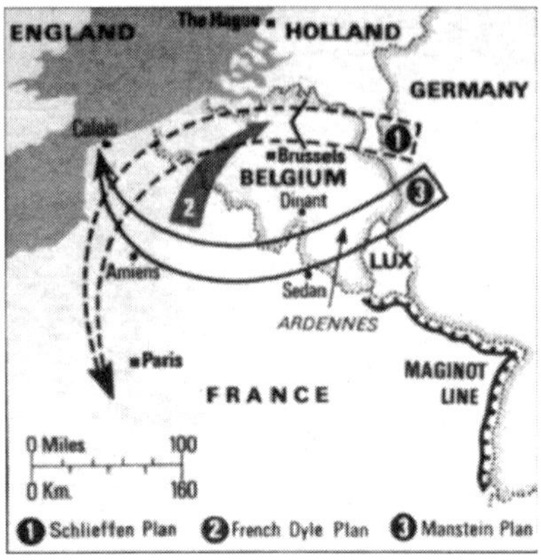

그림 3.19 Schlieffen/Manstein/French Dyle Plan과 전투준비 중인 프랑스 군

3.3 Lanchester 1st Linear Law

현대전 이전의 창, 칼과 같이 직접 교전을 하는 집단간의 전투상황은 Lanchester 제 1 선형 법칙으로 설명된다. Lanchester 제 1 선형법칙에서는 Square 법칙에서 설명되는 전투력의 집중은 발생하지 않으며 개인과 개인, 무기와 무기가 교전하는 상황을 묘사한다. 그러므로 Blue Force와 Red Force 양측의 전투시간에 따른 손실률은 일정하다.

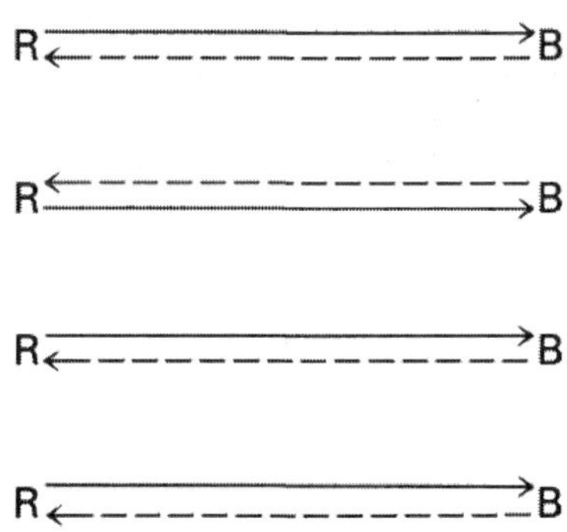

그림 3.20 Linear Law: 화력의 집중 불가

Lanchester가 고대 전투라고 부른 Linear Law에서는 Red Force는 Blue Force에 집중하여 공격할 수 없다. 한 시점에서 Red Force는 한 개의 Blue 표적과 교전할 수 있다. 그 반대도 마찬가지이다. Linear Law의 점사격과 지역사격에 대한 해석은 다음과 같다.

1. 점사격: 표적 수가 충분히 작거나 공격하는 측이 표적의 정확한 위치 확인과 공격이 아주 어려워서 공격하는 각 전투원이 주어진 표적의 수에 비례하는 비율로 표적의 정확한 위치를 확인한다.
2. 지역사격: 공격하는 각 전투원이 단위 시간 동안 특정 지역의 모든 표적과 교전한다. 표적은 일정한 밀도를 유지하며 확보된 지역에 분산되어 있어서 표적 수를 감소시키는 것이 표적 밀도를 감소시킨다.

이러한 Lanchester 제 1 선형법칙은 식 (3-33), (3-34)와 같이 표현할 수 있다.

$$\frac{dB}{dt} = -\alpha \qquad (3-33)$$

$$\frac{dR}{dt} = -\beta \qquad (3-34)$$

그림 3.21 고대전쟁의 모습

식 (3-33), (3-34)의 양변을 나누면 식 (3-35)와 같다.

$$\frac{dB}{dt}/\frac{dR}{dt} = \alpha/\beta \ \rightarrow \ \frac{dB}{dR} = \frac{\alpha}{\beta} \qquad (3-35)$$

양변을 시간에 대해 적분하면 식 (3-36), (3-37)과 같다.

$$\int_{B_0}^{B} \beta dB = \int_{R_0}^{R} \alpha dR \qquad (3-36)$$

$$\beta(B - B_0) = \alpha(R - R_0) \rightarrow \beta(B_0 - B) = \alpha(R_0 - R) \qquad (3-37)$$

식 (3-36), (3-37)과 같이 선형 형태의 전투모형이 성립한다.

3.3.1 승리의 조건

만약 Blue Force가 승리한다면 $R = 0,\ B > 0$ 가 되므로 승리의 조건은 식 (3-39)와 같다.

$$B = \frac{\beta B_0 - \alpha R_0}{\beta} = B_0 - \frac{\alpha R_0}{\beta} > 0 \qquad (3\text{-}38)$$

$$\beta B_0 > \alpha R_0 \qquad (3\text{-}39)$$

동일하게 Red Force 가 승리한다면 $B = 0,\ R > 0$ 가 되므로 승리의 조건은 식 (3-40)과 같다.

$$\beta B_0 < \alpha R_0 \qquad (3\text{-}40)$$

Lanchester 제 1 선형법칙에서는 전투력의 집중 효과가 발생하는 Square 항이 없으므로 전투력 집중이 발생하지 않을 뿐만 아니라 전선이 돌파되는 현상도 발생하지 않는다.

그림 3.22 Lanchester Square law와 Linear Law 비교

3.3.2 전투 지속시간

Lanchester 제 1 선형법칙의 공식은 식 (3-41), (3-42)와 같다.

$$\frac{dB}{dt} = -\alpha \qquad (3\text{-}41)$$

$$\frac{dR}{dt} = -\beta \qquad (3\text{-}42)$$

식 (3-41), (3-42)를 다시 정리하면 식 (3-43), (3-44)와 같다.

$$dB = -\alpha dt \qquad (3-43)$$
$$dR = -\beta dt \qquad (3-44)$$

양변을 시간에 대해 적분하면 식 (3−45), (3−46)과 같다.

$$\int_{B_0}^{B} dB = \int_0^t -\alpha dt \qquad (3-45)$$
$$\int_{R_0}^{R} dR = \int_0^t -\beta\ dt \qquad (3-46)$$

식 (3−45), (3−46)을 풀면 식 (3−47), (3−48)과 같이 전투 종료시간을 구할 수 있다.

$$B = B_0 - \alpha t \rightarrow t = \frac{B_0 - B}{\alpha} \qquad (3-47)$$
$$R = R_0 - \beta t \rightarrow t = \frac{R_0 - R}{\beta} \qquad (3-48)$$

[예제 3−6]

Blue Force의 24명의 소총수가 24명의 Red Force의 소총수와 1:1로 교전하고 있다. 조준 사격의 경우 쌍방의 손실률은 일정하다. Blue Force는 매 10분마다 Red Force 1명을 살상하고 Red Force는 매 15분마다 Blue Force 1명을 살상한다.

① 어느 측이 승리하겠는가?

$B_0 = 24,\ R_0 = 24,\ \alpha = 1/15,\ \beta = 1/10$ 이다. 이러한 전투의 경우 Lanchester 제 1 선형 법칙이 적용되는 전투이므로 승패의 조건을 판단해 본다.

$$\beta B_0 = \frac{1}{10} \times 24 = 2.4$$
$$\alpha R_0 = \frac{1}{15} \times 24 = 1.6$$

$\beta B_0 > \alpha R_0$ 이므로 Blue Force가 승리한다.

② Red Force가 완전히 소멸될 때 Blue Force의 잔여 전투력은?

$R = 0$ 인 경우이므로 $\beta(B_0 - B) = \alpha(R_0 - R)$ 식에서 Blue Force의 잔여 전투력을 구할 수 있다.

$$\frac{1}{10}(24 - B) = \frac{1}{15}(24)$$
$$B = \frac{2.4 - 1.6}{0.1} = 8$$

③ 전투 종료시간은 언제인가? $t = \frac{R_0 - R}{\beta}$에서 $R = 0$인 시점이므로

$$t = \frac{R_0 - R}{\beta} = \frac{24 - 0}{0.1} = 240$$

손실률이 분당으로 표현되어 있으므로 전투 종료시간은 전투가 시작된 후 240분이다.

④ 승자의 전투력이 패자의 전투력의 2배가 되는 시점은?

$\frac{B}{R} = 2$ 인 시점을 찾는 문제이므로 $B = B_0 - \alpha t$, $R = R_0 - \beta t$ 을 대입하면 다음과 같다.

$$\frac{B}{R} = \frac{B_0 - \alpha t}{R_0 - \beta t} = \frac{24 - \frac{1}{15}t}{24 - \frac{1}{10}t} = 2$$

$$t = 180 \text{ 분}$$

그림 3.23 은 Lanchester 1st Linear Law 의 예로서 $B_0 = 20{,}000$, $R_0 = 10{,}000$, $\alpha = 0.00005$, $\beta = 0.000015$일 때 Red Force 가 승리하는 것과 Blue Force 가 소멸될 때 Red Force 의 잔여 인원이 9,000 명인 것을 표현하고 있다.

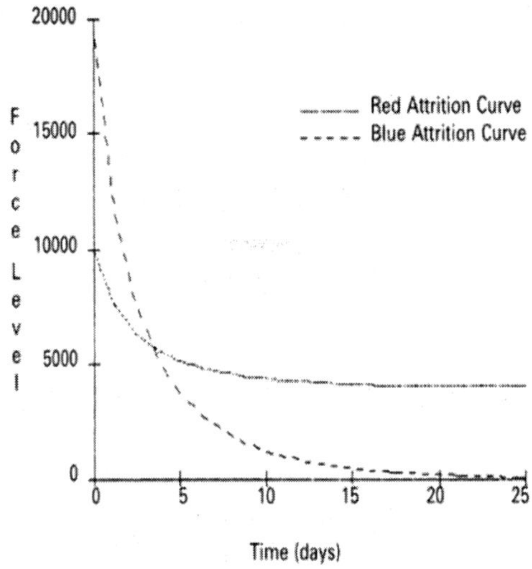

그림 3.23 전투력 변화 ($B_0 = 20{,}000$, $R_0 = 10{,}000$, $\alpha = 0.00005$, $\beta = 0.000015$)

3.4 Lanchester 2nd Linear Law

Blue Force와 Red Force 양측이 포병사격과 같은 조준사격이 아닌 지역에 대해 실시하는 지역사격의 경우를 생각해 보자. 지역사격이 경우 쌍방이 존재하는 일반적인 위치는 알 수 있으나 정확한 장소와 화력의 결과를 알 수 없어 화력집중이 불가능하다. 이러한 경우 한측의 시간경과에 따른 전력 손실률은 상대방의 전투력에도 비례하고 자신의 전투력에도 비례하게 된다. 왜냐하면 상대방이 지역사격을 하기 때문에 자신의 전투력이 크면 클수록 피해가 더 커지게 되기 때문이다. 이러한 전투조건에 해당되는 전투 Modeling이 Lanchester 제 2 선형법칙이다.

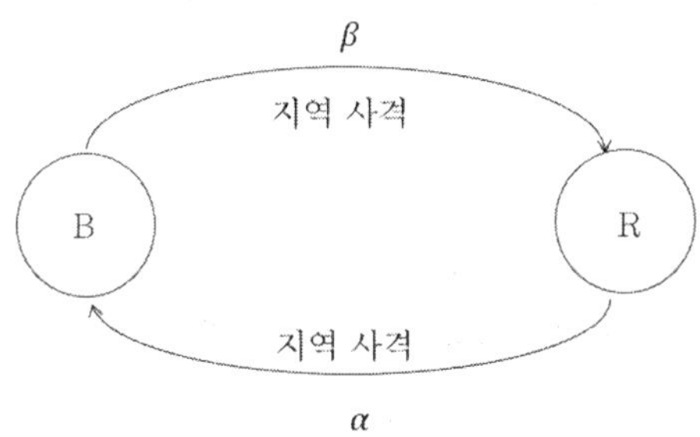

그림 3.24 Lanchester 2nd Linear Law Concept Diagram

Lanchester 제 2 선형법칙의 전투모형은 식 (3-49), (3-50)과 같이 구성할 수 있다.

$$\frac{dB}{dt} = -\alpha RB \qquad (3-49)$$

$$\frac{dR}{dt} = -\beta BR \qquad (3-50)$$

그림 3.25 화력전투의 모습

3.4.1 승리의 조건

식 (3−49), (3−50)을 양변을 나누면 식 (3−51)~(3−53)을 거쳐 식 (3−54)를 얻는다.

$$\frac{dB}{dR} = \frac{-\alpha RB}{-\beta BR} = \frac{\alpha}{\beta} \qquad (3-51)$$

$$\beta dB = \alpha dR \qquad (3-52)$$

$$\int_{B_0}^{B} \beta dB = \int_{R_0}^{R} \alpha dR \qquad (3-53)$$

$$\beta(B_0 - B) = \alpha(R_0 - R) \qquad (3-54)$$

$\beta B = \beta B_0 - \alpha(R_0 - R)$ 을 $\frac{dR}{dt} = -\beta BR$ 에 대입하여 식 (3−55)~(3−58)과 같이 전개한다.

$$-\frac{dR}{dt} = \{\beta B_0 - \alpha(R_0 - R)\}R = (\beta B_0 - \alpha R_0 + \alpha R)R = \beta B_0 R - \alpha R_0 R + \alpha R^2 \qquad (3-55)$$

$$\frac{dR}{dt} = (\alpha R_0 - \beta B_0)R - \alpha R^2 \qquad (3-56)$$

$$\frac{dR}{(\alpha R_0 - \beta B_0)R - \alpha R^2} = dt \qquad (3-57)$$

$$\frac{dR}{R^2 - \frac{\alpha R_0 - \beta B_0}{\alpha}R} = -\alpha dt \qquad (3-58)$$

$\frac{\alpha R_0 - \beta B_0}{\alpha} = 2K$ 라고 두면 식 (3−58)은 식 (3−59)로 전환된다.

$$\frac{dR}{R^2 - 2KR} = -\alpha dt \qquad (3-59)$$

좌변을 부분분수 후 R은 $[R_0, R]$ 구간에서 t는 $[0, t]$ 구간에서 적분하면 식 (3−60)~(3−64)로 진행된다.

$$\frac{1}{2K}\int_{R_0}^{R}\left(\frac{1}{2K-R} + \frac{1}{R}\right)dR = \int_0^t \alpha\, dt \qquad (3-60)$$

$$\frac{1}{2K}[-ln|2K - R| + ln|R|]_{R_0}^{R} = [\alpha t]_0^t \qquad (3-61)$$

$$ln\frac{|R||2K-R_0|}{|R_0||2K-R|} = 2K\alpha t \qquad (3-62)$$

$$\frac{R(2K-R_0)}{R_0(2K-R)} = e^{2K\alpha t} \qquad (3-63)$$

$$R = \frac{2KR_0}{(2K-R_0)e^{-2K\alpha t} + R_0} \qquad (3-64)$$

$2K = \frac{\alpha R_0 - \beta B_0}{\alpha}$ 을 대입 후 α 를 양변에 곱하면 식 (3−65)와 같다.

$$R = \frac{(\alpha R_0 - \beta B_0)R_0}{-\beta B_0 e^{-(\alpha R_0 - \beta B_0)t} + \alpha R_0} \qquad (3-65)$$

$y = \frac{\alpha R_0}{\beta B_0}$ 로 놓고 정리하면 Blue Force와 Red Force의 전투력은 각각 식 (3−66), (3−67)과 같다.

$$B = \frac{-B_0(y-1)e^{(-\beta B_0(y-1))t)}}{e^{(-\beta B_0(y-1))t} - y} \qquad (3-66)$$

$$R = \frac{-R_0(y-1)}{e^{-\beta B_0(y-1)t} - y} \qquad (3-67)$$

Lanchester 제 2 선형법칙의 승리 조건은 다음과 같다. Blue Force와 Red Force의 비율은 식 (3−68)과 같다.

$$\frac{B}{R} = \frac{B_0}{R_0}e^{-\beta B_0(y-1)t} \qquad (3-68)$$

만약 $y < 1$ 이면 t 가 증가할수록 $\frac{B}{R}$ 가 커진다. 따라서 Blue Force가 승리하거나 더 큰 전투력을 갖게 된다. 반대로 만약 $y > 1$ 이면 t 가 증가할수록 $\frac{B}{R}$ 가 작아진다. 따라서 Red Force가 승리하거나 더 큰 전투력을 갖게 된다.

3.4.2 t 시점에서의 전투력 비율

t시간에서의 Red Force와 Blue Force의 전투력 비율은 3.4.1에서 설명한 것과 같이 식 (3-68)과 같다. Blue Force와 Red Force의 전투력 비율이 식 (3-69)와 같이 동일한 경우는 Blue Force와 Red Force의 전투력이 전투중에는 변동되지만 제 1 선형법칙에서와 같이 제 2 선형법칙에서 전투동안에 전투력 비율이 일정하다는 것을 의미한다.

$$\frac{B}{R} = \frac{B_0}{R_0} = \frac{\alpha}{\beta} \qquad (3-69)$$

[예제 3-7]

Blue Force와 Red Force 쌍방이 포병사격으로 교전하고 양측은 최초 18문의 화포를 보유하고 있다고 가정하자. Red Force에 의한 Blue Force의 피해율은 0.01 문/분이고 Blue Force에 의한 Red Force의 피해율은 0.008 문/분이다. 어느 측이 전투에서 승리하겠는가? 또 1 시간 경과 후 Red Force의 화포의 수는 몇 문이 되는가?

$B_0 = 18, R_0 = 18, \alpha = 0.01, \beta = 0.008$ 이다. y를 계산해 보면 y 는 1 보다 크다.

$$y = \frac{\alpha R_0}{\beta B_0} = \frac{0.01 \times 18}{0.008 \times 18} = 1.25$$

따라서 전투가 종료될 때까지 지속하면 Red Force가 승리한다. 1 시간 경과 후 Red Force의 화포 수는 다음과 같이 계산한다. 피해율이 문/분으로 표현되어 있으므로 60분 이후의 Red Force의 수를 계산한다.

$$R_{60} = \frac{-R_0(y-1)}{e^{(-\beta B_0(y-1)t)} - y} = \frac{-18(1.25-1)}{e^{(-0.008\times 18(1.25-1)\times 60)} - 1.25} = 3.97$$

3.5 Lanchester Mixed Law

3.5.1 소규모 부대간 전투

만약 Blue Force와 Red Force를 각각 m_1, m_2개로 모두 동일하게 작은 집단으로 분할하고 상대방과 교전한다면 Lanchester Square Law 에 의한 단위 시간당 소모율은 식 (3-70), (3-71)과 같다.

$$\frac{dB}{dt} = -\alpha R\left(\frac{B}{m_1}\right) \qquad (3-70)$$

$$\frac{dR}{dt} = -\beta B\left(\frac{R}{m_2}\right) \qquad (3-71)$$

그러면 양측의 전투력이 동일할 조건은 식 (3-72)와 같다.

$$\beta B_0 m_1 = \alpha R_0 m_2 \qquad (3-72)$$

상대적인 집단 규모의 함수로서 전투력 비의 비김선은 그림 3.26에 나타난 것처럼 $\frac{\beta}{\alpha}$ 값에 따라 상이하다. 그림 3.26은 만약 모든 각 전투에서 그것의 집단들이 충분히 다른 측보다 수가 많거나 손실 교환비율이 유리하게 충분히 크면 전반적으로 아주 수가 적은 측이 상대방을 이길 수 있다. 게릴라 전의 본질은 게릴라 공격에 취약한 매우 많은 지점을 방어하기 위해 정규군은 분산되어야 한다는 것이다.

정규군은 많은 소규모 게릴라 집단을 소멸시켜야 한다. 그러므로 수적으로 열세한 게릴라는 정규군과의 전투에서 국부적인 수적 우세를 달성한다면 정규군을 이길 수 있다. Deitchman 이 연구한 바에 의하면 정규군이 게릴라를 상대하여 승리하려면 10배의 병력이 있어야 한다. 통상적으로 게릴라는 수준이 낮거나 적으로부터 획득한 제한된 수의 무기를 가지고 있다고 생각할 수 있고 방어를 하는 정규군은 가용한 모든 무기들의 조합으로 무장되어 있다. 따라서 정규군은 국부적 병력비 $\frac{m_1}{m_2}$ 을 크게 함으로써 손실 교환율을 정규군에게 더 유리하게 할 수 있다. 그러면 게릴라가 국부적 교전에서 동일하거나 열세한 수로 이기기 위하여 반대 방향으로 국부적 병력비에 영향을 미치는 전술을 사용할 수 있는가 하는 문제가 제기된다.

방어를 하는 정규군이 게릴라를 찾기 위해 지역 탐색을 하거나 게릴라 기지를 공격할 목적을 가지고 이동하고 있다고 생각해 보자. 게릴라는 정규군이 접근하는 것을 매복을 통해 대응한다. 전투가 시작되면 게릴라는 매복하여 정규군을 볼 수 있기 때문에 정규군에 대해 충분한 시야를 확보한 가운데 조준사격을 하게 되고 정규군의 피해는 게릴라의 수에 비례해서 증가할 것이다. 게릴라는 은거하고 있어 정확한 위치를 식별하기 힘들기 때문에 정규군은 게릴라에 대해 조준사격을 할 수 없고 대략적인 지역에 대해 무차별 사격을 하게 될 것이다.

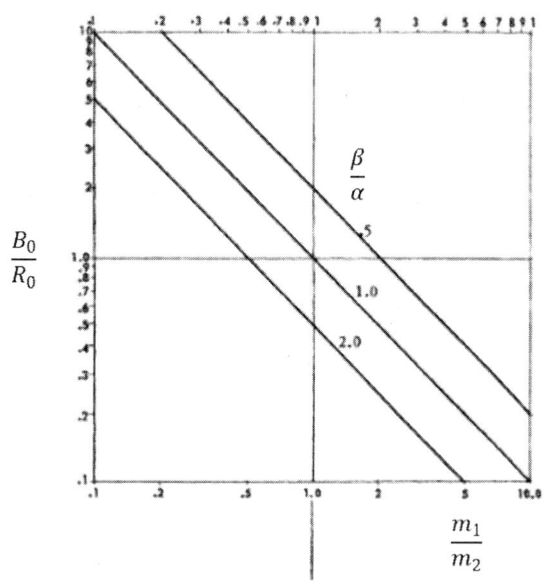

그림 3.26 소규모 집단으로 분할된 양측 사이의 전투

게릴라의 손실은 사격하는 정규군의 수와 그 지역에 있는 게릴라의 수에 비례할 것이다. 왜냐하면 정규군이 게릴라에 대해 무차별 지역사격을 하기 때문에 게릴라의 수가 많으면 많을수록 게릴라의 피해도 많아진다. 따라서 이런 관계하 정규군과 게릴라의 전투는 식 (3-73), (3-74)와 같이 모형화 가능하다. Blue Force를 정규군 Red Force를 게릴라라고 정의한다. Deitchman는 1962년 매복을 중심으로 작전을

하는 비정규전 모형을 개발하였다. Lanchester Mixed Law 는 비정규전 모델 또는 게릴라 모델이라고 한다.

그림 3.27 비정규전 부대와 정규전 부대

3.5.2 비정규전 부대와 정규전부대의 교전 전투 Modeling

Lanchester Mixed Law에서는 식 (3-73), (3-74)와 같은 미분방정식이 수립한다.

$$\frac{dB}{dt} = -\alpha R \qquad (3-73)$$

$$\frac{dR}{dt} = -\beta BR \qquad (3-74)$$

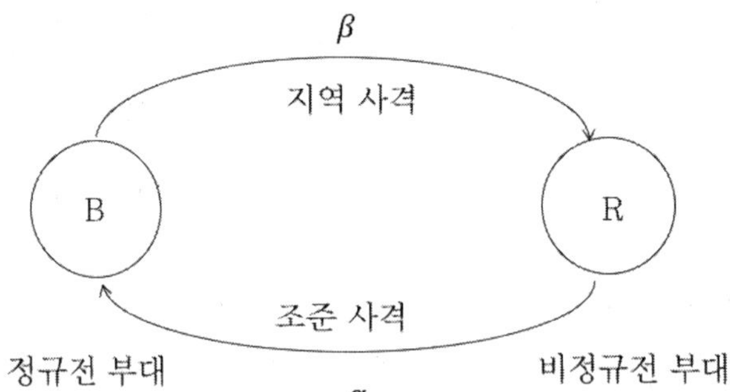

그림 3.28 Lanchester Mixed Law Concept Diagram

식 (3-73), (3-74)의 의미는 정규군인 Blue Force의 손실은 Red Force의 전투력에

비례하고 비정규군 게릴라인 Red Force의 손실은 Blue Force가 지역사격을 하기 때문에 Lanchester 제 2 선형법칙과 같이 Blue Force의 전투력 규모 뿐만 아니라 Red Force의 전투력 규모에도 비례한다.

두 식의 양변을 나누면 식 (3-75)와 같다.

$$\frac{dB}{dt}\Big/\frac{dR}{dt} = -\alpha R/-\beta BR \quad \rightarrow \quad \frac{dB}{dR} = \frac{\alpha}{\beta B} \qquad (3-75)$$

식 (3-75)의 양변을 시간에 대해 적분하면 식 (3-76)과 같다.

$$\int_{B_0}^{B} \beta B dB = \int_{R_0}^{R} \alpha dR \qquad (3-76)$$

식 (3-76)을 풀어 보면 식 (3-77), (3-78)과 같은 Square 법칙과 Linear 법칙이 혼합된 수식이 성립한다. 따라서 이러한 전투모형을 Lanchester Mixed Law 라고 한다.

$$\beta(B_0^2 - B^2) = 2\alpha(R_0 - R) \qquad (3-77)$$

$$\beta B_0^2 - \beta B^2 = 2\alpha R_0 - 2\alpha R \qquad (3-78)$$

만약 $\beta B_0^2 = 2\alpha R_0$ 이면 $\beta B^2 = 2\alpha R$이 되는 것은 자명하다.

3.5.3 승리의 조건

Blue Force가 승리하려면 $R = 0$이 되어야 하고 이 때 Blue Force의 잔여 전투력 B_e는 식 (3-79)와 같다.

$$B_e = \sqrt{\frac{\beta B_0^2 - 2\alpha R_0}{\beta}} \qquad (3-79)$$

$B_e > 0$ 의 조건을 보면 $\beta B_0^2 - 2\alpha R_0 > 0$ 이어야 하고 $\beta B_0^2 > 2\alpha R_0$ 이다. 동일한 방법으로 Red Force 의 승리 조건은 $\beta B_0^2 < 2\alpha R_0$이다. 만약 $\beta B_0^2 = 2\alpha R_0$이면 양측 전투력이 동일하게 되어 전투가 계속 지속되면 모두 소멸된다.

한측이 승리하게 되면 승자의 잔여 전투력은 어떻게 되는지 유도해 보면 식 (3−80)~(3−82)와 같다.

$$\beta B_0^2 - \beta B^2 = 2\alpha R_0 - 2\alpha R \qquad (3-80)$$

$$B = \sqrt{B_0^2 + \frac{2\alpha}{\beta}(R - R_0)} \qquad (3-81)$$

$$R = R_0 + \frac{\beta}{2\alpha}(B^2 - B_0^2) \qquad (3-82)$$

$\frac{dR}{dt} = -\beta BR$ 에 B와 R을 대입하고 $\frac{dB}{dt} = -\alpha R$ 에 R을 대입하면 식 (3−83)~(3−84)와 같다.

$$\frac{dR}{dt} = -\beta\sqrt{B_0^2 + \frac{2\alpha}{\beta}(R - R_0)}\,R \qquad (3-83)$$

$$\frac{dB}{dt} = -\alpha R_0 - \frac{\beta}{2}(B^2 - B_0^2) \qquad (3-84)$$

① Red Force 승리의 경우

Red Force 가 승리하기 위해서는 $\beta B_0^2 < 2\alpha R_0$의 조건을 만족해야 한다. 먼저 식 (3−84)를 식 (3−85)로 두고 양변을 약간 조정하여 식 (3−86)을 얻는다.

$$\frac{dB}{dt} = -\alpha R_0 - \frac{\beta}{2}(B^2 - B_0^2) \qquad (3-85)$$

$$\frac{1}{\left(\frac{2\alpha}{\beta}R_0 - B_0^2\right) + B^2}dB = -\frac{\beta}{2}dt \qquad (3-86)$$

식 (3−85)~(3−86)을 적분하기 위해 식 (3−87)과 같은 부정적분 공식을 이용한다.

$$\int \frac{1}{a^2 + u^2}du = \frac{1}{a}tan^{-1}\frac{u}{a} + \mathrm{C} \qquad (3-87)$$

식 (3−87)에서 $\left(\frac{2\alpha}{\beta}R_0 - B_0^2\right) = a^2$, $B^2 = b^2$으로 두면 식 (3−88)~(3−93)과 같이 적분 가능하다.

$$\int_B^{B_0} \frac{1}{\left(\frac{2\alpha}{\beta}R_0 - B_0^2\right) + B^2} dB = \int_t^0 -\frac{\beta}{2} dt \qquad (3-88)$$

$$\left.\frac{1}{\sqrt{\frac{2\alpha}{\beta}R_0 - B_0^2}} tan^{-1} \frac{B}{\sqrt{\frac{2\alpha}{\beta}R_0 - B_0^2}}\right]_B^{B_0} = -\frac{\beta}{2}t\Big]_t^0 \qquad (3-89)$$

$$\frac{1}{\sqrt{\frac{2\alpha}{\beta}R_0 - B_0^2}}\left[tan^{-1}\frac{B_0}{\sqrt{\frac{2\alpha}{\beta}R_0 - B_0^2}} - tan^{-1}\frac{B}{\sqrt{\frac{2\alpha}{\beta}R_0 - B_0^2}}\right] = \frac{\beta}{2}t \qquad (3-90)$$

$$tan^{-1}\frac{B_0}{\sqrt{\frac{2\alpha}{\beta}R_0 - B_0^2}} - tan^{-1}\frac{B}{\sqrt{\frac{2\alpha}{\beta}R_0 - B_0^2}} = \frac{\beta}{2}t\sqrt{\frac{2\alpha}{\beta}R_0 - B_0^2} \qquad (3-91)$$

$$tan^{-1}\frac{B}{\sqrt{\frac{2\alpha}{\beta}R_0 - B_0^2}} = tan^{-1}\frac{B_0}{\sqrt{\frac{2\alpha}{\beta}R_0 - B_0^2}} - \frac{\beta}{2}t\sqrt{\frac{2\alpha}{\beta}R_0 - B_0^2} \qquad (3-92)$$

$$\frac{B}{\sqrt{\frac{2\alpha}{\beta}R_0 - B_0^2}} = tan\left(tan^{-1}\frac{B_0}{\sqrt{\frac{2\alpha}{\beta}R_0 - B_0^2}} - \frac{\beta}{2}t\sqrt{\frac{2\alpha}{\beta}R_0 - B_0^2}\right) \qquad (3-93)$$

여기에서 $tan(a-b) = \frac{tan\,a - tan\,b}{1 + tana \times tanb}$ 공식을 사용하여 정리해 보며 식 (3−94)와 같다.

$$\frac{B}{\sqrt{\frac{2\alpha}{\beta}R_0 - B_0^2}} = \frac{\frac{B_0}{\sqrt{\frac{2\alpha}{\beta}R_0 - B_0^2}} - tan\left(\frac{\beta}{2}t\sqrt{\frac{2\alpha}{\beta}R_0 - B_0^2}\right)}{1 + \frac{B_0}{\sqrt{\frac{2\alpha}{\beta}R_0 - B_0^2}} \times tan\left(\frac{\beta}{2}t\sqrt{\frac{2\alpha}{\beta}R_0 - B_0^2}\right)} \qquad (3-94)$$

그러면 t시점에서의 Blue Force 의 전투력은 식 (3−95)와 같다.

$$B = \left(\frac{\frac{B_0}{\sqrt{\frac{2\alpha}{\beta}R_0 - B_0^2}} - tan\left(\frac{\beta}{2}t\sqrt{\frac{2\alpha}{\beta}R_0 - B_0^2}\right)}{1 + \frac{B_0}{\sqrt{\frac{2\alpha}{\beta}R_0 - B_0^2}} \times tan\left(\frac{\beta}{2}t\sqrt{\frac{2\alpha}{\beta}R_0 - B_0^2}\right)}\right)\left(\sqrt{\frac{2\alpha}{\beta}R_0 - B_0^2}\right) \qquad (3-95)$$

여기에서 $C_1 = R_0 - \frac{\beta}{2\alpha}B_0^2$, $K_1 = \sqrt{\frac{2\alpha C_1}{\beta}}$. $\alpha_1 = \frac{\beta K_1}{2}$, $\alpha_1 t < \frac{\pi}{2}$ 라고 두면 식 (3-96)과 같이 정리할 수 있다.

$$B = K_1\left(\frac{\frac{B_0}{K_1} - tan\,(\alpha_1 t)}{1+\frac{B_0}{K_1}\times tan\,(\alpha_1 t)}\right) = K_1\left(\frac{B_0 - K_1 tan\,(\alpha_1 t)}{K_1 + B_0 tan\,(\alpha_1 t)}\right) \qquad (3-96)$$

t시점에서의 Red Force 의 전투력에 대해 알아보자. Lanchester 혼합 법칙 공식 $\beta B_0^2 - \beta B^2 = 2\alpha R_0 - 2\alpha R$ 에서 Red Force 의 전투력을 앞에서 정의한 $C_1 = R_0 - \frac{\beta}{2\alpha}B_0^2$, $K_1 = \sqrt{\frac{2\alpha C_1}{\beta}}$. $\alpha_1 = \frac{\beta K_1}{2}$, $\alpha_1 t < \frac{\pi}{2}$을 이용하여 정리해 보면 식 (3-97)과 같다.

$$R = R_0 + \frac{\beta}{2\alpha}(B^2 - B_0^2) \qquad (3-97)$$

식 (3-97)은 식 (3-98)이 된다.

$$R_0 = C_1 + \frac{\beta}{2\alpha}B_0^2 = \frac{\beta}{2\alpha}({K_1}^2 + B_0^2) \qquad (3-98)$$

왜냐하면 $C_1 + \frac{\beta}{2\alpha}B_0^2 = (R_0 - \frac{\beta}{2\alpha}B_0^2) + \frac{\beta}{2\alpha}B_0^2 = R_0$ 이 되기 때문이다. 식 (3-99)~(3-101)과 같이 다른 방법으로 정리해도 동일한 결과를 얻는다.

$$\frac{\beta}{2\alpha}\left({K_1}^2 + B_0^2\right) = \frac{\beta}{2\alpha}\left(\frac{2\alpha C_1}{\beta} + B_0^2\right) = C_1 + B_0^2\left(\frac{\beta}{2\alpha}\right)$$
$$= R_0 - \left(\frac{\beta}{2\alpha}\right)B_0^2 + B_0^2\left(\frac{\beta}{2\alpha}\right) = R_0 \qquad (3-99)$$

$$R = R_0 + \frac{\beta}{2\alpha}(B^2 - B_0^2) = \left(\frac{\beta}{2\alpha}\left({K_1}^2 + B_0^2\right)\right) + \left(\frac{\beta}{2\alpha}(B^2 - B_0^2)\right) = \frac{\beta}{2\alpha}\left({K_1}^2 + B^2\right)$$
$$= \frac{\beta}{2\alpha}\left({K_1}^2 + \left(K_1\left(\frac{B_0 - K_1 tan\,(\alpha_1 t)}{K_1 + B_0 tan\,(\alpha_1 t)}\right)\right)^2\right) = \frac{\beta}{2\alpha}\left({K_1}^2 + {K_1}^2\left(\frac{(B_0 - K_1 tan\,(\alpha_1 t))^2}{(K_1 + B_0 tan\,(\alpha_1 t))^2}\right)\right) \qquad (3-100)$$

식 (3-100)을 정리해 보면 식 (3-101)과 같다.

$$R = C_1\left(1 + \frac{(B_0 - K_1 ta\ \ (\alpha_1 t))^2}{(K_1 + B_0 ta\, n(\alpha_1 t))^2}\right) \qquad (3-101)$$

② Blue Force 승리의 경우

앞에서 설명한 대로 Blue Force 가 승리하기 위해서는 $\beta B_0^2 > 2\alpha R_0$ 의 조건을 만족해야 한다. 식 (3−102)를 기반으로 식 (3−103)을 얻는다.

$$\beta B_0^2 - \beta B^2 = 2\alpha R_0 - 2\alpha R \qquad (3-102)$$

$$R = R_0 + \frac{\beta}{2\alpha}(B^2 - B_0^2) \qquad (3-103)$$

$\frac{dB}{dt} = -\alpha R$ 에 $R = R_0 + \frac{\beta}{2\alpha}(B^2 - B_0^2)$을 대입하면 식 (3−104), (3−105)와 같다.

$$\frac{dB}{dt} = -\alpha R = -\alpha\left(R_0 + \frac{\beta}{2\alpha}(B^2 - B_0^2)\right) = -\alpha R_0 - \frac{\beta}{2}(B^2 - B_0^2) \qquad (3-104)$$

$$\frac{1}{\left(B_0^2 - \frac{2}{\beta}\alpha R_0\right) - B^2}dB = \frac{\beta}{2}dt \qquad (3-105)$$

양변을 적분하기 위해 식 (3−106)과 같은 부정적분 공식을 사용한다.

$$\int \frac{1}{a^2 - u^2}du = \frac{1}{2a}ln\left|\frac{a+u}{a-u}\right| + C \qquad (3-106)$$

$a^2 = \left(B_0^2 - \frac{2}{\beta}\alpha R_0\right), u^2 = B^2$ 로 대체하면 식 (3−107)~(3−112)와 같이 적분 가능하다.

$$\int_B^{B_0} \frac{1}{\left(B_0^2 - \frac{2}{\beta}\alpha R_0\right) - B^2}dB = \int_t^0 \frac{\beta}{2}dt \qquad (3-107)$$

$$\left(\frac{1}{2\sqrt{B_0^2 - \frac{2}{\beta}\alpha R_0}}\right) ln\frac{\sqrt{B_0^2 - \frac{2}{\beta}\alpha R_0} + B}{B - \sqrt{B_0^2 - \frac{2}{\beta}\alpha R_0}}\Bigg]_B^{B_0} = \frac{\beta}{2}t\Big]_t^0 \qquad (3-108)$$

$$\frac{1}{2\sqrt{B_0^2 - \frac{2}{\beta}\alpha R_0}}\left(ln\frac{\sqrt{B_0^2 - \frac{2}{\beta}\alpha R_0} + B_0}{B_0 - \sqrt{B_0^2 - \frac{2}{\beta}\alpha R_0}} - ln\frac{\sqrt{B_0^2 - \frac{2}{\beta}\alpha R_0} + B}{B - \sqrt{B_0^2 - \frac{2}{\beta}\alpha R_0}}\right) = -\frac{\beta}{2}t \qquad (3-109)$$

$$ln\frac{\sqrt{B_0^2-\frac{2}{\beta}\alpha R_0}+B_0}{B_0-\sqrt{B_0^2-\frac{2}{\beta}\alpha R_0}}-ln\frac{\sqrt{B_0^2-\frac{2}{\beta}\alpha R_0}+B}{B-\sqrt{B_0^2-\frac{2}{\beta}\alpha R_0}}=-\beta\sqrt{B_0^2-\frac{2}{\beta}\alpha R_0}\,t \quad (3-110)$$

$$ln\left(\left(\frac{\sqrt{B_0^2-\frac{2}{\beta}\alpha R_0}+B_0}{B_0-\sqrt{B_0^2-\frac{2}{\beta}\alpha R_0}}\right)\left(\frac{B-\sqrt{B_0^2-\frac{2}{\beta}\alpha R_0}}{\sqrt{B_0^2-\frac{2}{\beta}\alpha R_0}+B}\right)\right)=-\beta\sqrt{B_0^2-\frac{2}{\beta}\alpha R_0}\,t \quad (3-111)$$

$$\left(\frac{B-\sqrt{B_0^2-\frac{2}{\beta}\alpha R_0}}{\sqrt{B_0^2-\frac{2}{\beta}\alpha R_0}+B}\right)=\left(\frac{B_0-\sqrt{B_0^2-\frac{2}{\beta}\alpha R_0}}{\sqrt{B_0^2-\frac{2}{\beta}\alpha R_0}+B_0}\right)e^{-\beta\sqrt{B_0^2-\frac{2}{\beta}\alpha R_0}\,t} \quad (3-112)$$

여기에서 $C_2=\frac{\beta}{2\alpha}B_0^2-R_0,\ K_2=\sqrt{\frac{2\alpha C_2}{\beta}}, \alpha_2=\frac{\beta K_2}{2},\ \alpha_2 t<\frac{\pi}{2}$ 라고 두면 식 (3-113)~(3-116)과 같이 정리할 수 있다.

$$\frac{B-K_2}{K_2+B}=\frac{B_0-K_2}{K_2+B_0}e^{-2\alpha_2 t} \quad (3-113)$$

$$B-K_2=(K_2+B)\left(\frac{B_0-K_2}{K_2+B_0}\right)e^{-2\alpha_2 t} \quad (3-114)$$

$$\left(1-\frac{B_0-K_2}{K_2+B_0}e^{-2\alpha_2 t}\right)B=\left(1+\frac{B_0-K_2}{K_2+B_0}e^{-2\alpha_2 t}\right)K_2 \quad (3-115)$$

$$B=\frac{\left(1+\frac{B_0-K_2}{K_2+B_0}e^{-2\alpha_2 t}\right)K_2}{\left(1-\frac{B_0-K_2}{K_2+B_0}e^{-2\alpha_2 t}\right)} \quad (3-116)$$

식 (3-116)의 분모와 분자에 $e^{\alpha_2 t}$를 곱하고 정리하면 식 (3-117)을 얻는다.

$$B=\frac{(K_2+B_0)e^{\alpha_2 t}+(B_0-K_2)e^{-\alpha_2 t}}{(K_2+B_0)e^{\alpha_2 t}-(B_0-K_2)e^{-\alpha_2 t}}K_2=\frac{B_0(e^{\alpha_2 t}+e^{-\alpha_2 t})+K_2(e^{\alpha_2 t}-e^{-\alpha_2 t})}{B_0(e^{\alpha_2 t}-e^{-\alpha_2 t})+K_2(e^{\alpha_2 t}+e^{-\alpha_2 t})}K_2$$
$$=K_2\frac{B_0+K_2 tanh\,(\alpha_2 t)}{K_2+B_0 tanh\,(\alpha_2 t)} \quad (3-117)$$

$R=R_0+\frac{\beta}{2\alpha}(B^2-B_0^2)$에서 $C_2=\frac{\beta}{2\alpha}B_0^2-R_0,\ K_2=\sqrt{\frac{2\alpha C_2}{\beta}}.\ \alpha_2=\frac{\beta K_2}{2}$이라고 하면 $R_0=\frac{\beta}{2\alpha}(B_0^2-{K_2}^2)$이 되며 R은 식 (3-118)이 된다.

$$R=\frac{\beta}{2\alpha}\left(B^2-{K_2}^2\right)=\frac{\beta}{2\alpha}\left[\frac{{K_2}^2(B_0+K_2 tanh\,(\alpha_2 t))^2}{(K_2+B_0 tanh\,(\alpha_2 t))^2}-{K_2}^2\right]$$

$$= C_2\left[\frac{(B_0+K_2 tanh\,(\alpha_2 t))^2}{(K_2+B_0 tanh\,(\alpha_2 t))^2} - 1\right] \qquad (3-118)$$

3.5.4 Mixed Law에서의 전투에서 승리하는 요인

Blue Force가 정규전 부대이고 Red Force를 비정규전 부대라고 하자. 이 때 Blue Force의 승리 조건은 $\beta B_0^2 > 2\alpha R_0 (B_0 > \sqrt{\frac{2\alpha}{\beta} R_0})$ 이고 Red Force 승리 조건은 $\beta B_0^2 < 2\alpha R_0\ (R_0 > \frac{\beta}{2\alpha} B_0^2)$ 이다. 따라서 $\frac{\beta}{2\alpha}$ 또는 $\frac{2\alpha}{\beta}$는 관심의 대상이 된다. Red Force 의 손실계수 β 는 Blue Force의 무기체계 사격율 r_B, Red Force의 취약면적 A_{VR}, Red Force의 점유 면적 A_R에 의해 식 (3-119)와 같이 계산할 수 있다고 생각할 수 있다. 여기에서 취약면적 A_{VR}은 실제 비정규전 부대가 위치하고 있는 면적을 말하고 점유 면적 A_R은 여러 비정규전 부대가 분산하여 있는 전체 면적을 말한다.

$$\beta = \frac{r_B A_{VR}}{A_R} \qquad (3-119)$$

식 (3-119)의 의미는 Red Force의 손실계수 β 는 Blue Force의 무기체계 사격율 r_B, Red Force 의 취약면적 A_{VR}에 비례하고 Red Force 의 점유 면적 A_R에는 반비례한다는 것이다. 여기에서 $\frac{A_{VR}}{A_R}$을 Red Force 에 대한 Blue Force 의 단발 살상 확률로 생각할 수 있다.

또 Blue Force의 손실계수 α는 Red Force의 무기체계 사격율 r_R, Blue Force에 대한 Red Force 무기체계 발당 평균 살상 확률 P_{KR}에 의해 식 (3-120)과 같이 결정 가능하다.

$$\alpha = r_R P_{KR} \qquad (3-120)$$

식 (3-120)의 의미는 Blue Force의 손실계수 α는 Red Force의 무기체계 사격율 r_R, Blue Force 에 대한 Red Force 무기체계 발당 평균 살상 확률 P_{KR}에 비례한다. 따라서 $\frac{\beta}{2\alpha}$를 위에서 정의한 대로 대입하여 정리하면 식 (3-121)과 같다.

$$\frac{\beta}{2\alpha} = \frac{\frac{r_B A_{VR}}{A_R}}{2r_R P_{KR}} = \frac{A_{VR} r_B}{2r_R A_R P_{KR}} \qquad (3\text{–}121)$$

만약 Blue Force 의 사격율 r_B와 Red Force 의 사격율 r_R이 동일하다면 식 (3–122)와 같이 정리 가능하다.

$$\frac{\beta}{2\alpha} = \frac{A_{VR}}{2A_R P_{KR}} \qquad (3\text{–}122)$$

식 (3–122)의 해석은 Red Force 는 A_R을 증가시킴으로써 β 를 감소시킬 수 있다. 즉 비정규전 부대는 넓은 지역에 분산시킴으로써 Blue Force 의 지역사격에 의한 손실을 줄일 수 있다. Blue Force 는 r_B를 증가시킴으로써 β 를 증가시킬 수 있는데 r_B를 증가시키려면 더 살상력이 높은 무기를 사용해야 한다.

3.5.5 비정규전 부대와 정규전 부대의 전쟁사 결과

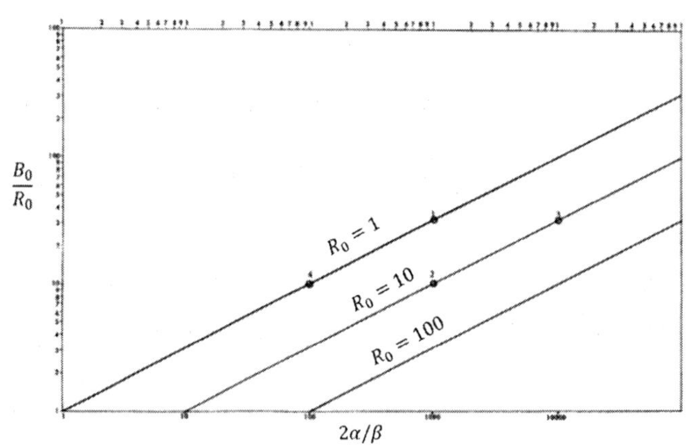

그림 3.29 매복에서의 전투력 비

그림 3.29 는 Lanchester Mixed Law 에서 $R_0 = 1, R_0 = 10, R_0 = 100$에서의 $\frac{2\alpha}{\beta}$와 $\frac{B_0}{R_0}$ 의 관계를 나타낸 그림이다.

표 3.7 과 그림 3.30 은 혼합법칙을 연구한 Deitchman 이 정규군이 게릴라를 상대로 전투에서 승리하려면 적어도 10 배 이상의 병력 또는 전투력비가 보장되어야 한다고 주장하면서 제시한 데이터이다.

표 3.7 정규군과 게릴라 전투력비율과 전투결과

전 쟁	전투력 비율(정규군/게릴라)	승리한 측
Greece, 1946~1949	9/1	정규군
Malaya, 1945~1954	18/1	
Kenya, 1953	10/1	
Philippines, 1948~1952	5/1	
평균	10.5/1	
Indonesia, 1945~1947	1.5/1	게릴라
Indochina, 1945~1954	2/1	
Cuba, 1958~1959	5.5/1	
Laos, 1959~1962	2/1	
Algeria, 1956~1962	10/1	
평균	4.2/1	

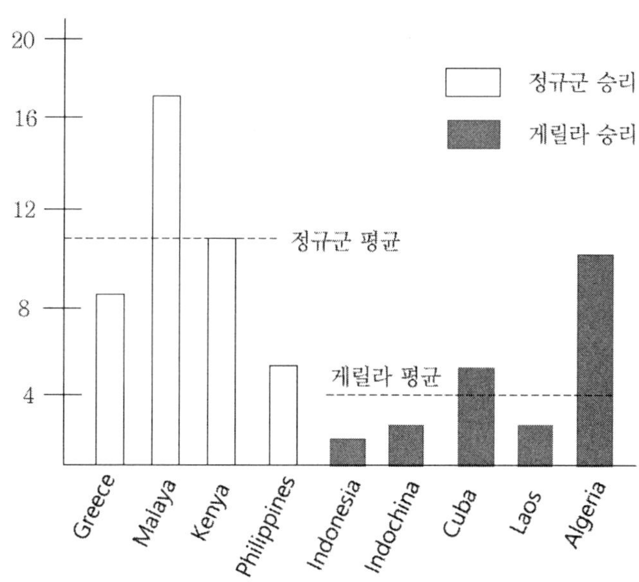

그림 3.30 게릴라전 전투 결과

[예제 3-8]

Blue Force 가 정규전 부대이고 Red Force 를 비정규전 부대라고 하자. $R_0 = 200$ 명, $B_0 = 600$ 명, $P_{KR} = 0.4, A_R = 80{,}000 ft^2, A_{VR} = 1.5 ft^2, r_B = r_R = 12$ 발 이라고 하면 어느 측이 승리하고 잔여 병력은 몇 명인가?

200 명의 비정규전 부대가 $80{,}000 ft^2$ 지역에 점령하고 있으므로 비정규전 병력 1 명의 평균 점령지역은 다음과 같다.

$$A_{R1} = \frac{A_R}{200} = \frac{80{,}000}{200} = 400 ft^2$$

정규군 손실률 $\alpha = r_R P_{KR} = 12 \times 0.4 = 4.8$ 이고 비정규전 부대 손실률 $\beta = \frac{r_B A_{VR}}{A_{R1}} = \frac{12 \times 1.5}{400} = 0.045$가 된다.

$$\beta B_0^2 = 0.045 \times 600^2 = 16{,}200$$
$$2\alpha R_0 = 2 \times 4.8 \times 200 = 1{,}920$$

$\beta B_0^2 > 2\alpha R_0$ 이므로 정규군이 승리한다. 전투가 종료된 이후 정규군의 잔여 병력 B_e는 다음과 같다.

$$B_e = \sqrt{B_0^2 - \frac{2\alpha R_0}{\beta}} = \sqrt{600^2 - \frac{2 \times 4.8 \times 200}{0.045}} = 563.3 \text{ 명}$$

[예제 3-9]

$$B_0 = 100 \text{ 명}, R_0 = 10 \text{ 명}$$

비정규군의 전투효율이 정규군보다 1,000 배 크다고 한다. 비정규군 게릴라의 기습공격을 막아낼 수 있는 추가적인 정규군 병력투입은 몇 명이 필요할까?

Blue Force가 정규전 부대이고 Red Force를 비정규전 부대라고 하자. 비정규군의 전투효율이 정규군보다 1,000 배 크므로 $\alpha = 1{,}000\beta$라고 할 수 있다. Lanchester 혼합 법칙의 공식은 다음과 같다.

$$\beta(B_0^2 - B^2) = 2\alpha(R_0 - R)$$

만약 $R = 0$라고 해보면 $\beta(B_0^2 - B^2) = 2\alpha R_0$이 되고 $B^2 = (\beta B_0^2 - 2\alpha R_0)/\beta$ 이다.

$$B = \sqrt{\frac{\beta B_0^2 - 2\alpha R_0}{\beta}} = \sqrt{B_0^2 - \frac{2\alpha R_0}{\beta}} = \sqrt{100^2 - 2{,}000 \times 10} = 100i$$

B가 허수이므로 존재할 수 없다. 따라서 Blue Force 가 이길 수가 없다. Red Force에 대항하기 위한 Blue Force의 병력수를 찾기 위해 $B = R = 0$으로 두고 B_0의 요망하는 병력 수를 찾아보자.

$$\beta(B_0^2 - 0^2) = 2\alpha(R_0 - 0)$$
$$\beta B_0^2 = 2\alpha R_0 = 2 \times 1{,}000\beta \times 10 = 20{,}000\beta$$
$$B_0^2 = 20{,}000$$
$$B_0 = 141.4 \text{ 명}$$

Red Force에 대응하기 위한 Blue Force의 최소병력은 141.4명이므로 최초 병력 100명 외 추가적으로 약 42명을 더 투입하면 양측이 대등한 전투력을 발휘하게 된다.

Lanchester Square 법칙과 혼합 법칙을 비교해 보자. Lanchester Square 법칙은 다음과 같이 표현된다.

$$\beta(B_0^2 - B^2) = \alpha(R_0^2 - R^2) \qquad (3-123)$$

Blue Force와 Red Force의 양측 전투력이 동일하기 위한 조건은 $\beta B_0^2 = \alpha R_0^2$이다. 즉 $\beta B_0^2 - \alpha R_0^2 = 0$ 이어야 한다. 식 (3-123)을 전개해 보면 $\beta B_0^2 - \alpha R_0^2 = \beta B^2 - \alpha R^2 = 0$ 이고 $\frac{dB}{dt} = -\alpha R$, $\frac{dR}{dt} = -\beta B$ 이다.

$$\beta B^2 - \alpha R^2 = -BR\left(\alpha \frac{R}{B} - \beta \frac{B}{R}\right) = BR\left(\frac{1}{B} \times \frac{dB}{dt} - \frac{1}{R} \times \frac{dR}{dt}\right) = 0 \qquad (3-124)$$

식 (3-124)을 만족하기 위해서는 다음과 같은 조건이 만족해야 한다.

$$\frac{1}{B} \times \frac{dB}{dt} = \frac{1}{R} \times \frac{dR}{dt} \qquad (3-125)$$

$$\frac{\frac{dB}{B}}{dt} = \frac{\frac{dR}{R}}{dt} \qquad (3-126)$$

즉, 시간 당 전투 손실률이 동일한 비율로 진행되는 것을 알 수 있다. Lanchester 혼합 법칙에서 양측의 전투력이 동일하기 위한 조건을 찾아 보면 다음과 같다. Lanchester Square 법칙의 양측이 동일한 전투력을 가지기 위한 조건 $\frac{1}{B} \times \frac{dB}{dt} = \frac{1}{R} \times \frac{dR}{dt}$ 에서 Lanchester 혼합 법칙의 양측 손실률 미분 방정식 $\frac{dB}{dt} = -\alpha R$, $\frac{dR}{dt} = -\beta BR$을 대입해 보자.

$$\frac{1}{B} \times \frac{dB}{dt} = \frac{1}{R} \times \frac{dR}{dt} \qquad (3-127)$$

$$\frac{1}{B} \times (-\alpha R) = \frac{1}{R} \times (-\beta BR) \qquad (3-128)$$

$$\frac{\alpha R}{B} = \beta B \qquad (3-129)$$

$$\alpha R = \beta B^2 \qquad (3-130)$$

즉, Square 법칙에서는 양측 전투력이 동일하기 위한 조건은 $\beta B^2 = \alpha R^2$ 인데 비해서 혼합 법칙에서는 $\beta B^2 = \alpha R$이다. 이러한 사실은 비정규전에서 Red Force 의 전투력은 정규전보다 작게 필요하고 적은 전투력으로 더 효율적으로 전투를 할 수 있다는 것을 의미한다. $\alpha R < \alpha R^2$ 은 정규전에서 Red Force 는 전투력이 R 배가 더 필요하다는 것을 의미한다.

3.6 Lanchester Logarithm Law

3.6.1 Logarithm Law 개요

H. K. Wiess는 1966년에 15,000명 이상 참가한 미국 남북전쟁의 전투를 분석해 본 결과 이러한 규모의 전투에서는 Linear 법칙과 Square 법칙이 잘 적용되지 않는 것을 발견하였다. 경계부대 전투와 같은 소부대 접적 전투와 같은 초기 단계의 전투에서는 손실률이 자측 전투력 규모에 비례하는 것을 발견하였다. 이러한 현상은 전투초기 상대방의 표적을 획득하기 곤란하고 오히려 상대방에게 가장 취약한 시기라 자측 손실률은 자측 전투력 규모에 상대방의 손실률은 상대방 측의 전투력 규모에 비례하는 것을 발견하였다. 소규모 부대의 전투가 실시된 이후 주력 전투부대가 사거리 내에 위치하게 되면 자동으로 사격을 개시하는 전투상황이라면 이러한 현상은 더 잘 설명된다.

R. H. Peterson은 1967년에 2차 세계대전 전차전을 연구해서 첫 번째 경계부대 전투에서는 자측 전차수량에 비례하는 손실률을, 주력부대간 전투시에는 Square 법칙을 따르는 것을 발견하였다.

그림 3.31 전차전

Weiss와 Peterson 은 식 (3-131), (3-132)와 같은 전투 Modeling 미분 방정식을 제안하였다.

$$\frac{dB}{dt} = -\alpha B \ln R \qquad (3\text{-}131)$$

$$\frac{dR}{dt} = -\beta R ln B \qquad (3-132)$$

Peterson 은 이를 단순화하여 식 (3-133), (3-134)와 같은 미분 방정식으로 수정하였다.

$$\frac{dB}{dt} = -\alpha B \qquad (3-133)$$

$$\frac{dR}{dt} = -\beta R \qquad (3-134)$$

앞의 Square, Linear, Mixed 법칙처럼 식 (3-133), (3-134)를 양변을 나누어 전투결과를 예측하지 않고 Logarithm 법칙에서는 각 식으로부터 전투결과를 예측하는데 전개과정은 식 (3-135)~(3-140)과 같다.

$$\frac{1}{B} dB = -\alpha dt \qquad (3-135)$$

$$\int_{B_0}^{B} \frac{1}{B} dB = \int_0^t -\alpha dt \qquad (3-136)$$

$$lnB - lnB_0 = -\alpha t \qquad (3-137)$$

$$ln\frac{B}{B_0} = -\alpha t \qquad (3-138)$$

$$\frac{B}{B_0} = e^{-\alpha t} \qquad (3-139)$$

$$B = B_0 e^{-\alpha t} \qquad (3-140)$$

동일한 방법으로 식 (3-141)과 같이 $R = R_0 e^{-\beta t}$를 유도할 수 있다.

$$\frac{B}{R} = \frac{B_0}{R_0} e^{-(\alpha-\beta)t} \qquad (3-141)$$

시간이 경과함에 따라 $\beta > \alpha$이면 $\frac{B}{R}$가 커지고 $\beta < \alpha$이면 $\frac{B}{R}$가 작아진다. 따라서 Blue Force 가 승리하기 위해서는 $\beta > \alpha$이어야 하고 Red Force 가 승리하기 위해서는 $\beta < \alpha$의 조건을 만족하여야 한다.

즉, Logarithm 법칙에서는 특정시간에서의 자측 전투력 규모는 상대 측의 전투력 규모와는 어느 정도 독립적이며 전투손실은 자측 초기 전투력 규모와 손실계수에 의존한다는 것을 알 수 있다.

3.6.2 t 시점에서의 전투력 비율

t 시점에서 Blue Force 와 Red Force 의 전투력 비율을 구해 보면 식 (3−142)~(3−145)와 같다.

$\frac{dB}{dt} = -\alpha B$, $\frac{dR}{dt} = -\beta R$ 의 양변을 나누면 $\frac{dB}{dR} = \frac{\alpha B}{\beta R}$ 이다.

$$\int_{B_0}^{B} \beta \frac{1}{B} dB = \int_{R_0}^{R} \alpha \frac{1}{R} dR \qquad (3-142)$$

$$\beta(lnB - lnB_0) = \alpha(lnR - lnR_0) \qquad (3-143)$$

$$\beta ln \frac{B}{B_0} = \alpha ln \frac{R}{R_0} \qquad (3-144)$$

$$\beta ln \frac{B_0}{B} = \alpha ln \frac{R_0}{R} \qquad (3-145)$$

t 시점에서 Blue Force 와 Red Force 의 전투력 비율은 식 (3−146)과 같다.

$$\frac{B}{R} = \frac{B_0}{R_0} exp(\beta - \alpha)t \qquad (3-146)$$

만약 $\beta > \alpha$이면 t가 증가할수록 $\frac{B}{R}$이 커지고 Blue Force 가 승리한다. 반대로 $\beta < \alpha$이면 t가 증가할수록 $\frac{B}{R}$이 작아지고 Red Force 가 승리한다. $\beta = \alpha$이면 어느 측도 승리할 수 없으며 전투 종료시에는 양측 모두 소멸된다.

3.6.3 승리한 측의 잔여 전투력

Blue Force 가 승리시 잔여 전투력을 분석해 보면 식 (3−147)~(3−152)와 같다.

$$\frac{dR}{dB} = \frac{\beta R}{\alpha B} \qquad (3-147)$$

$$\frac{1}{\alpha} \times \frac{1}{B}\ dB = \frac{1}{\beta} \times \frac{1}{R}\ dR \qquad (3-148)$$

$$\frac{1}{\alpha} \int_{B}^{B_0} \frac{1}{B}\ dB = \frac{1}{\beta} \int_{R}^{R_0} \frac{1}{R}\ dR \qquad (3-149)$$

$$\frac{1}{\alpha}\ln\frac{B}{B_0} = \frac{1}{\beta}\ln\frac{R}{R_0} \qquad (3-150)$$

$$\left(\frac{B}{B_0}\right)^{\frac{1}{\alpha}} = \left(\frac{R}{R_0}\right)^{\frac{1}{\beta}} \qquad (3-151)$$

$$B = B_0\left(\frac{R}{R_0}\right)^{\frac{\alpha}{\beta}} \qquad (3-152)$$

동일한 방법으로 Red Force 승리시 잔여 전투력을 유도하면 $R = R_0\left(\frac{B}{B_0}\right)^{\frac{\beta}{\alpha}}$이다.

여기서 B_0, R_0, α, β는 알려진 값이며 R을 안다면 B를 알 수 있다. 즉, 쌍방의 전투력 감소는 지수 형태를 따른다. 이러한 이유로 Lanchester Logarithm 법칙은 Exponential 법칙이라고도 한다.

[예제 3-10]

6 대의 Blue Force 전차와 8 대의 Red Force 전차가 교전한다. Red Force 는 전투력의 절반을 손실 당하고 철수하였고 Blue Force도 전투력의 절반을 손실 당하고 철수하였다. 이 때 전투 손실 교환율을 구하라. 이 전투는 Logarithm 법칙을 따른다고 한다.

$B_0 = 6, B = 3, R_0 = 8, R = 4$ 이므로 $\ln\frac{B}{B_0} = \frac{\alpha}{\beta}\ln\frac{R}{R_0}$ 에 대입해 보면 다음과 같다.

$$\frac{\alpha}{\beta} = \frac{\ln\left(\frac{3}{6}\right)}{\ln\left(\frac{4}{8}\right)} = 1$$

전투손실률은 동일하지만 Blue Force 는 3 대의 전차를 손실 당하였지만 Red Force는 4 대의 전차를 손실 당하였다. 이러한 경우 Blue Force가 더 우수한 전차를 보유하고 있다고 말할 수 있고 전투력은 지수적으로 감소한다. 지수법칙을 따르는 전투결과를 유도해 보면 다음과 같다.

$$B = B_0 \left(\frac{R}{R_0}\right)^{\frac{\alpha}{\beta}} = 6 \times (\frac{4}{8})^1 = 3$$

$$R = R_0 \left(\frac{B}{B_0}\right)^{\frac{\beta}{\alpha}} = 8 \times (\frac{3}{6})^1 = 4$$

3.7 Lanchester Geometric Mean Law

Blue Force와 Red Force의 전투력 소모율이 각각 자측 전투력과 상대측 전투력의 기하평균에 비례한다고 가정해 보자. 이런 상황은 식 (3-153), (3-154)와 같은 Lanchester 방정식으로 표현 가능하다.

$$\frac{dB}{dt} = -\alpha\sqrt{BR} \qquad (3-153)$$

$$\frac{dR}{dt} = -\beta\sqrt{BR} \qquad (3-154)$$

$u = \sqrt{B}$, $v = \sqrt{R}$로 놓으면 식 (3-155), (3-156)과 같다.

$$\frac{du}{dt} = \frac{1}{2}B^{-\frac{1}{2}}\frac{dB}{dt} = -\frac{1}{2}\alpha v \qquad (3-155)$$

$$\frac{dv}{dt} = \frac{1}{2}R^{-\frac{1}{2}}\frac{dR}{dt} = -\frac{1}{2}\beta u \qquad (3-156)$$

위 미분방정식의 형태는 Lanchester Square 법칙과 같다. Square 법칙에서 해를 구하는 방법과 같은 방법으로 해를 구하면 식 (3-157), (3-158)과 같다.

$$u(t) = u_0 \cosh\left(\frac{1}{2}\sqrt{\alpha\beta}t\right) - v_0\sqrt{\frac{\alpha}{\beta}}\sinh\left(\frac{1}{2}\sqrt{\alpha\beta}t\right) \qquad (3-157)$$

$$v(t) = v_0 \cosh\left(\frac{1}{2}\sqrt{\alpha\beta}t\right) - u_0\sqrt{\frac{\beta}{\alpha}}\sinh\left(\frac{1}{2}\sqrt{\alpha\beta}t\right) \qquad (3-158)$$

여기서 $u_0 = \sqrt{B_0}$, $v_0 = \sqrt{R_0}$이므로 식 (3-159), (3-160)과 같다.

$$B(t) = \left[\sqrt{B_0}\cosh\left(\frac{1}{2}\sqrt{\alpha\beta}t\right) - \sqrt{\frac{R_0\alpha}{\beta}}\sinh\left(\frac{1}{2}\sqrt{\alpha\beta}t\right)\right]^2 \qquad (3-159)$$

$$R(t) = \left[\sqrt{R_0}\cosh\left(\frac{1}{2}\sqrt{\alpha\beta}t\right) - \sqrt{\frac{B_0\beta}{\alpha}}\sinh\left(\frac{1}{2}\sqrt{\alpha\beta}t\right)\right]^2 \qquad (3-160)$$

좀 더 간단히 정리하기 위해서 식 (3−161)과 같이 정의한다.

$$\tau = \sqrt{\alpha\beta}t \ , \ \psi_0 = \frac{B_0\beta}{R_0\alpha} \qquad (3-161)$$

그러면 $B(\tau)$, $R(\tau)$는 각각 식 (3−162), (3−163)이 된다.

$$B(\tau) = B_0\left[cosh\left(\frac{1}{2}\tau\right) - \psi_0{}^{-\frac{1}{2}}sinh\left(\frac{1}{2}\tau\right)\right]^2 \qquad (3-162)$$

$$R(\tau) = R_0\left[cosh\left(\frac{1}{2}\tau\right) - \psi_0{}^{\frac{1}{2}}sinh\left(\frac{1}{2}\tau\right)\right]^2 \qquad (3-163)$$

식 (3−162), (3−163)에서 τ를 소거하면 식 (3−164)와 같다.

$$\psi_0\frac{B(\tau)}{B_0} - \frac{R(\tau)}{R_0} = \psi_0 - 1 \qquad (3-164)$$

식 (3−164)는 $B(\tau)$와 $R(\tau)$ 사이에 선형관계를 보여준다. 특히 $\psi_0 = 1$인 경우 즉, $\frac{B_0\beta}{R_0\alpha} = 1$인 경우는 식 (3−165)가 성립한다.

$$\frac{B(\tau)}{B_0} = \frac{R(\tau)}{R_0} = \left(cosh\left(\frac{1}{2}\tau\right) - \psi_0{}^{-\frac{1}{2}}sinh\left(\frac{1}{2}\tau\right)\right)^2 = e^{-\tau} \qquad (3-165)$$

이 결과는 Square 법칙과 동일하다.

3.8 Automatous Firing and Aiming Firing Law

3.8.1 자동사격과 조준사격 개요

또 다른 Lanchester 모형은 Blue Force 의 손실은 Red Force 의 조준사격에 의해 발생하고 Red Force 의 손실은 Blue Force 의 자동사격으로 Logarithm 법칙에 의해 발생하는 경우이다. 이러한 경우의 모형은 식 (3−166), (3−167)과 같이 수립할 수 있다.

$$\frac{dB}{dt} = -\alpha R \qquad (3-166)$$

$$\frac{dR}{dt} = -\beta R \qquad (3-167)$$

식 (3−166), (3−167)의 양변을 나누면 $\frac{dB}{dR} = \frac{\alpha}{\beta}$ 이고 적분하면 식 (3−168), (3−169)를 얻는다.

$$\int_{B_0}^{B} \beta\, dB = \int_{R_0}^{R} \alpha\, dR \qquad (3-168)$$

$$\beta(B - B_0) = \alpha(R - R_0) \qquad (3-169)$$

승리의 조건을 찾아보면 식 (3−170)~(3−172)와 같다. 먼저 $B = 0$ 인 경우 $R > 0$ 이면 Red Force가 승리한다.

$$-\beta B_0 = \alpha(R - R_0) \qquad (3-170)$$

$$R = R_0 - \frac{\beta}{\alpha} B_0 > 0 \qquad (3-171)$$

$$\alpha R_0 > \beta B_0 \qquad (3-172)$$

같은 방법으로 Blue Force가 승리하는 조건을 찾아 보면 $\alpha R_0 < \beta B_0$이다.

3.8.2 승리한 측의 잔여 전투력

승리한 측의 잔여 전투력을 찾아보면 다음과 같다. $\beta(B-B_0)=\alpha(R-R_0)$ 에 R과 B에 각각 0을 대입하면 Red Force가 승리하는 경우 잔여병력은 $R=R_0-\frac{\beta}{\alpha}B_0$이 되고 Blue Force가 승리하는 경우 잔여병력은 $B=B_0-\frac{\alpha}{\beta}R_0$ 가 된다.

3.8.3 전투 종료시점

다음으로 전투 종료시점 t 를 찾아보면 식 (3-173)~(3-180)과 같다.

$$\beta(B-B_0)=\alpha(R-R_0) \qquad (3-173)$$

$$R=R_0+\frac{\beta}{\alpha}(B-B_0) \qquad (3-174)$$

$$\frac{dB}{dt}=-\alpha R=-\alpha\left(R_0+\frac{\beta}{\alpha}(B-B_0)\right)=-\alpha R_0-\beta(B-B_0) \qquad (3-175)$$

$$\int_{B_0}^{B}\frac{1}{\alpha R_0+\beta(B-B_0)}dB=\int_0^t -1dt \qquad (3-176)$$

$$\frac{1}{\beta}ln\,(\alpha R_0+\beta(B-B_0)]_{B_0}^{B}=-t \qquad (3-177)$$

$$ln\left(\frac{\alpha R_0+\beta(B-B_0)}{\alpha R_0}\right)=-\beta t \qquad (3-178)$$

$$\alpha R_0+\beta(B-B_0)=\alpha R_0e^{-\beta t} \qquad (3-179)$$

$$B=\frac{1}{\beta}\left(\alpha R_0\left(e^{-\beta t}-1\right)\right)+B_0=B_0+\frac{\alpha}{\beta}R_0\left(e^{-\beta}\ -1\right) \qquad (3-180)$$

B가 0이 될 때 Red Force 승리한다. 따라서 Red Force가 승리하는 시간 t 는 식 (3-181)~(3-185)와 같다.

$$B_0+\frac{\alpha}{\beta}R_0\left(e^{-\beta}\ -1\right)=0 \qquad (3-181)$$

$$e^{-\beta t}-1=-\frac{\beta B_0}{\alpha R_0} \qquad (3-182)$$

$$e^{-\beta}\ =1-\frac{\beta B_0}{\alpha R_0} \qquad (3-183)$$

$$-\beta t=ln\,(1-\frac{\beta B_0}{\alpha R_0}) \qquad (3-184)$$

$$t=-\frac{1}{\beta}ln\,(1-\frac{\beta B_0}{\alpha R_0}) \qquad (3-185)$$

다음으로 Blue Force가 승리하는 시간을 찾아보자. 식 (3−186)~(3−191)로 전개한다.

$$\frac{dR}{dt} = -\beta R \qquad (3-186)$$

$$\int_{R_0}^{R} \frac{1}{R} dR = \int_0^t -\beta dt \qquad (3-187)$$

$$lnR]_{R_0}^{R} = -\beta t \qquad (3-188)$$

$$ln\frac{R}{R_0} = -\beta t \qquad (3-189)$$

$$\frac{R}{R_0} = e^{-\beta t} \qquad (3-190)$$

$$R = R_0 e^{-\beta t} \qquad (3-191)$$

$R = 0$일 때 Blue Force가 승리하므로 Blue Force가 승리하는 시간은 식 (3−192)와 같다.

$$R_0 e^{-\beta} = 0 \qquad (3-192)$$

식 (3−187)을 적분하면 식 (3−191)과 같은 결과를 얻는다. 식 (3−191)을 식 (3−193)으로 다시 쓴다.

$$R = R_0 e^{-\beta t} \qquad (3-193)$$

$t = -\frac{1}{\beta} ln\,(\frac{1}{R_0})$일 때 Red Force의 전투력이 1이 된다. 최소한 $t > -\frac{1}{\beta} ln\,(\frac{1}{R_0})$의 시간이 흐르면 Red Force의 전투력이 1 미만이 된다.

3.8.4 t 시점에서 전투력 비율

다음으로 t시점에서 Blue Force와 Red Force의 전투력 비를 구하면 다음과 같다. 앞에서 t시점에서의 Blue Force와 Red Force의 전투력을 대입하면 식 (3−194)와 같다.

$$\frac{B}{R} = \frac{B_0 + \frac{\alpha}{\beta} R_0 (e^{-\beta t} - 1)}{R_0 e^{-\beta t}} \qquad (3-194)$$

마지막으로, 이 모형과 Geometric Mean 모형과 비교해 보자. 앞에서 유도한 것과 동일하게 $R = R_0 e^{-\beta t}$ 을 $\frac{dB}{dt} = -\alpha R$에 대입하면 식 (3-195)와 같은 결과를 얻는다.

$$B = \frac{\alpha}{\beta} R_0 e^{-\beta t} + B_0 - \frac{\alpha}{\beta} R_0 \qquad (3-195)$$

$\tau = \sqrt{\alpha\beta} t,\ \psi_0 = \frac{B_0 \beta}{R_0 \alpha}$ 라고 정의하면 식 (3-196), (3-197)과 같이 정리할 수 있다.

$$\frac{B(\tau)}{B_0} = {\psi_0}^{-1} exp\left(-\sqrt{\frac{\beta}{\alpha}}\ \tau\right) + 1 - {\psi_0}^{-1} \qquad (3-196)$$

$$\frac{R(\tau)}{R_0} = exp\left(-\sqrt{\frac{\beta}{\alpha}}\ \tau\right) \qquad (3-197)$$

식 (3-196), (3-197)으로부터 식 (3-198)과 같은 관계를 유도할 수 있다.

$$\psi_0 \left(\frac{B(\tau)}{B_0}\right) - \frac{R(\tau)}{R_0} = \psi_0 - 1 \qquad (3-198)$$

이는 Geometric Mean 모형의 형태와 같다.

3.9 Lanchester Law 전환 확률

3.9.1 Square Law

Square 법칙에서 Blue Force 가 패배할 확률은 (B, R)에서 (B−1, R)이 되는 경우이다. 여기서 (B, R)은 어떤 시점에서 Blue Force는 B의 전투력을 가지고 Red Force 는 R 의 전투력을 가지는 경우이다. 전투력을 병력이나 장비 등 이산적인 것으로 가정하면 (B, R)에서 (B−1, R)이 되는 것은 쉽게 이해가 된다. (B, R)에서 (B−1, R)이 되는 확률을 P_{B_1}이라고 하면 식 (3−199)와 같다.

$$P_{B_1} = \frac{\frac{dB}{dt}}{\frac{dB}{dt}+\frac{dR}{dt}} = \frac{\alpha R}{\alpha R+\beta B} = (1 + \frac{\beta B}{\alpha R})^{-1} \qquad (3-199)$$

동일한 방법에서 (B, R)에서 (B, R−1)이 되는 확률을 P_{R_1}이라고 하면 식 (3−200)과 같다.

$$P_{R_1} = \frac{\frac{dR}{dt}}{\frac{dB}{dt}+\frac{dR}{dt}} = \frac{\beta B}{\alpha R+\beta B} = (1 + \frac{\alpha R}{\beta B})^{-1} \qquad (3-200)$$

3.9.2 1st Linear Law

Square 법칙과 동일한 방법으로 P_{B_1}과 P_{R_1}을 구해 보면 식 (3−201), (3−202)와 같다.

$$P_{B_1} = \frac{\frac{dB}{dt}}{\frac{dB}{dt}+\frac{dR}{dt}} = \frac{-\alpha}{-\alpha-\beta} = (1 + \frac{\beta}{\alpha})^{-1} \qquad (3-201)$$

$$P_{R_1} = \frac{\frac{dR}{dt}}{\frac{dB}{dt}+\frac{dR}{dt}} = \frac{-\beta}{-\alpha-\beta} = (1 + \frac{\alpha}{\beta})^{-1} \qquad (3-202)$$

3.9.3 Logarithm Law

Square 법칙과 동일한 방법으로 P_{B_1}와 P_{R_1}을 구해 보면 식 (3−203), (3−204)와 같다.

$$P_{B_1} = \frac{\frac{dB}{dt}}{\frac{dB}{dt}+\frac{dR}{dt}} = \frac{-\alpha B}{-\alpha B-\beta} = (1+\frac{\beta R}{\alpha B})^{-1} \qquad (3-203)$$

$$P_{R_1} = \frac{\frac{dR}{dt}}{\frac{dB}{dt}+\frac{dR}{dt}} = \frac{-\beta R}{-\alpha B-\beta R} = (1+\frac{\alpha B}{\beta R})^{-1} \qquad (3-204)$$

Square Law, 1st Linear Law, Logarithm Law 의 P_{B_1}, P_{R_1}을 일반화하면 식 (3−205), (3−206)과 같다.

$$P_{B_1}(k) = \left(1+\frac{\beta}{\alpha}\left(\frac{B}{R}\right)^k\right)^{-1} \qquad (3-205)$$

$$P_{R_1}(k) = \left(1+\frac{\alpha}{\beta}\left(\frac{R}{B}\right)^k\right)^{-1} \qquad (3-206)$$

$k=0$ 인 경우는 1st Linear Law가 되고 $k=1$인 경우는 Square Law, $k=-1$인 경우는 Logarithm Law 가 된다. 따라서 전투에 대한 실제 통계자료나 모의실험 자료로 k를 추정하면 어떤 전투 모델을 따르는 지 알 수 있다. 식 (3−205)을 전개하여 정리하면 식 (3−207)~(3−210)과 같다.

$$P_{B_1}(k) = \left(1+\frac{\beta}{\alpha}\left(\frac{B}{R}\right)^k\right)^{-1} \qquad (3-207)$$

$$1-P_{B_1}(k) = 1-\left(1+\frac{\beta}{\alpha}\left(\frac{B}{R}\right)^k\right)^{-1} = \frac{\left(1+\frac{\beta}{\alpha}\left(\frac{B}{R}\right)^k\right)-1}{\left(1+\frac{\beta}{\alpha}\left(\frac{B}{R}\right)^k\right)} = \frac{\frac{\beta}{\alpha}\left(\frac{B}{R}\right)^k}{\left(1+\frac{\beta}{\alpha}\left(\frac{B}{R}\right)^k\right)}$$

$$= \frac{\beta}{\alpha}\left(\frac{B}{R}\right)^k\left(1+\frac{\beta}{\alpha}\left(\frac{B}{R}\right)^k\right)^{-1} \qquad (3-208)$$

$$ln\left(1-P_{B_1}(k)\right) = ln\left(\frac{\beta}{\alpha}\right) + kln\left(\frac{B}{R}\right) + lnP_{B_1}(k) \qquad (3-209)$$

$$ln\left(P_{B_1}(k)/(1-P_{B_1}(k))\right) = ln\left(\frac{\alpha}{\beta}\right) + kln\left(\frac{R}{B}\right) \qquad (3-210)$$

동일한 방법으로 $P_{R_1}(k)$에 대해서도 정리하면 식 (3-211)과 같다.

$$ln(P_{R_1}(k)/(1-P_{R_1}(k))) = ln\left(\frac{\beta}{\alpha}\right) + kln\left(\frac{B}{R}\right) \qquad (3-211)$$

식 (3-210), (3-211)로부터 전투의 어떤 시점에서 Blue Force 와 Red Force 의 전투력을 알고 또 다른 자료에서 전환확률의 추정치를 가지고 있다면 정확한 k의 추정이 가능하여 어떤 전투 법칙을 따르는 지 알 수 있다. 또는, 어떤 전투 법칙을 따르는지 알고 전환확률의 추정치를 가지고 있다면 위 두 식의 교점은 전투 손실률의 비율 $\frac{\beta}{\alpha}$가 된다.

$P_{B_1}(k), P_{R_1}(k)$는 $\frac{R}{B}$ 값으로 알 수 있으며 k는 Linear Least Square 적합 방법으로 결정할 수 있다. 1 대 n 교전에서 전환확률은 시작과 종료 상태로부터 직접적으로 추정 가능하다. 단독으로 다수 n과 교전하는 전투원은 상대방을 죽이든지 자신이 죽든지 할 수 있다. 첫번째 전투에서 생존한다면 다음 전투에서 n 중 두번째 상대방을 죽이든지 자신이 죽든지 할 수 있다. 이런 방식으로 계속해 나가면 n이 얼마이든 첫번째 살상 k은 음수인 −0.95 로 판단되어 Logarithm Law 를 적용할 수 있다고 판단된다. 그러나 두번째 살상 k는 +1 에 가깝고 전투의 속성의 빠른 변화를 암시한다. 그 다음 번째의 살상의 데이터는 통계적 의미가 너무 약하다. 이것은 Logarithm Law 가 전차 전투와 관련되어 있다는 확장이다. 전차 부대와의 최초 접촉, 반응 시간, 전개, 주포와 장갑의 관계는 전장에서 너무 복잡하게 작용한다.

3.10 증원과 비전투 손실이 있는 Lanchester 전투모형

전투효과는 전투력, 무기 수, 사거리, 전술, 교리, 정보, 지형 및 기상, 전투근무 지원, 산업 능력 등의 함수로 표현된다. 이러한 관점에서 Lanchester Square 법칙을 확대해 본다. 식 (3-212), (3-213)은 일반적인 Lanchester Square 법칙의 미분 방정식이다.

$$\frac{dB}{dt} = -\alpha R \qquad (3\text{-}212)$$

$$\frac{dR}{dt} = -\beta B \qquad (3\text{-}213)$$

여기에서 γ 와 δ 를 각각 사고, 질병, 탈영 등 Blue Force와 Red Force의 비전투 손실률이라고 정의하고 K와 L을 각각 Blue Force와 Red Force의 전투력 보충이라고 정의한다. 그러면 비전투 손실과 전투력 보충을 고려한 Square 법칙은 식 (3-214), (3-215)와 같이 수정 가능하다.

$$\frac{dB}{dt} = -\alpha R - \gamma B + K \qquad (3\text{-}214)$$

$$\frac{dR}{dt} = -\beta B - \delta R + L \qquad (3\text{-}215)$$

① 만약 $\alpha = \beta, \gamma = \delta, K \neq L$ 이라면 특정시간 t에서 Blue Force 와 Red Force 전투력 $B(t)$와 $R(t)$는 식 (3-216), (3-217)과 같다.

$$B(t) = \frac{L\beta - K\gamma}{\beta^2 - \gamma^2} + E \cdot exp\big((\beta - r)t\big) + F \cdot exp(-(\beta - r)t) \qquad (3\text{-}216)$$

$$R(t) = \frac{K\beta - L\gamma}{\beta^2 - \gamma^2} + E \cdot exp\big((\beta - r)t\big) + F \cdot exp(-(\beta - r)t) \qquad (3\text{-}217)$$

여기서 $E = \frac{1}{2}\left(\left(B_0 + \frac{K}{\beta - \gamma}\right) - \left(R_0 + \frac{L}{\beta - \gamma}\right)\right)$, $F = \frac{1}{2}\left(\left(B_0 + \frac{K}{\beta + \gamma}\right) - \left(R_0 + \frac{L}{\beta + \gamma}\right)\right)$ 이다.

② 만약 $\gamma = \delta = L = 0$ 이라면, 즉 Blue Force 만 전투력 보충이 있고 Red Force 는 전투력 보충이 없는 경우 특정시간 t에서 Blue Force 와 Red Force 전투력 $B(t)$와 $R(t)$는 식 (3−218), (3−219)와 같이 유도할 수 있다.

$$\frac{dB}{dt} = -\alpha R + K = -\sqrt{\alpha}\left(\sqrt{\alpha}R - \frac{K}{\sqrt{\alpha}}\right) = -M \cdot G/\sqrt{\beta} \qquad (3-218)$$

$$\frac{dR}{dt} = -\beta B = -\sqrt{\beta}\left(\sqrt{\beta}B\right) = -M \cdot H/\sqrt{\alpha} \qquad (3-219)$$

여기서 $M = \sqrt{\alpha\beta}$, $G = \sqrt{\alpha}R - \frac{K}{\sqrt{\alpha}}$, $H = \sqrt{\beta}B$이다. $\frac{dH}{dt}$와 $\frac{dG}{dt}$는 각각 식 (3−220), (3−221)과 같다.

$$\frac{dH}{dt} = \sqrt{\beta}\frac{dB}{dt} = \sqrt{\beta}\left(-\frac{M \cdot G}{\sqrt{\beta}}\right) = -M \cdot G \qquad (3-220)$$

$$\frac{dG}{dt} = \sqrt{\alpha}\frac{dR}{dt} = \sqrt{\alpha}\left(-\frac{M \cdot H}{\sqrt{\alpha}}\right) = -M \cdot H \qquad (3-221)$$

식 (3−220), (3−221)은 Square 법칙의 $\frac{dB}{dt} = -\alpha R$, $\frac{dR}{dt} = -\beta B$ 식과 동일한 형태이다. Square 법칙에서 구한 동일한 방법으로 잔여 전투력을 구하면 식 (3−222), (3−223)과 같다.

$$H(t) = \sqrt{\beta}B = \sqrt{\beta}\left(B_0 \cosh\left(\sqrt{\beta\alpha}t\right) - \sqrt{\frac{\alpha}{\beta}}R_0 \sinh\left(\sqrt{\alpha\beta}t\right)\right)$$

$$= \sqrt{\beta}B_0 \cosh\left(\sqrt{\beta\alpha}t\right) - \sqrt{\alpha}R_0 \sinh\left(\sqrt{\alpha\beta}t\right) \qquad (3-222)$$

$$G(t) = \sqrt{\alpha}R - \frac{K}{\sqrt{\alpha}} = \sqrt{\alpha}\left(R_0 \cosh\left(\sqrt{\beta\alpha}t\right) - \sqrt{\frac{\beta}{\alpha}}B_0 \sinh\left(\sqrt{\alpha\beta}t\right)\right) - \frac{K}{\sqrt{\alpha}}$$

$$= \sqrt{\alpha}R_0 \cosh\left(\sqrt{\beta\alpha}t\right) - \sqrt{\beta}B_0 \sinh\left(\sqrt{\alpha\beta}t\right) - \frac{K}{\sqrt{\alpha}} \qquad (3-223)$$

Square 법칙에서 Blue Force 가 승리하려면 $\beta {B_0}^2 > \alpha {R_0}^2$ 조건을 만족해야 하듯이 $\frac{dH}{dt} = -M \cdot G$, $\frac{dG}{dt} = -M \cdot H$ 식에서 Blue Force 가 승리하려면 식 (3−224), (3−225)의 조건을 만족해야 한다.

$$MH_0^2 > MG_0^2 \qquad (3-224)$$

$$H_0 > G_0 \rightarrow \sqrt{\beta}B_0 > \sqrt{\alpha}R_0 - K/\sqrt{\alpha} \qquad (3-225)$$

$t = 0$ 에서 $H_0 = G_0$이면 H와 G는 비대칭적으로 전투력이 0 으로 접근한다. Blue Force 전투력이 0 으로 접근하면 Red Force 전투력은 $K/\sqrt{\alpha}$로 접근한다.

위와 같이 특수한 조건을 부여하지 않고 일반적인 경우에 이 문제를 어떻게 해결하는지 알아보자. 앞에서 말한 대로 Blue Force 와 Red Force 의 전투손실 및 보충 미분 방정식은 식 (3-226), (3-227)과 같다.

$$\frac{dB}{dt} = -\alpha R - \gamma B + K \qquad (3-226)$$

$$\frac{dR}{dt} = -\beta B - \delta R + L \qquad (3-227)$$

식 (3-226), (3-227)은 식 (3-228)과 같이 표현 가능하다.

$$\begin{bmatrix} \frac{dB}{dt} \\ \frac{dR}{dt} \end{bmatrix} = \begin{bmatrix} -\gamma & -\alpha \\ -\beta & -\delta \end{bmatrix} \begin{bmatrix} B \\ R \end{bmatrix} + \begin{bmatrix} K \\ L \end{bmatrix} \qquad (3-228)$$

$X' = AX$ 의 형태 식에서 X는 $Ke^{-\lambda}$ 형태로 나타난다. 여기서 λ는 Eigen Value 이고 K는 Eigen Vector 이며 A는 $\begin{bmatrix} -\gamma & -\alpha \\ -\beta & -\delta \end{bmatrix}$이다. 식 (3-228)을 전개하면 식 (3-229)가 되고 식 (3-229)의 해 λ는 식 (3-230)이며 각각 분리하면 식 (3-231), (3-232)가 된다.

$$|\lambda I - A| = (\lambda + \gamma)(\gamma + \delta) - \alpha\beta = \lambda^2 + (\gamma + \delta)\lambda + \gamma\delta - \alpha\beta = 0 \qquad (3-229)$$

$$\lambda = \frac{-(\gamma+\delta) \pm \sqrt{(\gamma+\delta)^2 - 4(\gamma\delta - \alpha\beta)}}{2} \qquad (3-230)$$

$$\lambda_1 = \frac{-(\gamma+\delta) + \sqrt{(\gamma+\delta)^2 - 4(\gamma\delta - \alpha\beta)}}{2} \qquad (3-231)$$

$$\lambda_2 = \frac{-(\gamma+\delta) - \sqrt{(\gamma+\delta)^2 - 4(\gamma\delta \quad)}}{2} \qquad (3-232)$$

그러므로 Eigen Vector는 식 (3−233), (3−234)와 같다.

$$K_1 = \begin{bmatrix} \frac{\gamma-\delta-\sqrt{(\gamma+\delta)^2-4(\gamma\delta-\alpha\beta)}}{2} \\ \beta \end{bmatrix} \qquad (3-233)$$

$$K_2 = \begin{bmatrix} \frac{\gamma-\delta+\sqrt{(\gamma+\delta)^2-4(\gamma\delta-\alpha\ )}}{2} \\ \beta \end{bmatrix} \qquad (3-234)$$

$\begin{bmatrix} \frac{dB}{dt} \\ \frac{dR}{dt} \end{bmatrix} = \begin{bmatrix} -\gamma & -\alpha \\ -\beta & -\delta \end{bmatrix} \begin{bmatrix} B \\ R \end{bmatrix}$ 식에서 $\begin{bmatrix} B \\ R \end{bmatrix}$은 식 (3−235), (3−236)과 같다.

$$\begin{bmatrix} B \\ R \end{bmatrix} = C_1 \begin{bmatrix} \frac{\gamma-\delta-\sqrt{(\gamma+\delta)^2-4(\gamma\delta-\alpha\beta)}}{2} \\ \beta \end{bmatrix} e^{\frac{-(\gamma+\delta)+\sqrt{(\gamma+\delta)^2-4(\gamma\delta-\alpha\beta)}}{2}t} \qquad (3-235)$$

$$+C_2 \begin{bmatrix} \frac{\gamma-\delta+\sqrt{(\gamma+\delta)^2-4(\gamma\delta-\alpha\beta)}}{2} \\ \beta \end{bmatrix} e^{\frac{-(\gamma+\delta)-\sqrt{(\gamma+\delta)^2-4(\gamma\delta-\alpha\ )}}{2}t} \qquad (3-236)$$

그러므로 B와 R은 식 (3−237), (3−238)과 같다.

$$B = C_1(\lambda_2+\gamma)e^{-\lambda_1 t} + C_2(\lambda_1+\gamma)e^{-\lambda_2 t} \qquad (3-237)$$

$$R = C_1\beta e^{-\lambda_1 t} + C_2\beta e^{-\lambda_2 t} \qquad (3-238)$$

Homogenous Solution 에서 C_1, C_2는 상수이다.

$\begin{bmatrix} K \\ L \end{bmatrix}$의 Particular Solution을 구하기 위해 식 (3−239), (3−240) 으로 놓고 원래의 식을 전개하면 식 (3−241)과 같다.

$$B = C_1(\lambda_2+\gamma)e^{-\lambda_1 t} + C_2(\lambda_1+\gamma)e^{-\lambda_2 t} + C_3 \qquad (3-239)$$

$$R = C_1\beta e^{-\lambda_1 t} + C_2\beta e^{-\lambda_2 t} + C_4 \qquad (3-240)$$

$$\begin{bmatrix} \frac{dB}{dt} \\ \frac{dR}{dt} \end{bmatrix} = \begin{bmatrix} -\gamma & -\alpha \\ -\beta & -\delta \end{bmatrix} \begin{bmatrix} B \\ R \end{bmatrix} + \begin{bmatrix} K \\ L \end{bmatrix} \qquad (3-241)$$

$\frac{dB}{dt}$는 식 (3-242)가 된다.

$$\frac{dB}{dt}=C_1\lambda_1(\lambda_2+\gamma)e^{\lambda_1 t}+C_2\lambda_2(\lambda_1+\gamma)e^{\lambda_2 t}=-C_1\gamma(\lambda_2+\gamma)e^{\lambda_1 t}-C_2\gamma(\lambda_1+\gamma)e^{\lambda_2 t}-C_3\gamma-C_1\alpha\beta e^{\lambda_1 t}-C_2\alpha\beta e^{\lambda_2 t}-C_4\alpha+K \qquad (3-242)$$

여기에서 K는 상수항끼리 비교하면 식 (3-243)과 같다.

$$K=C_3\gamma+C_4\alpha \qquad (3-243)$$

$\frac{dR}{dt}$ 는 식 (3-244)가 된다.

$$\frac{dR}{dt}=C_1\lambda_1\beta e^{\lambda_1 t}+C_2\lambda_2\beta e^{\lambda_2 t}$$
$$=-C_1\beta(\lambda_2+\gamma)e^{\lambda_1 t}-C_2\beta(\lambda_1+\gamma)e^{\lambda_2 t}-C_3\beta-C_1\delta\beta e^{\lambda_1 t}-C_2\delta\beta e^{\lambda_2 t}-C_4\delta+L \quad (3-244)$$

여기에서 L는 상수항끼리 비교하면 식 (3-245)와 같다.

$$L=C_3\beta+C_4\delta \qquad (3-245)$$

그러면 식 (3-246)으로 재정리할 수 있고 $\begin{bmatrix}C_3\\C_4\end{bmatrix}$는 식 (3-247)로 $\begin{bmatrix}B\\R\end{bmatrix}$은 식 (3-248)이 된다.

$$\begin{bmatrix}\gamma & \alpha\\ \beta & \delta\end{bmatrix}\begin{bmatrix}C_3\\C_4\end{bmatrix}=\begin{bmatrix}K\\L\end{bmatrix} \qquad (3-246)$$

$$\begin{bmatrix}C_3\\C_4\end{bmatrix}=\frac{1}{\gamma\delta-\alpha\beta}\begin{bmatrix}\gamma & -\alpha\\ -\beta & \delta\end{bmatrix}\begin{bmatrix}K\\L\end{bmatrix}=\frac{1}{\gamma\delta-\alpha}\begin{bmatrix}\delta K-\alpha L\\ -\beta K+\gamma L\end{bmatrix} \qquad (3-247)$$

$$\begin{bmatrix}B\\R\end{bmatrix}=C_1K_1e^{-\lambda_1 t}+C_2K_2e^{-\lambda_2 t}+\frac{1}{\gamma\delta-\alpha}\begin{bmatrix}\delta K-\alpha L\\ -\beta K+\gamma L\end{bmatrix} \qquad (3-248)$$

여기서 $\lambda_1,\lambda_2,K_1,K_2$는 다음과 같다.

$\lambda_1 = \frac{-(\gamma+\delta)+\sqrt{(\gamma+\delta)^2-4(\gamma\delta-\alpha\ )}}{2}$, $\lambda_2 = \frac{-(\gamma+\delta)-\sqrt{(\gamma+\delta)^2-4(\gamma\delta-\alpha\ )}}{2}$, $K_1 = \begin{bmatrix} \lambda_2 + \gamma \\ \beta \end{bmatrix}$, $K_2 = \begin{bmatrix} \lambda_1 + \gamma \\ \beta \end{bmatrix}$ 이다.

3.11 Lanchester 전투모형의 확장

3.11.1 Helmbold 전투모형

Helmbold 전투모형은 어떤 전투 단계에서 Square 법칙, Linear 법칙, Logarithm 법칙이 선별적으로 지배되는 경우 계수를 적절히 조정하여 융통성 있게 사용 가능한 전투모형이다. 아래와 같은 $h(z)$ 함수를 생각해 보자. 이 함수의 성질은 다음과 같은 2가지를 만족한다.

① $h(z)$: 독립 변수 z 의 완전 증가 함수이다.
② $h(1) = 1$

$h_R(\bullet)$, $h_B(\bullet)$ 함수는 $h(z)$의 하나라고 가정한다. 그러면 Helmbold 전투모형은 식 (3−249), (3−250)과 같은 형태의 미분방정식으로 정의한다.

$$\frac{dB}{dt} = -\alpha \cdot h_R(\frac{B}{R}) \cdot R \qquad (3-249)$$

$$\frac{dR}{dt} = -\beta \cdot h_B(\frac{R}{B}) \cdot B \qquad (3-250)$$

$\frac{B}{R} > 1$ 이면 Red Force가 선택할 수 있는 Blue Force의 표적이 증가한다. $\frac{dB}{dt}$는 $\frac{B}{R}$ 비율보다 더 증가한다.

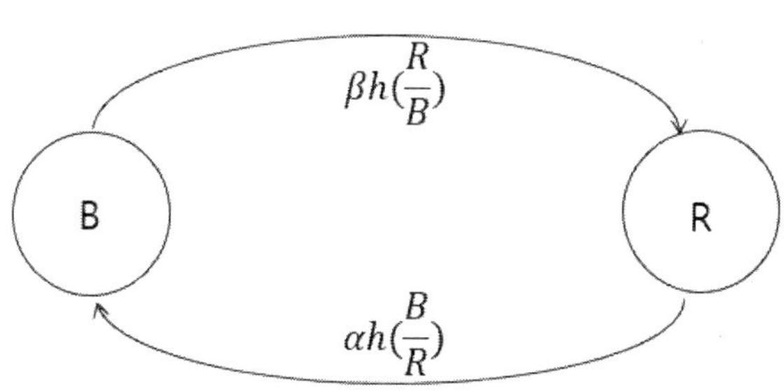

그림 3.32 Helmbold 전투모형 개념도

만약 $h(z)$가 Power Function 이면 $\frac{dB}{dt}$와 $\frac{dR}{dt}$은 식 (3−251), (3−252)와 같이 표현할 수 있다.

$$\frac{dB}{dt} = -\alpha\left(\frac{B}{R}\right)^{c} R = -\alpha B^{c} R^{1-c} \qquad (3-251)$$

$$\frac{dR}{dt} = -\beta\left(\frac{R}{B}\right)^{c} B = -\beta R^{c} B^{1-c} \qquad (3-252)$$

여기서 $c \in (0,1)$ 이다.

이러한 형태의 전투모형을 Helmbold 전투모형이라고 한다. 이는 규모의 비효율성을 의미하는데 대부대와 소부대가 전투를 할 때 전투지역이 협소하거나, 기상, 시간과 공간적 제약으로 인해 대부대의 모든 부대들이 전투에 참가하는 것은 아닌 것으로 설명 가능하다. 즉, 대부대의 전투력이 전부 다 전투에 기여하는 것이 아닐 경우 Helmbold 모형은 의미가 있고 현실적인 현상과 부합한다.

반면, 고전적 Lanchester 전투모형은 적대 전투력이 아무리 불균형일지라도 적에 대한 전반적 파괴능력은 불체감 효과를 갖는다는 가정을 하고 있다. 그러나 가용한 공간의 제한은 지형의 차폐효과 및 반응시간 효과는 말할 것도 없이 전투력의 전반적 파괴능력의 이용을 상당히 제한할 것이다. 식 (3−251), (3−252)의 양변을 나누어 보면 식 (3−253)과 같다.

$$\frac{dB}{dR} = \left(\frac{\alpha}{\beta}\right)\left(\frac{B}{R}\right)^{2c-1} = \left(\frac{\alpha}{\beta}\right)\left(\frac{R}{B}\right)^{d-1} \qquad (3-253)$$

여기서 $d = 2(1-c)$이다.

① $d \neq 0$ 인 경우

$$\int_{B}^{B_0} \beta B^{d-1}\, dB = \int_{R}^{R_0} \alpha R^{d-1}\, dR \qquad (3-254)$$

$$\beta(B_0^d - B^d) = \alpha(R_0^d - R^d) \qquad (3-255)$$

② $d = 0$ 인 경우

$$\int_B^{B_0} \beta \frac{1}{B} dB = \int_R^{R_0} \alpha \frac{1}{R} dR \qquad (3-256)$$

$$\beta ln\left(\frac{B_0}{B}\right) = \alpha ln\left(\frac{R_0}{R}\right) \qquad (3-257)$$

즉, $c = 0(d = 2)$ 인 경우는 Square 법칙이 되고 $c = \frac{1}{2}(d = 1)$ 인 경우는 Linear 법칙이 되고 $c = 1(d = 0)$ 인 경우는 Logarithm 법칙이 되며 $c = \frac{3}{4}(d = \frac{1}{2})$인 경우는 Square Root 법칙이 된다.

Weiss 계수 w를 $w = \frac{d}{2} = 1 - c$, $w \in (0,1)$로 정의하면 $\frac{dB}{dt} = -\alpha\left(\frac{B}{R}\right)^c R$, $\frac{dR}{dt} = -\beta\left(\frac{R}{B}\right)^c B$ 는 식 (3-258), (3-259)와 같이 전환 가능하다.

$$\frac{dB}{dt} = -\alpha\left(\frac{B}{R}\right)^{1-w} R \qquad (3-258)$$

$$\frac{dR}{dt} = -\beta\left(\frac{R}{B}\right)^{1-w} B \qquad (3-259)$$

식 (3-258), (3-259)를 나누어 보면 식 (3-260)과 같은 손실교환율을 얻는다. 식 (3-260)을 정리하여 적분하는 절차는 식 (3-261)~(3-263)과 같다.

$$\frac{dB}{dR} = (\alpha/\beta)(\frac{B}{R})^{1-2w} = (\alpha/\beta)(\frac{R}{B})^{2w-1} \qquad (3-260)$$

$$\beta B^{2w-1} dB = \alpha R^{2w-1} dR \qquad (3-261)$$

$$\int_B^{B_0} \beta B^{2w-1}\, dB = \int_R^{R_0} \alpha R^{2w-1}\, dR \qquad (3-262)$$

$$\beta(B_0^{2w} - B^{2w}) = \alpha(R_0^{2w} - R^{2w}) \qquad (3-263)$$

$w = 0$인 경우는 Logarithm Law 가 되고 $w = \frac{1}{2}$ 인 경우는 Geometric Mean (Linear) Law 가 되고 $w = 1$ 인 경우는 Square Law 가 된다. Geometric Mean Law가 Linear Law로 불리는 이유는 변수변환을 통해 Linear Law가 되기 때문이다.

$u = \frac{B}{R}$로 두면 $\frac{du}{dt}$은 식 (3−264)가 된다.

$$\frac{du}{dt} = \frac{1}{R}\frac{dB}{dt} - BR^{-2}\frac{dR}{dt} = \frac{1}{R}\left[-\alpha\left(\frac{B}{R}\right)^{1-w}R\right] - BR^{-2}\left[-\beta\left(\frac{R}{B}\right)^{1-w}B\right]$$

$$= \frac{1}{R}[-\alpha(u)^{1-w}R] - BR^{-2}[-\beta(u)^{w-1}B] = u^{1-w}(\beta u^{2w} - \alpha) \qquad (3-264)$$

여기서 $v = u^w$ 이라고 두면 $\frac{dv}{dt}$는 식 (3−265)이 된다.

$$\frac{dv}{dt} = \frac{dv}{du}\cdot\frac{du}{dt} \qquad (3-265)$$

$\frac{dv}{dt}$를 구하기 위해 먼저 $\frac{dv}{du}$ 를 구하면 식 (3−266)과 같다.

$$\frac{dv}{du} = wu^{w-1} \qquad (3-266)$$

다음으로 $\frac{du}{dt}$ 는 앞에서 구한 $\frac{du}{dt} = u^{1-w}(\beta u^{2w} - \alpha)$를 $\frac{dv}{dt}$ 에 적용하면 식 (3−267)과 같다.

$$\frac{dv}{dt} = \frac{dv}{du}\cdot\frac{du}{dt} = (wu^{w-1})[u^{1-w}(\beta u^{2w} - \alpha)] = w(\beta v^2 - \alpha) \qquad (3-267)$$

여기서 $v_0 = \frac{{B_0}^w}{{R_0}^w}$, $v = \frac{B^w}{R^w}$ 이므로 $p = B^w, q = R^w$ 로 놓으면 식 (3−268), (3−269)와 같다.

$$\frac{dp}{dt} = \frac{dp}{dB}\cdot\frac{dB}{dt} = (wB^{w-1})(-\alpha u^{1-w}R) = (wB^{w-1})\left(-\alpha u^{1-w}q^{\frac{1}{w}}\right) =$$

$$(wB^{w-1})\left(-\alpha\left(\frac{B}{R}\right)^{1-w}q^{\frac{1}{w}}\right) \qquad (3-268)$$

$$\frac{dp}{dt} = -w\alpha q,\ p_0 = {B_0}^w \qquad (3-269)$$

동일한 방법으로 $\frac{dq}{dt} = -w\beta p,\ q_0 = {R_0}^w$ 가 된다.

위 미분방정식은 Linear 법칙의 형태와 같다.

식 (3-270)~(3-275)은 위에서 푼 미분 방정식을 해결하는데 참고하는 부분이다.

$$\frac{d}{dx}\left(\frac{u}{v}\right) = \frac{v\frac{du}{dx} - u\frac{dv}{dx}}{v^2} \qquad (3-270)$$

$$\frac{d}{dt}\left(\frac{B}{R}\right) = \frac{R\frac{dB}{dt} - B\frac{dR}{dt}}{R^2} \qquad (3-271)$$

$$R\frac{dB}{dt} = R\left(-\alpha\left(\frac{B}{R}\right)^{1-w} R\right) = -\alpha R^2\left(\frac{B}{R}\right)^{1-w} \qquad (3-272)$$

$$B\frac{dR}{dt} = B\left(-\beta\left(\frac{B}{R}\right)^{1-w} B\right) = -\beta B^2\left(\frac{B}{R}\right)^{w-1} \qquad (3-273)$$

$$\frac{R\frac{dB}{dt}}{R^2} = \frac{-\alpha R^2\left(\frac{B}{R}\right)^{1-w}}{R^2} = \frac{-\alpha R^2 u^{1-w}}{R^2} = -\alpha u^{1-w} \qquad (3-274)$$

$$\frac{B\frac{dR}{dt}}{R^2} = \frac{-\beta B^2\left(\frac{B}{R}\right)^{w-1}}{R^2} = -\beta\left(\frac{B}{R}\right)^{w+1} = -\beta u^{w+1} \qquad (3-275)$$

3.11.2 Bracken 전투모형

Bracken 전투모형은 공격과 방어의 유리한 점을 묘사하는 계수를 추가하였으며 Red Force 전투력과 Blue Force 전투력에 지수를 추가하여 모든 전투모형을 일반화하는 모형이다. Bracken 전투모형은 식 (3-276), (3-277)과 같다.

$$\frac{dB}{dt} = -\alpha \cdot \left(\frac{d^2 I\{\overline{BA}\} + I\{BA\}}{d}\right) R^p B^q \qquad (3-276)$$

$$\frac{dR}{dt} = -\beta \cdot \left(\frac{d^2 I\{BA\} + I\{\overline{BA}\}}{d}\right) B^p R^q \qquad (3-277)$$

여기서 각 Notation 은 다음을 의미한다.

$\overline{BA}$: Blue Force 공격

BA : Red Force 공격

$$I\{\bullet\} = \begin{cases} I\{x\} = 1 \ if \ x \ is \ true \\ I\{x\} = 0 \ if \ x \ is \ false \end{cases}$$

만약 Blue Force가 방어를 하면 전술 매개변수 $d < 1$이고 Blue Force가 유리한 점승수 d를 가지고 Red Force는 반대로 불리한 것을 묘사하기 위해 d의 역수인 $1/d$을 가진다.

3.11.3 Scheiber 전투모형

T. S. Scheiber 가 수립한 전투모형은 전투지휘의 효율성에 관한 모형이다. Scheiber 전투모형은 식 (3−278), (3−279)와 같으며 여기서 $e_R, e_R \in (0,1)$ 로서 전투지휘의 효율성이며 완전한 전투지휘가 달성될 때 1로 둔다.

$$\frac{dB}{dt} = -\alpha\left(\frac{BR}{B_0 - e_R(B_0 - B)}\right) \qquad (3-278)$$

$$\frac{dR}{dt} = -\beta\left(\frac{BR}{R_0 - e_R(R_0 - R)}\right) \qquad (3-279)$$

3.11.4 Hartly 전투모형

Hartly 는 수 많은 전쟁사를 분석하여 식 (3−280), (3−281)과 같은 전투모형을 수립하였다.

$$\frac{dB}{dt} = -e^C \cdot B^D \cdot R^E \qquad (3-280)$$

$$\frac{dR}{dt} = -e^F \cdot B^G \cdot R^H \qquad (3-281)$$

여기서 C, D, E, F, G, H는 상수로서 회귀분석으로 도출한다. C, F는 전사로부터 획득 가능하고 전투별로 상이하다. 그러나 $D - G = H - E$ 관계는 모든 전투에서 타당한 상수 관계라고 주장하였다.

3.12 다양한 상황에서의 Lanchester 전투모형

3.12.1 Square 법칙에서 전투 중 전투력 증원이 있는 경우

$$\frac{dB}{dt} = -\alpha R + C \qquad (3-282)$$

$$\frac{dR}{dt} = -\beta B + D \qquad (3-283)$$

여기서 C, D 는 각각 Blue Force 와 Red Force 의 전투력 증원 규모이다.

3.12.2 Square 법칙에서 Blue Force의 항공지원이 있는 경우

$$\frac{dB}{dt} = -\alpha R \qquad (3-284)$$

$$\frac{dR}{dt} = -\beta B - S \cdot G \cdot H \cdot K \qquad (3-285)$$

여기서 S는 Blue Force 의 단위 시간당 항공기 출격수, G는 출격 항공기 생존율, H 는 장착 무장의 투하 성공률, K 는 Blue Force 항공기에 의한 Red Force 손실률이다.

3.12.3 Square 법칙에서 양측 모두 화력지원이 가용시

$$\frac{dB}{dt} = -\alpha R - E(B) \qquad (3-286)$$

$$\frac{dR}{dt} = -\beta B - E(R) \qquad (3-287)$$

여기서 $E(B)$는 단위시간 당 Red Force 화력지원 부대 사격에 의한 Blue Force 의 손실률이며 $E(R)$ 은 단위시간 당 Blue Force 화력지원 부대 사격에 의한 Red Force 의 손실률이다.

3.12.4 다양한 형태의 전투모형 Diagram

3.12.4.1 기타 전투모형 1

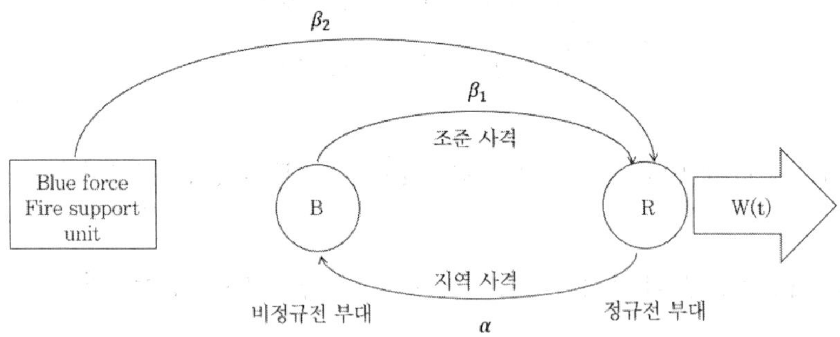

그림 3.33 정규전 부대와 비정규전 부대 전투.
비정규전부대의 화력지원과 정규전부대 철수가 있는 경우

3.12.4.2 기타 전투모형 2

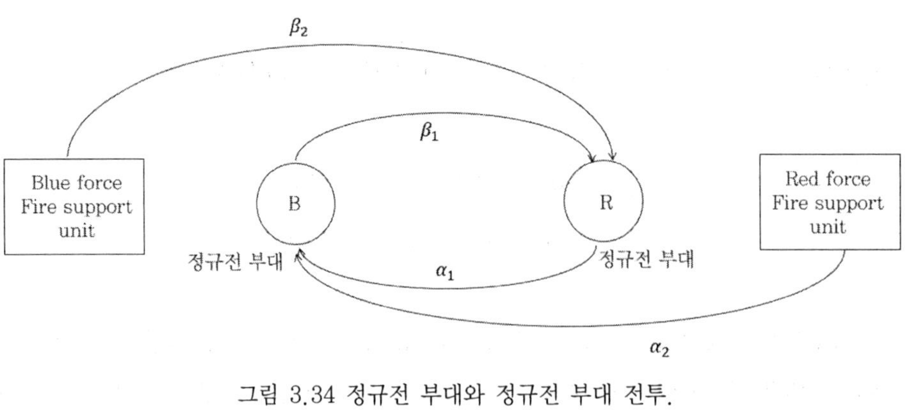

그림 3.34 정규전 부대와 정규전 부대 전투.
양측 모두 화력지원이 있는 경우

3.12.4.3 기타 전투모형 3

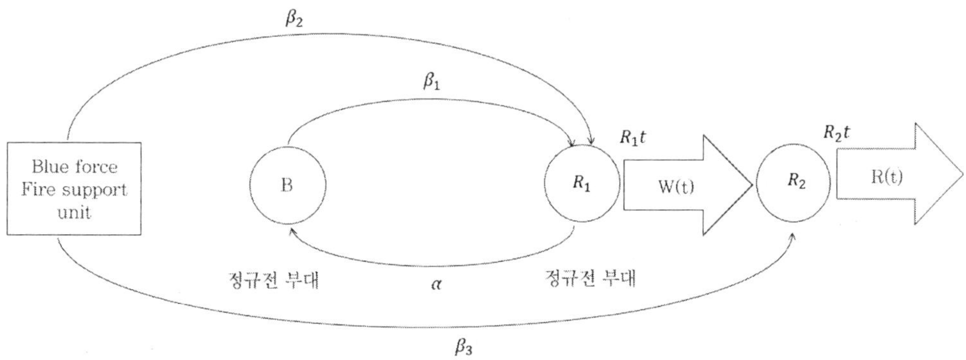

그림 3.35 정규전 부대와 정규전 부대 전투,
Blue Force 의 화력지원과 Red Force 의 2 단계 철수가 있는 경우

3.12.4.4 기타 전투모형 4

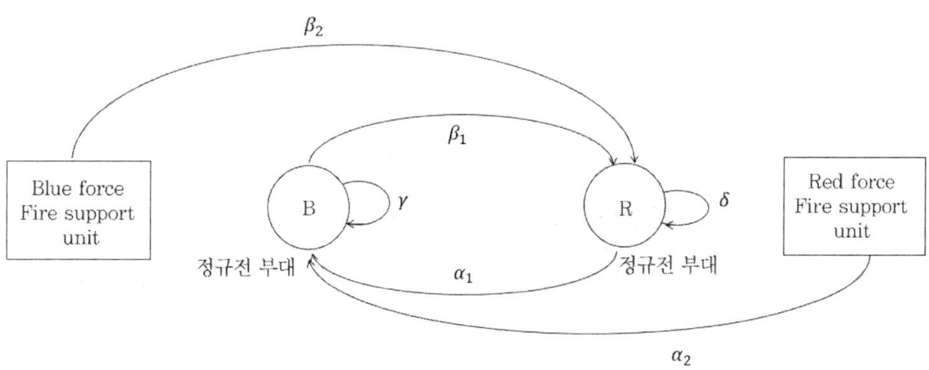

그림 3.36 정규전 부대와 정규전 부대 전투.
양측 모두 화력지원이 가능하며 비전투 손실이 있는 경우

3.12.4.5 기타 전투모형 5

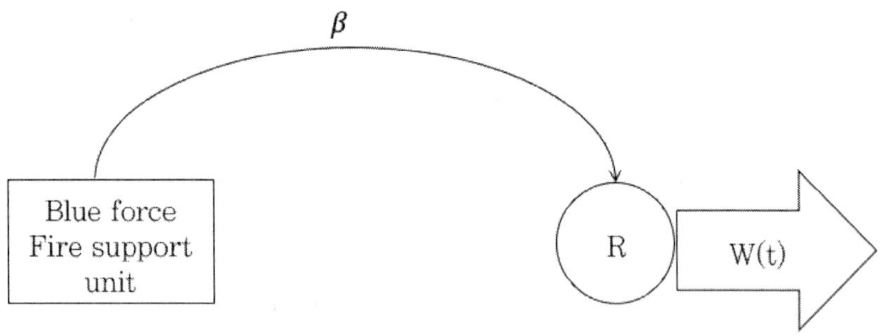

그림 3.37 Blue Force 화력지원부대에 의해 Red Force 가 일방적으로 공격을 당하며, Red Force 는 철수가 가능한 경우

3.12.4.6 기뢰전 전투모형

기뢰는 수중에 설치되어 함선이 접근 또는 접촉했을 때, 자동 또는 원격 조작에 의해 폭발하는 수중 병기이다. 지뢰와 수뢰를 통틀어 기뢰라고 하는 경우도 있으나, 기뢰라고 하면 보통 수뢰만을 가리킨다.

그림 3.38 기뢰전 개념

기뢰전을 Lanchester 방정식으로 설정하기 위해 먼저 다음과 같은 Notation을 정의한다.

M: 기뢰
ML: 기뢰 부설함
L: 선박 손실
CL: 기뢰끼리의 접촉으로 발생하는 저항력
S: 소해함

소해함은 기뢰를 소해하고 기뢰에 의해 피해를 볼 수도 있다. 마찬가지로 기뢰끼리 접촉하여 폭발하여 기뢰가 피해를 입을 수 있다. 기뢰는 매일 기뢰의 특성으로 0.02 불발률을 가지고 있다고 가정하고 기뢰 부설함은 매일 1척이 배치되고 함정이 작전을 할 수 있는 한 매일 10개의 기뢰를 부설한다고 가정한다. 소해함에 의한 기뢰의 제거는 소해함 수의 10%이며 소해함의 손실은 0.1%라고 가정한다. 기뢰끼리의 접촉으로 발생하는 저항력에 의한 매일 기뢰의 손실은 0.01%이다. 기타 조건으로는 더 이상의 추가되는 전력은 없다고 생각해 보자. 그러면 기뢰전은 식 (3-288)~(3-292)와 같이 Lanchester 모형으로 설정할 수 있다.

$$\frac{dM}{dt} = 10ML - 0.1 \cdot S \cdot M - 0.02M - 0.0001 \cdot CL \cdot M \qquad (3-288)$$

$$\frac{dCL}{dt} = -0.0001 \cdot CL \cdot M \qquad (3-289)$$

$$\frac{dS}{dt} = -0.001 \cdot S \cdot M \qquad (3-290)$$

$$\frac{dL}{dt} = 0.02M \qquad (3-291)$$

$$\frac{dML}{dt} = -0.02 \cdot CL \cdot ML + 1 \qquad (3-292)$$

3.12.4.7 대공전투 전투모형

대공전투를 모형화하는 방법을 살펴보면, 4개 상태변수로서 각각 공격 항공기(A), 제압 항공기(S), 표적에 투하된 누적 폭탄(C), 대공사격 진지(F)이다. 대공사격 진지는 항공기의 두 기종에 대해 사격하고, 또한 표적에 폭탄을 투하하기 위한 공격

항공기의 정확도 감소에 영향을 준다. 대공사격 진지는 제압 항공기에 의해서 파괴된다. 가정 사항은 다음과 같다.

1. 1일 1임무
2. 공격 항공기에 대항하여 사격하는 대공사격 진지의 수 A 은 대공사격 진지별 제압항공기의 수에 의존하여 사격한다. $N \equiv F \cdot exp(-\frac{S}{F})$ 대공사격 진지는 공격 항공기를 사격한다.
3. 공격 항공기에 사격하는 하나의 대공사격 진지의 격추 확률은 0.05이다. 공격 항공기는 하루에 0.1씩 재공급된다.
4. 각각의 제압 항공기는 임무당 0.1의 확률로 대공사격 진지를 파괴한다.
5. 각각의 대공사격 진지는 0.02의 확률로 제압 항공기를 격추한다.
6. 공격 항공기의 폭탄 1개가 정확하게 투하될 확률은 $1 - exp\left(-0.5\left(\frac{r_0}{\sigma}\right)^2\right)$ 이고, $r_0 = 100m$, $\sigma = 100(1 + \frac{0.5N}{A})$ 이다. 항공기 폭탄 정확도는 항공기당 사격하는 대공사격 진지의 수의 증가에 의해 영향을 받는다.

그림 3.39 대공전 모습

위 사항의 가정하에 대공전투를 나타내는 미분방정식은 식 (3−293)~(3−296)과 같다.

$$\frac{dA}{dt} = -0.05N + 0.1, \quad A > 0 \qquad (3-293)$$

$$\frac{dS}{dt} = -0.02F, \quad S > 0 \qquad (3-294)$$

$$\frac{dC}{dt} = A\left(1 - \frac{\exp(-0.5)}{\left(1+\frac{0.5N}{A}\right)^2}\right), \quad C > 0 \qquad (3-295)$$

$$\frac{dF}{dt} = -0.1S,\ F > 0 \qquad (3\text{-}296)$$

N 은 상태변수가 아니지만 F 와 S에 의해서 결정되는 양은 식 (3-293)~(3-296)에 대입하면 제거된다. 대공사격 진지 또는 제압 항공기는 Square Law 전투를 하기 때문에 결국 파괴된다. 이러한 형태의 전투를 모형화하기 위하여 상미분방정식의 사용을 포함하는 문제는 가정 사항이 작전적인 경험이나 시험의 다른 형태들에 바탕을 두어야 한다. 모형에서 Square Law 유형의 가정은 기뢰 사례에서의 Linear Law 가정들과는 상반되는 것을 파악할 수 있다.

식 (3-293)~(3-296)은 더 정확하게 표현할 뿐 아니라 간략하게 상황을 요약하고 있다. 주어진 초기값으로 식 (3-293)~(3-296)을 수리적으로 풀 수 있는데 5개의 상태 변수들이 시간의 함수로 표현된다. CL 과 S 가 궁극적으로 0으로 수렴하는데 추가 배치가 없기 때문이다. 반면 ML, M, L 은 아주 큰 값이 될 것이다. 이 식은 초기 값의 민감도 분석뿐만 아니라 매개변수 변화의 충격을 확인하는데 사용될 수 있다.

3.12.4.8 호위함과 잠수함 전투모형

제 2 차 세계대전시 대서양에서 U Boat 전쟁의 실제적인 전투를 아래와 같이 검토한다. 잠수함은 '이리떼 전술(Wolf Packs)'로 작전하고, 모든 함정은 호위함에 의해 호송된다. Morse와 Kimball은 c 호위함에 의해 방어되는 상선이 n 잠수함의 공격을 받을 때 각각 $5n/c$ 상선과 $nc/100$ U Boat를 잃게 된다고 가정하였다. U Boat 와 호위함의 교환 비율은 대략 5/1이고, 호위함의 평균 손실 수는 $nc/500$으로 가정한다. 다른 사항은 시간에 따른 관계로 아래와 같이 Notation을 정의한다.

M: 누적 침몰상선 수

S: 잔여 잠수함 수

E: 잔여 호위함 수

P_c: 호위함이 초계중인 잠수함에 의해 공격받을 확률 (0.01)

t_c: 출발-도착 양 방향에서 호송되는 호송시간 (30일)

T_c: 호송에 필요한 전체 소요 시간 (50일)

f_c: 피호송함을 호위하는 호위함의 수 비율 ($\frac{t_c}{T_c} = 0.6$)

t_s: 잠수함의 초계 기간 (20일)

T_s: 잠수함의 순환 주기 (50일)

f_s: 초계중인 잠수함 수 비율 ($\frac{t_s}{T_s} = 0.4$)

r: 피호송함의 출발률 (1/일)

m: 호송 규모 (40)

n: 잠수함 규모 (4)

P_s: 호위 이외의 원인으로 인한 잠수함 순환 주기당 손실확률 (0.04)

R_s: 잠수함 교체율 (0.7/일)

R_E: 호위함 교체율 (0.5/일)

Sf_s/n: 초계중인 잠수함 수

e: 집계 교전의 양방향 교전률 $(2r)(p_c)(\frac{S \cdot f_s}{n})$

c: 호위함/피호송함 $\frac{E \cdot f_c}{r \cdot t_c} = E/(r \cdot T_c)$

그림 3.40 호위함과 잠수함 전투

위에서 설정한 가정사항으로 Lanchester System을 적용하면 시간경과에 따른 상선, 잠수함 및 호위함의 수를 식 (3-297)~(3-299)와 같이 설정할 수 있다.

$$\frac{dM}{dt} = e\left(\frac{5n}{c}\right) = 10r^2 T_c P_c f_s \left(\frac{S}{E}\right),\ M > 0 \qquad (3-297)$$

$$\frac{dS}{dt} = -e\left(\frac{nc}{100}\right) - \frac{P_S S}{T_S} + R_S = -\left(\left(\frac{2P_c f_S}{100T_c}\right)E + \frac{P_S}{T_S}\right)S + R_S,\ s > 0 \qquad (3-298)$$

$$\frac{dE}{dt} = -e\left(\frac{nc}{500}\right) + R_E = -\left(\frac{2P_c f_S}{500T_c}\right)ES + R_E,\ E > 0 \qquad (3-299)$$

상선의 손실률은 항해율의 제곱에 비례하고, 호송의 규모와는 상관이 없다. 만약 호송 규모가 두 배, 항해율이 절반으로 되면 상선은 호위함의 보호가 증가되기 때문에 적은 수의 교전이 발생되며, 교전당 손실률도 적다. 이러한 현상은 2차 세계대전에서 호송 규모의 증가를 이끌었다. 잠수함 규모는 잠수함 투입의 참혹한 효과가 기록된 전투 역사의 차이로 인해 식으로 표현할 수 없다. 그러나 잠수함 조우의 효과는 불행하게도 참혹한 파괴를 가져왔고, 그 영향은 잠수함 규모에 역비례하는 조우율에 의해 이 식에서 정확하게 균형을 이룬다. 위의 Notation에서 정의된 값을 수식에 대입하면 식 (3-300)~(3-302)와 같다.

$$\frac{dM}{dt} = 2\left(\frac{S}{E}\right),\ M > 0 \qquad (3-300)$$

$$\frac{dS}{dt} = -(1.6 \times 10^{-6}E + 8 \times 10^{-4})S + 0.7,\ S > 0 \qquad (3-301)$$

$$\frac{dE}{dt} = -3.2 \times 10^{-7}SE + 0.5,\ E > 0 \qquad (3-302)$$

그림 3.41은 모든 3가지 곡선을 동일 척도로 유지하기 위하여 상선의 손실률을 2으로 나누는 것을 제외하고, 최초 조건 $M(0) = 0, S(0) = 50, E(0) = 100$ 으로 한 결과를 보여준다. 2,000일 동안 상선은 2×1,250=2,500척이 침몰하였다. 호위함 수량은 그 기간 동안 약 0.5/일의 비율로 증가되었고, 호위 소모율은 무시할 수 있다. 잠수함수는 결국 최고점에 도달하였고, 감소하였으나 실제 발생하였던 것처럼 빠르거나 파국적이지 않았다. 이것의 주요한 이유는 P_S 가 실제로 2차 세계대전동안 시간이 지나면서 증가하였다.

대서양전투에서는 다른 최초 조건이나 매개변수를 가진 사용자의 실험을 용이하게 한다. 예를 들면, 우수한 잠수함 센서로 인한 P_c 의 변화, 구축 성능의 증가되는 이익을 설명하기 위한 R_E의 변화 등 매우 많은 응용이 가능하다. 그러나 호송교전은 Morse와 Kimball 식에 의해서 접근되었으며, 잠수함은 충분히 빠르게 호위함을 침몰시킬 수 없기 때문에 장기간에 걸쳐 운용되었다.

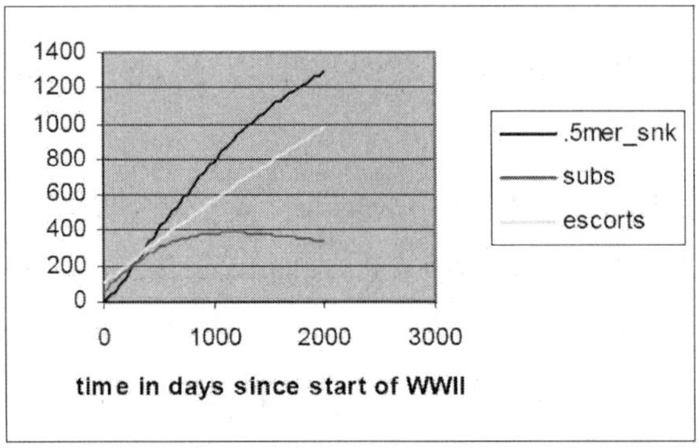

그림 3.41 호위함과 잠수함 전투 전투력 변화

다른 모형과 같이 Lanchester 모형은 일부 특징을 가지고 구축되었다. 모형내 결심은 계수나 최초의 양에게 몇몇 효과척도(MOE)의 감도를 보여주기 위하여 사용되는 모델과 함께 일반적으로 무기체계와 수를 포함한다. 그러나 전술적인 의문은 Lanchester System 구조 안에서 연구될 수 있다.

예를 들어 E 호위함에 의해 방어되는 M 상선의 호송을 공격하는 가상의 S 잠수함을 고려한다. 잠수함은 상선보다 구축함을 먼저 공격해야 할지 상선을 먼저 공격해야 할지를 결심해야 한다. 이러한 무장 할당문제는 통제변수를 가지는 Lanchester System에서 공식으로 나타낼 수 있다. 또한 포가 전진한 적 또는 적을 지원하는 포를 사격해야 하는 지의 사례에 기초하였다. 현재 사례를 보면 식 (3-303)~(3-305)과 같다.

$$\frac{dM}{dt} = 2Su(t),\ M > 0 \qquad (3\text{-}303)$$

$$\frac{dS}{dt} = -E,\ S > 0 \qquad (3\text{-}304)$$

$$\frac{dE}{dt} = -0.5S(1 - u(t)),\ E > 0 \qquad (3\text{-}305)$$

$u(t)$는 시간 t 시간에 잠수함 전력이 상선을 침몰시키기 위해 투입된 노력의 양이다. 잠수함이 호위함에 대항하는 것만큼 상선에 효과적으로 대응하는 것은 세 차례라고 알려져 있다. 장거리 대잠전 항공기가 2시간 안에 도착할 것이라고

가정하면, 잠수함은 임무를 그만 두어야 하고, 잠수함의 효과척도는 전적으로 그때의 생존 잠수함에 바탕을 둔다. 다시 말하면, 효과척도가 $3S(2) - M(2) - E(2)$ 라고 가정하면 잠수함 함장은 근본적으로 침몰한 각각의 적 함정에서 1점을 얻고, 침몰한 각 잠수함에서 3점을 잃는다.

최초 값이 $M(0) = 50, S(0) = 15, E(0) = 8$ 이라고 가정하면 $0 \le t \le 2$ 에서 각각의 통제함수 $u(t)$ 는 효과척도의 명확한 값과 결합할 수 있고 '최고의 가능한 통제함수는?' 의 의문을 고려할 수 있다. 잠수함은 구축함보다 쉽게 침몰하기 때문에 상선을 공격하기 위하여 그들의 모든 시간을 사용한다고 생각할지도 모른다.

그러나 잠수함이 호위함에 대량 손실을 주기 때문에 계획된 영향을 미치지 않을 것이다. 이러한 해법은 잠수함이 초기부터 전투력을 호위함에 대해 공격하는데 사용해야 한다고 판명되었고, 또한 급격하게 전투력을 상선으로 전환하여 집중해야 한다.

3.13 Lanchester Meta Model

미 국방성의 Metamodel의 정의는 다음과 같다.

모델 중의 모델이다. Metamodel은 관계성을 보이기 위해 모델의 구성요소와 세부 구성요소 사이의 기능적 분해, 데이터의 경로, 알고리듬, 순서화, 상호작용을 사용하는 개발되어진 모델 또는 시뮬레이션의 축약이다.

하나의 모델은 실제 상황을 더 잘 이해하도록 만들어진 실제상황의 표현으로 간주될 수 있다. 복잡한 현상은 만약 모델의 행동이 실제 세계의 현상을 재생하려고 하면 종종 더 복잡한 모델을 필요로 한다. 전투 소모의 Modeling이 바로 그런 것이다. 그러나 모델이 실제 세계의 결과에 대해 합리적인 합의를 도출하는 반면, 모델은 입력 매개변수에 대한 모델화된 양의 기능적 의존성을 이해하는데 덜 유용하다. 이러한 경우에 비록 낮은 충실도를 제공하지만 그 결과가 도출된 원인을 설명하는데 더 좋기 때문에 그 모델의 더 간단한 모델을 개발하는 것은 유용하다. 이러한 모델을 Metamodel이라고 한다.

분명하게 만약 어떤 모델이 단순 기능 관계성을 통해 설명되어 질 수 있다면 그것 또한 그것의 고유 Metamodel이다. Metamodel은 종종 차원 해석과 같은 비구조화된 특별 접근방법을 사용하여 개발된다. 최근에는 개발에 있어서 아주 엄격한 수준을 제공하는 Metamodel을 개발하는 체계적 절차가 출현하였다. 'Intermediate Asymptotic' 기법을 검토하고 가장 간단한 기능적 관계성을 설명한다.

$$a = f(a_1, \dots, a_k, b_1, \dots, b_m) \qquad (3-306)$$

식 (3-306)은 근사화에 의해 식 (3-307)과 같이 표현할 수 있다.

$$a = a_1^{p}, \dots, a_k^{r} \Phi\left(\frac{b_1}{a_1^{p_1}, \dots, a_k^{r_1}}, \dots, \frac{b_m}{a_1^{p_m}, \dots, a_k^{r_m}}\right) \qquad (3-307)$$

특정 조건하에서 Φ의 근사화는 쉽게 가능하다.

일반적으로 교전하는 Blue Force와 Red Force 부대들의 전투소모는 식 (3−308), (3−309)로 표현된다.

$$\frac{dB_i}{dt} = f_1(B_1, \dots, B_k, R_1, \dots, R_n, \alpha_1, \dots, \alpha_m) \qquad (3-308)$$

$$\frac{dR_i}{dt} = f_1(B_1, \dots, B_k, R_1, \dots, R_n, \beta_1, \dots, \beta_m) \qquad (3-309)$$

'Intermediate Asymptotic' 기법을 적용하면 식 (3−308), (3−309)은 식 (3−310), (3−311)과 같이 유도된다.

$$\frac{dB_i}{dt} = -\alpha^F R(t)^G B(t)^H, \quad B(0) = B_0 \qquad (3-310)$$

$$\frac{dR_i}{dt} = -\beta^J B(t)^L R(t)^M, \quad R(0) = R_0 \qquad (3-311)$$

이렇게 하면 이제까지 수립한 Lanchester Equation은 지수에 따라 Linear, Square, Mixed Law가 되는데 Lanchester Equation의 일반화된 식 (3−308), (3−309)의 특수한 경우에 해당될 뿐이다.

3.14 전장 시나리오 구현 전투모형

그림 3.42 와 같이 전투지대가 1, 2 가 있고 Blue Force 와 Red Force 의 전투지역에서 직접 교전하는 부대와 예비부대가 있다고 가정하자. 각 부대들은 정해진 시간에 정면의 적과 교전하고 시간에 따라 예비부대로부터 증원을 받거나 인접부대에 증원하거나 인접부대로부터 증원을 받는다.

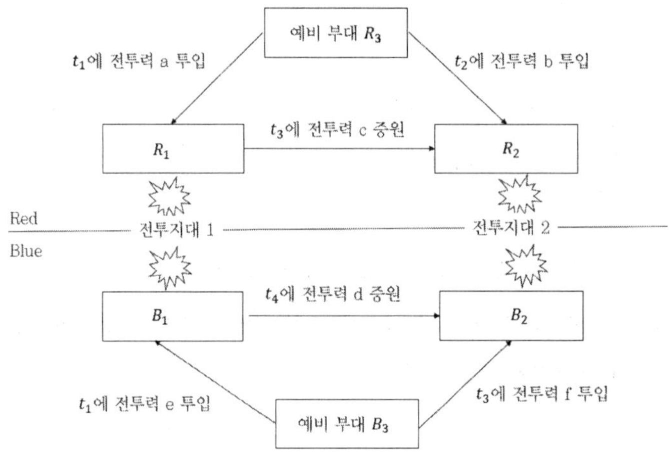

그림 3.42 전투 시나리오

전투시간을 시간 대역으로 구분하고 각 전투지대의 전투에 전투명을 표 3.8과 같이 명명한다.

표 3.8 전투 시나리오

시간 대역 구분	전투 시간	전투지대	
		1	2
1	$0 \sim t_1$	I_1	II_1
2	$t_1 \sim t_2$	I_2	II_2
3	$t_2 \sim t_3$	I_3	II_3
4	$t_3 \sim t_4$	I_4	II_4
5	$t_4 \sim t$	I_5	II_5

그러면 표 3.9와 같이 전투지대별 시간대역별 전투모형과 초기치를 정할 수 있으며 시간에 따른 전투를 진행시킬 수 있다.

표 3.9 전투 시나리오별 전투모형 및 초기값

전투지대 \ 시간대역		1	2	3	4	5
		$0\sim t_1$	$t_1\sim t_2$	$t_2\sim t_3$	$t_3\sim t_4$	$t_4\sim t$
전투지대 1	전투모형	I_1전투 $\frac{dB_1}{dt} = -\alpha_1 R_1$ $\frac{dR_1}{dt} = -\beta_1 B_1$	I_2 전투 $\frac{dB_1}{dt} = -\alpha_1 R_1 + e$ $\frac{dR_1}{dt} = -\beta_1 B_1 + a$	I_3 전투 $\frac{dB_1}{dt} = -\alpha_1 R_1$ $\frac{dR_1}{dt} = -\beta_1 B_1$	I_4 전투 $\frac{dB_1}{dt} = -\alpha_1 R_1$ $\frac{dR_1}{dt} = -\beta_1 B_1 - c$	I_5 전투 $\frac{dB_1}{dt} = -\alpha_1 R_1 - d$ $\frac{dR_1}{dt} = -\beta_1 B_1$
	초기값	$B_0 = B_{10}$ $R_0 = R_{10}$	I_1전투로부터 $B_0 = B(t_1)$ $R_0 = R(t_1)$	I_2 전투로부터 $B_0 = B(t_2)$ $R_0 = R(t_2)$	I_3 전투로부터 $B_0 = B(t_3)$ $R_0 = R(t_3)$	I_4 전투로부터 $B_0 = B(t_4)$ $R_0 = R(t_4)$
전투지대 2	전투모형	II_1전투 $\frac{dB_2}{dt} = -\alpha_2 R_2$ $\frac{dR_2}{dt} = -\beta_2 B_2$	II_2 전투 $\frac{dB_2}{dt} = -\alpha_2 R_2$ $\frac{dR_2}{dt} = -\beta_2 B_2$	II_3 전투 $\frac{dB_2}{dt} = -\alpha_2 R_2$ $\frac{dR_2}{dt} = -\beta_2 B_2 + b$	II_4 전투 $\frac{dB_2}{dt} = -\alpha_2 R_2 + f$ $\frac{dR_2}{dt} = -\beta_2 B_2 + c$	II_5 전투 $\frac{dB_2}{dt} = -\alpha_2 R_2 + d$ $\frac{dR_2}{dt} = -\beta_2 B_2$
	초기값	$B_0 = B_{20}$ $R_0 = R_{20}$	II_1전투로부터 $B_0 = B(t_1)$ $R_0 = R(t_1)$	II_2 전투로부터 $B_0 = B(t_2)$ $R_0 = R(t_2)$	II_3 전투로부터 $B_0 = B(t_3)$ $R_0 = R(t_3)$	II_4 전투로부터 $B_0 = B(t_4)$ $R_0 = R(t_4)$

3.15 전투력 운영 방안 분석

다음은 전투 효율이 높은 방안을 찾는 방법에 대해 설명한다. Blue Force 는 전차만으로 구성된 부대를 가지고 있고 Red Force 는 전차 부대와 대전차 화기를 보유한 장갑차 부대를 가지고 있다고 가정한다.

Blue Force 와 Red Force 입장에서 어떤 전술을 선택하는 것이 더 나은 전투결과를 가져올 수 있는지를 판단해 본다. 다음 3 가지의 전투 시나리오를 구성하여 비교분석해 본다.

① Red Force 는 전차만으로 Blue Force 를 공격하고 만약 Red Force 전차가 다 파괴되면 장갑차 부대를 투입하여 Blue Force 공격
② Red Force 는 전차와 장갑차 부대로 Blue Force 를 동시 공격하고 Blue Force 는 먼저 Red Force 전차를 먼저 공격하고 다 파괴되면 장갑차 부대를 공격
③ Red Force 는 전차와 장갑차 부대로 Blue Force 를 동시 공격하고 Blue Force 는 전투력을 Blue Force 와 Red Force 에 균등 배분

위의 3 가지 상황에 대해 분석하기 위해 다음과 같은 Notation 을 정의한다.

B_1: Blue Force 전차 전투력
R_1: Red Force 의 전차 전투력
R_2: Red Force 의 장갑차 전투력
α_{11}: Red Force 전차에 의한 Blue Force 전차의 손실률
α_{21}: Red Force 장갑차에 의한 Blue Force 전차의 손실률
β_{11}: Blue Force 전차에 의한 Red Force 전차의 손실률
β_{12}: Blue Force 전차에 의한 Red Force 장갑차의 손실률

먼저 ① 번 전투 상황에 대해 분석해 본다. 현대전 개념의 전투이므로 Lanchester Square 법칙을 따른다고 가정한다. 그러면 양측 전차의 손실은 식 (3-312), (3-313)과 같다.

$$\frac{dB_1}{dt} = -\alpha_{11}R_1 \qquad (3-312)$$

$$\frac{dR_1}{dt} = -\beta_{11}B_1 \qquad (3-313)$$

Lanchester Square 법칙을 적용하면 식 (3-314)를 유도할 수 있다.

$$\beta_{11}\left(B_{10}^2 - {B_1}^2\right) = \alpha_{11}\left(R_{10}^2 - {R_1}^2\right) \qquad (3-314)$$

Blue Force가 Red Force 전차를 다 파괴했다면 잔여 Blue Force의 전차수 ${B_1}^e$는 식 (3-315), (3-316)과 같다.

$$\beta_{11}(B_{10}^2 - ({B_1}^e)^2) = \alpha_{11}(R_{10}^2 - 0^2) \qquad (3-315)$$

$${B_1}^e = \sqrt{\frac{\beta_{11}B_{10}^2 - \alpha_{11}R_{10}^2}{\beta_{11}}} \qquad (3-316)$$

Red Force 전차가 다 파괴되고 Red Force 의 장갑차가 투입되므로 식 (3-317), (3-318)과 같은 전투모형이 성립한다.

$$\frac{dB_1}{dt} = -\alpha_{21}R_2 \qquad (3-317)$$

$$\frac{dR_2}{dt} = -\beta_{12}B_1 \qquad (3-318)$$

Lanchester Square 법칙을 적용하면 식 (3-319)를 유도할 수 있다.

$$\beta_{12}\left(({B_1}^e)^2 - {B_1}^2\right) = \alpha_{21}\left(R_{20}^2 - {R_2}^2\right) \qquad (3-319)$$

양측 모두 소멸될 때 즉, $R_2 = 0, B_1 = 0$를 대입하면 $\beta_{12}({B_1}^e)^2 = \alpha_{21}R_{20}^2$ 이 되어 $({B_1}^e)^2 = \left({}^{\alpha_{21}}/_{\beta_{12}}\right)R_{20}^2$ 가 되고 이를 $\beta_{11}(B_{10}^2 - ({B_1}^e)^2) = \alpha_{11}R_{10}^2$ 에 다시 대입하면 Red Force 전투력에 동등하게 맞서 싸울 수 있는 Blue Force 전차 부대의 전투력 B_{10}를 식 (3-320)과 같이 구할 수 있다.

$$B_{10} = \left(\frac{\alpha_{11}}{\beta_{11}} R_{10}^2 + \frac{\alpha_{21}}{\beta_{12}} R_{20}^2\right)^{1/2} \quad (3-320)$$

교전 초기 Blue Force 총전투력 $B_0 = B_{10}$ 이라면 Red Force의 총전투력은 $R_0 = R_{10} + R_{20}$ 이 되고 Red Force의 전차와 장갑차 전투력의 비율 R_{10}/R_{20} 을 $B_{10} = \left(\frac{\alpha_{11}}{\beta_{11}} R_{10}^2 + \frac{\alpha_{21}}{\beta_{12}} R_{20}^2\right)^{1/2}$ 에 대입하고 정리하면 식 (3-321)과 같은 $\frac{R_0}{B_0}$ 비율을 구할 수 있다. $\frac{R_0}{B_0}$ 은 Blue Force 전차와 균등한 전투력을 달성하는 Red Force 전투력의 평균수이다.

$$\frac{R_0}{B_0} = \left(1 + \frac{R_{10}}{R_{20}}\right)\left(\left(\frac{R_{10}}{R_{20}}\right)^2 \left(\frac{\alpha_{11}}{\beta_{11}}\right) + \frac{\alpha_{21}}{\beta_{12}}\right)^{-\frac{1}{2}} \quad (3-321)$$

다음으로 ②번 전투상황을 분석해 본다. ②번 전투상황을 묘사하는 Lanchester 전투모형은 식 (3-322), (3-323)과 같다.

$$\frac{dB_1}{dt} = -(\alpha_{11} R_1 + \alpha_{21} R_2) \quad (3-322)$$

$$\frac{dR_1}{dt} = -\beta_{11} B_1 \quad (3-323)$$

그리고 Red Force 전차가 다 파괴될 때까지는 Red Force 장갑차는 손실이 없으므로 식 (3-324)와 같은 식이 성립한다.

$$\frac{dR_2}{dt} = 0 \quad (3-324)$$

시간 t에서 Red Force의 장갑차 전투력 R_2를 $\frac{dB_1}{dt} = -(\alpha_{11} R_1 + \alpha_{21} R_2)$에 대입하면 식 (3-325)와 같다.

$$\frac{dB_1}{dt} = -(\alpha_{11} R_1 + \alpha_{21} R_{20}) \quad (3-325)$$

$\frac{dB_1}{dt} = -(\alpha_{11}R_1 + \alpha_{21}R_{20})$을 $\frac{dR_1}{dt} = -\beta_{11}B_1$로 나누고 적분하면 식 (3-326)과 같은 결과를 얻는다.

$$\beta_{11}\left({B_{10}}^2 - {B_1}^2\right) = \alpha_{11}\left(R_{10}^2 - {R_1}^2\right) + 2\alpha_{21}R_{20}(R_{10} - R_1) \qquad (3-326)$$

Blue Force가 Red Force 전차를 모두 파괴했다면 $R_1 = 0$이 되고 잔여 Blue Force의 전차 전투력 ${B_1}^e$은 식 (3-327)과 같다.

$$\beta_{11}\left({B_{10}}^2 - ({B_1}^e)^2\right) = \alpha_{11}R_{10}^2 + 2\alpha_{21}R_{20}R_{10} \qquad (3-327)$$

다음으로 잔여 Blue Force 전차와 Red Force 장갑차의 교전은 식 (3-328), (3-329)와 같은 Lanchester 전투모형으로 구성할 수 있다.

$$\frac{dB_1}{dt} = -\alpha_{21}R_2 \qquad (3-328)$$

$$\frac{dR_2}{dt} = -\beta_{12}B_1 \qquad (3-329)$$

전투가 종료되었을 때 전투력의 균등조건인 $B_1 = 0, R_2 = 0$를 대입하면 식 (3-330), (3-331)과 같은 식을 구할 수 있다.

$$\beta_{12}({B_1}^e)^2 = \alpha_{21}R_{20}^2 \qquad (3-330)$$

$${B_{10}}^2 = \alpha_{11}\beta_{11}R_{10}^2 + 2\frac{\alpha_{21}}{\beta_{11}}R_{10}R_{20} + \frac{\alpha_{21}}{\beta_{12}}R_{20}^2 \qquad (3-331)$$

$B_0 = B_{10}$, $R_0 = R_{10} + R_{20}$, R_{10}/R_{20}을 식 (3-330), (3-331)에 대입하면 식 (3-332)와 같다.

$$\frac{R_0}{B_0} = \left(1 + \frac{R_{10}}{R_{20}}\right)\left(\left(\frac{R_{10}}{R_{20}}\right)^2\left(\frac{\alpha_{11}}{\beta_{11}}\right) + 2\left(\frac{R_{10}}{R_{20}}\right)\left(\frac{\alpha_{21}}{\beta_{11}}\right) + \left(\frac{\alpha_{21}}{\beta_{12}}\right)\right)^{-\frac{1}{2}} \qquad (3-332)$$

식 (3-332)은 Blue Force가 우세한 전술적 상황속에서 전투효력을 의미한다.

다음으로 ③번 전투상황을 분석해 본다. ③번 전투상황을 묘사하는 Lanchester 전투모형은 식 (3-333)~(3-335)와 같다.

$$\frac{dB_1}{dt} = -(\alpha_{11}R_1 + \alpha_{21}R_2) \qquad (3-333)$$

$$\frac{dR_1}{dt} = -\beta_{11}\left(\frac{R_1}{R_1+R_2}\right)B_1 \qquad (3-334)$$

$$\frac{dR_2}{dt} = -\beta_{12}\left(\frac{R_2}{R_1+R_2}\right)B_1 \qquad (3-335)$$

$\frac{dR_1}{dt} = -\beta_{11}\left(\frac{R_1}{R_1+R_2}\right)B_1$ 을 $\frac{dR_2}{dt} = -\beta_{12}\left(\frac{R_2}{R_1+R_2}\right)B_1$ 로 나누고 변수 분리 후 적분하면 $\frac{R_1}{R_{10}} = (R_2/R_{20})^{\beta_{11}/\beta_{12}}$ 가 된다. 이는 전투 시작 후 어느 시점에서 전차 전투력과 장갑차 전투력의 관계를 나타낸다. $R_1 = R_{10}(R_2/R_{20})^{\beta_{11}/\beta_{12}}$ 을 $\frac{dB_1}{dt} = -(\alpha_{11}R_1 + \alpha_{21}R_2)$과 $\frac{dR_2}{dt} = -\beta_{12}\left(\frac{R_2}{R_1+R_2}\right)B_1$에 대입해 보면 식 (3-336)~(3-338)과 같다.

$$\frac{dB_1}{dt} = -\left(\alpha_{11}R_{10}(R_2/R_{20})^{\beta_{11}/\beta_{12}} + \alpha_{21}R_2\right) \qquad (3-336)$$

$$\frac{dR_2}{dt} = -\beta_{12}\left(\frac{R_1}{R_{10}\left(\frac{R_2}{R_{20}}\right)^{\beta_{11}/\beta_{12}} + R_2}\right)B_1 = -\beta_{12}\left(\frac{R_2}{\left(\frac{R_2}{R_{20}}\right)^{\beta_{11}/\beta_{12}} + R_2B_1}\right) \qquad (3-337)$$

$$\frac{dB_1}{dR_2} = \left(\frac{1}{B_1}\right) \times [\left(\frac{\alpha_{11}}{\beta_{12}}\right)\left({R_{10}}^2{R_2}^{\frac{2\beta_{11}}{\beta_{12}}-1}/{R_{20}}^{\frac{2\beta_{11}}{\beta_{12}}}\right)$$
$$+ \left(\frac{\alpha_{11}}{\beta_{12}}\right)\left(R_{10}(R_2/R_{20})^{\frac{\beta_{11}}{\beta_{12}}}\right) + \left(\frac{\alpha_{21}}{\beta_{12}}\right)\left(R_{10}(R_2/R_{20})^{\frac{\beta_{11}}{\beta_{12}}}\right) + \left(\frac{\alpha_{21}}{\beta_{12}}\right)R_2] \qquad (3-338)$$

식 (3-338)을 적분하면 임의 시간에서 Blue Force 잔여 전투력 B_1과 Red Force 장갑차 잔여 전투력 R_2 를 나타내는 식 (3-339)를 구할 수 있다.

$$
\begin{aligned}
({B_{10}}^2 - {B_1}^2)/2 = &\left(\frac{\alpha_{11}}{\beta_{12}}\right)\left(\frac{{R_{10}}^2}{{R_{20}}^{\frac{2\beta_{11}}{\beta_{12}}}}\right)\left({R_{20}}^{\frac{2\beta_{11}}{\beta_{12}}} - {R_2}^{\frac{2\beta_{11}}{\beta_{12}}}\right)/\left(\frac{2\beta_{11}}{\beta_{12}}\right) + \\
&\left(\frac{\alpha_{11}}{\beta_{12}}\right)\left(\frac{\left(\frac{R_{10}}{{R_{20}}^{\frac{2\beta_{11}}{\beta_{12}}}}\right)\left({R_{20}}^{\frac{\beta_{11}}{\beta_{12}}+1} - {R_2}^{\frac{\beta_{11}}{\beta_{12}}+1}\right)}{\left(\frac{\beta_{11}}{\beta_{12}}+1\right)}\right) + \left(\frac{\alpha_{21}}{\beta_{12}}\right)\left(\frac{\left(\frac{R_{10}}{{R_{20}}^{\frac{\beta_{11}}{\beta_{12}}}}\right)\left({R_{20}}^{\frac{\beta_{11}}{\beta_{12}}+1} - {R_2}^{\frac{\beta_{11}}{\beta_{12}}+1}\right)}{\left(\frac{\beta_{11}}{\beta_{12}}+1\right)}\right) \\
&+ \left(\frac{\alpha_{21}}{\beta_{12}}\right)({R_{20}}^2 - {R_2}^2)/2 \qquad (3-339)
\end{aligned}
$$

$R_2 = 0, B_1 = 0$ 을 대입해서 정리하면 식 (3-340)과 같다.

$$
\begin{aligned}
{B_{10}}^2 &= \frac{\left(\frac{\alpha_{11}}{\beta_{11}}\right)({R_{10}}^2)}{\left(\frac{2\beta_{11}}{\beta_{12}}\right)} + \frac{\left(\frac{\alpha_{11}}{\beta_{12}}\right)(R_{10}R_{20})}{\left(\frac{\beta_{11}}{\beta_{12}}+1\right)} + \frac{\left(\frac{\alpha_{21}}{\beta_{12}}\right)(R_{10}R_{20})}{\left(\frac{\beta_{11}}{\beta_{12}}+1\right)} + \frac{\left(\frac{\alpha_{21}}{\beta_{12}}\right){R_{20}}^2}{2} \\
&= \left(\frac{\alpha_{11}}{\beta_{11}}\right)({R_{10}}^2) + \frac{2(\alpha_{11}+\alpha_{21})}{(\beta_{11}+\beta_{12})}(R_{10}R_{20}) + \left(\frac{\alpha_{21}}{\beta_{12}}\right){R_{20}}^2 \qquad (3-340)
\end{aligned}
$$

$B_0 = B_{10}, R_0 = R_{10} + R_{20}, K = R_{10}/R_{20}$를 대입해서 R_0/B_0의 비율을 구해 보면 식 (3-341)과 같다.

$$
\frac{R_0}{B_0} = (1+K)\left(K^2\left(\frac{\alpha_{11}}{\beta_{11}}\right) + \frac{2K(\alpha_{11}+\alpha_{21})}{(\beta_{11}+\beta_{12})} + \left(\frac{\alpha_{21}}{\beta_{12}}\right)\right)^{-1/2} \qquad (3-341)
$$

식 (3-341)은 우세한 전술 상황하 Blue Force 의 전차 전투력의 전투효력을 나타낸다.

[예제 3-11]

Blue Force 전차 부대와 Red Force 전차부대, 장갑차 부대의 교전에 대해 위에서 가정한 상황을 가지고 분석해 보자. 각 손실률은 그림 3.43 과 같다. 최초 Red Force 의 전투력 중 전차와 장갑차의 비율 $\frac{R_{10}}{R_{20}} = 5/2$이다.

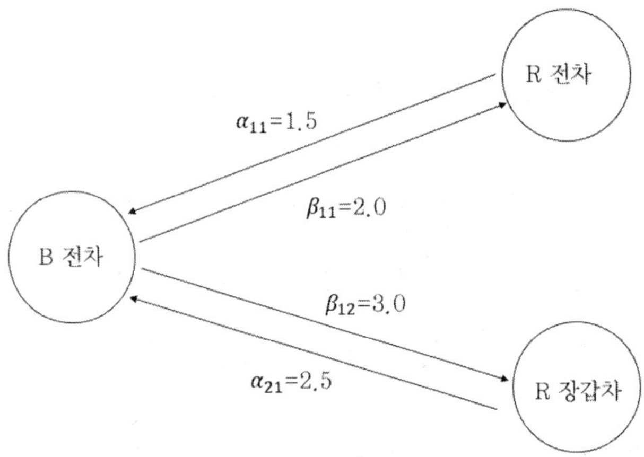

그림 3.43 전차와 전차/장갑차 부대의 교전 상황

각 전투상황에 대한 $\frac{R_0}{B_0}$를 구해 보면 표 3.10 과 같다. 즉, Blue Force 입장에서는 전투 상황 ①이 가장 좋은 것으로 나타나며 Red Force 입장에서는 피해야 할 전투 상황이 ①이다.

표 3.10 전투상황별 초기 전투력 비율

전투상황	$\frac{R_0}{B_0}$
①	1.4
②	1.02
③	1.13

$B_0 = B_{10} = 50, R_0 = R_{10} + R_{20} = 50 + 20 = 70, K = \frac{R_{10}}{R_{20}} = \frac{50}{20} = 2.5,\ \frac{\beta_{11}}{\beta_{12}} = \frac{2}{3}$ 라고 할 때 Red Force 의 장갑차 전투력이 10 이 되었을 때 Blue Force 와 Red Force 의 전차의 전투력을 구해 보자.

$\frac{R_1}{R_{10}} = (R_2/R_{20})^{\beta_{11}/\beta_{12}}$ 공식에서 각 요소를 대입해 보면 $R_1 = R_{10}(R_2/R_{20})^{\beta_{11}/\beta_{12}} = 50(\frac{10}{20})^{2/3} = 31.49$ 이고 이를 아래 식에 대입해 보면 결과는 다음과 같다.

$$
\begin{aligned}
({B_{10}}^2 - {B_1}^2)/2 = &\left(\frac{\alpha_{11}}{\beta_{12}}\right)\left(\frac{{R_{10}}^2}{{R_{20}}^{\frac{2\beta_{11}}{\beta_{12}}}}\right)\left({R_{20}}^{\frac{2\beta_{11}}{\beta_{12}}} - {R_2}^{\frac{2\beta_{11}}{\beta_{12}}}\right)/\left(\frac{2\beta_{11}}{\beta_{12}}\right) \\
&+ \left(\frac{\alpha_{11}}{\beta_{12}}\right)\left(\frac{\left(\frac{R_{10}}{{R_{20}}^{\frac{2\beta_{11}}{\beta_{12}}}}\right)\left({R_{20}}^{\frac{\beta_{11}}{\beta_{12}}+1} - {R_2}^{\frac{\beta_{11}}{\beta_{12}}+1}\right)}{\left(\frac{\beta_{11}}{\beta_{12}}+1\right)}\right) \\
&+ \left(\frac{\alpha_{21}}{\beta_{12}}\right)\left(\frac{\left(\frac{R_{10}}{{R_{20}}^{\frac{\beta_{11}}{\beta_{12}}}}\right)\left({R_{20}}^{\frac{\beta_{11}}{\beta_{12}}+1} - {R_2}^{\frac{\beta_{11}}{\beta_{12}}+1}\right)}{\left(\frac{\beta_{11}}{\beta_{12}}+1\right)}\right) + \left(\frac{\alpha_{21}}{\beta_{12}}\right)({R_{20}}^2 - {R_2}^2)/2
\end{aligned}
$$

$B_1 = 4.8$이다. 즉 Red Force 장갑차의 전투력이 10 이 잔류하면 Red Force 의 전차 전투력은 31.49 가 잔류하고 Blue Force 의 전투력은 4.8 이 잔류한다.

3.16 미분방정식 근사화 해를 찾기 위한 Runge-Kutta 방법

Runge-Kutta 방법은 'RK4', 'Classical Runge-Kutta Method' 라고 불리며 미분 방정식 중 초기값 문제를 해결하는 방법 중 하나이다. 시간에 따라 변동하는 물체의 동적 거동을 수학적으로 표현하면 미분방정식 형태가 된다. 여기서 미분이란 시간 혹은 공간에 따른 물체 거동의 변화율을 의미한다. 한편, 미분방정식은 크게 상미분 방정식과 편미분 방정식으로 대별된다. 전자는 물체 거동의 변화율이 하나의 변수에만 의존하는 반면, 후자는 변화율이 하나 이상의 변수에 의존하는 경우이다. 예를 들어, 물체 내 온도가 시간과 장소에 따라 변하는 경우라면, 이러한 열전달 거동을 수학적으로 표현하게 되면 편미분방정식으로 귀착된다.

Runge-Kutta 기법은 시간에 따른 변화율로 표현되는 상미분 방정식의 근사해를 구하는 수치기법으로 잘 알려져 있다. 이 수치기법은 1900 년대 독일의 수학자 Runge 와 Kutta 에 의하여 소개되었으며, 현재 물체 거동의 시간에 따른 변화를 수치적으로 구하기 위해 매우 광범위하게 적용되고 있다. 이 수치기법은 일반적인 시간적분 기법과 개념적으로는 유사하지만, 다음 시점에서 물체의 거동을 계산하기 위해 평균화된 시간 변화율을 사용한다는 점에서 큰 차이를 지니고 있다.

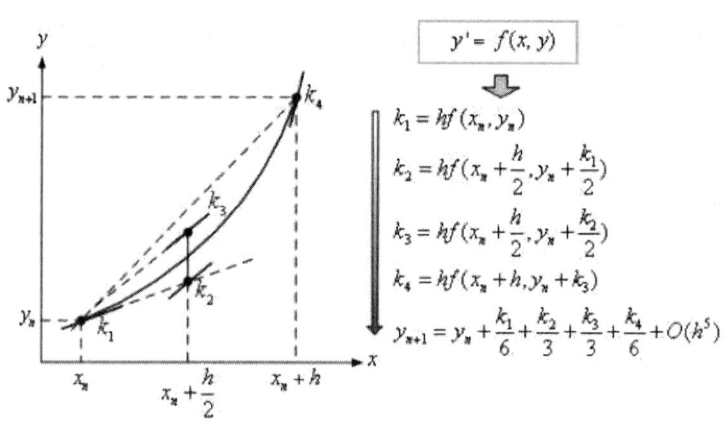

그림 3.44 Runge-Kutta 방법

평균화된 시간 변화율은 그림 3.44 에서 보는 것과 같이 해당 시간 간격의 시작점, 중간점 그리고 끝 점에서 계산된 4 개의 변화율에 가중치를 곱하여 계산된 기울기이다. Runge-Kutta 기법의 가장 큰 장점은 시간적분의 오차가 시간간격 크기의 5 승으로써 일반 시간적분법에서의 2 승에 비해 현저히 높은 정확도를 나타낸다는 점이다. 그리고 물체의 동적 거동의 관심이 되는 전체 시간구간에 대해서는 시간간격 크기의 4 승에 비례하는 오차를 나타내기 때문에 4 차 시간적분 기법에 해당되며, 이러한 맥락에서 4 차 Runge-Kutta 혹은 간단히 'RK4' 기법으로 불린다.

복잡한 미분방정식을 풀기 어려울 경우 Runge-Kutta 방법으로 근사해를 쉽게 구한다. 식 (3-342)~(3-343)과 같은 미분 방정식이 있을 때 근사해를 Runge-Kutta 방법으로 구하는 방법을 설명한다.

$$\frac{dy}{dx} = f(x,y,z) \qquad (3-342)$$

$$\frac{dz}{dx} = g(x,y,z) \qquad (3-343)$$

위 방정식에 대하여 x, y, z 의 초기값을 x_0, y_0, z_0 라고 하고 이 때 f, g 함수 초기값을 f_0, g_0라고 하자. $x^* = x_0 + h$에서 y, z의 근사해는 다음과 같다.

$$k_1 = h \cdot f_0$$
$$l_1 = h \cdot g_0$$
$$k_2 = h \cdot f(x_0 + \frac{1}{2}h, y_0 + \frac{1}{2}k_1, z_0 + \frac{1}{2}l_1)$$
$$l_2 = h \cdot g(x_0 + \frac{1}{2}h, y_0 + \frac{1}{2}k_1, z_0 + \frac{1}{2}l_1)$$
$$k_3 = h \cdot f(x_0 + \frac{1}{2}h, y_0 + \frac{1}{2}k_2, z_0 + \frac{1}{2}l_2)$$
$$l_3 = h \cdot g(x_0 + \frac{1}{2}h, y_0 + \frac{1}{2}k_2, z_0 + \frac{1}{2}l_2)$$
$$k_4 = h \cdot f(x_0 + h, y_0 + k_3, z_0 + l_3)$$
$$l_4 = h \cdot g(x_0 + h, y_0 + k_3, z_0 + l_3)$$

x^*에서 y의 근사값은 $y_0 + \frac{1}{6}(k_1 + 2k_2 + 2k_3 + k_4)$이고 z의 근사값은 $z_0 + \frac{1}{6}(l_1 + 2l_2 + 2l_3 + l_4)$이다.

예를 들어 $\frac{dy}{dx} = 4e^{0.8x} - 0.5y$를 $x = 0$에서 3까지 간격 h를 1로 하여 해를 구하면 다음과 같다. 단 초기 조건은 $y(0) = 2$라고 한다. 즉 $y_0 = 2$이다.

$$k_1 = hf(x_i,\ y_i)$$
$$k_2 = hf(x_i + \frac{1}{2}h,\ y_i + \frac{1}{2}k_1)$$
$$k_3 = hf(x_i + \frac{1}{2}h,\ y_i + \frac{1}{2}k_2)$$
$$k_4 = hf(x_i + h,\ y_i + k_3)$$
$$y_{i+1} = y_i + \frac{1}{6}(k_1 + 2k_2 + 2k_3 + k_4)$$
$$k_1 = 1 \times f(0, 2) = 4e^{0.8\times 0} - 0.5 \times 2 = 3$$
$$k_2 = 1 \times f\left(0 + \frac{1}{2} \times 1, 2 + \frac{1}{2} \times 3\right) = 4.21729$$
$$k_3 = 1 \times f\left(0 + \frac{1}{2} \times 1, 2 + \frac{1}{2} \times 4.21729\right) = 3.91298$$
$$k_4 = 1 \times f(0 + 1, 2 + 3.91298) = 5.94568$$
$$y_1 = y_0 + \frac{1}{6}(k_1 + 2k_2 + 2k_3 + k_4)$$
$$= 2 + \frac{1}{6}(3 + 2 \times 4.21729 + 2 \times 3.91298 + 5.94568) = 6.201037$$

이러한 과정을 $x = 3$이 될 때까지 반복하면 $y_2 = 14.8625, y_3 = 33.7213$이 된다. 이러한 과정은 Runge-Kutta에 의한 근사값을 구하기 위한 과정이다. $\frac{dy}{dx} = 4e^{0.8x} - 0.5y$ 를 적분한 실제 함수는 $y = 3.08(e^{0.8x} - e^{-0.5x}) + 2e^{-0.5x}$이다. 이 함수에 의해 구한 실제 값은 $y_0 = 2, y_1 = 6.1946, y_2 = 14.8439, y_3 = 33.6772$ 이다. 실제값과 Runge-Kutta에 의한 근사값을 비교해 보면 표 3.11과 같고 상대적 오차가 상당히 작다는 것을 알 수 있다.

표 3.11 실제값과 Rung-Kutta 근사값 비교

x	실제값	Runge-Kutta 근사값	상대 오차(%)
0	2	2	0
1	6.1946	6.201037	0.1033
2	14.8439	14.8625	0.1253
3	33.6772	33.7213	0.1309

그림 3.45 는 표 3.11 의 수치를 그래프로 표현한 것이다. 실제값과 근사값의 오차는 미미한 것으로 보인다.

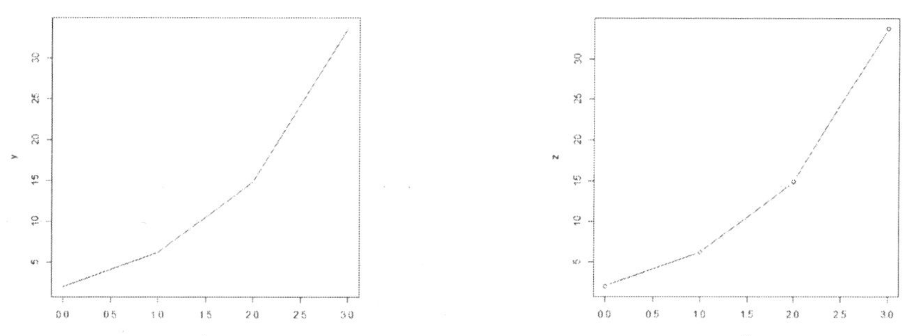

실제 함수에 의한 값 Runge-Kutta 에 의한 근사값

그림 3.45 실제함수 값과 근사값

Lanchester 미분방정식을 예로 들어 Blue Force 와 Red Force 의 최초 병력이 각각 4,000 명이고 $\alpha = 0.05, \beta = 0.012$이고 시간당 투입병력이 Blue Force 는 26.7 명, Red Force 는 25 명이라고 가정하자. 이러한 경우 Lanchester Square Law 의 미분방정식은 식 (3-344), (3-345)와 같다.

$$\frac{dB}{dt} = -\alpha R + K = -0.05R + 26.7 \qquad (3-344)$$

$$\frac{dR}{dt} = -\beta B + L = -0.012B + 25 \qquad (3-345)$$

이 문제에 대한 해석적 해를 구하는 것은 과정을 복잡하므로 Runge Kutta 방법에 의한 근사화를 해 보면 표 3.12와 그림 3.46과 같다.

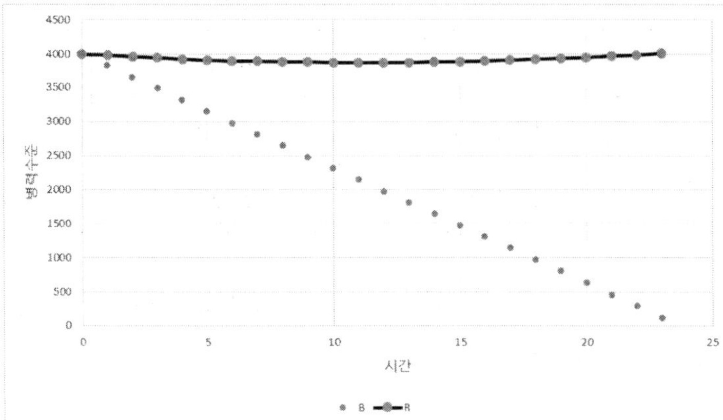

그림 3.46 Runge-Kutta 에 의한 전투력 변화 근사

표 3.12 Runge Kutta 방법에 의한 근사화 과정

t	*k*1	*k*2	*k*3	*k*4	*l*1	*l*2	*l*3	*l*4	*B*	*R*
0									4000	4000
1	-173.33	-172.76	-172.78	-172.24	-23.00	-21.96	-21.96	-20.93	3827.22	3978.04
2	-172.24	-171.71	-171.74	-171.24	-20.93	-19.89	-19.90	-18.87	3655.50	3958.14
3	-171.24	-170.77	-170.79	-170.35	-18.87	-17.84	-17.84	-16.82	3484.71	3940.30
4	-170.35	-169.93	-169.95	-169.56	-16.82	-15.79	-15.80	-14.78	3314.76	3924.51
5	-169.56	-169.19	-169.21	-168.87	-14.78	-13.76	-13.76	-12.75	3145.56	3910.74
6	-168.87	-168.55	-168.58	-168.28	-12.75	-11.73	-11.74	-10.72	2976.99	3899.01
7	-168.28	-168.02	-168.04	-167.80	-10.72	-9.71	-9.72	-8.71	2808.96	3889.29
8	-167.80	-167.58	-167.61	-167.41	-8.71	-7.70	-7.70	-6.70	2641.36	3881.59
9	-167.41	-167.25	-167.27	-167.13	-6.70	-5.69	-5.69	-4.69	2474.10	3875.90
10	-167.13	-167.01	-167.04	-166.94	-4.69	-3.69	-3.69	-2.68	2307.07	3872.21
11	-166.94	-166.88	-166.90	-166.86	-2.68	-1.68	-1.68	-0.68	2140.18	3870.53
12	-166.86	-166.84	-166.87	-166.88	-0.68	0.32	0.32	1.32	1973.32	3870.85
13	-166.88	-166.91	-166.93	-166.99	1.32	2.32	2.32	3.32	1806.39	3873.17
14	-166.99	-167.07	-167.10	-167.21	3.32	4.33	4.33	5.33	1639.30	3877.50
15	-167.21	-167.34	-167.37	-167.52	5.33	6.33	6.33	7.34	1471.94	3883.83
16	-167.52	-167.71	-167.73	-167.94	7.34	8.34	8.34	9.35	1304.22	3892.17
17	-167.94	-168.18	-168.20	-168.46	9.35	10.36	10.36	11.37	1136.02	3902.53
18	-168.46	-168.74	-168.77	-169.08	11.37	12.38	12.38	13.39	967.26	3914.91
19	-169.08	-169.41	-169.44	-169.80	13.39	14.41	14.41	15.43	797.83	3929.32
20	-169.80	-170.18	-170.21	-170.62	15.43	16.44	16.45	17.47	627.63	3945.76
21	-170.62	-171.06	-171.08	-171.55	17.47	18.49	18.49	19.52	456.55	3964.26
22	-171.55	-172.03	-172.06	-172.57	19.52	20.55	20.55	21.59	284.50	3984.81
23	-172.57	-173.11	-173.14	-173.71	21.59	22.62	22.62	23.66	111.37	4007.43

3.17 Heterogeneous Lanchester 전투모형

이제까지는 Homogeneous 한 전투력을 가진 Blue Force 와 Red Force 간 전투행위를 수학적 전투 Modeling 을 Lanchester 미분 방정식으로 구성하였다. 그러나 실제 전투에서는 다양한 성질을 가진 부대가 전투에 참여할 수도 있고 한 부대내에서도 여러 무기체계가 혼합되어 있는 경우가 대부분이다. 이러한 경우는 Homogeneous 한 전투력을 가진 Lanchester 미분 방정식의 연장으로 생각할 수 있다. Heterogeneous 한 Lanchester Equation 은 단일 무기로 구성된 Homogeneous Lanchester Equation 의 연장이라고 생각할 수 있다. 다만 양측의 단일 무기가 여러 개의 종류의 무기로 대체되어 묘사한다.

Heterogeneous 한 전투력을 가진 전투모형을 구성하기 위해 다음과 같은 Notation 을 정의하자.

B_i: Blue Force i번째 부대(무기)의 전투력

R_j: Red Force의 j번째 부대(무기)의 전투력

$\frac{dB_i}{dt}$: 단위 전투시간 당 Blue Force i번째 부대(무기)의 손실량

$\frac{dR_j}{dt}$: 단위 전투시간 당 Red Force j번째 부대(무기)의 손실량

$\alpha(i,j)$: 단위 시간당 Red Force j번째 부대(무기)의 단위 전투력에 의한 Blue Force i번째 부대(무기)의 의 손실률

$\beta(i,j)$: 단위 시간당 Blue Force i번째 부대(무기)의 단위 전투력에 의한 Red Force j번째 부대(무기)의 손실률

그러면 식 (3-346), (3-347)과 같은 이질 전투력 부대간 전투에 대한 미분 방정식을 구성할 수 있다.

$$\frac{dB_i}{dt} = -\sum_{j=1}^{n} \alpha(i,j)\, R_j,\ \ i = 1,2,\ldots,m \qquad (3\text{-}346)$$

$$\frac{dR_j}{dt} = -\sum_{i=1}^{n} \beta(i,j)\, B_i,\ \ j = 1,2,\ldots,n \qquad (3\text{-}347)$$

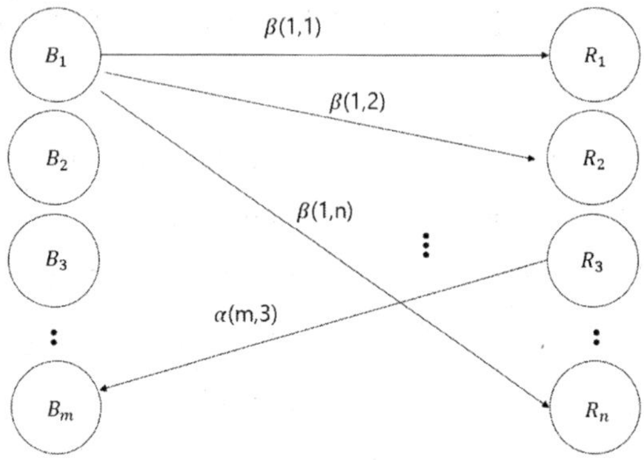

그림 3.47 Heterogeneous Lanchester 전투 개념

모든 Lanchester Equation 을 만족시키는 일반적인 상태 방정식은 존재하지 않는다. Square Law 와 유사한 식이 Linear Law, Logarithm Law, Geometric Law 를 위해서 개발될 수 있다. 이것은 소모 절차를 묘사하는데 복잡성을 아주 상당히 증가시키고 모형의 유용성 차원에서 결과를 사용하는데 제한된다. 대안적으로 이질적 전투력을 하나의 전투력으로 지수화 하여 표현하는 Force Scoring 방법에 의해 통합하여 이질적 전투력을 동질적 전투력으로 묘사하는 방정식으로 대체할 수 있다. Force Scoring 방법은 모든 형태의 무기와 가용 수를 고려해서 상대적 지수로 평가하여 하나의 점수로 표현하는 방법이다. 이러한 Force Scoring 방법은 오랫동안 다양하게 발전되어 왔으며 여러 Force Scoring 방법이 개발되었다.

3.18 Lanchester 법칙의 제한사항

Lanchester 전투모형은 전투를 해석하는 유용한 방법임에는 틀림이 없으나 동시에 많은 제한점을 내포하고 있다. Lanchester 전투모형의 제한사항은 다음과 같다.

1. Lanchester 법칙에서는 일정한 살상률, 손실률을 적용하고 있다. 실제 살상률 또는 손실률은 표적의 성질, 사격 주체, 표적의 상태, 사격률, 표적 취약성 등에 따라 변동된다. Lanchester 법칙에서는 이러한 상황을 묘사하지 못한다.
2. Lanchester 법칙에서는 전진, 후퇴, 이동, 우회와 같은 전투병력의 기동이 묘사되지 않는다.
3. 실제 전투에서는 보병, 전차, 포병, 박격포, 항공 등 다양한 전투력이 혼합되어 전투력 발휘가 되나 Lanchester 법칙에서는 동질의 전투력만 고려하고 있다.
4. Lanchester 법칙에서는 작전지대 특성, 지뢰, 엄폐, 요새, 장애물, 연막과 같은 요소 반영이 제한적이다.
5. 전투의 종결이 모형화 되어 있지 않다. 실제 전투에서는 한측이 소멸되는 전투는 거의 없고 사상자가 10% 발생하면 후퇴가 시작된다. Lanchester 법칙에서는 한측이 완전히 소멸될 때까지 전투가 지속된다.
6. Lanchester 법칙에서는 모형 방정식이 결정적 모형이며 확률적 모형은 아니다.
7. Lanchester 법칙에서는 전쟁사를 Lanchester 법칙을 적용해서 연구한 논문은 연구되고 있으나 검증된 것은 아니다.
8. 전투손실 예측 방법이 제한적이다.
9. 전술적 의사결정 과정을 미고려한다. 전투시작, 주공, 예비대 구분, 화력의 할당, 표적 탐지의 노력 등이 미 반영되어 있다.
10. 전장정보가 미고려되어 있다. 표적 위치 확인 노력과 파괴된 표적의 인식 등이 미고려 되어 있다.
11. 지휘, 통제, 통신 등이 미 반영되어 있다.
12. 군수, 무기체계 억제 효과, 전투력의 대체 및 철수, 비전투 손실 등이 제한적으로 고려 되어 있다.

3.19 Lanchester Law 의 제한사항 극복을 위한 노력

앞에서 설명한 Lanchester 법칙의 많은 제한사항을 극복하기 위한 다양한 노력이 경주되어 왔다. 대표적인 Lancheter 법칙의 제한사항 극복방안은 다음과 같다.

1. 부대의 공간적 분포에 대한 확장
   부대의 분산에 따른 분포, 이동과 국부적 위치 등에 대한 표현
2. 부대 증원에 따른 효과에 대한 확장
   소모의 비동시적 본질뿐만 아니라 양측의 전투효과도에 있어서 증원이나 기타 행동에 대한 효과에 대한 연구
3. 전투 종료에 대한 규칙
   Lanchester 모형은 한측이 전멸할 때까지 전투가 진행되는데 이는 현실과 맞지 않아 전투종료에 대한 규칙에 관한 연구

3.19.1 부대의 공간적 분포 묘사

Lanchester 전투모형에 있어서 공간적 효과에 대한 연구는 2 가지 방법으로 진행되어 왔다. 전장에서 부대의 분포에 대한 동역학에 관한 연구는 편미분 방정식으로 기본 Lanchester 모형을 확장해서 직접적으로 묘사할 수 있다.

$$\frac{\partial B}{\partial t} = D_b \frac{\partial^2 B}{\partial x^2} + V_b \frac{\partial B}{\partial x} - B \int \alpha\,(x, y) R(y, t) dy \qquad (3\text{-}348)$$

$$\frac{\partial R}{\partial t} = D_r \frac{\partial^2 R}{\partial x^2} + V_r \frac{\partial R}{\partial x} - R \int \beta\,(x, y) B(y, t) dy \qquad (3\text{-}349)$$

여기서D_b, D_r는 Fractal Dimension 을 표현하는 계수이며 V_b, V_r는 방어하는 측의 유리한 점을 표현하는 계수이다. 발산항은 전투와 움직임의 결과로 공간적 응집력의 손실을 묘사하는 것이고 이류항은 전체로서 집합적 이동으로부터 발생하는 결과이다. 소모율 계수는 적 부대와 사이의 거리에 따라 결정되며 전체 소모율은 사격부대의 분포와 함께 소모율의 대단히 복잡한 결합의 형태로 나타난다. 이 식의 해는 단순 Lanchester Equation 보다 더 복잡하기 때문에 자세한 경계조건이 더 필요하다.

결과적으로 일반적인 전투 상황보다, 예를 들면 보병의 각개 전투와 같은, 특정 형태의 묘사가 더 필요하다.

공간적 배치에 대한 효과는 쌍방 부대의 요소 또는 개념적 전선의 이동을 묘사하는 보조식을 추가함으로써 상호작용을 내재화하여 실증적으로 Modeling 할 수 있다. 여기서 어려운 점은 부대 이동과 부대 손실률과의 관계에 대한 수용된 이론이 없다는 것이다.

부대 전진율과 전장의 특성들의 관계에 대한 약간의 실증적 연구만 있을 뿐이며 그것들 중에 가장 영향력 있는 연구는 US General Accounting Office에 의해 검토된 것이다. 부대 전진율 데이터는 원래 적의 저항의 강도와 연관되어 있었다. 그러나 전진율 데이터의 발표에 의해 바뀌었으며 지금은 병력 비율에 의해 관련 있는 것으로 나타났고 2 차적 고려사항으로 적의 태세와 관련이 있을 뿐이다. 전진율 데이터에 대한 분석적 근사화는 모형 내에서 사용되었으며 전투소모와 관련된 부대 이동과 연결시키려고 한 노력과 연관되어 있다. 독립적인 연구들로 인해 전진율은 전투의 어떤 수치보다는 전투기간 중 비활동성과 더 관련된 것으로 밝혀졌다.

아주 많은 경우에 이러한 연구들은 공간 효과의 단순한 분석적 근사를 사용하였다. 이것은 분석적 해의 적합성을 위해 주로 선택된 것으로 보인다. 이러한 연구들도 일반적 전투 상황보다 전투의 특수한 형태에 제한을 받는다.

그 대신에 공간적 효과는 소모 방정식 그 자체를 수정함으로써 묘사할 수 있다. 혼합법칙과 같은 비대칭적 소모 방정식은 각측의 유리한 점을 전장에 적용하는 양측의 능력을 차별화하는 것을 표현하는데 사용되었다. Helmbold는 소규모 부대와 교전시 대부대의 병력효과를 묘사하는데 '수확체감의 법칙'을 설명하기 위해 전투력 비율의 함수로 소모 방정식을 수정할 것을 제안하였다.

3.19.2 지형 요소의 반영

지형은 전투에 있어서 결정적 요소 중 하나이다. 전투는 모든 지형에서 발생할 수 있어서 지형의 형태에 따라 공격하는 측과 방어하는 측의 유리한 점이 극명하게 다를 수 있다. 가장 대표적인 영향으로는 가시거리와 기동의 제한이다. 가시거리의 제한은 표적의 식별을 곤란하게 하고 공격할 수 있는 시간을 단축시킨다. 기동의 제한은 정상적인 기동속도를 감소시키거나 기동경로를 제한시킨다. 평활한 지형에서는 기동이 자유로워서 공격하는 측이 유리한 반면 산악지형이나 구릉지에서는 방어하는 측이 다양한 방어 수단을 지형에 의지하여 작전을 수행함으로써 유리한 점이 더 많다.

도심지역 작전시는 많은 병력이 소모되며 작전이 예상보다 장기간 수행되기도 한다. 도심지에서는 방어하는 측이 도심에 있는 건물들을 방어의 수단으로 사용함으로써 은폐와 엄폐를 제공받아 더 유리한 전투를 수행할 가능성이 많은 반면 공격하는 측은 도로에 노출됨으로써 방어하는 측을 찾는데 집중해야 하는 노력을 필요로 한다. 특히 도심지역의 건축물들의 밀도는 가시거리와 기동에 큰 영향을 주며 전투시 무기체계의 성능 발휘를 저하시켜 전투능력을 감소시킨다. 방어를 하는 측은 건축물을 엄폐로 방어 효율이 높아지면 공격하는 측은 노출된 상태에서 공격하기 때문에 매우 불리하며 화력의 집중을 위한 기동과 공격을 어렵게 한다. 대한민국 합동참모본부가 발간한 자료에 의하면 지형에 따른 작전환경 비교는 표 3.13과 같다.

표 3.13 지형에 따른 작전환경 비교

특성	도시	사막	산악
비전투원 수	다수	소수	소수
고가치 표적	다수	소수	소수
제한된 교전거리	있음	없음	없음
탐지, 관측, 교전거리	단거리	장거리	중거리
접근로	다수	다수	소수
이동의 자유	불량	양호	보통
통신가능	불량	양호	불량

지형이 전투에 큰 영향을 준 사례로는 2차 세계대전시 Stalingrad 전투, Marketgarden 작전, 일본군의 Imphal 작전, Ardennes 전투가 있으며 베트남전에서는 Hue 전투가 있으며 최근에 Somalia와 Iraq에서 미군이 치른 비정규전이 있다. 2차 세계대전시 Stalingrad 전투는 도심을 방어 수단으로 삼은 소련군이 효과적인 방어를 수행할 수 있었으며 Gulf 전에서는 Iraq 전역이 평활한 사막 지대 중심으로 구성되어 있어 다국적군의 공군 공습에 수많은 Iraq 군의 전력이 일거에 손실되는 현상도 지형이 방호를 제공해 주지 못한 경우로 생각된다.

도로상에 파괴된 이라크군 부대

작전중인 다국적군 공군 항공기

그림 3.48 이라크전의 경우 지형의 영향

Wargame에서 지형의 형태가 전투에 영향을 평가하기 위해서는 여러 방법이 사용된다. 일반적으로 사용하고 있는 방법은 지형의 제한사항을 전차, 보병 등의 기동 속도, 이동거리를 제한하거나 교전 판정시 명중률, 살상률의 증감으로 반영하는 방법이다. 이 방법은 살상률이 무기체계, 전략과 전술, 지휘 통솔력, 전투 지속능력, 군기, 사기, 정신력, 지형, 기상 등을 반영한다고 생각한다. 그러나 정확한 지형의 영향을 살상률에 반영하는 방법은 상당히 어려운 일이며 계속 연구가 필요한 분야이다. 여기에서는 지형 형태가 전투에 미치는 영향을 평가하기 위해 Fractal 차원을 이용한 방법을 설명한다.

3.19.2.1 Fractal 차원

Fractal은 1975년 Benoît Mandelbrot가 소개한 개념으로 자기 유사성을 소수 차원으로 표현하는 특징을 가진다. 확대, 축소의 각 배율마다 자기 반복성 또는 유사성을 가지는 기하학적인 형태를 Fractal이라고 한다. 이런 특징을 자기 유사성이라고 하며, 다시 말해 자기 유사성을 갖는 기하학적 구조를 Fractal 구조라고 한다.

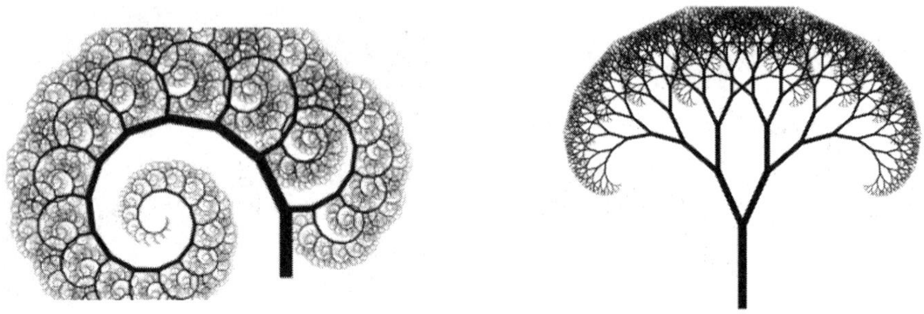

그림 3.49 Fractal 구조 예 (1)

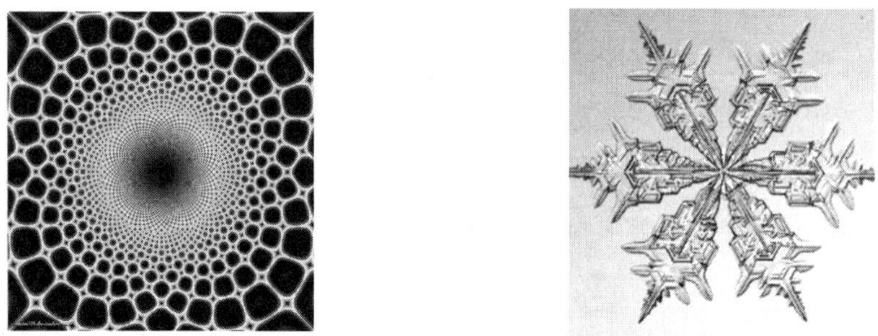

그림 3.50 Fractal 구조 예 (2)

3.19.2.2 Hausdorff 차원

독일의 수학자 F. Hausdorff(1868~1942)는 차원을 보는 관점을 바꾸어서 측도, 즉 길이, 넓이, 부피 등의 도형의 크기를 일반화한 개념의 입장에서 생각하였다. 어떤 도형을 r 배 하였을 때 원래 있던 도형이 크기 C 가 얼마나 필요한 것인가를 결정하는 것으로 차원을 일반화하였다.

예를 들어 길이가 1 인 선분을 3 배 한 도형은 원래의 선분 3 개로 만들 수 있다. 한 변의 길이가 1 인 정사각형을 3 배로 늘린 정사각형은 한 변의 길이가 1 인 정사각형 $9 = 3^2$ 개로 만들어 진다. 마찬가지로 정육면체를 3 배로 만들기 위해서는 $27 = 3^3$ 개의 정육면체가 필요하다. 이를 일반화하여 차원 D 를 $C = r^D$ 라고 정의하였다. 이것을 Fractal 의 차원으로 사용한다.

$$D = \frac{\log C}{logr} \qquad (3\text{-}350)$$

다시 말하면 Fractal 이론에서 말하는 차원은 자기복제를 하는데 필요한 도형의 숫자로 정의된다. 어느 도형의 길이를 x 배 크게 만들었을 때 그 도형의 면적 혹은 부피가 n 배 증가한다고 가정하면 $log_x n$ 이 그 도형의 차원이다. 예를 들어, 정사각형을 모아서 길이가 두 배인 정사각형을 만들면 정사각형의 면적이 4 배로 증가한다. 그러므로 정사각형의 차원을 수식으로 구하려면 $4 = 2^D$ 가 되고 따라서 Fractal 차원 $D = 2$ 가 되어 2 차원이라고 할 수 있다. 몇 가지 예를 더 들면 다음과 같이 차원을 계산할 수 있다.

- 정사각형의 길이를 3 배로 만들면 면적은 9 배가 되기 때문에 $9 = 3^D$: $D = 2$
- 정육면체의 한 변의 길이를 2 배 크게 만들면 부피는 8 배가 되기 때문에 $8 = 2^D$: $D = 3$
- 직선을 5 배 길게 만들면 길이는 5 배가 되기 때문에 $5 = 5^D$: $D = 1$

<u>Koch 곡선</u>

선분을 삼등분 한 후에 가운데 선분을 없앤 후 남아있는 선분과 같은 길이의 두 개의 선분을 붙여 넣는 작업을 무한히 하여 생겨나는 곡선을 Koch 곡선이라고 한다. 이 곡선의 길이는 무한이다. 처음 주어진 선분의 길이가 1 이라고 가정하면 Koch 곡선의 길이는 첫번째 항이 1 이고 공비 4/3 인 등비수열의 합과 같으므로 무한한 길이가 된다.

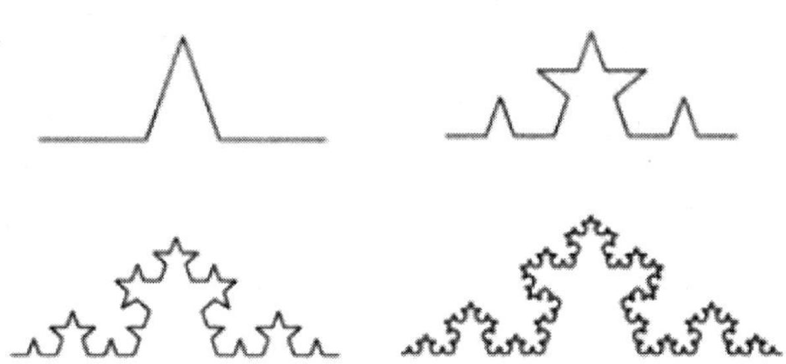

그림 3.51 Koch 곡선

이 곡선을 3 배로 만들기 위해서는 4 개의 같은 곡선이 필요하다. 그러므로 차원을 구해보면 아래와 같다.

$$4 = 3^D$$
$$D = \frac{\log 4}{log3} = 1.26$$

Sierpiński 삼각형

정삼각형에서 각 변의 중점을 연결해 만든 정삼각형을 제거하는 것을 무한 번 반복해 얻어지는 도형을 'Sierpiński 삼각형' 이라 한다.

그림 3.52 Sierpiński 삼각형

아래의 Sierpiński Pyramid 와 Menger Sponge 는 Sierpiński 삼각형을 공간상으로 확장한 것이다.

그림 3.53 Sierpiński Pyramid 와 Menger Sponge

Sierpiński 삼각형의 차원은 다음과 같이 계산한다. 먼저 Sierpiński 삼각형의 면적을 구해보자. 삼각형 한 변의 길이를 a라고 하면

첫번째 삼각형의 면적은 $\frac{\sqrt{3}}{4}a^2$

두번째 삼각형의 면적은 $\frac{\sqrt{3}}{4}a^2 - \frac{\sqrt{3}}{4}(\frac{a}{2})^2 = \frac{3\sqrt{3}}{16}a^2 = \frac{\sqrt{3}}{4}(\frac{a}{2})^2 \times \frac{3}{4}$

세번째 삼각형의 면적은 $\frac{3\sqrt{3}}{16}a^2 - 3 \times \frac{\sqrt{3}}{4}(\frac{a}{4})^2 = \frac{9\sqrt{3}}{64}a^2 = \frac{\sqrt{3}}{4}(\frac{a}{2})^2 \times \left(\frac{3}{4}\right)^2$

n 번째 삼각형의 면적은 $\frac{\sqrt{3}}{4}(\frac{a}{2})^2 \times \left(\frac{3}{4}\right)^{n-1}$

$$\lim_{n\to\infty}\left[\frac{\sqrt{3}}{4}(\frac{a}{2})^2 \times \left(\frac{3}{4}\right)^{n-1}\right] = 0$$

다음으로 Sierpiński 삼각형의 둘레 길이를 구해 보면 다음과 같다.

첫번째 삼각형의 둘레의 길이는 $3a$

두번째 삼각형의 둘레의 길이는 $3a + \frac{3}{2}a = \frac{3}{2} \times 3a$

세번째 삼각형의 둘레의 길이는 $3a + \frac{3}{2}a + \frac{9}{4}a = \left(\frac{3}{2}\right)^2 \times 3a$

네번째 삼각형의 둘레의 길이는 $3a + \frac{3}{2}a + \frac{9}{4}a + \frac{27}{8}a = \left(\frac{3}{2}\right)^3 \times 3a$

……………………………………..

n 번째 삼각형의 둘레의 길이는 $\left(\frac{3}{2}\right)^{n-1} \times 3a$

$$\lim_{n\to\infty}\left[\left(\frac{3}{2}\right)^{n-1} \times 3a\right] = \infty$$

즉, Sierpiński 삼각형의 면적은 '0'이고 둘레의 길이는 '∞'이다. 이렇게 상식으로 잘 이해하기 힘든 도형이 Fractal 도형이며 복잡계를 설명하기 위해 많이 활용되고 있다.

결론적으로 Sierpiński 삼각형은 자기 자신과 닮았고 크기가 1/2 인 3 개의 부분 집합으로 구성되어 있으므로 Hausdorff 차원은 $log3/log2 \approx 1.585$ 이 된다. 다시 말하면, Sierpiński 삼각형 3 개를 이용하여 원래의 2 배의 크기인 Sierpiński

삼각형을 만들 수 있으므로, 이 도형의 Hausdorff 차원은 $log3/log2 \approx 1.585$이다. 좀 더 쉽게 설명하면 Sierpiński 삼각형의 다음 단계에서 전 단계 한 변의 길이는 2 등분되므로 $r = 2$이다. 하나의 삼각형에서 다음 단계의 삼각형의 개수는 3 개이므로 $C = 3$ 이다. 따라서 Sierpiński 삼각형의 차원은 $D = log\,C/log\,r = log3/log2 \approx 1.585$ 이다.

Fractal 차원을 축소율로 설명할 수도 있는데 축소율은 전 단계 보다 얼마나 축소되느냐 하는 비율로 정의한다. 앞에서 설명한 $D = log\,C/log\,r$ 를 축소율로 표현하면 $D = log\,C/log(\frac{1}{d})$ 이 되는데 Sierpiński 삼각형의 축소율 d 는 한변의 길이가 1/2로 축소되므로 1/2이 된다.

일반적으로 축소율로 Fractal 차원을 계산하는 방법을 설명하면 다음과 같다. 1차원 직선 위에서 길이가 1인 한 선분을 d 등분하면 $1/d$로 축소되고 선분 개수는 d개이다. 2차원 평면 정사각형에서 길이가 1인 한 변을 d 등분하면 $1/d$로 축소되고 도형 개수는 d^2개이다. 3차원 공간 정육면체에서 길이가 1인 한 변을 d 등분하면 $1/d$로 축소되고 도형 개수는 d^3개이다. 일반적으로 D 차원 공간에서 각 변의 길이가 1인 D 차원 도형을 덮기 위해서는 1인 한 변을 d 등분하면 $1/d$로 축소되고 도형의 개수 $N = d^D$개이다.

$$D = \frac{log\,N}{logd}$$

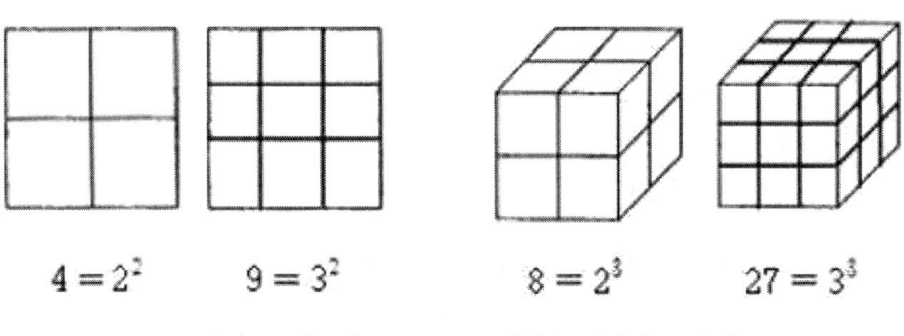

그림 3.54 축소율로 Fractal 차원을 계산하는 방법

3.19.2.3 Box Counting Dimension

Box Counting Dimension(BCD) 방법은 Peitgen 등이 제안한 방법으로서 규칙적인 도형이 아니더라도 차원을 계산할 수 있다. 이 방법에 따르면 먼저 패턴을 포함시키는 공간을 정한 후 Box 형태로 세분화하고 패턴이 지나가는 Box의 개수를 구한다. 격자 축소율과 각 축소율 별 구한 Box 수에 대해 log를 취해 구한 기울기가 Fractal 차원이다.

$$logN = D \cdot lo\,g\left(\frac{1}{d}\right) + K \qquad (3-351)$$

$$D = \frac{logN-}{log\,(\frac{1}{d})} \qquad (3-352)$$

여기서 K는 상수이다. 식 (3-352)은$D = \frac{logN}{log\,(\frac{1}{d})}$과는 다르게 연속된 Box 축소율($d = \frac{1}{2}, \frac{1}{4}, \frac{1}{8}, \frac{1}{16}, \dots$)에 대하여 구한 기울기이다. BCD의 의미는 대상을 계속 세분화할 때 닮은 꼴 형태를 유지하기 위한 Box의 증가율이다. BCD에 따르면 $0 \leq D \leq 2$이며 만약 $D = 2$이면 2차원 평면상 패턴이 전체 면적을 포함하는 것을 나타내고 D가 작을수록 패턴이 흩어져 있다는 의미이다.

Cantor 집합 (0.63 차원)

Koch 곡선 (1.26 차원)

그림 3.55 Cantor 집합과 Koch 곡선 차원

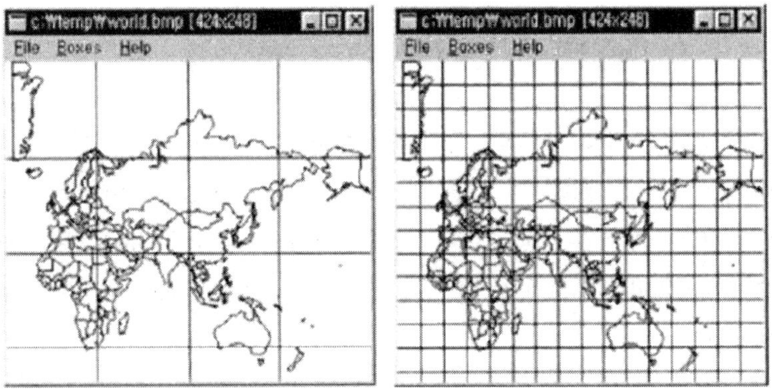

그림 3.56 세계지도 차원 (1.64 차원: BCD로 측정)

3.19.2.4 Fractal Lanchester Equations

Lanchester Equation을 Metamodel로 개발하여 온 많은 복잡계 전투모형 중 하나는 Cellular Automata Simulation인 MANA(Map Aware Nonuniform Automata)이다. 많은 연구자들에 의해 연구된 기존 연구들은 부대의 Fractal 공간 분포 Metamodel이 이산 시간 Markov 과정 소모 표현을 하고 여기에 있는 상태 방정식이 Helmbold의 식 $ln\left(\frac{B_0^2-B_f^2}{R_0^2-R_f^2}\right) = \varphi ln\left(\frac{B_0}{R_0}\right) + \tau$ 과 매우 유사하다는 것을 제시하였다. 이 연구는 공간적 Metamodel이 Lanchester 전투 Metamodel 내의 다른 관심 매개변수들 간의 연관성을 암시하고 있다.

<u>상태 방정식</u>

Intermediate Asymptotic 접근법 적용은 MANA를 위한 Metamodel의 소모 방정식을 식 (3-353), (3-354)와 같이 제시하고 있다.

$$\frac{\Delta B}{\Delta t} = \frac{(\alpha \Delta t)^{D_R/2}}{\Delta t} R, \quad B(0) = B_0 \qquad (3\text{-}353)$$

$$\frac{\Delta R}{\Delta t} = \frac{(\beta \Delta t)^{D_B/2}}{\Delta t} B, \quad R(0) = R_0 \qquad (3\text{-}354)$$

여기서 D_B, D_R은 각각 Blue Force와 Red Force의 Fractal 차원이다.

$\alpha = \eta\beta$ 라고 하면 $\eta = \alpha/\beta$ 이 되고

$$\frac{B\Delta B}{R\Delta R} = \begin{Bmatrix} (\alpha\Delta t)^{(D_B - D_R)/2} \times \eta^{D_B/2} \\ (\beta\Delta t)^{(D_R - D_B)/2} \times \eta^{D_R/2} \end{Bmatrix} = \eta^{(D_R + D_B)/2}(\sqrt{\alpha\beta}\Delta t)^{(D_R - D_B)/2} \qquad (3-355)$$

괄호 안에 있는 표현은 Blue Force 또는 Red Force의 Fractal 차원과 관련된 집합항으로부터의 결과와 동일한 형태이며 우측 항은 기하평균과 관련된 표현이다.

기존 연구는 각측의 부대의 군집을 묘사하는 Fractal 차원이 연관된 부대의 규모에 의존한다는 것과 어느 정도 부대들이 가까이 위치하는지에 대해 묘사하고 있다. Metamodel은 이 Markov 소모 과정의 시간 단계에 대한 부대의 공간 해와 관련이 있고 식 (3-356), (3-357)과 같은 결론을 내고 있다.

$$\frac{(D_R - D_B)}{2} = \frac{1}{2} log_{\Delta t}\left(\frac{B_0}{R_0}\right) \qquad (3-356)$$

$$(\sqrt{\alpha\beta}\Delta t)^{(D_R - D_B)/2} = \left(\frac{B_0}{R_0}\right)^{\frac{1}{2} log_{\Delta t}\left(\frac{B_0}{R_0}\right)} \qquad (3-357)$$

이런 결과를 얻기 위해서는 식 (3-358)~(3-362)와 같은 식을 참고로 하면 된다.

$$z = x^{alogy} \qquad (3-358)$$

$$log\, z = logx^{alogy} \qquad (3-359)$$

$$log\, z = a \cdot logy\, logx = a \cdot logx \cdot logy \qquad (3-360)$$

$$log\, z = logy^{alogx} \qquad (3-361)$$

$$z = y^{alogx} \qquad (3-362)$$

Blue Force의 전투력이 $B \gg 1$ 이라고 하면 $B(B+1) \approx B^2$ 이 되고 연속적 시간 과정에 의한 이산 Markov 과정으로 근사화 한다고 가정하자. Helmbold의 식 $\ln\left(\frac{B_0^2 - B_f^2}{R_0^2 - R_f^2}\right) = \varphi ln\left(\frac{B_0}{R_0}\right) + \tau$ 은 $\varphi = \frac{1}{2} log_{\Delta t}(\sqrt{\alpha\beta}\Delta t)$, $\tau = \frac{1}{4}(D_B + D_R)\ln(\alpha/\beta)$로 놓고 최초와 마지막 상태를 합하고 식 (3-357)을 식 (3-355)에 대입함으로써 구할 수 있다.

3.19.2.5 Fractal 분포 해석

여기에서 사용한 Metamodel은 양측의 부대들이 전장에 Fractal 형태로 분산되어 있는 경우를 가정한다. 어떤 부대가 다른 부대까지의 상호 작용할 수 있는 거리는 Fractal 분석의 공간 해상도에 제한을 받는다. 부대 이동은 Markov 과정의 시간 해상도와 연결되어 있다. 그러므로 식 (3-353), (3-354) 소모 방정식 Fractal 차원은 부대 규모와 각 부대의 살상률에 달려 있다. 식 (3-353), (3-354)에는 $\{B_0, R_0, \alpha, \beta, D_B, D_R\}$ 와 같은 6개의 매개변수가 있다. 2개의 매개변수는 나머지 4개의 매개변수에 의해 결정된다. 다른 4개의 매개변수로 표현되는 2개의 매개변수 선택은 4개의 변수가 탐색되는 관계성에 따라 임의로 한다. 4개의 독립된 손실률의 증가되는 복잡성은 모든 6개의 매개변수 사이의 관계성을 포함하는 것으로부터 초래되는데 그것은 공간의 부대 Fractal 분포로부터 발생한다. 앞에서 말한 연속적 시간 과정에 의한 이산 Markov 과정은 식 (3-363), (3-364)와 같이 표현 가능하다.

$$\alpha' = \lim_{\Delta t \to 0} \frac{(\alpha \Delta t)^{D_R/2}}{\Delta t} \qquad (3\text{-}363)$$

$$\beta' = \lim_{\Delta t \to 0} \frac{(\beta \Delta t)^{D_B/2}}{\Delta t} \qquad (3\text{-}364)$$

소모 계수 α', β' 는 전체 부대의 살상률을 표시하며 전장의 혼잡에 의해 완화된 각 부대의 살상률 α, β로부터 식 (3-365)와 같이 결정된다.

$$\{B_0, R_0, \alpha, \beta\} \Rightarrow \{B_0, R_0, \alpha, \beta, D_B, D_R\} \Rightarrow \{B_0, R_0, \alpha', \beta'\} \qquad (3\text{-}365)$$

식 (3-365)을 식 (3-353), (3-354)에 대입하면 Lanchester의 원래 Square Law 소모 방정식이 된다. Fractal 공간 부대 분포의 적용의 마지막 결과는 새로운 전투력 대 전투력 소모율 매개변수의 정의에 공간적 효과를 포함하는 것이다.

전장의 혼잡에 상응하는 전투력 대 전투력 소모 표현으로서 Fractal 소모 방정식 식 (3-353), (3-354)의 이러한 해석의 중요한 결과는 살상률 계수가 α', β'로 바뀌어 원래의 Lanchester 모형으로부터 유도되었다는 것이다.

3.19.2.6 관련 논문

<u>Fractal을 이용한 전투 영향요소 판단 연구</u>

Fractal을 이용하여 전투 영향요소를 판단하는 연구는 꾸준히 진행되어 왔다. 정성진(2007) 등은 지형이 전투에 미치는 영향을 평가하기 위해서는 영향을 주는 지형의 특성에 대한 측정이 필요하다고 주장하였다. 지형의 특성으로 밀도와 산개, 집중 여부에 대한 형성된 형태를 측정하기 위해 Fractal BCD 방법을 이용하였다.

그림 3.57은 동일한 밀도에서도 차원이 다르게 표현되는 사실을 보여준다. 동일 공간의 크기에서 지형물 밀도를 16%와 27%로 하여 지형물의 조밀한 형태에 따른 Fractal BCD로 해석한 차원을 표시한 것이다. 비슷한 형태에서는 밀도가 크면 차원이 크고 같은 밀도에서는 집중된 형태에서 차원이 크다는 것을 알 수 있다.

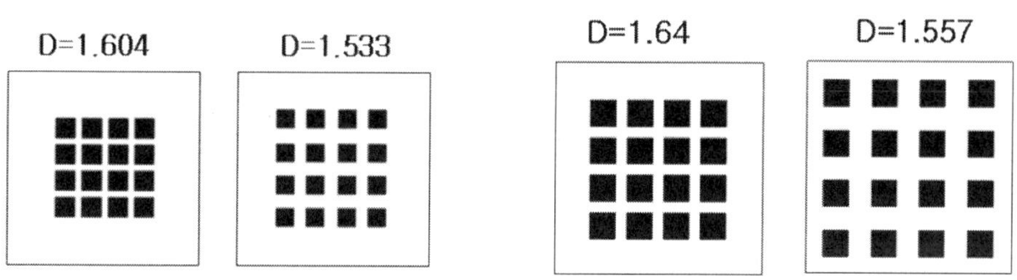

16% 밀도에서 차원　　　　27% 밀도에서 차원

그림 3.57 16%, 27% 밀도에서 차원

정성진(2007) 등이 실험한 내용은 표 3.14와 같이 병력 크기, 지형물 밀도 종류, 지형물 밀도형태를 다양하게 하여 Agent Based Simulation인 EINSTein 모델로 실험을 하였다.

표 3.14 EINSTein 모델 입력요소

요 소	내 용
병력 크기 (공격/방어)	Blue Force 80명(방어), Red Force 100명(공격)
밀도 종류 (10 종류, %)	4, 8, 10, 13, 16, 19, 23, 27, 31, 36
밀도 형태 (4 종류)	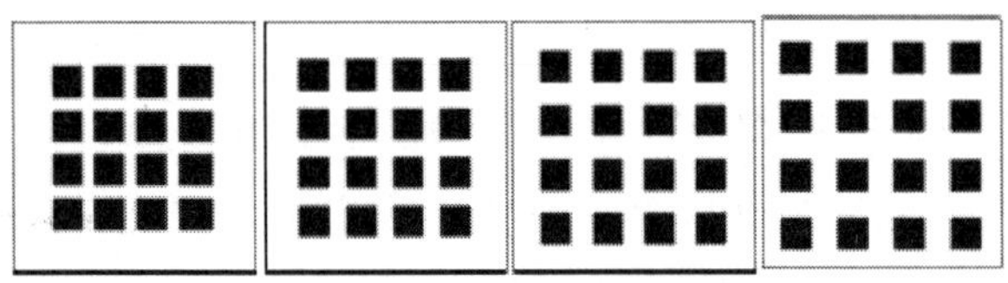

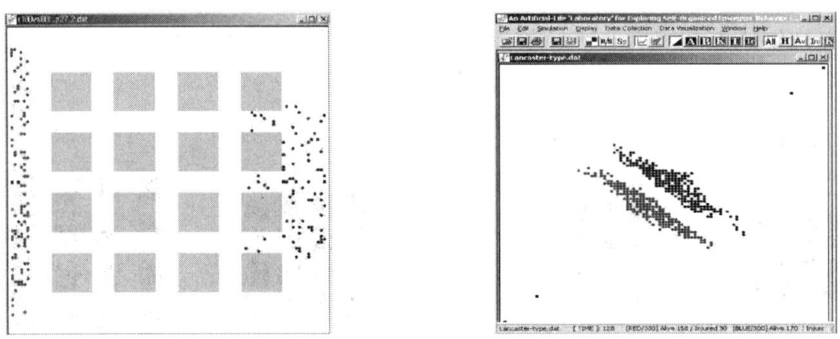

그림 3.58 EINSTein 모델 실행 모습

실험은 50회 실시하였으며 표 3.14와 같이 지형물 차원과 밀도로 구분하여 Blue Force와 Red Force의 손실비율과 회귀분석을 실시하였다. 그림 3.59에서 보는 것과 같이 각각 Fractal 차원과 밀도가 증가할수록 Blue Force와 Red Force의 손실률은 낮아지고 있다. 즉, Blue Force의 손실이 낮아진다는 것은 지형의 밀도가 높거나 집중된 형태이면 방어측에 유리하고 공격측에 불리하다는 것을 보여주고 있다.

지형물 차원과 밀도 중 어느 것이 더 전투손실에 대해 상관관계가 높은지는 R^2의 크기로 알 수 있다. 차원과 손실률 사이의 R^2는 0.8663이고 밀도와 손실률 사이의 R^2는 0.7457로서 지형물 차원과 손실률의 상관도가 더 높은 결과를 나타내고 있다. 다시 말하면 손실률에 영향을 더 미치는 것은 지형물 밀도보다는 차원이라는 것을 의미한다.

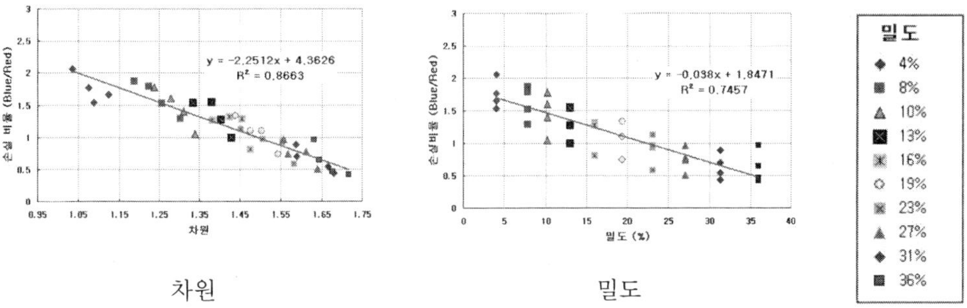

그림 3.59 지형의 차원과 밀도에 대한 전투 손실비율(Blue/Red) 결과

Fractal 지형이 전투에 미치는 영향

Fractal 지형이 전투에 미치는 영향에 대해 조성진 등이 연구한 내용은 표 3.15와 같다. 앞에서 소개한 정성진 등이 연구한 내용과 유사하나 입력 자료를 표 3.15와 같이 결정하였다.

병력 크기, 지형물 밀도 종류, 지형물 밀도형태를 다양하게 하여 Agent Based Simulation인 EINSTein 모델로 실험을 하였다. 실험은 50회 실시하였으며 지형이 없는 상태에서 Red Force 손실률은 0.28이었다. 그림 3.60은 지형물 차원과 밀도로 구분하여 Red Force의 손실률과 Fractal 차원과 밀도에 대해 회귀분석을 실시하였다. 각각 Fractal 차원과 밀도가 증가할수록 손실비율은 높아지고 있다. 즉, Red Force의 손실이 높아진다는 것은 지형의 밀도가 높거나 집중된 형태이면 방어측에 유리하고 공격측에 불리하다는 것을 보여주고 있다.

지형 밀도 4%에서는 최소 0.33의 손실률을, 지형밀도 36%에서는 최대 0.97의 손실률을 보인다. 즉 지형이 없는 경우보다 최소 1.2배에서 최대 3.5배의 손실을 보이고 있다. 즉 우세한 병력을 가지더라도 지형의 조밀성이 높은 곳에서는 공격하는 측에 불리함을 보인다. Fractal 차원과 밀도 중 어느 것이 더 전투손실에 대해 상관관계가 높은지는 R^2의 크기로 알 수 있다. Fractal 차원과 손실률 사이의 R^2는 0.8447이고 밀도와 손실률 사이의 R^2는 0.7192로서 Fractal 차원과 Red Force 손실률의 상관도가 더 높은 결과를 나타내고 있다. 다시 말하면 손실률에 영향을 더 미치는 것은 지형물 밀도보다는 Fractal 차원이라는 것을 의미한다. Fractal 차원이 더 높은 설명력을 가지고 있으며 Fractal 차원이나 밀도가 증가할수록 Red Force의 손실률은 지수형태로 완만하게 증가한다.

표 3.15 Fractal 지형이 전투에 미치는 영향 연구 입력요소

요 소	내 용
병력 크기 (공격/방어)	Blue Force 80명(방어), Red Force 100명(공격)
시나리오	Red Force는 지형을 통과하여 Blue Force를 공격
밀도 종류 (10 종류, %)	4, 8, 10, 13, 16, 19, 23, 27, 31, 36
밀도 형태 (각 4 종류)	지형 조밀도 완화(Fractal 차원 감소) 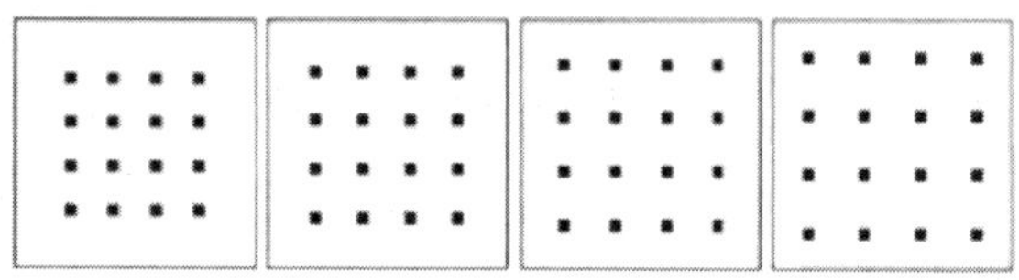 지형 밀도 4% 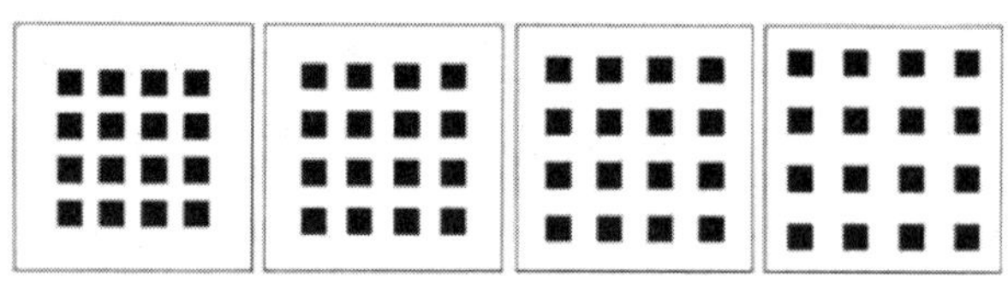 지형 밀도 19% 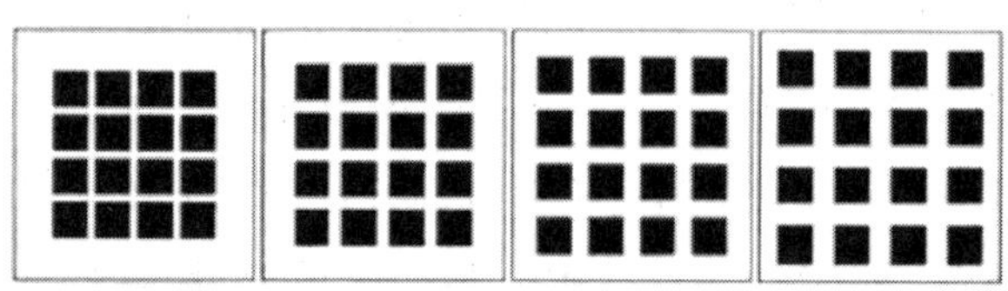 지형 밀도 36%
전투효과도(MOE)	MOE 1 : Red Force 손실률 MOE 2 : Blue Force 손실률/ Red Force 손실률

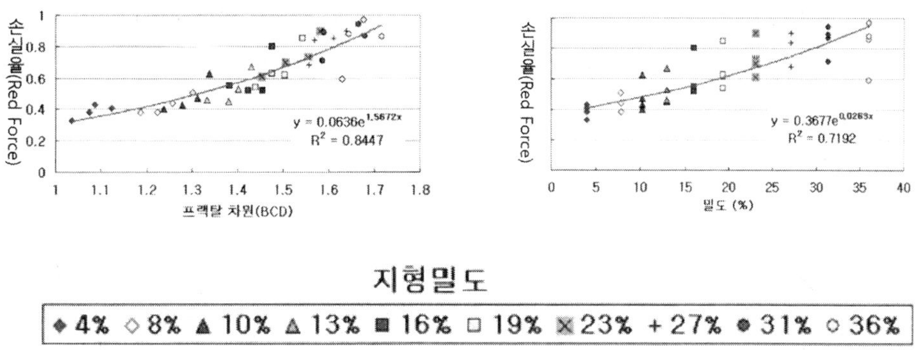

그림 3.60 Fractal 차원(BCD)와 밀도(%) (I)

그림 3.61은 Fractal 차원과 밀도에 대해 MOE 2로 상관관계를 분석한 것이다. 각각 Fractal 차원과 밀도가 증가할수록 Blue Force와 Red Force의 손실률은 낮아지고 있다. 즉, Blue Force의 손실이 낮아진다는 것은 지형의 밀도가 높거나 집중된 형태이면 방어측에 유리하고 공격측에 불리하다는 것을 보여주고 있다. Fractal 차원과 손실률 사이의 R^2 는 0.8676이고 밀도와 손실률 사이의 R^2 는 0.7475로서 Fractal 차원과 Blue Force와 Red Force 손실률의 상관도가 더 높은 결과를 나타내고 있다. 다시 말하면 손실률에 영향을 더 미치는 것은 지형물 밀도보다는 Fractal 차원이라는 것을 의미한다.

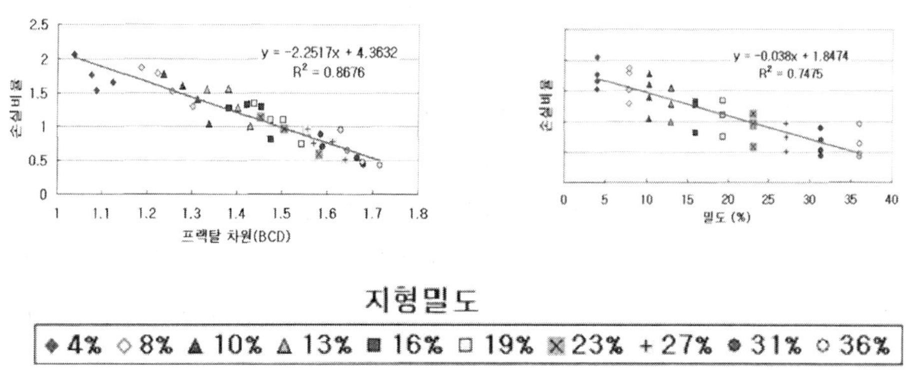

그림 3.61 Fractal 차원(BCD)와 밀도(%) (II)

Fractal 지형 영향요소에 대한 연구방법을 Stalingrad 전투 적용하였다. 그림 3.62 (a)는 1942년 Stanlingrad를 점령한 독일군을 포위한 소련군이 반격하는 상황이며 (b)는 1942년 Stalingrad 도시를 나타내고 있고 (c)는 도시의 중심가를 나타내는 지형평가도이다.

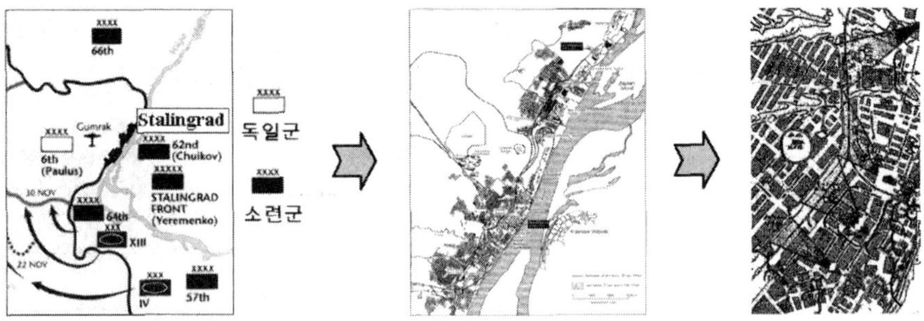

(a) 1942년 Stalingrad 전선 (b) Stalingrad 도심 (c) Stalingrad 중심가

그림 3.62 Stalingrad 전투 지형평가도

중심가의 밀도는 76.4%이고 Fractal 차원은 1.876 이다. 당시 전투결과는 독일 제 6 군이 항복함으로써 독일군의 패하였으며 전사자는 독일군 147,000 명, 소련군 478,741 명이었다. 소련군에 대한 독일군 손실비율이 0.31 로서 공격한 소련군의 손실이 매우 컸다는 것을 알 수 있다.

조성진(2009)이 연구한 결과에 의하면 MOE2 관점의 회귀식에 Stalingrad 지형의 Fractal 차원과 밀도 값을 적용하여 Fractal 차원에서는 0.14, 밀도에서는 −1.05 로 독일군/소련군의 손실비율을 산출하였다. 실제 전투결과는 0.31 로서 독일군 손실이 더 크게 나타났다. 그 이유로 독일군은 동계전투 준비가 안되었고 보급이 정상적으로 이루어지지 않은 상태에서 전투를 수행하였기 때문에 정상적인 전투을 할 수 없었던 것으로 판단하였다. 또한 전쟁사 연구 자료에 의하면 공격하는 측에 대한 방어하는 측의 손실비율이 0.5 이하가 되면 공격을 포기한다고 한다. 실제 결과인 0.31 을 보면 소련군의 공격은 인명을 경시한 것으로 판단하였다.

MOE 1 회귀식에서 Fractal 차원은 1.2, 밀도는 2.74 로 소련군의 손실률이 산출되었지만 손실률은 1 을 넘지 못하므로 전멸이라고 볼 수 있다. 그렇지만 실제 전투에서는 어느 정도 손실이 발생하면 후퇴나 항복 등으로 전투가 종료되기 때문에 극단적인 전투결과는 거의 발생하지 않는다.

3.19.3 공격하는 측의 유리점을 묘사

Helmbold 방정식 $ln\left(\frac{B_0^2-B_f^2}{R_0^2-R_f^2}\right)=\varphi ln\left(\frac{B_0}{R_0}\right)+\tau$ 에 대한 기존연구에서는 Linear-logarithmic Lanchester 소모 과정을 고려하였고 일반적인 식은 식 (3-366), (3-367)과 같다.

$$\frac{dB}{dt}=-f\left(\frac{B}{R}\right)R(t),\ B(0)=B_0 \qquad (3-366)$$

$$\frac{dR}{dt}=-g\left(\frac{B}{R}\right)B(t),\ R(0)=R_0 \qquad (3-367)$$

여기에서 함수 f,g는 전장의 혼잡으로 인해 전투력 발휘를 하는 각측의 능력의 제약을 말한다. 이러한 사실은 일반적으로 '수확체감의 법칙' 으로 잘 알려져 있다. 이러한 접근법은 전투력 비율에 의존하는 새로운 부대 수준 소모율 계수의 정의를 포함하고 있고 이것은 Fractal 공간 부대 분포를 위한 것과 같은 결과에 이른다. Helmbold 방정식 $ln\left(\frac{B_0^2-B_f^2}{R_0^2-R_f^2}\right)=\varphi ln\left(\frac{B_0}{R_0}\right)+\tau$은 그림 3.63에서 보는 것과 같이 역사적 사실 데이터의 형태와 잘 부합한다. 이해를 명확하게 하기 위해 Blue Force를 패자로 Red Force를 승자로 정의하고 그림 3.63의 각 점들은 Red Force의 태세를 의미한다.

직선은 전체 데이터에 가장 적합하게 추정된 것이며 승자의 태세를 고려하지 않은 것이다. 그림 3.63은 승자인 방자의 $\tau>0$ 를 의미한다. 만약 $\tau=\frac{1}{4}(D_B+D_R)ln\left(\frac{\alpha}{\beta}\right)$라면 이것은 $\frac{\alpha}{\beta}>1$ 이라는 것이다. $\frac{\alpha}{\beta}$ 또는 D_B와 D_R가 큰 수라면 승리를 위해 큰 값 τ가 될 것이다.

가장 적합하게 추정된 직선이 각 승자의 태세를 구분하여 결정되었다면 Helmbold Gradient φ은 95% 신뢰구간에서 다르다고 기각될 수 없다. 그림 3.63은 방어하는 측의 $ln\left(\frac{B_0^2-B_f^2}{R_0^2-R_f^2}\right)$는 공격하는 측의 상응한 값 $\tau=\frac{1}{4}(D_B+D_R)\ln\left(\frac{\alpha}{\beta}\right)$보다 더 높다. 이것은 모든 분포 $\tau\approx 0$이라는 데 주목할 필요가 있다. 마지막으로 그림 3.63은 공격하는 측의 $ln\left(\frac{B_0^2-B_f^2}{R_0^2-R_f^2}\right)$는 가장 적합도가 높은 전체 선에 대하여 매우 고르게 분포되어 있다는 것이다. 반면 방어하는 측의 상응한 값들은 추정된 직선 위에 강하게 밀집되어 있다.

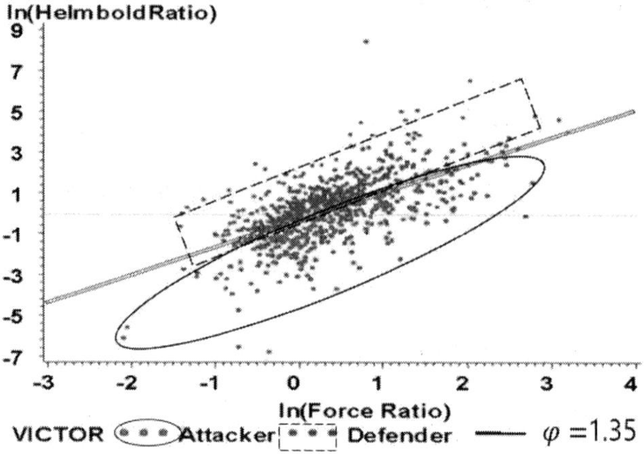

그림 3.63 Helmbold 관계식 Plot

성공적인 방어하는 측의 이러한 조건은 다음과 같은 의미로 해석 가능하다.

1. 방어하는 측의 살상률은 공격하는 측의 살상률보다 작다
2. 같은 전투력 비율에서는 방어하는 측의 살상률이 공격하는 측이 승리하는 경우보다 방어하는 측이 승리하는 경우에 더 작다
3. 공격하는 측이 충분한 전투력 집중을 할 수 있다.

위의 모든 조건들은 성공적 공격을 하기 위한 군사 원칙과 부합한다. 마지막으로 그림 3.63에서 보는 것과 같이 방어하는 측이 승리하는 것보다 공격하는 측이 승리하는 경우에 전체 평균적으로 더 골고루 분포되어 있다는 것은 위에서 결정된 조건들이 필요로 하지만 방어하는 측은 위 조건을 만족하지 못하면 승리하지 못할 것 같다. 성공적인 방어를 위한 충분조건은 아닌 것을 의미한다. 공격하는 측은 위 조건이 만족하지 않더라도 승리할 수 있다.

그러나 공격하는 측이 충분한 전투력을 집중할 수 있다는 것은 주도권을 장악하는 유리한 점으로부터 나오는 것이다. 공격하는 측은 공격할 것인지 아닌지를 결정할 수 있다. 공격하는 측이 비용 대 효과를 고려하지 않고 공격하지 않는 선택을 한 예는 어디에도 없다. 그림 3.63에서 최적의 적합 추정선 밑의 모든 결측 데이터들은 공격하는 측의 실제 유리한 점과 주도권 장악으로부터 나온다. 그러므로 그림 3.63은 주도권을 장악하는 유리한 점을 표현한 것이다.

3.19.4 전투 치열도 묘사

Lanchester Square Law는 앞에서 설명한 대로 (3−368)과 같은 식으로 표현된다.

$$\frac{B_0^2-B^2(t)}{R_0^2-R^2(t)}=\frac{\alpha}{\beta} \qquad (3-368)$$

여기서 $\frac{\alpha}{\beta}$는 상대적 화력 효과도라고 표현할 수 있다. Lanchester Square Law에서 $B(t), R(t)$는 식 (3−369), (3−370)이다.

$$B(t)=B_0 cosh\,(\sqrt{\alpha\beta})t-R_0\frac{\alpha}{\beta}sinh\,(\sqrt{\alpha\beta}t),\ B(0)=B_0 \qquad (3-369)$$

$$R(t)=R_0 cosh\,(\sqrt{\alpha\beta}t)-B_0\frac{\beta}{\alpha}sinh\,(\sqrt{\alpha\beta}t),\ B(0)=B_0 \qquad (3-370)$$

식 (3−370)으로부터 전투 치열도는 Lanchester Equation의 진화에 따른 시간해에서 비율을 조정한다. $\frac{\Delta B}{\Delta t}=\frac{(\alpha\Delta t)^{D_R/2}}{\Delta t}R,\ B(0)=B_0$, $\frac{\Delta R}{\Delta t}=\frac{(\beta\Delta t)^{D_B/2}}{\Delta t}B,\ R(0)=R_0$ Force on Force 소모 방정식을 사용하여 전투 치열도 I^2는 식 (3−371)과 같이 정의한다.

$$I^2=\alpha'\beta'=\alpha^{D_R/2}\beta^{D_B/2}\Delta t^{\frac{D_B+D_R}{2}-2}=\begin{cases}(\alpha\beta)^{D_B/2}(\alpha\Delta t)^{(D_R-D_B)/2}\Delta t^{D_B-2}\\(\alpha\beta)^{D_R/2}(\beta\Delta t)^{-(D_R-D_B)/2}\Delta t^{D_R-2}\end{cases} \qquad (3-371)$$

식 (3−371)의 우변항은 Blue Force 또는 Red Force의 Fractal 차원에 따른 항을 모아서 얻을 수 있는 형태와 동일하다. 기하평균을 취하면 식 (3−372)와 같다.

$$I=\left(\sqrt{\alpha\beta}\right)^{\frac{D_R+D_B}{4}}\left(\frac{\alpha}{\beta}\right)^{\frac{D_R-D_B}{8}}(\Delta t)^{\frac{D_R+D_B}{4}-1} \qquad (3-372)$$

Fractal 차원사이의 차이를 평가하기 위해 $\frac{(D_R-D_B)}{2}=\frac{1}{2}log_{\Delta t}\left(\frac{B_0}{R_0}\right)$ 식을 사용하고 식 (3−373)과 같이 I 를 구한다.

$$I = \left(\sqrt{\alpha\beta}\right)^{\frac{D_R+D_B}{4}} \left(\frac{B_0}{R_0}\right)^{\frac{1}{8}log_{\Delta t}\left(\frac{\alpha}{\beta}\right)} (\Delta t)^{\frac{D_R+D_B}{4}-1} \qquad (3-373)$$

전투의 치열도는 전투력 비율이 더 효과적인 측에 유리하면 비록 천천히 증가하더라도 증가해야 한다. 식 (3-373)은 양측의 Fractal 차원과 함께 전투 치열도가 증가하는 것을 예측한다. 처음 보면 이상하게 보일지라도 큰 Fractal 차원은 주로 낮은 전투 치열도에서 아주 큰 부대가 분산되어 있을 때 발생한다. 자세히 연구해 보면 원래의 Metamodel 은 한측의 모든 부대의 행동의 수준이 균등하다고 가정하고 있다. 그러므로 각 부대는 적과 교전시 동일한 경향을 가지고 있으며 소모율은 교전하는 수에 의존할 것이다. 이것은 양측의 개선된 공간적 범위 또는 더 큰 Fractal 차원으로 증가시킬 것이다. 그러므로 여기에서 사용되어야 하는 Fractal 차원은 전투력의 기하 분포보다 설명할 수 있는 것으로 보인다. 그것은 그 측면에서 행동의 분포를 설명한다.

3.19.5 상대적 효과도 묘사

전투력 수준의 상대적 효과도는 식 (3-374)의 우측 항으로 주어진다.

$$\frac{B\Delta B}{R\Delta R} = \begin{Bmatrix} (\alpha\Delta t)^{(D_B-D_R)/2} \times \eta^{D_B/2} \\ (\beta\Delta t)^{(D_R-D_B)/2} \times \eta^{D_R/2} \end{Bmatrix} = \eta^{(D_R+D_B)/2}\left(\sqrt{\alpha\beta}\Delta t\right)^{(D_R-D_B)/2} \qquad (3-374)$$

Fractal 차원 사이의 차이를 평가하기 위해 $\frac{(D_R-D_B)}{2} = \frac{1}{2}log_{\Delta t}\left(\frac{B_0}{R_0}\right)$ 식을 사용하고 식을 전개하면 식 (3-375)을 유도할 수 있다.

$$\frac{\alpha'}{\beta'} = \left(\frac{\alpha}{\beta}\right)^{(D_B+D_R)/2}\left(\sqrt{\alpha\beta}\Delta t\right)^{(D_R-D_B)/2} = \left(\frac{\alpha}{\beta}\right)^{(D_B+D_R)/2}\left(\frac{B_0}{R_0}\right)^{\frac{1}{2}log_{\Delta t}\left(\sqrt{\alpha\beta}\Delta t\right)} \qquad (3-375)$$

전투 치열도의 분산이나 집중의 효과와 유사하게 상대적 효과도도 Fractal 차원이 증가하는 분산으로 증가하는데 이는 조우하는 부대수의 증가로 기인한다. 여기서는 상대적 효과도와 전투력 비율 사이의 관계에 대한 체계적 연구는 아직 없다. 이것은 상대적 효과도를 상수로 하는 표준 Lanchester 모형 예측의 한 부분으로 여겨질 수 있다.

우월 매개변수

μ^2을 식 (3-376)과 같이 정의하면 방어하는 측의 우월 매개변수 V는 식 (3-377)과 같다.

$$\mu^2 = \frac{1-(\frac{B}{B_0})^2}{1-(\frac{R}{R_0})^2} = (\frac{\alpha}{\beta})\left(\frac{R_0}{B_0}\right)^2 \qquad (3-376)$$

$$V = ln\mu = 2ln\left(\frac{1-(\frac{B}{B_0})^2}{1-(\frac{R}{R_0})^2}\right) \qquad (3-377)$$

식 (3-378)이 성립하는 것은 쉽게 보일 수 있다.

$$ln\left(\frac{B_0^2-B^2}{R_0^2-R^2}\right) = 2\,ln\left(\frac{B^2}{R^2}\right) + ln\left(\frac{1-(\frac{B}{B_0})^2}{1-(\frac{R}{R_0})^2}\right) \qquad (3-378)$$

식 (3-378)의 좌측 항은 Helmbold 방정식 $ln\left(\frac{B_0^2-B_f^2}{R_0^2-R_f^2}\right) = \varphi ln\left(\frac{B_0}{R_0}\right) + \tau$ 으로부터 방어하는 측의 유리한 점을 식 (3-379)와 같이 얻는다.

$$V = 2\tau + 2(\varphi - 2)ln\left(\frac{B_0}{R_0}\right) \qquad (3-379)$$

그림 3.63으로부터 φ 값에 대한 체계적 연구는 가능 최대 값 2와 평균값 1.35를 구했다. 식 (3-379)의 두 번째 항은 공격하는 측의 전투력 비율이 증가할수록 방어하는 측의 유리한 점은 감소하는 것을 반영하고 있다. 전투력 비율에 대한 Logarithmic 의존성은 표준 Lanchester 모형에 의해 예측되고 있으며 역사적인 전쟁사 데이터에서도 관측되고 있다.

3.19.6 정보능력의 반영

군에서의 많은 전투 지원체계들이 상당부분 부대의 전투 잠재력을 향상시키기 중요한 역할을 하고 있다. 이런 전투 지원체계들은 무기체계와는 다르게 그 가치를 평가하거나 우선순위를 정할 필요가 없었다. 그러나 레이더나 야시장비 등과 같은 전력들은 군사력 규모의 증가없이 무기체계의 기능을 향상시키고 성능과 효과를 개선함으로써 전투에서 결정적 우위를 제공할 수 있다. 즉 현대전에서는 전투 지원체계에 대한 전력승수에 대한 평가가 필요하게 된 것이다. 전투 정보지원(Information Support) 전력승수는 전투 협조와 합동운영을 도출해 냄으로써 전장에 있는 아군의 전쟁능력을 향상시킨다. 일반적으로 전력승수의 유형은 다음과 같이 구분할 수 있다.

- 조기경보(Early Warning, EW), 감시(Surveillance, Svl), 탐지 레이더
- 야간투시장비(Night Vision Devices, NVD)
- 감시정찰체계 기반 공간
- 전장의 감시정찰을 위한 무인항공기(UAV), 원격조종비행체(RPV)
- 지휘, 통제, 통신, 컴퓨터 및 정보체계(C4I)
- 통신망(Signaling Networks, SIGNET)
- 인간 및 신호정보(Human and Signal Intelligence)

위에서 언급한 바와 같이, 전력 승수의 적용은 전장감시 레이더, 무기 위치추적 레이더와 방공 레이더 같은 전투정보지원 체계를 평가하여 수리적 및 시뮬레이션 전투모델을 개발하기 위한 목적으로 시작되었다. 전투모델은 전투중인 부대들의 규모가 시간에 따라 어떻게 변화하는지에 대해 정량적 평가를 가능하게 한다. 현재 인공위성은 감지된 정보를 빛의 속도로 송수신 한다. 이로 인해 특정 위치에서 발사될 수 있는 공간과 무기체계들에 지휘 및 통제, 플랫폼은 기술적으로 실행 가능해지고 있으며, 미사일과 어뢰 기술들은 무인 수단으로 대륙을 넘어 매우 빠른 속도로 발사되는 것이 가능해지고 있다. 또한 미사일과 어뢰는 탐지를 피하기 위해 비행물체의 측면에서 날수 있고, 지구 표면을 지나가듯 이동할 수 있다. 그리고 어느 누구도 인지 못한 상황에서 최종 목표물을 타격할 수 있다.

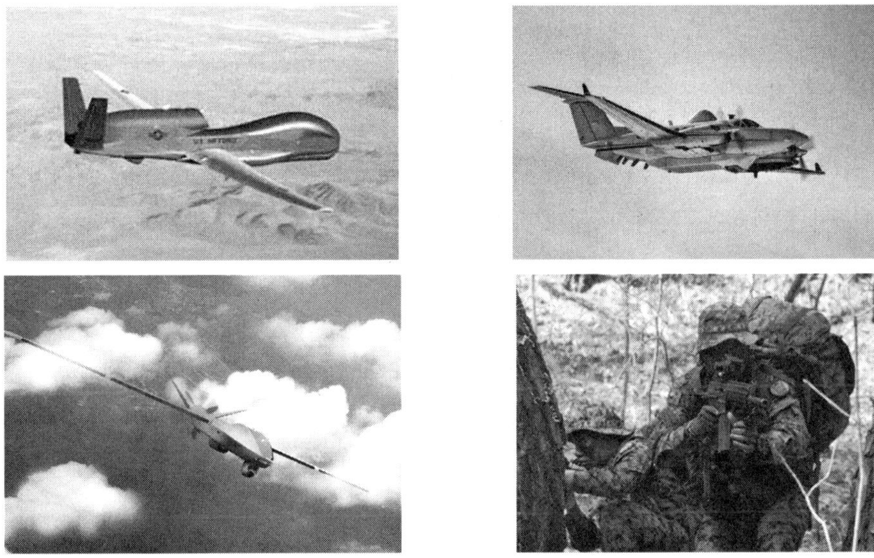

그림 3.64 정보획득 수단

최근 미사일과 어뢰는 자율성을 발휘할 수 있는 정교한 내장 센서와 프로세서를 가지고 있다. '가시선 밖' 의 목표물들에 대한 플랫폼 센서 범위를 연장한 정교한 원격 조종 비행체 역시 기술적으로 실행 가능하게 되었다. 이에 발맞추어 미군은 보다 강하고 빠른 반응과 효과를 전투 부대의 능력을 향상시키기 위한 전략으로써 지휘 통제, 통신, 정보에 보다 많은 관심을 갖고 있다. 강력한 하드웨어인 무기체계보다 오히려 정보가 전쟁에서 중요 전력 승수가 되는 것을 단적으로 보여주는 증거이다. 적의 능력과 의도 식별은 부대를 늘리거나 무기체계를 추가하는 것보다 지휘관에게 더 가치가 있을 수 있다는 의미이다.

정보는 부대유형, 화력, 위치 그리고 과거, 현재, 미래의 움직임이 포함된다. 예를 들어 오늘날 조기경보통제기는 쉽게 공중, 지상에 있는 항공기 수를 파악할 수 있다. 그것들은 레이더나 지대공미사일 · 지대지 미사일 배치, 부대의 집중정도, 전차나 포병화력의 전개도, 그리고 중요 기반시설의 위치를 알려준다. 사진, 레이더 스캔정보 또는 다른 영상 정보, 적 장비로부터 방출되어 감지한 전자정보, 적의 발신 메시지의 형태, 인간정보로부터 보고받은 정보들은 주어진 상황평가를 하는데 있어 불명확한 상황을 다양한 자료 통합으로 명확 하게 해주는 역할을 하고 있다.

정보량 반영 Lanchester Equation

김각규(2012) 등의 연구에 의하면 Lanchester 전투모형을 보강하여 도출된 손실예측 모델들은 매개변수들을 통해 적을 찾고, 적의 위치를 추적하며, 정확하게 적을 타격하기 위한 군의 능력을 반영한다. 군 지휘관이나 풍부한 경험을 가진 전략가들이 판단하는 것처럼 매개변수는 기술적 능력을 활용하여 예상되는 영향력을 수치로 전환함으로써 의사결정자를 보조할 수 있다.

예를 들면 어떤 전구급 시나리오들이 주어진 상황에서 변경된 정찰을 실시하거나 적 통신에 혼선을 주는 등 이러한 행동의 결과가 전장에서 상당히 다르게 나타날 수 있도록 평가되어야 한다는 것이다. 본 연구에서는 Lanchester 모델이 앞에서 언급한 것처럼 정보분야를 여러 형태로 표현하였다.

군단이나 전구급과 같은 수준의 전투를 Macro 전투라고 하는데, Lanchester 모형은 주로 Macro 전투를 다루는 미분방정식 모형이다. 무기체계의 발전에 따라 전쟁 양상이 변화되면서 Lanchester 모형은 점차 한계점이 인식되었고, Helmbold에 의해 보다 확장된 전투모형이 개발되었다. Helmbold 전투모형은 Monte Carlo Simulation을 반영한 두 전력간의 장기간 전투모형으로 적의 정보가 없는 전력보다는 완전한 정보를 알고 있는 전력이 전투에서 확실한 우위에 있다는 것을 증명하였다. 즉 정보의 변화가 전투의 승패에 영향을 미친다는 것이다. 현재까지 지식이나 정보를 통합하기 위한 모델수식은 식 (3-380), (3-381)과 같다.

$$B = -\alpha(t) \cdot \left(\frac{B}{R}\right)^{1-W_R} \cdot R - \beta(t) \cdot B \qquad (3\text{-}380)$$

$$R = -\beta(t) \cdot \left(\frac{R}{B}\right)^{1-W_B} \cdot B - \alpha(t) \cdot R \qquad (3\text{-}381)$$

여기서 W_B, W_R는 각각 Blue Force와 Red Force의 정보량이다.

Helmbold 모델에서 W_B 또는 W_R 이 1이면 Lanchester 모형의 제곱법칙의 결과를 얻고 1/2이면 선형법칙의 결과를 얻을 수 있다.

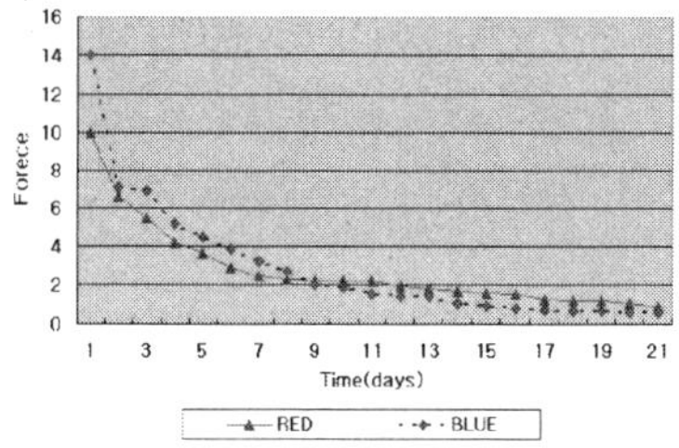

입력변수	입력값
Blue Force 초기값	14
Red Force 초기값	10
Blue Force 손실율	0.62
Red Force 손실율	0.57
단위 시간 t	일(Day)

그림 3.65 정보 통합에 의한 전투결과

위에서 제시한 식을 바탕으로 Monte Carlo Simulation을 반영한 Blue Force와 Red Force의 지식이나 정보 통합에 의한 전투결과는 그림 3.65와 같다. 확률적 개념이 포함되었기 때문에 난수를 무작위로 발생시킴에 따라 전투결과는 항상 다르게 나타난다. Helmbold 모형은 정보가 전투에 어떤 영향을 미치는가를 수리적으로 분석한 최초의 모델이다. 정보라는 것은 미래를 예측하는 다소 복잡하고 추상적인 개념이지만, 정보도 모델에서 수리적인 방법으로 접근이 가능하다는 것을 인식시키고자 하였다는데 의의가 있다.

정보의 중요성은 현대전에서도 입증된 바 있다. 1991년의 걸프전은 C4ISR을 기반으로 한 정보전 개념이 최초로 대두된 전쟁이며, 1999년의 코소보전은 무인기를 기반으로 한 정보수집으로 78일이라는 비교적 짧은 기간에 전쟁이 종결되었다는 평가하고 있다. 또한, 2003년의 이라크전에서 다국적군은 적 지휘부와 C4I의 무력화에 중점을 두고 타격한 결과 15 일 만에 승리를 선언함으로써 이라크 자유 작전이 종료되었다. 이와 같이 Helmbold 모형은 반세기가 지난 현대전에 서도 적용할 수 있을 만큼 깊은 통찰력을 제공한다. 그러나 Helmbold 모형에서도 손실계수 $\alpha(t)$, $\beta(t)$에 영향을 미치는 모든 요인들을 추출하지는 못했다. 모형을 좀 더 현실화하기 위해서는 전투에 정통한 지휘관이나 실제 전투 경험이 있는 의사결정자의 적극적인 개입이 요구된다. 이런 의견들이 전투의 현실성을 반영하고, 전투에 영향을 미치는 변수들로 설정했을 때 비로소 현실에 가까운 전투모형이 될 것이다.

김각규(2012) 등은 전투가 발생하고 있는 지역으로부터의 세부정보나 UAV나 조기경보통제기, Global Hawk 등의 감시정찰 자산으로부터의 광범위한 정보에 지형을 반영한 모형은 주로 Macro 전투에 적용되었던 Lanchester 모형의 기본개념은 점차 Micro 전투에까지 적용이 가능할 것이라는 것에 착안하여 식 (3-

382), (3−383)과 같은 전투모형식을 제시하였다. 손실계수인 $\alpha(t)$와 $\beta(t)$는 상대 세부 지형에서의 탐지와 손실에 의해 감소하고, 광범위한 지형정보는 아군의 손실계수를 증가시키는 역할을 한다. 결국 손실계수의 변화율은 전투지역의 지형과 광범위한 지형의 정보나 지식에 의해 결정된다는 것을 의미한다

$$\frac{d\alpha(t)}{dt} = -[\beta(t) \cdot \gamma] \cdot a \qquad (3-382)$$

$$\frac{d\beta(t)}{dt} = -[\alpha(t) \cdot \omega] \cdot b \qquad (3-383)$$

여기서 $\alpha(t)$, $\beta(t)$ 는 손실계수이며 K_B, K_R 은 정찰자산으로부터의 거시적인 지형정보이다. 그리고 P_B, P_R은 전투지역의 미시적인 지형정보이다.

$$a = f[K_B, \alpha(t)]$$

$$b = f[K_R, \beta(t)]$$

$$\gamma = P_B(detection) \cdot P_B(kill/detection)$$

$$\omega = P_R(detection) \cdot P_R(kill/detection)$$

3.19.7 일시적 전투력 변동효과 반영

부대 증원이나 교대, 비전투 손실과 같은 효과는 기본 Lanchester Equation 을 확장하여 묘사한다.

$$\frac{dB}{dt} = -\alpha R - \gamma B + H \qquad (3-384)$$

$$\frac{dR}{dt} = -\beta B - \delta R + G \qquad (3-385)$$

여기서 γ, δ는 각각 Blue Force 와 Red Force 의 비전투 손실률이고 H, G는 증원 병력이다. Blue Force 와 Red Force 의 일부 병력을 다른 전투로 전환하고 각각의 전환비율 θ_1, θ_2이라면 $\theta_1 B$ 또는 $\theta_2 R$을 감소시키는 모델로 확장한다.

$$\frac{dB}{dt} = -\alpha R - \gamma B - \theta_1 B + H \qquad (3-386)$$

$$\frac{dR}{dt} = -\beta B - \delta R - \theta_2 R + G \qquad (3-387)$$

3.19.8 전투종료 조건 묘사

Lanchester 모형에서는 한측이 전멸될 때가 되어서야 전투가 종료된다. 이것은 현실적으로는 발생하기 대단히 어려운 것이다. 어떻게 왜 전투가 종료되는가 하는 보다 현실적인 모형이 요구된다. Helmbold 는 이러한 전투 종료에 대한 이론적 연구를 해 왔고 가장 영향력 있는 결과를 도출하였다. Helmbold 는 세부적인 이론을 구성했는데 결정적이거나 확률적으로 양측 모두 적용할 수 있다. 그의 전투 종료 이론의 결정적 가정은 전투력이 특정 수준 이하로 떨어지면 효과적인 전투는 종료될 것이라는 것이다. 전투력 수준은 부대의 형태, 규모와 임무에 달려있다. 간결하게 표현하여 보면 다음 3 개의 조건이 만족해야 한다. T 시간에 한측이 승리하는 경우를 고려해 보자. 먼저, B_f, R_f를 각각 Blue Force 와 Red Force 의 잔여 전투력이라고 정의한다. Blue Force 가 T 시간에 승리하는 경우는 식 (3-388)을 만족한다.

$$B(T) = B_f > 0 \; and \; R(T) = R_f = 0 \qquad (3\text{-}388)$$

Red Force 가 T 시간에 승리하는 경우는 반대로 식 (3-389)를 만족한다.

$$R(T) = R_f > 0 \; and \; B(T) = B_f = 0 \qquad (3\text{-}389)$$

식 (3-388), (3-389) 두가지 경우가 아니면 한측이 이긴다고 할 수 없고 비기는 경우, 양측 다 전멸하는 경우이다. 즉 $B_f = R_f = 0$ 이 된다. 이를 좀 더 확장해서 다음과 같이 정의 해 보자. B_{BP}를 Blue Force 의 미리 설정한 전투종료 전투력 수준이라고 하자. 그러면 최초의 전투력 B_0에서 비율 f_{BP}^{B}을 곱해 B_{BP}을 결정할 수 있다. 예를 들면 Blue Force 는 최초 전투력의 70%가 되면 전투를 종료하고 철수를 하기로 결정했다고 하자. 그러면 $B_{BP} = 0.7B_0$이 될 것이다.

Red Force가 T 시간에 승리하는 경우를 고려해 보자. 그러면 $B(T)$와 $R(T)$는 식 (3-390), (3-391)을 만족한다. 전투 종료시점 T 이전에는 $B(t) > B_f \; and \; R(t) > R_f \; for \; 0 < t < T$를 만족하는 것은 자명하다. 또한 Red Force가 승리한 경우이므로 $R_f > R_{BP}$ 인 것도 자명하다.

$$B(T) = B_f = B_{BP} = f_{BP}^{B} B_0 \qquad (3-390)$$

$$R(T) = R_f > R_{BP} = f_{BP}^{R} R \qquad (3-391)$$

Helmbold의 이론은 전투방정식에서 전투 종료시점 f를 결정하는 절차를 제공한다. 간단하게, 이러한 조치의 나머지는 Lanchester Square Law 경우에 대해 고정된 전투 종료시점을 사용하는 결정적인 적용만 하면 된다. Lanchester Square Law의 승패를 결정짓는 조건은 앞에서 설명한 것과 같이 다음과 같다.

만약 $\frac{B_0}{R_0} > \sqrt{\frac{\alpha}{\beta}}$ 이면 Blue Force 승리

만약 $\frac{B_0}{R_0} < \sqrt{\frac{\alpha}{\beta}}$ 이면 Red Force 승리

만약 $\frac{B_0}{R_0} = \sqrt{\frac{\alpha}{\beta}}$ 이면 어느 측도 승리하지 못함

그러면 Red Force가 승리하는 시점 T 는 식 (3-392)와 같다.

$$T = \frac{1}{2\sqrt{\alpha\beta}} ln\left(\frac{\sqrt{\frac{\alpha}{\beta}}+\frac{B_0}{R_0}}{\sqrt{\frac{\alpha}{\beta}}-\frac{B_0}{R_0}}\right) = \frac{1}{\sqrt{\alpha\beta}} tanh^{-1} \frac{B_0}{\sqrt{\frac{\alpha}{\beta}} R_0} \qquad (3-392)$$

이 때 Red Force의 잔여 병력 R_f는 식 (3-393), (3-394)와 같다.

$$\frac{R_f}{R_0} = \sqrt{1 - \frac{\beta}{\alpha} \cdot \left(\frac{B_0}{R_0}\right)^2} \qquad (3-393)$$

$$R_f = R_0 \sqrt{1 - \frac{\beta}{\alpha} \cdot \left(\frac{B_0}{R_0}\right)^2} \qquad (3-394)$$

일반적인 결과는 식 (3-395)와 같다.

$$\frac{R}{R_0} = \sqrt{1 - \frac{\beta}{\alpha} \cdot \left\{\left(\frac{B_0}{R_0}\right)^2 - \left(\frac{B}{R_0}\right)^2\right\}} \qquad (3-395)$$

Helmbold의 이론을 여기에 적용하면 다음과 같다. Red Force가 승리하는 경우를 살펴보자. 기본 Lanchester 법칙에서는 Red Force가 승리하는 조건이 $B_0/R_0 < \sqrt{\alpha/\beta}$ 이지만 Helmbold의 이론을 적용하면 식 (3-396)과 같이 변경된다.

$$\frac{B_0}{R_0} < \sqrt{\frac{\alpha}{\beta} \times \frac{1-(f_{BP}^{R})^2}{1-(f_{BP}^{B})^2}} \qquad (3-396)$$

전투 종료 시점 T 는 식 (3-397)과 같다.

$$T = \begin{cases} \dfrac{-1}{\sqrt{\alpha\beta}} ln(1 - f_{BP}^{B}) \quad if \ \dfrac{B_0}{R_0} = \sqrt{\dfrac{\alpha}{\beta}} \\ \dfrac{1}{\sqrt{\alpha\beta}} ln\left[\dfrac{-\left(\frac{B_0}{R_0}\right) f_{BP}^{B} + \sqrt{\frac{\alpha}{\beta} - \left(\frac{B_0}{R_0}\right)^2 \left(1-\left(f_{BP}^{B}\right)^2\right)}}{\frac{\alpha}{\beta} - \frac{B_0}{R_0}}\right] \quad if \ \dfrac{B_0}{R_0} \neq \sqrt{\dfrac{\alpha}{\beta}} \end{cases} \qquad (3-397)$$

T 시점에서 양측의 잔여 병력은 식 (3-398), (3-399)와 같다.

$$\frac{R_f}{R_0} = \sqrt{1 - \frac{\beta}{\alpha}\left(\frac{B_0}{R_0}\right)^2 (1 - (f_{BP}^{S})^2)} \qquad (3-398)$$

$$\frac{B_f}{B_0} = f_{BP}^{B} \qquad (3-399)$$

불행하게도 Helmbold 자신은 간단한 결정적 모형의 결과와 더 정교한 확률적 응용을 제시했으나 가용한 역사적 전투 데이터와는 좋은 일치를 볼 수 없었다. 이런 사실로 전투 종료에 대한 더 정교한 연구들이 촉발되었다. 그럼에도 불구하고 간단한 모형은 현재까지 Lanchester Equation과 연계하여 전투 종료 모형으로서 아주 광범위하게 사용되고 있다. Hawkins는 Helmbold 이후 전투 종료조건에 대한 가장 중요한 연구를 수행했는데 전투종료를 촉발하는데 손실요소 대신 다른 요소들을 포함하고 있다. Hawkins는 Simulation 기반 컴퓨터로 실행하는데 적합하나 분석적 수식이 포함되어 있어 수용하기가 곤란하다. Jaiswal은 소모를 적용한 다른 주요 전투종료 촉발 조건들을 내포하는 것을 조사하였다. 그러나 Hawkins 공간적 효과를 명쾌히 모형화가 없어 모형의 완전한 분석적 연구는 불가능하였다.

3.20 Bayesian 방법에 의한 Lanchester 방정식의 모수 추정

3.20.1 Lanchester 방정식의 모수 추정에 대한 기존 연구

앞 장에서 설명한 것과 같이 기본 Lanchester 모형은 조준사격 환경에서는 Square Law, 지역사격의 경우 Linear Law, 최초 전차전투에서는 Logarithm Law, 비정규전과 같은 경우에는 Mixed Law 등으로 확장되어 왔으나, 공격과 방어와 같은 전술적 상황이 반영되지는 않았다. 일반적으로 공격과 방어와 같은 전술적 상황은 그 부대의 전투력 손실에 영향을 미친다는 일반적인 견해를 반영하여 전술 상황 모수 $\check{d}$를 포함하면 Lanchester 모형은 아래와 같은 식 (3-400), (3-401)로 표현이 가능하다. 여기서 $\dot{B}(t), \dot{R}(t)$는 각각 t시점에서의 Blue 와 Red Force의 손실량이다.

$$\dot{B}(t) = \alpha\left(\check{d}\ or\ \frac{1}{\check{d}}\right)R(t)^p B(t)^q \qquad (3\text{-}400)$$

$$\dot{R}(t) = \beta\left(\frac{1}{\check{d}}\ or\ \check{d}\right)B(t)^p R(t)^q \qquad (3\text{-}401)$$

Bracken은 2차 세계대전 당시 1944년 12월 15일부터 1945년 1월 16일까지의 Ardennes 전역에 대한 자료를 Lanchester 모형에 적합시켜 각종 모수를 추정하고자 하였다. 여기서의 모형은 Blue Force, Red Force 모두의 병력, 전차, 장갑차, 포병, 병력의 형태의 자료에 대하여 각각의 가중치 1, 20, 5, 40을 이용한 가중합을 이용하였다. 모형은 전투원의 전투력만을 고려한 모형과 전투원과 지원병력을 포함한 모든 부대원을 고려한 모형에 대하여 전술적 상황 모수를 고려한 모형과 그렇지 않은 모형으로 4가지 모형을 구축하여 분석하였다. 연구 결과 Ardennes 전역 자료에 대하여 4가지 경우 모두 Lanchester 선형모형이 잘 적합된다는 점과 독일군보다는 연합군의 전투효과가 유리하게 나타났다는 점을 제시하였다. 연합군의 전투효과가 유리하게 나타난 것은 연합군의 전투지원부대가 많았다는 것 때문인 것으로 설명하였다.

Hartley와 Helmbold는 한국전쟁의 인천상륙작전 당시 1950년 9월 15일부터 10월 4일까지의 미1해병사단과 북한군의 자료를 이용하여 Lanchester 모형을 적용해보고자 노력하였으며, Hartley는 기타 역사적인 전투의 모든 자료를 종합적으로 분석한 결과 $p = 0.75$, $q = 0.4$로 추정되는 선형-지수모형이 가장 잘 적합된다고 주장하였다.

Lanchester 모형에 대한 기존연구에서 Fricker는 통계적 선형회귀 모형으로 접근할 수 있는 방법을 제시하였으며 기존의 2차 세계대전 당시 1944년 12월 15일부터 1945년 1월 16일까지의 Ardennes 전역에서 획득한 자료를 다시 정제하여 추정하였으며, Wiper 등은 Bayesian적 접근방법으로 Markov Chain Monte Carlo Simulation으로 표본을 추출하여 추론하였다. 위에서 설명한 기존 연구결과를 종합적으로 정리하면 표 3.16과 같다.

Lanchester 모형의 기본적인 형태는 승법모형이기 때문에 관찰값의 변화에 매우 민감하게 반응한다는 특징을 가지고 있다. 이러한 특징은 통계적 선형모형으로 변형하여 분석한다고 해도 그 특성을 그대로 가지고 있기 때문에 추론하는데 어려움이 있다. 특히 잘못 부여된 가중치를 활용한다면 Lanchester 모형의 민감성 때문에 자료에 대한 왜곡 정도가 심해져 우리가 요망하는 추론을 할 수 없는 경우가 있다. 따라서 가중치를 부여할 경우에 각별한 관심이 필요한 모형이다.

표 3.16 Lanchester 모형 계수추정 연구 비교

구분	α	β	p	q	d	$1/d$
Bracken	8×10^{-9}	10×10^{-9}	1	1	0.8	1.25
Hartley	–	–	0.75	0.4	–	–
Fricker	4.7×10^{-27}	3.1×10^{-26}	5	0	0.8	1.25
Wiper	0.8×10^{-3}	1.2×10^{-3}	0.84	0.27	−0.38	−0.01

결국 각각의 전투력 요소에 얼만큼의 상대적 가중치를 부여할 것인가하는 문제가 중요한데 이러한 가중치를 결정하는 것 자체가 또 다른 하나의 큰 연구 분야라고 할 수 있다. 이러한 가중치를 개발하기 위해 미국의 CAA(Center for Army Analysis)에서는 1974년도부터 무기치사지수(WLI: Weapon Lethality Indices), 잠재화력지수(IFP: Index of Fire Power Potential), 그리고 잠재화력(FPP: Fire Power Potential)방법 등을 종합적으로 발전시켜 무기효과지수(WEI: Weapon Effectiveness Indices)와 부대가중치(WUV: Weighted Unit Value)방법론을 개발한 바 있다.

이러한 각종 지수나 가중치는 여러 가지의 전쟁 사례연구, 전투실험, 설문조사

등에 의해서 다양한 방법으로 검증한 후에 사용하여야 한다. 이렇게 개발된 각 무기체계의 효과 또는 전력지수를 이용하여 전쟁에 미치는 상대적 효과들을 가중치로 적용하는 것이 적절하다고 볼 수 있다. 그래서 그 가중치를 이용하여 여러 가지 전투력 요소들의 총합을 하나의 전투력 지수로 표현하고, 그것을 이용하여 또 다른 분석을 할 수 있는 적절한 방법들이 개발되어야 한다.

그러나 이러한 무기효과 지수나 전투력 지수들은 각 국에서 그 자료의 중요성에 의해서 대부분 비밀로 관리하고 있는 실정이다. 때문에 전투력 요소들의 총합을 하나의 전투력으로 계량화할 수 있는 방안이 필요한데 이를 위해 고려될 수 있는 통계적 방법들은 인자분석 모형, 잠재변수 모형 등이 있다. 인자분석에 대한 기존 연구를 Lee(1991)는 인자적재 행렬과 인자들의 공분산행렬, 오차의 공분산 행렬에 대한 Bayesian 사후분포를 추론하기 위한 방법을 제시하였으며, Press와 Shigemasu(1989)는 인자점수에 대한 사후분포를 추론하는 방법을 제시한 바 있다. 또한 Dunson(2000)은 여러개 군집별 혼합자료에 대한 Bayesian 잠재변수 모형을 제시하였으며, Salway(2010)의 경우는 공기오염이 건강에 미치는 영향을 분석함에 있어서 시간의 흐름에 따라 얻어지는 자료에 대한 Bayesian 잠재변수 모형을 제시한 바 있다. 위에서 제시한 연구들에서 시사하는 바는 잠재변수를 여러 가지 요소들의 선형결합의 형태로 정의하고, 그 잠재변수를 이용하여 또 다른 모형에 적합하여 분석을 시도한다는 점이다.

이러한 점을 응용하고, 앞에서 설명한 WEI/WUV 방법을 유사하게 적용하여, 전투력을 각 전투력 요소에 대한 가중합으로 정의하고, 각 전투력요소에 대한 가중치를 부여하는 방법을 구체적으로 연구하게 되었다. 전투력을 각 전투력 요소에 대한 가중합으로 정의할 경우 그 가중치를 추론하는 방법이 매우 중요하다. 그래서 기존 연구를 조사한 결과 선형결합에 대한 가중치를 부여하는 방법에는 후보값으로 Random Value을 고려하는 방법, Inverse Variance을 고려하는 방법, Inverse Standard Deviation를 고려하는 방법 등이 있는데 이를 비교연구한 Wright와 Bateson이나 Brumback 등의 논문을 참고하면 Inverse Standard Deviation이 비교적 좋은 방법이라고 추천하였다.

따라서 여기에서는 Inverse Standard Deviation를 가중치의 후보로 추천하는 방법을 적용하여 전투력 모형을 설명한다. 사실 여러 가지 전투력 요소에 대한 손실이 발생하는 양은 전투력이 타 전투력 요소에 비하여 강하면 작은 양의 손실이 발생하고, 약하면 많은 양의 손실이 발생하게 될 것이다. 즉, 표준편차가 크면 그 전투력 요소의 무기효과 및 가중치는 작다고 판단할 수 있으며, 표준편차가 작으면 그 전투력 요소의 가중치는 크다고 추정할 수 있기 때문에 가중치는 표준편차와 반비례 관계에 있다고 말할 수 있다.

예를 들어 일정한 기간에 동일한 전투에서 전차는 100대 보유하고 있었는데 매번 10대의 손실을 입었고, 장갑차는 100대를 보유하고 있었는데 계속 20대의 손실을 입었다면, 전차 보유량의 표준편차는 장갑차 보유량의 표준편차의 1/2이므로 전차는 장갑차보다 2배의 전투력을 보유하고 있다고 추론하는 것은 합리적일 것이다. 따라서 전투력 요소들의 손실량과 보유량의 분포를 정규분포로 가정하여 그 분포의 평균과 표준편차를 추정하고, 그 표준편차의 역수를 가중치로 부여하여 전투력을 추론하며, 이를 이용하여 Lanchester 모형을 추론하는 방법을 설명한다.

여기에서는 제안하는 전투력 및 Lanchester 모형에 대하여 다양한 사례를 적용하여 모의실험한 결과 안정적이고 정확한 추론을 할 수 있다는 것을 확인할 수 있었으며, 2차 세계대전에서 독일군과 연합군 간의 전투결과 자료에 대하여 새롭게 제시된 방법을 적용, 모형을 적합시켜 Bayesian 추론 결과를 재해석하고, 그 결과를 이용한 사후예측분포를 추론하여, 미래에 발생할 수 있는 전쟁을 예측할 수 있는 사례를 설명한다. 결국 각 전투력 요소들의 가중치를 모른다고 해도 자료로부터 얻을 수 있는 정보를 활용하여 가중치를 추론할 수 있으며, 이를 이용하여 전투력을 추론하고 Lanchester 모형에 적합시킬 수 있다.

3.20.2 기존 연구의 문제점

Lanchester 모형에 대한 기존연구에서 Fricker는 선형회귀모형으로 접근할 수 있는 방법을 제시하였으며, Wiper(2000) 등은 Bayesian적 접근방법을 제시하는 성과를 가져왔으나, 그들의 추론방법에는 다소 문제점이 있다.

첫째는 전투력 산출시 병력, 전차, 장갑차, 포병에 대한 가중치를 각각 1, 20, 5, 40으로 고정적으로 부여하여 일변량으로 접근하였으나 이 가중치에 대한 산출과정을 충분히 제시하지 않았으며, 실제로 이 가중치에 의해 추론하고자 하는 모형이 안정적이지 않아 모수 추정이 곤란한 경우가 있다.

둘째로는 전투원 모형과 총원 모형을 별도로 구축하여 추론하는 복잡한 방법을 제시하였으나 사실 총원은 전투원과 비전투원의 합으로서 유사한 추론을 두가지 모형으로 제시한 것과 마찬가지이다. 따라서 총원에 추가된 비전투원을 동일 모형에 별도의 변수로 반영하여 통합된 모형을 구축하여 추론을 단순화할 필요가 있다.

셋째로는 표 3.16에서 볼 수 있는 바와 같이 유사한 자료를 사용한 Bracken, Fricker, Wiper 등의 추정결과는 많은 차이가 있어 보인다. 즉 α, β, p, q, d 모두가 일정하게 추정되지 않고 서로 상관되어 모형 자체가 안정되어 있지 않다. 결국 위에서 제시된 문제점은 모형 적합 전반에 영향을 줌으로서 추정하고자 하는 모수를 적절히 추론하기 어려운 경향이 있다.

3.20.3 Lanchester 모형의 Bayesian 추론

유병주(2011)는 Lanchester 모형의 Bayesian 추론에 대해 연구하였다. 여러 가지의 전투력 요소들이 참여한 전쟁에서 Lanchester 모형의 손실량 $\dot{B}$와 $\dot{R}$ 전투력 보유량 B 와 R 을 일변량으로 표현할 수 있어야 Lanchester 모형을 적용할 수 있다. 이를 위해 가중치를 이용한 여러 가지 전투력 요소의 가중합을 사용하는 방법을 제시하고자 한다. 그래서 전투력 측정과 관련된 요소들인 병력, 전차, 장갑차, 포병 등이 각 군의 전투력에 얼마나 기여했는지, 또는 얼만큼 중요한지를 가중치 θ 에 반영하고, 자료를 통해 가중치를 추정하고, 이를 이용하여 전투력의 총합과 전투력 손실량을 추정하여 Lanchester 모형을 추론하기로 한다.

그래서 $\dot{B}$, $\dot{R}$, B, R 과 관련되는 각 변수 그룹을 $i = 1,2,3,4$ 라고 하고, m 개의 전투력 요소를 $k = 1,2,3, \ldots, m$라고 하며, 각 변수 그룹별 관찰 일자를 $j = 1,2,3, \ldots, n$ 이라고 정의하면, 각 군별 전투력 요소별 손실량 및 보유량에 대한 원자료 행렬 D 를 표 3.17과 같이 표현할 수 있다.

이때 변수그룹 i에서 관찰일자 j에 대한 횡Vector를 $d_{ijk} = (d_{ij1}, d_{ij}\ , \ldots., d_{ijm})$라고 정의한다. 이때 변수 그룹별 전투력 요소의 원자료인 d_{ijk}은 어떠한 전투력 요소에 대한 손실량과 보유량에 대한 자료이므로, 손실량은 그대로 보유량의 감소로 이어져 이론적으로 동일한 분산을 갖게 되어 있다. 그래서 전투력 요소별 분산 σ_k^2를 변수 그룹 $i = 1,2,3,4$에 대해서 동일하게 갖는다고 가정할 수 있다.

한편 θ 를 횡Vector d_{ij} 에 대한 가중치 모수 Vector로서 $\theta = (\theta_1, \theta_2, \theta_3, \theta_4)'$ 로 정의하고 각 변수 그룹별로 관찰일자 j 에 대한 전투력을 z_{ij} 라고 하면, $z_{ijk} =$

$d_{ijk}\theta_k$ 로 정의할 수 있으며 식 (3-402)와 같이 표현할 수 있다.

$$z_{ij} = \sum_{k=1}^{q} z_{ijk} = \sum_{k=1}^{q} d_{ijk}\theta_k = d_{ij}\theta,\ \ i = 1,2,3,4,\ j = 1,2,\dots,n \qquad (3-402)$$

표 3.17 각 군별 전투력 요소별 손실량 및 보유량에 대한 원자료 행렬

변수 그룹		$\dot{B}(i=1)$			$\dot{R}(i=2)$			$B(i=3)$			$R(i=4)$		
전투력 요소(k)		1	......	m	1	......	m	1	......	m	1	......	m
관찰일자	$j = 1$	d_{111}	......	d_{11m}	d_{211}	......	d_{21m}	d_{311}	......	d_{31m}	d_{411}	......	d_{41m}
	$j = 2$	d_{121}	......	d_{12m}	d_{221}	......	d_{22m}	d_{321}	......	d_{32m}	d_{421}	......	d_{42m}
	......	......	d_{1jk}	......	......	d_{2jk}	......	......	d_{3jk}	......	......	d_{4jk}	......
	$j = n$	d_{1n1}	......	d_{1nm}	d_{2n1}	......	d_{2nm}	d_{3n1}	......	d_{3nm}	d_{4n1}	......	d_{4nm}
평균	μ	μ_{11}	......	μ_{1m}	μ_{21}	......	μ_{2m}	μ_{31}	......	μ_{3m}	μ_{41}	......	μ_{4m}
분산	σ^2	σ_1^2	......	σ_m^2	σ_2^2	......	σ_m^2	σ_3^2	......	σ_m^2	σ_1^2	......	σ_m^2

즉, 전투력 요소별 가중치를 추정할 수 있다면 q개의 각 전투력 요소별 보유량과 손실량을 일변량 값으로 변환할 수 있다. 이러한 가중치를 추정하기 위하여 각 전투요소에 대한 가중치 θ_k 에 대한 후보를 Wright와 Bateson(2005)이 추천한 방법인 Inverse Standard Deviation를 고려한다면 각 전투력 요소들에 대한 가중치는 식 (3-403)과 같이 정의할 수 있다.

$$\theta_k = \frac{c}{\sigma_k},\ where\ c = \sigma_1 \qquad (3-403)$$

여기서 c 는 전투력 요소 중 기준이 되는 요소의 표준편차를 의미하며 통상 첫 번째 전투력 요소를 기준으로 한다. 이렇게 하는 이유는 전투력에 대한 가중치는 절대값이라기 보다는 기준이 되는 전투력 요소를 기준으로 상대적인 값이라고 할 수 있기 때문이다.

d_{ijk}들은 관찰일자 $j = 1,2,\dots,n$ 에 대해서 평균 μ_{ik}, 분산 σ_k^2 를 갖는 정규분포를 따른다고 가정하고, 비정보적 사전분포(Noninformative Prior)로 가정하면, 사전분포, 결합분포, 결합사후분포는 식 (3-404)~(3-406)과 같이 표현할 수 있다

$$p(\mu_{ik},\sigma_k^2) \propto (\sigma_k^2)^{-1} \qquad (3-404)$$

$$d_{ijk}|\mu_{ik},\sigma_k^2 \sim N(\mu_{ik},\sigma_k^2) \qquad (3-405)$$

$$p(\mu_{ik},\sigma_k^2|d_{i1k},d_{i2k},\dots,d_{ink}) \propto p(\mu_{ik},\sigma_k^2)\prod_{j=1}^{n} N(d_{ijk}|\mu_{ik},\sigma_k^2) \qquad (3-406)$$

$$where\ i = 1,2,3,4, k = 1,2,\dots,m$$

분산 σ_k^2 의 주변 사후분포는 Inverse Gamma분포를 따르고, μ_{ik}의 Conditional Posterior Distribution는 정규분포를 따르므로 이는 순서대로 식 (3-407)~(3-409)와 같이 표현할 수 있다.

$$\sigma_k^2|d_{11k},d_{12}\ ,\dots,d_{4nk} \sim IG\left(\frac{4(n-1)}{2},\frac{s^2}{2}\right) \qquad (3-407)$$

$$\mu_{ik}|d_{i1k},d_{i2k},\dots,d_{ink} \sim N(\overline{d_{ik}},\sigma_k^2) \qquad (3-408)$$

$$where\ \overline{d_{\iota k}} = \frac{1}{n}\sum_{j=1}^{n} d_{ijk}\ , s^2 = \sum_{i=1}^{4}\sum_{j=1}^{n}(d_{ijk} - \overline{d_{\iota k}})^2 \qquad (3-409)$$

결국 전투력 모형의 Gibbs Sampling 방법은 식 (3-407)을 이용하여 새로운 $\sigma_k^{2^*}$ 들의 표본을 추출하고, 추출된 $\sigma_k^{2^*}$ 조건부로 하여 식 (3-408)을 이용 $\mu_{ik}{}^*$ 의 표본을 추출하여, 식 (3-403)을 기준으로 새로운 가중치 $\theta_k{}^*$ 들로 변환하고, 식 (3-402)을 이용하여 가중합 $z_{ij}{}^*$ 를 계산하면 된다. 즉, $\dot{B}_j = z_{1j}, \dot{R}_j = z_{2j}, B_j = z_{3j}, R_j = z_{4j}$로 표현할 수 있다

3.20.4 Lanchester 모형의 완전 조건부 사후분포

$\dot{B},\dot{R},B,R$을 $n \times 1$의 변수 Vector 라 하고 j 시점에서의 값을 $\dot{B}_j$, $\dot{R}_j, B_j, R_j$ $j = 1,2,\dots,n$ 이라고 했을 때 $\frac{dB}{dt} = \alpha\left(\check{d}\ or \frac{1}{\check{d}}\right)R(t)^p B(t)^q$, $\frac{dR}{dt} = \beta\left(\frac{1}{\check{d}}\ or\ \check{d}\right)B(t)^p R(t)^q$ 식을 선형모형으로 변환하기 위하여 식 (3-410)와 같이 변수변환을 정의하자.

$$y_j = \begin{pmatrix} log\,(\dot{B}_j) \\ log\,(\dot{R}_j) \end{pmatrix},\ x_j = \begin{pmatrix} log\,(B_j) & log\,(R_j) \\ log\,(R_j) & log\,(B_j) \end{pmatrix} \qquad (3-410)$$

그러면 j 시점에서의 y값 y_j는 식 (3-411)의 모형을 따른다.

$$y_j = \varphi + X_j\tau + \omega I_j + \epsilon_j, j = 1,2,\ldots,n \qquad (3-411)$$

여기서 $\varphi = (log\,(\alpha), log\,(\beta))'$, $\tau = (p,q)', \omega = (\check{d}, \frac{1}{\check{d}})'$ 로 표현되는 모수다. I_j 는 공격시 1, 방어시 −1의 값을 갖는 변수를 나타내며, 오차량은 $\epsilon_j \sim N_2(0,V)$ 로 가정한다. $\bar{X} = (1/n)\sum_{j=1}^{n} X_j$, 그리고 $\xi = \varphi + \bar{X}\tau$로 변환하면 식 (3−411)은 식 (3−412)와 같이 표현할 수 있다.

$$y_j = \xi + (X_j - \bar{X})\tau + \omega I_j + \epsilon_j \qquad (3-412)$$

y_j 들은 매일 발생하는 양측 손실량을 나타내므로 서로 독립이고 동일한 분포를 따른다고 가정하면 결합 확률 밀도함수는 식 (3−413)과 같다.

$$y_1, \ldots, y_n \mid X, I, \xi, \tau, \omega, V \sim \prod_{j=1}^{n} N_2\,(y_j | \xi + (X_j - \bar{X})\tau + \omega I_j, V) \qquad (3-413)$$

사전분포를 $p(\xi\,,\tau,\omega,V)$ 이라고 할 때 결합사후분포는 식 (3−414), (3−415)와 같다.

$$p(\xi\,,\tau,\omega,V)p\big(y_1, \ldots, y_n \mid X, I, \xi\,,\tau,\omega,V\big) \qquad (3-414)$$
$$\propto\ p(\xi\,,\tau,\omega,V)\prod_{j=1}^{n} N_2\,(y_j | \xi + (X_j - \bar{X})\tau + \omega I_j, V) \quad (3-415)$$

Lanchester 모형의 모수들 $\xi\,,\tau,\omega,V$ 의 사전분포를 ξ 는 정규분포 $N(g,G)$, τ 는 정규분포 $N(t,T)$, ω 는 정규분포 $N(d,\Delta)$, V 는 Inverse Wishart 분포 $IW(w,W)$ 로 가정하면 각 주변 사후분포는 식 (3−416)과 같이 유도된다.

ξ의 주변 사후분포는 식 (3−416)과 같다.

$$\xi | \tau, \omega, V, y \sim N(g^*, G^*) \qquad (3-416)$$

여기서 $G^* = (G^{-1} + nV^{-1})^{-1}, g^* = G^*[G^{-1}g + V^{-1}\sum_{j=1}^{n}(y_j - \omega I_j)]$을 나타낸다.

τ의 주변 사후분포는 식 (3−417)과 같다.

$$\tau|\xi,\omega,V,y \sim N(t^*,T^*) \qquad (3-417)$$

여기서 $T^* = [T^{-1} + \sum_{j=1}^{n}(X_j - \bar{X})V^{-1}(X_j - \bar{X})]^{-1}$, $t^* = T^*[T^{-1}\tau + \sum_{j=1}^{n}(X_j - \bar{X})V^{-1}(y_j - \omega I_j)]^{-1}$이다.

ω의 주변 사후분포는 식 (3−418)과 같다.

$$\omega|\xi,\tau,V,y \sim N(d^*, \Delta^*) \qquad (3-418)$$

여기서 $\Delta^* = (\Delta^{-1} + nV^{-1})^{-1}$ 그리고 $d^* = \Delta^*[\Delta^{-1}d + V^{-1}(\sum_{j=1}^{n} y_j I_j - \gamma I_j - I_j(X_j - \bar{X})\tau)]$을 나타낸다.

V의 주변 사후분포는 식 (3−419)과 같다.

$$V|\xi,\tau,\omega,y \sim IW(w^*,W^*) \qquad (3-419)$$

여기서 $w^* = w + n$ 이다. 그러므로 W^{*-1}는 식 (3−420)과 같다.

$$W^{*-1} = W^{-1} + \sum_{j=1}^{n}(y_j - \xi - (X_j - \bar{X})\tau - \omega I_j)(y_j - \xi - (X_j - \bar{X})\tau - \omega I_j)' \quad (3-420)$$

즉, 결합 사후분포 식 $p(\xi,\tau,\omega,V)p(y_1,\dots,y_n \mid X,I,,\tau,\omega,V) \propto p(\xi,\tau,\omega,V)\prod_{j=1}^{n} N_2(y_j|\xi + (X_j - \bar{X})\tau + \omega I_j, V)$ 은 Lanchester 모형의 모수 (ξ,τ,ω,V) 의 조건부 사후분포의 형태로 유도되므로 Gibbs Sampling 방법을 사용하여 모수의 값을 추출하여 모수의 분포에 근거한 추론이 가능하다.

3.20.5 Gibbs Sampling 방법에 의한 Bayesian 추론

Lanchester 모형의 Bayesian 추론을 위한 Gibbs Sampling 방법은 아래와 같은 순서로 진행된다.

1 단계: 모수에 대한 초기값 선정

앞에서 논의한 전투력 모형에서의 모수 μ_{ik}와 σ_k^2의 초기값은 자료에 근거하여 각각 $\mu_{ik}^{(0)} = (1/n)\sum_{j=1}^{n} d_{ijk}$와 $\sigma_k^{2(0)} = \sum_{i=1}^{4}\sum_{j=1}^{n}(d_{ijk} - \overline{d_{ik}})^2$으로 선택한다. 그리고 앞에서 다룬 Lanchester 모형의 모수의 초기값은 사전정보를 기초로 $\xi^{(0)}, \tau^{(0)}, \omega^{(0)}, V^{(0)}$로 선정한다.

2 단계: 전투력 모형의 모수 $\boldsymbol{\mu}_{ik}$, $\boldsymbol{\sigma}_k^2$, $\boldsymbol{\theta}_k$, $\mathbf{z}_{ij}$ 표본 산출

2-1: 식 (3-407)에 의해 σ_k^2의 새로운 값 $\sigma_k^{2^*}$의 표본을 추출

2-2: 식 (3-408)에 의해 μ_{ik}의 새로운 값 $\mu_{ik}{}^*$의 표본을 추출

2-3: 식 (3-403)에 의해 $\sigma_k^{2^*}$를 기준으로 새로운 값 $\theta_k{}^*$로 변환

2-4: 자료 행렬 D를 이용 $z^* = D\theta^*$를 계산하여 식 (3-410)으로 변환

3 단계: Lanchester 모형의 모수 $\boldsymbol{\xi}, \boldsymbol{\tau}, \boldsymbol{\omega}, \boldsymbol{V}$ 표본추출

3-1: 식 (3-416)에 의해 ξ의 새로운 값 ξ^*의 표본 추출

3-2: 식 (3-417)에 의해 τ의 새로운 값 τ^*의 표본 추출

3-3: 식 (3-418)에 의해 ω의 새로운 값 ω^*의 표본 추출

3-4: 식 (3-419)에 의해 V의 새로운 값 V^*의 표본 추출

Lanchester 모형의 Bayesian 추론을 위해서는 위에서 제시된 2단계와 3단계를 요망하는 횟수까지 반복적으로 수행하고 추출된 표본을 이용하여 Bayesian 추론을 실시한다.

3.20.6 모의 실험

3.20.6.1 자료 생성과 모의실험 방법

보다 현실적인 모의실험을 위해서는 신뢰할 만한 전투력 가중치 Vector θ가 제시되어야 하지만 이러한 자료들을 공개적으로 활용하기는 다소 제한되는 점이 있다. 주로 군 내에서 활용되고 있는 각 무기체계에 대한 전투력지수 또는 무기효과지수 등은 대부분 군사비밀로서, 대외적으로 공개하기 어려운 부분이 있다. 따라서 유병주(2011)는 실제 전투에서 얻어진 자료를 이용하여 가중치를 추론할 수 있는 또 하나의 발전된 방법론을 제시하였다.

유병주(2011)는 모의실험을 위해서 Fricker(1998)가 제시한 자료와 유사하게 모의자료를 생성하였다. 먼저 Blue Force의 최초 전투력은 100,000, Red Force의 최초 전투력은 80,000으로 선정한 다음, 모수 φ, β, δ에 대하여 $\varphi = (2\times\mathbf{10^{-6}}, 1\times\mathbf{10^{-6}})$, τ=(1, 1), 그리고 ω=(8/10, 10/8)인 경우로 가정하여 50일간의 자료를 표 3.18과 같이 생성하였다.

표 3.18 Lanchester 모형 생성 자료의 예

일 자(j)	$\dot{B}$	$\dot{R}$	B	R
1	12,800	10,000	100,000	80,000
2	9,766	7,630	87,200	70,000
3	7,727	6,037	77,434	62,370
:	:	:	:	:
48	321	103	8,660	14,821
49	307	98	8,339	14,718
50	294	94	8,032	14,620

이 경우 공격과 방어의 전환은 최초 25일간은 Blue Force이 공격, 이후 Red Force이 공격하는 것으로 가정하여 생성한 자료이다. 이때 전투력의 총합은 각 전투력 요소들과 가중치를 곱한 총합으로 식 (3-402)와 같이 표현되므로 이때의 전투력 요소의 전투력 가중치 Vector를 θ=(1,2,3)으로 가정한다면 표 3.18에서 생성된 자료를 표 3.19와 같이 세부 전투력 요소로 분리하여 원자료 행렬 D를

생성시킬 수 있다.

표 3.19 참값을 갖는 원자료 행렬 D의 생성

전투력요소(k)		$\dot{B}$	$\dot{R}$	B	R
$j=1$	1(θ_1=1)	4,267	3,333	33,333	26,667
	2(θ_2=2)	2,134	1,667	33,333	26,667
	3(θ_3=3)	1,422	1,111	33,333	26,667
	합계 ($d_{ij}\theta$)	12,800	10,000	100,000	80,000
:		:	:	:	:
$j=50$	1(θ_1=1)	98	31	2,677	4,873
	2(θ_2=2)	49	16	2,677	4,873
	3(θ_3=3)	33	10	2,677	4,873
	합계 ($d_{ij}\theta$)	294	94	8,032	14,620

표 3.19에 제시된 자료는 원자료 D의 첫날($j=1$)과 마지막날($j=50$)의 자료를 예시한 것이며 나머지도 이와 동일한 방법으로 자료를 생성할 수 있으며, 이러한 방법을 이용하여 모수들의 조건을 변경시키면서 다양한 자료를 얻을 수 있다. 요약하면 아래와 같은 2단계를 거쳐 요구되는 자료를 생성시킬 수 있다.

[1단계] : 최초 전투력과 모수 φ, τ, ω을 기준으로 Lanchester 모형 자료 생성(표 3.18의 예를 참고)

[2단계] : 일일 전투력과 손실 합계를 θ 기준으로 각 전투력 요소로 분리하여 전투력 모형 자료를 생성 (표 3.19의 예를 참고)

이렇게 생성된 자료를 이용하여 Bayesian 추론을 실시한 결과 유병주(2011)는 연구에서 제시한 모형이 얼마나 잘 추론할 수 있는지 모의실험을 통해 확인하였다. 최초전투력 B = 100,000, R = 80,000을 기준으로 모수별 조건을 표 3.20과 같이

ⓐ~ⓓ 4가지 사례로 구분하여 모의실험을 시행하였다.

표 3.20 사례별 모의실험 조건

구 분	α	β	p	q	$\check{d}$	$1/\check{d}$
사례 ⓐ	2×10^{-6}	1×10^{-6}	1.0	1.0	0	0
사례 ⓑ	$1\times\mathbf{10^{-6}}$	$2\times\mathbf{10^{-6}}$	1.0	1.0	0	0
사례 ⓒ	20×10^{-6}	10×10^{-6}	0.5	1.0	0	0
사례 ⓓ	2×10^{-6}	1×10^{-6}	1.0	1.0	−0.22	+0.22

*사례 ⓐ를 기준으로 사례별로 변경된 조건을 진하게 표시한다.

Lanchester 모형의 대표적인 사례를 기준으로 표 3.20과 같은 사례를 개발하였는데 시간의 흐름에 따른 전투력의 변화를 도식하면 그림 3.66과 같다. φ는 각군의 전투력 손실계수를 의미하는데 이 값을 변화시킨 경우 사례 ⓐ와 ⓑ를 비교하면 그 특징을 알 수 있다. 그림 3.66에서 사례 ⓑ는 ⓐ의 경우 보다 전투력이 약한 Red Force의 손실비가 증가함으로써 상대적으로 전투력 손실이 더욱 많이 발생되는 현상을 보이고 있다. τ 는 자측/상대측의 전투력이 손실에 미치는 승수효과를 의미하는 것인데, 사례 ⓒ그림의 경우는 자측의 전투력 수준이 손실에 미치는 영향이 작아지면서 전투력이 약한 Red Force의 손실이나 Blue Force의 손실이 유사하게 발생하는 현상이 일어나고 있다. 사례 ⓓ그림은 공격과 방어라는 전술적 상황의 변화가 미치는 영향으로서 최초 Blue Force이 공격하다가 Red Force이 공격하는 상황으로 어느 정도 시간이 경과한 후에는 전투력 수준이 역전되는 현상이 발생된다.

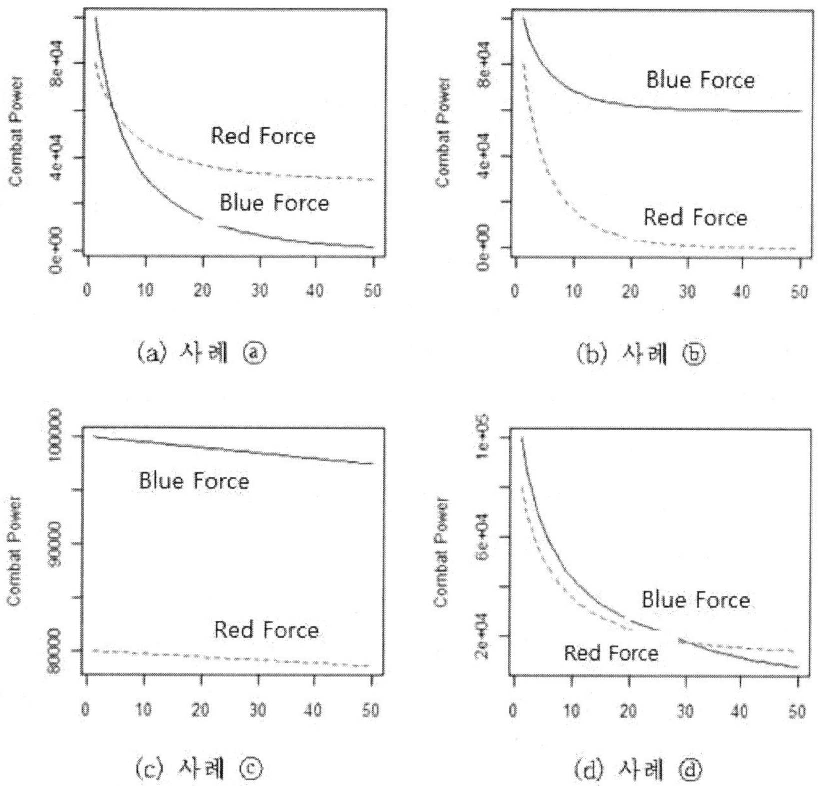

(a) 사례 ⓐ (b) 사례 ⓑ

(c) 사례 ⓒ (d) 사례 ⓓ

그림 3.66 φ, τ, δ 변화에 따른 전투력의 변화

이때 오차 모형의 측정오차를 생성하기 위한 공분산 행렬을 Wiper 등(2000)의 기존 연구를 참고하여 아래와 같이 가정하였다.

$$\varepsilon_j \sim N_2(0, V),\ V = \begin{bmatrix} v_{11} & v_{12} \\ v_{21} & v_{22} \end{bmatrix} = \begin{bmatrix} 0.11 & 0.05 \\ 0.05 & 0.11 \end{bmatrix},\ j = 1, \cdots, 50 \quad (3\text{-}421)$$

이렇게 자료를 생성하면 실제 전장에서 전투력 요소별 투입되는 양과 손실량의 측정오차를 반영할 수 있어서 Fricker(1998)가 제시한 2차 세계대전시 Ardennes 전역의 자료와 유사한 자료를 생성할 수 있다.

3.20.6.2 모의실험 결과

· 가중치가 알려진 경우 Lanchester 모형의 추론

모의실험 결과에 대한 설명의 용이성을 위하여 가중치가 주어진 경우나 단일 전투력 요소만 고려한 Lanchester 모형에 대한 모의실험 결과를 먼저 설명하기로 한다. 표 3.20에서 제시한 사례 ⓐ~ⓓ별 자료를 생성하여 모의실험을 실시한 결과를 표 3.21과 그림 3.67에 제시하였다.

표 3.21에 제시된 추정결과에 따르면 95% 신뢰구간(Credible Interval) 내에 참값을 포함하고 있어서 전반적인 모수 추정이 편향없이 잘 추정되고 있다는 것을 알 수 있다. 사례 ⓒ와 같이 양측의 전투력이 일정하게 직선의 형태로 감소하는 경우, 손실계수 φ들의 표준오차가 커서 다른 사례에 비하여 상대적으로 추정에 어려움이 있다. 그림 3.67는 사례 ⓑ와 ⓒ에서 τ 들의 수렴과정과 사후분포를 비교하여 제시하고 있는데, 사례 ⓑ의 경우는 반복횟수가 증가함에 따라 안정적으로 변화하여 표준오차가 작은 반면, 사례 ⓒ의 경우는 변동 폭이 상당히 커 표준오차가 크게 추정된다. 그래서 사례 ⓒ의 경우는 자료 및 반복의 횟수를 증대시켜 실험하였다.

모의실험 사례별 조건을 고려하여, 사례 ⓒ의 경우는 51일차에 공격과 방어를 전환하여 100개의 자료를 생성하여 Gibbs Sampling의 반복 횟수는 10,000번을 실시하고, 기타의 경우는 26일차에 공격과 방어를 전환하여 50개의 자료를 생성하여 Gibbs Sampling 반복 횟수는 1,000번만 실시하기로 한다. 그리고 모의실험 결과의 신뢰성을 향상시키기 위하여 모의실험 과정 전체를 100회 반복하여 결과를 제시하였다.

표 3.21 단일 전투력 요소에 대한 Bayesian 추론 결과

구 분		참 값	추정치	표준오차	신뢰 구간	
					2.5%	97.5%
사례 ⓐ	α	2	2.09	0.73	1.09	3.85
	β	1	1.03	0.36	0.54	1.85
	p	1	1.01	0.03	0.96	1.07
	q	1	0.99	0.03	0.93	1.05
	$\check{d}$	0	−0.01	0.03	−0.08	0.05
	$1/\check{d}$	0	−0.01	0.03	−0.08	0.06
사례 ⓑ	α	1	1.33	0.29	0.87	1.98
	β	2	2.85	0.60	1.83	4.29
	p	1	0.99	0.02	0.96	1.03
	q	1	0.97	0.02	0.94	1.01
	$\check{d}$	0	0.03	0.03	−0.04	0.09
	$1/\check{d}$	0	0.01	0.04	−0.06	0.08
사례 ⓒ	α	20	104.5	99.07	14.14	379.04
	β	10	50.29	47.73	6.86	183.7
	p	0.5	0.27	0.22	−0.17	0.70
	q	1	1.12	0.22	0.69	1.56
	$\check{d}$	0	0.01	0.01	−0.02	0.04
	$1/\check{d}$	0	−0.01	0.01	−0.04	0.02
사례 ⓓ	α	2	2.30	0.81	1.08	4.04
	β	1	1.15	0.41	0.54	2.03
	p	1	0.90	0.09	0.74	1.08
	q	1	1.09	0.09	0.92	1.26
	$\check{d}$	−0.22	−0.18	0.03	−0.24	−0.12
	$1/\check{d}$	0.22	0.21	0.03	0.15	0.27

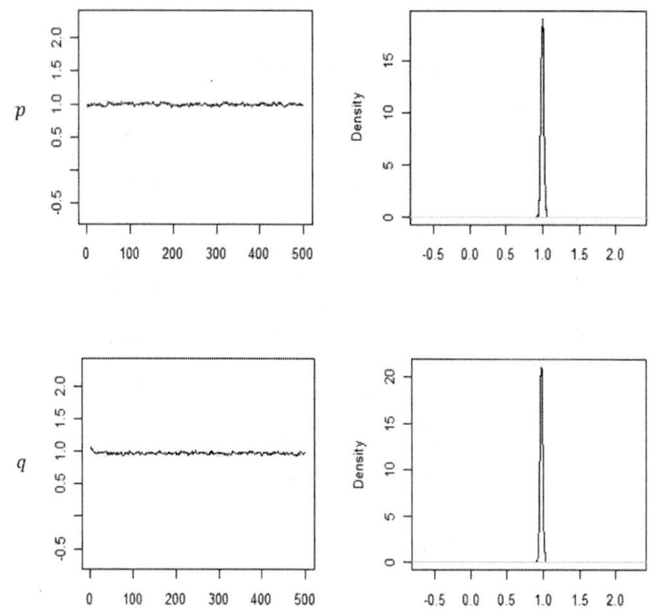

(a) 사례 ⓑ의 p과 q의 수렴과정과 사후분포

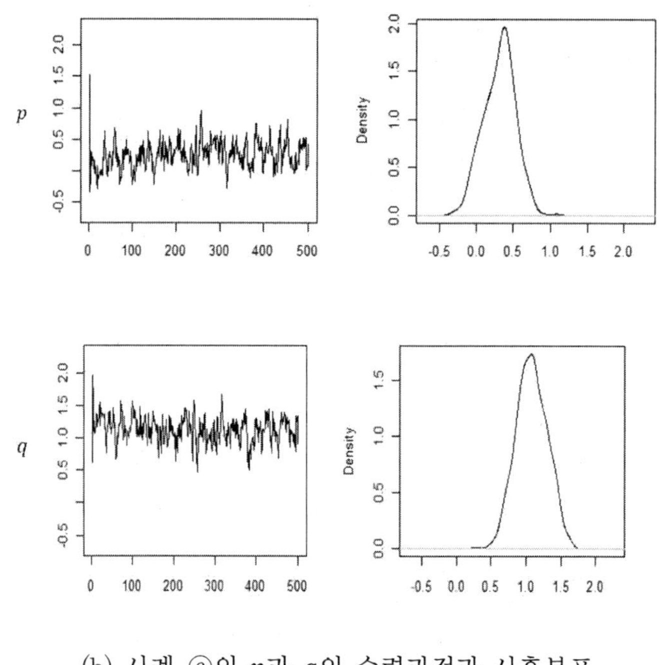

(b) 사례 ⓒ의 p과 q의 수렴과정과 사후분포

그림 3.67 모의실험 사례 ⓑ와 ⓒ의 비교

· 가중치가 알려지지 않은 경우 전투력 및 Lanchester 모형의 추론

유병주(2011) 연구에서 제시한 방법과 기존 연구방법의 결과를 비교 분석하기 위하여, 표 3.20에서 제시한 4가지 사례에 근거하여 4. 1절에서 제시한 모의실험 자료 생성 방법 [1단계] 및 [2단계]를 모두 수행하고, 식 (3-421)에서 제시한 이변량 정규분포에서 오차를 포함한 자료를 생성한 후 자료 분석 결과를 비교하기로 한다.

유병주(2011) 연구에서 제시한 방법인 전투력 모형 적용시 Bayesian 추론 결과는 표 3.22에 제시하였다. 사례 ⓐ~ⓓ의 모든 경우에서 추정하고자 하는 모수들의 추정치에 대한 95% 신뢰구간내에 참값을 포함하고 있어, 추정결과가 편향됨이 없이 모수를 잘 추론하고 있다는 것을 알 수 있다.

전투력 요소별 가중치를 θ=(1,1,1)로 잘못 고려하여 분석한 결과를 표 3.23에, 전투력 요소별 가중치를 θ=(1,3,5)로 잘못 고려하여 분석한 결과는 표 3.24에 Bayesian 추론 결과를 제시하였다. 표 3.23과 표 3.24의 분석결과에 의하면 가중치 모수 Vector θ를 잘못 추정하였을 때 타 모수들의 추정에 전반적으로 영향을 미쳐 참값과 추정된 값의 차이가 많이 발생하고 있음을 알 수 있으며, 특히 손실계수 φ를 결정짓는 ξ 의 경우 95% 신뢰구간을 기준으로 참값과 비교해 보았을 때 모든 사례에서 참값을 잘못 추론하고 있음을 알 수 있다. 또한 사례 ⓑ와 ⓒ의 경우는 전술상황 모수 $\check{d}$의 추정량에 편의가 발생됨을 알 수 있다.

표 3.22 전투력 모형 적용시 Bayesian 추론 결과

구 분		참 값	추정치	표준오차	신뢰 구간	
					2.5%	97.5%
사례 ⓐ	θ_1	1	1	-	-	-
	θ_2	2	2.00	0.14	1.73	2.30
	θ_3	3	3.00	0.20	2.63	3.44
	α	2	1.91	0.48	1.13	3.04
	β	1	1.03	0.27	0.62	1.64
	ξ_1	6.63	6.63	0.04	6.54	6.71
	ξ_2	5.94	5.94	0.04	5.86	6.02

구 분		참 값	추정치	표준오차	신뢰 구간	
					2.5%	97.5%
사례 ⓐ	p	1	0.97	0.03	0.91	1.03
	q	1	1.03	0.03	0.98	1.09
	$\check{d}$	0	0.03	0.03	−0.03	0.09
	$1/\check{d}$	0	−0.02	0.03	−0.08	0.03
사례 ⓑ	θ_1	1	1	−	−	−
	θ_2	2	2.00	0.13	1.75	2.26
	θ_3	3	3.01	0.21	2.61	3.45
	α	1	0.86	0.17	0.59	1.23
	β	2	1.71	0.33	1.16	2.44
	ξ_1	4.92	4.92	0.04	4.83	5.00
	ξ_2	5.61	5.58	0.04	5.50	5.66
	p	1	1.01	0.02	0.98	1.05
	q	1	1.01	0.02	0.97	1.04
	$\check{d}$	0	−0.05	0.03	−0.10	0.01
	$1/\check{d}$	0	0.00	0.03	−0.07	0.05
사례 ⓒ	θ_1	1	1	−	−	−
	θ_2	2	2.00	0.11	1.80	2.22
	θ_3	3	3.01	0.15	2.74	3.33

구 분		참 값	추정치	표준오차	신뢰 구간	
					2.5%	97.5%
사례 ⓒ	α	20	21.48	18.24	4.57	69.17
	β	10	11.68	10.08	2.42	37.18
	ξ_1	5.95	5.94	0.03	5.88	6.00
	ξ_2	5.32	5.31	0.03	5.26	5.37
	p	0.5	0.79	0.21	0.36	1.22
	q	1	0.72	0.22	0.29	1.19
	$\check{d}$	0	−0.02	0.01	−0.05	0.00
	δ_2	0	0.02	0.01	−0.01	0.05
사례 ⓓ	θ_1	1	1	–	–	–
	θ_2	2	2.00	0.15	1.75	2.31
	θ_3	3	3.01	0.23	2.61	3.48
	α	2	3.55	1.36	1.65	6.82
	β	1	1.73	0.67	0.81	3.28
	ξ_1	6.97	6.99	0.05	6.90	7.09
	ξ_2	6.28	6.28	0.05	6.19	6.37
	p	1	1.03	0.08	0.88	1.18
	q	1	0.92	0.08	0.76	1.06
	$\check{d}$	−0.22	−0.21	0.03	−0.26	−0.15
	$1/\check{d}$	0.22	0.26	0.03	0.21	0.32

* α와 β의 정확한 추정값은 제시한 값 × 10^{-6} 이다.

표 3.23 가중치 모수 Vector를 $\theta = (1,1,1)$로 고려시 Bayesian 추론 결과

구 분		참 값	추정치	표준오차	신뢰 구간	
					2.5%	97.5%
사례 ⓐ	ξ_1	6.63	6.14	0.02	6.11	6.17
	ξ_2	5.94	5.45	0.02	5.42	5.48
	p	1	0.98	0.03	0.90	1.04
	q	1	1.03	0.03	0.97	1.09
	$\check{d}$	0	0.03	0.03	−0.03	0.10
	$1/\check{d}$	0	−0.02	0.03	−0.07	0.03
사례 ⓑ	ξ_1	4.92	4.42	0.02	4.39	4.45
	ξ_2	5.61	5.09	0.02	5.06	5.12
	p	1	1.01	0.02	0.98	1.04
	q	1	1.02	0.02	0.99	1.05
	$\check{d}$	0	−0.06	0.03	−0.13	−0.01
	δ_2	0	0.00	0.03	−0.07	0.06
사례 ⓒ	ξ_1	5.95	5.44	0.01	5.43	5.45
	ξ_2	5.32	4.82	0.01	4.80	4.83
	p	0.5	0.82	0.22	0.41	1.23
	q	1	0.69	0.21	0.28	1.11
	$\check{d}$	0	−0.03	0.01	−0.06	−0.01
	$1/\check{d}$	0	0.02	0.01	−0.01	0.05
사례 ⓓ	ξ_1	6.97	6.50	0.02	6.46	6.53
	ξ_2	6.28	5.78	0.02	5.75	5.82
	p	1	1.04	0.08	0.89	1.20
	q	1	0.92	0.08	0.75	1.06
	$\check{d}$	−0.22	−0.21	0.03	−0.27	−0.15
	$1/\check{d}$	0.22	0.26	0.03	0.21	0.31

* 진하게 표시된 행은 모수에 대한 95% 신뢰구간이 참값을 포함하지 않은 경우이다

표 3.24 가중치 모수 Vector를 $\theta = (1,3,5)$로 고려시 Bayesian 추론 결과

구 분		참 값	추정치	표준오차	신뢰 구간	
					2.5%	97.5%
사례 ⓐ	ξ_1	6.63	6.96	0.02	6.93	6.99
	ξ_2	5.94	6.27	0.01	6.24	6.29
	p	1	0.98	0.03	0.91	1.04
	q	1	1.03	0.03	0.96	1.09
	$\check{d}$	0	0.02	0.03	−0.04	0.10
	$1/\check{d}$	0	−0.02	0.03	−0.09	0.04
사례 ⓑ	ξ_1	4.92	5.25	0.02	5.22	5.28
	ξ_2	5.61	5.91	0.02	5.87	5.94
	p	1	1.01	0.02	0.98	1.04
	q	1	1.01	0.02	0.98	1.03
	$\check{d}$	0	−0.07	0.03	−0.13	−0.01
	$1/\check{d}$	0	0.00	0.03	−0.06	0.05
사례 ⓒ	ξ_1	5.95	6.26	0.01	6.25	6.28
	ξ_2	5.32	5.64	0.01	5.62	5.65
	p	0.5	0.82	0.19	0.46	1.20
	q	1	0.69	0.20	0.30	1.05
	$\check{d}$	0	−0.02	0.01	−0.06	−0.01
	δ_2	0	0.02	0.01	−0.01	0.05
사례 ⓓ	ξ_1	6.97	7.32	0.02	7.28	7.35
	ξ_2	6.28	6.60	0.02	6.57	6.64
	p	1	1.03	0.08	0.87	1.18
	q	1	0.92	0.08	0.77	1.09
	$\check{d}$	−0.22	−0.21	0.03	−0.26	−0.15
	$1/\check{d}$	0.22	0.26	0.03	0.20	0.31

* 진하게 표시된 행은 모수에 대한 95% 신뢰구간이 참값을 포함하지 않는 경우이다

보다 명확한 설명을 위하여 표 3.22와 표 3.23에서 사례 ⓑ의 경우를 구체적으로 비교하였다. 전투력 요소별 가중치의 참값 θ =(1,2,3)에 대해서 유병주(2011) 연구에서 제시한 전투력 모형으로 추정시 θ=(1.0, 2.0, 3.01)로 추정하였으며, 이러한 모형을 고려하지 않고 임의로 가중치 모수 Vector를 θ =(1,1,1)로 부여하거나, θ =(1,3,5)로 부여한 경우를 비교하기 위하여 ξ 에 대한 사후분포를 도식한 결과 아래와 같다.

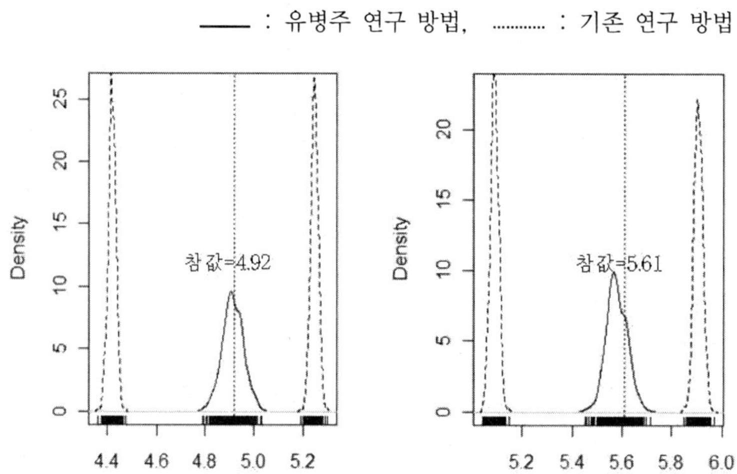

(a) ξ_1 사후분포 (b) ξ_2 사후분포

그림 3.68 θ 추정 오류시 ξ 의 사후분포 추론 결과 비교

참값 $\xi_1 = 4.92$ 와 $\xi_2 = 5.61$ 에 대하여 유병주(2011) 연구에서 제시하는 방법은 θ를 정확하게 추정하여 95% 신뢰구간이 각각 ξ_1=(4.83, 5.00), ξ_2=(5.50, 5.66)으로 추정되는 반면, θ =(1,1,1)로 잘못 추정시 그림 3.68의 (a)와 (b) 모두에서 좌측에 나타난 사후분포와 같이 ξ_1 =(4.39, 4.45), ξ_2 =(5.06, 5.12)로 과소 추정하거나, θ=(1,3,5)로 잘못 추정시 그림 3.68의 (a)와 (b) 모두에서 우측에 나타난 사후분포와 같이 ξ_1 =(5.22, 5.28), ξ_2 =(5.87, 5.94)로 과대 추정하게 됨을 알 수 있다. 결국 전투력 모형에 의해 가중치 모수 Vector θ를 얼마나 잘 추론하느냐가 Lanchester 모형에서 다른 모수들을 안정적이고 정확하게 추론할 수 있다고 할 수 있다.

전투력 요소들의 가중치를 잘못 부여할 경우 식 (3-402)의 z_{ij}값들이 변화함으로써 관찰값 y_j 와 X_j 들이 변화하게 되어, 결국 Lanchester 모형의 모수들의 추론에 전반적인 영향을 미치게 된다. 이때 선형모형의 계수들인 τ들은 비교적 안정적이나 절편과 관련이 있는 ξ 와 ω들은 참값과 비교했을 때 많은 편의가 발생되어 추정의 정확도가 감소하는 현상이 발생하게 됨을 모의실험을 통해서 확인할 수 있다.

3.20.7 사례분석

3.20.7.1 분석자료 설명

유병주(2011)는 Fricker(1998)가 제시한 논문의 표 3.19와 표 3.20에 제시되어 있는 자료를 활용하여 사례분석을 실시하였다. 이 자료는 2차 세계대전 당시 1944년 12월 15일부터 1945년 1월 16일까지의 Ardennes 전역에 대한 자료로서 전투병력, 총원, 전차, 장갑차, 포병에 대한 연합군과 독일군의 일일 손실량과 보유량에 대한 자료이다.

기존 연구에서는 전투병력과 지원병력으로 구분된 인원, 전차, 장갑차, 포병에 대하여 각각 가중치를 1, 20, 5, 40으로 부여하여 분석하였으나 여기에서는 사전분포를 모두 1로 고려하여 분석하며, 첫날 자료는 손실량이 거의 없으므로 자료에서 제외하고 분석하였다. 또한 앞에서도 밝힌 바와 같이 전투병력과 총원 모형을 별도로 분석하는 것이 아니고 총원에서 전투병력을 제외한 지원병력을 계산하여 전투병력과 별개로 고려하여 하나의 모형으로 분석하였다. 앞장에서 제시한 Gibbs Sampling 방법을 활용하여 10,000번 반복 실시하고 후반부 5,000회 반복한 결과로 사후분포를 추론하기로 한다.

표 3.25에 요약된 통계량에서 확인할 수 있는 바와 같이 전투병력, 지원병력, 전차, 장갑차, 포병에 대하여 연합군의 일일 손실과 전투력, 독일군의 일일 손실과 전투력을 추정할 수 있는 자료들로 총 32일간의 관찰치×20개의 변수로 640개의 자료로 구성되어 앞에서 제시한 관찰치 개수 $n = 32$, 전투력 요소들의 개수 $m = 5$가 된다. 또한 첫날부터 6일차까지는 독일군이 공격을, 이후에는 연합군이 공격하였으므로 공격과 방어에 관한 정보로 $j = 1$부터 $j = 5$까지는 연합군의 경우 I_j는 -1, 이후는 1이라고 할 수 있다.

표 3.25 일일 평균 전투력 및 손실률 요약 통계량

구 분		전투병력	지원병력	전차	장갑차	포병
전투력	연합군	488,185	517,441	4,945	8,646	4,175
	독일군	353,788	230,623	559	1,896	4,669
손 실	연합군	1,554	2,538	20	6	4
	독일군	1,898	2,429	10	14	27
손실률 (%)	연합군	0.32	0.49	0.40	0.07	0.10
	독일군	0.54	1.05	1.79	0.74	0.58

기초통계를 통해서 확인할 수 있는 것은 포병을 제외한 모든 전투력이 연합군이 우세하며, 손실률 면에서도 연합군의 손실이 상대적으로 적었다는 사실을 확인할 수 있다. 전투력 요소간에는 인원 대비 장비의 손실률이 전반적으로 적다는 것을 확인할 수 있다.

3.20.7.2 Bayesian 추론 결과와 해석

원자료의 전투력 모형에 대한 사후분포 추론 결과가 아래 표 3.26에 제시되어 있으며 전투력 요소별 표준편차가 큰 차이가 있음을 확인할 수 있다.

표 3.26 전투력 요소별 평균 Vector와 표준편차 추정결과

구 분	μ_1 (전투병력)	μ_2 (지원병력)	μ_3 (전차)	μ_4 (장갑차)	μ_5 (포병)
연합군 일일손실	1,503	2,447	21.0	6.4	3.6
독일군 일일손실	1,848	2,431	10.1	13.6	27.7
연합군 전투력	488,263	517,490	4,945	8,646	4,175
독일군 전투력	353,792	230,605	559	1,896	4,669
전투력 요소별 표준편차($\widehat{\sigma_k}$)	2,952.2	4,142.2	27.6	20.0	35.8

또한 자료의 표준편차를 확인하면 μ_1, μ_2에 비하여 μ_3, μ_4, μ_5가 상대적으로 작은 것을 알 수 있다. 이는 가중치 모수 Vector에 영향을 미치며 전반적인 모수 추정에 영향을 미친다. 가중치 모수 Vector θ 는 각 전투력 요소들이 갖는 보유량과 손실량의 관계, 그리고 타 요소에 영향을 미치는 정도 등이 고려된 것으로 각 전투력 요소의 표준편차의 역수와 비례하며 θ_1 에 대한 상대적 추정치는 표 3.27에 정리하였다.

앞에서도 언급한 바와 같이 기존 연구에서는 각 전투력 요소에 대하여 (1, 1, 20, 5, 40)으로 고정시켜 부여하였으나 유병주(2011)의 연구에서는 최초 사전분포를 1로 동일하게 부여하고 가중치 모수의 사후분포를 추론하였다.

표 3.27 θ에 대한 Bayesian 추론 결과

구 분		θ_1 (전투병력)	θ_2 (지원병력)	θ_3 (전차)	θ_4 (장갑차)	θ_5 (포병)
기존연구		1	1	20	5	40
연구	추정치	1	0.7	107.4	148.5	82.9
	2.5% 분위수	-	0.6	89.8	123.3	69.3
	97.5% 분위수	-	0.9	127.4	176.5	98.2

이번 사례와 같이 사전 정보가 없는 경우 타 전투력 요소에 비하여 상대적인 손실정도 또는 전반적인 자료의 퍼짐 정도를 의미하는 표준편차를 고려하여 추론하는 방법은 상당히 의미 있다고 할 수 있으며, 가용한 사전정보가 없는 상태에서 택할 수 있는 최선의 방법이라고 할 수 있다. 최초 각 전투력 요소에 대한 가중치 Vector에 대하여 사전분포를 모두 동일한 것으로 가정하고 Bayesian 방법으로 사후분포를 추론한 결과는 그림 3.69에 제시하였다.

추정결과 기존 연구에서 적용한 전차, 장갑차, 포병의 가중치가 상대적으로 높게 나타나고, 전차(107.4)가 포병(82.9)보다 높게 나타나는 현상이 일어났다. 이는 제 2차 세계대전 당시 포병의 손실보다도 전차의 손실이 더 적게 나타났음을 의미하며, 당시 포병은 장갑화되어 있지 않아서 전차보다 손실이 많았을 것으로 추정된다.

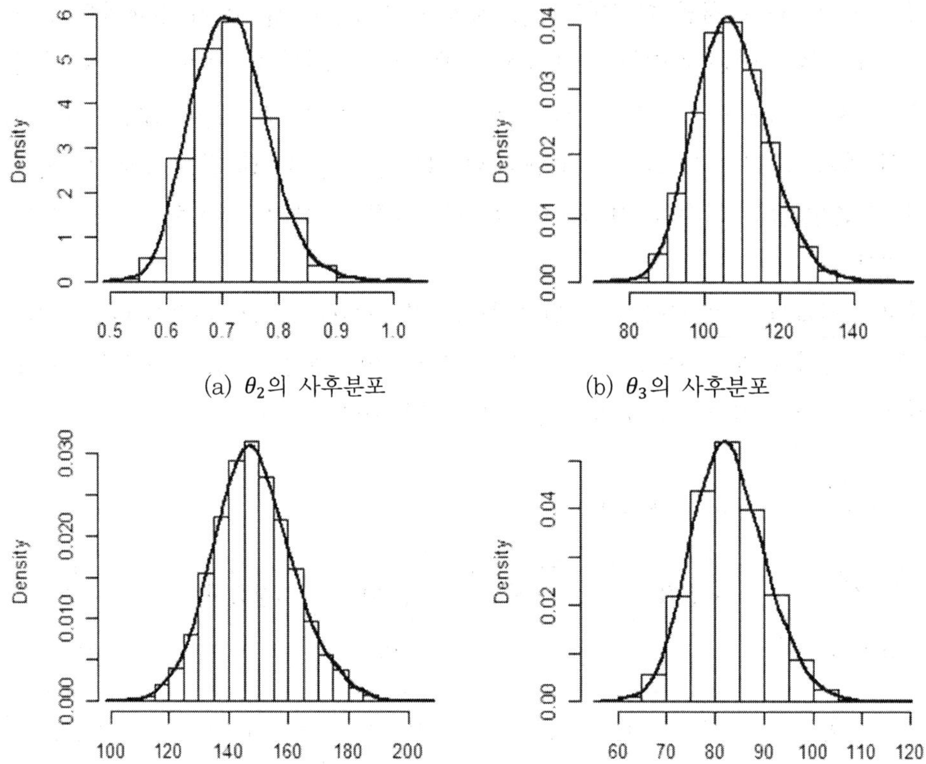

(a) θ_2의 사후분포 (b) θ_3의 사후분포

(c) θ_4의 사후분포 (d) θ_5의 사후분포

그림 3.69 θ_1 기준 가중치 모수 Vector의 사후분포 추론

각 θ에 대하여 전투병력 θ_1을 기준으로 사후분포를 추론한 분포는 그림 3.69에 제시하였다. 이 값들은 식 (3-403)과 같이 기준이 되는 전투력 요소를 1로 하여 상대적 가중치를 추론한 것이다.

표 3.28 Lanchester 모형 모수의 사후분포 추정 결과

모수	평 균	표준 오차	분 위 수				
			2.5%	25%	median	75%	97.5%
ξ_1	8.92	0.06	8.79	8.87	8.92	8.96	9.04
ξ_2	8.84	0.06	8.72	8.80	8.84	8.88	8.97
p	4.94	0.42	4.10	4.66	4.94	5.22	5.74
q	1.68	0.44	0.81	1.40	1.69	1.98	2.54

모수	평 균	표준 오차	분 위 수				
			2.5%	25%	median	75%	97.5%
$\check{d}$	−0.31	0.03	−0.38	−0.34	−0.31	−0.29	−0.25
$1/\check{d}$	0.27	0.03	0.21	0.25	0.27	0.30	0.34

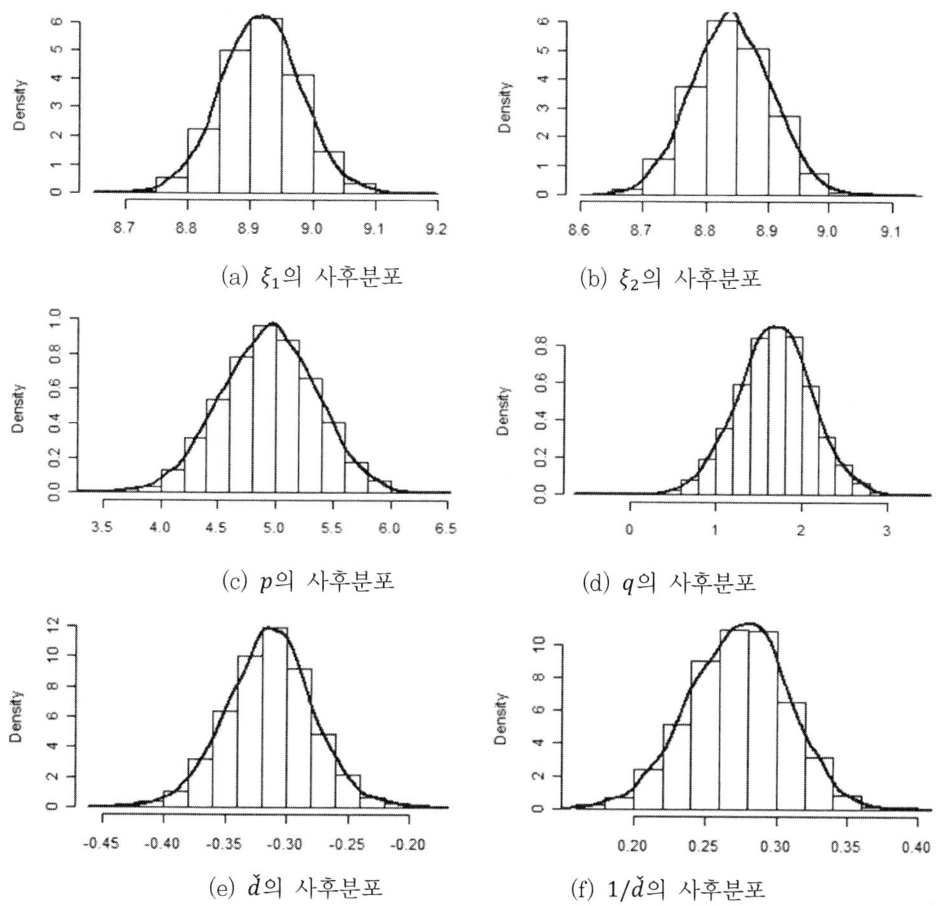

(a) ξ_1의 사후분포 (b) ξ_2의 사후분포

(c) p의 사후분포 (d) q의 사후분포

(e) $\check{d}$의 사후분포 (f) $1/\check{d}$의 사후분포

그림 3.70 Lanchester 모형 모수의 사후분포

표 3.28은 표 3.27에서 추정된 가중치를 사용하여 계산된 각군의 전투력 및 손실에 대하여 Lanchester 모형의 모수 ξ , τ, ω 에 대한 추정결과를 제시하였다. 그림 3.70은 Lanchester 모형의 5,000개의 사후분포 표본을 기준으로 추정한 각

모수에 대한 사후분포를 제시하였다. ξ 와 ω 의 경우 사전분포를 각각 0으로 부여하고, τ 의 경우 각각 0.5로 부여하였으나 수렴과정에서 그림 3.70과 같은 사후분포로 수렴함을 확인할 수 있었다.

또한 모형 적합의 적절성을 확인하기 위하여 연합군 모형과 독일군 모형에 대한 잔차(Residual)를 도식한 결과는 그림 3.71과 같다. 여기서 각 모형에 대한 표준편차가 각각 (0.24, 0.24)인 점을 고려하면 95% 신뢰구간 밖에 위치한 특이치는 연합군의 9일차 자료와 독일군의 7일차 자료이며, 이를 제외하고는 모두 신뢰구간 내에서 Random하게 분포되어 있음을 알 수 있다.

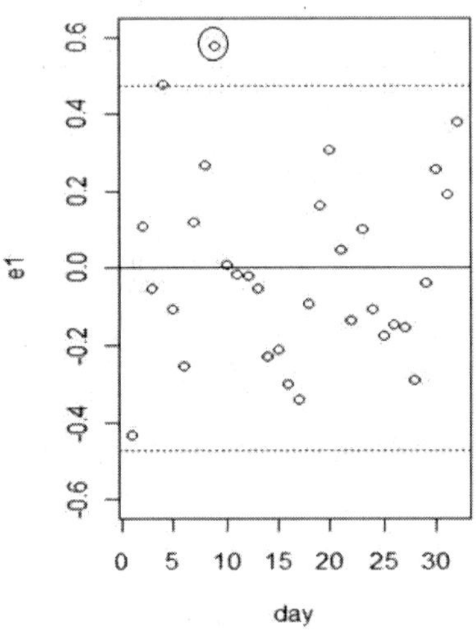

(a) 연합군 모형 잔차분석

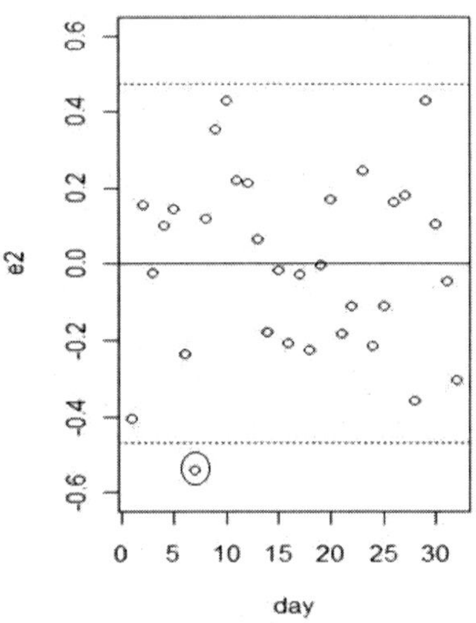

(b) 독일군 모형 잔차분석

그림 3.71 연합군 및 독일군 모형 적합결과 잔차분석

3.20.7.3 기존 연구결과와 비교

본 논문에서 인용한 자료에 대하여 Fricker(1998)는 선형회귀모형으로, Wiper 등(2000)은 Bayesian 추론으로 분석한 사례가 있다. 이들이 제시한 Lanchester 모형의 추정치는 표 3.29와 같다.

표 3.29 기존연구와 유병주(2011) 연구의 Lanchester 모형의 모수 추정 결과

구 분		ξ_1	ξ_2	p	q	$\check{d}$	$1/\check{d}$
Fricker		−60.6	−58.7	5	0	−0.22	0.22
Wiper 등		7.79	8.01	1.06	0.69	−0.24	0.03
Wiper 검증*		7.76	7.91	4.88	−0.08	−0.20	0.19
유병주 연구 결과	추정치	8.92	8.84	4.94	1.68	−0.31	0.27
	2.5% 분위수	8.79	8.72	4.10	0.81	−0.38	0.21
	97.5% 분위수	9.04	8.97	5.74	2.54	−0.25	0.34

* Fricker 모형을 기준으로 Wiper 등이 추론한 결과이다.

기존 연구와 결과를 비교했을 때, p의 경우는 Fricker(1998) 추정결과와 Wiper 등(2000)이 Fricker(1998) 모형에 대하여 추론한 결과와 유병주(2011) 연구에서 추정한 값이 유사하나 나머지 모수의 경우 다소 상이함을 알 수 있다. 이는 이미 모의실험 결과에서 제시한 바와 같이 각 전투력 요소의 가중치를 얼마로 부여하느냐에 따라 차이가 있을 수 있다. 기존 논문들은 전투병력 모형의 경우 전투병력, 전차, 장갑차, 포병을 각각 1, 20, 5. 40으로 부여한 반면 유병주(2011) 연구에서는 전투력 모형에 의해 Bayesian 추론을 실시한 결과 전투병력, 지원병력, 전차, 장갑차, 포병에 대하여 각각 (1, 0.7, 107.4, 148.5, 82.9)로 부여함이 타당함을 제시한 바 있다.

α의 사후평균은 식 (3−412)에서 확인할 수 있듯이 $\xi = \varphi + \overline{X}\tau$의 관계로부터 추론할 수 있는 바 식 $\frac{dB}{dt} = -\alpha\left(\check{d}\ or \frac{1}{\check{d}}\right)R(t)^p B(t)^q$, $\frac{dR}{dt} = -\beta\left(\frac{1}{\check{d}}\ or\ \check{d}\right)B(t)^p R(t)^q$의 φ를 기준으로 추론하면 $\alpha = 1.5\times10^{-33}$, $\beta = 29.9\times10^{-33}$이다.

두 번째로 표 3.28에서 알 수 있듯이 $\check{d}$과 $1/\check{d}$값이 분위수를 통하여 확인하여도 모두 0이라고 말하기 어렵고, 0 이 아니라는 것은 식 (3−400), (3−401)의 모형에서 전술적 상황, 즉 공격과 방어의 형태가 전투력 손실에 영향을 미치고 있다고 볼 수 있다. 그래서 전술상황 모수인 ω는 기존 Bracken과 Fricker(1998)가 분석한 결과인 공격시 8/10, 방어시 10/8과 유사하게 여기에서 0.73, 1.31로 분석되었음을 알 수 있다.

또한 τ의 경우 p은 Fricker(1998)가 추정한 결과 또는 Wiper 등(2000)이

Fricker(1998) 모형에 대하여 추론한 결과와 유사하나 나머지 모수는 모두 95% 신뢰구간 밖에 위치하고 있음을 알 수 있다. 기존 연구들과 유병주(2011) 연구의 추정값의 차이는 유병주(2011) 연구는 추정된 가중치 모수 Vector에 근거한 전투력 모형을 적용하였으므로 φ와 ω의 추정치의 차이는 가중치의 차이에서 비롯되었다고 볼 수 있다. 결국 유병주(2011)의 연구에서 가정한 조건으로 주어진 본 자료를 기준으로 Bayesian 추론을 실시한 결과 Lanchester 모형은 식 (3-422)와 같이 표현할 수 있다.

$$\begin{aligned} \dot{B} &= 1.5 \times 10^{-33}(0.73 \text{ or } 1.31)\, B^{4.94}\, R^{1.68} \\ \dot{R} &= 29.9 \times 10^{-33}(1.31 \text{ or } 0.73)\, R^{4.94} B^{1.68} \end{aligned} \qquad (3-422)$$

3.20.7.4 전투력 모형에 의한 Bayesian 추론의 시사점

기존 연구와 유병주(2011) 연구의 큰 차이점은 전투력 모형을 적용하여 각 전투력 요소에 대한 가중치를 추론하고, 그 값을 기초로 전투력을 계산하여 Lanchester 모형의 모수들을 추론하였다는 점이다. 특히 기존연구에서 제시했던 가중치는 고정된 값으로 부여하였지만 유병주(2011) 연구에서는 이를 모수로 고려하여 Gibbs Sampling에 의한 동적인 추론을 실시하였다. 또한 이 가중치 θ에 대한 사전 충분한 연구결과나 조사결과가 존재한다면 이 값을 이용하여 보다 신뢰성 있는 연구결과를 제시할 수 있을 것이다. 또한 신뢰할 만한 자료가 없는 경우 우도함수에 근거하여 유병주(2011) 연구에서 제시하는 방법으로 추론을 실시할 수 있다.

간단한 비교를 위하여 θ=(1, 0.7, 107.4, 148.5, 82.9) 대신에 동일한 자료를 기존 연구와 같이 θ=(1, 1, 20, 5, 40)으로 추정한다면 이에 대한 모수들의 추정결과는 표 3.30과 같다.

추정결과를 신뢰구간을 기준으로 비교해보면 p와 $\check{d}$의 추정값을 제외하고는 모두 유병주(2011) 연구의 추정치와 차이가 있음을 알 수 있다. 결국 전투력 모형의 각 전투력 요소에 대한 가중치 모수 Vector θ를 어떻게 추정하느냐에 따라 다른 모수들의 추정결과는 차이가 많다고 할 수 있다. 이미 4장에서 모의실험을 통하여 가중치 모수 Vector를 잘못 추정하였을 경우 나머지 Lanchester 모형의 모수들을 과소 또는 과대 추정할 수 있다는 점을 설명한 바 있다.

표 3.30 가중치 변화에 따른 모수 추정결과의 차이

구 분	유병주(2011) 연구 결과			기존 연구 방법		
	추정치	2.5% 분위수	97.5% 분위수	추정치	2.5% 분위수	97.5% 분위수
ξ_1	8.92	8.79	9.04	8.59	8.53	8.65
ξ_2	8.84	8.72	8.97	8.54	8.47	8.62
p	4.94	4.10	5.74	3.70	2.55	4.87
q	1.68	0.81	2.54	−1.66	−2.67	−0.65
$\check{d}$	−0.31	−0.38	−0.25	−0.27	−0.34	−0.21
$1/\check{d}$	0.27	0.21	0.34	0.11	0.03	0.19

3.20.7.5 사후 예측분포의 추론

Bayesian 추론의 장점은 사후분포 전체를 추론할 수 있을 뿐만 아니라 사후 예측분포를 추론할 수 있다는 점에 있다. 다변량 회귀모형에서는 현재 추정된 모수들의 사후분포를 기초로 모수들의 표본을 생성하고, 이를 적용하여 다변량 t 분포에서 사후 예측분포를 아래와 같이 생성한다.

$$\tilde{y}|y \sim t(n-k, \tilde{X}\hat{\tau}, S^2(I + \tilde{X}V_\tau \widetilde{X'})) \qquad (3\text{-}423)$$
$$where\ S^2 = \frac{1}{n-k}(y - X\hat{\tau})'\ (y - X\hat{\tau})$$

예를 들어 특정 전투에서 Blue Force와 Red Force이 대치하고 있는 군사력 현황이 표 3.31과 같다고 하면, 공격시 또는 방어시 발생 가능한 사상자 또는 장비 손실과 관련된 분포를 추론할 수 있다.

표 3.31 특정 국면에서 Blue Force과 Red Force의 전투력

구 분	전투병력	지원병력	전 차	장갑차	포 병
Blue Force	52만여명	32만여명	2,400여대	2,600여대	5,200여문
Red Force	102만여명	77만여명	4,100여대	2,100여대	8,500여문

기존 사례연구를 기초로 추정된 전투력 및 Lanchester 모형의 모수들의 사후분포를 이용하여 모수를 먼저 생성하고, 이를 기초로 Blue Force이 방어시 식 (3-423)에 제시된 사후예측분포로부터 표본을 추출하여 추정한 결과를 정리하면 표 3.32와 같다.

표 3.32 전투력 손실의 사후예측 분포 추정결과

구 분		전투병력	지원병력	전 차	장갑차	포 병
Blue Force	추정치	902.1	1,288.7	8.4	6.1	10.9
	표준 오차	590.2	843.1	5.5	4.0	7.1
Red Force	추정치	42,911.5	61,302.2	399.6	289.0	517.6
	표준 오차	27,052.7	38,646.8	251.9	182.2	326.3

사후 예측분포에 대한 추정결과는 다음장의 그림 3.72에 제시하였으며 이외에도 공격과 방어시 손실의 차이, 또는 특정 전투력 요소의 증감에 따른 손실 변화 등 다양한 분야에서 사후 예측분포를 추론하고 그 결과에 따라 적절한 야전 지휘관의 의사결정을 지원할 수 있다.

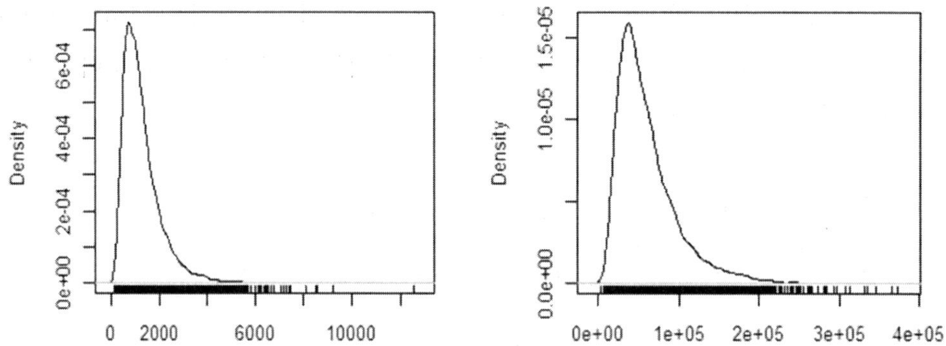

(a) Blue Force 전투병력 손실　　(b) Red Force 전투병력 손실

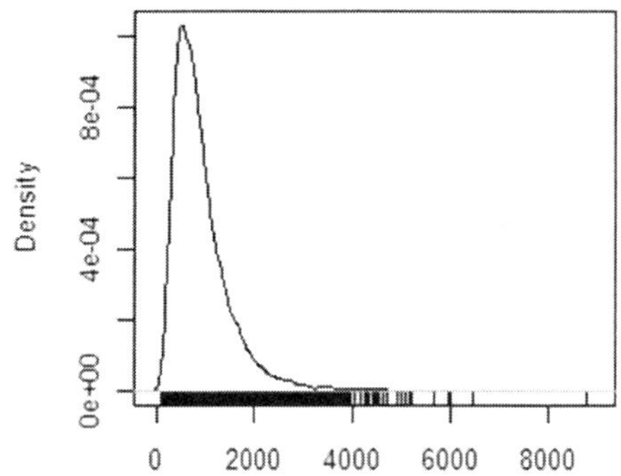

(c) Blue Force 지원병력 손실

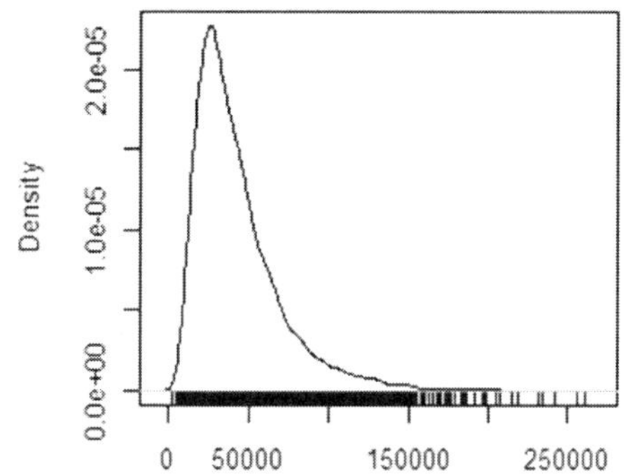

(d) Red Force 지원병력 손실

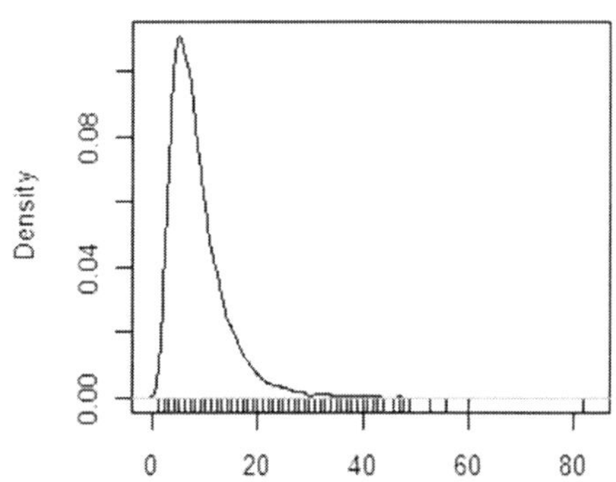

(e) Blue Force 전차 손실

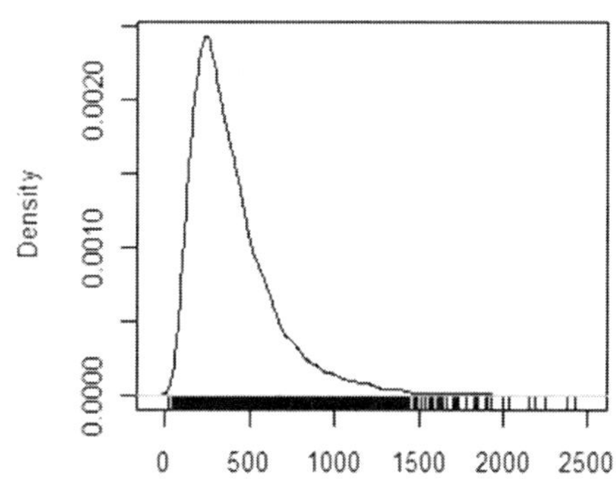

(f) Red Force 전차 손실

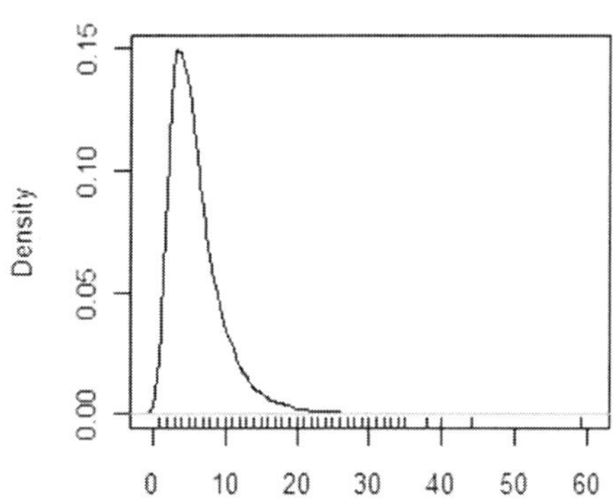

(g) Blue Force 장갑차 손실

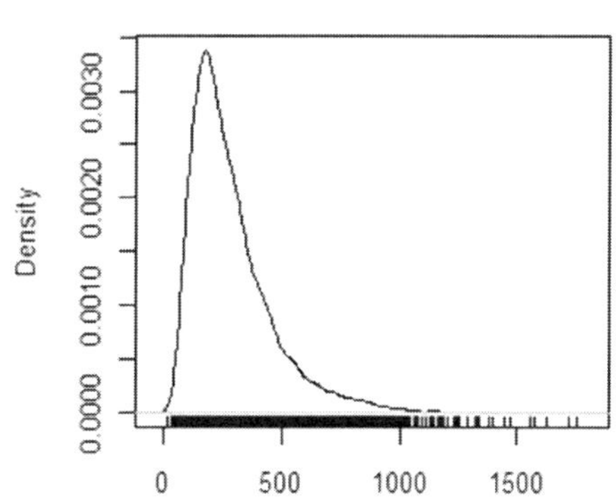

(h) Red Force 장갑차 손실

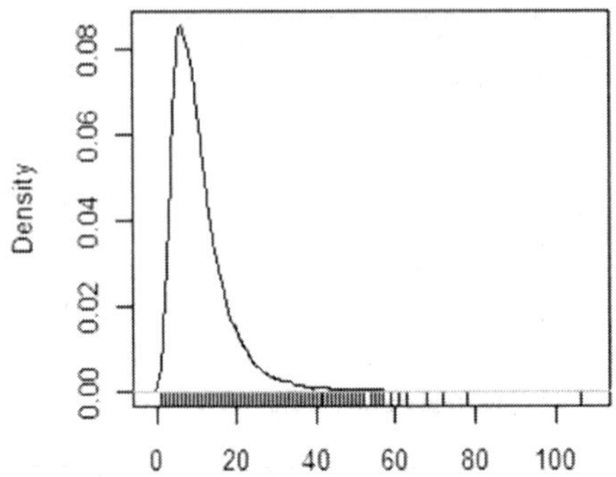

(i) Blue Force 포병 손실

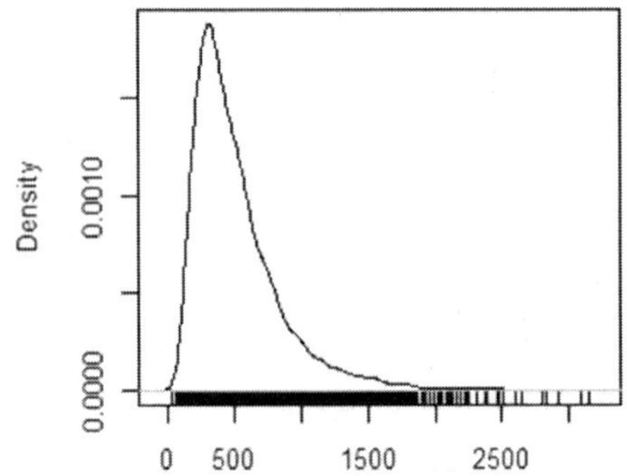

(j) Red Force 포병 손실

그림 3.72 Blue Force과 Red Force 손실의 사후 예측분포

제 4 장. Stochastic Lanchester 전투모형

4.1 확률과정

Stochastic Lanchester 전투모형을 설명하기 전에 기본적인 확률과정에 대한 설명을 먼저 한다. $\lim_{h \to 0} \frac{f(h)}{h} = 0$ 일 때 함수 f 를 $o(h)$라고 정의한다. 시간 t에서의 사건 발생 수 $N(t)$가 모수 (λt) 를 갖는 Poisson 분포를 따르는 확률과정을 Poisson 과정이라고 한다. 즉, Counting Process $\{N(t), t \geq 0\}$ 는 다음 ①~④ 조건을 가질 때 모수 $\lambda(\lambda > 0)$를 가지는 Poisson 과정이라고 한다.

① $N(0) = 0$

② The process has stationary and independent increments

③ $P\{N(h) = 1\} = \lambda h + o(h)$

④ $P\{N(h) \geq 2\} = o(h)$

①~④의 의미는 다음과 같다. ①의 의미는 '0 시점에서는 사건이 하나도 일어나지 않는다.' 라는 것이다. ②의 의미는 ' $t_1 < t_2$, $s > 0$ 에 대하여 $N(t_2) - N(t_1)$ 과 $N(t_2 + s) - N(t_1 + s)$ 는 같은 분포를 가진다' 라는 것과 '서로 겹치지 않는 시간 구간에서 일어나는 사건 발생수가 독립적이다' 라는 것이다. ③의 의미는 '$(t, t + \Delta t)$ 사건이 일어날 확률은 $\lambda \Delta t$이다.' 라는 것이다. ④의 의미는 '아주 짧은 시간 h에서 2개 이상의 사건이 일어날 확률은 없다.' 라는 것이다.

4.2 Poisson 과정 기반 전투모형화

Poisson 분포는 단위 시간 안에 어떤 사건이 몇 번 발생할 것인지를 표현하는 이산 확률 분포이다. 정해진 시간 안에 어떤 사건이 일어날 횟수에 대한 기댓값을 λ라고 했을 때 그 사건이 n회 일어날 확률은 식 (4-1)과 같다.

$$f(n; \lambda) = \frac{\lambda^n e^{-\lambda}}{n!} \qquad (4-1)$$

Poisson 분포는 이항 분포의 특수한 형태로 볼 수 있다.

$$X \sim B(n, p)$$

이항 분포를 따르는 위와 같은 확률변수 X 에서 n 이 대단히 크고 p가 대단히 작을 경우, 이 확률변수 X 는 $\lambda = np$인 Poisson 분포로 근사할 수 있다. 예를 들어 DNA 에 방사선을 쬐었을 때, 각 염기쌍이 돌연변이를 일으킬 확률은 각각 매우 작고 서로 독립적이다. 또한 하나의 DNA 에는 많은 염기쌍이 있다. 따라서 DNA 에 방사선을 쬐었을 때 발생하는 돌연변이의 개수는 Poisson 분포로 나타낼 수 있다. 다른 예로는 일정 주어진 시간 동안에 도착한 고객의 수, 1Km 도로에 있는 흠집의 수, 일정 주어진 생산시간 동안 발생하는 불량 수, 하룻동안 발생하는 출생자 수, 어떤 시간 동안 톨게이트를 통과하는 차량의 수, 어떤 페이지 하나를 완성하는 데 발생하는 오타의 발생률, 어떤 특정 면적의 다양한 종류의 나무가 섞여 자라는 삼림에서 소나무의 수, 어떤 특정 진도 이상의 지진이 발생하는 수 등이다.

$$X \sim Pois(np)$$

Poisson 과정은 시간 t 에서의 사건 발생 수 $N(t)$ 가 모수 λt 를 갖는 Poisson 분포를 따르는 확률과정이다. Poisson 확률과정에서 시간 t 에서 사건 발생수 n 에 대한 확률값 표현은 식 (4-2)와 같다.

$$P[N(t) = n] = e^{-\lambda t}\frac{(\lambda t)^n}{n!},\ t \geq 0,\ n = 0,1,2,\ldots \qquad (4-2)$$

여기서 $N(t)$ 는 시간 t 에서 사건 발생수, λ 는 평균 사건수 또는 사건발생율, 즉 단위시간 또는 단위공간당 평균적으로 발생하는 사건횟수이며 λt 는 Poisson 평균으로 정의한다.

4.3 지수형 Lanchester 방정식

$\{x_t: t \in T\}$는 모든 t에 대하여 x_t가 확률변수이며 t시점에서의 시스템 상태를 표현한다. Markov Process는 현재의 상태가 정확히 알려져 있을 때 미래의 확률법칙이 과거의 이력에 영향을 받지 않는다는 Markov Property 전제하 진행되는 과정을 말하며 Markov Property는 식 (4-3)을 만족한다.

$\{x_t: t \in T\}$ $t_1 < t_2 < t_3 < t_4 < \cdots < t_n < t$ 에 대하여

$$\mathrm{P}(x_t = x \mid x(t_1) = x_1, x(t_2) = x_2, \ldots, x(t_n) = x_n\} = \mathrm{P}(x_t = x \mid x(t_n) = x_n\} \qquad (4-3)$$

Markov Process의 가정 사항은 다음과 같다.

① t 에 관한 x_t는 특정 사건이 일어날 때만 상태가 1씩 증가한다.
② $x(t+s)$ 는 시간 $t+s$ 까지의 사건 발생수이고 $x(t)$는 시간 t까지의 사건수라고 할 때 $x(t+s) - x(t)$ 는 t 와는 무관하며 오직 s에만 영향을 받는다.

지수형 Lanchester 모델의 가정은 다음과 같다.

① 손실과정은 Poisson 과정을 따른다.
② Blue Force와 Red Force 양측은 상대 표적이 파괴될 때까지 사격을 실시하고 파괴된 표적에 대해서는 사격을 실시하지 않는다.
③ 표적이 파괴되면 지체없이 새로운 표적에 대해 사격을 실시한다.

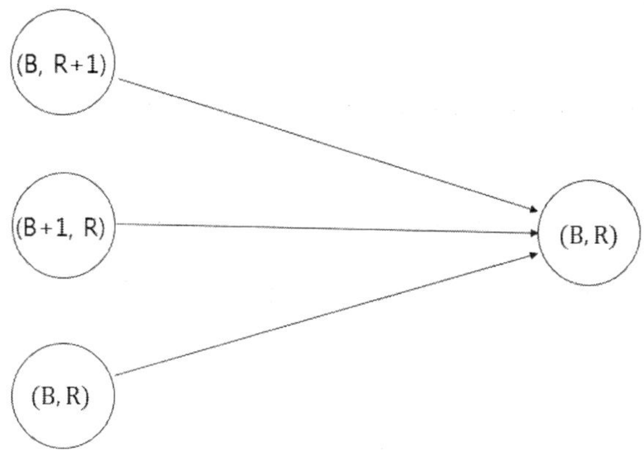

그림 4.1 $t+\Delta t$시간 이후 상태변화

전투 상황 t시점에서 $t+\Delta t$시간이 지났을 때 Blue Force와 Red Force의 전투력이 (B, R)이 되는 상태변화에 대한 평균 전이시간이 얼마인지 분석해 본다. $t+\Delta t$에 (B, R)이 되는 경우는 t에서 (B, R+1)에서 Red Force가 1 손실 당하거나 (B+1, R)에서 Blue Force가 1 손실 당하거나 (B, R)에서 양측 다 손실이 없는 경우 3가지 중 하나라고 생각할 수 있다. 이를 확률로 표현해 보면 식 (4-4)~(4-7)과 같다.

$$P(B,R,t+\Delta t) = P(B,R+1,t)(\beta B\Delta t) + P(B+1,R,t)(\alpha R\Delta t) + P(B,R,t)(1-\beta B\Delta t)(1-\alpha R\Delta t) \qquad (4-4)$$

$$P(B,R,t+\Delta t) - P(B,R,t) = -P(B,R,t)(\beta B\Delta t + \alpha R\Delta t) + P(B,R+1,t)(\beta B\Delta t) + P(B+1,R,t)(\alpha R\Delta t) + O(\Delta t^2) \qquad (4-5)$$

$$\frac{P(B,R,t+\Delta t) - P(B,R,t)}{\Delta t} = -P(B,R,t)(\beta B + \alpha R) + P(B,R+1,t)(\beta B) + P(B+1,R,t)(\alpha R) + O(\Delta t) \qquad (4-6)$$

$$\lim_{\Delta t\to 0}\frac{P(B,R,t+\Delta t) - P(B,R,t)}{\Delta t} = \frac{dP(B,R,t)}{dt} = -P(B,R,t)(\beta B + \alpha R) + P(B,R+1,t)(\beta B) + P(B+1,R,t)(\alpha R) \qquad (4-7)$$

경계조건은 다음과 같다.

① (B, 0), (0, R) 일 때를 경계조건을 살펴보면 다음과 같다.

$B \neq 0$ 이고 $R \neq 0$ 이라는 가정하에, $t + \Delta t$ 시점에서의 전투력이 (B, R) 이 되는 세 가지의 경우가 있다. $R = 0$일 때의 경계조건을 유도한다. t에서 $t + \Delta t$가 되었을 때 전투력이 $(B, 0)$이 되는 경우는 두 가지가 존재한다.

1. $(B, 1)$에서 Red Force가 1 감소한 경우
2. t에서 전투력이 이미 $(B, 0)$인 경우
3. $(B + 1,0)$에서 Blue Force가 1 감소한 경우

여기에서 3의 경우를 고려하지 않는 이유는 Red Force의 전투력이 0이기 때문에 전투후 $t + \Delta t$ 시간에서 Blue Force의 전투력이 줄어들 수 없기 때문이다. 위의 1과 2 경우를 식으로 표현하면 식 (4-8)~(4-11)과 같다.

$$P(B, 0, t + \Delta t) = P(B, 1, t)\beta B \Delta t + P(B, 0, t) \cdot 1 \qquad (4\text{-}8)$$

$$P(B, 0, t + \Delta t) - P(B, 0, t) = P(B, 1, t)\beta B \Delta t \qquad (4\text{-}9)$$

$$\frac{P(B,0,t+\Delta t) - P(B,0,t)}{\Delta t} = P(B, 1, t)\beta B \qquad (4\text{-}10)$$

$$\lim_{\Delta t \to 0} \frac{P(B,0,t+\Delta t) - P(B,0,t)}{\Delta t} = \frac{dP(B,0,t)}{dt} = P(B, 1, t)\beta B \qquad (4\text{-}11)$$

Δt를 0으로 보내면 식 (4-12)의 경계조건을 얻을 수 있다.

$$\frac{dP(B,0,t)}{dt} = P(B, 1, t)\beta B \qquad (4\text{-}12)$$

$(0, R)$의 경우도 동일한 방법으로 유도할 수 있다.

$$\frac{dP(0,R,t)}{dt} = P(1, R, t)(\alpha R) \qquad (4\text{-}13)$$

② 0 시점에서 초기 전투력 (B_0, R_0)가 존재할 확률은 1이다.

$$P(B_0, R_0, 0) = 1 \qquad (4-14)$$

③ 0 시점에서 (B, R) 전투력이 초기 전투력 (B_0, R_0)이지 않을 확률은 0이다.

$$P(B, R, 0) = 0\ for\ (B, R) \neq (B_0, R_0) \qquad (4-15)$$

④ t 시점에서 최초 전투력 B_0, R_0보다 큰 전투력이 있을 확률은 0이다.

$$P(B, R, t) = 0\ \ for\ B > B_0, R > R_0 \qquad (4-16)$$

$P(B, R, t + \Delta t)$ 를 시간 t까지 Blue Force와 Red Force 양측 모두 손실없이 지속될 확률은 식 (4-17)~(4-21)과 같다.

$$P(B, R, t + \Delta t) = P(B, R, t)(1 - \beta B \Delta t)(1 - \alpha R \Delta t) \qquad (4-17)$$

$$P(B, R, t + \Delta t) - P(B, R, t) = -P(B, R, t)(\beta B \Delta t + \alpha R \Delta t) + O(\Delta t^2) \qquad (4-18)$$

$$\frac{P(B,R,t+\Delta t) - P(B,R,t)}{\Delta t} = -P(B, R, t)(\beta B + \alpha R) + O(\Delta t) \qquad (4-19)$$

$$\lim_{\Delta t \to 0} \frac{P(B,R,t+\Delta t) - P(B,R,t)}{\Delta t} = \frac{dP(B,R,t)}{dt} = -P(B, R, t)(\beta B + \alpha R) \qquad (4-20)$$

$$\frac{1}{P(B,R,t)} dP(B, R, t) = -(\beta B + \alpha R)dt \qquad (4-21)$$

양변을 적분을 하고 Exponential을 취하면 식 (4-22)~(4-24)와 같다.

$$\int \frac{1}{P(B,R,t)} dP(B, R, t) = \int -(\beta B + \alpha R)\, dt \qquad (4-22)$$

$$lnP(B, R, t) = -(\beta B + \alpha R)t \qquad (4-23)$$

$$P(B, R, t) = e^{-(\beta B + \alpha \ )t} \qquad (4\text{–}24)$$

그러므로 손실이 있을 확률은 $1 - P(B, R, t) = 1 - e^{-(\beta B + \alpha \ )t}$가 된다. Blue Force, Red Force가 손실이 발생하는 시간 t는 지수분포를 따르고 평균은 $1/(\beta B + \alpha R)$이다. Blue Force의 손실 확률은 $\alpha R/(\beta B + \alpha R)$ 이고 Red Force의 손실 확률은 $\beta B/(\beta B + \alpha R)$ 이다.

4.4 확률적 결투

4.4.1 기본 결투 Modeling

다음과 같은 Blue Force 단일 전투원과 Red Force의 단일 전투원 대결을 생각해 보자. 그림 4.2에서 보는 것과 같이 먼저 Blue Force가 Red Force에게 사격을 실시한다. Blue Force가 Red Force 를 살상할 확률은 P_B이다. 만약, Blue Force 가 Red Force 를 살상하지 못한다면 Red Force가 Blue Force를 공격한다. 이 때 Red Force가 Blue Force를 살상할 확률은 P_R이다. 이러한 절차가 반복된다고 가정할 때 이런 형태의 대결을 계속해 나간다면 Blue Force와 Red Force가 각각 상대방을 살상할 확률은 다음과 같이 계산할 수 있다.

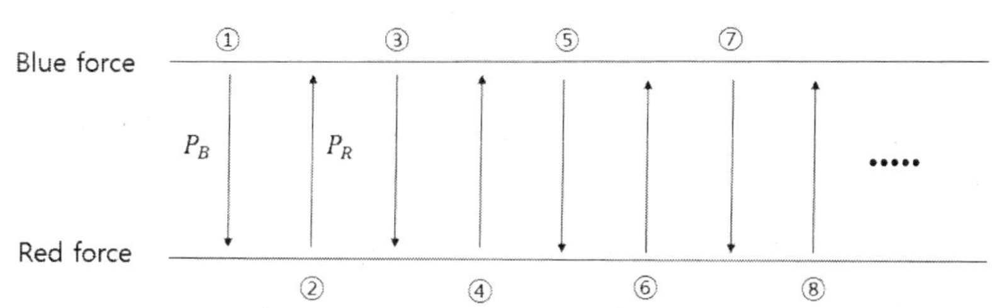

그림 4.2 기본 결투 과정

Blue Force 단일 전투원이 Red Force 단일 전투원을 살상시킬 확률을 먼저 계산해 보면 다음과 같다.

1 발로 살상할 확률은 P_B이다. 2 발로 살상할 확률은 첫번째 사격에 의해 Blue Force가 Red Force를 살상시키지 못하고 Red Force의 첫번째 사격에서도 Red Force가 Blue Force를 살상시키지 못한 다음 Blue Force의 두번째 사격에서 Red Force를 살상시켜야 하므로 $(1-P_B)(1-P_R)P_B$ 이다. 이런 방식으로 계속 전개해 나가면 Blue Force가 Red Force를 살상시킬 확률은 식 (4-25)와 같다. $Q_B = 1 - P_B$, $Q_R = 1 - P_R$이라고 하자.

$$P(\text{B가 R을 살상}) = P_B + Q_B Q_R P_B + {Q_B}^2 {Q_R}^2 P_B + {Q_B}^3 {Q_R}^3 P_B + \cdots$$
$$= P_B\left(1 + Q_B Q_R + {Q_B}^2 {Q_R}^2 + {Q_B}^3 {Q_R}^3 + \cdots\right) = P_B/(1 - Q_B Q_R) \qquad (4-25)$$

동일한 방법으로 Red Force가 Blue Force를 살상시킬 확률은 식 (4-26)과 같다.

$$P(\text{R이 B를 살상}) = Q_B P_R + {Q_B}^2 Q_R P_R + {Q_B}^3 {Q_R}^2 P_R + \cdots$$
$$= Q_B P_R(1 + Q_B Q_R + Q_B Q_R + Q_B Q_R + \cdots) = Q_B P_R/(1 - Q_B P_R) \qquad (4-26)$$

4.4.2 일반 결투 Modeling

일반 결투 Modeling의 가정사항은 다음과 같다.

① Blue Force와 Red Force 단일 전투원이 1:1로 상호 교전한다. 교전 과정은 기본 전투과정과 달리 교차 사격이 아니고 사격시간이 확률분포를 따른다.
② 이 과정은 Blue Force 또는 Red Force가 제압될 때까지 지속되면 탄의 제한은 없다.
③ Blue Force 살상간 시간 (IKP: Inter-Kill Time) $T_B \sim h_B(t)$를 따르고 누적확률분포 함수는 $H_B(t)$이고 Red Force 살상간 시간 $T_R \sim h_R(t)$ 을 따르고 누적확률분포 함수는 $H_R(t)$이다.

일반 결투과정은 그림 4.3 에서 보는 것과 같이 최초 (B, R)=(1,1) 상태로 있다가 교전 이후에는 (1,0), (01,) (1,1) 상태가 있는 데 이 3 가지 중 한가지 상태로 전이한다. Blue Force 와 Red Force 의 살상 확률은 다음과 같이 구할 수 있다. 먼저, $H_R^C(t) = 1 - H_R(t) = \int_t^\infty h_R(\varepsilon)\, d\varepsilon$, $H_B^C(t) = 1 - H_B(t) = \int_t^\infty h_B(\varepsilon)\, d\varepsilon$ 라고 정의한다.

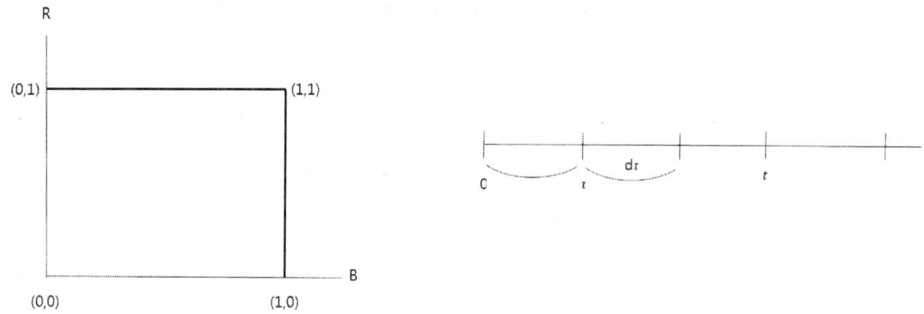

그림 4.3 일반결투 과정

① (1,1) → (1,0)

Blue Force가 승리하는 경우이고 식 (4-27)과 같이 Modeling한다.

$$P_{10}(t) = \int_0^t h_B(\tau)\, d\tau \cdot H_R^C(t) = \int_0^t h_B(\tau) \cdot H_R^C(t) d\tau = \int_0^t h_B(\tau) \left[\int_t^\infty h_R(\varepsilon)\, d\varepsilon\right] d\tau \qquad (4-27)$$

② (1,1) → (0,1)

Red Force가 승리하는 경우이고 식 (4-28)과 같이 Modeling한다.

$$P_{01}(t) = \int_0^t h_R(\tau)\, d\tau \cdot H_B^C(t) = \int_0^t h_R(\tau) \cdot H_B^C(t) d\tau = \int_0^t h_R(\tau) \left[\int_t^\infty h_B(\varepsilon)\, d\varepsilon\right] d\tau \qquad (4-28)$$

③ (1,1) → (1,1)

양측이 비기는 경우이고 식 (4-29)와 같이 Modeling한다.

$$P_{11}(t) = H_B^C(t) H_R^C(t) = \int_t^\infty h_B(t)\, dt \int_t^\infty h_R(t)\, dt \qquad (4-29)$$

그러면 Blue Force의 승리확률은 $\lim_{t\to\infty} P_{10}(t)$ 이고 Red Force의 승리확률은 $\lim_{t\to\infty} P_{01}(t)$ 이다.

4.5 승리할 확률과 잔여 전투력 기댓값

한 전투에서 다른 전투 상태로 전환하는 확률 구성, 조건부 확률 개념으로 Lanchester Stochastic 전투모형을 구성한다. 현재 Blue Force와 Red Force의 전투력이 (B, R)이며 Red Force가 Δt 동안 파괴될 확률은 $\beta B \Delta t$이고 Blue Force가 Δt 동안 파괴될 확률은 $\alpha R \Delta t$ 이다. 전투 상태변화가 일어났다는 조건하에서 Blue Force의 전투력에 변화가 일어날 확률은 식 (4-30)과 같다.

$$\frac{\alpha R \Delta t}{\alpha R \Delta t + \beta B \Delta t} = \frac{\alpha R}{\alpha R + \beta B} \qquad (4-30)$$

동일한 개념으로 전투 상태변화가 일어났다는 조건하에서 Red Force의 전투력에 변화가 일어날 확률은 식 (4-31)과 같다.

$$\frac{\beta B \Delta t}{\beta B \Delta t + \alpha R \Delta t} = \frac{\beta B}{\alpha R + \beta B} \qquad (4-31)$$

그림 4.4와 같은 전투 상태를 분석해 본다. Blue Force와 Red Force의 최초 전투력은 2이며 Δt 동안 전투로 인한 손실이 발생하여 Blue Force와 Red Force의 상태변화를 전부 나열하면 그림 4.4와 같다. $\alpha = 0.2$, $\beta = 0.3$ 일 때 전투 상태를 분석해 본다. 참고로 Blue Force가 m 이고 Red Force가 n 이라면 상태변화를 전부 나열했을 때 전체 Node 수는 $\binom{m+n}{n}$이며 Path 수는 $(m+n)!/(m!\,n!)$이다.

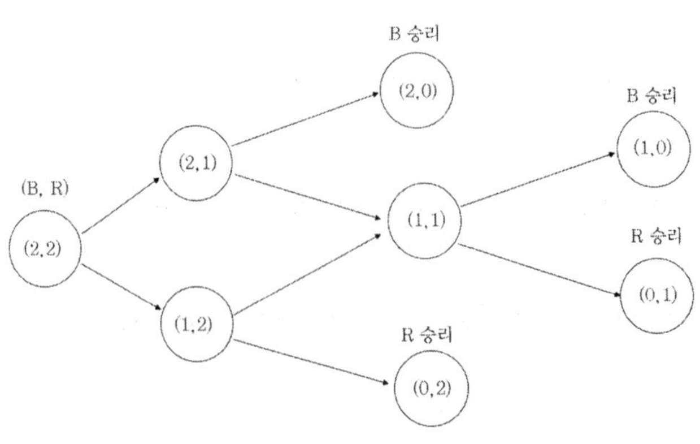

그림 4.4 최초 전투력 (2, 2)에서 상태변화 가능한 그래프 (I)

Blue Force와 Red Force 전투력에 변화가 일어날 날 확률은 각각 표 4.1, 4.2와 같다.

표 4.1 Blue Force의 전투력에 변화가 일어날 확률 ($\frac{\alpha R}{\alpha R+\beta}$, $\alpha = 0.2,\ \beta = 0.3$)

R \ B	2	1
2	$\frac{0.2 \times 2}{0.2 \times 2 + 0.3 \times 2} = 0.4$	$\frac{0.2 \times 1}{0.2 \times 1 + 0.3 \times 2} = 0.25$
1	$\frac{0.2 \times 2}{0.2 \times 2 + 0.3 \times 1} = 0.57$	$\frac{0.2 \times 1}{0.2 \times 1 + 0.3 \times 1} = 0.4$

표 4.2 Red Force의 전투력에 변화가 일어날 확률 ($\frac{\beta B}{\alpha R+\beta B}$, $\alpha = 0.2, \beta = 0.3$)

R \ B	2	1
2	$\frac{0.3 \times 2}{0.2 \times 2 + 0.3 \times 2} = 0.6$	$\frac{0.3 \times 2}{0.2 \times 1 + 0.3 \times 2} = 0.75$
1	$\frac{0.3 \times 1}{0.2 \times 2 + 0.3 \times 1} = 0.43$	$\frac{0.3 \times 1}{0.2 \times 1 + 0.3 \times 1} = 0.6$

표 4.1과 표 4.2에서 계산한 Blue Force와 Red Force의 손실 확률을 표시한 그래프는 그림 4.5와 같다. 그림 4.5에서 보는 것과 같이 한 상태에서 변화가능한 두 상태의 확률의 합은 1이다.

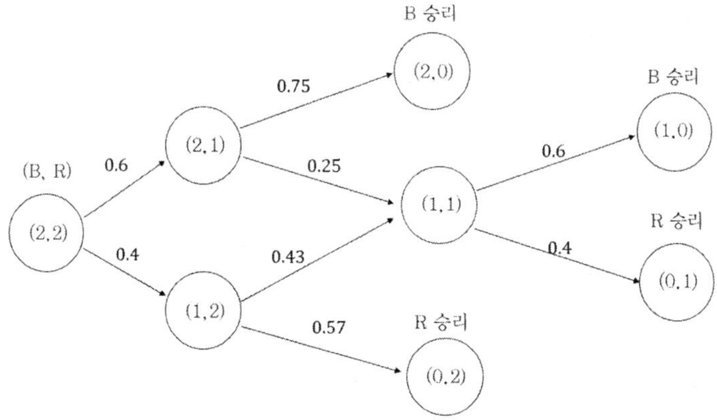

그림 4.5 상태변화 확률

그림 4.5에서 보면 전투 종결이 가능한 상태는 (B,R) 이 (2,0), (1,0), (0,1), (0,2)이다. (2,0), (1,0)인 경우는 Blue Force가 승리하는 경우이며 (0,1), (0,2)인 경우에는 Red Force가 승리하는 경우이다. (2,0)로 가는 경로를 보면 (2,2)→(2,1)→(2,0)이며 (1,0)로 가는 경로는 (2,2)→(2,1)→(1,1)→(1,0)과 (2,2)→(1,2)→(1,1)→(1,0)이다. 경로의 확률은 상태 발생의 확률을 다 곱한 것이다. (2,2)→(2,1)→(2,0)가 발생할 확률은 0.6 × 0.75=0.45가 된다. 즉, 발생할 확률을 곱하는 것이다. 최종 상태 확률은 최종 상태가 발생할 수 있는 모든 경로의 확률을 더한 값이다. 이러한 모든 경로와 발생할 확률, 최종 상태 확률, 승리할 확률은 표 4.3과 같다.

표 4.3 Blue Force와 Red Force의 승리할 확률

<table>
<tr><th>구분</th><th>전투 종결상태</th><th>경로 번호</th><th>경로</th><th>발생할 확률</th><th>최종 상태 확률</th><th>승리할 확률</th></tr>
<tr><td rowspan="3">B 승리</td><td>(2,0)</td><td>①</td><td>(2,2)→(2,1)→(2,0)</td><td>0.450</td><td>0.450</td><td rowspan="3">0.643</td></tr>
<tr><td rowspan="2">(1,0)</td><td>②</td><td>(2,2)→(2,1)→(1,1)→(1,0)</td><td>0.090</td><td rowspan="2">0.193</td></tr>
<tr><td>③</td><td>(2,2)→(1,2)→(1,1)→(1,0)</td><td>0.103</td></tr>
<tr><td rowspan="3">R 승리</td><td rowspan="2">(0,1)</td><td>④</td><td>(2,2)→(2,1)→(1,1)→(0,1)</td><td>0.060</td><td rowspan="2">0.129</td><td rowspan="3">0.357</td></tr>
<tr><td>⑤</td><td>(2,2)→(1,2)→(1,1)→(0,1)</td><td>0.069</td></tr>
<tr><td>(0,2)</td><td>⑥</td><td>(2,2)→(1,2)→(0,2)</td><td>0.228</td><td>0.228</td></tr>
</table>

표 4.3을 보면 Blue Force가 승리할 확률은 0.643이며 Red Force가 승리할 확률은 0.357이다. 그러면 Blue Force와 Red Force가 각각 승리할 경우 예상 잔여 전투력은 어떻게 되는지 분석해 본다. 먼저 Blue Force 승리시 잔여 전투력은 다음과 같은 조건부 확률로 구할 수 있다.

$$P\,(\text{B 잔여 전투력 2 / B 승리}) = \frac{0.45}{0.643} = 0.7$$
$$P\,(\text{B 잔여 전투력 1 / B 승리}) = \frac{0.193}{0.643} = 0.3$$

따라서 Blue Force의 잔여 전투력의 기댓값은 다음과 같다. 기댓값은 잔여 전투력 수와 확률을 곱해 더하는 방식으로 구한다.

$$2 \times 0.7 + 1 \times 0.3 = 1.7$$

동일한 방법으로 Red Force 승리시 잔여 전투력은 다음과 같은 조건부 확률로 구할 수 있다.

$$P\,(\text{R 잔여 전투력 } 2\,/\,\text{R 승리}) = \frac{0.228}{0.357} = 0.639$$
$$P\,(\text{R 잔여 전투력 } 1\,/\,\text{R 승리}) = \frac{0.129}{0.357} = 0.361$$

따라서 Red Force의 잔여 전투력의 기댓값은 다음과 같다.

$$2 \times 0.639 + 1 \times 0.361 = 1.639$$

4.6 전투 지속시간 기댓값

다음은 Stochastic Lanchester 전투모형에서 전투지속시간에 대해 설명한다. 전투 상태에서 상태 변화에 대한 평균 전이 시간에 대해 분석하기 위해 다음과 같은 Notation을 정의한다.

$P(B,R,t)$: 상태 (B,R)에서 t 시간까지 상태 변화가 없을 확률

그러면 $t+\Delta t$ 시점에서 Blue Force와 Red Force가 상태 변화없이 동일한 (B,R) 상태가 될 확률은 Blue Force와 Red Force 양측 모두 손실이 없을 확률이며 식 (4-32)와 같다.

$$P(B,R,t+\Delta t) = P(B,R,t)(1-\beta B\Delta t)(1-\alpha R\Delta t) \qquad (4-32)$$

식 (4-32)을 정리하면 식 (4-33)~(4-36)과 같다.

$$P(B,R,t+\Delta t) - P(B,R,t) = -P(B,R,t)(\beta B\Delta t + \alpha R\Delta t) + O(\Delta t^2) \quad (4-33)$$

$$\frac{P(B,R,t+\Delta t)-P(B,R,t)}{\Delta t} = -P(B,R,t)(\beta B + \alpha R) + O(\Delta t) \qquad (4-34)$$

$$\lim_{\Delta t\to 0}\frac{P(B,R,t+\Delta t)-P(B,R,t)}{\Delta t} = \frac{dP(B,R,t)}{dt} = -P(B,R,t)(\beta B + \alpha R) \qquad (4-35)$$

$$\frac{1}{P(B,R,t)}dP(B,R,t) = -(\beta B + \alpha R)dt \qquad (4-36)$$

양변을 적분을 하고 Exponential을 취하면 식 (4-37)~(4-39)와 같다.

$$\int\frac{1}{P(B,R,t)}dP(B,R,t) = \int -(\beta B + \alpha R)\,dt \qquad (4-37)$$

$$lnP(B,R,t) = -(\beta B + \alpha R)t \qquad (4-38)$$

$$P(B,R,t) = e^{-(\beta B+\alpha\ )t} \qquad (4-39)$$

식 (4-39)은 전투시작 후 t 시간 동안 양측 모두 손실이 없을 확률이다. 그러므로 전투시작 후 t 시간 동안 손실이 발생할 확률은 $1-e^{-(\beta B+\alpha R)t}$가 되고 $\lambda\ = \beta B +$

αR인 지수함수의 누적분포와 동일하다. 따라서 다음 손실이 일어날 시간, 즉 평균 상태 전이 시간은 $1/(\beta B + \alpha R)$이 된다.

그림 4.6과 같이 Blue Force와 Red Force의 최초 전투력이 (2,2)일 때 전투 상태 변화 예상 전이 시간은 표 4.4와 같이 구할 수 있다.

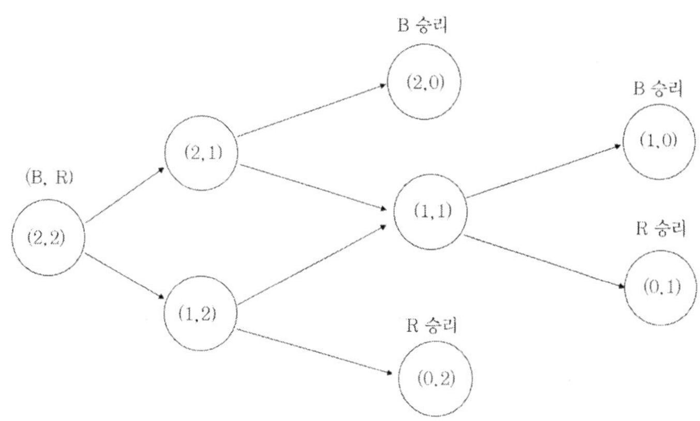

그림 4.6 최초 전투력 (2, 2)에서 상태변화 가능한 그래프 (II)

표 4.4 상태 전이시간($\frac{1}{\alpha R+\beta B}, \alpha = 0.2, \beta = 0.3$)

R \ B	2	1
2	$\frac{1}{0.2 \times 2 + 0.3 \times 2} = 1$	$\frac{1}{0.2 \times 1 + 0.3 \times 2} = 1.25$
1	$\frac{1}{0.2 \times 2 + 0.3 \times 1} = 1.43$	$\frac{1}{0.2 \times 1 + 0.3 \times 1} = 2$

각 전투 상태에서 전이 시간을 전투 상태 위에 표시하였다. 예를 들어 (2,2)→(2,1)→(2,0)이며 (1,0)로 가는 경로의 전이 시간은 1.0+1.25=2.25로 각 전이 시간을 다 더해서 구한다. (2,2)→(2,1)→(1,1)→(1,0)의 전이시간은 1.0+1.25+2.0=4.25이다.

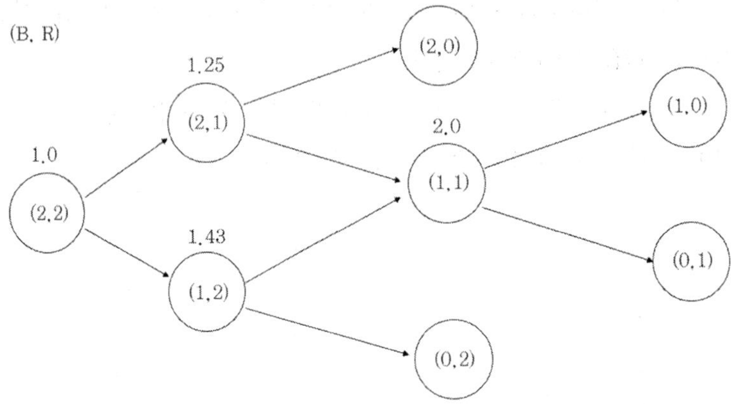

그림 4.7 상태전이 시간

이러한 식으로 전이 시간을 다 구해 보면 표 4.5와 같다. 조건부 확률은 발생할 확률을 승리할 확률로 나눈 값이다.

표 4.5 전이시간과 발생할 확률, 조건부 확률

구분	전투 종결상태	경로 번호	경로	전이 시간	발생할 확률	조건부 확률
B 승리	(2,0)	①	(2,2)→(2,1)→(2,0)	2.25	0.450	0.700
	(1,0)	②	(2,2)→(2,1)→(1,1)→(1,0)	4.25	0.090	0.140
		③	(2,2)→(1,2)→(1,1)→(1,0)	4.43	0.103	0.160
R 승리	(0,1)	④	(2,2)→(2,1)→(1,1)→(0,1)	4.25	0.060	0.168
		⑤	(2,2)→(1,2)→(1,1)→(0,1)	4.43	0.069	0.193
	(0,2)	⑥	(2,2)→(1,2)→(0,2)	2.43	0.228	0.639

그러므로 예상 전투 지속시간은 각 경로의 전이 시간을 발생할 확률을 곱해 더해서 기댓값 개념으로 구한다.

전투지속시간: $2.25 \times 0.45 + 4.25 \times 0.09 + \cdots\cdots + 2.43 \times 0.228 = 2.966$

Blue Force가 승리한다는 가정하에 전투지속시간은 다음과 같다.

전투지속시간 / Blue 승리: $2.25 \times 0.70 + 4.25 \times 0.14 + 4.43 \times 0.160 = 2.88$

동일한 방법으로 Red Force가 승리한다는 가정하에 전투지속시간은 다음과 같다.

전투지속시간 / Red 승리: 4.25 × 0.168 + 4.43 × 0.193 + 2.43 × 0.639 = 3.12

[예제 4-1]

그림 4.8에서 (2,2)→(2,1)→(2,0)로 가는 경로에 대한 예상 전투 지속시간을 구해본다. 여기서 $\alpha = 0.2,\ \beta = 0.3$ 이다.

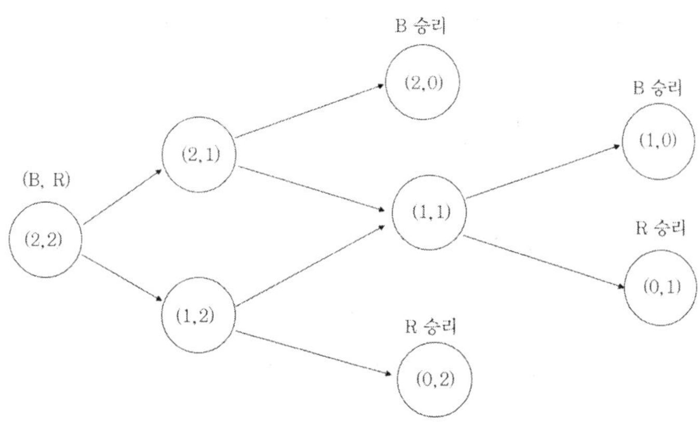

그림 4.8 최초 전투력 (2, 2)에서 상태변화 가능한 그래프 (III)

① $P(2,2,t)$

$$\frac{dP(2,2,t)}{dt} = -P(2,2,t)(2\alpha + 2\beta) + P(2,3,t)(2\beta) + P(3,2,t)(2\alpha)$$

여기서 경계조건을 위반하는 $P(2,3,t) = 0$, $P(3,2,t) = 0$ 이다. 왜냐하면 Blue Force와 Red Force의 초기 전투력이 2인데 이보다 큰 3이 될 수 없기 때문이다. 따라서 위 식은 $\frac{dP(2,2,t)}{dt} = -P(2,2,t)(2 \times 0.2 + 2 \times 0.3)$ 이고 $P(2,2,t) = e^{-t}$ 가 된다. 왜냐하면 $\int \frac{dP(2,2,t)}{P(2,2,t)} = -\int dt$ 는 $lnP(2,2,t) = -t$ 가 되고 $P(2,2,t) = e^{-t}$ 가 되기 때문이다.

② $P(2,1,t)$

$$\frac{dP(2,1,t)}{dt} = -P(2,1,t)(\alpha + 2\beta) + P(2,2,t)(2\beta) + P(3,1,t)(\alpha)$$

여기에서 경계 조건에 의해 $P(3,1,t) = 0$가 된다.

$$\frac{dP(2,1,t)}{dt} = -P(2,1,t)(\alpha + 2\beta) + P(2,2,t)(2\beta)$$
$$= -P(2,1,t)(0.2 + 2 \times 0.3) + (e^{-t})(2 \times 0.3) = -0.8 \cdot P(2,1,t) + 0.6e^{-t}$$

여기에서 $v = 0.8, w = 0.6, u = 1$ 로 두면 위 식은 아래와 같이 치환 가능하다.

$$\frac{dP(2,1,t)}{dt} = -vP(2,1,t) + we^{-ut}$$

양변에 e^{vt} 를 곱하고 정리하면 다음과 같다.

$$\frac{dP(2,1,t)e^{vt}}{dt} + vP(2,1,t)e^{vt} = we^{-ut}e^{vt}$$
$$\frac{dP(2,1,t)e^{vt}}{dt} + P(2,1,t)\frac{de^{vt}}{dt} = we^{(v-u)t}$$
$$\frac{d[P(2,1,t)e^{vt}]}{dt} = we^{(v-u)t}$$

다시 적분하면 다음과 같다.

$$P(2,1,t)e^{vt} = \frac{w}{v-u}e^{(v-u)t} + N$$

여기서 N 은 상수이다. $t = 0$를 대입해 보면 경계조건에 의해 $P(2,1,0) = 0$이고 $0 \times e^{v\times 0} = \frac{w}{v-u}e^{(v-u)\times 0} + N$이 되어 $N = -\frac{w}{v-u} = -\frac{0.6}{0.8-1} = 3$ 이 된다.

$$P(2,1,t) = \frac{\left(\frac{w}{v-u}e^{(v-u)t} + N\right)}{e^{vt}} = \frac{w}{v-u}(e^{-ut}) + \frac{3}{e^{vt}} = -3e^{-t} + \frac{3}{e^{0.8t}} = -3(e^{-t} - e^{-0.8t})$$

③ $P(2,0,t)$

경계조건 ①을 보면 다음과 같다.

$$\frac{dP(B,0,t)}{dt} = P(B,1,t)(\beta B)$$
$$\frac{dP(0,R,t)}{dt} = P(1,R,t)(\alpha R)$$

그러므로

$$\frac{dP(2,0,t)}{dt} = P(2,1,t)(2\beta) = [-3(e^{-t} - e^{-0.8t})](2 \times 0.3) = -1.8(e^{-t} - e^{-0.8t})$$
$$= 1.8(e^{-0.8t} - e^{-t})$$

$\int e^{ax}\,dx = \frac{e^{ax}}{a}$ 적분공식을 적용하여 양변을 적분하면 다음과 같다.

$$P(2,0,t) = -\frac{1.8}{0.8}e^{-0.7t} + \frac{1.8}{1}e^{-t} + M$$

여기서 M은 상수이다. $t = 0$을 대입하면 경계조건에 의해 $P(2,0,0) = 0$이 되고 $0 = -2.25 + 1.8 + M$ 이다. 따라서 $M = 0.45$ 이다.

$$P(2,0,t) = -2.57e^{-0.7t} + 1.8e^{-t} + 0.45$$

상태 $(2,0)$에서 전투가 종료될 확률은 $t \to \infty$가 되는 확률이다.

$t \to \infty$ 일 때 $P(2,0,t) = 0.45$

이 결과는 표 4.5의 결과와 정확히 일치한다. 전투 상태 (2,0)의 평균시간 τ 를 결정하기 위한 $P(2,0,t)$의 평균분포를 구하면 다음과 같다. 평균시간 τ 는 시간 t와

$P(2,0,t)$의 확률로 기댓값을 구한다.

$$\tau = \int_0^\infty t \frac{dP(2,0,t)}{dt} dt = \int_0^\infty 1.8t\,(e^{-0.8t} - e^{-t})dt = 1.8 \int_0^\infty t\,(e^{-0.8t} - e^{-t})dt$$

τ 를 구하기 위해 $f(t) = t$, $g'(t) = e^{-0.8t} - e^{-t}$ 라 하자. 그러면 $g(t) = \frac{1}{-0.8}e^{-0.8t} + e^{-t}$이다. 치환하여 다시 정리하면 다음과 같다.

$$\int_0^\infty f(t)g'(t)dt = [f(t)g(t)]_0^\infty - \int_0^\infty f'(t)g(t)dt$$

$$\int_0^\infty t(e^{-0.8t} - e^{-t})dt = \left[t\left(\frac{1}{-0.8}e^{-0.8t} + e^{-t}\right)\right]_0^\infty - \int_0^\infty \left(\frac{1}{-0.8}e^{-0.8t} + e^{-t}\right)dt$$

$$= \left[t\left(\frac{1}{-0.8}e^{-0.8t} + e^{-t}\right)\right]_0^\infty - \left[\frac{1}{0.64}e^{-0.8t} - e^{-t}\right]_0^\infty = 0 + \frac{1}{0.64} - 1 = 0.5625$$

그러므로 $\tau = 1.8 \times 0.5625 = 1.0125$ 이다. 그러므로 예상 전투 지속시간은 $\frac{1.0125}{0.45} = 2.25$ 이다. 이 결과는 표 4.5에 있는 결과와 동일하다.

4.7 Monte Carlo Simulation 에 의한 전투 지속시간

지수형 Lanchester 전투모형을 이용한 전투 지속시간 도출하는 방법에 대해 알아보자. 앞에서 설명한 미분방정식에 의한 전투 지속시간을 도출하는 과정은 너무나 복잡하고 지난한 과정이다. Wargame에서는 미분방정식에 의한 Stochastic한 모형보다는 Monte Carlo Simulation을 이용하여 전투 지속시간을 구한다.

Monte Carlo Simulation은 무작위로 추출된 Random Number를 이용하여 원하는 방정식의 값을 확률적으로 구하기 위한 Algorithm 및 Simulation의 방법이다. 주어진 문제의 방정식이 대수와 +, - 등의 수식으로 표현할 수 있는 형태인 Closed Form의 Analytical Solution를 구할 수 없거나 풀이가 복잡한 경우에 근사적으로 계산할 때 많이 사용된다. 변수의 관계가 확실하여 예측치를 정확하게 구할 수 있는 Deterministic Model에서는 일반적으로 해석적인 해를 구하는 것이 가능하나, 확률모형에서는 정확한 해석적인 해를 구하기 어려운 경우가 많기 때문에, Monte Carlo Simulation은 Stochastic Model을 적용할 수 있는 다양한 분야의 문제에 활용할 수 있는 방법이라고 할 수 있다. 반도체공학, 통계물리학, 기계 신뢰성의 예측, 유체역학 등 과학 및 공학뿐만 아니라 파생상품 가격결정, 증권 가치 예측, 리스크 예측 등의 금융분야를 포함하여 여러 분야에 다양하게 적용되고 있는 Simulation 방법이다.

Monte Carlo Simulation 절차는 생성된 난수를 통해 단위 변수의 Pattern을 도출하여 풀이를 목표로 하는 함수가 가진 확률 변수들의 확률분포를 추정하는 작업이 Monte Carlo Simulation의 핵심이다. Modeling의 통계적인 유의 숫자 즉, 다수의 재현 값을 구할 때까지 계산이 반복되고, 평균 기대 값과 표준편차가 반영된 확률분포를 도출한다. 대상에 대한 통계 자료가 많고 입력 값의 분포가 고를수록 정밀한 Simulation 이 가능한 것이 특징이며 무작위 난수를 이용하여 횟수 N번의 반복 시행을 통해 확률분포를 추출하기 때문에 컴퓨터 Simulation을 적용하는 방법으로 발전되어 왔다.

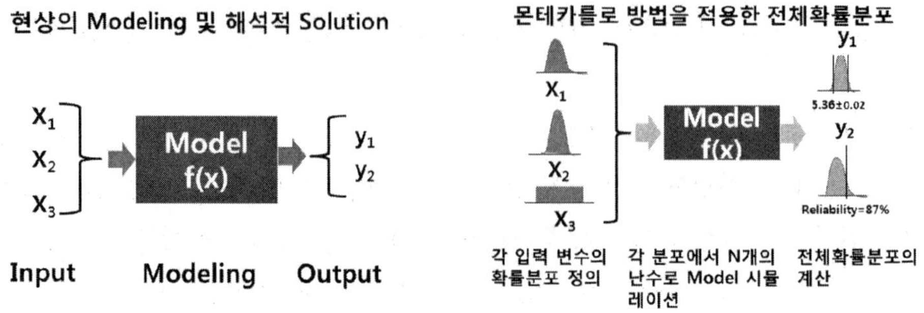

그림 4.9 해석적 해와 Monte Carlo Simulation 해

Monte Carlo Simulation은 반복 계산 횟수가 증가할수록 Solution의 정확도가 높아진다. 먼저 적용하려는 해당 분야의 확률분포를 따르는 난수를 생성하는 것이 필수적인 절차이다. 계산 오차는 N번을 시행하는 경우 $\frac{1}{\sqrt{N}}$에 비례하게 되어 정확도를 높일 경우 Simulation 횟수 증가에 따른 계산 시간이 증가한다.

컴퓨터에 의한 Random Number 생성은 일정한 Algorithm을 사용하여 Random Number가 반복적으로 생성되므로 순수한 Random Number가 아닌 Pseudo Random Number라고 할 수 있다. 여러 Random Number 생성 방법 중 컴퓨터에서 생성하는 Random Number Uniform Distribution을 기반으로 Standard Normal Distribution을 따르는 방법이 있는데 Inverse Transform 법, Box Muller 법 등이 알려져 있다. 하지만, Random Number Generation Algorithm 특성상 완전한 무작위 생성이 아닌 확정적이며 분포가 균등하지 못한 것이 현실이다. Quasi-Random 법은 각각의 난수 값들이 이전의 값과는 간격을 넓히려는 성질을 이용하여 쏠림 Pattern을 최대한 줄이는 난수들을 생성하는 방법이다.

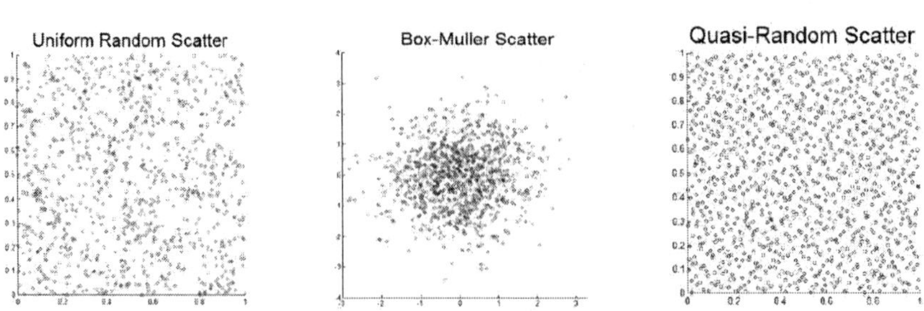

그림 4.10 Random Number Generation Algorithm에 따른 Random Number Distribution Pattern (N=1000)

Monte Carlo Simulation을 이용하여 전투 지속시간을 구하기 위해서는 그림 4.11의 순서도와 같이 초기 전투력을 부여한 다음, 지수분포를 이용하여 난수를 발생시키고 Blue Force와 Red Force 어느 측에서 손실이 발생할 것인지 판단한 다음 손실이 발생한 측에 전투력을 감소시키고 교전상황 종료 조건 충족여부를 검사한다. 이러한 방법으로 전투 지속시간을 구할 때 시행횟수가 충분히 크다면 Simulation에 의한 결과와 확률 방정식에 의한 결과가 수렴한다.

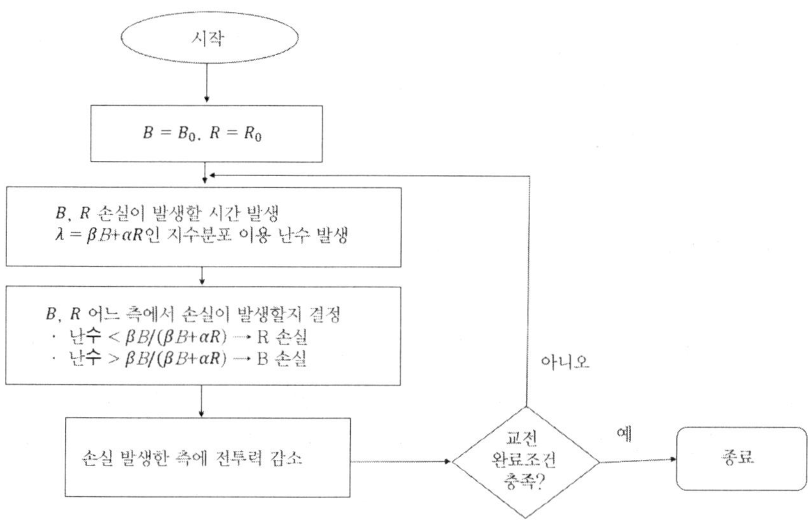

그림 4.11 Monte Carlo Simulation 절차

4.8 Heterogenous Forces 전투모형

김동현·문형일·박동현·신하용(2017)은 부대간의 전투의 Moment 계산을 통해 두 부대가 전투할 때 시간에 따른 병력 양의 분포를 훨씬 빠르고 높은 정확도로 Approximation 하는 방법을 제시하였다. 특히 두 부대가 여러 종류의 다른 무기체계로 구성된 경우에도, 무기체계 종류의 수와 상관없이 빠르게 Approximation 하는 방법을 제시했고, 높은 정확도를 가지고 있음을 보였다. 서로 다른 종류의 무기체계의 경우로 쉽게 확장이 가능하기 때문에 논문의 Approximation 방법을 이용하여 최적 병력조합을 구성하는 문제에 쉽게 응용될 수 있다. 이 외에도 복잡한 여러 무기체계를 보유한 부대를 다루는 여러 문제를 해결하는 분야에 활용될 수 있다.

4.8.1 Stochastic Lanchester 모형

Lanchester 가 제시한 미분 방정식 형태의 전투모형은 병력의 손실이 고정적인 하나의 값으로만 나타나는 단점이 있다. 이를 보완하기 위해 Taylor는 각 군의 수가 음이 아닌 정수로 나타나며, 전환 한 번에 사상자가 둘 이상 발생하지 않는다고 가정하고, Markov Chain을 이용하여 Deterministic Lanchester 모형을 Stochastic Lanchester 모형으로 확장하였고, 이 모형이 Stochastic Lanchester 모형의 가장 일반적인 형태이다.

Blue Force의 병력 양과 살상력을 B와 β, Red Force의 병력 양과 살상력을 R과 α라고 하고 t시점에서 Blue Force와 Red Force의 병력 양 (B_t, R_t)를 병력 상태 변수라고 했을 때, Markov Chain에서 상태는 (B_t, R_t)로 정의된다. 여기서 B_t와 R_t는 모두 자연수 값이다. 그리고 발생할 수 있는 상태 전이는 Blue Force에서 한 명의 사상자가 발생하거나 Red Force에서 한 명의 사상자가 발생하거나 양측 모두 손실이 발생하지 않는 경우이다. 즉 병력 상태 변수 (B_t, R_t)는 Markov 성질을 가지며, 3 가지 상태 전이가 있는 Continuous Time Markov Chain (CTMC)로 표현할 수 있다. 3 가지 상태에 대한 확률을 표 4.6과 같다.

표 4.6 발생가능한 전이상태 및 확률

발생 가능한 3가지 전이 상태	확률
$P\{(B_{t+dt}, R_{t+dt,}) = (i-1, j) \mid (B_{t,} R_t) = (i, j)\},$ $\forall i = 1, \ldots, B, \forall j = 1, \ldots, R$	$\alpha R_t dt$
$P\{(B_{t+dt}, R_{t+dt,}) = (i, j-1) \mid (B_{t,} R_t) = (i, j)\},$ $\forall i = 1, \ldots, B, \forall j = 1, \ldots, R$	$\beta B_t dt$
$P\{(B_{t+dt}, R_{t+dt,}) = (i, j) \mid (B_{t,} R_t) = (i, j)\},$ $\forall i = 1, \ldots, B, \forall j = 1, \ldots, R$	$1 - \beta B_t dt - \alpha R_t dt$

즉 Stochastic Lanchester 모형을 그림 4.12와 같이 표현할 수 있다.

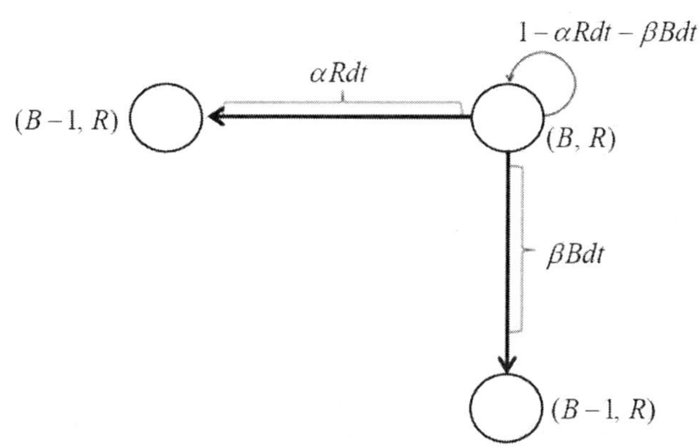

그림 4.12 확률적 Lanchester Model 에서의 상태 전이

김동현 등은 Taylor 가 제시한 식과 비슷하지만 식 (4-40), (4-41)과 같은 새로운 Stochatsic Lanchester 형태의 전투모형을 개발하였다.

$$B_{t+dt} - B_t = -Bern(\alpha R_t dt) \qquad (4\text{-}40)$$

$$R_{t+d} - R_t = -Bern(\beta B_t dt) \qquad (4\text{-}41)$$

여기서 $Bern(p)$은 p를 모수로 하는 Bernoulli 확률변수이며 α, β는 손실률을 표현하는 양의 상수이다. B_t와 R_t는 t시점에서의 Blue Force 와 Red Force 의 전투력이다. 이 식은 아주 작은 시간 dt 동안 전투력의 감소는 상대방의 전투력 크기에 의존한다는 것을 의미한다. 일반적으로 dt가 지나고 난 이후는 표 4.6과 그림 4.12와 같이 3가지 상태로 변화할 수 있다.

4.8.2 병력 상태 변수에 대한 정규근사

4.8.2.1 단일무기체계로 구성된 부대의 경우

김동현 등은 일반적으로 사용되는 Taylor의 확률적 Lanchester 모형의 계산 시간을 훨씬 빠르게 하고, 여러 무기체계를 가진 부대의 전투에도 쉽게 적용할 수 있도록 개선하였다. Blue Force의 병력 양과 살상력을 B와 β라고, Red Force의 병력 양과 살상력을 R과 α라고 했을 때, Markov Chain 모형에 의하면 앞에서 설명한 것과 같이 상태는 (B,R)로 나타나고, 아무런 사상자가 없거나 Blue Force에서 사상자 한 명이 발생하거나 Red Force에서 사상자 한 명이 발생, 이렇게 세 개의 가능한 상태가 있다.

주어진 시간 t에서 1차 Moment와 2차 Moment는 식 (4−42)~(4−46)과 같이 계산된다.

$$E[B_{t+dt}] = E[B_t] - \alpha E[R_t]dt \qquad (4-42)$$

$$E[R_{t+dt}] = E[R_t] - \beta E[B_t]dt \qquad (4-43)$$

$$E[B_{t+dt}^2] = E[B_t^2] - 2\alpha E[B_tR_t]dt + \alpha E[R_t]dt \qquad (4-44)$$

$$E[R_{t+dt}^2] = E[R_t^2] - 2\beta E[B_tR_t]dt + \beta E[B_t]dt \qquad (4-45)$$

$$E[B_{t+dt}R_{t+d}\ ] = E[B_tR_t] - \beta E[B_t^2]dt - \alpha E[R_t^2]dt + \alpha\beta E[B_tR_t]dt^2 \qquad (4-46)$$

Moment M_t를 식 (4−47)과 같이 정의하자.

$$M_t = (E[B_t], E[R_t], E[B_t^2], E[R_t^2], E[B_t, B_t]\ )^T \quad (4-47)$$

그러면 식 (4−42)~(4−46)의 1차 Moment와 2차 Moment를 식 (4−48)과 같은 행렬식으로 다시 표현할 수 있다.

$$M_{t+dt} = (I_5 + Vdt)M_t + o(dt^2)K \qquad (4-48)$$

$$V = \begin{bmatrix} 0 & -\alpha & 0 & 0 & 0 \\ -\beta & 0 & 0 & 0 & 0 \\ 0 & \alpha & 0 & 0 & -2\alpha \\ \beta & 0 & 0 & 0 & -2\beta \\ 0 & 0 & -\beta & -\alpha & 0 \end{bmatrix},\ K = \begin{bmatrix} 0 \\ 0 \\ 0 \\ 0 \\ \beta\alpha E[B_t R_t] \end{bmatrix}$$

여기서 I_5는 5 × 5 단위 행렬이다. 식 (4-48)은 시간 $t + dt$에 M_{t+dt}는 M_t로부터 계산할 수 있다는 것을 보여준다. 왜냐하면 $dt \to 0$ 일 때 $o(dt^2)$가 0 이 되어 식 (4-55)가 성립한다. 따라서 식 (4-49)가 성립한다.

$$M_t = expm\,(V)^t M_0 \qquad (4-49)$$

여기서 $expm\,(V)$는 V에 대한 Matrix 를 위한 Exponential Opeartor 이다. 즉 $expm\,(V) = \sum_{k=0}^{\infty} \frac{1}{k!} V^k$이다. 식 (4-49)는 임의의 시점 t의 1 차와 2 차 Moment 는 초기의 Moment 로부터 직접 구할 수 있다는 것을 의미한다.

상이한 미분방정식을 가진 많은 다른 전투모델도 적절한 V행렬을 가지고 t 시점의 Moment 를 계산할 수 있다. Matrix Exponential 은 Eigen Decomposition 을 이용하여 쉽게 계산할 수 있다. 그러므로 t 시점의 평균과 공분산도 초기의 Moment 로부터 쉽게 유도할 수 있다.

식 (4-40)과 (4-41)과 같이 병력 상태 변수를 Modeling 하여 얻은 t 시점의 (B_t, R_t)의 확률 분포는 Unimodal 한 형태의 확률 분포이나, 우리가 흔히 알고 있는 특정한 형태의 확률 분포가 아니다. 그러므로 (B_t, R_t) 의 확률 분포를 정확하게 추론하기 위해서는 모수가 굉장히 많은 확률 분포라 가정하고 1 차 Moment 와 2 차 Moment 값뿐만 아니라 모든 Moment 값들을 일치시키는 모수값을 결정해야한다. 여기에서는 모든 Moment 를 다 일치시키는 것보다 1 차, 2 차 Moment 만 일치시켰다. (B_t, R_t)의 확률 분포가 Unimodal 한 점을 착안하여 계산하기 쉬운 정규 분포라고 가정했으며, 1 차 Moment 와 2 차 Moment 값을 이용해 Approximation 하였다. B_t 와 R_t 의 확률 분포를 얻기 위해서 $M_t = expm\,(V)^t M_0$ 로부터 구한 Moment 를 이용하여 식 (4-50), (4-51)과 같이 B_t와 R_t 의 평균과 분산, B_t와 R_t 사이의 공분산을 계산한다.

$$Var(B_t) = E(B_t^2) - E(B_t)^2,\ Var(R_t) = E(R_t^2) - E(R_t)^2 \qquad (4-50)$$

$$Cov(B_t, R_t) = E(B_t R_t) - E(B_t)E(R_t) \qquad (4-51)$$

계산된 평균, 분산, 공분산을 이용하여 (B_t, R_t)를 식 (4−52)와 같이 이변량 정규분포로 Approximation 한다.

$$\begin{pmatrix} B_t \\ R_t \end{pmatrix} \sim N(\mu|\Sigma) \qquad (4-52)$$

여기서 μ와 Σ는 식 (4−53)과 같다.

$$\mu = \begin{pmatrix} E(B_t) \\ E(R_t) \end{pmatrix},\ \Sigma = \begin{pmatrix} Var(B_t) & Cov(B_t, R_t) \\ Cov(B_t, R_t) & Var(R_t) \end{pmatrix} \qquad (4-53)$$

(B_t, R_t)의 분포를 식 (4−52)와 같이 Gaussian Approximation 할 수 있다.

4.8.2.2 여러 종류의 무기체계로 구성된 부대의 경우

식 (4−40)과 (4−41)의 강점은 Heterogenous Force의 경우에도 확장하여 모형화 가능하고 유사한 방법으로 풀 수 있다는 것이다. Blue Force와 Red Force가 전투를 하는 상황에서 Blue Force는 M 개의 무기체계, Red Force는 N 개의 무기체계로 구성되어 있다고 가정한다. 즉, t시점에서 Blue Force와 Red Force의 각 무기체계의 병력 양은 $(B_{1,t}, B_{2,t}, \dots, B_{M,t})$와 $(R_{1,t}, R_{2,t}, \dots, R_{N,t})$로 나타낼 수 있다. 여기서 Blue Force의 i번째 무기가 Red Force의 j번째 무기를 타격할 때의 살상력을 β_{ij} Red Force의 j번째 무기가 Blue Force i번째 무기를 타격할 때의 살상력을 α_{ji}라 하자. 그러면 식 (4−40)과 (4−41)을 식 (4−54), (4−55)와 같이 확장할 수 있다.

$$B_{i,t+dt} - B_{i,t} = -Bern(\textstyle\sum_{k=1}^{N} \alpha_{ki} R_{k,t} dt),\ \forall i = 1, \dots, M \qquad (4-54)$$

$$R_{j,t+dt} - R_{j,t} = -Bern(\textstyle\sum_{l=1}^{M} \beta_{lj} B_{l,t} dt),\ \forall j = 1, \dots, N \qquad (4-55)$$

식 (4-54)와 (4-55)을 통해 첫 번째 Moment와 두 번째 Moment에 관한 식 (4-56)~(4-62)가 다음과 같이 계산된다.

$$E[B_{i,t+dt}] = \mathrm{E}[B_{i,t}] - \sum_{k=1}^{N} \alpha_{ki} E[R_{k,t}]dt \quad (4-56)$$

$$E[R_{j,t+dt}] = \mathrm{E}[R_{j,t}] - \sum_{l=1}^{M} \beta_{lj} E[B_{l,t}]dt \quad (4-57)$$

$$E[B_{i,t+dt}^2] = \mathrm{E}[B_{i,t}^2] - 2\sum_{k=1}^{N} \alpha_{ki} E[B_{i,t}R_{k,t}]dt + \sum_{k=1}^{N} \alpha_{ki} E[R_{k,t}]dt \quad (4-58)$$

$$E[R_{j,t+dt}^2] = \mathrm{E}[R_{j,t}^2] - 2\sum_{l=1}^{M} \beta_{lj} E[R_{j,t}B_{l,t}]dt + \sum_{l=1}^{M} \beta_{lj} E[B_{l,t}]dt \quad (4-59)$$

$$E[B_{i,t+dt}R_{j,t+dt}] = E[B_{i,t}R_{j,t}] - \sum_{l=1}^{M} \beta_{lj} E[B_{i,t}B_{l,t}]dt - \sum_{k=1}^{N} \alpha_{ki} E[R_{j,t}R_{k,t}]dt \quad (4-60)$$

$$E[B_{i,t+dt}B_{j,t+dt}] = E[B_{i,t}B_{j,t}] - \sum_{k=1}^{N} \alpha_{ki} E[B_{j,t}R_{k,t}]dt - \sum_{k=1}^{N} \alpha_{kj} E[B_{i,t}R_{k,t}]dt \quad (4-61)$$

$$E[R_{i,t+dt}R_{j,t+dt}] = E[R_{i,t}R_{j,t}] - \sum_{k=1}^{N} \beta_{ki} E[R_{j,t}B_{k,t}]dt - \sum_{k=1}^{N} \beta_{kj} E[R_{i,t}B_{k,t}]dt \quad (4-62)$$

단일 무기체계의 경우와 마찬가지로, 1차 Moment와 2차 Moment를 Vector로 정의하고 이를 Moment Vector에 관한 미분방정식으로 표현한 뒤, Matrix Exponential을 계산하여 Moment 값들을 빠르게 계산할 수 있다. 여기에서는 Blue Force와 Red Force가 각각 두 종류의 무기체계로 구성되어 있는 경우($N = 2, M = 2$)에 대해 위의 방법을 적용시켜 본 예를 들었다. Blue Force와 Red Force가 각각 두 종류의 무기체계를 가지고 있을 때, 총 Moment의 개수는 14개가 있으며, Moment Vector M_t를 다음과 같이 정의한다. 여기서 M_t는 $\left(\frac{M^2+N^2+3M+3N+2MN}{2}\right) \times 1$ 크기의 열 Vector이다. 식 (4-63)은 $M = N = 2$의 경우에 해당하는 M_t이다.

$$M_t = (E[B_1], E[B_2], E[R_1], E[R_2], E[B_1^2], E[B_2^2], E[R_1^2], E[R_2^2],$$
$$E[B_1, B_2], E[R_1, R_2], E[B_1, R_1], E[B_1, R_2], E[B_2, R_1], E[B_2, R_2])^T \quad (4-63)$$

김동현 등은 논문에서 제시한 Approximation 방법을 이용하여 시간에 따른 Blue Force와 Red Force의 병력 양의 확률 분포를 매우 빠른 시간에 얻을 수 있다. 이는 Taylor의 확률적 Lanchester 모형에서 얻어진 시간에 따른 Blue Force와 Red Force의 병력양의 확률 분포와 매우 유사한 결과를 보여준다. Blue Force의 무기체계 종류의 수를 M 이라고 하고 Red Force의 무기체계 종류의 수를 N 이라고 했을 때, $M = 1$, $N = 1$ 일 경우와, $M = 2$, $N = 2$ 일 경우, 두 가지 경우에 대해서 실험을 하였다.

4.8.3 정규근사 (예)

4.8.3.1 단일 무기체계 경우($\boldsymbol{M = 1, N = 1}$)

단일 무기체계의 경우, 시간에 따른 Blue Force의 병력 양과 살상력을 B_t와 β, 시간에 따른 Red Force의 병력 양과 살상력을 R_t 와 α라고 할 때, $B_0 = 100$, $R_0 = 80$, $\beta = 0.1$, $\alpha = 0.12$로 고정하고 실험을 하였다.

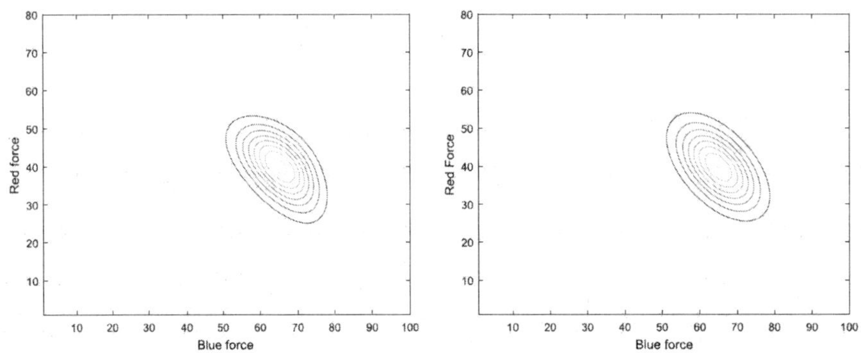

Simulation 의한 전투력 변화 　　　　Approximation 에 의한 전투력 변화

그림 4.13 Simulation 방법과 Approximation 방법 비교

그림 4.13은 $t = 5$ 시점에서 Taylor의 모형을 통해 얻어진 Simulation Blue Force와 Red Force 병력 양의 확률분포의 등가선과, 논문에서 제시된 정규분포로 Approximation 하는 방법을 이용하여 얻어진 Blue Force와 Red Force 병력 양의 확률분포의 등가선을 보여준다 확률분포와 유사한 등가선을 보여준다. $dt = 10^{-6}$로 했을 때 Markov Chain을 이용한 Taylor의 모형을 Simulation을 계산하는데 20분이 소모되었고, 이변량 정규분포 식을 이용하여 Taylor의 모형을 Approximation 하는 방법은 계산하는데 0.12초가 소모되었다. Taylor의 모형의 경우 전투력 크기가 증가하면 증가할수록 필요한 계산시간이 증가하는 반면, 김동현 등의 논문에서 제시하는 방법은 계산시간이 전투력 크기와는 전혀 상관없어 큰 규모의 전투력에서도 효과적으로 계산 가능하다.

4.8.3.2 두 개의 무기체계로 구성된 경우 ($\boldsymbol{M} = \mathbf{2},\ \boldsymbol{N} = \mathbf{2}$)

두 부대가 각각 여러 종류의 무기체계를 가진 경우에 대해서도 여기에서 제시한 방법을 이용하여 매우 빠르게 Approximation 할 수 있다. 그러나 Markov Chain을 이용한 Taylor 모형은 무기체계가 2개 이상일 경우 상태의 개수가 기하급수적으로 증가하여 적용하기 매우 힘들다. 김동현 등은 두 부대의 무기체계 종류를 2가지로 한정하고 실험을 하였으며, Markov Chain 모형 대신 Monte Carlo Simulation을 이용한 모형을 통해 얻은 결과를 기준으로 하여 비교하였다. 실험 환경은 다음과 같다. Blue Force은 B_1, B_2 두 종류의 무기로 구성되어 있고, Red Force 또한 R_1, R_2 두 종류의 무기로 구성되어 있다. 초기 시점에 각각의 병력 양은 $B_1 = 100$, $B_2 = 30$, $R_1 = 60$, $R_2 = 80$이다. Blue Force의 i 번째 무기가 Red Force의 j 번째 무기를 공격할 때의 살상력을 β_{ij}라고 하고 Red Force의 j 번째 무기가 Blue Force의 i 번째 무기를 공격할 때의 살상력을 α_{ji}라고 했을 때 다음과 같이 설정하였다.

$$\alpha = \begin{pmatrix} 0.08 & 0.12 \\ 0.15 & 0.08 \end{pmatrix},\ \beta = \begin{pmatrix} 0.15 & 0.04 \\ 0.08 & 0.12 \end{pmatrix}$$

$(B_{1,t}, B_{2,t}, R_{1,t}, R_{2,t})$와 같이 4개의 확률변수가 있기 때문에 그림으로 결합분포를 시각화하는 것은 어렵다. 그림 4.14는 위에서 설정한 데이터를 기반으로 Aggregate를 수행한 Force에 대해 $t = 3$에서의 결합분포를 시각화한 것이다.

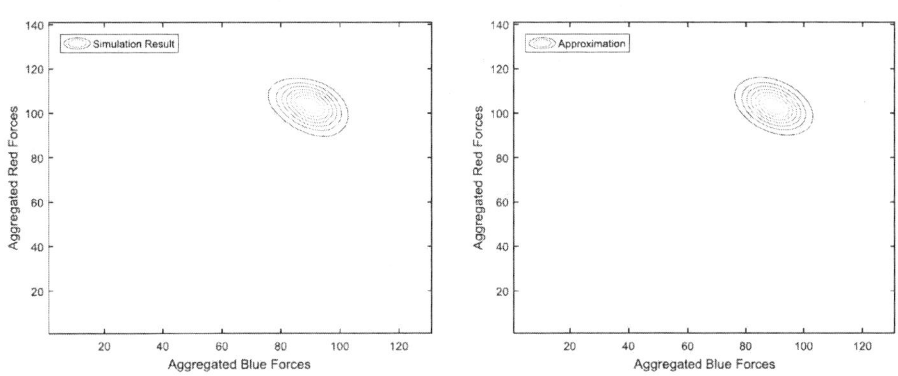

그림 4.14 $t = 3$에서 Simulation과 Approximation 방법 비교

그림 4.15은 Simulation에 의한 Blue Force와 Red Force의 각 무기체계별 결합분포를 표시하고 있다. 예를 들어 B1 vs R2는 Blue Force의 첫번째 무기체계와 Red Force의 두번째 무기체계간의 결합분포를 나타낸다.

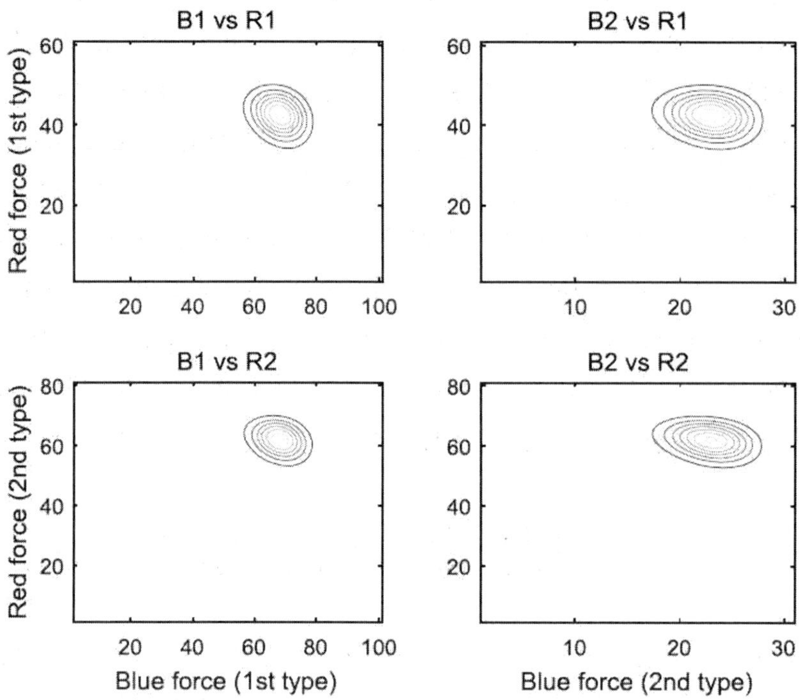

그림 4.15 $t = 3$에서의 B, R 각 무기체계별 결합분포(Simulation)

그림 4.16은 Approximation에 의한 Blue Force와 Red Force의 각 무기체계별 결합분포를 표시하고 있다. 예를 들어 B2 vs R2는 Blue Force의 두번째 무기체계와 Red Force의 두번째 무기체계간의 결합분포를 나타낸다.

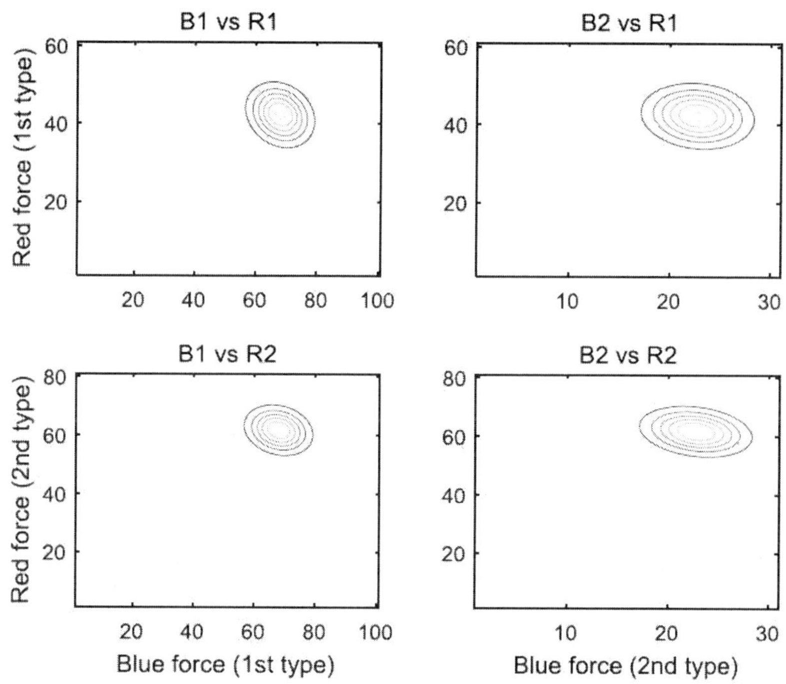

그림 4.16 $t = 3$에서의 B, R 각 무기체계별 결합분포(Approximation)

그림 4.15과 그림 4.16에서 보는 것과 같이 Simulation과 Approximation의 결과가 아주 미미하다. 그러나 Approximation 방법은 True Distribution의 특징을 설명하는데 아주 적합하다.

제 5장. 전쟁사(戰爭史)의 수학적 분석

5.1 전쟁사의 수학적 분석 연구 수행 방향

Lanchester Equation과 같은 소모 미분모형을 확인하기 위해서는 전투 시작과 종료 사이 중간의 양측 병력과 피해 수가 필요하다. 실제로 이러한 자세한 자료는 거의 가용하지 않고 때로는 존재하지 않을 수도 있다. 지금까지의 대표적인 연구는 태평양 전쟁의 Iwo Jima 전역에 대한 선구적인 연구를 Engel(1954)이 수행했고 Busse(1971)는 한국전쟁에서의 인천-서울 전역에 대해, Bracken은 2차 세계대전의 독일군의 마지막 대규모 공세인 Ardennes 전역에 대해, Lucas(2004)는 2차 세계대전의 독소 전투인 Kursk 전투에 대해 연구를 수행했다.

실제로 Lanchester Equation은 전투모형이 아니라 전투소모를 위한 모형일 뿐이다. 각 연구는 전투에 대한 구술 자료에 의한 데이터의 일부분을 사용하여 연구하여 다른 모든 변화로부터 발생하는 소모의 결과의 정확한 변화를 추출하였다. 각 연구는 비전투 인원의 포함에 대해 결정을 해야 했고 2차 세계대전의 Iwo Jima 전투와 한국전쟁시 인천-서울 전투에서 미 해군의 함포와 같은 지상군 이외 외부의 참가의 전투 효과에 의해 더 큰 어려움을 겪었다. 이러한 연구들은 Lanchester Equation으로부터 기대한 것과 역사적 데이터의 일치성에 있어서 다르다는 것으로 결과를 도출하였다. Iwo Jima 전투분석은 큰 틀에서는 Lanchester 법칙과 일치성을 발견하였으나 Kursk 전투분석은 Lanchester 법칙보다는 전투의 단계화가 기록된 피해 형태를 설명하는데 더 중요하다는 것을 발견하였다. 많은 문제들이 Blue와 Red Force 양측의 전투 기간 중간에 투입한 부대와 피해 수치와의 충분한 데이터가 부족하여 발생하였다.

이러한 것은 Lanchester Equation이 너무 간략화되어 있어 실제 작전을 묘사하는데 제한 사항이 많다는 것이다. 그럼에도 불구하고 간단한 분석적 모델 또는 더 복잡한 전투 시뮬레이션을 위한 Metamodel은 전투의 동역학의 영감을 제공하는데 부족하지 않다. 이러한 이유로 역사적 전투 데이터로부터 Lanchester 모형을 입증하고자 하는 많은 노력이 있었다.

이론과 전투 결과를 엄격히 비교하는 것은 양측의 전투력과 피해 사이의 시간적 연관성을 필요로 한다. Engel(1954)은 증원병력이 있는 Iwo Jima 전투 데이터를 사용하여 훌륭한 결과를 도출하였다. Ardennes 전투와 Kursk 전투에 대해서도 연구가 진행되었는데 만족할 만한 성과는 도출하지 못했다. Johnson(1990)은

Lanchester Square Law와 Linear Law사이의 소모 절차가 사용가능한 것으로 결론지었다.

만족할 만한 데이터를 얻는 것이 어렵다는 것을 인식하고 Helmbold는 전투기간과 최초 및 마지막 전투력의 정보만 가지고 해결하는 대안적 접근법을 개발하였다. 한 전투의 상세한 데이터 대신에 몇 백 개의 전투에 대한 제한된 데이터를 수집하였다. 이러한 데이터베이스는 원천적으로 제한사항들을 많이 가지고 있고 비교가 유용할 것인지에 대한 의문이 들 수도 있다. 그러나 Advantage 계수를 결정하는 것과 전투력 비율과 실제 결과와 연관성은 Lanchester Equation의 주요 결과에 대한 유용한 점검 수단을 제공해 준다. 대안적 접근법의 데이터를 사용하여 Helmbold는 최초 전투력과 마지막 전투력의 제곱 차이의 비율 사이의 관련성을 식 (5−1)과 같이 발견하였다.

$$ln\left(\frac{B_0^2-B_f^2}{R_0^2-R_f^2}\right)=\varphi ln\left(\frac{B_0}{R_0}\right)+\tau \qquad (5-1)$$

여기서 B_0, B_f는 각각 Blue Force의 최초 및 최후 전투력이며 R_0, R_f는 각각 Red Force의 최초 및 최후 전투력이다. φ 는 Helmbold Equation Gradient이며 τ는 Helmbold Equation Offset이다. $\frac{B_0^2-B_f^2}{R_0^2-R_f^2}$ 은 Helmbold Ratio 라고 할 수 있으며 $\frac{B_0}{R_0}$은 최초 병력에 대한 전투력 비율이라고 할 수 있다.

식 (5−1)은 당연한 Lanchester 소모 절차의 혼합 법칙의 결과로 나중에 보이게 된다. 앞에서 언급한 대로 전투의 기록은 광범위한 다양한 소모 계수를 포함하고 있다. Hartley는 최초 전투력과 마지막 전투력 사이의 기대된 관계가 있을 것으로 생각했다. 그래서 그는 실제 전투의 표본과 다른 소모 계수로 적용가능한 소모 절차와 같은 동일한 형태를 가지는 가장 적합한 관계에 대해 분류하였다. 다른 말로 위의 Helmbold가 발견한 식은 관측된 실제 데이터로부터 전투의 특정 경향을 알 수 있다는 것이다.

Lanchester Equation 으로 전투를 분석한 연구는 많은 Researcher 들에 의해 진행되어 왔다. 대표적인 연구로는 1953 년 Engel 이 2 차 세계대전의 태평양 전투중 하나인 Iwo Jima 전투를 Lanchester 법칙에 의해 분석하였다. Bracken 과 Fricker(1998)가 2 차 세계대전의 Bulge 전투라고 불리는 연합군과 독일군

사이의 Ardennes 전투에 대해 연구하였다. Clemens는 2차 세계대전의 분수령이라고 할 수 있는 소련군과 독일군 사이의 세계 최대 전차전인 Kursk 전투에 대해 분석하였고 Hartley, Helmbold(1995)는 한국전쟁시 인천-서울 전투에 대해 연구를 했다. 이러한 연구는 실제 전투의 일일 병력수와 손실수 데이터를 이용한 정량적인 분석이다.

Bracken(1995)은 Ardennes 전투에 대해 기본 Lanchester Equation 의 변형된 4가지 다른 모델을 구성하여 Ardennes 전투 기간인 1944 년 12 월 15 일부터 1 월 16 일의 첫 10 일간의 Lanchester 모형 계수를 추정하였다. 그 결과 Bracken 은 Ardennes 전투는 Lanchester Linear Law가 가장 적합하다는 것과 전투력을 고려시 연합군의 개인 전투효율이 독일군 전투효율보다 크다는 것을 발견할 수 있었다. 또한 전투부대만 고려하지 않고 지원부대를 포함한 전체부대를 고려시는 양측의 개인 전투효율이 동일하다는 것과 전투 전기간을 망라했을 때는 공격하는 측이 유리한 점이 있다는 것을 발견하였다.

Bracken 은 Ardennes 전투에 대해 4 개의 다른 모델을 구성하였다. 이 4 개의 모델들은 Lanchester Equation으로부터 파생된 식이며 2차 세계대전시 1944. 12. 15 ~ 1945. 1. 16까지 진행된 Ardennes 전투의 초기 10일간의 전투에 대해 파생된 식의 매개변수를 추정하였다.

Bracken이 연구한 모형은 Homogenous Lanchester 모형이다. 이는 부대가 전차, 장갑차, 포병 그리고 병력으로 다양한 병과와 무기가 존재하지만 무기체계의 상대적 효과에 따라 가중치를 부여하여 하나의 부대인 것처럼 통합되었다. 이러한 통합으로 연합군과 독일군을 각각 하나의 단일 전투력으로 간주하였다. 이러한 방법을 통해 전투력과 손실을 계산하는데 사용되었다. Bracken 모델은 전투부대와 전투부대와 전투지원부대 포함하는 전체 부대를 별도로 분리하여 연구하고 분석하였다.

Lanchester 모형을 일반화한 Bracken 모형은 식 (5-2), (5-3)과 같이 표현할 수 있다. Bracken 모델에서 매개 변수는 d, p, q, α, β 5개이다.

$$\dot{B}(t) = \alpha \left(d \ or \frac{1}{d} \right) R(t)^p B(t)^q \qquad (5-2)$$

$$\dot{R}(t) = \beta \left(\frac{1}{d} \ or \ d \right) B(t)^p R(t)^q \qquad (5-3)$$

$B(t)$와 $R(t)$ 는 t 시점에서의 Blue Force와 Red Force의 전투력

$\dot{B}(t)$와 $\dot{R}(t)$ 는 t 시점에서의 Blue Force와 Red Force의 손실량

α : 단위 시간당 Red Force의 단위 전투력에 의한 Blue Force의 손실률

β : 단위 시간당 Blue Force 의 단위 전투력에 의한 Red Force 의 손실률

d는 방어하는 부대의 손실을 조정하는 전술 매개변수

$\frac{1}{d}$은 공격하는 부대의 손실을 조정하는 전술 매개변수

p 는 공격하는 측의 지수 매개변수

q 는 방어하는 측의 지수 매개변수

만약 Blue Force 가 공격하는 부대이고 Red Force 가 방어하는 부대라면 Bracken 모형은 식 (5−4), (5−5)와 같이 정리된다.

$$\dot{B}(t) = \alpha \frac{1}{d} R(t)^q B(t)^p \qquad (5-4)$$

$$\dot{R}(t) = \beta\, d B(t)^p R(t)^q \qquad (5-5)$$

매개변수 d 는 전투에서 방어 또는 공격태세의 손실 승수이다. 만약 $d < 1$ 이면 방어하는 측이 유리한 점을 가지며 $d > 1$이면 방어하는 측이 더 많은 손실을 당해 공격하는 측이 유리한 점을 가진다. 만약 $d = 1$ 이면 공격이나 방어로 인한 유리한 점은 없다.

Bracken 은 Ardennes 전투분석을 위해 4 개의 전투모형을 구성하였다. Bracken 의 모형 1 은 전투에 직접 참가하는 전투원만을 대상으로 하는 모형이다. 전차, 장갑차, 포병, 병력으로 부대가 구성되어 있고 병력은 보병, 기갑, 포병 병과로 구성되어 있다. 병력의 손실은 전사 또는 전상으로 구분된다. 전투력을 구성하는 전차, 장갑차, 포병, 전투원의 가중치는 각각 20, 5, 40, 1 이다. Blue Force 의 전투력은 '20 × 전차수 + 5 × 장갑차 수 + 40 × 포병 수 + 1 × 병력수' 로 구성된다. Bracken 이 적용한 가중치는 현재는 미 육군 분석센터(CAA: Center for Army Analysis)로 이름을 바꾼 미 육군 개념분석국(CAA: U.S. Army Concept Analysis Agency)에서 연구한 Weapon Effectivenss Index 와 일치한다. 일반적으로 모든 전역 수준의 Dynamic Combat Simulation 모형은 결정 매개변수의 계산이나 Simulation 절차 진행시 Weapon Effectivenss Index 와 유사한 가중치를 포함하고 있다.

Bracken 모형 2 는 부대는 전투에 참가하는 모든 형태의 군수지원과 지원병력을 포함하는 모든 인원을 대상으로 하는 모형이다. 손실은 전사, 전상, 포로와 같은 전투손실과 전투중 실종, 질병과 같은 비전투손실을 포함한다. Ardennes 전투에서는 연합군측에서는 독일군보다 전투부대가 차지하는 비율은 상대적으로 작았고 군수 및 지원부대가 차지하는 비율이 더 높았다는 것을 주목할 필요가 있다.

모형 1 의 매개변수를 추정하기 위해 Bracken 은 전투부대만을 대상으로 독일군의 개인 전투효과가 연합군의 개인 전투효과보다 작다는 것을 발견하였다. 이러한 차이는 독일군 전투부대가 적은 전투지원 및 전투근무지원을 받고 있다는 것에서 당연한 결과이고 연합군 전투부대 개별적인 전투효과에 독일군이 도달하지 못한다는 결과로 해석할 수 있다.

모형 2 에서는 전투 및 지원 인원 등 모든 인원을 고려했는데 개인 전투효과 측면에서 연합군이나 독일군이 유사했다.

모형 3 에서는 모형 1 에서와 같은 동일한 요소들이 사용되었지만 공격과 방어 매개변수 d는 추정되지 않았다. 모형 3 과 동일하게 모형 4 에서도 공격과 방어 매개변수 d는 사용되지 않았다. 모형 4 에서는 모형 2 와 같이 전투부대보다는 모든 부대들을 고려하였다. Bracken 모형의 요약은 표 5.1 과 같다.

표 5.1 Bracken 모형 설정 비교

구 분	전투 인력	지원 인력	매개변수 d
모형 1	O	X	O
모형 2	O	O	O
모형 3	O	X	X
모형 4	O	O	X

Bracken 연구의 결론은 다음과 같다.

1. 고려한 4 가지 모형에서 Ardennes 전투에서 Lanchester Linear 모형이 가장 잘 부합된다.

2. 전투부대를 고려시 연합군의 개인 전투효율이 독일군 개인 전투효율보다 높다. 모든 전투 및 지원부대를 고려시는 양측 개인 전투효율은 유사하다.

3. 공격하는 측의 유리한 점이 존재한다

Bracken 연구의 결론 2 의 결과는 양측은 근본적으로 같은 개인 능력을 가지고 있지만 상이한 조직화에 기인하는 것이다. 연합군은 지원부대에 더 많은 인원을 배치하는 것을 선호했고 이로 인해 전투부대에서 개인 전투능력이 더 크게 발휘되는 결과를 가져왔다. 전역에서 연합군이 전반적인 우위에 있는 것은 연합군 손실의 비율이 작게 되는 결과를 유도했다. Ardennes 전역의 매개변수의 가장 좋은 적합치는 표 5.2 와 같다.

Fricker 의 논문은 Bracken 의 Ardennes 전투모형을 근접항공지원 Sortie 를 포함하여 전 전역의 데이터를 선형회귀방법을 이용하여 재검토했다. 그 결과 Fricker 는 한측의 손실은 상대방의 부대의 크기에 관계된 함수 관계라기 보다는 Lanchester Logarithm Law 처럼 자측 부대의 크기의 함수라는 것을 발견하였다. 이 이론을 지원하기 위해 Gulf 전의 예를 제시하였다. Gulf 전에서는 이라크군은 지형의 효과로 인해 다국적군의 표적으로 용이하게 선정되었고 이라크군의 크기가 크면 클수록 피해가 많이 발생하였다. 이러한 현상은 미군을 중심으로 한 다국적군의 정보획득 능력과 타격능력이 월등한 우위에 있을 때 발생한다.

표 5.2 Bracken 모형별 추정 매개변수 값

구 분	α	β	p	q	d
모형 1	8.0E-9	1.0E-9	1.0	1.0	1.25
모형 2	8.0E-9	8.0E-9	0.8	1.2	1.25
모형 3	8.0E-9	1.0E-9	1.3	0.7	-
모형 4	8.0E-9	8.0E-9	1.2	0.8	-

* Bracken 의 연구결과에 따른 Ardennes 전투의 매개변수 수치

Fricker 는 Bracken 의 Ardennes 전역 모형을 다시 연구했으며 Lanchester Equation 을 사용하였다. Bracken 의 연구와 몇 가지 다른 점은 다음과 같다.

1. Linear Regression 을 모형의 매개변수를 추정하는데 사용하였다.

2. Bracken 이 Ardennes 전역의 초기 10 일치 데이터를 사용한 것에 비해 전역의 모든 기간의 데이터를 사용하였다.

3. 근접항공지원 Sorite 데이터를 포함하여 분석하였다.

Bracken 에 비해 Fricker 는 Lanchester Linear Law 와 Square Law 가 데이터에 적합하지 않다고 보았으며 새로운 형태의 Lanchester Equation 이 가장 잘 적합하다고 물리적 해석과 함께 보였다. Fricker 는 Lanchester Logarithmic 모형에서 사용된 소모율 매개변수가 상대방의 병력을 살상하는 확률을 나타내고 이 확률이 상대방의 병력 크기의 특정 범위에 상수라는 것을 언급하였다. 이것으로 한측의 손실의 결과는 상대방 부대의 결과라기 보다는 자측 부대의 함수라는 것이 따라 온다. Fricker 는 이 이론을 옹호하기 위해 Gulf 전을 예를 들었다. 이라크군의 손실은 연합군의 수보다는 이라크군의 수의 함수에 더 영향을 많이 받는다는 것이다. 표 5.3 은 Fricker 의 연구에 의한 Ardennes 전역의 매개변수 추정치이다.

Clemens(1997)는 Kursk 전투로부터 현대전에 이르기까지 적용된 Lanchester 모형의 타당성을 조사하였다. Clemens 의 분석은 Bracken 과 Fricker 의 Ardennes 전역 분석의 확장이라고 볼 수 있다. Clemens 는 Lanchester Linear Law 나 Square Law 보다는 Lanchester Logarithmic Law 가 Scalar 와 Matrix 형태에서 더 적합하다는 결론을 내렸다.

표 5.3 Fricker 가 연구한 Ardennes 전역 매개변수 데이터.

구 분	α	β	p	q	d
근접항공지원이 없는 전투원만 고려	4.7E-27	3.1E-26	0.0	5.0	0.8093
근접항공지원이 없는 전체인원 고려	1.7E-16	8.0E-16	0.0	3.2	0.8240
근접항공지원이 있는 전투원만 고려	2.7E-24	1.6E-23	0.0	4.6	0.7971
근접항공지원이 있는 전체인원 고려	1.3E-15	5.6E-15	0.0	3.0	0.8197

* Fricker 는 Bracken 이 사용한 전술 매개변수 d를 Bracken 이 적용한 개념과 역수로 적용하였다.

Clemens 은 현대전에 적용된 Lanchester 모형의 타당성에 대해 조사하였다. Clemens 가 연구한 모형들은 모두 기본 Lanchester Equation 에 기반한 것이다. 이러한 분석은 Bracken 과 Fricker 의 Ardennes 전역 분석의 확장이며 Kursk 전투를 Lanchester 모형에 적용하였다. Clemens 는 Linear Regression 과 Newton-Raphson Iteration 을 매개변수 추정기법으로 사용하였다. 분석은 Matrix 형태로 제시된 모형을 연구하였고 Matrix 해를 Scalar 해에 비교하였다. Clemens 는 연구결과 다음과 같은 사실을 주장하였다.

1. Lanchester Linear Law 나 Square Law 는 Kursk 전투에 적합하지 않다.
2. Lanchester Logarithmic 모형이 Scalar 나 Matrix 형태에서 Lanchester Linear Law 나 Square Law 보다 더 적합하다.
3. Lanchester Equation 은 데이터의 가장 좋은 적합도를 주지 않는다.
4. 연구는 다음 사항을 추가 고려함으로써 더 확장될 수 있다.
   가. 공격과 방어 역할을 변경하는 것을 고려
   나. 근접항공지원 Sortie 추가
   다. 동질적 무기 시나리오에서 Lanchester Equation 을 적용
   라. Lanchester 수식을 고려없이 완전히 새로운 모델을 구축.

표 5.4 는 Clemens 가 연구한 Kursk 전투의 가장 적합한 매개변수이다.

표 5.4 Clemens 가 Kursk 전투데이터 연구에서 발견한 매개변수 값

구분	α	β	p	q	d
Linear Regression	6.92E-49	6.94E-48	5.3157	3.6339	-
Newton-Raphson	3.73E-6	5.91E-6	0.0	1.6178	-

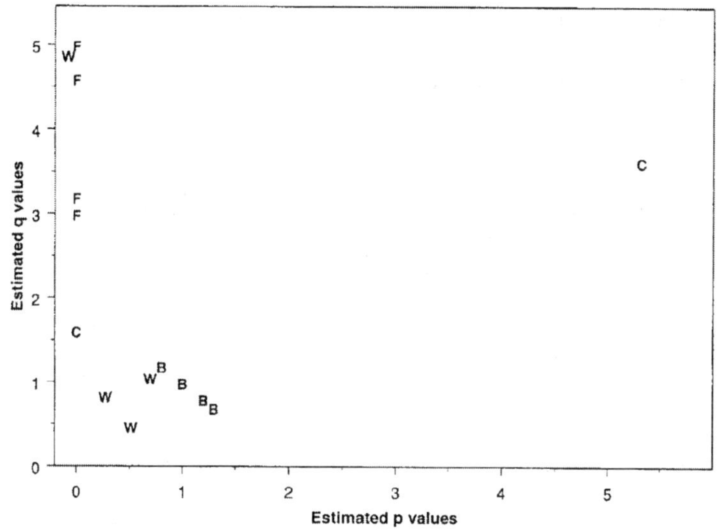

그림 5.1 Bracken' s (B), Fricker' s (F), Wiper, Pettit, and Young' s (W), and Clemens' (C) 방법에 의한 *p*, *q* 추정. 매개변수는 0 이하로부터 5 이상 범위에서 분포. Bracken, Fricker, and Wiper는 Ardennes 전역을 연구한 것이고 Clemens는 Kursk 전투를 연구한 것이다.

Hartley 와 Helmbold 는 인천-서울 전역 자료를 사용하여 Lanchester Square Law 를 시험하였다. Hartley 와 Helmbold 가 사용한 방법은 역사적 전투 데이터를 사용하여 동질적 Lanchester Square Law 를 입증하는 것이었다. 그 결과 데이터가 Lanchester Square Law 의 상수 계수는 적합하지 않다는 것과 각 6 일 또는 7 일간의 명확하게 구분된 3 단계로 분리된 전투기간이 분석에 적합하다는 것을 발견하였다. 또한 Lanchester Square Law 가 전투를 위한 증명된 소모 알고리듬이 아니라는 것이라고 결론지었다. 그러나 이것이 완전한 Lanchester Law 를 부정하는 것은 아니며 제안된 Lanchester Law 의 타당성을 증명하기 위해서는 실제의 오류가 없는 전투 데이터가 필요하다고 주장하였다.

Hartley 와 Helmbold 는 데이터 검사를 위해 Linear Regression, Akaike Information Criterion(AIC), Bozdogan' s Consistent AIC(CAIC)를 사용하였다. 연구결과는 다음과 같다.

1. 데이터는 Lanchester Square Law 의 상수 계수와 맞지 않는다.
2. 데이터는 6 일 내지 7 일간으로 구분된 3 개의 전투에 더 잘 부합한다.

데이터는 3 개의 상수 손실 모형에 아주 잘 부합한다.

3. Lanchester Square Law 는 전투를 위한 손실 알고리듬으로 증명된 것은 아니지만 완전히 무시할 수도 없다.
4. Lanchester Square Law 와 같이 제안된 소모 법칙을 증명하기 위해서는 더 많은 실제 전투 데이터가 필요하다.

앞에서 설명한 것과 같은 기존 연구를 요약하면 Fricker 와 Bracken 의 연구는 같은 데이터를 사용하여 다른 결론에 이르렀다. 두 연구를 비교시 Fricker 의 접근방법과 방법론이 매개변수의 범위를 제한을 하지 않고 적용한 측면에서 Bracken 방법보다 더 이치에 맞는 것 같다. Bracken 은 정의영역에서 Nonlinear Regression Equation 을 최적화하는 접근방법을 사용하여 어떤 의미에서는 분석이 아주 강력하다고 평가할 수도 있다. Fricker 는 Log 변환된 Lanchester Equation 을 사용하여 Sum of Squared Residuals (SSR)을 최소화하여 매개변수를 구하는 방법을 사용하였다.

Log 변환을 사용하는 것은 직접 Lanchester Equation 을 적용하는 것과 비교시 반드시 더 좋은 최적의 적합성을 보장하지는 않는다. 그러나, SSR 값을 최소화하는 것은 Bracken 의 접근방법인데 Fricker 연구에서 Log 변환을 하여 찾은 매개변수가 Bracken 결과보다 항상 더 작은 Sum of Square 오차를 보였다. 일반적으로 4 개의 모든 연구에서 Lanchester 적합성의 증거를 압도하는 결과는 없었다. 3 개의 Lanchester Equation 중에서 Logarithimic Law 가 가장 좋은 적합도를 주었다.

전투의 시작 시점인 t_0에서는 Blue Force 와 Red Force 의 최초 전투력은 각각 $B(0)$와 $R(0)$이다. 시간 진행에 따라 전투가 종료될 때까지 $B(t+\Delta t) = B(t) - \Delta t\dot{B}(t)$, $R(t+\Delta t) = R(t) - \Delta t\dot{R}(t)$과 같은 절차에 의해 전투력을 평가한다. 여기서 Δt는 분석 목적에 맞는 시간간격을 정해 적용한다.

그러면 $\Delta t = 1$인 경우는 $B(t+1) = B(t) - \dot{B}(t)$, $R(t+1) = R(t) - \dot{R}(t)$가 된다. 전투력비가 동일하게 짝지어진 전투에서는 모든 시간 t에 대해 $\frac{B(t)}{R(t)} = \frac{\dot{B}(t)}{\dot{R}(t)}$로 상수가 된다. 이것은 모든 시간 t에 대해 $\beta B(t)^{p-q+1} = \alpha R(t)^{p-q+1}$과 동일한 의미이다.

$\dot{B}(t) = \alpha \frac{1}{d} R(t)^q B(t)^p$, $\dot{R}(t) = \beta\, dB(t)^p R(t)^q$ 에서 $p = q = 1$ 인 경우, 더 일반화하면 $p - q = 0$ 인 경우는 Lanchester Linear Law 가 된다. t 시점에서 전투 상태 방정식은 $\beta\big(B(0) - B(t)\big) = \alpha(R(0) - R(t))$ 가 된다. 앞에서 설명한대로 Lanchester Linear Law 는 고대 전투를 묘사하는 방정식이 된다. 이 방정식은 동질 전투력 사이의 일 대 일 결투의 연속으로 표현된다. 또한 Linear Law 는 간접사격 또는 지역사격이라고 하는 포병전투를 묘사하는 좋은 모델이기도 하다.

만약 $p = 1, q = 0$ 인 경우, 더 일반화하면 $p - q = 1$ 인 경우의 전투 상태 방정식은 $\beta(B(0)^2 - B(t)^2) = \alpha(R(0)^2 - R(t)^2)$이 된다. 이 식은 Lanchester Square Law 가 된다. Lanchester Square Law 는 부대의 규모의 크기를 중요하게 생각하는 현대전에 부합하는 모형이다. 전쟁사에서 도출된 집중의 원칙이 설명되는 모형이기도 하다.

$p = 0, q = 1$ 인 경우, 더 일반화하면 $q - p = 1$ 인 경우의 전투 상태 방정식은 Lanchester Logarithmic Law 가 된다. 이 모형은 전투력의 손실은 적의 규모보다 자측의 부대 크기의 함수라는 것을 의미한다. Logarithmic Law 는 때로는 장비결함, 탈영, 질병, 등 비전투 손실을 묘사하는 모델로 사용된다.

Lanchester 법칙을 실제 전쟁사에 적용한 분석한 연구를 사용한 데이터 관점에서 보면 Engel 은 Iwo Jima 전투를 분석한 결과 분석에 사용한 데이터는 Square Law 에 잘 부합한다고 결론 지었으나 일본군 측 데이터가 불완전한 문제가 있었다. Hartley 는 일본군 데이터를 획득한 가정에 의존하여 다른 Lanchester 법칙이 더 적합할 수 있다고 주장하였다. 한국전시 인천-서울 전역의 가용한 완전한 일일 데이터로 Busse 와 Hartley 는 완전한 결정에 이르지 못하는 부분 증명을 하였다. Ardennes 전역 데이터는 완전한 일일 기록을 가지고 있으나 독일군 데이터 일부는 추정된 것이다. 추정은 존재하는 기록과 2 차 세계 대전 전문가들에 의해 Extrapolation 으로 추정되었다. Hartley 는 하나의 전투를 분석하는 방법을 탈피하여 수많은 역사적 전투를 분석하여 식 (5-6), (5-7)과 같은 Lanchester 모형을 제시하였다.

$$\dot{B}(t) = \alpha R(t)^{0.4} B(t)^{0.75} \qquad (5\text{-}6)$$

$$\dot{R}(t) = \beta\, B(t)^{0.4} R(t)^{0.75} \qquad (5\text{-}7)$$

Hartley 는 식 (5-6), (5-7)이 특별히 동질적인 전투력을 가진 부대에 대해 Linear-Logarithmic Law 가 혼합된 형태가 역사적으로 기록된 전투 데이터에 대해 우수한 근사를 제공한다고 말하였다. Hartley 는 손실 매개변수 α, β는 부대 규모에는 독립적이고 손실되는 부대의 크기에 지배를 받는다고 주장하였다.

5.2 Iwo Jima 전투 (제 2차 세계대전 태평양 전역)

5.2.1 전투 배경

Iwo Jima 전투는 태평양 전쟁 말기 1945년 2월 16일에서 1945년 3월 26일 까지 벌어진 Ogasawara 제도의 Iwo Jima (유황도,硫黄島)에서 벌어진 미군과 일본군 간의 전투를 말한다. Iwo Jima 는 Tokyo 남쪽의 1,080Km 에, Guam 북쪽 1,130Km 에 위치하고 있다. 화산열도 (火山列島)에 속하는 화산섬으로, 섬의 표면이 대부분 유황의 축적물로 뒤덮여 있어 'Iwo Jima'(硫黄島)으로 불렸다. 토양은 화산재라 보수성이 없었고, 식수나 용수는 짠 우물물이나 빗물에 의존할 수밖에 없었다. 태평양 전쟁 전에는 유황의 채굴이나 사탕수수 재배 등으로 생계를 유지하는 주민이 1,000 명 정도 거주하고 있었다.

Iwo Jima 는 원래 별 볼일 없는 손바닥만 한 화산섬이었지만, Saipan 점령 이후 중부 태평양에서 미 해군이 진격하자 이에 일본 해군이 이곳에 비행장과 레이더 기지를 건설한다. Iwo Jima 기지는 지리적으로 일본 본토 바로 앞의 전진 기지였으며, 본토 폭격을 목적으로 인근을 지나가는 미 육군항공대의 B-29 폭격기를 요격하거나 본토에 경보를 해줄 수도 있었다. 또 미군은 미군대로 Tokyo 폭격을 마치고 귀환하는 B-29 폭격기들을 위한 비상 활주로를 만들 장소를 확보하기 위해서 이 섬이 필요한 상황이었다. 결국 이러한 전략적인 위치 때문에 Iwo Jima 에서 미군과 일본군간의 치열한 전투가 벌어지게 된다.

미군의 작전명은 Operation Detachment 이었다. 1945 년 2 월 19 일 미군의 공격으로 시작된 Iwo Jima 전투는 36 일 전투기간 중 미군 6,000 여명이 손실 당하였으나 점령 이후 비행장을 활용하여 전쟁 종식전까지 2,000 대의 B-29 폭격기가 이륙하여 일본 본토을 공격하였다.

일본군은 1941 년 개전 당시, 해군 전투대 약 1,200 명과 육군 병력 3,700 명에서 3,800 명을 인근 Chichijima 섬에 배지하고 있었는데, 이 부대가 Iwo Jima 를 관할하고 있었다. 개전 후에 남방 전선과 일본 본토를 묶는 항공 수송의 중계지점으로서 Iwo Jima 의 중요성이 인식되어 해군이 Iwo Jima 에 비행장을 건설하고 있었다. 당시 항공병 1,500 명과 항공기 20 기를 배치하고 있었다.

1944 년 2 월, 미군은 Marshall Islands 를 점령하면서 Chuuk Islands 에 대규모 공습을 실시했다. 이에 대항해 일본 대본영은 Caroline Islands 와 Mariana Islands, Ogasawara islands 를 묶는 방어선을 '절대 국방권'으로 지정해 사수를 결정한다. 방위선 수비 병력으로서 Obata Hideyosi 가 지휘하는 제31군이 편성되었다. 그 밑에 Ogasawara 지구 집단 사령관에 Tadamichi Kuribayashi 중장이 취임했다. Iwo Jima 에는 3 월부터 시작해 4 월까지 증원부대가 도착해 총병력은 5,000 명을 헤아리고 있었다.

1944 년 여름, 미군은 Mariana Islands 를 공격해 점령했으며, Mariana Islands 의 비행장을 거점으로 같은 해 11 월부터는 B-29 폭격기를 이용해 일본 본토 각지를 폭격하기 시작했다. 하지만 Mariana Islands 에서 일본 본토까지는 거리가 상당했으며 일본군이 Mariana Islands 에서 일본 본토로 이어지는 중간 지점에 있는 Iwo Jima 에서 미군 폭격기 무리의 이동을 미리 예측하고 저지했기 때문에 B-29 폭격기들과는 달리 먼 거리를 비행하지 못하는 호위 전투기들이 곧바로 비행장으로 돌아가야만 하는 일이 잦았다. 결국 호위 전투기들을 잃은 B-29 폭격기들이 일본군의 요격을 받는 일이 잦았다. 반대로, 일본군은 Iwo Jima 을 근거지로 하여 가까운 Mariana Islands 로 내려가 미군의 비행장을 자주 공격했다. 이 결과, 일본군은 12 월에만 11 기의 B-29 를 파괴했다. 따라서 미군 태평양 통합작전본부는 Iwo Jima 를 점령하고, 일본군의 항공기지를 파괴한 뒤 미군의 전진 항공기지를 마련하기 위해 Iwo Jima 공격을 결정했다.

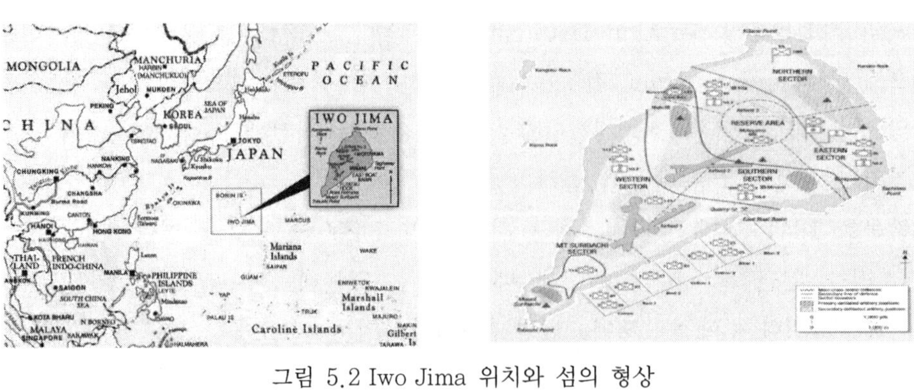

그림 5.2 Iwo Jima 위치와 섬의 형상

5.2.2 전투 경과

Iwo Jima 전투는 이전까지 태평양 전선에서의 전투와 전혀 다른 양상으로 전개되었는데 이는 당시 Iwo Jima 수비대 사령관으로 부임한 Tadamichi Kuribayashi 장군의 전술에 기인했다. 냉정한 현실주의자였던 그는 Iwo Jima 방어가 강요된 자살 행위임을 잘 알고 있었지만, 예정된 희생을 조금이라도 일본에 유리하게 이용할 방법을 강구했다. Tadamichi Kuribayashi 가 구상한 방어 전술은 장기 방어전을 통해 최대한 미군의 희생과 출혈을 강요하여 본토에 시간을 벌어 주면서, 한편으로는 일본 본토 상륙을 눈 앞에 둔 미군에게 Iwo Jima 에서 지옥을 보여줌으로써 상륙전에 대한 공포를 심어 주어 일본에 조금이라도 유리한 상황을 이끌어내는 것이었다. 따라서 Tadamichi Kuribayashi 는 전멸을 앞당기는 옥쇄 돌격을 엄격히 금지하고 가능한 오래 병력을 유지하면서 집요하게 전투를 지속하기 위한 지침들을 만들어 부하들에게 숙지시켰다. 이는 일본군답지 않게 상당히 유효한 조치였다.

Tadamichi Kuribayashi 의 새로운 전술 때문에 Iwo Jima 전투의 시작인 해안 상륙 시점부터 미군은 전혀 낯선 전황 속으로 끌려들어갔다. 그 당시 일본군은 해안선 방어를 할 때 '군대는 상륙하는 그 시점에 가장 방어가 취약하다' 라는 논리를 따라 상륙정이 다가오는 동안 해안선 가까이에 대기하다가 적군이 상륙하면 바로 그때 공격하는 전술을 취하고 있었다. 문제는 이게 공수 양측의 물량과 화력이 어느 정도 비슷하다는 전제가 있을 때 통하는 전술이다. 태평양 전역 곳곳에서 전력이 약화되어 본토마저 위협받는 이 시점에서 미국은 일본을 압도하는 물량과 화력을 가지고 있었다.

객관적으로 상륙하는 시점이 가장 취약한 것은 맞지만, 미군은 이미 Tarawa 전투에서 일본군이 구축한 방어선에 고전한 이후로는 상륙에 앞서 구형 Nevada 급 전함, Pennsylvania 급 전함, Tennessee 급 전함, New Mexico 급 전함들의 대구경 함포를 이용한 상륙 준비 포격과 항공모함 함재기를 동원한 공습을 펼쳐 해안에 설치된 Tochka 나 방어선을 철저히 무력화시키고 있었다. 그래서 이러한 전술을 모르고 있던 일본군은 해안선에 집결해 있다가 많은 손실을 입었다. Kuribayashi 는 이런 해안선 방어 전술의 문제점을 곧바로 파악했다. 그는 해안선에 방어선을 구축하는 대신 해안선 안쪽으로 병력을 빼고, 부임 직후 곧바로 거대한 땅굴로 연결된 탄탄한 방어망을 구축했다. 그리고 일본군의 무모한 자살 공격을 금해 쉽게 피해를 입는 것보다 최대한 오래 생존해서 저항하도록 명령했다. 그 결과 미군은 Iwo Jima 에서 이제까지 태평양 전선에서 마주쳐왔던 것과는 전혀 다른 방식으로 움직이는 일본군을 맞이하게 된다

그림 5.3 Iwo Jima 미 해병대의 상륙

당시 Iwo Jima 의 일본군 수비대는 미 해군의 해안 봉쇄로 군수 지원이 끊긴 상태였으며, 미 태평양 함대는 미 해군 항공대와 미 육군 항공대, 해군 함정을 동원하여 1944 년 6 월부터 무려 9 달 동안이나 Iwo Jima 를 폭격 및 함포사격을 가했다. 이 공격으로 섬의 모습이 연기에 쌓여 보이지 않을 지경이었다. 8 인치 함포에서 20 ㎜ 기관포까지 모두 동원해 섬이 초토화 것이 아닌가 싶을 정도로 공격했지만, 이미 그 시점에 일본군은 지하 동굴에 은거해 있었다. 사실 일본군에게는 Iwo Jima 에 배치된 것 자체가 생존을 보장받지 못한 것이기 때문에 끝까지 저항하지 않을 수밖에 없었다.

Tadamichi Kuribayashi 육군 중장

항복하는 일본군

그림 5.4 Iwo Jima 일본군 사령관 및 항복하는 일본군

상륙을 앞두고 상륙 지상군인 제 5 상륙군단장 Harry Schmidt 해병 소장은 원활한 상륙 작전을 위해 해군에게 10 일 간의 상륙 준비 포격을 요구하였다. 그러나, 미 제 5 함대 상륙지원 기동부대 사령관 William Blandy 제독은 포탄 부족으로 그 요청을 거부했다. Schmidt 는 절충안으로 다시 9 일의 포격을 요구했지만, Blandy 는 단지 3 일 간의 포격에만 동의했다. 이로 인해 5 상륙군단과 미 제 5 함대 상륙지원 기동부대가 서로 의견의 일치를 보지는 못했다. 결국 상륙 준비 포격은 3 일 남짓 이루어졌고 그대로 상륙할 수밖에 없었다. 이로 인해 상륙 부대의 피해가 컸다는 주장도 있지만, Kuribayashi 장군이 지하 터널을 워낙 잘 구축해서 별 효력이 없었을 것이란 주장도 있다.

미 해병대는 Iwo Jima 점령에 그리 많은 시간이 들지 않을 것으로 오판을 하였다. 심지어 Peleliu 전투를 겪고 나서도 다른 일본군들 같이 Iwo Jima 의 일본군도 상륙 시점에 총공격을 가하고 바로 그 저녁에 야음을 틈타 남은 병력을 모두 자살공격에 사용할 것이라 예측했으며 이것만 견뎌 내면 미군의 일방적인 소탕만 남을 것이라 판단했다. 그러나 정작 해병대가 상륙할 때 일본군은 전혀 공격하지 않았고, 해병들이 다가올 자살공격에 대비하며 뜬눈으로 밤을 새는 동안에도 자신들의 지하 지휘소에서 나오지 않았다.

일본군의 총 공격은 다음 날 상륙부대의 3 개 해병사단이 해안선에 모두 상륙하고 해안선에 진지를 구축하는 그때, 모든 해병들이 해안선에 모여 발이 푹푹 빠지는 화산재 같은 모래에 발이 묶인 바로 그때 시작되었다.

그림 5.5 상륙 작전 중인 미 해병과 성조기 게양

쌍방의 인적 물적 손실이 막대했던지 개전 첫날에만 미 해병대 2,500 여 명이 전사 및 전상이 발생하는 피해가 났다. 물론 일본군 쪽의 손실은 말할 것도 없었다.

21,000 명의 Iwo Jima 수비대 중 살아남은 사람은 1/10 에도 못 미쳤고, 그나마도 절반이 죽기 일보 직전의 상태였다. 이런 상황에서도 포로가 거의 발생하지 않았던 것은, 그만큼 미해병대가 철저하게 일본군 수비대를 전멸시켰기 때문이다. 화염방사기를 동원해 동굴을 통째로 태워 버리는 일은 다반사였으며 공병대가 TNT 로 동굴 내부를 불태워 버리거나 불도저로 동굴을 메워 버리는 경우도 있었다.

그러나 Senda Sadase 소장이 지휘하는 혼성 2 여단의 강력한 저항에 미군은 3 월 2 일부터 8 일간 약 3,000 여명의 사상자가 발생해 Senda 가 지키는 Tamana 산을 우회해야 했다. 하지만 Tamana 산의 일본군은 개전 17 일후 폐쇄된 참호안에서 화염방사기에 노출될 운명에 놓이게 된다. Senda 는 Kuribayashi 에게 옥쇄하겠다고 요청하나 Kuribayashi 는 이를 거부하고 대신 본대에 합류할 것을 명령한다. 하지만 결국 미군의 공격에 본대에 합류 직전 Senda 군은 전멸하고 Senda 와 참모진들은 자결한다. 이후 Kuribayashi 는 Senda 의 최후를 보고 받고 최후의 전투를 준비한다.

3 월 26 일, Kuribayashi 는 남은 300 여명의 병력을 이끌고 마지막 돌격을 감행했으나 실패하였고, 대부분의 병력이 전사했으며 이 때 함께 돌격한 Kuribayashi 도 전사한 것으로 보인다. 이것이 일본군의 마지막 조직적 공격이었다. 이후 일본군은 Iwo Jima 곳곳에서 일본군의 유격전이 있었지만 큰 피해는 주지 못했고, 일본군은 이 소규모 유격전으로 인해 1,200 여명이나 전사한다.

결국 1 주일 만에 끝난다는 전투는 끔찍한 희생자를 만들면서 1 개월 이상이나 계속된 끝에 미군의 승리로 끝난다. 이 전투는 최초로 일본군보다 미군의 인명 피해가 컸던 전투였다. 물론 미군의 인명 피해는 전상이 대부분이었으나 이는 기존까지 미군이 겪지 못한 뼈아픈 참사였다. 물론 일본군 자체는 전 병력이 거의 전사하여 사실상 전멸했지만. 전 병력 11 만 명 중 미 해군 및 해병대의 전사자는 6,821 명, 전상은 19,189 명에 실종이 494 명이었다. 일본 육해군은 21,000 명 가운데 216 명만 남고 전원 전사했다.

아이러니한 사실은 Kuribayashi 의 목적대로 미군은 Iwo Jima 와 뒤 이은 Okinawa 전투에서도 상륙군이 엄청난 피해를 입자 방어 시설이 잘 되어 있을 일본 본토 상륙에 대해 부담감을 가지게 되었고, 이는 Kuribayashi 의 목적과는 정반대로 미국이 Hirosima 와 Nagasaki 에 원자폭탄을 떨어뜨리는 결정을 내리는 데 결정적인 영향을 끼친다.

그림 5.6 미 상륙부대 해병대 전투

5.2.3 전투 참가 전력 및 손실

전사를 연구한 학자들이 주장하는 Iwo Jima 전투 참가 미군과 일본군의 전력 및 손실은 표 5.5와 같다.

표 5.5 Iwo Jima 전투 미군과 일본군 비교(육·해·공군 전투 및 지원부대를 전부 포함)

구 분	미군	일본군
투입 전투력	ㅇ병력 110,000명 ㅇ함선 5백여 척	ㅇ병력 22,060명 ㅇ전차 23대, 해안포 33문 ㅇ대전차포 69문,화포 438문 ㅇ대공포 300여 문
손실	ㅇ전사 6,821명, 전상 19,189명 ㅇ호위 항공모함 1척 침몰, 1척 소파 ㅇ정규 항공모함 1척 대파	ㅇ전사/실종 20,784명 ㅇ포로 216명

5.2.4 Iwo Jima 전투의 수학적 분석

Iwo Jima 전투에 대한 최초의 분석은 MIT(Massachusetts Institute of Technology)의 J. H. Engel 이 1953 년에 실시하였다. Engel(1954)은 Lanchester Square Law를 약간 변경한 모형을 수립하였다. 먼저 Engel이 확보한 자료에 의하면 36 일간 전투에서 미군의 일자 t 별 병력 투입 수 $p(t)$는 다음과 같다.

$$p(t) = \begin{cases} 54{,}000 & 0 < t \le 1 \\ 0 & 1 < t \le 2 \\ 6{,}000 & 2 < t \le 3 \\ 0 & 3 < t \le 5 \\ 13{,}000 & 5 < t \le 6 \\ 0 & 6 < t \le 36 \end{cases}$$

Iwo Jima 전투의 가용한 데이터에는 다음과 같은 사실이 기록되어 있다.

1. 매일 미군이 상륙한 총병력수가 기록되어 있으며 전투 이전에는 미군이 Iwo Jima 에는 한 명도 없었다.
2. 매일 미군의 피해가 기록되어 있으며 전사자수는 별도로 기록되어 있다.
3. 교전 시작일에 일본군의 병력수가 기록되어 있다.
4. Iwo Jima 섬을 확보했다고 선언한 일자 이후에도 전투는 지속되었지만 피해율은 선언 이전과 이후가 다르다
5. 전투 종결 일자가 기록되어 있다.
6. 전투 종결시 일본군 병력수가 기록되어 있으며 만약 모두 전멸되었다면 잔류 적 병력수는 0 이다.

미군을 Blue Force 일본군을 Red Force 라고 하면 식 (5−8), (5−9)와 같은 Lanchester Square 법칙 전투모형을 만들 수 있다. 여기서 $P(t)$는 t일 미군의 보충 병력수이다. 반면 일본군은 전투에 의해 20,000 명이 전사하고 1,083 명이 포로로 잡혔다는 기록이 있다. 전투 이전에 일본군이 21,000 명 유황도에 있었다고 기록이 되어 있으나 생존자와 동굴전투 사망자는 전사에서 제외되어 약 21,500 명을 최초 전투력으로 추정하지만 공식적인 21,000 명을 기록으로 사용한다.

Engel 은 Lanchester Square Law 를 기반으로 하여 미군의 증원부대를 묘사한 모형을 만들었는데 식 (5−8), (5−9)와 같다.

$$\frac{dB}{dt} = -\alpha R + P(t) \qquad (5\text{−}8)$$

$$\frac{dR}{dt} = -\beta B \qquad (5\text{−}9)$$

앞에서 정의한대로 B는 미군, R은 일본군이며 손실계수 α, β 는 앞에서 정의한

것과 같다. $P(t)$ 는 t 일 투입한 미군의 증원부대이다. 전투 기간 중 일본군은 고립되어 부대를 증원할 수도 철수할 수도 없었기 때문에 증원 및 철수는 이 방정식에서 고려되지 않는다. 또한 전투 종료 이후에는 일본군은 거의 전멸당했다. $\frac{dB}{dt} = -\alpha R + P(t)$, $\frac{dR}{dt} = -\beta B$을 풀면 t 일의 $B(t)$, $R(t)$는 식 (5−10), (5−11)과 같다.

$$B(t) = B(0)\,cosh\sqrt{\alpha\beta}t - \sqrt{\alpha/\beta}\;R(0)sinh\sqrt{\alpha\beta}t + \int_0^t cosh\sqrt{\alpha\beta}(t-s)P(s)ds \qquad (5-10)$$

$$R(t) = R(0)\,cosh\sqrt{\alpha\beta}t - \sqrt{\beta/\alpha}\;B(0)sinh\sqrt{\alpha\beta}t - \sqrt{\beta/\alpha}\int_0^t sinh\sqrt{\alpha\beta}(t-s)P(s)ds \quad (5-11)$$

5.2.4 절의 미군의 데이터로부터 t일 시작 시점에 미군의 가용병력 B_t^*를 결정할 수 있다. 또한 이 데이터로부터 t일부터 $t+1$일까지 해안에 상륙한 미군의 병력 $P(t) = P^*(t, t+1)$을 결정할 수 있다. t일의 $P(t)$를 결정하기 위해 식 (5−10), (5−11)을 사용할 수도 있다. 미군이 매일 상륙한 병력은 식 (5−12)의 식으로 결정한다.

$$P(s) = P^*(t, t+1) \quad for\ t \le s < t+1 \qquad (5-12)$$

여기서 t는 비음 정수이다. $B(0)$, $R(0)$를 각각 B_0^*, R_0^* 로 적용하면 식 (5−13), (5−14)와 같은 식을 유도할 수 있다. 0 시점의 미군은 Iwo Jima에 한 명도 없었고 일본군만 있었으므로 다음과 같이 0 시점의 미군과 일본군의 병력수를 대입할 수 있다.

$$B(0) = B_0^* = 0$$

$$B(t+1) = cosh\,(\sqrt{\alpha\beta})\cdot B(t) - \left(\sqrt{\alpha/\beta}\cdot sinh(\sqrt{\alpha\beta})\right)\cdot\left[R(t) - \frac{P(t)}{\alpha}\right] \qquad (5-13)$$

$$R(0) = R_0^*$$

$$R(t+1) = cosh(\sqrt{\alpha\beta})\cdot\left[R(t) - \frac{P(t)}{\alpha}\right] - \sqrt{\beta/\alpha}\cdot sinh(\sqrt{\alpha\beta})\cdot B(t) + \frac{P(t)}{\alpha} \qquad (5-14)$$

식 (5−13), (5−14)에 α, β를 적용하면 t에 따른 $B(t)$와 $R(t)$의 값을 찾을 수 있다. 만약 α, β를 B_t^* 와 $R(0) = R_0^*$, $R(T) = R_T^*$의 관측치를 활용하여 계산한 $B(t)$와

$R(t)$의 값으로 찾을 수 있다면 식 (5-13), (5-14)가 전투를 잘 묘사한다고 주장할 수 있다.

α, β를 추정하는 기법은 다음과 같다. $\frac{dR}{dt} = -\beta B$를 이용하여 $B_0^* = 0$, B_t^* $for\ 0 < t \leq T$, R_0^*, R_T^* 값을 이용하여 β 값을 추정하면 식 (5-15)와 같다.

$$\beta = (R_0^* - R_T^*) / \int_0^T B_t^* dt \qquad (5\text{-}15)$$

$B_0^* = 0$ 이라는 것을 알고 있고 식 (5-15) 적분 값 $\int_0^T B_t^* dt$는 $\sum_{t=1}^{T} B_T^*$로 근사화 할 수 있어 식 (5-16)과 같이 정리할 수 있다.

$$\beta = (R_0^* - R_T^*) / \sum_{t=1}^{T} B_t^* \qquad (5\text{-}16)$$

α는 다음과 같이 찾는다. 식 (5-16)에서 찾은 β를 $\frac{dR}{dt} = -\beta B$에 대입하고 식 (5-17), (5-18)을 t를 0부터 T까지 적분하면 된다.

$$\tilde{R}(0) = R_0^* \qquad (5\text{-}17)$$

$$\tilde{R}(t) = R_0^* - \beta \sum_{s=1}^{t} B_s^* \quad for\ t > 0 \qquad (5\text{-}18)$$

$\tilde{R}(t)$ 는 $R(t)$의 데이터와 $\frac{dR}{dt} = -\beta B$ 로부터 유도된 이론적 근사값이라고 말할 수 있다. $\frac{dB}{dt} = -\alpha R + P(t)$ 의 $\tilde{R}(t)$ 값과 $P(s) = P^*(t, t+1)\ for\ t \leq s < t+1$ 에서 가정된 $P(t)$ 값을 이용하여 0 으로부터 어떤 고정된 시간이나 전투종료에 가까운 S까지 적분하고 $\tilde{B}(S) = B_S^*$라고 한 다음 α를 식 (5-19)와 같이 구할 수 있다.

$$\alpha = \left(\sum_{t=0}^{S} P(t) - B_S^*\right) / \sum_{t=0}^{S} \tilde{R}(t) \qquad (5\text{-}19)$$

이제까지 구한 α, $P(t)$, $\tilde{R}(t)$를 $\frac{dB}{dt} = -\alpha R + P(t)$에 대입하여 적분하면 이론적 근사값 $\tilde{B}(t)$를 식 (5-20)과 같이 얻는다.

$$\tilde{B}(t) = \sum_{s=0}^{t} P(s) - \alpha \sum_{s=0}^{t} \tilde{R}(0) \qquad (5\text{-}20)$$

$\frac{dB}{dt} = -\alpha R + P(t)$, $\frac{dR}{dt} = -\beta B$ 가 타당하기 위해서는 이 이론적 근사값 $\tilde{B}(t)$ 는 관측치 B_t^* 와 가까워야 한다. 합리적 추정치 α, β, $P(t)$ 를 식 (5-21), (5-22)에 대입한다.

$$B(0) = B_0^* = 0$$

$$B(t+1) = B(t)\, cosh\sqrt{\alpha\beta} - \left[R(t) - \frac{P(t)}{\alpha}\right]\sqrt{\alpha/_\beta}\, sinh\sqrt{\alpha\beta} \qquad (5-21)$$

$$R(0) = R_0^*$$

$$R(t+1) = \left[R(t) - \frac{P(t)}{\alpha}\right] cosh\sqrt{\alpha\beta} - B(t)\sqrt{\beta/_\alpha}\, sinh\sqrt{\alpha\beta} + \frac{P(t)}{\alpha} \qquad (5-22)$$

여기서 구한 $B(t)$, $R(t)$는 이론적 참값이라고 부른다. 왜냐하면 이 값들은 $\frac{dB}{dt} = -\alpha R + P(t)$, $\frac{dR}{dt} = -\beta B$으로부터 유도된 값이며 일자별 B_t^*가 필요하지 않기 때문이다. β의 선택은 각각 $\tilde{R}(0)$, $\tilde{R}(T)$가 R_0^*, R_T^*이라는 것을 확신시킨다. 그러나 $B(t)$와 $B^*(t)$, $R(t)$와 $R^*(t)$가 유사성이 있다는 것은 보장하지 않는다.

α, β를 추정하는 또 다른 기법도 고안될 수 있다. 그 중 하나의 기법은 Iwo Jima 전투에서 미군의 전투병력은 주로 전체병력 평균의 10% 이었으므로 이 명확한 결과로부터 $R(t)$는 t와 선형적으로 변동해야 한다. 이러한 사실로부터 아주 간단하고 우아한 식이 유도된다.

$$\alpha = \left(\sum_{t=0}^{T} P(t) - B_T^*\right) / \left(\frac{1}{2}[R_0^* + R_T^*][T+1]\right) \qquad (5-23)$$

식 (5-23)은 앞에서 유도한 식보다는 매우 간단하나 교전의 대부분에서 근사화된 상수로 관측된 B_t^*의 경우는 사용이 제한된다. 왜냐하면 이 것은 전형적인 상황이 아니어서 단순화 기법은 아주 자세히 유도된 것이 아니어서 범용적으로 적용될 수 없다.

α, β가 자세히 유도되었든지 간략한 방법으로 유도되었든지 추정된 α, β와 $B(t)$, $R(t)$는 B_T^*, R_T^*와 각각 타당성이 검사되어야 한다.

$$R(36) - R(0) = -\beta \int_0^{36} B\,dB \qquad (5-24)$$

5.2.4 절의 미군의 수는 실제 해안에 상륙한 특정 부대의 모든 인원을 포함하고 간접지원 병력도 포함하고 있다. 그러므로 α, β를 결정할 때는 해안에 상륙한 병력의 평균 전투효과도로 해석해야 한다. 피해 목록은 t일 해안에 있는 실질적 미군의 수인 B_t^*로부터 가용하다. 최초의 유효 부대는 상륙 해안에서 전사하거나 전상 당하거나 전투중 실종되지 않은 병력수로 정의한다. 일본군의 최초병력 $R_0^* = 21,500$ 명이고 전투 종료 이후 병력 $R_T^* = 0$으로 모두 전멸하였다.

전투는 36 일차에 종료되었고 총 미군의 투입 병력 수는 $\sum_{t=1}^{36} B_t^* = 2,037,000$ 명이며 적분에 대한 Riemann 합은 식 (5-25)와 같다.

$$\int_0^{36} BdB = \sum_{t=1}^{36} B_t^* \qquad (5-25)$$

그러므로 $\beta = \frac{R_0^* - R_{36}^*}{\sum_{t=1}^{36} B_t^*} = \frac{21,500-0}{2,037,000} = 0.0106$가 된다.

$$\sum_{i=1}^{36} B(t_i) = 2,037,000$$

참고로 위 식에 대한 Riemann 합은 다음과 같이 구한다.

· 전투 1 일차=54,000

· 전투 2 일차=54,000−1 일차 전사자 수

· 전투 3 일차=전투 2 일차 잔류 병력 − 2 일차 전사자 수+3 일차 증원 병력

· 전투 4 일차=전투 3 일차 잔류 병력 − 3 일차 전사자 수+4 일차 증원 병력

· 전투 5 일차=전투 4 일차 잔류 병력 − 4 일차 전사자 수

⋮

· 전투 36 일차=전투 35 일차 잔류 병력 − 35 일차 전사자 수

전투 일자별 전사자 수 및 전투 참여 인원은 Engel 의 논문에 명시되지 않았고 Morehouse 대위의 기록에 의해 계산한 값으로 고려한다. 전투 36 일차 병력 52,000 명도 Morehouse 대위의 집계에 의한 추정 전투 병력이다.

미군의 살상률 $\beta = \frac{R_0^* - R_{36}^*}{\sum_{t=1}^{36} B_t^*} = \frac{21{,}500-0}{2{,}037{,}000} = 0.0106$ 으로 계산되는데 일본군의 전사자는 미군이 일본군에 가하는 살상률 β에 근거해 다음과 같이 계산할 수 있다.

$$\frac{dR}{dt} = -\beta B = -0.0106 \times 54{,}000 = 572.4 \text{ 명 전사}$$

$$R(0) = 21{,}000$$
$$R(1) = 21{,}000 - 572 = 20{,}425$$
$$R(2) = R(1) - 0.0106 \times 2 \text{ 일차 미군의 전투병력수}$$
$$R(3) = R(2) - 0.0106 \times 3 \text{ 일차 미군의 전투병력수}$$
$$\vdots$$
$$R(36) = 0$$

$R(36) = 0$ 는 전원 전사로 처리한 것으로 이 전사자에는 포로도 포함된다. 전투 29 일부터는 일본군의 저항이 극히 미미했기 때문에 실제 전투에 참여한 병력만 추정한 것이다. 일본군 수의 이론적 추정치 $\tilde{R}(t)$ 는 β를 식 (5-26), (5-27)에 대입하여 구한다. α를 구하기 위한 S는 28 일로 하였다. 왜냐하면 36 일까지 전투는 진행되었지만 28 일 차 Iwo Jima 섬이 확보되었다고 선언되었기 때문이다. 이러한 사실로부터 α, β 는 28 일 이전과 이후에 차이가 있다. 28 일 이후에는 간헐적인 전투가 진행되었기 때문이다.

$$\tilde{R}(0) = R_0^* \qquad (5\text{-}26)$$
$$\tilde{R}(t) = R_0^* - \beta \textstyle\sum_{s=1}^{t} B_s^* \quad for\ t > 0 \qquad (5\text{-}27)$$

$S = 28$ 일 때 $B_S^* = 52{,}735$, $\sum_{t=0}^{28} P(t) = 73{,}000$ 이며 $\tilde{R}(t)$ 의 이론적 근사값으로부터 $\sum_{t=0}^{S} \tilde{R}(t) = 372{,}500$ 이라는 것을 알 수 있다. $\alpha = (\sum_{t=0}^{S} P(t) -$

$B_s^*)/\sum_{t=0}^{S}\tilde{R}(t)$ 로부터 $\alpha = 0.0544$ 라는 것을 알 수 있는데 이것은 일본군으로부터 미군이 입는 살상률이다. 이론적 근사값은 $\tilde{B}(t)$ 는 $\tilde{B}(t) = \sum_{s=0}^{t} P(s) - \alpha \sum_{s=0}^{t} \tilde{R}(0)$로부터 구한다.

$$B(0) = B_0^* = 0,\ B(t+1) = B(t)\, cosh\sqrt{\alpha\beta} - \left[R(t) - \frac{P(t)}{\alpha}\right]\sqrt{\alpha/_\beta}\, sinh\sqrt{\alpha\beta} \quad (5-28)$$

$$R(0) = R_0^*,\ R(t+1) = \left[R(t) - \frac{P(t)}{\alpha}\right] cosh\sqrt{\alpha\beta} - B(t)\sqrt{\beta/_\alpha}\ sinh\sqrt{\alpha\beta} + \frac{P(t)}{\alpha} \quad (5-29)$$

식 (5-28), (5-29)를 이용하여 이론적 참값 $B(t)$와 $R(t)$를 구할 수 있다. $B(t)$와 B_t^*를 비교한 것은 그림 5.7 과 같다. 그림 5.7 을 보면 최초 설정한 Lanchester 모형이 아주 잘 설명할 수 있는 모형이라는 것을 알 수 있다. 그리고 $\frac{\alpha}{\beta}$의 값은 다음과 같다.

$$\frac{\alpha}{\beta} = \frac{0.0544}{0.0106} = 5.132$$

$\frac{\alpha}{\beta}$가 5.132 라는 것은 일본군의 전투효율 즉 살상률이 미군의 살상률 대비 5.132 배이라는 것을 의미한다.

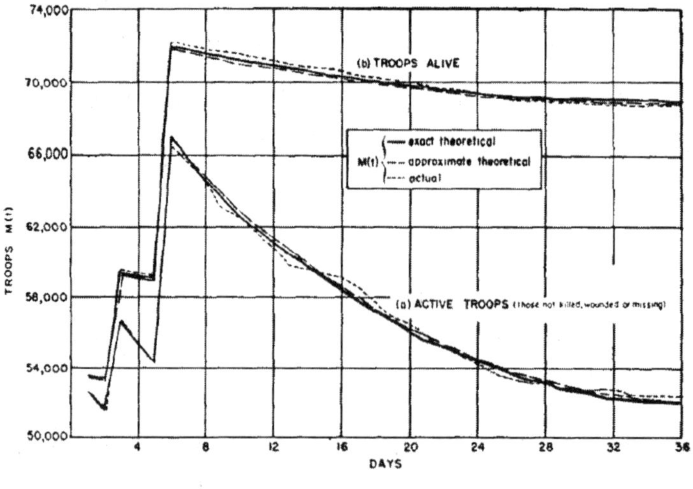

그림 5.7 Iwo Jima 전투간 미군 병력수의 비교: 실제값, 이론적 근사값, 이론적 참값

일본군의 피해의 진실을 정확히는 알 수 없다. 왜냐하면 기록이 정확히 남아 있지 않기 때문이다. 그러나 일본군이 전멸하기 전까지 효과적인 부대로 계속 전투를 했다는 것은 전장에서 남겨진 증거가 있다. 일본군의 최초 전투 개시의 총인원과 전투 종료 후 남겨진 전사자의 수가 동일하고 전투 이후 생존한 적이 없기 때문이다.

또 다른 계산이 진행되었는데 미군은 전사할 경우에만 전투참가 불가로 하였다. 이러한 계산방법으로 이론적 근사값, 이론적 참값, 관측된 B_t 는 처음 구한 적합성만큼 좋다. 이렇게 구한 $\alpha = 0.0113$ 이고 $\beta = 0.0088$ 이다. 상대적 전투효율 $\frac{\alpha}{\beta}$은 다음과 같다.

$$\frac{\alpha}{\beta} = \frac{0.0113}{0.0088} = 1.284$$

두 개의 비율을 비교해 보면 $\frac{5.132}{1.284} = 3.99 \cong 4$이다. 이 비율은 교전 중 미군의 피해 20,860 명과 전사 4,590 명은 4.5 의 비율이다. 비율 4 와 4.5 의 차이는 적어도 이론적 근사값 $\tilde{B}(t)$을 계산할 때 발생하는 소수점 이하 처리에서 발생하는 것이 α를 계산할 때 영향을 미쳤기 때문이다.

위에서 설명한 방법에 약간의 수정을 가하면 R_0^*를 모르더라도 $\frac{dB}{dt} = -\alpha R + P(t)$, $\frac{dR}{dt} = -\beta B$ 를 증명할 수 있다. 예를 들어 전투 종료 시점인 T 에 일본군의 모든 병력이 전멸당했다는 것을 안다면 R_0^*를 모르더라도 $R_T^* = 0$ 이기 때문에 $\frac{R_T^*}{R_0^*} = 0$ 이다.

이것으로, $P(t)$ 와 B_t^* 의 값을 더해서, 증명은 충분하다. $\frac{dB}{dt} = -\alpha R + P(t)$, $\frac{dR}{dt} = -\beta B$의 해는 식 (5-30)~(5-32)와 완전히 동일하다.

$$B(0) = B_0^* = 0,\ B(t+1) = B(t)\, cosh\sqrt{\alpha\beta} - \left[\frac{R(t)}{R(0)} - \frac{P(t)}{\alpha R(0)}\right] R(0) \sqrt{\alpha/_\beta}\, sinh\sqrt{\alpha\beta} \quad (5-30)$$

$$\frac{R(0)}{R(0)} = \frac{R(0)}{R_0^*} = 1 \quad (5-31)$$

$$\frac{R(t+1)}{R(0)} = \left[\frac{R(t)}{R(0)} - \frac{P(t)}{\alpha R(0)}\right] cosh\sqrt{\alpha\beta} - \frac{B(t)}{R(0)} \sqrt{\beta/_\alpha}\, sinh\sqrt{\alpha\beta} + \frac{P(t)}{\alpha R(0)} \quad (5-32)$$

식 (5−32)을 사용하기 위해 $\alpha R(0)$와 $\frac{\beta}{R(0)}$ 추정만으로 충분하다. 식 (5−33), (5−34)를 주의해서 보자.

$$\sqrt{\alpha\beta} = \sqrt{\alpha R(0) \cdot \beta / R(0)} \qquad (5-33)$$

$$R(0)\sqrt{\alpha/\beta} = \sqrt{[\alpha R(0)]/[\beta/R(0)]} \qquad (5-34)$$

$\alpha R(0)$와 $\frac{\beta}{R(0)}$은 식 (5−35)와 같이 얻을 수 있다.

$$\frac{\beta}{R(0)} = \frac{\beta}{\tilde{R}(0)} = \frac{\beta}{R_0^*} = (1 - \frac{R_T^*}{R_0^*}) / \sum_{t=1}^{T} B_t^* \qquad (5-35)$$

우변의 분자는 $R_T^* = 0$ 이라는 것을 알 때 식 (5−36)~ (5−37)과 같이 통합된다.

$$\frac{\tilde{R}(0)}{R(0)} = \frac{\tilde{R}(0)}{\tilde{R}(0)} = \frac{\tilde{R}(0)}{R_0^*} = 1 \qquad (5-36)$$

$$\frac{\tilde{R}(t)}{R(0)} = \frac{\tilde{R}(t)}{\tilde{R}(0)} = \frac{\tilde{R}(t)}{R_0^*} = 1 - \left(\frac{\beta}{R_0^*}\right) \sum_{s=1}^{t} B_s^*, \ for\ t > 0 \qquad (5-37)$$

$\frac{\beta}{R_0^*} = (1 - \frac{R_T^*}{R_0^*}) / \sum_{t=1}^{T} B_t^*$ 를 가져오면 $\alpha R(0)$는 식 (5−38)이 된다.

$$\alpha R(0) = (\sum_{t=0}^{s} P(t) - B_s^*) / \sum_{t=0}^{s} [\tilde{R}(t)/R(0)] \qquad (5-38)$$

$\tilde{R}(t)/R(0)$은 $1 - \left(\frac{\beta}{R_0^*}\right) \sum_{s=1}^{t} B_s^*, \ for\ t > 0$ 이라고 식 (5−38)에서 유도되었다. $\frac{\beta}{R(0)}$와 $\alpha R(0)$는 식 (5−38)에서 유도되었다. B(t)는 얻을 수 있고 관측된 데이터인 B_t^*와 비교하고 $\frac{R(t)}{R(0)}$를 얻어 $\frac{R_T^*}{R_0^*}$와 비교한다. 만약 $R_T^* = 0$ 이면 당연히 $\frac{R_T^*}{R_0^*} = 0$ 이다.

5.2.5 Iwo Jima 전투모형 재검토

미 육군 대령인 Robert W. Samz 는 1971 년에 Engel 의 논문을 재검토해서 Technical Note 를 발행하였다. Samz 대령은 Engel 의 논문에서 사용된 데이터에 대한 의문을 제기하였다. Engel 은 Iwo Jima 전투에서 미 상륙부대의 규모가 73,000 명이라고 하였으나 자료의 출처를 제시하지 않았다고 주장하였다. 그는 Engel 이 인용한 Morehouse 대위의 자료가 미군의 손실자료만 가지고 있다고 확인하고 Morehouse 는 강습상륙 부대의 규모를 570 명의 육군과 70,647 명의 해병으로 총 71,217 명이라고 밝히고 있다. Samz 대령은 Morehouse 가 어떤 곳에서는 상륙부대 규모를 70,000 명이라고 하고 또 다른 곳에는 71,245 명이라고 하고 있다고 주장하였다.

또 다른 검토는 Engel 이 다음과 같은 일자별 상륙병력 수를 제시했는데 이 자료에 대한 출처를 인용하지 않았다고 주장하였다.

$$P(t) = \begin{cases} 54{,}000 & 0 < t \le 1 \\ 0 & 1 < t \le 2 \\ 6{,}000 & 2 < t \le 3 \\ 0 & 3 < t \le 5 \\ 13{,}000 & 5 < t \le 6 \\ 0 & 6 < t \le 36 \end{cases}$$

Samz 대령은 자신의 상륙작전 경험으로 미루어 보아 작전 초일 54,000 명의 상륙병력은 너무 많다고 직관적으로 생각하였다. 상식과 이론은 D-Day 에 가능한 한 많은 병력을 투입하는 것을 지지하지만 함정에서 해안으로의 수송과 불확실한 적 상황 그리고 상륙 해변의 밀집은 상식과 이론대로 하지 못하게 한다고 주장하였다.

Samz 대령은 Engel 이 그의 논문을 준비하는 시기에 아직 발행되지 않은 Bartely 의 연구를 더 검토하였다. Bartley 와 Morehouse 자료를 종합하여 Samz 대령은 그가 믿은 것이 어느 정도 합리적인 가정을 가지고 있다고 생각하게 되었다. 그 결과 Samz 대령은 Iwo Jima 전투에서 미군의 상륙 병력에 대한 데이터를 표 5.6 과 같다는 결론을 얻게 되었다.

Samz 대령은 Engel 박사와 교류를 통해 표 5.6 의 데이터에 대한 정당성에 대한 동의를 얻었다. Samz 대령은 Engel 이 Iwo Jima 전투의 역사적 기록에 대해 합리적인 동의를 하였다고 주장하였다.

표 5.6 Samz 대령이 주장한 미군 상륙병력

일자	병력수
D+0	30,000
D+1	1,200
D+2	6,735
D+3	3,626
D+4	5,158
D+5	13,227
D+6	3,054
D+7	3,359
D+8	3,180
D+9	1,454
D+10	252
D+11 이후	0
총 투입 병력	71,245

Samz 대령은 고전적 Lanchester 모형 뒤의 4 개의 수학적인 거시적 전투모형을 확인하기 위해 시도하였다. 2 개는 미분 방정식 모델이고 다른 2 개는 앞의 2 개의 상응관계에 있는 미분 방정식 모형이다. Samz 대령은 Engel 이 사용한 모형과 그에 상응하는 미분방정식을 사용하였다.

$$B(t+h) = B(t) - h \cdot \alpha \cdot R(t) + h \cdot P([t]) \qquad (5-39)$$
$$R(t+h) = R(t) - h \cdot \beta \cdot B(t) \qquad (5-40)$$

여기서 Notation 은 다음과 같이 정의한다.

$t = 0.00, 0.01, 0.02, \ldots$
$h = 0.01$
α : 일본군이 미군에 가하는 살상률
β : 미군이 일본군에 가하는 살상률

$[t]$: 가장 큰 정수 $\leq t$

$B(t)$: t 시간에 상륙해안의 유효한 미군 병력 수

$R(t)$: t 시간에 상륙해안의 유효한 일본군 병력 수

$P([t])$: D + [t] 동안 미군의 해안으로 상륙하는 수

Engel은 고전적 Lanchester Equation의 상대적 Equation인 계차 방정식이 h가 0에 접근할수록 동일하다는 것을 보였다. 식 (5−39), (5−40) 경우에 Samz 대령은 $h = 0.01$은 Engel이 사용한 미분 방정식을 사용하여 얻은 것과 매우 가까운 결과를 얻는 데 충분히 작다는 것을 발견하였다. Engel 은 관측치와 그의 연구에서 얻은 미군의 병력 수를 비교하는 시각적 비교를 통해 그의 연구결과를 검증하였다. Samz 대령은 그의 주장에 대해 적합도 검정을 해 보기 위해 식 (5−41)을 사용하였다.

$$U = [\Sigma(D_i - O_i)^2]^{1/2} / \left[\left(\sum D_i{}^2\right)^{1/2} + \left(\sum O_i{}^2\right)^{1/2}\right] \qquad (5-41)$$

여기서 기호는 다음과 같이 정의한다.

D_i: i 일 전투기간 중 해안에 미군의 유효한 병력의 예측된 변화

$D_i = B(i) - B(i-1)$, $B(i)$는 식에 의해 계산된 미군의 수

O_i: i 일 전투기간 중 해안에 미군의 유효한 병력의 데이터 변화

$O_i = P(i-1) - C(i-1)$

$P(i-1)$ 는 앞에서 정의한 대로 $D + (i-1)$ 일 동안 해안의 미군 수

$C(i-1)$ 는 전사, 전상, 전투 중 실종 등 $D + (i-1)$ 일 동안 관측된 피해 병력 수 $i = 1, 2, 3, \ldots$

$0 \leq U \leq 1$ 의 값이다. 0에 가까울수록 적합도는 더 좋다. 그러므로 $U = 0.01$는 좋은 적합도라고 간주되고 $U = 0.5$은 나쁜 적합도라고 생각된다. U 값은 같은 관측 데이터에 대해 다양한 모형의 적합도 검정을 하는데만 사용한다.

일본군의 최초 병력을 21,500명이라고 가정하고 표 5.6의 Samz 대령의 상륙부대 데이터와 Morehouse 대위의 피해 데이터를 적용해 보면 계차 방정식에서는 $U = 0.0234816$이고 미분 방정식에서는 $U = 0.023488$ 이다. 양개의 경우에 Engel 의

방법으로 구한 $\alpha = 0.0539976$, $\beta = 0.0119888$ 을 구하였는데 Engel 이 구한 값은 $\alpha = 0.0544$, $\beta = 0.0106$ 이었다.

여기서 구한 U 값은 양개 모형을 입증하는데 충분히 작은 값이다. 또, 이 값들이 매우 가까워서 계차 방정식이 더 정교한 미분방정식 모형으로 명확하게 적합한 대체가 가능하다는 것이다. 그러나 대규모 전투에 대한 수학적 이론과 관련한 Samz 대령은 그의 주된 목적은 군사 이론가와 군사 전문가들 사이의 의사교환을 더 원활히 하는 것이었다. 계차 방정식 모형은 앞으로 더 갈 길이 멀지만 더하거나 빼고 곱할 수 있는 어떤 사람이 이를 사용하고 이해할 수 있을 것이다.

한편 미분방정식에 있어서 특별히 그 해에 있어서 군사 전문가들은 처음 그 식을 보면 어려움에 처하는 것이 현실이다. 비동질적 부대의 계차 방정식의 또 다른 중요한 유리한 점은 이해하기 용이하다는 것이며 동질적 부대와 동일하게 적용할 수 있다는 것이다. 반면, 비동질적 부대에 대한 미분 방정식 모형은 풀기가 상당히 어렵다는 것이다. 그러므로 의사소통 간격을 해결하기 위해서는 Lanchester 로부터 전환하여 민간인, 해군장교, 군사전문가까지로 다양하게 협의되어야 하는 것처럼 보인다.

5.3 Kursk 전투 (제 2차 세계대전 유럽 전역)

5.3.1 전투 배경

Kursk 전투는 제2차 세계대전 중 1943년 7월 5일부터 1943년 8월 23일까지 Kursk 일대에서 벌어진 소련군과 독일군 간의 전투이다. Kursk 전투는 점차 소련군의 우세로 흘러가던 동부전선의 전세를 완전히 확인시킨 전투로서 이 전투에서 패배한 독일군은 동부 전선의 기갑전력에 치명적인 손실을 입고 전쟁에서 패색이 짙어지게 된다.

이 전투의 일부인 Prokhorovka 전차전은 사상 최대의 항공전이자 독소전쟁 최대의 전차전이기도 하다. 또한 1달도 되지 않는 기간 동안 단일 전선에서 소련군과 독일군 합계 병력 약 200만명, 전차 약 6,000대, 항공기 약 4,500대라는 가공할 전력이 충돌한 전투였다.

1942년 겨울, 러시아 남부전선에서 독일군은 소련군의 대대적인 공세를 이겨내지 못하고 Stalingrad 전투에서 참담한 패배를 당하고 말았다. 여세를 몰아 진격을 계속하던 소련군은 Ukraine 지역의 중심지 Kharkov를 탈환하는 데 성공했지만 독일군은 과감한 반격을 개시하여 Kharkov를 재탈환했다. 그 결과 동부전선에는 Kursk를 중심으로 거대한 돌출부가 형성된다. 이 돌출부에 대해 소련군과 독일군 양쪽 지휘부들이 큰 관심을 가지게 된다

이 무렵 독일군은 이 거대한 전쟁을 수행하기엔 자신들의 역량이 충분치 않음을 서서히 느끼고 있었다. 동부전선의 소련군은 이제 거대한 군사력으로 성장하고 있었고, 북아프리카에선 Erwin Rommel 원수의 Africa 기갑집단군은 연합군의 공격에 섬멸 당할 위기에 직면하고 있었다. 이런 상황에서 유럽 영토 어딘가에 연합군이 대규모의 상륙작전을 감행한다면 독일군은 1차 세계대전의 악몽을 고스란히 재현한 듯한 본격적인 양면전을 강요당할 수밖에 없게 되고, 그러한 상황은 독일로서는 감당할 수 있는 범위를 이미 넘어선 것이었다.

이런 최악의 사태를 피하기 위해 독일군은 Kursk 돌출부에 협격을 가해 전선을 축소시킴과 동시에 가능한 많이 소련군의 전략 예비군을 섬멸해 동부전선을 안정시키며 독소전의 주도권을 되찾는 골자의 Zitadelle(성채) 작전을 입안하게 된다.

Africa 기갑군이 패배한 당시 연합군이 유럽 어딘가에 제 2 전선을 형성하리라는 것은 불 보듯 뻔한 일이었고 따라서 동부전선을 안정시켜야만 하는 시점이었다.

이 무렵 많은 독일 장성들은 이미 소련군이 더 이상 쉽게 볼 상대가 아니란 사실을 인지하고 있었다. Erich von Manstein을 비롯한 일부 장군들이 선공에 나서는 것보다는 소련군의 공격을 일단 방어한 뒤에 공세를 추진하는 쪽이 바람직하다 주장했고, 기갑 총감인 Heinz Guderian과 전차 생산상황을 잘 알고 있는 Albert Speer도 '동부전선에서의 공세는 더 이상 불가능하다'며 공격작전 자체에 반대하였다. 하지만 Hitler는 선제공세를 고수하였고, 구체적인 작전안은 총통의 제안에 열렬히 동의한 Kurt Zeitzler 참모총장이 맡았다.

이에 Manstein 은 "공세를 취한다면 Kharkov에서 적에게 막대한 타격을 입힌 시기가 적절한 시점이며, 5월 초에는 공격을 시작해야 한다." 라고 주장했으나 Hitler는 기갑부대의 보충이 끝나는 6월 12일로 공격을 연기했다. 그러나 그는 완벽한 전력 우위를 확보해야 한다며 다시 작전을 연기시킨다.

한편 중부집단군 사령관 Günther von Kluge 원수는 Hitler가 주관한 작전 회의에서는 공격작전에 적극 찬성했다고 하지만, 항공 정찰로 Kursk 방면의 두터운 소련군 방어 진지와 Orel 돌출부 주위에 100만 소련군이 집결하는 것을 파악한 Walter Model 은 공격작전에 회의적이었고, Kluge 도 이에 동의하여 Walter Model 이 제안한 Orel 돌출부 후방의 방어진지 구축을 허락한다. 특히 Model 은 공격작전명을 Zitadelle 작전으로 한 공세작전이 성공하더라도 Orel 방면에 위치한 소련군의 위협은 그대로이기 때문에 성공 가능성도 낮은 Zitadelle 작전을 아예 완전히 포기하여 Orel에 집중된 중부집단군을 동부전선의 전략적 예비대로 가용할 것을 주장하기까지 했다. 그러나 6월 중순이 되어 Zitadelle 작전을 포기할 가능성이 없어지자 9군을 완전히 공세 작전 위주로 훈련하여 재편성하였다.

한편 소련군은 첩보전으로 인해 독일군의 공세목표가 Kursk 라는 것을 정확히 예측하고 있었다. 따라서 독일군의 공세를 완벽하게 막아 내기 위해 가공할 규모의 방어 진지를 구축하기 시작했다. 사실 Kursk 지역이 돌출부로 남았다는 것은 사실상 적의 선제공격 목표가 된다는 말이나 마찬가지였다. 한편 Moscow의 Stalin은 Moscow 공방전의 승리와 Stalingrad 전투 승리 이후에 그랬던 것처럼 독일군에게 대규모 선제 공격을 할 생각을 또 품었지만, Georgy Zhukov 원수와 총참모장 Aleksandr Vasilevsky 등이 설득하여 이전같이 쓸데없는 재앙을 피할 수 있게 됐다.

방어전의 주력인 Konstantin Rokossovsky의 중앙 전선군과 Nikolai Vatutin 의 Voronezh 전선군에는 엄청난 전력이 보강되기 시작했다. Kursk 일대에는 민간인 300,000명을 동원하여 총 3,000 마일이 넘는 참호가 구축됐고, 종심이 175Km에 달하는 6 중 방어선이 구축되었고 여기에 무려 400,000개가 넘는 지뢰가 매설되었으며, 가짜 공군기지 50개소와 비행장 150여 개소, 그리고 말뚝 전차 장애물도 구축되었으며 포병의 우세를 중시하는 소련군답게 야포 13,000문, 920문의 다연장 로켓을 배치했다.

또한 독일군에 공세를 저지한 후 역습을 가할 주력으로 선정된 Steppe 전선군에도 400,000명의 병력과 1개 기갑군을 배치하는 등 강한 전력이 집결되었다. 이렇게 동원된 소련군의 총 전력은 병력 약 170만명, 야포 19,000문, 전차 및 자주포 3,600대, 항공기 3,100대에 이르는 대규모였고 이는 당시 소련군 전체 병력의 40%, 기갑부대의 75%를 이곳에 배치한 것이었다.

독일군이 일대 공세에 나선다는 것은 자명한 사실이었지만 문제는 그 시기였다. 소련군은 5월 초에 독일군이 공세에 나설 것이라고 파악했지만, 독일군의 Zitadelle 작전이 연기되면서 소련군은 큰 혼란에 빠질 수밖에 없었다. 특히 일선 장군들에게 비상이 걸렸는데 위에서 언급했듯이 Stalin은 대규모 공세를 주장한 적이 있었고, 이를 Zhukov와 Vasilevsky가 설득하면서 겨우 포기하게 만들었었다. 하지만 아무리 전쟁영웅인 Zhukov 라 할지라도 말 한마디에 숙청 당할 수 있는 최강 권력자의 의사가 다를 경우에는 계속 이 방어전을 주장하기가 어려웠다.

하지만 당시 소련군은 첩보전에 있어 상당한 능력을 보유하고 있었다. 잠깐의 혼란함이 지나가고 5월 중순이 되자 독일군의 공격이 6월 12일로 연기됐다는 정확한 정보를 입수했다. 그러나 Zitadelle작전이 또다시 연기되자 소련군 내부에서도 사기저하나 병사들의 경계태세 약화 등의 문제들이 나타나기 시작했다. Stalin은 우려했듯이 점차 불만을 토로하기 시작하였지만, 다행히 1942년도와 다르게 끈기를 보이며 방어전의 준비는 계속 진행시켰다.

일본에 있던 소련군의 첩보망은 연기사실을 즉각 전달했지만, 점차 독일이 흘린 공격이 취소됐다는 역정보를 보내기 시작했다. 여기서 영국에 있던 '다섯번째 사나이' 가 활약하게 된다. 영국 Cambridge 대학에는 소련 정보기관이 포섭한 5명의 대학생이 있었는데, 이 중 영국 정보부에 들어간 다섯번째 사나이' 를 통해서 정확한 정보를 얻어내게 된다. 하지만 그는 긴장감을 이기지 못하고 Kursk 전투

개시 전에 자신의 임무를 포기한다. 어쨌거나, 영국 정보부의 정보 수집능력은 타의 추종을 불허했고, 소련군은 정확한 정보들을 받을 수 있게 된다. 7월 4일에는 투항한 독일 병사가 7월 5일 새벽 3시에 공세가 시작된다는 사실을 자백했다. 이어 7월 5일 오전 2시에 소련군 진지에 침투해 지뢰밭을 개척하던 독일군 공병대원을 생포하여 한 시간 후에 공세가 시작된다는 자백을 받아냈다.

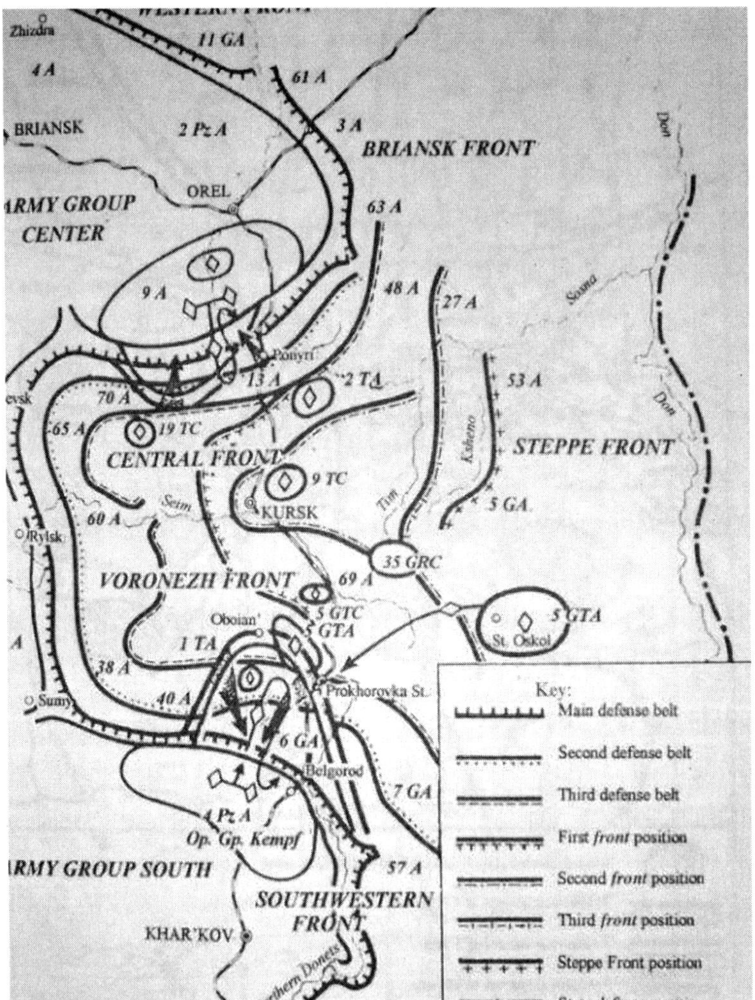

그림 5.8 소련군의 Kursk 방어태세

소련군은 애초에 공세가 시작되기 직전 선제포격을 가해 독일군에게 막대한 손실을 입히겠다는 계획을 세워놓고 있었고, 이제 더 이상 망설일 것이 없었다. Zhukov

원수는 항공 폭격과 일제 포격을 명령했다. 그러나 소련군의 기습적인 포격에 독일군의 피해는 크지 않았는데 독일군 대부분이 공격 출발선에 도착하지 않았기 때문이다. 소련군의 대규모 공세를 의심했으나 더이상 포격이 없자 독일 중부집단군 사령관 Günther von Kluge 원수는 Walter Model 이 지휘하는 독일 9군에 공격을 명령했다. 드디어 두달의 대치 기간은 끝나고 Kursk의 격전이 시작된 것이다.

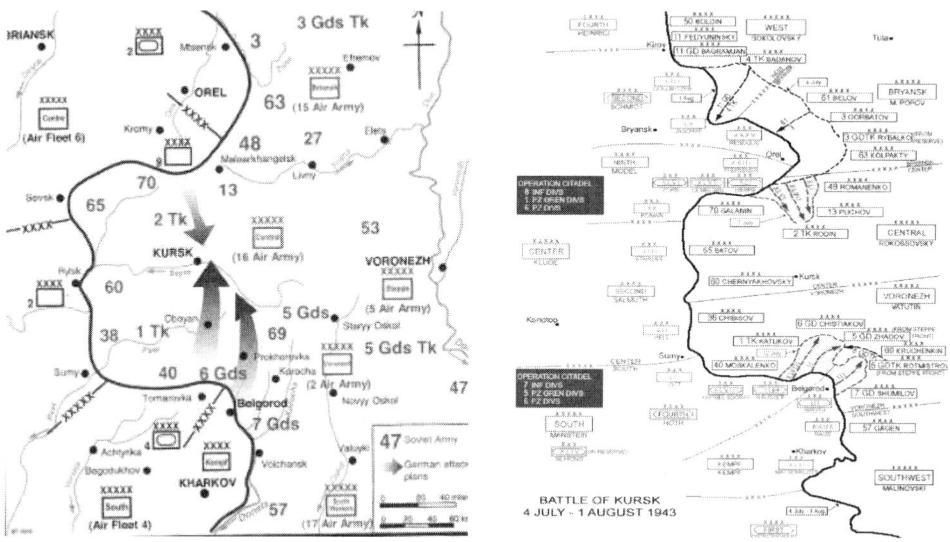

그림 5.9 독일군의 Kursk 전투 작전계획 및 전투경과

5.3.2 전투 경과

작전명 Zitadelle 은 7 월 5 일 04 시 30 분에 개시되었다. 독일군 각 기갑사단은 소련군이 오랫동안 준비한 참호, 장애물, 지뢰, 대전차포의 방어로 인해 진격속도가 떨어져 신속한 돌파는 어렵게 되었다. 공세는 Model 원수가 지휘하는 제 9 기갑군이 북쪽에서, Hoth 장군이 지휘하는 제 4 기갑군이 남쪽에서 진격하는 것으로 이루어져 있었다.

5.3.2.1 북쪽에서의 진격

북쪽에서 공격에 들어갔던 Model 의 독일 제 9 군의 기갑부대는 그날 약 6.5Km 를 전진하였다. 다음날, Model 은 더 많은 전차를 투입하여 단지 10Km 의 정면의 전선을 공격하였다. 하지만 이는 소련의 예비 기갑부대에 의해 저지되었으며 심대한 손실를 입었다. 7 월 7 일 독일 기갑부대는 7mile 이상을 이동하여 Ponyri 라는 마을로 전진하였다. 8 일엔 Olkhovatka 로 진격하였지만, 진격하는 도중 마을로 들어가는 접근로가 좁아 많은 전차들이 몰려 혼잡스럽게 되었고, 결국 소련 급강하 폭격기와 포격에 전열이 흐트러지고 많은 전차를 잃었다. 결국 작전 5 일째인 7 월 9 일, 북쪽의 독일군은 더이상 진격하지 못하고 한계에 이르렀다. 5 일 동안의 공세동안 제 9 기갑군은 겨우 15Km 밖에 전진하지 못하였다.

5.3.2.2 남쪽에서의 진격과 격렬한 전차전

한편 남쪽은 독일군의 강력한 병력과 소련의 큰 군사적 오판으로, 상황은 독일군에게 훨씬 유리했다. Hoth 장군의 제 4 기갑군이 Vatutin 의 Voronezh 전선군을 제압하며 들어갔다. Hoth 의 기갑군에는 독일 최정예 9 개 기갑사단이 있었는데, 그 중에는 나치 친위 사단인 3 SS 기갑 사단 Totenkopf, 2 SS 기갑 사단 Das Reich, 1 SS 기갑 사단 LSSAH 사단들도 있었다. 이들의 활약은 대단히 우수해서 이틀 만에 Kursk 방어지대의 핵심지역인 Kursk-Oboyan 도로를 향해 30Km 나 전진하였다. 7 월 7 일을 기점으로 SS 기갑군은 점점 전투지속능력이 떨어지고 결국 소련 제 1 전차군에 의해 저지되었다. 7 월 9 일 Hoth 의 4 기갑군은 기갑사단을 집결시켜 전선을 돌파하여 3 SS 기갑사단인 Totenkopf 사단을 선두로 하는 독일군과 Kursk 사이에 있는 마지막 장애물인 Psel 강을 뚫고 3 SS 기갑 사단 Totenkopf 는 참호를 구축하였다. 하지만 이후로 북서쪽인 Kursk 방향으로 진격은 더이상 불가능해졌다.

결국 Hoth 는 주력 공세를 북동쪽의 작은 철도 교차점인 Prokhorovka 로 돌렸다. 7 월 9 일부터 14 일까지가 Kursk 공세에 결정적인 운명을 지었다. 무장 친위대 기갑 사단들인 1 SS 기갑 사단 LSSAH, 2 SS 기갑 사단 Das Reich, 3 SS 기갑 사단 Totenkopf 사단들을 앞세운 독일 기갑 부대는 소련군에게 막대한 손실을 입히고

500 대가 넘는 중전차를 투입하여 진격하였다. 이에 7 월 6 일에 Stalin 은 제 5 근위 전차군 사령관 Rotmistrov 장군에 예비 병력의 일부를 주고 Prokhorovka 사수를 명령하였다. 7 월 7 일 01 시 30 분, 소련 5 근위 전차군은 사흘간 370Km 이 넘는 거리를 독일의 Ju-87 급강하 폭격기의 공격을 받으며 주야로 행군하여 7 월 10 일에 전선에 도착하였다.

Zhukov 는 Rotmistrov 에게 T-34 가 Panther 와 Tiger 에 화력에서 제압당하지만 기동성이 앞서니 기계화 부대의 백병전을 하라고 지시하였다. 7 월 12 일 오전 294 대 가량의 독일군 전차와 793 여대의 소련군 전차가 대치했다. 이 전투는 역사상 최대의 전차전이었으며 역사상 최대의 항공전이었다. 이는 향후 Zitadelle 작전의 결과, 그리고 더 나아가 독일의 동부 전선에 중요한 영향을 미칠 전투였다.

아침 7 시 대규모의 독일 폭격기 부대가 소련군 진영을 맹렬히 폭격하였고 이에 맞서 소련 전투기들이 출격하였다. 폭격기들이 돌아간 후, 소련군은 SS 기갑군의 머리 위로 쉬지 않고 폭탄과 로켓을 투하하였다. 08 시 30 분, Pavel Rotmistrov 는 강철이란 뜻의 Stal 이라는 암호로 공격 명령을 내리고, 곧이어 독일 쪽에서도 LSSAH 의 전차들이 몰려나왔다.

이 날, 겨우 $3Km^2$에 불과한 지역에 수백대의 전차가 뒤엉켰다. 소련군 전차들은 독일군 기갑부대를 타격하기 위해 충격하면서 포화를 퍼부었으며, 독일군 전차들은 기동불능이 되면 문을 걸어 잠그고 마지막까지 사격하면서 저항하였다. 양측은 전투불능이 되면 밖으로 나와 상대편의 전차에 유탄을 던지는 등 전투는 매우 치열하고 혼란스러웠다.

이 단일전투에서 약 700 대 이상의 전차가 파괴되었으며, 독일군과 소련군은 많은 전차를 잃었다. 독일군은 더이상 결정적인 진격이 불가능해졌으며, 소련군은 방어에 성공했지만 전진이 전혀 불가능하였다. 다음날도 계속 전투가 진행되었지만 이는 소규모에 불과했으며, 독일군의 진격은 Nikolai Vatutin 과 Wasilewski 의 재빠른 방어에 번번이 좌절되었다. 7 월 13 일, Pavel Rotmistrov 에게는 증원군이 계속 도착하긴 했지만 기동 가능한 전차의 수는 50 대밖에 없었고 병력은 반으로 줄어 있었다.

훗날 Wasilewski 는 그 당시를 회상하면서 “죽을 때까지 지울 수 없는 인상을 남겼다.” 고 회고했으며, 한 종군 기자에 따르면 그 지역은 수십 주 동안 “끔찍하고 황량한 사막으로 남아있었다.” 고 한다.

7월 10일, 서방 연합군이 Sicily에 상륙하면서 2SS기갑군단은 Italy로 이동하라는 명령이 떨어졌다. 따라서 Hitler는 병력을 남부로 돌릴 수밖에 없었다. 7월 13일, Zitadelle 작전은 공식적으로 취소되었고, Hermann Hoth 장군을 비롯한 휘하 장군에게는 Zitadelle 작전 이전의 방어선으로 철수하라는 명령이 떨어졌다. 결국 독일군의 Kursk 공세는 7월 15일에 끝났다.

5.3.2.3 독일군의 퇴각

이 전투는 독일측뿐만 아니라 소련측에게도 극심한 전력 손실을 입혔다. 예로, Kursk를 방어했던 Rotmistrov의 제5근위전차군의 전차 수는 500대에서 50대로 줄어 간신히 방어할 수 있을 정도였다. 하지만 이 전투로 인해 뼈아픈 전력손실을 입게 된 독일은 점차 소련군의 물자생산 능력과 전쟁수행 능력을 과대평가하기 시작한다. 이 과대평가는 곧 이은 소련의 반격으로 더욱 커져, 후에 Hitler가 동부전선의 병력을 수 백 Km 떨어진 Dnieper 강으로 총퇴각 시키는 명령을 내리는데 결정적인 역할을 한다.

5.3.2.4 소련군의 반격

Hoth 지휘하의 독일 제4기갑군과 Rotmistrov 지휘하의 소련 제5근위전차군이 Kursk 남쪽에서 사상 최대의 전차전을 벌이는 동안, Kursk 북쪽에서는 Orel과 Bryansk를 탈환하여 독일 중부 집단군을 대상으로 Kutuzov 작전이 개시되었다. 작전 초기엔 독일군의 강력한 저항에 부딪혀 전진이 힘들었지만, 독일군의 한쪽이 돌파당하면서 소련군은 질풍노도처럼 쳐들어가 8월 5일에 Orel이, 8월 18일에는 Bryansk가 소련의 통제에 들어갔다.

Kursk 남측에서의 반격은 한참 후인 8월 3일에 Zuikova의 직접적인 지휘 아래 개시되었다. 이 작전의 이름은 Rumyantsev 작전으로, 목표는 Kharkov의 탈환이었다. 이 공격은 주로 Kursk 후방에 있던 초원 예비 전선군에 의해 이루어졌는데, 소련군은 8월 5일에 Belgorod 시를 점령했으며, 8월 23일에는 Kharkov 시마저 점령함으로써 Kursk 전투는 막을 내리게 된다.

그림 5.10 Kursk 전투 모습

5.3.3 전투 참가 전력 및 손실

Kursk 전투에 참가한 소련군과 독일군의 전력과 손실은 표 5.7과 같다. 이 자료는 개략적인 자료로서 뒤에서 설명되는 전사를 수학적으로 분석하는 자료와는 상이하다. 이러한 차이는 전사연구가들이 분석한 자료와 전투모델링을 전문으로 연구하는 학자들이 구한 데이터 출처가 다른 이유로 발생하고 있다. 여기서는 전투모델링을 주로 설명하고 있기 때문에 전사연구가들이 제시한 자료는 참고자료로만 고려한다.

표 5.7 Kursk 전투에 참가한 소련군과 독일군의 전력

구 분	소련군	독일군
투입 전투력	○Zitadelle 작전 기간 · 병력1,910,361명 · 전차 5,128대 · 포 25,013문 ○소련군 반격기간 · 병력 약 250만 명 · 전차 7,360대 · 포 47,416문 · 항공기 약 3000기	○Zitadelle 작전 기간 · 병력 780,900명 · 전차 2,928대 · 포 9,966문 ○소련군 반격기간 · 병력 940,900 명 · 전차 3,253대 · 포 9,467문 · 항공기 2,110기
손실	· 약 970,000명 · 전차 약 7,000대 · 항공기 약 1,600기	· 약 250,000명 · 전차 약 1,000대 · 항공기 약 800기

5.3.4 Kursk 전투의 수학적 분석

5.3.4.1 Kursk 전투 데이터

Kursk 전투에 대한 자료는 최근에 개발되었다. 전투자료는 Dupuy 연구소(TDI: The Dupuy Institute)에 의해 독일과 러시아 군사 기록 보관소로부터 수집된 것이다. 이 자료들은 Computer Data Base로 재구성되었고 Kursk Data Base(KDB)로 지정되었다. KDB은 KOSAVE(Kursk Operation Simulation and Validation Exercise) 연구에 문서화되었다. 이 자료들은 양측의 자료가 있고 일일 전투자료로 시간 단계별 자료이며 매우 상세화 되어 있으며 1943년 7월 4일부터 1943년 7월 18일까지 15일간의 Kursk 전투를 망라하고 있다. 데이터는 Kursk 전투의 남부전선의 것이며 사단 수준으로 정리되어 있고 부대와 전투태세상태, 병력상태 및 손실, 무기상태 및 손실, 탄약상태, 항공기 Sortie 상태, 지리적 부대 위치 및 전진 사항이 포함되어 있다. KDB가 15일 자료를 망라하는 반면 전투가 Data Base 2일차 이전까지는 실제 시작되지 않았으므로 분석에서는 주로 2일차인 7월 5일부터 7월 18일까지 마지막 14일간 자료만 고려된다.

총 39개의 다양한 모델이 Kursk 전투에 적합한지 다른 방법을 사용하여 검토되었다. 이러한 접근법은 추정목적을 위해 근접항공지원 데이터를 포함한 LTS(Least Trimmed Squares) Regression 연구방법을 적용하는 것을 포함하고 있다. 편의상 전투를 여러 단계로 구분하고 단계별 가중치를 다르게 하여 데이터를 통합했으며 기본 Lanchester Equation과 Morse–Kimball Equation을 사용하였으며 이전 연구에서 발견된 매개변수를 적용하였다.

표 5.8 의 손실은 전사, 전상, 포로, 실종, 질병 등 비전투 손실을 포함한다. 일일 병력수준은 전일의 병력수준과 손실, 보충에 영향을 받는다. 공격하는 독일군이 수가 소련군보다 적었다.

표 5.8 일일 소련군과 독일군의 투입 병력의 수와 손실 인원수

	Soviet 병력	Soviet 손실	German 병력	German 손실
5 July	507,698	8,527	301,341	6,192
6	498,884	9,423	297,205	4,302
7	489,175	10,431	293,960	3,414
8	481,947	9,547	306,659	2,942
9	470,762	11,836	303,879	2,953
10	460,808	10,770	302,014	2,040
11	453,126	7,754	300,050	2,475
12	433,813	19,422	298,710	2,612
13	423,351	10,522	299,369	2,051
14	415,254	8,723	297,395	2,140
15	419,374	4,076	296,237	1,322
16	416,666	2,940	296,426	1,350
17	415,461	1,217	296,350	949
18	413,298	3,260	295,750	1,054

표 5.9 일일 독일군의 전차, 장갑차, 포병 가용 병력과 손실인원

Day	보유 전차수	손실 전차수	보유 장갑차 수	장갑차 손실수	보유 화포수	손실 화포 수
5 July	986	198	1,142	29	1,166	24
6 July	749	248	1,128	14	1,161	5
7 July	673	121	1,101	27	1,154	7
8 July	596	108	1,085	16	1,213	13
9 July	490	139	1,073	14	1,210	6
10 July	548	36	1,114	42	1,199	12
11 July	563	63	1,104	16	1,206	15
12 July	500	98	1,099	12	1,194	12
13 July	495	57	1,096	4	1,187	7
14 July	480	46	1,093	6	1,184	5
15 July	426	79	1,089	5	1,183	3
16 July	495	23	1,092	1	1,179	4
17 July	557	7	1,095	1	1,182	2
18 July	588	6	1,098	5	1,182	11

* 독일군은 첫 2 일 동안 아주 잘 준비된 진지에 대한 공격으로 많은 전차 손실이 발생하여 어려움을 겪었다.

표 5.10 일일 소련군의 전차, 장갑차, 포병 가용 병력과 손실인원

Day	보유 전차수	손실 전차수	보유 장갑차 수	장갑차 손실수	보유 화포수	손실 화포 수
5 July	2,396	105	507	4	705	13
6	2,367	117	501	6	676	30
7	2,064	259	490	11	661	15
8	1,754	315	477	13	648	14
9	1,495	289	458	19	640	9
10	1,406	157	463	3	629	13
11	1,351	135	462	4	628	7
12	977	414	432	30	613	16
13	978	117	424	8	606	10
14	907	118	418	8	603	5
15	883	96	417	1	601	5
16	985	27	417	0	600	3
17	978	42	417	2	602	0
18	948	85	409	8	591	4

* 'Prokhorovka 의 피바다' 로 불리는 7 월 12 일 소련군은 414 대의 전차 손실을 입었다.

표 5.11 소련군과 독일군 일자별 가용전투력과 손실전투력 점수
(병력 1, 장갑차 5, 전차 20, 포병 40 가중치 적용)

Day	Soviet 전투력	Soviet 손실	German 전투력	German 손실
5 July	586,353	11,167	373,411	11,257
6	575,769	12,993	364,265	9,532
7	559,345	16,266	359,085	6,249
8	545,332	16,472	372,524	5,702
9	528,552	18,071	367,444	6,043
10	516,403	14,445	366,504	3,450
11	507,576	10,754	365,070	4,415
12	480,033	28,492	361,965	5,112
13	469,271	13,302	362,229	3,491
14	459,604	11,323	359,820	3,290
15	463,159	6,201	357,522	3,047
16	462,451	3,600	358,946	1,975
17	461,186	2,067	360,245	1,174
18	457,943	5,160	360,280	1,639

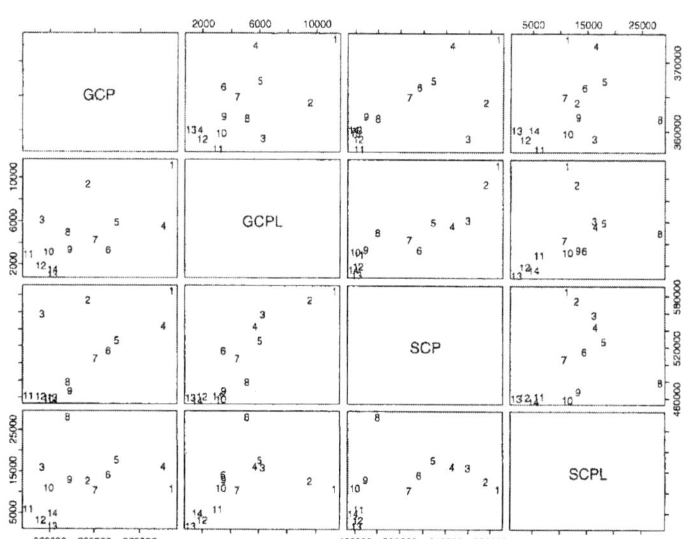

그림 5.11 14 일간 데이터에 부합하는 독일군 병력(GCP: German Combat Power), 독일군 손실인원(GCPL: German Combat Power Losses), 소련군 병력((SCP: Soviet Combat Power), 소련군 손실인원(SCPL: Soviet Combat Power Losses) 간의 Pairwise Scatter Plots

5.3.4.2 SSR에 의한 모수 추정

위에서 제시한 데이터를 가지고 d, p, q, α, β 5개의 미지수에 관한 가장 적합한 매개변수를 추정하는 방법을 설명하면 다음과 같다. Blue Force 와 Red Force의 실제 데이터와 추정된 데이터의 차이의 제곱합을 SSR로 식 (5-43)과 같이 정의한다.

$$\mathrm{SSR} = \sum_{i=1}^{14}(\dot{B}_i - \alpha d_i^* R_i^p B_i^q)^2 + \sum_{i=1}^{14}(\dot{R}_i - \beta d_i^* B_i^p R_i^q)^2 \qquad (5-43)$$

여기서 i은 14일간 전투의 일자를 나타내며 Blue Force 또는 Red Force가 방어를 수행하면 $d_i^* = d$ 이고 공격을 실시하면 $d_i^* = 1/d$ 이며 양측 모두 명확하게 공격를 하는 경우와 양측 모두 명확하게 공격하지 않은 경우에는 $d_i^* = 1$로 둔다. 목적함수는 SSR을 최소화하는 매개변수를 구하는 것이다.

$\sum_{i=1}^{14}(\dot{B}_i - \alpha(d_i^*)R_i^p B_i^q)^2$ 은 Blue Force의 실제 손실률과 이론상 데이터에 의한 손실률의 차이를 일자별로 제곱한 것을 합한 것이다. 또, $\sum_{i=1}^{14}(\dot{R}_i - \beta(d_i^*)B_i^p R_i^q)^2$은 Red Force의 실제 손실률과 이론상 데이터에 의한 손실률의 차이를 일자별로 제곱한 것을 합한 것이다. 주어진 데이터로 분석을 할 때는 소련군을 Blue Force로 독일군을 Red Force로 두고 분석을 한다.

SSR 을 최소화하는 매개변수를 찾기 위해 Bracken 과 같이 제약을 가진 Grid Search, Fricker 의 데이터 Log 변환 후 Linear Regression, Wiper 등의 Posterior Maximum, Clemens 의 Numerical Newton Raphson 방법과 같은 표준 최적화 방법을 사용하기 보다는 p와 q에 대한 Best-fitting Response Surface 를 사용하여 매개변수를 추정해 본다. 먼저 고정된 d에 대해 원점으로부터 회귀분석으로 α와 β를 구한다. 여기서 $\dot{B}_i$, $\dot{R}_i$, B_i, R_i은 알고 있는 값이다. 그러므로 α와 β는 쉽게 구할 수 있다.

SSR과 더불어 또다른 추정의 적합성 척도로 사용하는 것은 R^2이다. 여기서 $\mathrm{R}^2 = 1 - \mathrm{SSR/SST}$로 정의되며 SST(Total Sum of Squares)는 식 (5-44)와 같이 계산된다.

$$SST = \sum_{i=1}^{14}(\dot{B}_i - \bar{B})^2 + \sum_{i=1}^{14}(\dot{R}_i - \bar{R})^2 \qquad (5-44)$$

여기서 $\bar{B}$와 $\bar{R}$는 각각 소련군과 독일군의 평균 일일 손실 병력수이다. 여기에서 R^2는 선형 회귀함수의 SSR 과 유사하다. 만약 추정식이 데이터를 완전히 추정을 했다면 SSR=0 이 될 것이고 $R^2 = 1$이 된다. 여기서 R^2가 음수 값이 될 수도 있는데 이러한 경우에는 추정된 모형이 추정치로서 평균 일일 손실을 사용한 것 보다 더 좋지 않은 결과를 도출하였기 때문이다.

손실률 매개변수 α, β 의 추정치 $\hat{\alpha}$, $\hat{\beta}$를 구하는 방법은 R^2를 최대화하는 원점을 통과하는 회귀분석을 사용하여 식 (5−45), (5−46)과 같이 구한다.

$$\hat{\alpha} = \frac{\sum_{i=1}^{14} \dot{B}_i R_i^p B_i^q}{\sum_{i=1}^{14} (R_i^p B_i^q)^2} \qquad (5-45)$$

$$\hat{\beta} = \frac{\sum_{i=1}^{14} \dot{R}_i R_i^p B_i^q}{\sum_{i=1}^{14} (B_i^p R_i^q)^2} \qquad (5-46)$$

추정치 $\hat{\alpha}$, $\hat{\beta}$를 SSR, SST 에 대입하면 $\hat{\alpha}$, $\hat{\beta}$는 사라지고 p, q, d의 함수로 나타나며 d를 고정하면 p, q의 함수로만 표현되고 p, q에 따른 등가선을 그려보면 R^2를 최대화하는 p, q를 구할 수 있다.

d를 고정값이라고 했으나 실제 우리는 d를 모르고 있으므로 많은 d에 대해 이러한 절차를 반복한다. d를 설정할 때는 일차원상에서 d를 Line Search 하고 설정된 d와 주어진 p와 q에 대해 α와 β를 구하는 것이다. SSR을 최소화하는 p와 q의 등가선을 그려 봄으로써 시각적으로 최소화되는 지점을 평가할 수 있을 뿐만 아니라 Lanchester 지수 매개변수가 전투를 어떻게 적합하는지 더 좋은 이해를 할 수 있다.

Kursk 전투 데이터로 어떻게 여러 매개변수들을 조사하는지 설명한다. 먼저 공격과 방어 유리점을 표현하는 d가 포함되지 않도록 $d = 1$로 두고 p와 q의 함수로서 SSR을 최소화하는 등가선을 그린다. 실제로 최소 SSR의 10%보다 큰 $\text{SSR} = 6.0 \times 10^8$ 인 경우에는 p값은 2 이하로부터 10 이상이며 q 값은 0 이하로부터 3에 가까운 값이 된다. Grid Search 방법을 사용하여 소수점 4자리까지 시각적으로 구한 최적점은 $p = 5.6957, q = 1.2702$ 이며 $\text{SSR} = 5.46546 \times 10^8$ 이다. 어떤 책에서는 8일차 독일군 전차의 손실이 300대라고 기록되어 있는데 이를 적용해 보면 $p = 5.01, q = 1.35$ 로서 앞에서 구한 값에 아주 근접하다.

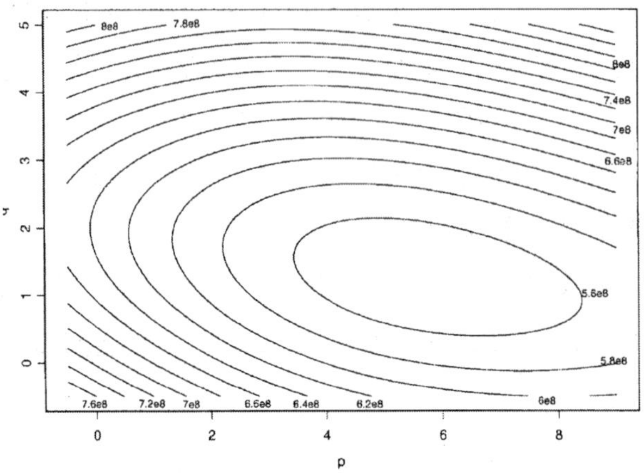

그림 5.12 공격과 방어 유리한 점을 표현하는 d가 포함되지 않은 p와 q의 함수로서 SSR을 최소화하는 등가선 Plot.

그러나 가장 최적값으로 제시된 $p = 5.6957$은 너무 커서 타당해 보이지 않는다. 이런 방법을 사용할 때 정확도는 굉장히 중요하다. 왜냐하면 큰 지수 매개변수에서는 작은 변화가 적합성에 극적인 영향을 미칠 수 있기 때문이다. 공격하는 측의 전투력을 제곱하는 것은 동시에 살상률을 50배 이상 크게 증가시킨다. 따라서 분석가는 데이터 범위를 넘어서는 Extrapolation 추정에 대해 조심해야 한다. 대부분의 분석가들은 p와 q를 0에서 1사이의 값을 사용하며 통상적으로 0 또는 1을 사용한다. 앞에서 추정한 값들은 통상적 Lanchester 모형과는 거리가 멀다. 최적 추정에 대응되는 α, β 는 각각 1.466×10^{-3} 과 1.201×10^{-3} 이다. 이것은 독일군이 전투효율이 더 높다는 것을 의미한다. α, β 최적 값은 아주 작은 수이므로 p, q의 아주 큰 값에 대해 균형을 맞추어야 한다.

위의 최적 추정모형에서는 $R^2 = 0.237$인데 이는 추정모형이 제곱한 변동의 1/4 즉 0.25보다 적은 것을 설명하기 때문이다.

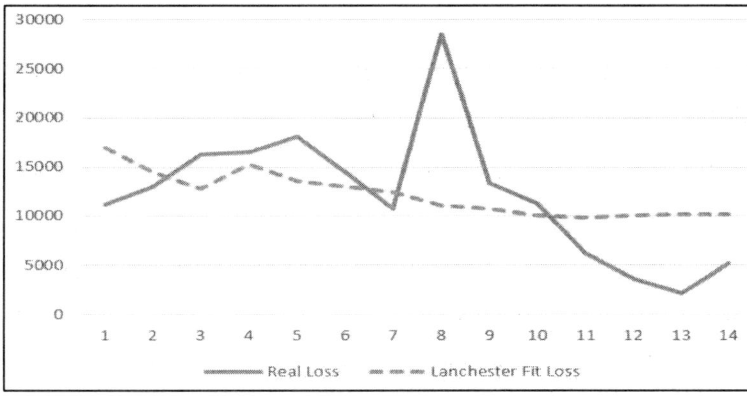

그림 5.13 소련군의 실제 손실과 Lanchester로 최적 추정된 손실($d = 1$).
(7월 12일 (8일차) 데이터에 이상치 데이터가 하나 있으며
마지막 4일간 추정데이터가 주목할 만하게 높다.)

독일군 손실을 최적 추정 방법을 이용하여 Lanchester 모형을 일반화해 보면 다음과 같다. 소련군과는 다르게 독일군의 추정 손실은 실제 손실과 아주 잘 들어맞는다. 소련군의 $R^2 = 0.124$로서 단지 평균 일일손실을 추정치로서 사용하는 것보다 조금 좋은 정도인데 비해 독일군의 $R^2 = 0.870$으로서 상당히 높다. 소련군의 추정은 8일차 이상치에 아주 큰 영향을 받고 있다는 것을 알 수 있다. 또한 양측 모두 손실에 있어서 모델이 마지막 며칠간 전투에 있어서는 과다 추정하고 있는 것을 볼 수 있고 실제 데이터를 보면 전투강도가 떨어지는 것이 아닌가 하는 생각을 할 수 있다. 이러한 것으로부터 손실률을 상수로 가정하는 것에 대한 의심을 가져온다.

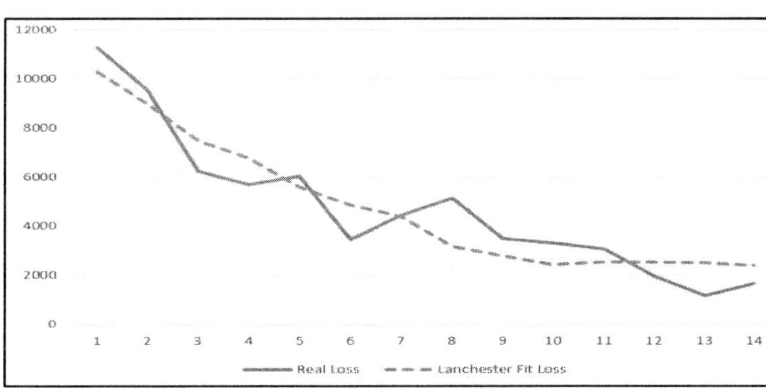

그림 5.14 독일군의 실제 손실과 Lanchester로 최적 추정된 손실($d = 1$).
소련군의 추정 데이터보다 더 좋은 결과를 보인다.

공격과 방어의 불리점과 유리한 점을 설명하는 매개변수인 d가 포함된 모형은 아주 복잡한 문제이다. Kursk 전투에서 모든 남부 전선에서는 거의 전기간에 소련군과 독일군의 어떤 부대들은 공격과 방어를 같이 했다는 것을 알 수 있다. 데이터에 의하면 최초 7일간은 일반적으로 소련군이 공격했다. 8일차에 독일군보다 많은 소련 부대들이 공격을 했다. 8 일차 이후에는 공격하는 독일군의 비율이 현저하게 낮다. 반면, 공격하는 소련군의 비율이 일반적으로 더 높다. 결론적으로 최초 7 일간은 독일군이 공격을 하고 이후 7 일간은 소련군이 공격을 한 것으로 생각할 수 있다. 전술 매개변수 d를 적용하여 최적 추정 모형을 만들어 보면 $p = 5.8703$, $q = 1.0078$, $d = 1.028$, $\alpha = 4.907 \times 10^{-3}$, $\beta = 3.521 \times 10^{-36}$ 이다. $\mathrm{SSR} = 5.46202 \times 10^{8}$ 로서 전술 매개변수가 없을 때와 비교해 보면 약간의 개선이 이루어 졌으며 $R^2 = 0.238$ 이다. $\alpha > \beta$로서 독일군이 소련군보다 전투효율이 높다. 그리고 $d > 1$은 공격하는 측이 약간의 유리한 점이 있다는 것을 의미한다.

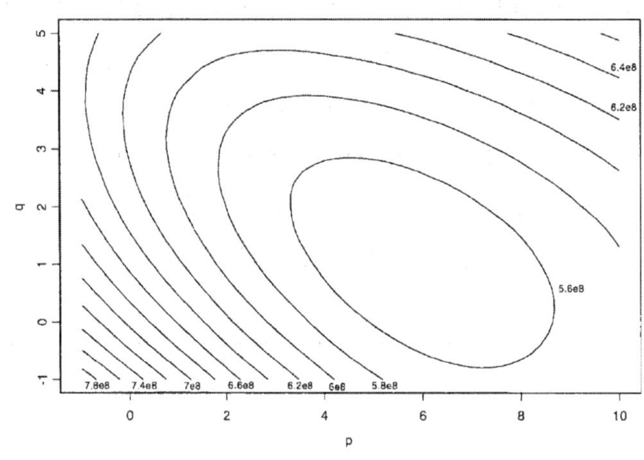

그림 5.15 d가 포함된 SSR을 최소화하는 p, q 등가선

5.3.4.3 Kursk 전투를 2 개의 단계로 분리한 경우

Kursk 전투를 전투가 없었던 첫날을 포함하여 15일간의 전투를 초반 8일간과 후반 7일간의 전투로 구분하여 분석하는 방법을 설명한다. 전투가 없었던 첫날의 전투력을 포함한 데이터는 표 5.12와 같다.

표 5.12 첫날을 포함하여 15 일간의 전투 병력 및 손실

Day	Blue Forces	Blue Losses	Red Forces	Red Losses
1	591,527	130	384335	920
2	586,353	11,167	373,411	11,257
3	575,769	12,993	364,265	9,532
4	559,345	16,266	359,085	6,249
5	545,332	16,472	372,524	5,702
6	528,552	18,071	367,444	6,043
7	516,403	14,445	366,504	3,450
8	507,576	10,754	365,070	4,415
9	480,033	28,492	361,965	5,112
10	469,271	13,302	362,229	3,491
11	459,604	11,323	359,820	3,290
12	463,159	6,201	357,522	3,047
13	462,451	3,600	358,946	1,975
14	461,186	2,067	360,245	1,174
15	457,943	5,160	360,280	1,639

이렇게 2 단계로 분리한 이유는 초반 8 일간은 전반적으로 독일군이 공격을 했고 후반 7 일간은 소련군이 주로 공격을 했기 때문이다. 이러한 경우 SSR 은 식 (5-47)과 같이 정의할 수 있다.

$$\mathrm{SSR} = \sum_{i=1}^{8}(\dot{B}_i - \alpha(d)R_i^p B_i^q)^2 + \sum_{i=1}^{8}(\dot{R}_i - \beta(1/d)B_i^p R_i^q)^2$$
$$+\textstyle\sum_{i=9}^{15}(\dot{B}_i - \alpha(1/d)R_i^p B_i^q)^2 + \sum_{i=9}^{15}(\dot{R}_i - \beta(d)B_i^p R_i^q)^2 \qquad (5\text{–}47)$$

여기서 i는 15 일의 전투일을 의미하고 $\alpha,\ \beta, p, q, d$의 조합으로 가장 작은 SSR 을 찾는 것이 관건이다. Bracken 은 자신이 설정한 매개변수의 수와 범위에 대하여 $\mathrm{SSR}(\alpha_i, \beta_j, p_k, q_l, d_m)\ for\ i = 1,2,\ldots,9,\ j = 1,2,\ldots,9,\ k = 1,2,\ldots,21,\ l = 1,2,\ \ldots,21,$ $m = 1,2,\ldots,9$을 찾고자 하였다. 각 매개변수의 범위는 다음과 같다.

$$(\alpha_1, \ldots., \alpha_9) = (4 \times 10^{-9}, \ldots., 1.2 \times 10^{-8})$$
$$(\beta_1, \ldots., \beta_9) = (4 \times 10^{-9}, \ldots., 1.2 \times 10^{-8})$$
$$(p_1, \ldots., p_{21}) = (0.0, \ldots., 2.0)$$

$$(q_1, \ldots, q_{21}) = (0.0, \ldots, 2.0)$$
$$(d_1, \ldots, d_9) = (0.6, \ldots, 1.4)$$

5.1 절에서 설명한 것과 같이 Bracken 은 표 5.13 과 같이 4 개 모형을 수립하였다.

표 5.13 Bracken 모형 설정 구분

구 분	전투 인력	지원 인력	매개변수 d
모형 1	O	X	O
모형 2	O	O	O
모형 3	O	X	X
모형 4	O	O	X

매개변수 α, β, p, q, d 조합은 $9 \times 9 \times 21 \times 21 \times 9 = 321{,}489$이다. 위 표에서 주어진 데이터에 대해 찾은 모형 1 의 가장 최소의 SSR 조합은 $\text{SSR}(\alpha_9,\ \beta_6,\ p_2,\ q_{21},\ d_4) = 8.65 \times 10^8$ 이며 $\alpha_9 = 1.2 \times 10^{-8}$, $\beta_6 = 9 \times 10^{-9}, p_2 = 0.1,\ q_{21} = 2.0,\ d_4 = 0.9$ 이다. 여기서 α_9과 q_{21}는 설정한 매개변수의 가장 끝 경계에 있다는 것에 주목할 필요가 있다.

d가 없는 경우는 $\alpha,\ \beta, p, q, d$ 조합은 $9 \times 9 \times 21 \times 21 = 35{,}721$개로 감소한다. 이 때의 가장 작은 SSR 을 주는 매개변수의 조합과 값은 $\text{SSR}(\alpha_9,\ \beta_6,\ p_4,\ q_{19}) = 8.88 \times 10^8$ 이다. 추정된 매개변수 값은 $\alpha_9 = 1.2 \times 10^{-8}$, $\beta_6 = 9 \times 10^{-9}, p_4 = 0.3,\ q_{19} = 1.8$이다.

표 5.14는 d를 변화시켜 가면서 Kursk 전투의 추정한 SSR 을 계산한 것이며 가장 작은 SSR 8.65×10^8에 해당하는 매개변수의 값 $\alpha = 1.20 \times 10^{-8}$, $\beta = 9 \times 10^{-9}, p = 0.1, q = 2.0, d = 0.9$ 로 구성한 식은 식 (5−48), (5−49)와 같으며 이 식이 2 단계화한 Kursk 전투를 가장 잘 설명하는 모형 1 의 Lanchester 방정식이다.

$$\dot{B} = 1.2 \times 10^{-8} \left(\frac{10}{9}\ or\ \frac{9}{10}\right) R^{0.1} B^{2.0} \qquad (5-48)$$
$$\dot{R} = 9 \times 10^{-9} \left(\frac{10}{9}\ or\ \frac{9}{10}\right) R^{0.1} B^{2.0} \qquad (5-49)$$

표 5.14 Kursk 전투 2단계화 모형 매개변수 추정값

d	SSR	α	β	p	q
0.5	1.38E+9	9.00E−9	6.00E−9	0.1	2.0
0.6	1.15E+9	1.00E−8	7.00E−9	0.1	2.0
0.7	9.84E+8	1.20E−8	8.00E−9	0.1	2.0
0.8	8.87E+8	1.20E−8	9.00E−9	0.1	2.0
0.9	8.65E+8	1.20E−8	9.00E−9	0.1	2.0
1.0	8.88E+8	1.20E−8	9.00E−9	0.3	1.8
1.1	9.34E+8	1.20E−8	8.00E−9	0.5	1.6
1.2	9.90E+8	1.20E−8	7.00E−9	0.7	1.4
1.3	1.05E+9	1.20E−8	7.00E−9	0.8	1.3
1.4	1.10E+9	1.20E−8	6.00E−9	1.0	1.1
1.5	1.16E+9	1.20E−8	5.00E−9	1.2	0.9
1.6	1.21E+9	1.20E−8	5.00E−9	1.3	0.8
1.7	1.25E+9	1.20E−8	4.00E−9	1.5	0.6

d가 없는 경우 모형 3에 대해서는 식 (5−50), (5−51)과 같은 Lanchester 방정식이 가장 좋은 적합도를 가진 식으로 평가되었다.

$$\dot{B} = 1.2 \times 10^{-8} R^{0.3} B^{1.8} \qquad (5-50)$$

$$\dot{R} = 9 \times 10^{-9} R^{0.3} B^{1.8} \qquad (5-51)$$

5.3.4.4 Kursk 전투를 몇 개의 단계로 분리

적합한 모델을 결정할 때 중요한 가정은 이전 연구자들과 마찬가지로 손실률 매개변수 α, β를 모든 전투기간 동안 상수로 두었다는 것이다. 확실한 것은 손실률 매개변수는 전투가 진행될수록 어느 정도 줄어 든다는 것이다. 이상적으로는 데이터가 가용하다면 전투 일자별로 새로운 손실률 매개변수를 추정하는 것이 좋다. 매일 어떤 p, q에 대응하는 실제 손실 데이터에 적합한 α, β가 존재한다. 그러나 불행하게도 그렇게 하면 시스템이 과잉 결정될 수 있다. 이러한 제한점을 극복하기 위해 전투를 단계내에서는 비교적 동질적인 내용이라고 할 수 있는 몇 개의 단계로 분할하는 것이 좋다.

여기서 Kursk 데이터와 다른 역사적 전투사례에 기반하여 무엇이 가장 자연스러운 것인가를 알아보기로 한다. 첫 단계인 전투 첫 2일간은 일반적으로 독일군이 준비된

방어를 한 소련군을 공격했다. 두 번째 단계인 3~7 일간은 큰 틀에서 독일군이 급편방어를 한 소련군을 공격했다. 전투 8 일차는 Prokorovka 의 대량살상이 이루어져서 하루를 3 단계로 설정하였다. 물론 하루만으로 3 단계로 설정했기 때문에 완벽한 적합성이 달성된다. 즉, 오차가 발생하지 않는다. 이 것은 이상치로 간주되기 때문에 적합도 설정시 제외한다. 마지막인 4 단계는 9~14 일이다. 이 단계에서는 소련군이 공세로 돌아서고 전투강도는 약화된다.

여러 단계화하여 적합시키는 것은 손실의 변동을 설명하는 추가적인 매개변수 때문에 전반적으로 더 좋은 결과를 줄 수 있다. 앞에서는 p, q, d, α, β 5 가지의 매개변수가 있었지만 단계화 하면 10 개의 매개변수가 있다. 4 가지 단계별 p, q에 따른 α, β가 결정된다. 방어 매개변수 d는 여기서 사용할 수 없다. 왜냐하면 각 단계에서 한측이 계속해서 공세적이었기 때문이다. 그러므로 각 단계내에서 d로 측정되는 방어를 하는 효과는 단계의 손실 매개변수와 혼동을 줄 수 있다.

이전과 같이 최적화 방법으로 실제와 추정된 손실 차의 제곱 오차를 최소화하는 p, q를 찾는다. 각 단계의 데이터를 사용하여 원점으로부터의 회귀분석에 의해 결정된 α, β에 가장 잘 적합한 p, q가 결정된다. 이렇게 하여 4 가지 단계의 8 개의 손실 매개변수가 결정되도록 모든 p, q를 결정한다. 각 p, q에 의해 14 일간의 모든 전역에 대해 합하여 실제와 추정된 손실의 차의 제곱 합인 SSR 을 계산한다. 그림 5.16 의 왼쪽 그림은 p, q의 함수로서 SSR 을 보여준다. 이러한 표면은 그림 5.16 의 오른쪽 그림과 같은 일정한 손실 매개변수 모형으로부터 만든 SSR 평면과 가로축과 세로축에 정렬되어 있어 모양적으로 놀라울 정도로 유사하다. 그림 5.16 의 두 개의 그림에서 타원형은 세로로 크기보다는 가로로 넓고 최소점은 큰 지수 매개변수로 1 사분면에 위치한다. 약간의 중요한 차이점은 첫째 4 단계로 분리한 모형이 SSR 이 훨씬 작아서, 현저하게 좋은 적합도를 보인다. 둘째, 4 단계화 한 모형이 현저하게 평평하다. 이것은 더 넓은 일반화된 Lanchester 모형이 '근사 최적해(Near Optimum)' 라는 것이다.

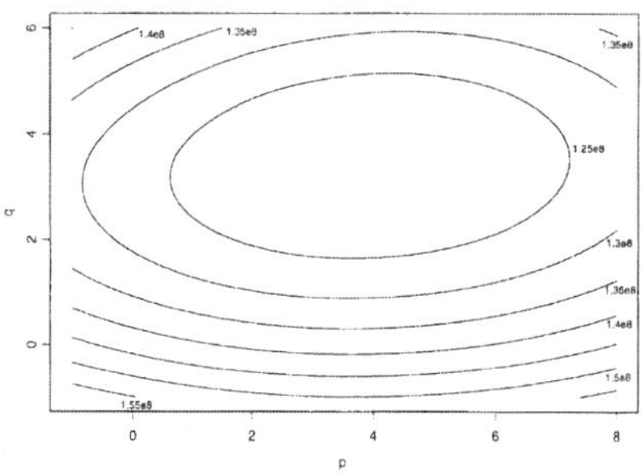

손실 매개변수가 4단계(1-2, 3-7, 8, 9-14일)로 분리될 때 SSR. 추가적인 매개변수 때문에 적합도가 더 좋아지나 등가선의 모습은 전술 매개변수가 없을 때와 유사하다. 최소 SSR 지점은 너무 커서 수용하기가 곤란하다.

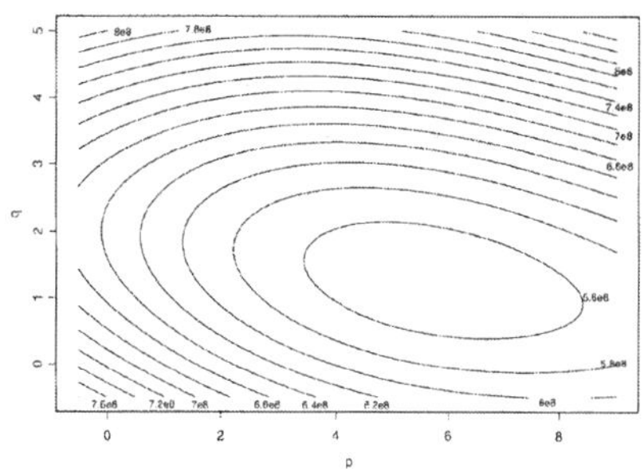

단계화하지 않고 전체 전투기간을 하나의 단계로 고려하고 Kursk 전술 매개변수 d 를 고려한 최소값 SSR 을 p 와 q 의 함수로 표현한 등가선이다.

그림 5.16 단계화와 단계화하지 않은 결과

표 5.15는 최적과 기본 Lanchester 모형이 4 단계화 모형에 적합도를 표현한 것이다. 4 단계화 최적 Lanchester 모형의 지수 매개변수는 $p = 3.92$, $q = 3.38$ 이며 $R^2 = 0.832$ 이다. 이것은 단일 단계 모델들보다는 훨씬 더 좋은 적합도를 보여주고 있다. 그러나 대부분의 개선은 전투를 4 단계화한 것으로부터 온 것이다. 각 단계의 양측의 평균 손실과 추정된 손실을 이용하여 얻은 R^2 는 0.800 이다. 결론적으로 최적 4 단계화하여 10개의 매개변수를 가진 Lanchester 모형은 4 단계 평균을 이용한 것보다 단지 0.032 높다. 그러므로 변동하는 전투 치열도, 지형, 태세 등을 고려한다면 Lanchester 모형으로 추정하는 것 보다 더 많은 변동을 중요하게 설명한다. 이것은 Hartley와 Helmbold가 인천-서울 전투 연구에서 발견한 것과 같이 일관성을 유지한다. 또한 표 5.15에서 보는 것과 같이 기본 Lanchester 모형이 단계 평균보다 단지 약간 적합도가 좋고 Linear Law가 Square와 Logarithmic Law보다 약간 더 좋다.

표 5.15 작전단계를 4단계로 분리하여 손실 매개변수 추정할 때 Bracken의 가중치를 적용한 Kursk 전투의 Lanchester Law 적합

Lanchester Law	p	q	R^2
Square	1	0	0.804
Linear	1	1	0.816
Logarithmic	0	1	0.812
Optimum Fit	3.92	3.38	0.832
4 단계 means fit	N/A	N/A	0.800

* R^2 향상의 거의 대부분이 4 단계간의 평균 차이로 인한 것이다.

R^2로 측정된 다양한 적합 모델 차이를 설명했는데 중요한 것과 중요하지 않은 것들의 차이에 대해 완화시켜 말한다. 여기에서는 Lanchester 모형들의 R^2의 차이를 공식적으로 평가하기 위해 Bootstrap 방법을 사용한다. 충분히 큰 서로 다른 R^2 추정치를 순서대로 정렬하여 차이를 확인하는 것은 자연적 변동에 의해 영향을 받지는 않는 것 같다. 모든 전투는 재현 불가능한 사건이라는 것을 염두에 두고, 만약 많은 필수적으로 동일한 병력이 비슷한 14 일 전투를 하고 오래된 전투 데이터의 기록과 수집과 연관된 피할 수 없는 오류가 있다면 많은 자연적 변동을 전투의 고유한 무작위성에 때문에 변동이 일어날 수 있는 것으로 정의한다.

위의 Lanchester 모형을 적합 시키는데 14일간의 전투는 14일간의 소형전투로 필수적으로 처리한다. 이것은 주어진 법칙 예를 들어 14일 동안 특정 p, q에 대해 SSR을 최소화하는 것과 같은 개념인 R^2를 최소화하는 α, β, d를 찾는다. 여기서 R^2의 변동가능성을 각 법칙에 대해 14일간의 실질적인 일일 손실 매개변수에 의해 비모수적으로 정량화 한다. 3가지의 기본 Lanchester Law와 최적 적합 모형에 대해 각 법칙의 최적 d를 이용하여 $\hat{\alpha}_i,\ \hat{\beta}_i,\ for\ i = 1,2,\ldots,14$를 계산한다. $\hat{\alpha}_i,\ \hat{\beta}_i$는 i 일자의 손실률 매개변수이며 식 (5−52), (5−53)을 만족한다.

$$\dot{B}(t) = \alpha\left(d\ or\ \frac{1}{d}\right)R(t)^p B(t)^q \qquad (5-52)$$

$$\dot{R}(t) = \beta\left(\frac{1}{d}\ or\ d\right)B(t)^p R(t)^q \qquad (5-53)$$

14개의 $(\hat{\alpha}_i, \hat{\beta}_i)$ 쌍들은 만약 Lanchester Law가 전투를 재표본 추출되는데 정확하게 적용되었다면 데이터 집합에 따른 실제 전투에서 발생한 손실률 매개변수이다. 'Bootstrap 전투' 는 14개의 $(\hat{\alpha}_i, \hat{\beta}_i)$ 를 실제 전투력 수준, 법칙의

최적에 해당하는 d 또는 $1/d$을 곱함으로써 14개의 $(\hat{\alpha}_i, \hat{\beta}_i)$ 와 Bootstrap 방법에 의해 생성된 'Bootstrap 손실량' 을 복원 추출하여 표본으로 생성한다. 따라서 모든 'Bootstrap 전투' 들은 공격하는 측과 방어하는 측의 일일 전투력 수준이 실제 전투와 같다. Bootstrap 방법에 의해 생성된 'Bootstrap 전투' 일일 손실량은 실제 전투 손실과는 상이하다.

3 가지 기본 Lanchester Law 와 최적 Lanchester 적합 모형에 대해 위의 절차를 사용하여 14^{14} 개 가능한 전투 중에서 1,000 개의 Bootstrap 전투를 추출하는데 이들은 상호 독립적이다. 1,000 개의 α, β, d 를 가진 Bootstrap 전투들로 최대 R^2를 가진 최우수 적합 모형을 찾는다. 각 법칙에 따른 모형은 1,000 개의 R^2값을 가진다. 이를 R^2에 따라 작은 값으로부터 큰 값 순으로 정렬시킨다. 50 번째 큰 R_i^2로부터 950 번째 큰 R_i^2의 범위가 90% Bootstrap Percentile 범위이다. 표 5.16 이 Kursk 전투의 Bootstrap Percentile 범위를 보여준다. 표 5.16 으로부터 알 수 있는 것은 실제 데이터로부터 R^2 추정치는 그것들의 변동가능성에 상대적으로 작다는 것이다. 이것은 특별히 기본 법칙에는 사실이다. 특별히, Percentile 범위에 상당한 겹침이 있다.

R^2 추정치와 연관된 변동성은 Kursk 데이터가 하나의 모형이 다른 모형들을 지배하는 것을 말하지는 않는다. 그러나 다른 Lanchester 모형들에 대해 Bootstrap R^2 값들 사이에 상당한 양의 상관성이 있다. 이것은 하나의 법칙에 잘 적합한 Bootstrap 전투는 주로 다른 법칙들에 대해 같이 작용한다. 재표본추출에서 비교된 4 가지 Lanchester Law 에 대해 같은 재표본추출을 사용하였다. 그러므로 하나의 법칙이 다른 것에 비해 얼마나 자주 더 잘 적합한지 알 수 있다.

표 5.16 표준오차의 Bootstrap 추정과 90% Bootstrap Percentile 범위

Lanchester Law	R^2	Bootstrap mean	R^2	90% Bootstrap percentile interval
Square	0.081	0.054	0.064	(−0.012, 0.185)
Linear	0.131	0.087	0.102	(−0.059, 0.265)
Logarithmic	0.085	0.065	0.087	(−0.045, 0.234)
Optimum fit	0.238	0.254	0.158	(0.020, 0.533)

표 5.17 은 6 가지 법칙의 쌍에 대한 정보를 표시한다. 최적 적합 모형만이 다른 법칙들에 비해 더 잘 적합도가 높다. 그러므로 데이터 내의 자연적 변동 모든 기본 Lanchester Law 는 다른 기본 법칙들보다 더 잘 적합하는 합리적 이유를 가진다.

표 5.17 은 표 5.16 과 유사하다. 표 5.17 는 Bracken 의 Ardennes 데이터의 최초 10 일간의 데이터를 사용한 것이다. 여기서 주어진 Bootstrap 1,000 회를 구현한 것은 최적 모형을 포함한 다른 법칙들 보다 더 큰 Bootstrap R^2 을 가지고 있으며 모든 법칙들은 무시할 수 없는 0.25 보다 큰 경험적 확률을 가지고 있다 그러므로 해당 법칙의 관측된 순서화는 데이터의 고유 변동에 의해 간단히 쉽게 설명될 수 있다.

표 5.17 Bootstrap 비율.

Lanchester Law	Square	Linear	Logarithmic
Linear	0.636	–	–
Logarithmic	0.584	0.291	–
Optimum fit	0.970	0.980	0.968

*행의 법칙이 열의 법칙보다 더 좋은 R^2을 가진다.

앞에서 설명한 데이터와 내용을 좀 더 다른 측면에서 살펴보면 KDB 데이터는 사령부 예하 부대를 포함한 보병, 기갑, 포병으로 구성된 전투병력을 표현하고 있으며 군수지원과 지원병력들은 데이터 베이스에 들어 있지 않다. 본부와 모든 일일 전투병력은 현보유량(OH: On-Hand)을 합하여 미 육군분석센터(CAA: Center for Army Analysis)에서 발간된 Kursk Operation Simulation and Validation Exercise-Phase II (KOSAVE II)에는 나와 있다. KDB 는 손실을 전사, 전상, 전투 중 포로/실종, 질병/비전투전상 4 가지 범위로 구분하고 있다.

일일 전투 손실은 이러한 범위를 합함으로써 계산된다. 전투부대의 교전상태도 KOSAVE II 보고서로부터 얻을 수 있는데 부대를 교전, 적과 접촉은 유지했으나 미교전, 적과 접촉 이전으로 구분하고 각 전투일자별 전투부대별로 세분화하고 있다. 이러한 자료들을 잘 정리해서 전부대 데이터(ACUD: All Combat Unit Data), 적과 접촉하고 있는 전투부대 데이터(CCUD: Contact Combat Unit Data), 실제 교전중인 전투부대 데이터(FCUD: Fighting Combat Unit Data)로 구분할 수 있다.

표 5.18과 표 5.19 의 자료를 보면 소련군의 수적 유리한 점은 전투 상태의 정도가 더 정제될 수록 감소하는 것을 알 수 있다. 예를 들어 ACUD 데이터를 사용하면 독일군이 공격을 했을 때 전투기간 중 소련군이 수적으로 아주 우세하였다. 그러나

독일군은 접촉과 교전 중에 병력을 소련군에 비해 상대적으로 높은 비율을 지속적으로 유지하였다.

예를 들면 1 일차 전투시 FCUD 데이터에는 거의 3 대 1 로 독일군이 소련군에 비해 수적으로 우월하였다. ACUD 데이터를 보더라도 양측의 전투병력 전투중 지속적으로 감소하는데 특히 소련군이 더 감소한다. 반면 CCUD 와 FCUD 데이터 자료의 전투력 수준의 변동성을 볼 수 있다. 전투 진행 중 손실은 일반적으로 감소하고 있는데 특히 독일군의 경우가 더 그렇다.

표 5.18 자료출처별 일일 독일군 가용병력과 손실

구분	ACUD		CCUD		FCUD	
일자	보유	손실	보유	손실	보유	손실
1	301,341	6,192	262,055	5,956	247,866	5,863
2	297,205	4,302	276,383	4,275	261,368	3,604
3	293,960	3,414	273,660	3,392	211,212	3,047
4	306,659	2,942	275,511	2,889	227,314	2,744
5	303,879	2,953	287,391	2,818	224,664	2,623
6	302,014	2,040	248,538	1,993	200,686	1,848
7	300,050	2,475	279,722	2,456	232,938	2,360
8	298,710	2,612	279,046	2,588	262,920	2,575
9	299,369	2,051	279,697	2,031	279,697	2,031
10	297,395	2,140	276,604	2,113	208,498	1,677
11	296,237	1,322	291,571	1,303	226,075	1,064
12	296,426	1,350	289,582	1,331	131,800	469
13	296,350	949	237,336	871	149,538	495
14	295,750	1,054	235,653	1,004	188,079	807
평균	298,953	2,557	270,911	2,501	218,047	2,229

표 5.19 자료출처별 일일 소련군 가용병력과 손실

구분	ACUD		CCUD		FCUD	
일자	보유	손실	보유	손실	보유	손실
1	507,698	8,527	181,474	8,301	84,783	8,268
2	498,884	9,423	221,666	8,971	141,589	8,888
3	489,175	10,431	238,993	9,076	163,378	8,898
4	481,947	9,547	256,687	8,026	145,875	7,534
5	470,762	11,836	284,050	10,747	179,607	8,608
6	460,808	10,770	297,105	10,239	166,526	8,138
7	453,126	7,754	358,172	7,485	219,343	6,634
8	433,813	19,422	344,513	18,932	252,844	18,072
9	423,351	10,522	339,299	10,220	175,121	8,688
10	415,254	8,723	330,225	8,439	206,465	6,148
11	419,374	4,076	302,666	3,868	89,898	2,472
12	416,666	2,940	272,394	2,802	87,769	2,114
13	415,461	1,217	263,878	1,150	37,981	457
14	413,298	3,260	282,532	3,191	119,346	2,404
평균	449,973	8,461	283,832	7,961	147,895	6,952

이것은 변수들의 상관관계, 시간과의 상관관계가 혼란한 관계에 의한 분석을 복잡하게 한다는 것을 강조하는데 중요하다. 예를 들어 독일군의 손실의 감소의 주요인은 무엇인가? 소련군의 전투력 감소와 독일군의 전투력 수준 감소에 의한 것인가? 아니면 양측의 조합에 의해 발생하는가 시간과 연계된 다른 요인들이 영향을 미칠 것인가?

앞에서 설명한 SSR, SST, R^2로 ACUD, CCUD, FCUD 데이터에 적용해 보면 식 (5−54)~ (5−56)과 같다.

$$SSR = \sum_{i=1}^{14}(\dot{B}_i - \alpha(d_i^*)R_i^p B_i^q)^2 + \sum_{i=1}^{14}(\dot{R}_i - \beta(d_i^*)B_i^p R_i^q)^2 \qquad (5-54)$$

$$SST = \sum_{i=1}^{14}(\dot{B}_i - \bar{B})^2 + \sum_{i=1}^{14}(\dot{R}_i - \bar{R})^2 \qquad (5-55)$$

$$R^2 = 1 - \frac{SSR}{SST} \qquad (5-56)$$

Lanchester Square, Linear, Logarithmic law를 적용해서 가장 잘 적합한 모형을 찾아 분석해 보면 표 5.20과 같다.

3 가지 전투상태 데이터 중 FCUD 데이터가 3 가지 Lanchester Law 에 대해 훨씬 적합도가 높다는 것을 볼 수 있다. R^2 을 보면 Square Law 의 FCUD 데이터는 0.298 인데 비해 ACUD 는 0.034, CCUD 는 0.064 인 것을 알 수 있다. 더욱이 ACUD 와 CCUD 를 이용한 모든 적합도는 R^2가 0 에 가까운 것으로부터 알 수 있는 것 같이 평균손실을 추정치로 사용하여 얻은 것 보다 단지 약간 더 좋을 뿐이다.

표 5.20 3 가지 전투 상태 데이터에 대한 최적 적합 기본 Lanchester Law

데이터	Lanchester Law	$\hat{\alpha}$	$\hat{\beta}$	R^2
ACUD	Square	0.0284	0.0058	0.034
	Linear	6.35×10^{-8}	1.96×10^{-8}	0.110
	Logarithmic	0.0190	0.0086	0.079
CCUD	Square	0.0296	0.0081	0.014
	Linear	1.03×10^{-7}	2.97×10^{-8}	0.064
	Logarithmic	0.0279	0.0092	0.068
FCUD	Square	0.0333	0.0137	0.298
	Linear	2.19×10^{-7}	5.89×10^{-8}	0.622
	Logarithmic	0.0481	0.0106	0.535

FCUD 데이터 내에서 적합도를 비교해 보면 R^2가 0.622 으로서 Linear Law 가 가장 잘 적합하다는 것을 알 수 있고 데이터 내 제곱된 변동의 62%가 Linear 모형에 의해 설명될 수 있다. 다음으로는 Logarithm Law 가 $R^2 = 0{,}535$로서 적합도가 높다. 매우 높이 통합된 데이터에서 현대전에서 Square Law 가 가장 좋지 않은 결과를 보이는 것은 흥미로운 일이다. Square Law 의 FCUD R^2는 0.3 이하이다. 추가적으로 여러 데이터와 모델을 계수를 검토해 보면 독일군은 모든 경우에 2.21~4.90 배 소련군에 비해 더 효과적으로 전투를 수행하였다. 이것은 Dupuy 의 추정치 2.68 과 비교 시 수긍이 가는 수치이다.

다음으로 어떤 p, q 값이 Kursk 데이터의 가장 적합도가 높은 것인가 하는 문제에 다시 직면하게 된다. FCUD 데이터가 CCUD와 ACUD 데이터 보다 훨씬 좋은 적합도를 보여주었기 때문에 FCUD 자료로 분석을 해 본다. R^2를 최대화하는 α, β를 구하는 것이 관건이다. 이를 위해 다음과 같이 진행한다. 주어진 p, q에 대해 R^2를 최대화하는 α, β 추정치 $\hat{\alpha}, \hat{\beta}$를 구한다.

$$\hat{\alpha} = \frac{\sum_{i=1}^{14} \dot{B}_i R_i^p B_i^q}{\sum_{i=1}^{14} (R_i^p B_i^q)^2}, \quad \hat{\beta} = \frac{\sum_{i=1}^{14} \dot{R}_i R_i^p B_i^q}{\sum_{i=1}^{14} \left(B_i^p R_i^q\right)^2} \qquad (5\text{–}57)$$

이를 위해 p, q를 변수로 R^2의 등가선 곡선을 그려 보면 R^2를 최대화하는 p, q를 찾아 일반화된 Lanchester Law의 매개변수 p, q를 찾을 수 있다. FCUD로 찾은 가장 R^2가 가장 큰 p, q는 $p = 1.156,\ q = 1.000$이고 이 때 $R^2 = 0.624$이다. 이 것은 Linear Law와 매우 가까운 값이다. 실제로 적합도의 차이는 0.002 로서 무시할 만하다.

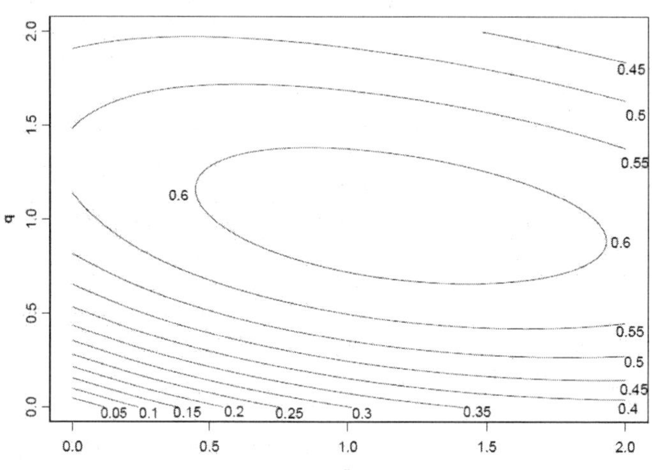

그림 5.17 p, q를 지수 매개변수로 하는 R^2 등가선 Plot.

ACUD 데이터에 대한 $p = 7.37,\ q = 1.78$이고 이 때 $R^2 = 0.221$이며 CCUD 데이터에 대한 $p = 0.40,\ q = 0.93$이고 이 때 $R^2 = 0.071$이다. 이들 숫자는 소수 2자리 정확도로 시각적으로 최적점을 확인하는 방법으로 Grid Search로 얻은 것이다. 이들의 R^2를 보면 매우 좋지 않고 ACUD의 경우에는 $p = 7.37$으로 한측의 전력을 2배 증가시키면 상대측의 손실이 165배 증가하여 수용하기 어렵다.

앞에서 설명한 비교는 하나의 사건에 대한 점추정이었다. 여기서는 Bootstrap을 사용하여 FCUD 데이터를 가지고 Lanchester 모형간 R^2 최대치의 차이의 유의성을 평가해 본다. 모든 전투는 재현성이 불가능하기도 하고 하나의 관측치만 구할 수 있다. 그러므로 유의한 차이에 의한 의미를 조심스럽게 규정한다. 만약 아주 많은 동일한 부대가 14 일간 전투를 한다고 가정하면 유사한 전투의 고유한 무작위성에 의해 일어나는 자연적인 변동을 정의하는 것을 최종목표로 삼는다.

표 5.21 10,000 회의 FCUD Bootstrap 전투

Lanchester Law	Square	Linear	Logarithmic
Linear	0.9943	–	–
Logarithmic	0.9187	0.0548	–
Optimum Fit	0.9968	0.7270	0.9275

*행의 법칙이 열의 법칙보다 더 좋은 R^2을 가진다.

표 5.21 에서 가장 좋은 적합도를 가진 모형은 Optimum Law 또는 Linear Law 라는 것을 알 수 있다. Bootstrap 전투에서는 4 가지 중 하나 이상으로 실제적으로 Linear Law 가 Optimum Law 보다 더 큰 R^2 를 가지고 있지만 불행하게도 명확하게 둘 중 어떤 법칙이 다른 법칙보다 더 좋다는 합리적 판단을 할 수는 없다. 그러나 기본 법칙들의 합리적인 강한 순서를 구할 수 있다. Bootstrap 을 이용한 전투에서 Linear Law 가 Logarithmic Law 보다 거의 95% 이상 더 적합하다. 더욱이 Logarithm Law 는 92% 이상 Square Law 보다 더 적합하다.

5.4 Ardennes 전투 (제 2 차 세계대전 유럽 전역)

5.4.1 전투 배경

Ardennes 전투는 Bulge 전투라고 더 알려진 전투로 제 2 차 세계대전 서부전선에서 독일군 최후의 대반격에 대해 연합군이 붙인 이름이다. Bulge 는 영어로 '주머니' 라는 뜻이다. 독일군의 진격에 의해 전선의 일부가 돌출된 것을 가리켜 미군이 붙여준 이름에서 유래되었다. 독일군은 작전명 'Wacht am Rhein' (라인을 수호하라)의 아래에서 대공세를 펼쳤으며 서부 전역사령관 Karl von Rundstedt 원수에 의해 입안된 것으로 Rundstedt-Offensive 혹은 지명에서 유래된 Ardennen Offensive 로 불리기도 한다.

Ardennes 전투는 2 차 세계대전에서 독일군의 마지막 공세 작전이었고 Hitler 가 기획하고 Rundstedt 원수에 의해 실행된 필사적 마지막 도박이었다. Rundstedt 원수 예하의 독일군은 미 8 군단에 의해 지탱된 전선의 약하게 병력이 배치된 곳으로 기습공격을 집중하였다. 독일군은 Ardennes 에서 Meuse 강으로 결정적 돌파를 하고 항구도시 Antwerp 로 신속한 기동을 통해 미군과 영국군을 분리하기를 시도했다. 독일군은 1944 년 12 월 16 일부터 26 일까지 공격하였다. 이 기간 동안 미군의 전선은 독일군의 주공을 방어했으며 독일군 진격속도를 약화시키고 공격을 중지시켰다. 연합군 공군전력은 불리한 기상 때문에 지상에 머물러 있었으나 12 월 23 일부터 기상이 호전되어 출격하였다. 독일군의 전진은 12 월 24 일 Meuse 강 동측에서 정지되었고 연합군의 역공격이 12 월 25 일 실시되었다. 다음해 1 월 1 일 독일군은 마지막 공중 공격을 실시하였으나 전장의 주도권을 잃었으며 1945 년 1 월 16 일 전선은 최초의 위치로 회복되었다.

1944 년 9 월 4 일 영국군은 벨기에 Antwerp 을 해방하였지만, 보급거점으로써 사용하기 위해서는 주변의 독일군을 축출할 필요가 있었기 때문에 Antwerp 사용을 위한 구체적인 목적을 세우지 않았다. 그 때문에 보급선이 길어져 연합군의 진격은 정지되고 전선은 교착상태가 되었다. 이 상황을 타개하기 위해 9 월 17 일 Bernard Montgomery 장군이 계획한 Market Garden 작전이 개시되어 Rhine 강 확보를 위한 전투가 시도되었으나, 이 작전은 너무나도 무모하게 진행되어 대실패로 끝났다.

전선은 다시 교착상태가 되었고, 연합군은 일시적으로 진격을 중지하고 중대한 문제가 된 보급대책의 해결에 나서기 시작했다. 또한 동부전선에서도 소련에 의한 Bagration 작전이 폴란드 동부에서 끝나가던 시기였지만 소련군은 1944 년 12 월 말까지 폴란드 서부로 진격할 수 없었다.

Tank Destroyer(소련군)

Nebelwerfer(독일군)

그림 5.18 Ardennes 전투 참가 무기

이 기회를 틈타 Hitler 는 건곤일척이라 할 수 있는 반격작전을 구상했다. 1940 년 프랑스에 대한 전격전 승리를 재현하는 것으로 벨기에 Ardennes 지방의 삼림지대를 기갑부대로 돌파하여 일시에 Antwerp 까지 진격하여 이곳을 탈환하고, 서부전선 북쪽의 연합군을 포위, 괴멸시킨다는 작전안이었다. 독일군 지휘부의 Rundstedt 와 Walter Model 은 이 계획이 무모하다고 반대했으나, 받아들여 지지 않았고 Hitler 는 이 작전의 성공으로 서부전선이 정체되고 만약 연합군과 강화를 실현한다면 동부전선에 전력을 집중할 수 있을 거라고 예상했다.

또 한 가지 작전안으로써 북부의 광대한 전선에 분산된 Courtney Hodges 휘하의 미 1 군을 협공하여 괴멸시킬 것을 제안했다. 적군의 포위, 분리가 쉽고, 독일군의 손실도 최소한으로 줄일 수 있으나, 연합군 전력의 일부를 줄이는 것밖에는 성과가 없고, 전쟁의 승패를 변화시킬 작전안이 아니었기에 기각되었다.

작전시기는 Ardennes 숲이 안개에 휩싸이는 겨울로 잡았다. 이미 제공권은 연합군이 장악하였으므로 연합군 항공기에 의한 폭격으로부터 부대를 보호하기 위해서였다. 또한 독일군은 작전에 참가하는 전력으로 정예 20 개 사단을 준비하고, 새로운 Tiger 2 전차도 포함시켰으나, 현실은 동부전선에서의 피해의 간접적인 영향 때문에 거의 모든 부대가 정원을 채우지 못하였고, 훈련수준이 낮고 새로 편성된 국민척탄병 사단까지 투입시킬 정도였다. 군수품과 연료의 부족도 심각할 정도로 증가하여, 만족할 만한 양을 준비하지 못했다. 그러나 작전은 1944 년에 전쟁 중 최대치에 도달한 독일의 병기 생산량의 대부분이 투입된 정예부대로 작전에 대한 기대가 컸다.

그러나 공격을 예정대로 진행하기 위해서는 작전 도중 연합군의 보급 거점을 탈취할 필요가 있는 등 처음부터 위험을 안고 있던 작전이었다. 한 가지라도 잘못되는 상황이 벌어지면 작전 전체에 파급될 가능성이 매우 높았던 것이었다.

연합군 지휘부는 독일군 집결의 정보나 공세작전의 징후를 보고받았으나 독일군에게는 공세에 나설 여력은 남아있지 않다고 판단하여 주의를 기울이지 않았다. 또한 Ardennes 지방은 깊은 삼림과 산악지대였기에 기갑부대가 쉽사리 통과할 수 없다고 생각하고 이 지구의 방위에는 약체화된 부대를 배치할 정도였다. 이 판단은 전후에 통렬한 비판이 내려졌다. 이미 독일군의 전차부대는 1940 년에 같은 지역에서 영국과 프랑스의 연합군 사이를 뚫고 프랑스에 공격해 갔던 경험이 있었다.

독일군은 9 월 중순에 Ardennes 숲을 통과하여 공격을 감행하기로 결정하였다. 주공은 서쪽으로 진격하여 Meuse 강까지 도달한 뒤 북서쪽의 Antwerp 와 Brussels 로 진격할 예정이었다. 가장 곤란한 것은 작전개시로부터의 신속한 이동이라 생각할 수 있으나, Meuse 강을 넘는다면 극적으로 개선되어 해안까지 도달이 가능할 것으로 보였다. 작전은 연합군 첩보본부에 Rheinland 의 방어작전과 오인시키기 위해 'Wacht am Rhein' 이라고 이름 붙여졌다. 이것은 독일의 노래에서 따온 명칭이기도 하다. 독일군 4 개 군의 작전투입이 결정되었다.

- Joseph Dietrich 가 이끄는 SS 6 기갑군은 1944 년 10 월 26 일에 새롭게 편성되었다. 이 부대에는 무장친위대의 정예사단 1 SS 기갑사단 LSSAH 와 12 SS 기갑사단 Hitlerjugend 가 참가했다. 그들은 주요 공격부대로 북부공격을 감행할 예정이고, 목표는 Antwerp 의 확보였다.
- Hasso Eccard Freiherr von Manteuffel 이 이끄는 5 기갑군은 중앙공격을 담당해 Brussels 확보가 목표였다.
- Erich Brandenburger 가 이끄는 7 군은 측면지원과 남부공격을 담당하였다.
- 15 군은 재편성되어 최북부에 배치되었다. 임무는 이 지역의 미군 세력을 고착하여 공격에 대한 최적의 상황을 만들어 내는 것이었다.

공격의 성공에는 3 가지 요점이 요구되었다.

- 공격은 완전히 기습
- 악천후는 연합군의 제공권을 무력화시킬 수 있어서 시기는 겨울 설한기를 설정
- Model 원수는 Meuse 강까지 4 일만에 도달할 것을 강조하여 신속한 진격

독일군의 공격에 앞서 독일군의 부대 이동을 연합군은 인지하지 못했다. 프랑스 Résistance 로부터 유익한 정보를 얻었으나, 연합군이 독일 국경에 도달한 당시로는 그런 정보를 기대할 수 없었다. 프랑스는 Enigma 에 의해 암호화된 무선통신으로 지령을 내리는 독일군을 감청해 Ultra 암호 해독기로 해독하였으나, 독일 국내에서는 이러한 지령이 전화와 Teleprinter 를 사용하여 송수신되었다. 또한 다가올 공세를 생각해 무선 교신의 특별차단지령으로 교신이 감소하였다. 7 월 20 일 Hitler 암살 미수 사건으로 인해 독일 국방군 내에서 숙청으로 독일군의 통신보안은 재강화 되어 정보누출의 감소가 현저해졌다. 또한 가을의 짙은 안개와 날씨는 연합군의 정찰기가 지형을 정찰하는 데 방해가 되었다.

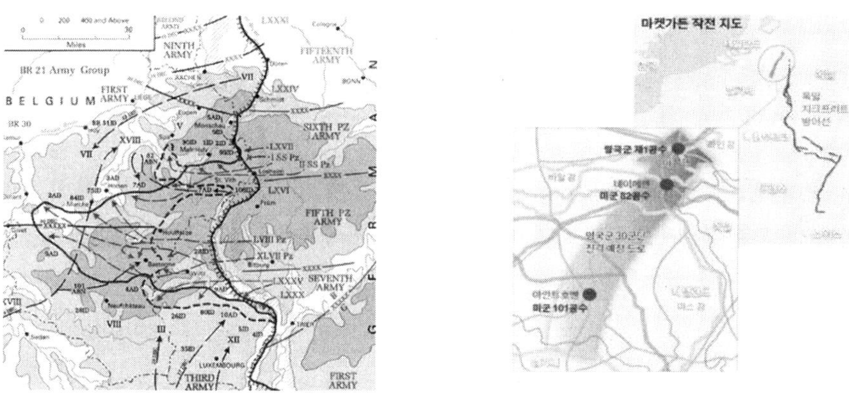

그림 5.19 Ardennes 전투와 Market-Garden 작전

연합군 최고사령부는 첩보기관으로부터 독일군은 말기상황에 도달하여 공세에 나설 여력이 없다는 첩보를 근거로 Ardennes 의 정세에 변화는 없을 것이라고 생각해 Ardennes 방면에는 Hürtgen 숲 전투를 겪으며 약체화된 부대를 배치하여, 이곳을

강화하는 조치는 취하지 않고 방치했다. 특히 Ardennes 지방의 한쪽을 지키는 미 2 사단은 역전의 사단이었으나 Hürtgen 숲 전투에서 큰 손실을 입고 부대를 재편성하는 중이었다. 또한 같은 지역을 지키던 99 보병사단과 106 보병사단은 미국 본토에서 도착한 보병사단이었기에 대부분 전투경험이 없었다. 그런데도 불구하고 나중에 99 사단은 선전했으나, SS6 기갑군 등의 맹공을 받았던 106 사단은 순식간에 궤멸당해 다수의 병사가 독일군에게 항복하였다.

5.4.2 전투 경과

1944 년 12 월 16 일 독일군은 벨기에 Ardennes 숲을 통과해 진격을 개시했다. 계속된 악천후로 인해 연합군은 항공기를 운용할 수 없었기 때문에 독일군에게는 유리한 조건이 조성되었다. 독일군의 기습으로 허를 찔린 Middleton 장군이 지휘하는 미 8 군은 Canton de Clervaux, Hojigen 등 일부거점에서 완강하게 저항했으나 대대·연대·여단 등 고급 지휘관의 전사 및 전상이 속출하여 괴멸당하거나 포로가 되거나 포위되거나 하는 위급한 상황이 되었다. 그러나 이 기습과 혼란을 틈타 벌어진 독일군의 신속한 진격은 최초 수일 동안만 지속되었을 뿐이었다. 12 월 하순에 이르자, 독일군의 주력부대는 여러 지역에서 급히 증원된 미군에 의한 강력한 저항을 만나 전진은 매우 늦어지게 되었다. 또한 각 전선의 진격속도도 큰 차이가 생겨, 신속한 공격에 성공한 부대가 포위당해 집중적인 반격을 당하는 사태가 속출했다.

Hitler 는 처음엔 연합군이 이 사태에 대응하는 데 시간이 어느 정도 걸릴 것이라고 생각하였다. 독일군의 대규모 공세라는 것을 인식하는 데 수일, Eisenhower 가 연합국 정상과 협조하여 부대의 배치전환을 명령하는 데 수일, 그리고 배치전환 명령을 받은 부대가 현지에 도달하는 데 수일이 걸릴 것이라고 예측하였다. 이정도 시간이 걸린다면 작전은 틀림없이 성공할 수 있다고 생각했다. 그러나 실제로는 연합군의 반응은 Hitler 의 예상을 뛰어넘을 정도로 빨랐다. 또한 Eisenhower 의 결단도 빨랐다. 그는 각국 정상 등과 상담하지 않고, 부대의 배치전환을 단행하고, 당시 프랑스에서 재건 중이던 101 공수사단을 Bastogne, 82 공수사단을 Sankt-Vith 로 급히 보냈다. Hitler 의 생각은 첫날부터 어긋나게 된 것이다.

5.4.2.1 Stösser 작전

독일군은 연합국 점령지역 후방으로 공수부대를 강하시켜, 작전의 지원 및 연합군의 교란을 노린 Stösser 작전이 계획되었다. Stösser 작전에는 작전개시가 12 월 16 일 이른 오전으로 예정되었으나, 악천후와 연료부족 때문에 결국 하루가 늦은 12 월 17 일 새벽 03:00 로 강하시간이 설정되었다. 강하부대의 목표지점은 Malmedy 에서 11Km 북쪽이었다. Friedrich von Hait 대령과 부하들은 그 지점을 확보하고, 12 SS 기갑사단 Hitlerjugend 가 도착할 때까지 24 시간 동안 그 지점에서 연합군의 증원과 보급을 방해할 예정이었다.

12 월 17 일 오전 0 시 직후, 112 대의 Ju 52 수송기에 약 1,300 명의 공수부대 Fallschirmjäger 를 탑승시키고, 짙은 구름과 강한 눈보라를 헤치고 이륙했다. 그 결과 다수의 수송기가 예정된 코스를 벗어났고, 또 강하지점에 접근한 수송기도 강풍 때문에 많은 병사들이 강하 예정지점에서 멀리 떨어진 지점에 낙하했다.

17 일 12 시경에 약 300 명이 Malmedy 에서 11Km 북쪽 목적지점에 도착했다. 그러나 이것으론 전력이 충분하지 못해 연합군에 대한 저항도 제대로 할 수 없었다. Hait 대령은 Malmedy 북측 십자로를 확보한다는 계획을 파기하고 부근에서 게릴라 전술을 펼칠 것을 부하에게 명령했다. 낙하범위가 광범위하고 분산되었기 때문에 각지에서 보고가 잇달아 연합군사령부는 대규모 공수작전이 실시된 것으로 오인하였다. 많은 혼란이 발생한 후방의 안전을 확보하기 위해 병력배치가 실시되었기 때문에 전선에 대한 증원이 뒤늦은 결과 독일군의 공세를 용인하게 되었던 것이다.

5.4.2.2 Greif 작전

독일군의 Otto Skorzeny 친위대 중령이 이끄는 150 기갑여단이 미군의 군복을 착용하고 영어를 구사하는 병사들이 노획한 연합군의 차량과 연합군의 것으로 위장한 차량을 사용하여 연합군 후방지역에 침입했다. 실제 완벽하게 영어로 이야기할 수 있고, 그곳에서 태어나서 후방 지역에 침투하는 것이 가능한 이는 20 여 명 정도였지만 이런 부대의 존재는 그 행동 이상의 혼란을 발생시켰다. 본대는 Meuse

강에 놓여 있는 다리를 확보하는 데 실패했다. 미군병사의 군복을 착용한 독일병사의 존재 소문은 삽시간에 퍼져 나갔고, George Smith Patton 도 이 소문을 듣고 놀라, 12 월 17 일 Eisenhower 장군에게 "완벽한 영어를 구사하는 독일군들이 여러 곳에서 출몰하여 전화선을 절단하거나, 도로표식을 바꿔 아군의 방어거점에 도착할 수 없게 혼란을 주고 있다." 라고 보고했다.

독일병사는 미군의 군복을 착용하다가 체포되면 대부분 그 장소에서 Spy 로 간주하여 총살당했다. Geneva 조약 아래에서 군복 착용에 관련된 항목과 전시포로에 대한 취급이 모순이 되었지만 총살은 이 시점에서 일반적인 행위였다. Skorzeny 와 그 부하들은 이러한 처벌을 각오하고 있었기에 그들은 미군 군복 안에 독일군 군복을 착용하였다.

후방지역에서의 방해공작 중 몇 명의 병사가 연합군에 의해 체포되었으나, 이미 각오를 다진 그들은 최후까지 거짓자백을 하여 연합군에게 혼란을 주었다. 그들은 임무에 관련해서 취조받을 때 파리에 있던 Eisenhower 의 유괴와 살해가 목적이라고 답해 Eisenhower 의 호위는 대폭으로 증가하고 그는 사령부에서 나올 수 없게 만들었다. 그 반면 그들은 정직하게 "부대의 지휘관은 Skorzeny 이다." 라고 자백했다. 정직하게 말하면 효과적이라고 생각한 것일까? 현실적으로 생각한다면 파리에 침입하여 Eisenhower 가 있는 장소에 다다르는 것이 무리인 작전이었지만, 지금까지 믿지 못할 작전을 성공시킨 Skorzeny 가 지휘하고 있었기에 연합군은 이 자백에 속아 넘어간 것이었다.

그 결과 후방지역의 여러 곳에 검문소가 설치되어, 병력과 장비의 이동이 정체되었다. 야전 헌병은 미국인이라면 누구나 알고 있을 거라고 생각되는 질문인 Mickey Mouse 의 여자친구 이름, 유명한 야구시합의 스코어, Illinois 주의 주도 등을 모든 병사들에게 엄격하게 질문했다. 헌병의 질문을 받은 Omar Bradley 장군은 Illinois 주의 주도를 Springfield 라고 정확하게 답했으나 헌병은 주도를 Chicago 로 생각했기 때문에 그는 짧은 시간 억류되었다. 이러한 일련의 사건의 여파로 '유럽에서 가장 위험한 인물' 이란 별명이 붙은 Skorzeny 자신은 이 작전이 실패했다고 말했다. 결국 첫날 달성하려던 목적은 어느 정도 달성되었고, 부대의 존재가 밝혀진 이상 작전을 고집하는 것도 의미가 없다고 생각했다. Skorzeny 는 작전을 중지시키고, 150 기갑사단의 병사들을 통상의 군복으로 바꿔 입히고 기갑여단으로서 전투에 투입시켰다.

5.4.2.3 Malmedy 학살사건

북부에서는 SS 6 기갑군의 주력인 4,800 명의 병사와 600 대의 차량으로 이루어진 Joachim Peiper SS 중령이 이끄는 Peiper 전투단이 벨기에 서부로 진출했다. 12 월 17 일 7 시에 그들은 Büllingen 의 미군의 연료보급기지을 확보하고, 서쪽으로 진격에 앞서 연료를 재보급하는 데 성공했다. 12 시 30 분 Malmedy 와 Ligneuville 사이의 고지 마을 근처에서 미국 285 포병관측대대와 조우했다. 소규모 전투후 미군은 항복하고, 약 150 명의 포로들은 무장해제되어 Baugnez 십자로 인근 들판에 8 열 횡대로 세워졌다. 이어 기관총 사격으로 최소 84 명이 사살되었다.

전쟁 이후 재판에서 검찰측 기록에 의하면 기갑부대를 지휘하던 장교의 명령에 의해 곧 1 명의 전차병이 포로를 권총으로 쏘았고 계속해서 다른 병사들이 기관총으로 총격을 가했다고 전해진다. 진실은 끝내 밝혀지지 않았지만 실제 도망을 준비한 포로에 대해 위협발포에 의해 공황이 발생하고 뒤이어 도망치려는 포로들을 쏜 것이 아닌가 하는 설도 있다. 최후까지 아직 생존해 있던 자들을 돌면서 죽인 자들도 있다고 하나 그들은 이전에 미군의 폭격 앞에 희생된 벨기에 민간인의 무참한 시체를 처리하고 또 전투경험이 부족한 자들도 많아 미군병사에 대한 증오에 의한 사적인 보복가능성도 있다.

전후 Peiper 중령은 체포되어 Malmedy 사건의 책임을 묻는 재판이 열려 Peiper 를 포함한 친위대 대원 43 명이 사형 선고를 받았다. 하지만 이들 대부분은 전쟁 이후에 특사로 무기징역으로 감형되었고 1956 년까지 모두 석방되었다. 전투는 계속되었고, 1 SS 기갑사단 LSSAH 사단은 밤까지 미 99 보병사단을 공격해 이들을 격파했다. Peiper 전투단은 Stavelot 에 도착했다.

5.4.2.4 Peiper 전투단의 공격

Peiper 는 12 월 18 일 Stavelot 에 들어갔으나 미군의 격렬한 저항을 받았다. 미군을 회피하는 것이 어려웠기에 그는 소부대를 마을에 남기고, Trois-Ponts 의 다리로 향했다. 그러나 다리는 퇴각하는 연합군에 의해 파괴된 뒤였다. Peiper 는 La

Gleize 에서 Stoumont 으로 향했다. Peiper 의 접근을 인지한 미군 공병부대는 다리를 폭파하였으며 미군은 참호를 파고 전투준비에 들어갔다.

Peiper 전투단은 독일군 주력과 단절되고 미군이 Stavelot 를 탈환하자 보급에도 어려움을 겪게 되었다. Stoumont 의 상황은 절망적이었고, Peiper 는 La Gleize 로 후퇴해 방어진지에서 구원부대를 기다리기로 결정했다. 구원부대는 연합군의 방어를 돌파하지 못했고, 12 월 23 일 Peiper 는 퇴각을 결정했다. Peiper 전투단은 그들의 차량 및 전차 등 장비를 버리고 도보로 탈출했다.

그림 5.20 Peiper 전투단

5.4.2.5 Sankt-Vith 전투

Sankt-Vith 의 중심부는 중요한 도로의 교차지점이어서 Hasso von Manteuffel 과 Joseph Dietrich 부대의 주요 목표였다. 방어부대는 미 7 기갑사단에 106 보병사단과 9 기갑사단, 28 보병사단의 일부가 합쳐져 있었다. Bruce C. Clarke 장군 지휘하의 이 부대는 독일군의 공격에 저항하여 진격을 최대한 지연시켰다. 독일군은 12 월 21 일이 되어서 겨우 Sankt-Vith 를 확보했으나, 미군의 저항은 계속되었기에 참호로 퇴각했다. 12 월 23 일까지 독일군은 그들의 측면을 분쇄하고, 미군은 Salm 강의 서쪽으로 퇴각했다. 독일측이 계획은 12 월 17 일 18 시까지 Sankt-Vith 를 확보하는 것이었으나 계획의 지연으로 작전진행에 커다란 타격을 입게 되었다.

5.4.2.6 Bastogne 전투

12 월 19 일 연합군 고위지휘관들은 Verdun 요새의 지하기지에서 회의를 가졌다. Eisenhower 는 Patton 에게 3 군을 북부에 대한 반격에 투입할 수 있느냐고 질문하였다. Patton 은 48 시간 안에 가능하다고 답했다. 실제 Patton 은 회의에 출석하기 전 예하 부대에게 북부에 대한 반격을 준비하라고 명령을 내린 상태였다. Eisenhower 가 질문했을 때 이미 그 일은 진행되고 있었다.

12 월 21 일 Heinz Cocotte 장군의 26 국민척탄병 사단을 주력으로 한 독일군은 연합국의 방어선을 돌파하고 제일 먼저 도착하여 방위진지를 구축하여, 미 육군 101 공정사단 및 10 기갑사단의 일부가 수비하던 Bastogne 를 완전히 포위했다.

독일군은 몇 군데 개별지점에 대해 순차적으로 공격을 집중했다. 연합군은 공격이 격퇴되면 끊이지 않고 증원을 보내 이를 강화했고 독일군은 병력수의 유리한 점을 상실하게 되었다. 결국 독일군의 조기 Bastogne 공략은 실패했고, 귀중한 며칠을 낭비하였으며 Bastogne 를 포위한 채 서쪽으로 방향 전환을 해야만 했다. 잔류 부대는 그 후 몇 차례 Bastogne 에 대한 공격에 나섰으나 연합군의 방어선을 돌파하지 못했다.

5.4.2.7 연합군의 반격

12 월 23 일 날씨가 호전되면서 연합군은 공중폭격과 공중보급을 개시했다. 항공폭격은 독일군의 보급기지에 대해 괴멸적인 타격을 주었고, P-47 Thunderbolt 는 도로상의 독일군을 공격했다. 거기에 Bastogne 에 대해 공중보급으로 의약품, 식료, 모포, 탄약이 보급되었다. 자원봉사자들로 구성된 외과의팀이 글라이더로 현지에 들어가 전상자 구조에 나섰다.

12 월 24 일 병참선의 한계를 넘어선 독일군의 진격은 Meuse 강 근처에서 둔화되었다. 연료와 탄약의 고갈이 치명적이었다. 또한 작전이 개시된 후 독일군은 무선봉쇄를 해제했기 때문에 연합군의 정보부는 손쉽게 독일군의 위치를 알아내어 적절한 반격이 이루어지게 되었다. 이 시점에서 독일군의 손실은 Peiper 전투단의 소모와는 별도로 경미한 상황이었다. 24 일 밤 Hasso von Manteuffel 은 작전의 중지와 철수를 건의했으나 Hitler 는 이를 거절했다.

Patton 의 3 군은 Bastogne 를 구원하기 위해 전투를 계속했다. 12 월 26 일 16 시 4 기갑사단의 일부가 Bastogne 에 도달하여 포위를 돌파하였다. 1 월 13 일 독일군은 마침내 Bastogne 에서 퇴각했다. 1 월 23 일에는 독일군 지휘부에 의해 작전중지가 결정되었다. 전투는 공식적으로 1945 년 1 월 27 일 종료되었다.

5.4.3 전투 참가 전력 및 손실

Ardennes 전투에 참가한 연합군과 독일군의 전력과 손실은 표 5.22 과 같다. 물론 이 자료는 뒤에 나오는 표 5.23 과는 상이하지만 전사를 연구하는 측에서 제시한 자료이다.

표 5.22 Ardennes 전투에 참가한 연합군과 독일군의 전력

구분	연합군	독일군
투입 전투력	ㅇ병력 700,520명 · 22개 보병사단 · 8개 기갑사단 · 2개 기갑여단 · 전차 2,428대 · 장갑차 7,079대 · 대전차포/화포 3,181문	ㅇ병력 383,016명 · 16개 보병사단 · 8개 기갑사단 · 2개 보병여단 · 전차 216대 · 장갑차 907대 · 대전차포/화포 3,256문

구분	연합군	독일군
손실	○ 미국 · 전사 19,000여 명 · 전상 47,500여 명 · 포로/실종 23,000여 명 · 전차/화포 800대/문 이상 · 항공기 647대 이상 ○ 영국 · 전사 200명 · 전상 969명	○ 총 사상자 · 60,000~120,000여 명 · 전차/화포 800대/문 이상 · 항공기 800대 이상

5.4.4 Ardennes 전투의 수학적 분석

5.4.4.1 Ardennes 전투 데이터

표 5.23 은 Ardennes 전투에 참가한 연합군과 독일군의 일자별로 병력 수를 가용 병력과 손실 병력으로 구분한 것이다. 이 자료는 미 육군 개념분석국(CAA: Concept Analysis Agency) 산하 Data Memory Systems(DMSI)에서 종합한 것이다. DMSI 는 미국, 영국, 독일에 있는 도서관들과 기록보관소들로부터 지상군과 공군에 대한 광범위한 전자적 Database 를 생산하였다.

표 5.23 연합군(Blue)와 독일군(Red)의 전투 병력

Day	Blue Force				Red Force			
	가용		손실		가용		손실	
	전투병력	총병력	전투병력	총병력	전투병력	총병력	전투병력	총병력
0	351,005	632,105	458	1,468	0	0	0	0
1	349,247	630,557	1,589	3,062	360,716	575,838	2,191	5,590
2	347,915	628,985	2,383	5,712	356,818	571,301	2,423	5,559
3	358,321	640,969	2,085	5,093	353,529	568,508	2,015	4,711

Day	Blue Force				Red Force			
	가용		손실		가용		손실	
	전투병력	총병력	전투병력	총병력	전투병력	총병력	전투병력	총병력
4	366,495	807,140	2,175	12,101	350,750	565,173	1,993	4,332
5	387,342	834,136	1,389	5,334	356,278	572,181	1,985	4,351
6	403,289	859,906	1,174	3,197	354,297	570,711	2,084	4,582
7	410,817	874,600	1,905	4,815	361,684	581,177	2,046	4,531
8	412,811	877,247	1,548	3,730	359,353	579,660	2,468	5,351
9	426,360	895,976	1,608	3,857	362,904	584,610	2,685	5,609
10	432,094	907,490	1,527	3,635	359,750	580,731	2,538	5,563
11	451,316	933,045	2,320	5,411	362,611	584,551	2,504	5,526
12	451,724	948,024	1,376	3,596	361,023	583,610	2,544	5,751
13	451,291	928,230	1,277	3,435	356,892	578,737	2,121	4,511
14	461,189	941,188	1,005	2,934	349,900	568,768	1,682	3,900
15	465,334	946,424	1,042	2,743	346,100	564,548	1,844	4,076
16	467,620	948,226	1,159	3,022	343,134	560,993	1,550	3,635
17	467,801	948,379	1,004	2,773	340,875	558,214	1,788	3,898
18	474,562	956,144	832	2,631	338,278	555,741	1,724	3,821
19	474,192	955,821	1,831	3,580	334,356	550,854	1,752	3,892
20	481,704	965,135	2,259	4,899	328,069	544,031	2,054	4,283
21	480,952	964,928	1,639	4,093	321,195	534,885	1,709	3,767
22	478,593	962,193	1,228	3,388	322,830	536,481	1,946	4,169
23	475,732	959,776	1,868	4,627	324,376	540,896	1,865	4,076
24	475,685	959,011	1,276	3,928	322,337	538,328	1,676	3,756
25	475,155	958,799	1,379	3,725	320,612	536,719	1,434	3,466
26	472,749	956,330	1,643	4,002	319,143	534,764	1,696	3,732
27	472,535	956,090	1,281	3,502	319,259	533,256	1,536	3,967
28	468,127	952,030	1,083	3,590	317,406	530,919	1,167	3,199
29	467,646	952,210	1,681	4,189	316,217	528,237	1,579	4,026
30	466,072	950,879	1,597	4,277	314,858	526,387	1,504	3,866
31	464,643	949,508	2,098	4,477	313,074	524,150	1,425	3,744
32	455,218	937,500	1,483	3,600	310,347	521,038	1,213	3,219

표 5.24 연합군(Blue)와 독일군(Red)의 전차, 장갑차, 포병 가용 수량과 손실 수량

Day	Blue Force						Red Force					
	가용			손실			가용			손실		
	Tank	APC	Art	Tank	APC	Art	Tank	APC	Art	Tank	APC	Art
0	2,853	6,103	3,006	1	0	0	0	0	36	0	0	0
1	2,863	6,019	2,972	12	33	15	747	2,046	4,789	10	5	6
2	2,867	5,970	2,963	43	46	9	663	2,041	4,791	7	20	41
3	2,840	5,908	2,950	60	18	6	639	2,021	4,768	13	12	27
4	2,808	6,004	3,103	64	37	14	669	2,009	4,727	21	18	19
5	3,965	7,274	3,531	33	11	33	619	1,984	4,786	11	22	24
6	4,082	7,295	3,609	10	6	10	595	1,952	4,773	21	19	30
7	4,109	7,507	3,772	15	13	2	615	2,065	4,858	5	16	16
8	4,086	7,533	3,772	36	6	10	645	2,034	4,845	24	34	35
9	4,062	7,486	3,847	48	18	5	596	1,970	4,885	22	20	94
10	4,265	8,105	3,931	24	2	4	544	1,875	4,750	28	36	59
11	4,520	8,552	4,063	20	2	4	483	1,800	4,779	14	31	34
12	4,511	8,629	4,093	19	3	3	466	1,731	4,661	13	31	23
13	4,526	8,536	4,004	18	3	2	450	1,659	4,638	7	22	31
14	4,541	8,552	4,065	16	2	0	433	1,595	4,415	7	15	19
15	4,516	8,565	4,087	20	0	0	428	1,542	4,321	21	7	26
16	4,610	8,554	4,086	10	2	1	403	1,532	4,314	5	14	17
17	4,695	8,615	4,077	14	0	0	413	1,523	4,283	9	8	36
18	4,701	8,593	4,087	24	0	0	419	1,516	4,246	6	10	14
19	4,710	8,462	4,088	26	0	1	431	1,451	4,242	2	10	35
20	4,728	8,578	4,150	22	0	3	428	1,441	4,110	12	12	28
21	4,686	8,564	4,153	13	2	0	394	1,419	4,016	2	6	22
22	4,719	8,502	4,144	13	0	0	396	1,409	4,014	2	5	23
23	4,684	8,375	4,133	12	0	1	400	1,403	3,981	8	16	26
24	4,703	8,418	4,131	9	0	0	407	1,364	3,971	0	2	23
25	4,743	8,446	4,128	7	0	0	398	1,360	3,944	7	3	21
26	4,761	8,476	4,131	5	0	0	407	1,358	3,925	2	9	33
27	4,745	8,348	4,090	7	1	0	407	1,349	3,916	2	8	32

Day	Blue Force						Red Force					
	가용			손실			가용			손실		
	Tank	APC	Art	Tank	APC	Art	Tank	APC	Art	Tank	APC	Art
28	4,717	8,459	4,108	2	1	0	393	1,341	3,895	0	3	13
29	4,699	8,454	4,106	6	0	0	418	1,335	3,854	13	17	20
30	4,678	8,374	4,081	16	0	2	410	1,322	3,867	5	6	19
31	4,662	8,436	4,092	11	0	0	434	1,318	3,856	3	4	14
32	4,628	8,363	4,080	20	0	9	432	1,309	3,824	2	3	7

표 5.25 연합군과 독일군의 지상군 지원을 위한 항공 Sorties 수

Day	연합군 공군	독일공군	Day	연합군 공군	독일공군
0	15	0	17	1,295	8
1	48	108	18	1,195	188
2	760	249	19	971	0
3	1,341	195	20	24	100
4	477	225	21	1,507	47
5	0	0	22	463	0
6	64	19	23	456	0
7	119	32	24	576	45
8	1,413	234	25	0	0
9	2,143	254	26	257	77
10	1,754	129	27	153	0
11	1,686	203	28	47	0
12	886	178	29	707	65
13	727	15	30	617	155
14	831	95	31	210	0
15	952	19	32	394	29
16	718	175			

5.4.4.2 데이터의 Pre-processing

데이터를 구축하는 하나의 방법은 전역에 참가한 모든 부대들을 반영하여 초기 작전에 참가한 병력 규모를 추정하고 여기에서 일일 손실 병력을 빼는 것이다. 예를 들어 X 라는 병력의 $X(t)$, $\dot{X}(t)$ 를 각각 t일의 가용 병력수와 손실 병력수라고 하자. 만약 $X(t+1) > X(t) - \dot{X}(t)$ 이면 $t+1$일의 가용병력은 t일의 가용병력에서 t일의 손실병력을 제외한 것보다 크다는 것이다. t일의 보충병력 $X_r(t)$을 고려하면 식 (5-58)이 성립한다.

$$X(t+1) = X(t) - \dot{X}(t) + X_r(t), \quad for\ t = 0,1, \dots 31 \qquad (5-58)$$

만약 간단히 일일 보충인원만 고려한다면 새로운 일일 X의 새로운 초기 수량 $\tilde{X}(0)$은 식 (5-59)와 같다.

$$\tilde{X}(0) = X(0) + \textstyle\sum_{t=0}^{31} X_r(t) \qquad (5-59)$$

그러나 다양한 병력이 시간에 따라 일시적으로 감소할 때는 더 복잡해진다. 예를 들어 때로는 하나 또는 수개의 시간 간격 동안 어떤 병력은 전투로부터 분리되어 예비대로서 활용되는 것과 같은 상황이 발생하는데 이때 $X(t+1) < X(t) - \dot{X}(t)$가 발생하는 경우와 같은 것이다. 일반적으로 이러한 병력은 차후에 데이터에 다시 등장한다. 그러므로 이러한 예비병력을 계산하지 않는다면 총병력수 계산에서 과잉 계산될 수 있다. 이러한 현상 때문에 다음과 같은 Algorithm 으로 원래의 각 병력의 총인원수를 추정한다. 0 일부터 32 일까지 예비대(X_{lr})의 각 병력을 순차적으로 단계화하거나 증원병력이 더해진다고 가정하기 전에 예비대를 먼저 사용하는 동안 증원병력(X_r)을 더하거나 하는 것으로 해결한다.

1. Set $X_r = X_{lr} = 0$
2. Let $t = 1$

   If $X(t+1) > X(t) - \dot{X}(t)\ and\ X_{lr} = 0, then\ X_r = X_r + [X(t+1) - X(t) + \dot{X}(t)]$

   Else, if $X(t+1) > X(t) - \dot{X}(t)\ and\ X_{lr} \geq X(t+1) - X(t) + \dot{X}(t),\ then$

$$X_{lr} = X_{lr} - [\,X(t+1) - X(t) + \dot{X}(t)]$$

Else, if $X(t+1) > X(t) - \dot{X}(t)\ and\ 0 < X_{lr} < X(t+1) - X(t) + \dot{X}(t), then$

$$X_r = X_r + \left[\,X(t+1) - X(t) + \dot{X}(t)\right] - X_{lr},\ X_{lr} = 0$$

Else, if $X(t+1) < X(t) - \dot{X}(t), then\ X_{lr} = X_{lr} + [\,X(t) - \dot{X}(t) - -X(t+1)]$

3. If $t < 31, Increment\ \ and\ go\ to\ step\ \#2; else\ \tilde{X}(0) = X(0) + X_r$

그러면 새로운 일일 병력 $\tilde{X}(t+1) = \tilde{X}(t) - \dot{X}(t), t = 0,1,\ldots,31$ 이 되며 수정된 데이터는 다음과 같다. 최초일 (0 일)의 추정된 병력은 실제 역사적 수치와 얼마나 가까운가? 제 2 차 세계대전의 미 육군 공식 전쟁사 연구가인 MacDonald 에 따르면 Ardennes 전투는 600,000 명의 미군과 50,000 명의 영국군이 독일군 550,000 명과 싸운 것이다. 600,000 명 미군들은 궁극적으로 전투에 참여한 병력이고 81,000 명의 손실이 있었고 55,000 명의 영국군은 1,400 명의 손실을 입었다.

독일군의 경우는 500,000 명 중 최소 100,000 명이 전사, 전상, 포로로 손실되었다. 이러한 두 개의 수치는 꽤 가깝다. 전쟁사 연구가들은 연합군의 전투병력은 650,000 명에서 655,000 명으로 보고 있고 독일군의 병력은 500,000 명에서 550,000 명으로 보고 있다. 0 일의 전투병력과 총병력은 표 5.26 에 나타나 있다. 전사 연구가들의 추정과 표 5.26 과 표 5.27 의 전투 병력의 차이는 부대를 전투부대와 전투지원부대로 구분하는 차이에서 기인할 수 있다. MacDonald 의 연합군과 독일군의 손실 수치는 표 5.26 와 표 5.27 에 제시된 전투병력과 총인원의 손실 수치 사이에 위치한다. 그러므로 표 5.26 과 표 5.27 에 제시된 0 일의 수정된 데이터는 전사에 기록된 수치와 비교시 합리적이다.

표 5.26 Pre-processing 된 이후 연합군과 독일군의 Ardennes 전투 병력

Day	Blue Force				Red Force			
	가용		전사		가용		전사	
	전투병력	총병력	전투병력	총병력	전투병력	총병력	전투병력	총병력
0	513,514	1,075,857	458	1,468	385,955	656,278	0	0
1	513,056	1,074,389	1,589	3,062	385,955	656,278	2,191	5,590
2	511,467	1,071,327	2,383	5,712	383,764	650,688	2,423	5,559
3	509,084	1,065,615	2,085	5,093	381,341	645,129	2,015	4,711
4	506,999	1,060,522	2,175	12,101	379,326	640,418	1,993	4,332
5	504,824	1,048,421	1,389	5,334	377,333	636,086	1,985	4,351
6	503,435	1,043,087	1,174	3,197	375,348	631,735	2,084	4,582
7	502,261	1,039,890	1,905	4,815	373,264	627,153	2,046	4,531
8	500,356	1,035,075	1,548	3,730	371,218	622,622	2,468	5,351
9	498,808	1,031,345	1,608	3,857	368,750	617,271	2,685	5,609
10	497,200	1,027,488	1,527	3,635	366,065	611,662	2,538	5,563
11	495,673	1,023,853	2,320	5,411	363,527	606,099	2,504	5,526
12	493,353	1,018,442	1,376	3,596	361,023	600,573	2,544	5,751
13	491,977	1,014,846	1,277	3,435	358,479	594,822	2,121	4,511
14	490,700	1,011,411	1,005	2,934	356,358	590,311	1,682	3,900
15	489,695	1,008,477	1,042	2,743	354,676	586,411	1,844	4,076
16	488,653	1,005,734	1,159	3,022	352,832	582,335	1,550	3,635
17	487,494	1,002,712	1,004	2,773	351,282	578,700	1,788	3,898
18	486,490	999,939	832	2,631	349,494	574,802	1,724	3,821
19	485,658	997,308	1,831	3,580	347,770	570,981	1,752	3,892
20	483,827	993,728	2,259	4,899	346,018	567,089	2,054	4,283
21	481,568	988,829	1,639	4,093	343,964	562,806	1,709	3,767
22	479,929	984,736	1,228	3,388	342,255	559,039	1,946	4,169
23	478,701	981,348	1,868	4,627	340,309	554,870	1,865	4,076
24	476,833	976,721	1,276	3,928	338,444	550,794	1,676	3,756
25	475,557	972,793	1,379	3,725	336,768	547,038	1,434	3,466
26	474,178	969,068	1,643	4,002	335,334	543,572	1,696	3,732
27	472,535	965,066	1,281	3,502	333,638	539,840	1,536	3,967
28	471,254	961,564	1,083	3,590	332,102	535,873	1,167	3,199
29	470,171	957,974	1,681	4,189	330,935	532,674	1,579	4,026
30	468,490	953,785	1,597	4,277	329,356	528,648	1,504	3,866
31	466,893	949,508	2,098	4,477	327,852	524,782	1,425	3,744
32	464,795	945,031	1,483	3,600	326,427	521,038	1,213	3,219

표 5.27 Pre-processing 된 이후 연합군(Blue)와 독일군(Red)의 장비 수량과 손실 수량

Day	Blue Force						Red Force					
	가용			파괴			가용			파괴		
	Tank	APC	Art	Tank	APC	Art	Tank	APC	Art	Tank	APC	Art
0	5,350	8,821	4,275	1	0	0	747	2,161	5,130	0	0	0
1	5,349	8,821	4,275	12	33	15	747	2,161	5,130	10	5	6
2	5,337	8,788	4,260	43	46	9	737	2,156	5,124	7	20	41
3	5,294	8,742	4,251	60	18	6	730	2,136	5,083	13	12	27
4	5,234	8,724	4,245	64	37	14	717	2,124	5,056	21	18	19
5	5,170	8,687	4,231	33	11	33	696	2,106	5,037	11	22	24
6	5,137	8,676	4,198	10	6	10	685	2,084	5,013	21	19	30
7	5,127	8,670	4,188	15	13	2	664	2,065	4,983	5	16	16
8	5,112	8,657	4,186	36	6	10	659	2,049	4,967	24	34	35
9	5,076	8,651	4,176	48	18	5	635	2,015	4,932	22	20	94
10	5,028	8,633	4,171	24	2	4	613	1,995	4,838	28	36	59
11	5,004	8,631	4,167	20	2	4	585	1,959	4,779	14	31	34
12	4,984	8,629	4,163	19	3	3	571	1,928	4,745	13	31	23
13	4,965	8,626	4,160	18	3	2	558	1,897	4,722	7	22	31
14	4,947	8,623	4,158	16	2	0	551	1,875	4,691	7	15	19
15	4,931	8,621	4,158	20	0	0	544	1,860	4,672	21	7	26
16	4,911	8,621	4,158	10	2	1	523	1,853	4,646	5	14	17
17	4,901	8,619	4,157	14	0	0	518	1,839	4,629	9	8	36
18	4,887	8,619	4,157	24	0	0	509	1,831	4,593	6	10	14
19	4,863	8,619	4,157	26	0	1	503	1,821	4,579	2	10	35
20	4,837	8,619	4,156	22	0	3	501	1,811	4,544	12	12	28
21	4,815	8,619	4,153	13	2	0	489	1,799	4,516	2	6	22
22	4,802	8,617	4,153	13	0	0	487	1,793	4,494	2	5	23
23	4,789	8,617	4,153	12	0	1	485	1,788	4,471	8	16	26
24	4,777	8,617	4,152	9	0	0	477	1,772	4,445	0	2	23
25	4,768	8,617	4,152	7	0	0	477	1,770	4,422	7	3	21
26	4,761	8,617	4,152	5	0	0	470	1,767	4,401	2	9	33
27	4,756	8,617	4,152	7	1	0	468	1,758	4,368	2	8	32
28	4,749	8,616	4,152	2	1	0	466	1,750	4,336	0	3	13
29	4,747	8,615	4,152	6	0	0	466	1,747	4,323	13	17	20
30	4,741	8,615	4,152	16	0	2	453	1,730	4,303	5	6	19
31	4,725	8,615	4,150	11	0	0	448	1,724	4,284	3	4	14
32	4,714	8,615	4,150	20	0	9	445	1,720	4,270	2	3	7

5.4.4.3 Lanchester Equation으로 적합

Bracken은 최초 수정되기 전 데이터를 전차와 장갑차, 포병, 소총병을 각각 20, 5, 40, 1로 가중치를 주어 통합하여 전투력을 하나의 척도로 축약하였다. 이러한 가중치는 앞에서 설명한대로 미 육군 개념분석국(CAA: Concept Analysis Agency)에서 제안된 표준 전력지수이다. Bracken 연구는 'Bracken 모형 1' 과 'Bracken 모형2' 에서 언급된 것과 전투병력과 총병력의 전투력에 기반하여 $\dot{B}(t) = \alpha\left(d\ or \frac{1}{d}\right)R(t)^p B(t)^q$, $\dot{R}(t) = \beta\left(\frac{1}{d}\ or\ d\right)B(t)^p R(t)^q$ 에 적용되었다. 'Bracken 모형 1' 과 'Bracken 모형 2' 에서 공격과 방어의 유리한 점을 묘사하는 전술 매개변수 d 가 없는 모형은 수립하여 'Bracken 모형 3' 과 'Bracken 모형 4' 라고 불렀다. Bracken은 SSR을 최소화하는 공간에서 Grid Search로 $d,\ p,\ q,\ \alpha,\ \beta$을 추정하였다.

Grid Search 수행시 $0 \le p,\ q \le 2.0,\ 0.6 \le d \le 1.4,\ 4 \times 10^{-9} \le \alpha,\ \beta \le 1.2 \times 10^{-8}$ 범위내에서 수행되었다. Bracken은 "이러한 방법은 최적 적합도를 찾을 수 있다는 것을 보장하지는 않는다. 그러나 이러한 방법이 확인된 매개변수가 가용하게 만들어진 선택을 초과하는 것은 보장한다." 라고 말하였다.

이러한 대략적 접근방법 대신 Log 변환된 Lanchester Equation 에 대해 Linear Regression 을 적용하였다. Willard 는 이러한 방법으로 $\alpha,\ \beta$를 추정하였는데 사용한 식은 식 (5-60)과 같다.

$$\frac{\dot{B}}{\dot{R}} = \alpha\left(\frac{R}{B}\right)^p \qquad (5\text{-}60)$$

여기서 Linear Regression 은 SSR 을 최소화하는 α, β, p, q를 구하는데 사용된다. Log 변환된 식 $\dot{B} = -\alpha R^p B^q$, $\dot{R} = -\beta B^p R^q$은 각각 식 (5-61), (5-62)와 같다.

$$log(\dot{B}) = log(\alpha) + plog(R) + qlog(B) \qquad (5\text{-}61)$$

$$log(\dot{R}) = log(\beta) + plog(B) + qlog(R) \qquad (5\text{-}62)$$

여기에서 B, R, $\dot{B}$, $\dot{R}$, α, β 는 Scalar 이거나 N 시간 기간에 부합하는 $1 \times N$ Vector 이다. α, β, p, q 는 Red force 와 Blue Force 의 절편에 상응하는 Linear Regression 을 사용하여 추정할 수 있다. Linear 모형은 식 (5-63)과 같은 형식이다.

$$y_i = \theta + \varphi_1 I\{i \leq N\} + \varphi_2 I\{i > N\} + px_{1,i} + qx_{2,i} + \varepsilon,\ for\ i = 1,2,\ldots,2N \quad (5-63)$$
$$where\ \theta + \varphi_1 = log(\alpha)\ and\ \theta + \varphi_2 = log(\beta)$$

전술 매개변수는 Linear 모형에서 식 (5-64), (5-65)와 같이 정의함으로써 구할 수 있다.

$$y_i = log\left(\frac{\dot{B}_i}{f(d)}\right)\ \ for\ i = 1,2,\ldots,N \qquad (5-64)$$
$$y_i = log\left(\frac{\dot{R}_{i-N}}{f(d)}\right)\ \ for\ i = N+1,\ldots,2N \qquad (5-65)$$
$$where\ f(d) = \left(\frac{d^2 I\{\overline{BA}\} + I\{BA\}}{d}\right)$$

Linear Regression 방법론은 $f(d)$ 의 최적값을 명확하게 풀지는 못한다. 그러나 $f(d)$ 의 함수로서 SSR 의 최소값은 Convex 이므로 요망하는 정확도 수준으로 반복적으로 풀 수 있다. Log 변환은 비선형 모델을 선형 모델로 바꾸는 표준화된 Regression 기법이다. $\dot{B}(t) = \alpha R(t)^q B(t)^p$, $\dot{R}(t) = \beta B(t)^p R(t)^q$ 은 다양한 업무와 경제에서 사용되고 있는 Cobb-Douglas 생산함수의 특수한 형태이다. 이 접근법의 내재된 의미는 오차항이 곱의 항이고 Log-Normal 분포를 가지고 있다는 것이다. Linear Regression 을 사용하는 장점은 선형성과 정규성의 가정하에 SSR 이 최소화된다는 점이며 표준 통계기법이 모형의 적합성과 매개변수의 유의성을 검증하는데 사용된다는 것이다.

Bracken 은 초기 10 일간의 데이터만 가지고 분석을 하였다. Fricker 는 동일한 10 일간의 데이터로 더 좋은 모형 매개변수를 얻기 위해 Linear Regression 을 적용한 새로운 결과를 Bracken 결과와 비교하였다. 그리고 Ardennes 전역의 전기간인 32 일간의 데이터를 항공력 지원이 있을 때와 없을 때를 구분하여 모형의 매개변수를 추정하였다.

먼저 Bracken 은 초기 10 일간의 데이터로 SSR 을 최소화하는 측면으로 가장 좋은 적합도 모형을 적용하였고 Lanchester Linear Law 가 가장 적합하다고 결론지었다. 공격과 방어의 유리한 점을 적용하는 전술 매개변수가 있는 전투부대에 대한 모형(Bracken 모형 1)인 경우 Lanchester Linear Law 와 꼭 맞는 결과를 보였고 나머지 3 개 모형은 Lanchester Linear Law 에 근접한 결과를 보였다.

표 5.28 은 SSR 로 추정한 손실 매개변수보다 Linear Regression 으로 추정한 손실 매개변수가 더 개선된다는 것을 보여준다. 'New_a' 모형은 $p, q > 0$ 라는 제약조건하 Linear Regression 을 사용하여 α, β 를 추정한 것이다. $0 \leq p, q \leq 2.5$ 범위내에서 0.1 씩 증가시켜 가면 구한다. 'New_b' 모형은 α, β, p, q 모두 Linear Regression 으로 구한 것이어서 α, β, p, q 모두 모든 실수를 가질 수 있다고 가정한 것이다. 전술 매개변수를 고려하기 위해 1~6 일은 독일군이 공격하는 것으로, 나머지 기간은 연합군이 공격한 것으로 가정하였다.

가장 좋은 매개변수를 구하기 위해 다른 것을 고려하지 않고 Linear Regression 을 적용하여 구한 매개변수의 결과가 현실적 의미를 가지는지 주목하는 것은 중요하다. 원래의 Lanchester 모형은 아군의 손실은 적군의 전투력의 곱 함수로 표현되는 것이다. 그러나 표 5.28 에서 보는 것과 같이 제약이 없는 모델(b 모형)은 SSR 을 최소화하는 방법으로 구하면 p, q 중 하나가 음수가 된다. $log(\dot{B}) = log(\alpha) + plog(R) + qlog(B)$, $log(\dot{R}) = log(\ \beta) + plog(B) + qlog(R)$ 에서 음수의 p, q 는 R, B 의 전력이 증가될수록 전력의 손실에 Log 를 취한 $log(\dot{B})$, $log(\dot{R})$ 는 감소한다는 것을 의미한다. 이러한 결과가 현실적으로 이해하기 힘든 반면 약간의 제약을 가한 'a' 모형은 Bracken 모형의 결과보다 SSR 이 더 작고 제약식이 없는 'b' 모형보다는 SSR 이 더 크다.

'a' 모형과 Bracken 모형만 비교해 보면 추정된 손실 매개변수 α, β의 범위에 대해 주목해 보자. Bracken 모형은 $4 \times 10^{-9} \leq \alpha, \beta \leq 1.2 \times 10^{-8}$ 인데 비해 새로운 'a'모형은 α, β 는 아주 광범위한 범위를 가진다. 단지 '3a' 모형만 손실 매개변수가 Bracken 의 제약 범위내에 있다. 새로운 모형 속에 있는 α, β를 보면 '1a', '2a', '4a' 3 개의 모형은 Bracken 모형보다 매우 크다. 큰 손실 매개변수는 새로운 모델이 더 치명적인 매개변수를 발견하였다는 것을 의미한다. 그러나 더 작은 지수 매개변수

특히, 1 보다 작은 것은 더 큰 치명성이 상대방의 더 작은 부분에 집중된다는 것으로 해석할 수 있다.

표 5.28 Bracken 결과를 새로운 결과와 비교.

Model	Type of forces	Parameters $\hat{d}$	$\hat{p}$	$\hat{q}$	$\hat{\alpha}$	$\hat{\beta}$	Sum of squared residuals (SSR)
Bracken Model 1	Combat	0.80	1.0	1.0	8×10^{-9}	1×10^{-8}	1.63×10^{7}
New 1a	Combat	0.83	0.3	0.0	54.59	72.05	1.38×10^{7}
New 1b	Combat	0.88	0.43	−0.50	8,164.1	10,152.3	1.37×10^{7}
Bracken Model 3	Combat	1.0	1.3	0.7	8×10^{-9}	1×10^{-8}	2.08×10^{7}
New 3a	Combat	1.0	2.0	0.0	9.0×10^{-9}	1.0×10^{-8}	1.66×10^{7}
New 3b	Combat	1.0	1.64	−1.72	9,189.4	9,020.0	1.48×10^{7}
Bracken Model 2	Total	0.80	0.8	1.2	8×10^{-9}	8×10^{-9}	9.38×10^{7}
New 2a	Total	0.83	0.0	0.5	6.268	7.464	7.54×10^{7}
New 2b	Total	0.69	−1.81	1.57	117,793.0	306,573.4	6.22×10^{7}
Bracken Model 4	Total	1.0	1.2	0.8	8×10^{-9}	8×10^{-9}	1.19×10^{8}
New 4a	Total	1.0	0.4	0.0	27.410	26.914	1.02×10^{8}
New 4b	Total	1.0	0.32	−0.57	210,015.4	181,429.1	9.98×10^{7}

* 'a'는 $p, q > 0$인 지수 매개변수를 가지고 선형회귀를 이용하여 얻은 손실 매개변수. 'b'는 1~10 일간의 전투 자료를 선형회귀로 p, q, α, β 매개변수를 추정한 것이다.

'a' 모형의 새로운 손실 매개변수는 지수 매개변수 p, q에 아주 크게 영향을 미치기 때문에 결과로 도출된 어떤 새로운 모형도 Lanchester Linear 모형이라고 할 수 없다. '1b'와 '4b' 모형은 $\hat{p} - \hat{q}$ 의 값이 각각 0.9336 과 0.89 로 Lanchester Square Law 에 가까우나 이러한 것은 현실적 해석을 하기가 부족한 측면이 있어 기각되었다. 그러므로 모형 선택을 SSR 을 최소화하는 기준으로 설정하면 Ardennes 전투의 초기 10 일간의 데이터로부터 내릴 수 있는 가능한 결론은 단지 기본 Lanchester 모형의 어떤 것 하고도 일치하지 않는다는 것이다. 이것들은 Lanchester Logarithmic 이나 Hartley 모형과도 일치하지 않는다.

5.4.4.4 모든 전투기간 데이터로 분석

Lanchester Equation 을 추정하기 전에 적절성을 먼저 고려해야 한다. Log 변환한 식 $log(\dot{B}) = log(\alpha) + plog(R) + qlog(B)$, $log(\dot{R}) = log(\beta) + plog(B) + qlog(R)$을 보듯이 곱의 형식으로 구성된 Lanchester Equation 은 본질적으로 선형이다. $log(\dot{B})$, $log(\dot{R})$은 각각 $log(B)$, $log(R)$에 대해 그림을 그려보면 선형 관계를 보여야 한다. 오차항의 분포에 따라 선형성은 변환으로 인해 다소 차이가 있다. 예를 들어 $\dot{B}(t) = \alpha R(t)^q B(t)^p$, $\dot{R}(t) = \beta B(t)^p R(t)^q$ 곱의 형식 오차항은 Log-Normal 이어서 변환된 오차항은 정규분포일 것이다. 만약 비선형의 증거가 있다면 모형의 적용가능성은 의문이 생긴다. 그림 5.21 은 32 일간의 전투 전기간에 대해 총병력의 통합된 전투력과 손실의 관계이다.

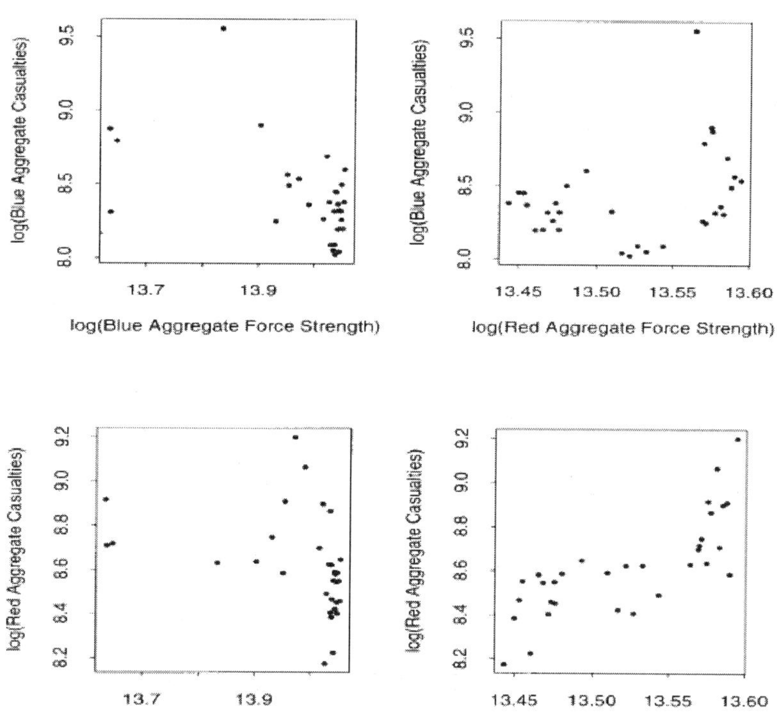

그림 5.21 원 데이터를 Log 변환하여 전 병력의 전투력과 손실을 비교한 도표

그림 5.21 에서와 같이 Ardennes 전투의 원데이터는 비선형 형태를 포함하고 있어 오차항에 의해 명확하게 설명될 수 없다. 전투병력만으로 그려본 그림과 유사한 경향을 보인다. 그러므로 다양한 비선형성은 원래 형식의 데이터로 Lanchester Equation 으로 적합시키는 것은 부적합하다는 것을 알려준다.

그림 5.22에서 보는 것과 같이 재구성된 데이터는 확실히 더 선형으로 보여서 Linear Regression을 이용하여 Log 변환된 데이터로 Linear 모형으로 적합시키는 것은 더 타당해 보인다. 모형들은 전술 매개변수만을 고려한 것이며 이러한 매개변수가 포함된 모델은 알려진 공격과 방어 태세가 변경되는 시점을 고려함으로써 확실히 전술 매개변수가 없는 모형보다 개선할 수 있다.

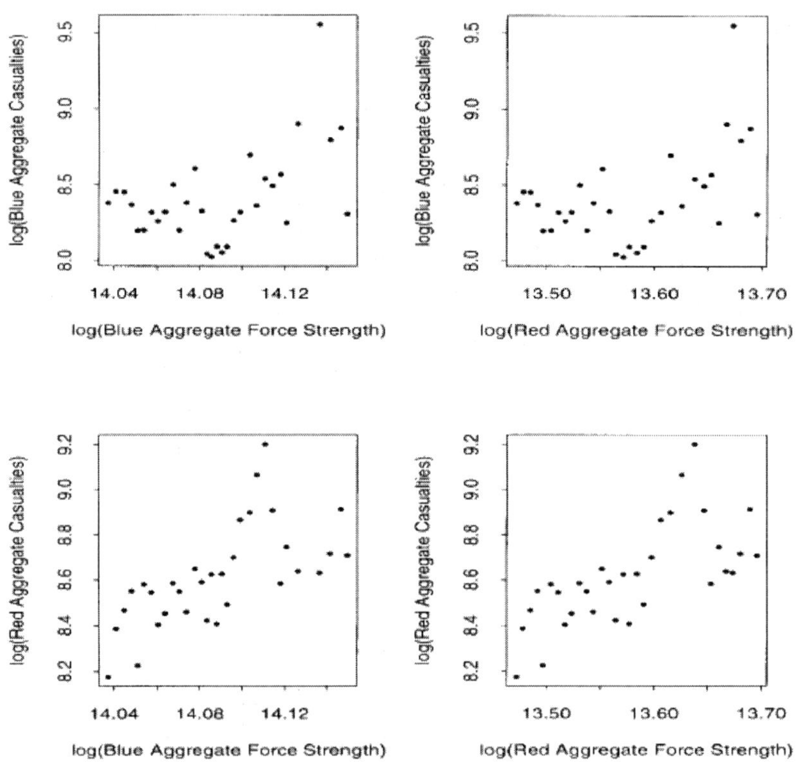

그림 5.22 재구성된 데이터를 Log 변환하여 전투병력만의 전투력과 손실을 비교한 도표

전투병력만으로 구성된 것과 총병력을 기반으로 한 2개의 Linear 모형을 데이터로 적합성을 검토하였다. 통합 전투력은 앞에서 설명한 것과 같은 방법과 가중치를

사용하여 구하였다. 표준 Linear Regression 기법을 사용하여 구한 지수 매개변수 $\hat{p}$는 두 개 모형에서 모두 통계적으로 유의한 것으로 나타났고 모형은 다음과 같다.

5.4.4.5 전투병력만으로 구한 모형

$$\dot{B} = 4.7 \times 10^{-27} f(0.8093) B^{5}$$
$$\dot{R} = 3.1 \times 10^{-26} f(0.8093) R^{5}$$

여기서 $f(d) = \left(\frac{d^2 I\{\overline{BA}\} + I\{BA\}}{d}\right)$이다.

5.4.4.6 총병력으로 구한 모형

$$\dot{B} = 1.7 \times 10^{-16} f(0.824) B^{3.2}$$
$$\dot{R} = 8.0 \times 10^{-1}\ f(0.824) R^{3.2}$$

그림 5.23 은 두 모형의 잔차이다. 그림 5.23 의 위에 위치한 두 그림은 전투병력만으로 구성된 모형의 잔차이고 그림 5.23 의 아래 두 그림은 총병력으로 구성한 잔차이다. 그림 5.23 중 좌측 그림인 Blue Force 의 전투병력만의 잔차는 아주 무작위하게 보인다. 다른 세 개의 그림도 어느 정도 무작위성을 띄고 있는 것 같아 보인다. Red Force 잔차는 특정 패턴을 보이는 듯하다. 세 개 그림에서는 큰 이상치가 하나 이상 있다. 특별히, Blue Force 의 총병력 잔차 그림은 4 일차에 큰 양의 이상치가 있는데 이 시점은 독일군이 미군 전선을 깊이 돌파한 결과 신속한 전진 이후 지역을 확보하기 위해 연합군과 격렬한 전투의 수렁에 빠진 시점에 상응한다. 연합군의 손실의 아주 큰 대부분이 비전투 부대로부터 발생했다는데 주목할 필요가 있는데 이는 독일군이 후방 제대로 돌파를 강조했기 때문이다.

Red Force 잔차 두 개의 그림에서 가장 큰 이상치는 9 일과 10 일 발생하였다. 9 일과 10 일은 기상 전환으로 연합군의 항공전력이 가용한 시점과 일치한다. 이전에는 기상여건이 좋지 않아 항공전력들이 모두 지상에 발이 묶여 있었다. 압도적 우세로 연합 항공력은 효과적으로 독일군의 포병과 전차, 장갑차를 공격할 수 있었다. 이로 인해 양 개 모형에서 일반적으로 잘 적합되고 있다.

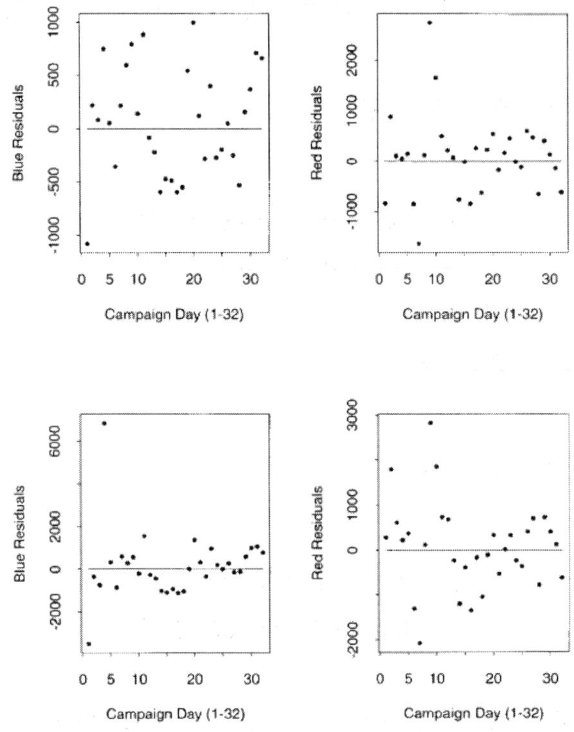

그림 5.23 재구성된 데이터의 모형으로부터 나온 잔차.
위의 두 그림은 전투병력만 고려한 것이고 아래 두 그림은 총병력을 고려한 것이다.

앞에서 구한 전투병력과 총병력에 대한 모형은 Lanchester Logarithmic 모형이다. 여기에서 지수 매개변수 $\hat{q}$는 $q = 1$과 통계적으로 다른 것인가 하는 질문을 하는 것이 자연스럽다. 이것은 "데이터가 q의 값이 1이라는 귀무가설을 기각하지 못해서, 관측된 값인 $\hat{q}$는 단순히 Random Variable의 결과이다? " 와 같다. 이것을 확인하기 위해서 $\mathbb{p}\{q \in C\} = 0.95$ 또는 더 엄격하게 0.99로 하는 신뢰 구간 C 를 찾으면 간단히 해결된다. 이 신뢰구간은 $C = \left[\hat{q} - t\left(n-2, 1-\frac{\alpha}{2}\right) \times s.e(\hat{q}),\ \hat{q} + t\left(n-2, 1-\frac{\alpha}{2}\right) \times s.e(\hat{q})\right]$ 이고 여기서 $t\left(n-2,\ 1-\frac{\alpha}{2}\right)$는 $n-2$ 자유도를 가지는 t분포에서 $1-\frac{\alpha}{2}$ 분위이다. $s.e(\hat{q})$은 추정된 매개변수의 표준오차이다.

만약 $1 \notin C$ 이면 귀무가설은 기각된다. 전투병력 모형의 99% 신뢰구간 C 은 $5.0 - (2.66)(0.68),\ 5.0 + (2.66)(0.68)] = [3.19, 6.81]$ 이다. 총병력 모형의 99% 신뢰구간

C 은 $[1.90, 4.46]$ 이다. 그러므로 양 개의 모형이 Lanchester Logarithmic 모형이라는 것은 기각된다.

5.4.4.7 공군력 추가 모형

이전의 모형에서는 공군력의 데이터는 빠져 있었다. 우연한 것인지, 계획을 하였는지는 모르지만 독일군의 공격개시일은 기상이 매우 좋지 않을 때이어서 수적으로 우월한 연합군의 공군력이 지상에 매여 있었다. 기상 상황이 호전되자 연합군의 공중 전력들은 12월 23일인 전투 개시 9일차에 지원이 시작되었다. 앞에서 독일군의 손실을 표현한 표에 보면 모든 범주에서 아주 크게 증가하고 있다. 공군력이 전역의 핵심 요소이다는 것으로 결론 짓는 것은 아주 합리적이며 모형에 반드시 포함되어야 한다는 것을 말해 준다.

공군력 데이터는 여러 기관의 것이 약간씩 다른데 가용 항공기나 피격된 항공기 수 대신에 일일 지원 Sortie만 기록된 것도 있다. Sortie를 단순히 가중치를 주어 다른 전력들과 통합한 데이터도 있다. 그러나 항공기는 즉각 자산으로 전투지대 외부로부터 전투지대 내로 비행하여 지상군을 공격할 수도 있다. 특히, 이 전역에서는 기상 때문에 특정 기간 동안 공군력 운용을 제한받기도 하였다. 따라서 다른 전역에 투입할 수 있는 공군의 특성으로 인해 모든 가용한 항공기나 Sortie를, 비록 전투지대로 비행하여 지상군을 지원할 수 있지만, 일일 통합전력에 포함하는 것은 좋은 방법이 아니다.

그러므로 항공 Sortie 데이터는 각 Sortie를 30의 가중치를 주어 다른 전력과 일일 단위로 통합한다. 예를 들어 Red Force의 i 일 통합 전력은 식 (5-66)과 같이 수정될 수 있다.

$$F_r(i) = M_r(i) + A_r(i) \times 5 + T_r(r) \times 20 + Y_r(i) \times 40 + S_r(i) \times 30 \quad (5\text{-}66)$$

여기서 i 는 일자이다.

병력 손실과 수정된 전투력 사이의 관계는 매끈하지 않은 선형이고 총병력 기반 Log 변환된 전력 총병력과 손실 모형의 그림과 유사하다. 추정된 지수 매개변수 $\hat{p}$ 는 양 개 모형에서 통계적으로 유의하며 $\hat{q}$ 는 큰 값이다. 최종 모형은 다음과 같다.

전투병력만으로 구한 모형

$$\dot{B} = 2.7 \times 10^{-24} f(0.7971) B^{4.6}$$
$$\dot{R} = 1.6 \times 10^{-23} f(0.7971) R^{4.6}$$

총병력으로 구한 모형

$$\dot{B} = 1.3 \times 10^{-1}\ f(0.8197) B^{3}$$
$$\dot{R} = 5.6 \times 10^{-15} f(0.8197) R^{3}$$

앞의 모형과 유사하게 Lanchester Logarithmic 모형이라는 것은 기각된다. 그러므로 항공 Sortie 를 추가하여도 최종 모형은 Lanchester 의 Square, Linear, Logarithmic 모형이라고 할 수 없다.

Lanchester Equation 은 다음과 같이 확률적으로 해석할 수 있다. 전장에서의 각 병력들이 주어진 날 전사할 확률은 P_k이고 각 병력들은 상호 독립적이라고 가정하자. 그러면 어떤 날 크기가 B 인 Blue Force 의 병력들이 입는 기대 손실 수는 $\mathbb{E}(\dot{B}) = P_k B$이다. 왜냐하면 $\dot{B}$는 성공확률 P_k와 B 관측수를 가지는 이항분포이기 때문이다.

현실적으로 전사 확률 P_k는 적의 규모 (B 또는 R), 장비(E), 지형(T), 지휘력(L), 준비태세(P) 등 매우 많은 다른 요소(O)들의 함수이어서 표현하면 $P_k = f(X, E, T, L, P, O_1, O_2, \dots)$ 이다. 여기서 X는 B 또는 R이다. Lanchester Linear 모형은 3.4 절에 설명되어 있는 것과 같이 식 (5-67), (5-68)과 같다.

$$\dot{B} = \alpha RB \qquad (5\text{-}67)$$
$$\dot{R} = \beta BR \qquad (5\text{-}68)$$

살상확률은 내재적으로 Blue Force 는 $P_{k,b} \triangleq aR$, Red Force 는 $P_{k,r} \triangleq aB$ 로 정의된다. 살상을 당하는 확률은 전투원의 치명성 상수와 적군의 전투원 수의 곱의 함수로 해석된다. 여기서 치명성은 살상확률로 전투원 수는 부대규모로 대체될 수도 있다. 이런 정의에서 Lanchester 는 $P_k = f(X, E, T, L, P, O_1, O_2, \dots)$를 $P_k = f(X, c) = cX$ 로 단순화하는데 여기서 병력크기를 제외한 다른 모든 요소는 c 로 표현하고 단순한 곱의 관계로 가정한다.

이러한 분석은 한 단계 더 단순화 시키고 $P_k = c$ 로 고정하면 적의 규모는 통계적으로 유의하지 않게 된다. 이렇게 하는 것은 적의 규모는 손실 계수의 크기에 고려되기 때문에 큰 문제는 되지 않는다. 살상확률 P_k는 본질적으로 데이터에서 주어진 적의 규모 범위에 대한 상수라고 해석된다. 이것은 적의 규모가 대폭적으로 증가하거나 감소한다거나 적의 장비가 더 효과적이 되거나 제거되거나, 지형이 유리하거나 불리하거나 하는데도 P_k가 변화하지 않다고 말하는 것은 아니다. 주어진 데이터 내에서 적의 규모의 변화는 P_k에 상당히 큰 영향을 미치지는 않는다고 단순히 말하는 것이다.

이러한 접근법을 사용하여 Lanchester Logarithmic 모형은 손실 계수는 적의 살상확률로 해석을 해 왔다. 이 살상확률은 적의 규모의 특정 범위의 상수로 간주되었다. 이러한 모형은 전투에서 Lanchester 는 적의 전투력의 강도는 적의 전투력 규모의 강력한 함수로 생각했기 때문에 Lanchester 모형에는 포함되어 있지 않다. 그것은 Lanchester 가 육박전을 하는 고대 전투를 위한 Linear 모형을 만들었다. 또한 Lanchester 는 소총을 가지고 전투하는 현대전의 특성을 묘사하는 Square 모형을 만들었다. 양 개 모형에서 증가한 화력은 병력 규모에 직접적이고 강력한 관계가 있다.

최근의 전투에서 적의 화력은 Lanchester 시대보다 병력 규모의 함수와는 관계성이 더 적다. 전투형대와 통합 가중치 구조에 의존하면 이러한 사실은 사실일 수도 있고 아닐 수도 있다. 그러나 Gulf 전쟁은 이러한 사실을 묘사하는 좋은 최신 예라고 할 수 있다. Gulf 전쟁에서는 이라크군의 손실은 다국적 연합군의 규모보다는 전투지대 내의 이라크군의 수와 관련된 함수에 더 가깝다. 이것은 이라크군의 손실의 수가 다국적 연합군의 25% 또는 50% 감소하더라도 거의 같을 것이라는 것을 의미한다. 또 다르게는 주어진 다국적 연합군의 규모에서 이라크군의 손실은 얼마나 많은 이라크군의 표적이 존재하는가 하는 함수로 말할 수 있다. 주어진 같은 규모의 다국적 연합군 규모에서 만약 더 큰 규모의 이라크군이 있었다면 아마도 더 큰 손실이 있었을 것이고 더 작은 규모의 이라크군이 있었더라면 더 작은 손실이 있었을 것이다.

Fircker 연구에서 발견한 것은 다른 연구자들이 다른 전투 데이터로부터 연구한 결과와 일치한다. Lanchester가 옹호한 특정 형태의 수식을 지원하는 실증적 증거가 아예 없거나 거의 없다는 것이다. Hartley 연구의 결과로 예를 들면 실증적 연구의 결과는 부대의 손실은 자측 병력 규모나 적의 살상률과 관련되었다는 것과는 다른 모형이라는 것이다. 적의 규모가 0 로 감소할 때도 자측의 병력 규모로 인해 손실이 난다는 것을 의미하는 것은 이 사실을 터무니 없다고 극단적으로 해석할 수도 있다.

그러나 이것이 완전히 터무니 없는 것은 아니다. 전시가 아닌 평시 군사력도 현저히 낮은 비율이기는 하지만 사고나 자연적인 요소에 의해 여전히 손실이 발생한다. 일반적 모형은 식 (5−69), (5−70)과 같다.

$$\dot{B} = \alpha B^q \qquad (5-69)$$

$$\dot{R} = \beta R^q \qquad (5-70)$$

상대방의 치명성 즉 살상률은 α, β로 지수 매개변수 q는 상대방에 노출된 병력의 일부라고 간주된다. 이러한 해석은 Ardennes 데이터의 결과와 부합하고 항공지원이 있는 모델과 없는 모델은 다음과 같은 결론을 내린다.

1. 전투병력만 고려한 지수 매개변수는 총병력을 고려한 모델에서 보다 더 크다. 이것은 전투병력이 상대방에 의해 더 많이 노출되어 있다는 것을 의미한다.
2. Red Force(독일군)의 손실계수가 Blue Force(연합군)의 손실계수보다 더 높다. 이것은 연합군이 독일군보다 더 우위에 있고 더 치명성이 높다는 것을 의미한다.

평시에 이러한 모형을 적용하면 본질적으로 사고율을 반영하는 병력의 손실 매개변수는 아주 크게 감소할 것이고 지수 매개변수는 사고에 노출된 병력의 비율을 보여주는 것이다. 물론 전장에서 이러한 모델이 작동한다면 다음과 같은 질문이 있을 수 있다. 어떻게 유리한 점을 적용할 수 있는가? 원래의 Lanchester Equation 에서 만약 $\beta B^{p-q+1} = \alpha R^{p-q+1}$이라면 시간에 따른 병력 비율이 같다는 것을 생각해 보자. 새로운 모형 $\dot{B} = \alpha B^q$, $\dot{R} = \beta R^q$ 의 경우에서 이 수식은 $\beta B^{1-q} = \alpha R^{1-q}$와 동등하다. $\alpha = \beta$라는 가정을 하고 총병력모형에서 만약 $q = 3$이라면 만약 $B^2 = R^2$ 병력비율은 같다.

이것은 만약 Blue Forece 가 Red Force 에 더 강한 전투력으로 교전을 시작하고 양측 모두 모든 전투력을 초기부터 투입한다면 Blue Force 가 결과적으로 승리할 것이라는 것을 의미한다. 전체 교전 기간중 Blue Force 가 Red Force 에 비해 더 큰 전투력을 계속 유지한다는 것이다. 그러나 만약 Red Force 가 Blue Force 와 치명성을 동일하게 유지하면서 특정 기간에 병력을 보존한다면 이후에 상대적 병력의 우위를 달성하기 위해 예비대를 투입할 수도 있다.

예를 들어 Blue Force 와 Red Force 의 초기 전투력을 $B(0) = 100,\ R(0) = 90$ 이라고 하고 $\alpha = \beta = 5 \times 10^{-6}$ 즉, 치명성 즉 살상률이 같다고 하자. 그러면 그림 5.24와 같이 100일의 전투기간 중 Blue Force는 Red Force 전투력보다 우위에 있게 된다.

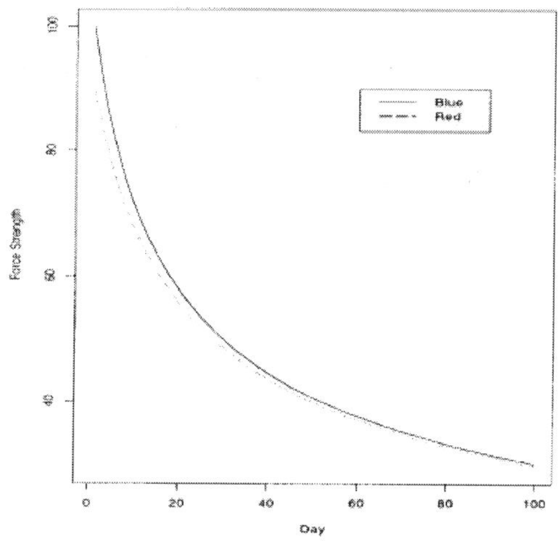

그림 5.24 양측이 초기에 전병력을 투입한 경우

그러나 그림 5.25 와 같이 만약 Red Force 가 전투력의 절반을 50 일까지 유지하고 있고 나머지 절반의 전투력의 살상률을 $\alpha = 5 \times 10^{-6}$을 유지 가능하다고 가정하면 Red Force 는 전투력의 우위를 찾을 수 있다. 이러한 결과는 열세한 전력과 살상률로는 모든 부대가 상대적으로 우세한 부대와 교전하면 전멸한다는 것을 말해준다.

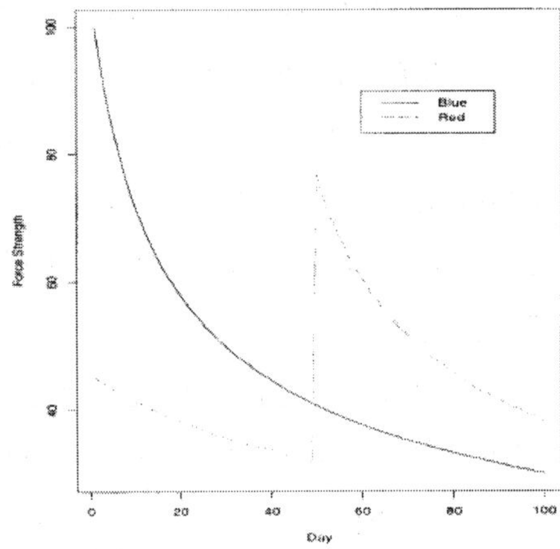

그림 5.25 Red Force가 전투력 절반을 초기에 투입하고
50일차에 절약된 1/2 전투력을 투입하는 경우

그림 5.26 은 $B(0) = 100$, $R(0) = 90$, $\alpha = 3 \times 10^{-6}$, $\beta = 5 \times 10^{-6}$ 으로 Red Force 의 살상률이 Blue Force 보다 더 작을 때에도 Red Force 가 Blue Force 보다 더 큰 전투력을 달성할 수 있다는 것을 보여준다.

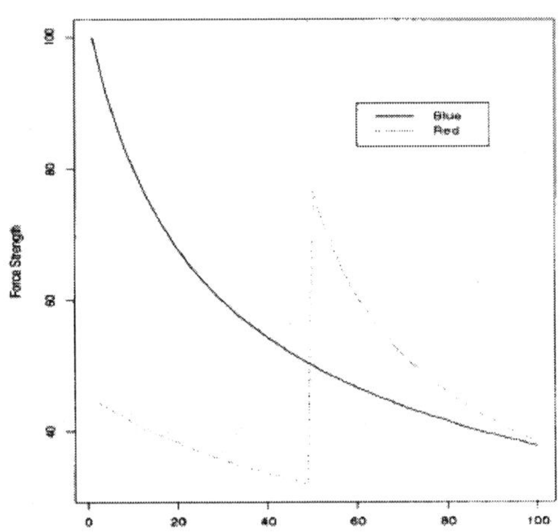

그림 5.26 Red Force가 전투력 절반을 초기에 투입하고
50일차에 절약된 1/2 전투력을 투입하는 경우

그림 5.27 의 최적 추정값은 $p = 0.91$, $q = -0.61$, $SSR = 1.36 \times 10^7$, $R^2 = 0.381$ 이다. 전술 매개변수 $d = 1.12$ 이며 공격하는 측이 유리한 점을 가지는 것으로

나타난다. 최적값 주위의 등가선이 아주 평평한 것을 보이고 Lanchester Law 중 Square Law가 가장 적합한 것으로 나타난다.

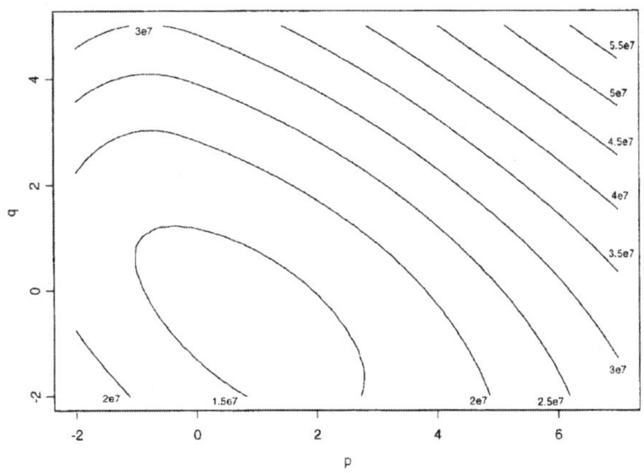

그림 5.27 Bracken의 Ardennes 전투력 데이터를 이용하여
전술 매개변수 d 를 고려한 최소값 SSR을 p와 q 의 함수로 표현한 등가선

Ardennes 전투력 데이터를 이용하여 Fricker의 식으로 전술 매개변수 d를 고려한 그림 5.28 의 최적 추정값은 $p = -0.6$, $q = 5.2$, $SSR = 2.8 \times 10^7$, $R^2 = 0.5$ 이다. 여기에서 구한 p, q 값은 의문스럽다. 왜냐하면 한측의 손실이 전투력 수준의 5.2 승의 지수적으로 증가하고 상대방의 전투력은 그 반대이기 때문이다. 전술 매개변수 $d = 1.25$이며 이는 공격하는 측이 유리한 점을 가지는 것으로 해석할 수 있다.

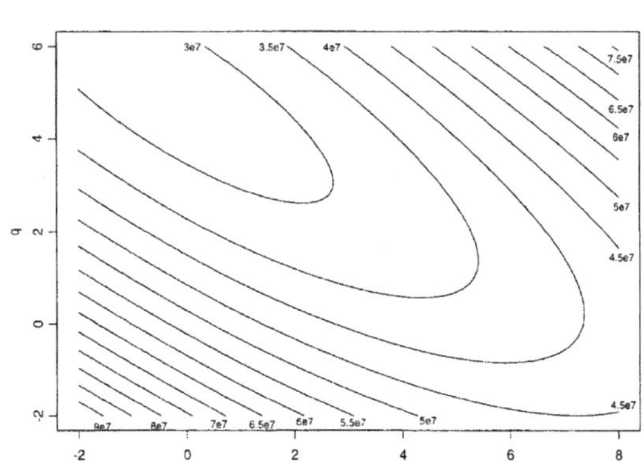

그림 5.28 Ardennes 전투력 데이터를 이용하여 Fricker의 식으로
전술 매개변수 d 를 고려한 최소값 SSR을 p와 q의 함수로 표현한 등가선

그림 5.27과 5.28은 데이터의 다른 구성 접근법으로 매우 다른 결과를 도출한다. 2개의 등가선 표면 중 어느 것을 믿어야 할지 망설여진다. 2가지 접근법에 대해 많은 논쟁이 있어 왔다. Fricker는 Bracken이 10 일간을 적용한 것보다 더 많은 전투기간을 모델에 적용해서 상대적으로 동질적인 전투결과를 얻을 수 있을 것 같다고 말한다. 더욱이 Bracken이 적용한 10 일간의 전투모형에서는 1 일 전투는 Fricker의 모형보다는 더 쉽게 해석할 수 있다. Bracken 모형은 만약 전투 초기부터 참가했다면 모든 부대가 참가한 하나의 큰 전투로 모형안에서 계산한다. 예를 들어 Patton 장군의 3군처럼 처음부터 전투에 참가하지 않고 며칠 지난 후 전투에 참가한 부대들도 있다. 핵심적인 관점은 어떤 형식의 접근법이 더 좋다는 것이 아니고 2가지 방법론 모두 논쟁의 여지는 있다는 것이다. 그러나 2 가지 방법 다 데이터의 구성에 따라 SSR 등가선의 표면이 질적으로 다르게 보인다는 것이다. 그러므로 결론은 이러한 요인에 대해 매우 민감하다. 어떤 접근법도 기본적 Lanchester Law의 최적점에 근접하지 않다는 것이다.

여기에서는 질적으로 선택된 가중치가 우리가 발견한 것에 영향을 미치는지 알아본다. 그림 5.29의 왼쪽 그림은 Kursk 전투에 직접 참가한 병력수만 고려하여 전술 매개변수 d를 고려한 최소값 SSR을 p와 q 의 함수로 표현한 등가선이다. 그림 5.29의 왼쪽 그림을 오른쪽 그림과 비교해 보면 질적으로 유사하다는 것을 알 수 있다. 표면이 부드럽고 비교적 평평하며 타원형 등가선을 가지고 SSR의 최소점이 기본 Lanchester Law로부터 먼 곳에 위치한다. 가장 적합한 매개변수는 $p = 7.8$, $q = 3.4$이며 $R^2 = 0.234$이다. p 값이 q 값보다 매우 크게 나와 수용하기가 어렵다. Turkes는 전차가 포병보다 더 높은 가중치를 가지고 있다는 것과 같은 다른 가중치를 부여하여 연구하였다. 여기서는 포병, 장갑차, 전차의 가중치가 모두 0으로 설정되어 있다. 결론적으로 결과는 동일하였다. 더욱이 항공 Sortie를 추가한 계산도 적합도에 영향을 심대하게 미치지는 않았다.

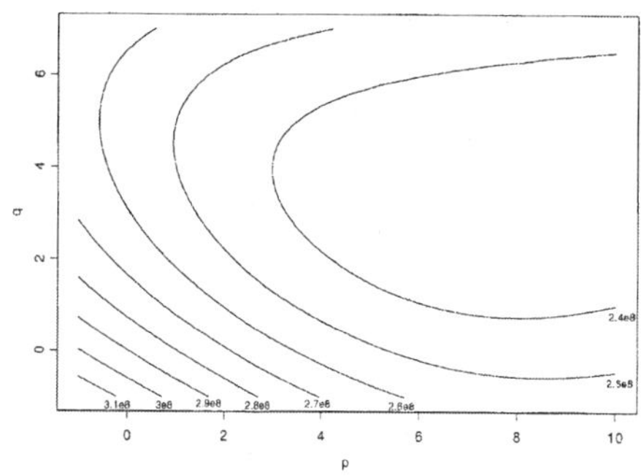

Kursk 전투 병력수만 고려하여 전술 매개변수 d 를 고려한 최소값 SSR을 p와 q의 함수로 표현한 등가선

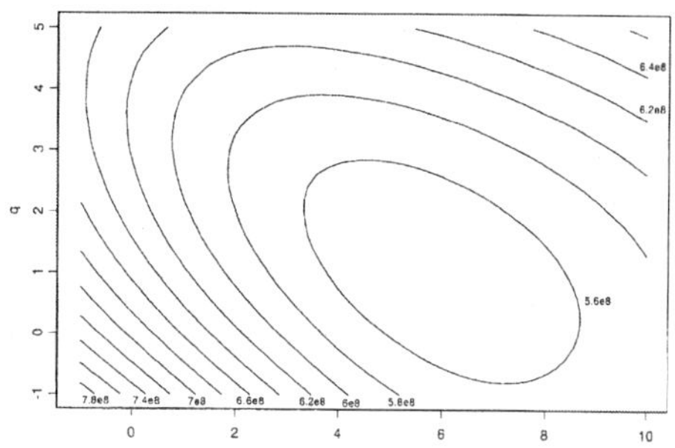

Kursk 전투에 참가한 전병력을 대상으로 전술 매개변수 d를 고려한 최소값 SSR 을 p와 q의 함수로 표현한 등가선

그림 5.29 전투병력과 지원병력을 포함한 전병력 대상 SSR 등가선

지금까지 일반화된 Lanchester 모형은 기본 Lanchester 모형인 Square Law, Linear Law, Logarithmic Law와 아주 다르다는 것을 알았다. 그렇다면 몇 가지 의문점이 남는다. 어떻게 이러한 법칙들을 다른 법칙들과 비교할 것인가? 어떻게 가장 적합한 모델로 비교할 것인가? 기본 Lanchester 모형 중 하나가 조사된 모델 폭을 넘어서 더 나은 일관성있게 적합할 것인가? 여기서는 전술 매개변수 d를 가진 모델만 고려한다. 유사한 결과가 전술 매개변수를 포함하지 않은 모델에서도 보인다.

표 5.29는 기본 Lanchester 모델이 1, 5, 20, 40와 같은 Bracken의 가중치와 병력수 데이터를 사용하여 Kursk 전투에 적합한 것을 보여준다. 가중치를 적용한 것과 병력수를 가지고 분석한 데이터를 보면 둘 다 Linear Law가 기본 Lanchester 모형 중에서는 가장 잘 적합하다는 것을 알 수 있다. 그러나 적합도 측면에서 보면 $R^2 = 0.131$로서 최적 적합 모델의 $R^2 = 0.238$과 비교시 매우 좋지 않다. 그러나 Linear Law는 Square Law나 Logarithmic Law와 비교시 더 우수하나 아주 더 좋지는 않다. 그러므로 이런 결과로 올바른 매개변수는 기본 법칙들은 같은 결과를 준다는 것을 알 수 있다. 또한 가중치 구조를 이용하면 유사한 결과를 얻을 수 있고 Bracken 가중치는 일반적으로 가중치가 없는 것보다 약간의 더 나은 결과를 얻을 수 있다는 알 수 있다. 표 5.29에서 보는 것과 같이 Linear Law의 경우 2개의 경우 모두 기본 법칙 중 가장 적합도가 높으나 Linear Law는 Optimal fit과 가깝지는 않다.

표 5.29 Kursk 전투 병력수와 Bracken 가중치와 전술 매개변수 d 를 고려한 추정

Lanchester Law	Weight	p	q	d	R^2
Square	Bracken's	1	0	1.09	0.081
Linear	Brackes's	1	1	1.02	0.131
Logarithmic	Bracken's	0	1	1.02	0.085
Optimum fit	Bracken's	5.87	1.01	1.03	0.238
Square	Manpower	1	0	1.11	0.074
Linear	Manpower	1	1	1.04	0.116
Logarithmic	Manpower	0	1	1.04	0.086
Optimum fit	Manpower	7.74	3.41	0.86	0.234

표 5.30 은 Bracken 의 10 일간 데이터를 사용하여 Ardennes 전역으로부터 유사한 결과를 나타낸다. Bracken 의 가중치 접근방법이 매우 더 좋은 결과를 얻을 수 있다. 더욱이 가중치 적용 기본 Lanchester 모형 중 가장 적합한 모형은 Square Law 이고 다른 모형들도 잘 적합된다. Square Law 의 $R^2 = 0.367$은 최적 적합 모델의 $R^2 = 0.381$과 비교시 단지 3.6% 낮을 뿐이다. Bracken 이 가장 적합한 모델이 Linear Law 라고 결론지은 것은 매우 재미있는 사실이다. 왜 이러한 차이가 발생하는가? 왜냐하면 Bracken 은 필요성에 의해 Grid Search 방법을 사용하였는데 이것은 다양한 Lanchester Law 를 위한 모든 매개변수 조합을 고려하지 않았기 때문이다.

표 5.29 의 Kursk 데이터와 비교시 Ardennes 데이터가 가중치가 적용된 Kursk 데이터보다 적합도가 현저하게 더 높다. 이러한 차이를 설명할 수 있는 많은 부분이 소련군의 7 월 12 일 손실에 기인하고 이것은 이상치 때문이다. 더욱이 기본 법칙은 최적 적합모델보다 더 좋지는 않다.

표 5.30 Ardennes 전투 병력수와 Bracken 전투 병력 모형을 고려한 모수 추정

Lanchester Law	Weight	p	q	d	R^2
Square	Bracken's	1	0	1.14	0.367
Linear	Brackes's	1	1	1.17	0.291
Logarithmic	Bracken's	0	1	1.23	0.330
Optimum fit	Bracken's	0.91	−0.61	1.12	0.381
Square	Manpower	1	0	1.04	0.079
Linear	Manpower	1	1	1.06	−0.226
Logarithmic	Manpower	0	1	1.10	0.025
Optimum fit	Manpower	0.15	−0.90	1.05	0.280

표 5.30 에서 보는 것과 같이 Bracken weight 가 Manpower 데이터보다 훨씬 잘 적합한다. 또한 Square Law 가 기본 Lanchester Law 중 가장 잘 적합된다.

Bracken 데이터를 사용하여 Ardennes 전투 데이터로 Bootstrap 방법을 사용하여 각 Lanchester Law 의 적합성을 비교해 보면 표 5.31 과 같다. Bootstrap 방법은 Kursk 전투를 참고하면 된다. 표 5.31 에서 보는 것과 같이 Linear Law 가 Square 보다 더 좋은 적합성을 보이는 정도는 60.4%이다.

표 5.31 Bracken 데이터를 사용하여 Ardennes 전투 데이터의 Bootstrap 비율

Lanchester Law	Square	Linear	Logarithmic
Linear	0.604	–	–
Logarithmic	0.376	0.268	–
Optimum fit	0.525	0.446	0.638

*1,000 회 중 행에 있는 Lanchester Law 가 열에 있는 Lanchester Law 보다 적합성이 더 좋다.

5.5 인천-서울 전투 (한국전쟁)

5.5.1 전투 배경

인천상륙작전은 한국전쟁이 한창이던 1950 년 9 월 15 일 UN 군 사령관 Douglas MacArthur 원수의 주도로 시작된 상륙작전이다. 이 작전에는 70,000 여명의 병력과 261 척의 함정이 투입되었고, 대한민국의 서울 탈환으로 이어져 한국전쟁 전반의 전세를 뒤집는 계기가 되었다. 작전 암호명은 Operation Chromite 이었다.

한국전의 초기에 한국군과 미군은 낙동강으로 둘러싸인 작은 지역에 고립되었다. 한반도의 중심에 있는 서울의 서측에 위치한 인천에 미군을 상륙시키려는 것은 낙동강 전선의 북한군의 압력을 완화시키고 북한군을 남북으로 협공하기 위해서 기획되었다. MacArthur 는 1950년 6월 29일, 전쟁이 발발한지 4일 지난 뒤에 한강 방어선을 시찰하며 조선 인민군의 후방에 상륙, 병참선을 차단하고 낙동강을 통해 반격에 들어간다는 기본 전략을 세웠다고 증언했다.

그러나 미국 해군은 인천항의 간만의 차가 평균 7m 로, 항구에 상륙하기 전에 월미도를 먼저 점령해야 하는 데다 선단의 접안지역이 좁아 상륙 후 시가전이 불가피한 점 등의 이유로 상륙 작전의 최악의 지형이라며 완강히 반대하였다. 해군의 일부 인사들이 작전 성공률이 5,000 대 1 이라고 주장하며 격심하게 반대하였으나, MacArthur 는 오히려 이런 난점이 적의 허점을 찌르는 기습이 될 수 있다며 인천상륙 주장을 굽히지 않았다. 결국 8 월 28 일 미국 합동 참모 본부로부터 승인을 얻었다. 사실 인천상륙작전은 정말로 불가능에 가까운 작전이었다. 일단 조수간만의 차가 엄청나고, 또한 인천항을 지배하는 감제고지인 월미도를 사전에 점령해야 했기 때문이다. 그러나 2 차대전에서 일본 본토 공격을 위해 태평양에서 '섬 건너뛰기 전술'로 큰 효과를 보았던 MacArthur 는 이번 상륙작전이 Normandy 상륙 작전에 이어 세계 전사에 남을 만한 승리를 가져올 것이라 확신했다.

미 해병 1 사단이 지상군의 창끝 역할을 하였다. 미 해병 1 사단은 한국군과 미 육군 및 7해병 연대전투단 일부를 포함하여 25,040명이었으며 총 상륙부대의 병력은 약 70,000 명이었다. 나머지 병력은 주로 미 7 보병사단이었다. 그림 5.30 은 인천상륙작전에 투입된 전력들의 집결경로를 보여준다.

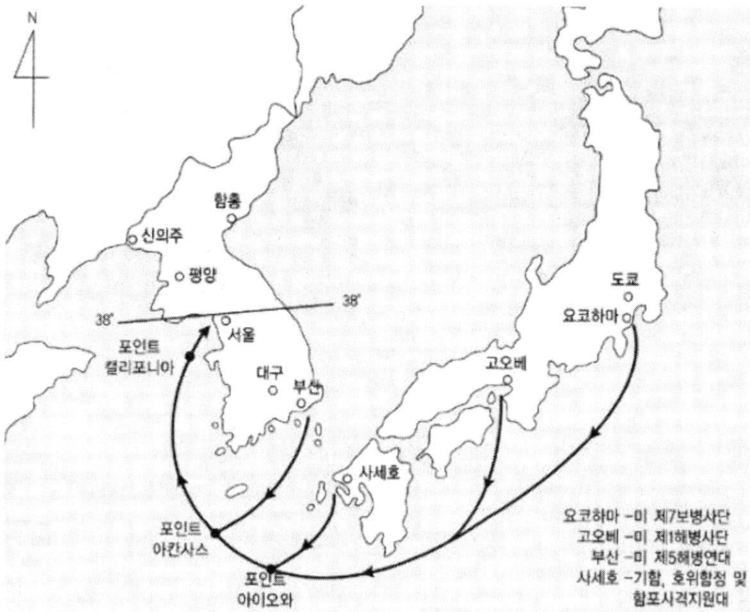

그림 5.30 인천상륙작전을 위한 전력의 집결

5.5.2 전투 경과

상륙은 1950 년 9 월 15 일에 개시되었고 9 월 16 일 김포공항이 확보되었다. 미 해병 1 사단과 1 사단의 5 해병 연대전투단이 기동부대이었다. 9 월 18 일과 19 일에 미 7 보병사단 32 보병 연대가 인천에 상륙하였고 임시적으로 미 해병 1 사단에 배속되었다. 제 32 보병연대가 기동부대를 보호하기 위해 전진의 남측을 확보하는 임무를 맡았다. 또한 32 연대는 서울 공격작전의 마지막 전투에도 참가하였다. 여기에서 사용하는 북한군의 피해가 32 연대에 의해 발생된 것인지는 불명확하다. 9 월 23 일 제 7 해병 연대전투단이 공격의 북측 측면을 엄호하기 위해 한강을 도하하였다. 명확하게 인천-서울 전역에서는 경미한 전투만을 수행하였다. 미 제 7 보병사단의 대부분은 남측으로 차단부대 역할을 수행하였다.

그림 5.31 MacArthur 장군과 상륙병력

9 월 22 일 서울을 확보하기 위한 서울 외곽 전투가 시작되었다. 서울공격은 9 월 25 일 시작되었고 공식적으로 9 월 29 일 서울이 확보되었다. 1950 년 10 월 7 일 인천-서울 전투의 마지막 날로 기록되고 10 월 3 일 이후 미 1 해병사단에 의한 북한군 손실의 수는 각각 단지 8 명이다. 물론, 여러 구술로 기록된 전투 강도는 여러 불확실성을 내포하고 있다.

전투는 9 월 15 일부터 서울을 확보하기까지 기간 중 전투 치열도는 중강도이었고 9 월 26 일까지는 전투가 고강도로 치열하게 진행되었다. 미 1 해병사단과 5 해병사단은 9 월 15 일 맹렬한 전투를 하였고 1 해병사단은 19 일까지 치열한 전투를 했다. 반면 5 해병사단은 19 일까지 중강도 전투를 실시하였다. 9 월 22 일과 23 일은 '2 일간의 길고도 피비린내 나는 날' 이 되었다.

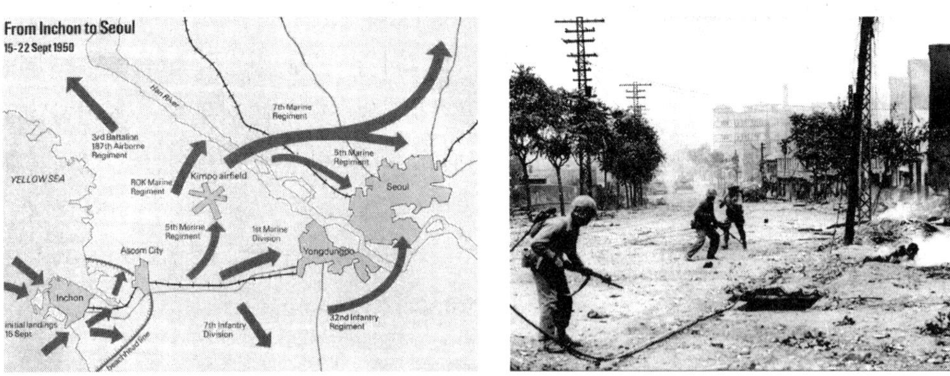

그림 5.32 상륙부대 진격로 및 서울 시가전

서울 수복 행사에는 북한군은 북으로 분산 도주하였다. 9 월 22 일까지의 전투는 경미하였으나 계속되었고 22 일부터 25 일까지는 아주 치열한 전투가 있었다. 9 월 28 일까지는 어려운 시가전이 진행되었다. 9 월 28 일부터 서울 북쪽 외곽지역 전투로 조직적 저항이 제거될 때까지인 10 월 2 일과 3 일까지는 경미한 전투가 있었다.

5.5.3 인천-서울 전투 데이터

표 5.32 와 표 5.33 은 인천-서울 전역의 손실과 병력에 대한 데이터이다. 일자별 마지막 가용병력은 그 다음날 가용병력으로 고려되었다. 표 5.32 는 미 해병 1 사단의 일자별 가용병력수와 손실 병력수, 보충병력을 나타내고 있다.

표 5.32 미 해병 1 사단 일자별 가용병력과 손실 병력수

1st Marine Division						
Day	Date	Start of day	Casualties	End of combat	Possible added troops	End of day with addition
A	9-15	25040	196	24844	0	24844
B	9-16	24844	26	24818	0	24818
C	9-17	24818	76	24742	0	24742
D	9-18	24742	102	24640	5114	29754
E	9-19	24640	72	24568	0	29682
F	9-20	24568	147	24421	0	29535
G	9-21	24421	231	24190	0	29304
H	9-22	24190	165	24025	5336	34475
I	9-23	24025	143	23882	0	34332
J	9-24	23882	289	23593	0	34043
K	9-25	23593	276	23317	0	33767
L	9-26	23317	203	23114	0	33564
M	9-27	23114	189	22925	0	33375
N	9-28	22925	43	22882	0	33332
O	9-29	22882	69	22813	0	33263
P	9-30	22813	61	22752	0	33202
Q	10-1	22752	19	22733	0	33183
R	10-2	22733	97	22636	0	33086
S	10-3	22636	38	22598	0	33048
	10-4	22598			0	

표 5.33 은 북한군의 일자별 가용병력과 손실병력, 그리고 포로 등을 나타내고 있다. 북한군의 손실에는 32 연대전투단과 7 연대전투단의 작전으로 손실난 병력도 같이 포함하고 있다. 표 5.33 에는 북한군의 증원부대도 포함하고 있다.

표 5.33 북한군 일자별 가용병력과 손실 병력수

North Koreans								
Day	Date	Start of day	Cas	End of combat	POWs	Cas + POWs	Reinforcement	End of day
A	9-15	22150	675	21475	150	800	0	21350
B	9-16	21350	675	20675	150	850	0	20500
C	9-17	20500	350	20150	400	750	0	22750
D	9-18	22750	450	22300	197	650	3000	22600
E	9-19	22600	600	22000	126	730	500	22100
F	9-20	22100	600	21500	326	925	230	27675
G	9-21	27675	1350	26325	355	1700	6500	25975
H	9-22	25975	1200	24775	395	1600	0	24375
I	9-23	24375	900	23475	169	1070	0	25305
J	9-24	25305	950	24355	67	1015	2000	24290
K	9-25	24290	1750	22540	142	1900	0	22390
L	9-26	22390	950	21440	407	1250	0	24640
M	9-27	24640	1252	23388	139	1390	3500	23250
N	9-28	23250	332	22918	206	540	0	22710
O	9-29	22710	102	22608	507	610	0	22100
P	9-30	22100	305	21795	328	635	0	23465
Q	10-1	23465	75	23390	124	200	2000	28265
R	10-2	28265	350	27915	82	430	5000	27835
S	10-3	27835	800	27035	103	905	0	26930
	10-4	26930						

5.5.4 인천-서울 전투의 수학적 분석

5.5.4.1 수학적 모델

미 해병 1 사단을 Blue Force, 북한군을 Red Force 로 하면 앞에서 설명한 대로 Lanchester Square Equation을 적용하면 식 (5−71), (5−72)와 같이 표현할 수 있다.

$$\frac{dB}{dt} = -\alpha R \qquad (5-71)$$

$$\frac{dR}{dt} = -\beta B \qquad (5-72)$$

t 시간의 Blue Force 와 Red Force 의 전투력은 식 (5−73), (5−74)와 같다.

$$B(t) = B_0 \cosh\left(\sqrt{\alpha\beta}t\right) - \sqrt{\frac{\alpha}{\beta}} R_0 \sinh\left(\sqrt{\alpha\beta}t\right) \qquad (5-73)$$

$$R(t) = R_0 \cosh\left(\sqrt{\alpha\beta}t\right) - \sqrt{\frac{\beta}{\alpha}} B_0 \sinh\left(\sqrt{\alpha\beta}t\right) \qquad (5-74)$$

일정 시간간격 h 동안의 Blue Force 와 Red Force 의 전투력 차이는 식 (5−75), (5−76)과 같이 표현할 수 있다.

$$B(t+h) - B(t) = -\alpha R_t h \qquad (5-75)$$
$$R(t+h) - R(t) = -\beta B_t h \qquad (5-76)$$

앞의 식을 참고하여 식 (5−75), (5−76)을 전개하면 식 (5−77), (5−78)과 같은 식을 얻을 수 있다.

$$B(t+h) - B(t) = -2\sqrt{\alpha\beta}\ sinh\left(\sqrt{\alpha\beta}\cdot(\frac{h}{2})\right)\cdot R_{t+h/2} \qquad (5-77)$$
$$R(t+h) - R(t) = -(\frac{2}{\sqrt{\alpha\beta}})\ sinh\left(\sqrt{\alpha\beta}\cdot(\frac{h}{2})\right)\cdot B_{t+h/2} \qquad (5-78)$$

h 기간의 평균 손실률은 실제 손실을 h로 나누어 식 (5−79), (5−80)과 같이 구한다.

$$\frac{[B(t+h)-B(t)]}{h} = -\alpha'\cdot R_{t+h/2} \qquad (5-79)$$
$$\frac{[R(t+h)-R(t)]}{h} = -\beta'\cdot B_{t+h/2} \qquad (5-80)$$

여기서 α', β' 는 식 (5−81), (5−82)와 같다.

$$\alpha' = 2\sqrt{\alpha/\beta}\ sinh\left(\sqrt{\alpha\beta}\cdot(\frac{h}{2})\right)/h \qquad (5-81)$$
$$\beta' = (\frac{2}{\sqrt{\alpha/\beta}})\ sinh\left(\sqrt{\alpha\beta}\cdot(\frac{h}{2})\right)/h \qquad (5-82)$$

일정한 시간 간격동안 α', β' 가 상수인 것을 주목할 필요가 있으며 h가 0으로 접근할수록 각각 α 와 β로 접근한다는 것이 중요하다. 이러한 이산형 식은 연속형 식 (5−71), (5−72)와 평행하게 보인다. 이 것은 전투의 중간 시간 기간 동안 한측의 평균 손실률은 상대방의 전투력 규모에 대하여 연관성 점을 찍어 보면 Square Law에 지배받는 전투에 있어서는 반드시 직선이 되어야 한다.

α', β' 을 추정하기 위해 회귀분석을 사용하여 식 (5−79)와 (5−80)을 정확히

적합시킨다. $h = 1$ 일로 두면 첨자를 생략하고 있을 수 있는 손실 데이터을 고려한 오차항을 더하면 식 (5−83), (5−84)와 같이 쓸 수 있다.

$$\text{Blue Force의 손실} = -\alpha' \times \text{Red Force} + \text{오차} \qquad (5-83)$$

$$\text{Red Force 의 손실} = -\beta' \times \text{Blue Force} + \text{오차} \qquad (5-84)$$

여기서 오차항은 독립적이고 평균이 0 이며 등분산을 하는 정규분포라는 가정을 한다. 어떤 사람은 오차가 손실수준에 따라 비례한다고 가정하고 다른 분산을 하는 예를 들기도 한다. 데이터에 Log 를 취한다음 선형회귀를 하면 이러한 상황을 다룰 수 있기는 하다. Lanchester 법칙을 설명하면서 앞에서 기술된 것과 같이 증원병력을 고려하면 식 (5−85), (5−86)과 같은 식을 구성할 수 있다.

$$\frac{dB}{dt} = -\alpha R + A_B \qquad (5-85)$$

$$\frac{dR}{dt} = -\beta B + A_R \qquad (5-86)$$

여기서 A_B, A_R 은 각각 Blue Force와 Red Force 의 증원 전투력이다.

전투 진행 중 일정한 비율의 증원은 이루어 지지 않는다. 그러나 증원이 주어진 일자 동안 균등한 비율로 이루어진다고 가정하면 일일 구간을 기반으로 하여 식을 적합시킬 수 있다. 쌍곡선의 성질, 근사와 함께 $A_B = 0$를 이용해서 이산적 시간 간격의 근사는 식 (5−87), (5−88)과 같다.

$$B_{t+h} - B_t \approx -\alpha R_t + (-\beta\, B_t + A_R)(\tfrac{\alpha}{2}) \qquad (5-87)$$

$$R_{t+h} - R_t \approx -\beta B_t + A_R - \alpha\, \beta(\tfrac{R_t}{2}) \qquad (5-88)$$

이 접근법은 곡선의 적합방법과 일치한다. 그것은 함수의 형태가 사용되고 문제가 α, β 의 가장 좋은 값을 찾는 문제와 동일하다. 이 경우는 매일 전투의 값을 풀고 가장 적합한 값을 찾고 모든 일자별이나 어떤 특정 기간의 값에 대한 유효성을 확인하는 것이다.

증원 전투력을 다루는 두번째 기법은 증원 전투력을 다루는데 2 분법의 방법으로, 예를 들어, 어떤 주어진 날에 전투에서 증원이 있거나 없거나 하는, 이산 데이터를 다루는데 충분하다는 가정과 함께 시작된다. 증원 전투력이 있는 경우에는 2 가지 측면에서만 전투에 영향을 미칠 수 있다. (1) 한측의 전투력을 증가시켜 상대방의 손실과 피해에 영향을 미친다. (2) 증원된 측의 전투 손실률의 변화가 있을 수 있다.

만약 증원이 전투 손실률에 영향을 미치지 않는다면 피해 손실은 증원 전투력이 도착한 이후에 발생한다. 따라서 적절한 병력 규모에 대하여 연관성을 표현한다면 상대방의 병력 규모에 대해 연관관계를 표현한 것과 동일하게 증원 이전 발생한 손실이 같은 직선 위에 있을 것이다. 그러므로 식 (5-83), (5-84)는 주어진 일자에 그 다음날 추가되는 어떤 병력이 증원되기 전 그 날의 최초 병력 규모와 마지막 병력 규모 사이의 중간이라고 정의하면 증원을 다루기에 적절하다.

5.5.4.2 데이터 유효성 검사를 위한 통계적 기초

Homogenous Square Law를 검증하기 위해 선형 함수형태가 데이터에 적합한지를 검사하고 만약 선형이 적합하다면 매개변수 값을 결정한다. 어떠한 실험 데이터도 이론적으로 예측된 결과와 벗어난 것을 기대할 수 있는데 이는 측정 오차와 고려하지 못한 원인 요소의 영향 때문에 발생하는 비무작위 변동 때문이다. 선형회귀는 실험 데이터의 선형 모델을 분석하기 위해 고안된 통계적 방법이다.

회귀분석에는 3가지 요소가 있다. 첫째 가장 좋은 적합도를 가지는 직선을 주는 매개변수를 발견하는 일이다. 둘째, 직선의 적합도를 평가하는 일이다. 마지막으로 선형 적합도에 대한 유의성을 평가하는 일이다. 여기서 사용된 회귀분석 기법은 최소자승 방법을 데이터의 적합을 위해 사용하였다. 적합도 평가를 위해서는 R^2를 사용하였고 매개변수 값과 모형의 유의성 검정을 위해 F Test와 T Test를 사용하였다. 적합도 평가는 중요하다. 마찬가지로 유의성 검사도 중요하다. 유의하지 않은 매개변수는 적합도를 증가시킬 수 있으나 데이터에 의해 정당화 되지는 않는다.

회귀분석의 몇 가지 특별한 특성은 이 연구에서 특별한 관심사항으로 고려되었다. 첫번째는 이론적인 함수인 Square Law 가 0 절편을 가진다는 것이다. 이것은 회귀분석에서 추정된 선형에서의 절편 매개변수의 통계적 유의성과 값이 중요하게 되었다는 것이다. 이런 경우에 매개변수의 0이 아닌 값이 통계적으로 유의하지 않은 것이 바람직하다.

두번째 관심의 특성은 회귀분석 방법 때문에, 실제에서는 잘 일어나지는 않지만, 0 절편을 가지도록 회귀분석을 제한하는 것이 절편을 계산하도록 하는 것 보다 더 유의한 결과를 얻을 수 있다. 더 유의한 적합은 두 개의 매개변수보다 한 개의 매개변수만 가지도록 회귀분석에 제한을 가함으로써 가능한 것이다. 이렇게 하면 원점을 지나는 직선만 허용된다. 그러므로 일반적 형태의 직선으로 얻은 것만큼 더 좋지 않지만, 더 적은 정보가 직선을 규정하기 위해 요구된다.

세번째로, 독립변수의 각 몇 범위에 일정한 계단 함수로서 종속변수의 값을 규정하는 회귀분석은 n개의 상수가 규정될 때 n 개의 매개변수를 가지는 것으로 고려된다. 계층 변수라 불리는 특별 변수들은 각 단계의 영역을 정의한다. 가장 단순한 모형은 관측된 종속변수 값의 평균으로 상수로 예측을 하는 한 개의 변수 모형이다.

인천-서울 전투 데이터는 단순한 Lanchester Square Law 보다 더 복잡한 것을 요구하는 것처럼 보인다. Akaike Information Criterion(AIC)와 Bozdogan's Consistent AIC(CAIC)는 정보이론을 바탕으로 한 통계량으로 한 모형을 다른 모형에 비교하여 최소한 매개변수로 측정하여 적합도 검사를 한다. 매개변수의 최소화는 절대적으로 필요한 매개변수만 모형에 포함하고 그 이외 것은 포함하지 않을 것을 주장한다. 유의성 검사에서 사용된 자유도는 또 다른 매개변수의 최소화 개념을 포함하는 것이다. 여기에서 고려된 각 모형의 통계적 형태는 식 식 (5-89)와 같다.

$$C_i = P_i + \epsilon_i \qquad (5-89)$$

C_i 값은 관측 i 의 관측된 손실량이고 P_i는 관측 i의 예측된 손실량이며 ϵ_i는 관측 i의 오차, 예를 들어 잔차이다. 어떤 모형에서는 예측이 적절한 계수 곱하기 상대방측의 전투력으로 구성되고 다른 경우에는 예측을 관측의 적절한 평균값으로 구성한다. 이 모형들에서는 계수들은 모든 관측치에 대해 식 (5-83), (5-84)를 만족시키기 위해 반드시 동일해야 할 필요는 없다.

k 개의 매개변수를 가지는 모형인 AIC 와 CAIC 통계량의 식은 식 (5-90), (5-91)과 같다.

$$AIC(k) = n \cdot ln\left(\frac{SSE}{n}\right) + 2k \qquad (5-90)$$

$$CAIC(k) = AIC(k) + k \cdot [ln(n) - 1] \qquad (5-91)$$

여기에서 SSE 는 Sum of the Squared Errors 이며 n은 관측된 개수이다.

AIC 와 CAIC 통계량은 가장 작은 통계량 값으로 모형을 선택하기 위해 사용되었다. CAIC 는 AIC 와 많은 매개변수에 대해 큰 벌칙을 적용하는 측면과 증가하는 관측수를 가지고 정확한 모형을 결정하는 확률이 증가하는 방법을 사용하는 점근적인 일치성을 적용하는 것에서 다르다.

5.5.4.3 데이터의 통계적 검토

인천-서울 전투 데이터에는 7 개의 데이터 요소가 있다. 그것은 미 해병대 일일 전투력, 미 해병대 일일 손실량, 미 해병대 일일 증원병력수, 북한군 일일 전투력, 북한군 일일 손실량, 북한군 일일 포로수, 북한군 일일 증원병력수이다. 이것들 중 미 해병대의 일일 손실량과 북한군의 일일 포로수만 꽤 정확한 것으로 간주할 수 있다. 회귀분석은 일일 손실과 상대 측의 일일 전투력 두가지 데이터 요소를 요구한다.

앞에서 논의한 것 중 확인된 불확실성으로 인해 4 가지 서로 다른 모형을 도출하였다. 각 모형은 불확실성에 대해 다른 가정을 사용한다. 결론적으로 결과는 우리가 미리 생각했던 것과는 매우 다른 결과로 도출되었다. 따라서 우리가 사용한 4 가지 모형을 어떤 것을 사용한 것은 그리 중요한 것이 아니다. 첫번째 모형은 Busse 의 논문에 있는 미 해병대의 병력규모와 북한군의 손실량 데이터를 사용하고 그들의 해석에 관한 것이다. 두번째 모형은 일일 최초 병력보다는 일일 중간지점의 병력 규모을 사용한 것이다. 세번째 모형은 이렇게 수정된 데이터를 사용하고 손실량으로부터 포로수를 제외한 것이다. 네번째 모형은 32 연대전투단과 7 연대전투단을 증원부대로 가정한 것이다. 이렇게 하면 보고된 북한군의 손실은 단순히 최초 상륙 전력에 의해 발생한 것이 아니라 32 연대전투단과 7 연대전투단을 포함한 모든 사단에 의해 발생한 것이다.

회귀분석의 기본 설정은 상대방 측의 병력 규모 데이터의 함수로서 자측의 손실을 결정짓는 모형을 적합 시키는 것이다. 회귀분석의 오차에 대한 가정은 북한군 손실 대 미 해병대 규모의 경우 잘 적합되고 있다. 미 해병 병력규모는 독립변수로서 거의 정확하며 종속변수인 북한군의 손실은 측정 오차를 포함하고 있다. 손실 데이터의 적절한 정의에 대한 불확실성은 독립된 모형에 의해 다루어지고 있어 오차항으로 들어가지는 않는다. 일반적인 북한군 병력 수준 데이터의 불확실성은 이 연구에 영향을 미치지 않는다. 왜냐하면 북한군의 정확한 병력 수준이 미 해병대의 손실에 영향을 미침으로 해서 미 해병대의 병력 수준에 영향을 미치지만 이것은 가용한 데이터에 반영되어 있다.

식 (5-79), (5-80)으로부터 주어진 북한군 손실 숫자와 함께 전투 시작과 종료시 사이의 시간적 중간의 부대 규모로 적절한 미 해병대의 규모를 결정한다. 그러나 이러한 값은 가용하지 않았다. 다행히도 만약 이 전투가 Lanchester 형태의 전투라면 이 값은 두가지 값의 평균에 매우 가까울 것이기 때문에 평균을 사용할 수 있다. 여기에서 사용한 데이터 집합에서는 병력 규모의 0.01% 정도이다. 만약 결과가 강하게 Lanchester 전투가 아닌 것으로 나오면 이러한 절차는 약간의 추가 불확실성을 결과에 가져올 수 있다. 그러나 반대의 결과는 Lanchester Law 의 가정에 의해 영향을 받지 않는다.

북한군의 병력 규모를 독립변수로 한 경우 역으로 계산한 회귀분석은 매우 잘 추정되지는 않는다. 포로 문제나 미 해병의 증원문제 어느 것도 이 분석에 영향을 미치지 않는다. 그러나 종속변수 보다는 오히려 북한군 병력 규모인 독립변수에 측정 오차가 대부분 포함되어 있다. 독립변수와 종속변수를 단순히 역으로 하여 이 문제를 풀어 보면 원인과 효과가 통계적 개념은 아니다. 따라서 어떤 변수가 종속변수이고 어느 변수가 독립변수인가 하는 것을 선택하는 것은 원인과 효과를 포함할 필요는 없다.

사용할 적절한 북한군의 병력 규모는 적절한 미 해병대의 병력을 사용하는 것과 같은 방법으로 결정되었다. 주어진 미 해병대의 손실 수치는 해당일의 전투 시작 시점과 종료시점 사이의 시간상 중간에 있는 북한군의 평균 병력규모가 사용되었다. 다음 날의 전투를 위한 증원병력과 포로에 의한 손실은 가정된 Lanchester 소모 절차에 포함되지 않음으로 해서 해당일의 마지막 병력 규모는 전투 시작 규모로부터 보고된 북한군의 손실 병력수를 제하여 계산하였다.

대칭 이미지로 문제를 분석하는 것은 양측이 상대방 측의 불확실성을 회피할 수 있어서 유용하다. 그것은 결과에 대한 이중 검사를 허용한다. 양측에 같은 소모법칙을 사용하라는 규칙이 요구되지 않는 한 이 경우에 결과가 다르다고 해서

의심할 만한 명확한 이유는 없다. 예를 들어 서로 다른 규칙을 적용하는 것은 조준하지 않고 지역적으로 화력으로 타격하는 부대에 대하여 저격수 집단이 조준사격을 하는 경우는 Linear Law 전투에 대해 Square Law 전투를 하는 경우라고 할 수 있다. 그러므로 분석에서의 상당한 차이는 세밀한 검토를 요구할 수도 있다. 더욱이, 각 문제가 다른 관점을 가지고 있어 하나의 문제 분석은 다른 문제의 분석에 대하여 검토하는 것의 역할을 할 수 있다.

5.5.4.4 회귀분석을 이용한 데이터 분석

회귀분석의 결과는 표 5.34 와 같다. ID 열은 각 회귀분석의 회귀번호와 문자로 구성되어 있다. 두 번째 열은 회귀분석의 종속변수인 북한군의 손실인원을 의미하고 세 번째 열은 선형 회귀분석 모델안에 포함된 절편과 독립변수, 즉 매개변수를 의미한다. 네 번째 열은 각 매개변수의 추정된 값을 나타내고 있다. B7 에 있는 Class 변수의 두 개의 값은 앞의 표에서 [(A~F)+(N~S)]일과 (G~M)일이고, B8 에 있는 세 개의 값은 (A~F)일, (G~M)일, (N~S)일이다. 다섯 번째 열은 각 계수의 T test 의 유의 결과를 나타내고 여섯 번째 열은 전반적 모형의 R^2를 나타낸다. 일곱 번째 열은 전반적인 모형의 F test 유의 결과를 나타내며 마지막 열은 모형과 전체 자유도인 Degree of Freedom 을 나타낸다. 두 개의 자유도의 차이는 오차 자유도이다.

표 5.34 모형별 회귀분석의 결과

ID	Dependent variable	Model terms	Coefficient values	*T* test signif.	Model R^2	*F* test signif.	DF
B1	NK Cas	Intercep	−1312	0.66	0.033	0.00	2/19
		Marines	0.095	0.46			
B2	NK Cas	Intercep	0	—	0.022	0.00	1/19
		Marines	0.040	0.00			
B3	NK Cas	Intercep	−1866	0.27	0.729	0.00	2/18
		Marin (0)	0.107	0.14			
		Marin (1)	0.139	0.06			
B4	Nk Cas	Marin (0)	0.028	0.00	0.706	0.00	2/19
		Marin (1)	0.060	0.00			
B5	Nk Cas	Intercep	91	0.99	0.732	0.00	3/18
		Marin (0)	0.028	0.89			
		Marin (1)	0.056	0.79			
		Marin (2)	0.020	0.93			
B6	NK Cas	Marin (0)	0.032	0.00	0.732	0.00	3/19
		Marin (1)	0.060	0.00			
		Marin (2)	0.024	0.00			
B7	NK Cas	Class	669, 1418	0.00	0.686	0.00	1/18
B8	NK Cas	Class	784, 1418, 553	0.13	0.730	0.00	2/18

수행된 회귀분석은 위에서 논의한 모형에 기초하여 7 개의 연속된 분석으로 나누어진다. 간략히 예를 들기 위해 여기서는 오직 한 개의 회귀모형만 언급한다. 위에서 말한대로 각 모형의 결과는 아주 심할 정도로 다르지는 않다. 'B' 모형은 Busse 의 북한군 손실에 대하여 전투기간 중 매일 미 해병대 병력의 중간값으로, 이론적 값의 근사, 회귀분석을 한 것이다.

그림 5.33 은 북한군 손실인원 대 미 해병대 병력수에 대해 완전한 직선의 회귀식을 보여준다. B1 모형이 절편 매개변수를 계산하는데 비해 B2 모형은 절편이 0 인 것을 가정하고 있다. B1 모형의 결정계수 $R^2 = 0.033$이어서 적합도가 아주 좋지 않다. F test 는 0.05 보다 작다. 절편은 0 이 아니다. 그러나 절편에 대한 T test 는 0.05 보다 크다. 이것은 절편의 값이 유의하게 0 과 다르지 않다는 것을 말한다. 불행하게도 독립변수의 매개변수에 대한 T test 결과도 0.05 보다 크다.

함께, 이러한 통계량은 예측 수단(B0 모형, 뒤에 설명)만큼 존재하는 데이터로부터 손실 병력수의 평균을 사용함으로써 새로운 데이터를 위한 예측력만큼 얻을 수 있다는 것을 시사한다. B2 회귀모형은 그림 5.33 과 같다. 위 표에서 보이는 것과 같이 매개변수는 유의하지만 추정 적합도는 여전히 좋지 않는데 $R^2 = 0.022$ 인 것이 이 사실을 말해 준다.

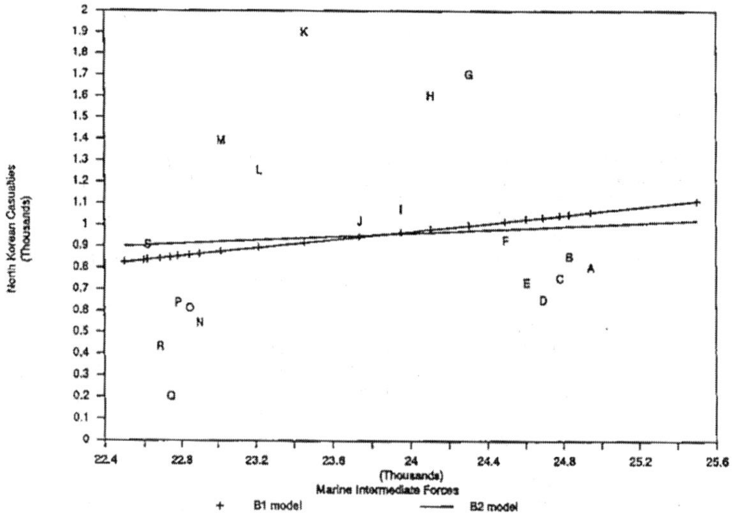

그림 5.33 B1 모델과 B2 모델 회귀식

만약 데이터에 문제가 없다면 우리는 이 전투의 가능한 유일성에 대하여 걱정할 필요가 없다. 우리는 이 예가 전투가 동질적 Square Law 에 의해 지배받는다는 논쟁에 대한 반례라고 결론지었을 것이고 다른 Lanchester Law 또는 다른 소모 알고리듬을 찾았을 것이다. 그러나 B1 모형 또는 B2 모형으로부터 나온 잔차에 대한 명확한 형태는 표 5.33 의 그림에서 볼 수 있다. 이러한 형태는 데이터를 전투강도에 의해 분할해야 할 것에 대해 영감을 준다.

데이터 G~M 은 1950 년 9 월 21 일부터 9 월 27 일의 데이터인데 Busse 가 서울 전투에서 일어난 고강도 전투라고 확인한 것이다. 그림 5.34 는 두가지 그룹으로 데이터를 분리하기 위해 정의한 것을 사용한 것이다. 모형의 가정은 첫째 기간과 세번째 기간을 합한 데이터 그룹과 두번째 데이터 그룹인 G~M 일의 데이터가 모두 기본 선형 관계가 있다는 것이다. B3 의 $R^2 = 0.729$로서 매우 좋은 편이다. F test 결과는 모형이 유의하다는 것이다. 선형방정식의 절편은 0 가 아니지만 불행하게도 독립변수에 대한 T test 는 5% 수준에서 유의하지 않다. B4 모형에 대한 회귀분석은 그림 5.34 와 같다. 절편이 0 이라는 가정은 직선의 기울기를 감소시킨다. 이 역시 비록 R^2가 약간 낮지만 독립변수가 통계적으로 유의하게 하는데 영향을 끼친다.

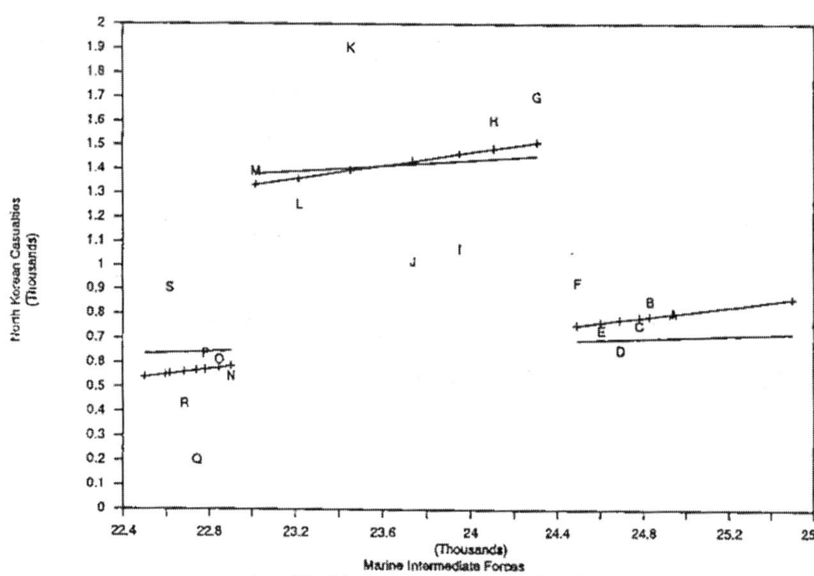

그림 5.34 B3 모델과 B4 모델 회귀식

그림 5.35 는 같은 데이터를 사용하여 절편이 0 인 B6 모형과 절편이 있는 B5 모형의 결과와 비교시 그림 5.34 와 유사하다. 다른 점은 데이터를 전투강도에 따라 3 개의 그룹 내에서 각각이 기울기와 절편을 가지고 있다는 점에서 다르다. 이 경우, 두 회귀분석이 거의 일치하는 직선을 보여준다. 계산된 절편을 가지고 있는 모형은 어떤 유의한 요소를 가지고 있지 않고 0 절편 모형은 유의한 요소를 가지고 있다.

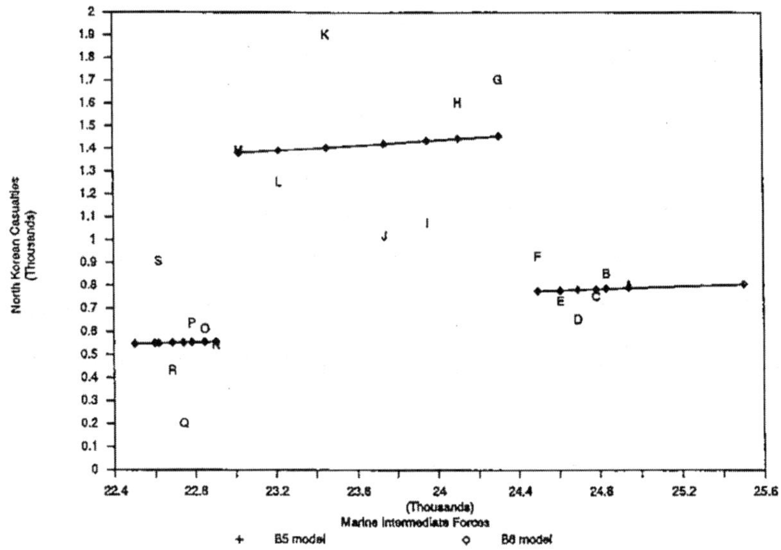

그림 5.35 B5 모델과 B6 모델 회귀식

그림 5.36 은 B7 모형의 결과를 나타낸다. 예측치로서 그룹의 평균을 사용하여 두 그룹을 단일 회귀분석을 사용하여 분석한 것이다. 이 적합은 통계적으로 유의하며 R^2가 B4 모형보다 약간 적을 뿐이다. 이것은 간단한 평균값 모형이 거의 Square Law 모형만큼 잘 설명한다는 것을 암시한다.

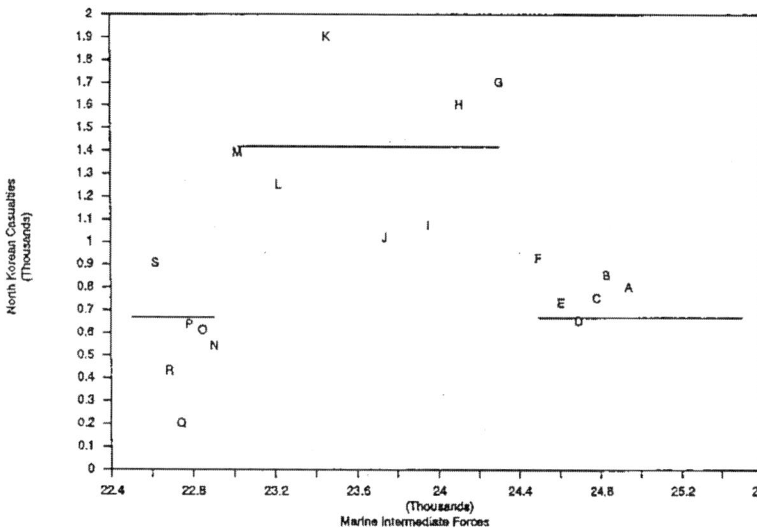

그림 5.36 B7 모델 회귀식

그림 5.37 은 B8 모형의 결과를 보여주는데 예측치로서 그룹의 값 평균을 사용하여 3 개의 그룹으로 회귀분석한 것이다. 이 모형의 T test 는 0 이 아닌 평균값은 0 와 통계적으로 다르다는 것을 의미한다. 회귀분석에 의한 가장 좋은 모형은 B6 이다. 이 모형은 가장 높은 R^2를 가지고 있고 5% 수준에서 모든 매개변수들이 유의하다.

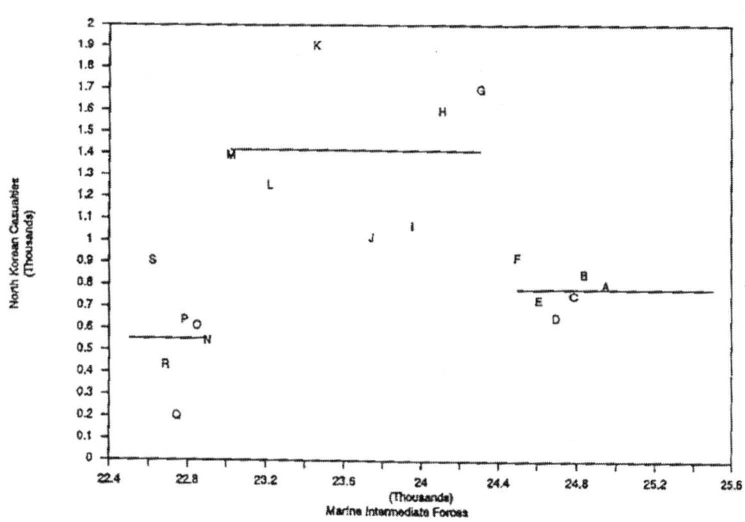

그림 5.37 B8 모델 회귀식

5.5.4.5 AIC와 CAIC를 이용한 데이터 분석

데이터를 이용한 모형의 매개변수를 적합시키는 두번째 방법은 계수의 일일 해를 평균하는 것이다. 증원을 고려한 이산적 Square Law Equation 은 전투기간 19 일 동안 매일 α 와 β 를 구해서 적용한 식 (5−92), (5−93)과 같다.

$$B_{t+h} - B_t \approx -\alpha R_t + (-\beta\, B_t + A_R)(\tfrac{\alpha}{2}) \qquad (5-92)$$

$$R_{t+h} - R_t \approx -\beta B_t + A_R - \alpha\, \beta(\tfrac{R_t}{2}) \qquad (5-93)$$

3 개의 모형이 작성되었다. 2 단계 모형은 19 일 동안 두 개의 α 와 β그룹을 가진다. [(A~F)+(N~S)]일간을 평균하여 α 와 β를 구하고 별도로 (G~M)일의 평균을 구하여 별도의 α 와 β를 구한다. 표 5.35 는 전투기간 그룹별 α, β, $\sqrt{\alpha\,\beta}$, $\sqrt{\alpha/\beta}$ 를 나타낸 것이다. 3 단계 모형은 각 기간별 별도의 α 와 β를 가진다. 2.5 단계 모형은 2 단계 모형이 4 개의 독립변수를 가지고 3 단계 모형이 6 개의 독립변수를 가지는데 비해 2 개의 모형에 대해 5 개의 독립 매개변수를 가진다. 2.5 단계 모형에서는 $\sqrt{\alpha\,\beta}$, $\sqrt{\alpha/\beta}$가 기본 매개변수의 역할을 하고 α, β는 유도된 매개변수이다. 매개변수의 모순은 3 단계 모형의 (A~F)일과 (G~M)일의 $\sqrt{\alpha/\beta}$ 값은 이미 거의 동일하고 2.5 단계의 값은 평균으로 정하고 결과로 나오는 α, β값을 계산하는 것으로 알 수 있다. 표 5.35 는 이러한 내용의 데이터를 표시하고 있다.

표 5.35 전투기간 그룹별 α, β, $\sqrt{\alpha\,\beta}$, $\sqrt{\alpha/\beta}$

Model name	Days	α	β	$\sqrt{\alpha\beta}$	$\sqrt{\alpha/\beta}$
2-phase	A–F	0.003383	0.0280	0.009733	0.3476
	G–M	0.008704	0.0599	0.022834	0.3812
	N–S	0.003383	0.0280	0.009733	0.3476
3-phase	A–F	0.004566	0.0317	0.012031	0.3795
	G–M	0.008704	0.0599	0.022834	0.3812
	N–S	0.002200	0.0243	0.007312	0.3009
2.5-phase	A–F	0.004575	0.0316	0.012028	0.3804
	G–M	0.008687	0.0600	0.022836	0.3804
	N–S	0.002200	0.0243	0.007312	0.3009

2 단계 모형은 Busse 손실인원수 데이터를 가지고 절편이 없는 2 Segment 회귀분석인 B4 모형과 시각적으로 동일하다. 3 단계 회귀분석은 절편이 없는 3 Segment 회귀분석인 B6 모형과 동일하다. 그림 5.38 은 북한군 손실인원수와 미 해병대 병력수간의 3 개 모형을 비교한 것이다. 2 단계 모형이 요구하는 낮은 집단의 점을 지나는 직선이 원점을 지나라는 의미는 우측의 선분이 우측 데이터 집단의 중앙 밑에 위치하라는 것과 좌측 선분은 좌측 그룹 중앙의 위에 위치하라는 의미이다. 3 단계 모형의 매개변수의 여분의 짝은 그 그룹의 중앙을 통과하는 것을 허용한다. 2.5 단계 모형은 3 단계 모형과 시각적으로 동일하다.

이 두번째 매개변수 적합 기법은 간단한 적합도 계산으로는 할 수 없다. 적합도에 대한 통계적 유의성, 회귀분석 결과의 관계성을 보아야 한다. 3 단계와 2.5 단계 모형의 R^2는 3 Segment 회귀분석의 R^2와 정확히 동일하다. 2 단계 모형의 R^2는 2 Segment 회귀분석 모형의 R^2와 동일하다. 2 단계와 3 단계 모형의 통계적 유의성은 2.5 단계의 통계적 유의성이 계산되지 않는 한 각각 2 Segment 와 3 Segment 회귀분석과 짝지어 진다.

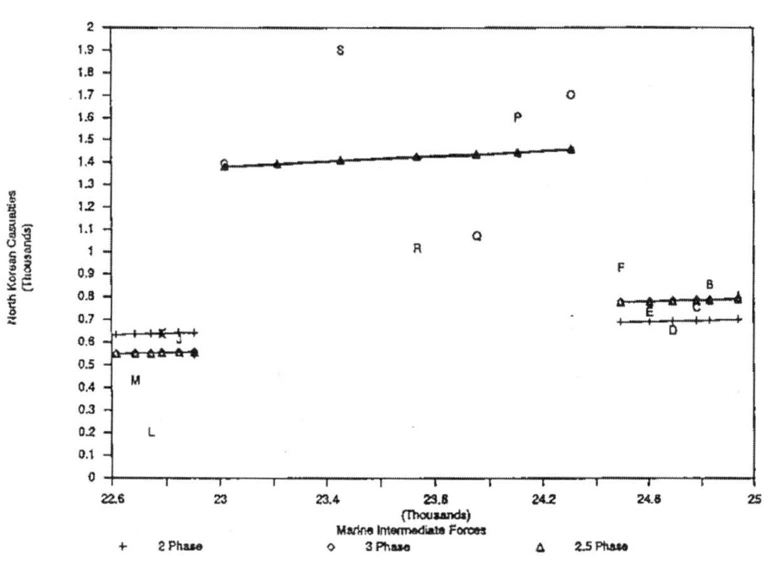

그림 5.38 북한군 손실인원수와 미 해병대 병력수간의 3 개 모형을 비교

가장 좋은 모형을 결정하는 두번째 기법은 AIC 와 CAIC 통계를 사용하였다. 왜냐하면 7 개의 회귀분석 모형은 매우 유사하기 때문에 AIC 와 CAIC 통계는 오직 B 모형에만 계산되었다. 추가적 모형은 매개변수의 유의성 부족으로 도태되었다. 이러한 모형은 B2, B4, B6, B7, B8 회귀분석이다. 이러한 결과는 표 5.36 과 같다.

그러므로 우리는 1, 2, 3 매개변수 모형을 Square Law 로 해석하는 예를 든다. (1) 전투기간 중 일정한 계수를 가지는 한 개의 단계 모형 (2) 전투 이전과 이후가 동일하고 중간 단계가 다른 계수를 가지는 모형 (3) 3 개의 다른 Square Law 가 적용가능한 모형. B7 과 B8 회귀분석은 2 개의 매개변수와 3 개의 매개변수에 대응된다. 그들은 각각 2 개의 매개변수와 3 개의 매개변수 모형이다. 추가적인 모형은 1 개의 평균값, 1 매개변수 모형으로 B0 라고 지정되었다.

B4 와 B6 는 2 단계와 3 단계 모형과 대응된다. B2 모형은 1 단계 모형과 유사하게 대응된다. 2.5 단계 모형은 표 5.36 에 B2.5 로 추가되었다. 3 개의 개념적 모형이 비교를 위해 표에 추가되었다. 이것들은 B1PP, B2PP, B3PP 로 명명하였고 SSE(Error Sum of Squares)가 19 로 매우 낮아 거의 완벽하게 데이터를 적합하는 각각 1, 2, 3, 매개변수 모델을 위해 계산된 AIC 와 CAIC 값을 보이고 있다.

AIC 통계에 따르면 2, 3 매개변수 모형인 B4 와 B6 는 가장 좋은, 가장 낮은 AIC, 단순 Square Law 모형으로 동일한 값이다. AIC 측정 관점에서 전체적으로 가장 좋은 모형은 2.5 단계 모형이다. 그러나 이러한 3 개의 AIC 값들은 거의 완벽한 적합 모형보다 매우 크고 이 3 개의 차이는 단지 0.5%이다. 더욱이 3 평균값 모형 또한 2.5 단계 모형보다 단지 0.5% 나쁠 뿐이고 2 평균값 모형은 단지 추가적으로 0.5% 클 뿐이다.

CAIC 에 따르면 가장 좋은 단순 Square Law 모형은 2 매개변수 모형인 B4 이다. 이 모형과 2.5 단계 모형은 전체적으로 가장 좋은 것으로 동일한 값이다. 그러나 2 평균값 모형인 B7 은 단지 CAIC 보다 0.5% 클 뿐이다. 그리고 3 평균값과 3 매개변수 Square Law 모형인 B6 와 B8 또한 매우 근접하여 CAIC 값보다 1.0% 크다.

AIC 와 CAIC 통계의 결과는 편균값 모형보다 Lanchester 모형이 더 좋다는 것을 말하지만 그러나 아주 큰 차이로 Lanchester 모형이 더 좋다고 말하지는 않는다. 그러나 이런 결과는 Lanchester 모형이든 평균값 모형이든 기간 분리 모형이 기간을 분리하지 않은 모형보다 AIC 와 CAIC 의 10% 정도로 더 유리하다는 것은 분명하다.

표 5.36 AIC와 CAIC 통계량

ID	Description	SSE	Number Parameter	AIC	CAIC
B2	1 Segment, 1-Phase	3,540,086	1	233	235
B4	2 Segment, 2-Phase	1,062,734	2	212	216
B6	3 Segment, 3-Phase	970,243	3	212	218
B7	2 Mean Value	1,137,649	2	213	217
B8	3 Mean Value	977,797	3	212	218
B0	1 Mean Value	3,618,574	1	233	235
B2.5	2.5 Mean Value	969,225	2.5	211	216
B1PP	1 Param Perfect fit	19	1	2	4
B2PP	2 Param Perfect fit	19	2	4	8
B3PP	3 Param Perfect fit	19	3	6	12

5.5.4.6 회귀분석을 이용한 부적절한 분석

손실 숫자를 적합시키는 평가에 대한 하나의 추가적 관점을 지적한다. 그림 5.39는 전투기간 일일 누적 북한군 손실 병력수를 주어진 정확한 기록을 바탕으로 2 단계 모형 예측과 3단계 모형 예측으로 표시한 것이다.

이러한 형태는 기만적이다. 인간의 눈은 직선에 따라 수직 방향으로 근접한 것을 평가하는 경향이 있다. 그러나 적절한 측정은 수직적 분리이며 이를 실행하면 큰 차이가 있다. 두번째로 시작일과 종료일의 기울기가 거의 동일하고 중간 부분이 약간의 차이가 있다. '만약 맞는 답으로 마친다면 예측은 얼마나 나쁠 수 있는가?' 선형 회귀분석의 수학을 고려하면 어떤 다른 결과도 가능하다는 것은 명확해진다.

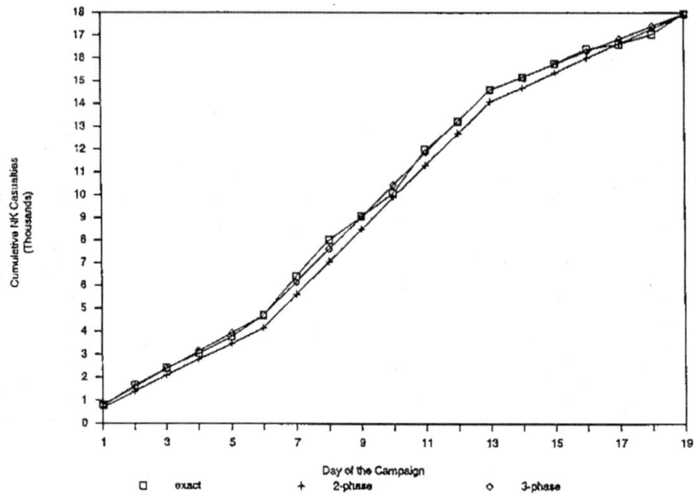

그림 5.39 2 단계 모형 예측과 3 단계 모형 예측

적합도가 얼마나 나쁘든 문제가 안된다. 왜냐하면 잔차의 합인 거의 정확하게 0 이 될 것이기 때문이다. 예를 들어 누적 예측 결과는 누적 데이터에 짝지어 질 것이기 때문이다.

누적 데이터에 대한 단순 회귀분석은 2, 3 Segment 회귀분석 결과를 만들어 내고 일일 손실 병력수 데이터로 회귀분석 한 것보다 매우 큰 R^2와 유의 검정통계량을 줄 것이다. 누적 모형은 $R^2 = 0.999$, 자유도는 6/19 이며 3 Segment 회귀분석이 가장 높은 수준의 유의성을 준다. 왜냐하면 단순 누적 데이터에 대한 회귀분석은 누적 형태안에 내재된 데이터의 강한 자기 상관관계를 고려하지 않기 때문이다.

통계적 기법은 자기 상관관계를 제거할 수도 있다. 그러나, 자기 상관관계의 본질이 알려져 있는데, 가장 간단한 답은 회귀분석을 하기 전에 자기 상관관계를 제거하는 것이다. 그 결과는 정확하게 일일 손실 병력수로 회귀분석을 한 것과 동일하다. 그러므로 누적 데이터의 명확하고 뛰어나고 중요한 적합은 위에서 설명한 일일 손실 병력수를 바탕으로 양호하고 유의한 회귀분석의 적합성을 구하는 것이다.

5.5.4.7 결과의 해석 및 결론

어떤 Square Law 효과도 다른 요소에 의해 심대하게 영향을 받는 것처럼 보인다. 인천-서울 분석의 결과에서의 주된 요인은 발생한 일일 손실률이 급격히 증가한

다음 손실률의 갑작스러운 감소에 의해 원래 수준에 근접한 것이라 판단된다. 이러한 전투에 대한 구두 설명은 북한군 결과의 변화는 서울 내부와 외곽방어에서 북한군이 철수와 급편방어에서 준비된 방어로의 전투 태세 전환에서 야기된 것이며 서울이 미 해병대와 한국군에 의해 확실히 확보되었을 때는 철수로 다시 변경했다는 것으로부터 나온다.

이러한 요소가 설명되었다고 하더라도 남아있는 데이터는 어떠한 Square Law 형태의 소모가 작동한다는 확신을 주는 데는 너무 많은 잡음이 여전히 남아 있다. 전투태세와 유사한 다른 요소들도 중요할 수 있다. 예를 들어 주간 대 야간 전투, 지형의 영향 등이다. 이러한 요소들도 영향을 끼치기 때문에 부대의 일부가 시간별로 위치를 교대해 가면서 기동하는 이러한 수준의 작전에서는 Random 효과로 분류되어야 한다. 인천-서울 전투의 더 좋은 데이터를 얻기 위해 다시 전투를 할 수도 없고 기대해서도 안된다. 그것은 다른 변동들과 관련성 있는 다른 요소를 얻는 것은 불가능하고 더 나은 부대 규모와 손실 병력수에 대한 측정도 불가능하다. 그러나 언제 전투에 참가한 북한군의 기록을 구할 수 있을 수는 있다.

결과의 대부분 형태는 분명하다. 원천적 관심사항, 최초 병력 값 대 적절한 일일 병력의 중간값, 손실 병력수에 포로를 포함시킬 것인가 여부, 미 1 해병사단에 증원병력을 포함시킬 것인가 여부, 미 해병대 대 북한군 손실 병력 측정 오차 방향의 가능한 효과 등 모든 요소가 중앙 점에 최소한의 효과를 미친다. 인천-서울 전투 데이터를 잘 적합시키기 위해서는 소모율 계수는 적어도 1 주일에 한번 변경해야 한다. 확실히, 상대방의 병력규모를 고려한 동질적 Square Law 의 독립변수를 가정하여, 통계적으로 유의한 한, 데이터 평균을 기반으로 한 단순한 모형에 있어서는 유의성과 설명력 관점에서는 동일하다. 기껏해야 Square Law 가정은 독립변수에 대하여 직접 측정된 변동인 회귀분석의 가장 큰 R^2 를 보더라도 데이터 내의 변동의 3% 정도 설명할 수 있는 것으로 보인다.

단순히 한 전투의 데이터를 사용하였기 때문에 그 속에 있을 수 있는 교호작용 효과가 무엇인지 결정할 수는 없다. 그러므로 Square Law 가 정확한 소모 알고리듬인지 결론 내릴 수 없다. 전역 전체에서 어떠한 인천-서울 전투의 동질적 Square Law 효과가 다른 효과와 비교시 미미하다는 것으로 결론 내릴 수 있다. 그러므로 동질적 Lanchester Square Law 는 전투의 증명된 소모 알고리듬으로 간주할 수 없다. 데이터는 미 해병 1사단 전체보다 작은 어떤 소규모 부대 수준 또는 일일 수준에서 큰 Square Law 효과를 미리 말하지 않는다.

Helmbold 가 수년간 지적했듯이 인천-서울 형태와 같은 양측의 주기적 손실병력수와 병력 수가 있는 데이터를 구할 수 없다면 동질적 Square Law 또는 다른 어떤 소모 법칙의 타당성을 확인할 수 없다. 3가지 이유로 Engel이 연구한 Iwo Jima 전투가 Lanchester Square Law의 타당성을 확인했다는 것을 인정하지 않는다. 첫째로 Iwo Jima 전투를 분석한 Engel 연구 데이터는 시기를 구분할 수도 있었고 다른 Lanchester 형태로 적합할 수도 있었다. 그래서 Engel 연구 결과의 시험이 완벽히 성공적이라는 것이라고 결론 내리지 않는다. 두번째로 우리가 보아 왔듯이 데이터를 적합성을 완성하는데 데이터가 충분하지 않다. 통계적 유의성을 결정했어야 했다. 세번째로 Iwo Jima 결과는 모형의 적합여부 확인 절차 과정에서 단지 하나의 전투로부터 데이터일 뿐이다. 인천-서울 데이터도 모형의 타당성에 대해 강한 확신을 주지는 않는다. 그래서 어떤 법칙이 강력한 영향을 미치는지 그 법칙을 적용한 것이 충분한지 확인이 필요할 때는 더 많은 예를 필요로 한다.

5.6 명량 해전 (임진왜란)

명량해전을 Lanchester Square Law 와 Agent Based Simulation 인 MANA(Map Aware Nonuniform Automata)를 이용하여 분석한 조성진(2009)의 논문과 Lanchester Square Law 로 분석한 정완희, 민승식(2014)의 논문을 소개한다.

5.6.1 Agent Based Simulation을 이용한 분석

5.6.1.1 전투 배경

명량해전(鳴梁海戰) 또는 명량대첩(鳴梁大捷)은 1597년 음력 9월 16일 정유재란 때 이순신이 지휘하는 조선수군 13척이 명량에서 일본수군 300여 척을 격퇴한 해전이다. 명량해전은 조선수군이 궤멸된 후 통제사 이순신에 의해 수적 열세 속에서 거둔 대승이다.

1592년 4월 임진왜란이 발발하고 육상전투는 계속적으로 패했지만 통제사 이순신의 수군은 해전에서 연전연승을 거두고 있었다. 그렇지만 정유재란인 1597년 2월 이순신은 모함으로 파직되어 원균이 새로운 통제사가 되었으며, 그해 7월 원균의 조선수군은 칠천량해전에서 크게 패해 160여척의 손실을 입고 궤멸되었다. 이후 이순신은 다시 통제사로 복직되었고 칠천량해전에서 도주한 12척을 포함 총 13척으로 9월 명량에서 일본함선 133척과 싸워 큰 승리를 이루게 된다. 명량에서의 승리는 일본의 해상을 통한 병력 진출을 막아냄으로써 조선 정복이라는 전쟁의 목적을 좌절시킨 것이다.

명량해전의 승리의 큰 요인은 전장환경의 특성을 이용한 통제사 이순신의 뛰어난 전략과 지휘력에 기인한 것이다. 명량해협의 전장환경인 좁은 수로와 주기적으로 변하는 조류의 방향을 이용하였고 절대적인 열세에서도 부하들을 독려하여 끝까지 전투를 이끈 점이다. 논쟁이 되는 또 하나의 승리요인은 '수중 쇠사슬' 의 사용 여부이다. '수중 쇠사슬' 이 명량해협에서 일본함선의 항해 진로를 방해함으로써 조선수군이 절대적인 열세에서도 이길 수 있었다는 주장이다

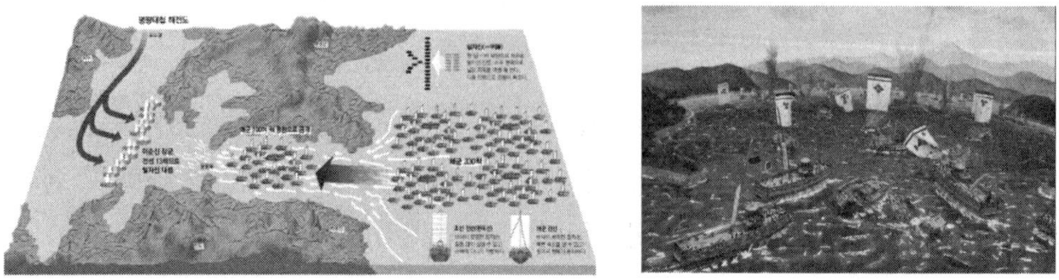

그림 5.40 명량해전 상상도

5.6.1.2 전투개체 Modeling

명량해전의 전투개체 Modeling은 함선을 Modeling하는 것이다. 함선은 전투를 수행하는 기본 단위이며 각 함선의 특성이 모델에 반영되어야 한다. 그림 5.41은 임진왜란시 조선군과 일본군의 대표적 함선들을 나타낸 것이다.

조선수군 판옥선	일본수군 아타케	일본수군 세키부네

그림 5.41 조선수군과 일본수군 주력함선

당시 해전의 전술을 보면 일본수군은 등선육박전술(登船肉薄戰術)로써 적선에 접근 후 뛰어올라 백병전을 통해 배를 점령하는 것이었다. 반면 조선수군은 적선과 거리를 두고 화살로 적군을 공격하고 불화살로 적선을 태우거나 함포로 격침하는 것이었다.

명량해전 당시 일본은 300여척을 동원하였으며 이 중 133척이 전투에 참여하였다. 일본수군은 좁은 해협에 의한 기동 제한으로 세키부네만 투입하였다. 그림 5.42는 판옥선, 아타케, 세키부네의 크기와 탑승병력을 비교한 것이다. 판옥선과 세키부네의 크기를 비교하면 판옥선이 우세함을 알 수 있으나 척수에서 13척 대 133척이라는

1/10의 열세에서는 승리를 장담하기 어려울 것이다.

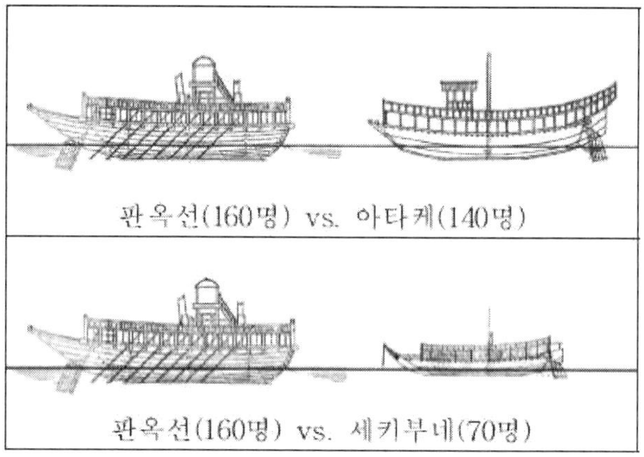

그림 5.42 전투함선 크기 비교와 탑승병력 비교

표 5.37은 전투개체를 Simulation Modeling하기 위하여 식별한 요소들을 나타낸 것이다.

표 5.37 전투개체 Modeling을 위한 요소 식별

요 소	내용			
기호		판옥선		손상된 모습
		세키부네		손상된 모습
이동	ㅇ판옥선: 해협차단 위치 유지 ㅇ세키부네: 조류에 따라 이동			
공격	원거리, 근거리, 근접전투로 구분 (사거리, 명중률 구분) ㅇ판옥선: 원거리, 근거리, 근접전투 가능 ㅇ세키부네: 근접전투만 가능			
방어	격침/격파되기 위한 피공격 횟수			

표 5.37의 요소를 바탕으로 명량해전과 동일한 전투결과 나오도록 MANA 모델의 수치 값을 변화시켜 실험한다. 찾아낸 모델 값들을 통하여 함선의 전투능력을 비교하고자 한다.

5.6.1.3 전장환경 Modeling

명량해전 승리의 큰 요인 중 하나는 전장환경을 유리하게 이용하여 전투한 점이다. 명량해협은 진도와 해남군의 화원반도 사이에 있는 수로로서 길이가 약 2Km이고 수로의 폭이 가장 좁은 곳은 300 m 정도이다. 최저 수심은 1.9m이고 조류 속도는 최대 11.5Knot이며 이곳의 이름을 '울둘목' 이라고 한다. 그림 5.43은 명량해전도와 현재 명량해협 전경을 나타낸 것이다.

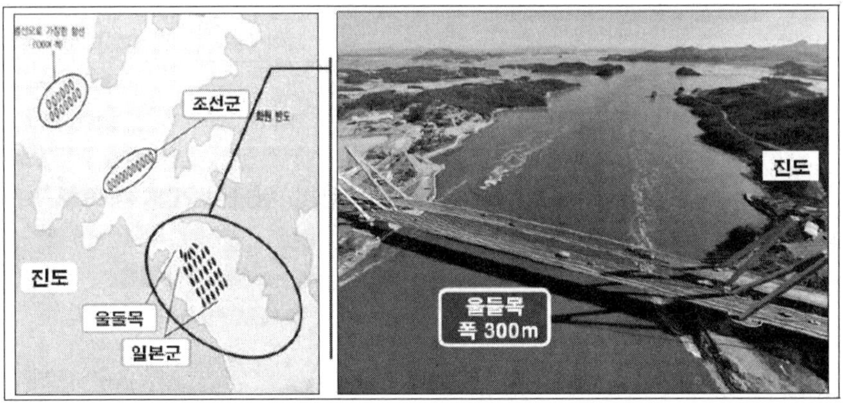

그림 5.43 명량 해협 요도

명량해전시 추정되는 전투과정으로 조선수군은 해협을 차단하는 형태로 진형을 구성하였으며 일본수군은 세키부네 133척이 해협을 통과하여 공격한 것으로 보고 있다. 이를 바탕으로 표 5.38과 같은 환경 요소들을 식별하였다.

전체 지형의 넓이는 3.75Km×2.5Km이며 이를 MANA(Map Aware Nonuniform Automata) 모델에서 150×100개의 Cell로 Modeling하였다. 1개 Cell의 크기는 25m×25m로서 판옥선과 세키부네 1척이 점유하는 크기로 정하였다. 시간 단위는 MANA 모델 1 Step을 30초로 정하여 시뮬레이션 시간을 총 5시간으로 묘사하였다.

'지형' 과 '조류' 의 영향은 공격자에게 불리한 환경으로 작용한다. 명량해협의 지형은 좁은 수로로 인하여 일본함선은 제한된 척수만 선두에서 공격할 수 있었다. 즉 우월한 병력 크기의 이점이 감소된 것이다. 조류의 영향은 두 가지로서 처음에 일본함선은 순조류를 타고 해협으로 진입하였으나 역조류로 바뀐 시점에서는 더 이상 근접전투가 곤란하게 되어 뒤로 밀리게 되었다.

표 5.38 전장환경 Modeling을 위한 요소 식별

요소	내용
지형	함선의 이동범위를 제한시킴
조류	함선의 이동 방향에 영향을 줌 (전투시간에 영향을 줌)
장애물	'수중 쇠사슬' 설치 여부

조성진 연구의 Modeling에서는 일본함선이 해협 진입 이후 역조류까지 시간을 2시간 30분으로 정하였다. 추가적으로 '수중 쇠사슬' 설치 문제가 있다. 이것의 존재 여부는 두 가지 주장이 있다. 조성진 연구에서는 다른 방향을 제시해 보고자 한다. 조선수군의 주된 공격은 적 함선과 거리를 두고 불태우는 공격이라 하였다. 당시 함선의 재료는 나무이었으므로 함선이 화재시 일정시간 해상에 떠 있는 상태로 있었을 것이며 일본함선의 접근을 방해했을 것이다. 이러한 요인이 '수중 쇠사슬' 역할을 했는지 실험을 통하여 보였다.

5.6.1.4 실험 시나리오

실험 시나리오는 표 5.39와 같이 3가지 경우 총 10가지로 구성하였다.

표 5.39 실험 시나리오

구 분		내 용
Case(I) 수중 쇠사슬(O)		실제 명량해전과 동일한 결과가 되도록 함선 전투력 값 산출
Case(Ⅱ)	1	Case(I)의 전투력 값 사용
	2	판옥선만 전투력 2배
	3	판옥선만 전투력 3배
	4	판옥선만 전투력 4배
	5	손상된 함선이 이동을 방해 (Case(I)의 전투력 값 사용)
Case(Ⅲ) '지형', '조류' 영향여부	1	Case(Ⅱ)-5 실험과 동일
	2	지형의 영향이 없는 경우
	3	조류의 영향이 없는 경우
	4	지형, 조류의 영향이 없는 경우

그림 5.44는 실험 시나리오를 바탕으로 명량해전을 MANA 모델에 구현한 화면이다. 각 시나리오 별 시뮬레이션 횟수는 50회 실시하였다.

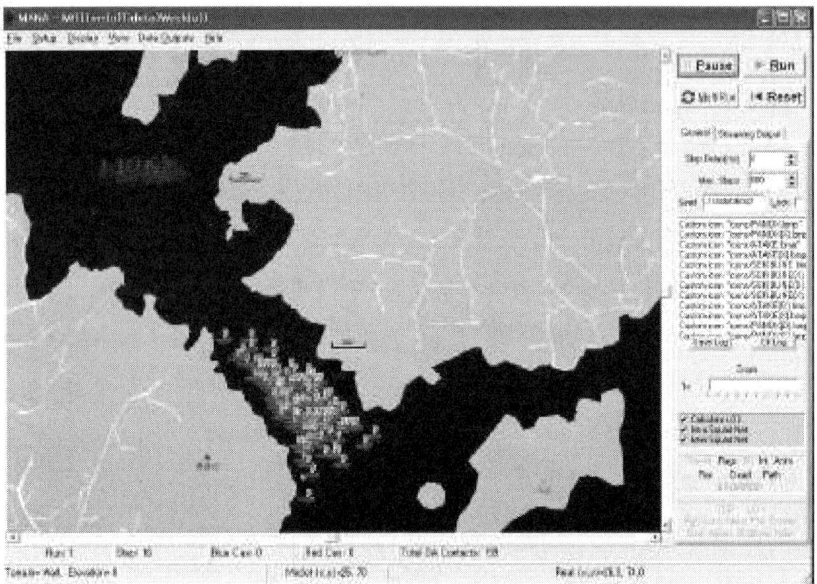

그림 5.44 명량해전 MANA 모델 구현 모습

전투결과 산출은 시나리오에 따라 두 가지로 구분하였다. Case(I)과 Case(Ⅱ)는 실제 해전결과와 동일한 결과를 산출할 때의 함선 전투능력을 찾는 것이 목적이므로 다음 식을 사용한다.

MOE 1 = 시나리오 손실척수 − 실제 손실척수

Case(Ⅲ)은 '지형' 과 '조류' 가 전투결과에 미친 영향력를 알고자 하므로 다음 두식의 손실교환비율을 사용한다.

MOE 2 = 함선 손실크기 / 최초 함선척수

MOE 3 = 일본함선 손실크기 / 조선함선 손실크기

5.6.1.5 명량 해전의 수학적 분석

실험 결과와 승패요인 분석

조선수군을 Blue Force로 일본수군을 Red Force로 하고 α를 일본수군이 조선수군에 미치는 살상률로 하고 β를 조선수군이 일본에 가하는 살상률이라고 가정한 상태에서 표 5.40은 $\beta(B_0^2 - B^2) = \alpha(R_0^2 - R^2)$ 식을 바탕으로 손실비율 β/α를 변화시켜서 함선의 생존척수를 계산한 것이다. 여기서 손실비율은 함선의 전투력만 비교한 것이다. $\beta/\alpha = 43$에서는 일본함선 31척을 격침시키지만 조선함선은 13척이 전멸한다.

표 5.40 β/α에 따른 손실

구분	$\beta/\alpha = 4$	$\beta/\alpha = 8$	$\beta/\alpha = 16$	$\beta/\alpha = 32$	$\beta/\alpha = 43$
조선함선	13 척 전멸	13 척 전멸	13 척 전멸	13 척 전멸	13 척 전멸
일본함선	2.6척 손실	5.2척 손실	10.6척 손실	22.2척 손실	30.9척 손실

실제 전투결과에 대해 $\beta(B_0^2 - B^2) = \alpha(R_0^2 - R^2)$ 의 Lanchester Square Law 적용시 $B_0 = 13$, $B = 12.5$, $R_0 = 133$, $R = 102$ 값을 사용하여 구한 손실비율은 $\beta/\alpha = 571.4$ 이다. 즉, 조선함선 1척 손실시 일본함선 약 571척이 손실을 입게 된다는 뜻으로 손실비율 값에는 전장환경의 영향도 포함된 것이다. 즉 함선의 전투력과 전장환경 영향이 합쳐진 경우 함선만의 전투력보다 약 13배의 전투력을 발휘한 것으로 볼 수 있다. 여기서 조선함선의 손실은 0척이나 식에 적용하기 위해 0.5척 손실 값을 사용하였다.

Case(I) 실험 결과

Case(I)은 '수중 쇠사슬' 이 있을 때 시나리오이며, 실제 전투결과와 동일한 시뮬레이션 결과가 나오도록 함선의 전투력을 찾아내는 것이 목적이다. MANA 모델에서는 '수중 쇠사슬' 이 100% 이동을 방해하지 않고 일부 함선이 통과할 수 있도록 Modeling하였다. Case(I)의 시나리오 실험결과는 조선함선 0.02척, 일본함선

32.4척이 손실되었다.

표 5.41은 실험 결과를 통하여 찾아낸 각 함선의 전투능력이다. '원거리 공격' 은 함포공격으로 적선을 격파시키는 능력이며, '근거리 공격' 은 화살과 불화살로 적선을 무력화시키는 능력이다. 이 두 가지 공격능력은 판옥선만 가지며 세키부네에겐 불리한 부분이다. 일본의 조총은 함선을 격침 또는 무력화시키는 것이 아닌 함선에 오르기 위한 근접 공격시 지원무기로 사용되었다. 표 5.41과 같이 '근접 공격' 에서 세키부네는 판옥선보다 높이가 낮아 병사들이 판옥선에 오르기가 매우 어렵다. 실험에서는 '근접공격' 시 판옥선이 2배 정도 우세한 값으로 나타났다. '방어' 에서는 판옥선이 4배 유리하게 나타났는데 판옥선은 탑승병력에서 세키부네보다 2배 이상이며 함선의 목재가 일본함선보다 단단하고 건조방법 또한 매우 우수하므로 산출 결과는 타당한 것으로 판단된다.

표 5.41 함선의 전투능력

요 소		전투 능력
공격	원거리 공격	○ 판옥선 (함포) 사거리: 250m, 손상확률: 20% ○ 세키부네: 없음
	근거리 공격	○ 판옥선 (불화살) 사거리: 50m, 손상확률: 30% ○ 세키부네: 없음
	근접 공격	○ 판옥선 (화살, 불화살, 백병전) 손상확률: 60% ○ 세키부네(화살, 조총, 백병전) 손상확률(30%)
방어		○ 판옥선: 4 회 피격시 손실 ○ 세키부네: 1 회 피격시 손실

Case(Ⅱ) 실험 결과

Case(Ⅱ)는 '수중 쇠사슬' 이 없을 때 시나리오들이며, 실제 전투결과와 동일한 결과가 나오도록 판옥선의 전투력을 증가시켜 실험한 것이다. 실험 시나리오에서와 같이 Case(Ⅱ)의 1~4번 까지의 시나리오는 판옥선의 전투력을 증가시킨 실험이고 5번의 실험은 1번 시나리오의 전투력을 바탕으로 격파된 함선이 1시간동안 해상에 떠 있어 이동을 방해하는 실험이다.

그림 5.45는 MOE 1을 사용한 함선별 MOE 1 결과를 나타낸 것이다. MOE 1은 '0'에 가까울수록 실제 명량해전 결과에 근접한 실험이 되는 것이다. '수중 쇠사슬'이 없는 Case(Ⅱ)-1~4번에서는 판옥선의 전투력를 증가시키면 손실은 줄어들지만 일본함선 손실이 크게 증가하므로 실제와 멀어지는 결과를 보여주고 있다. 이는 '수중 쇠사슬'의 존재가 전투에 미친 영향이 매우 큰 것으로 볼 수 있다. 그렇지만 '수중 쇠사슬'이 존재하지 않았다는 반대의 학술적 주장도 근거가 타당한 것이 현실이다.

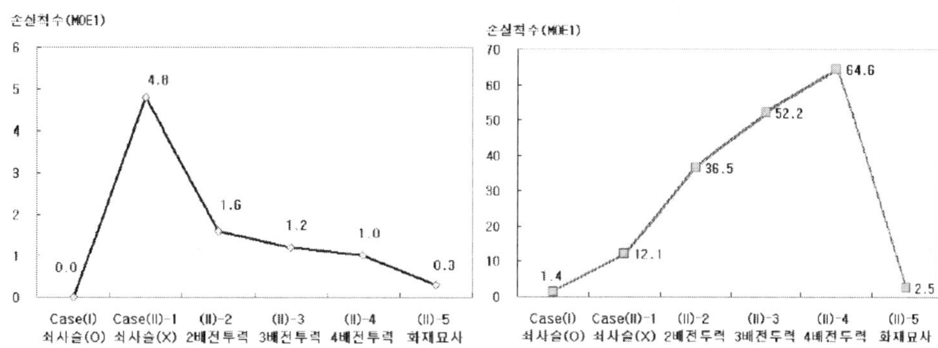

조선군 함선의 MOE 1　　　　　　일본군 함선의 MOE 1

그림 5.45 조선군 함선과 일본군 함선 MOE

Case(Ⅱ)-5의 결과는 본 연구에서 제시하는 "함선의 화재가 다른 함선들의 이동을 방해하여 공격기회를 감소시켰을 것이다."라는 주장의 타당성을 보여주고 있다. 앞서 설명하였듯이 당시의 함선은 목선이고 조선수군은 불화살을 사용하여 배를 태우는 전술을 주로 사용하였다. 목선은 불타더라도 바로 침몰하지 않으며 일정 시간 해상에 떠있게 되어 다른 함선들의 이동을 방해할 것이다. 이 연구에서는 침몰까지 시간을 1시간으로 정하였으며 실험결과 Case(I)의 전투력만으로도 실제 명량해전 결과와 동일한 결과를 보여주었다.

그림 5.46은 Case(Ⅱ)-5 시나리오의 시뮬레이션 화면이다. 1개의 Cell은 25m×25m 크기로 묘사하였고 1척의 함선만 위치할 수 있다. 그림 5.46에서 판옥선은 손상된 세키부네에 둘러싸여 있으며 판옥선을 공격하고자 하는 세키부네는 접근을 위한 이동이 제한된 상태이다. 손상된 세키부네가 침몰해야만 공격 접근이 가능하므로 일본함선은 10배 규모의 척수로도 제한된 척수만 공격이 가능하다.

그림 5.46 Case(Ⅱ)-5 의 시뮬레이션 화면

Case(Ⅲ) 실험 결과

Case(Ⅲ)는 '수중 쇠사슬' 이 없는 Case(Ⅱ)-5 시나리오를 기준으로 지형의 변화를 준 실험이다. 명량해협의 전장환경이 전투에 미친 영향을 알기 위해 Case(Ⅲ)-2(지형이 없는 경우), Case(Ⅲ)-3(조류가 없는 경우), Case(Ⅲ)-4(지형과 조류가 없는 경우)로 구분하여 실험하였다.

그림 5.47은 각 시나리오별 전투결과를 함선별 손실척수로 나타낸 것이다. 지형과 조류의 요소가 하나라도 없는 경우 함선의 손실척수가 증가하고 있음을 알 수 있다.

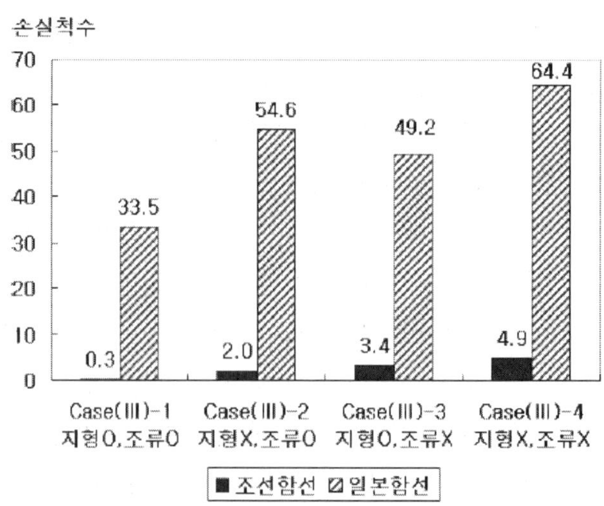

그림 5.47 Case(Ⅲ)에서 함선의 손실척수

그림 5.48은 전투결과를 함선별 손실률과 손실교환비로 나타낸 것이다. Case(Ⅲ)-1은 명량해전 결과와 동일한 결과를 나타내는 시나리오로서 다른 시나리오의 함선들도 Case(Ⅲ)-1의 전투능력 값을 사용하였으며 전장환경 조건만 바뀌게 하였다.

Case(Ⅲ)-2와 Case(Ⅲ)-3를 비교해보면 조류가 전투에 미친 영향이 더 컸음을 알 수 있다. 조류의 영향이 없는 상태라는 것은 일본함선이 계속 접근하여 공격할 수 있다는 것을 의미한다. 수적 열세인 상황에서는 장시간의 전투가 불리함을 알 수 있다. 지형이 없는 경우에는 수적 우세를 이용해 포위공격이 가능하므로 열세인 측에서는 피해야만 하는 조건이다. 지형과 조류의 환경이 없는 Case(Ⅲ)-4에서 알 수 있듯이 함선의 전투능력이 매우 우세하더라도 극단적인 수적 열세에서는 손실이 발생하게 될 것이다.

그림 5.48의 우측 그림에서 Case(Ⅲ)-1의 손실교환비가 다른 경우보다 매우 큰 값을 보여주고 있다. 즉 조선함선 1척이 손실된다면 일본함선 98척이 손실된다는 의미이다. 명량해전은 지형과 조류라는 전장환경이 우수한 전투능력의 조선함선과 시너지 효과를 발휘하여 극적인 승리를 이루게 한 것이다.

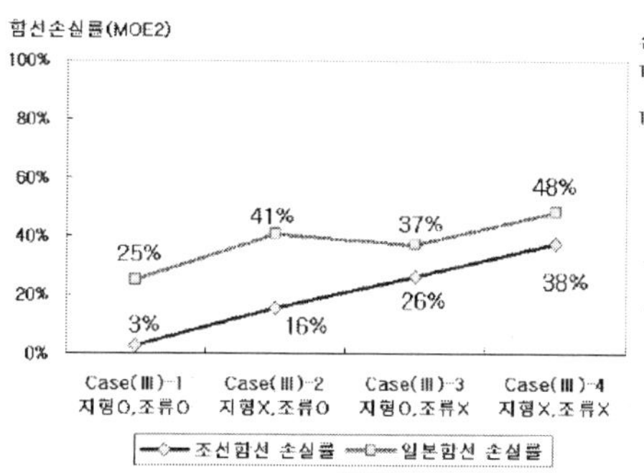

함선별 전투 손실률 MOE 2

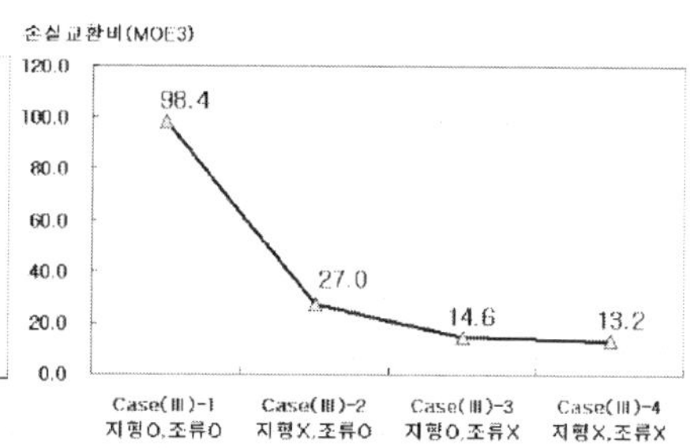

전투 손실교환비율 MOE 3

그림 5.48 Case(Ⅲ)의 시나리오에 따른 MOE 2, MOE 3

5.6.1.6 승패요인 분석

실험결과를 바탕으로 명량해전에서 승패요인을 분석하면 다음과 같다. 첫째, '지형' 은 명량해협이라는 제한된 공간에서 전투를 강요하게 만들었다. 일본함선은 함선 수가 10배임에도 불구하고 해협을 통과해서 공격해야만 하므로 수적 우세의 이점을 살리지 못하였다. 둘째, '조류' 는 일본함선의 공격 가능시간을 제한시키는 효과를 나타내었다. 처음에 일본함선은 순조류를 타고 명량해협에 진입하였으나 약 2시간 뒤조류의 방향이 바뀜으로써 더 이상의 근접전투가 힘들게 되었다. 셋째, 명량해협의 길이는 약 2Km 정도로 순조류를 타고 10~15분이면 통과할 수 있는 짧은 거리이다. 이를 조선함선이 길목을 막고 조류가 바뀔 때까지 버티어 낸 것은 함선과 병사의 전투능력이 매우 우수했음을 보여주는 것이다. 넷째, 아무리 우세한 전투력이라도 인해전술로 밀려드는 적의 공격에 피해가 없을 수는 없다. 근거리에서 불화살, 함포로 공격받은 적선들이 침몰되기 전까지 해상 장애물 역할을 하여 적선의 접근을 제한시켰을 것이다. 다섯째, 앞의 4가지 요소들을 파악하여 전투환경을 우군에게 유리하도록 이끈 통제사 이순신이야말로 지휘관의 판단과 리더쉽이 얼마나 중요한지를 알게 한 가장 큰 승리요인일 것이다.

5.6.2 OODA 를 이용한 명량해전 분석

5.6.2.1 OODA 개요

정완희와 민승식의 명량해전 분석은 OODA(Observe, Orient, Decide, Act) 이론으로부터 시작한다. 물리적인 유형의 요소는 무형의 요소에서 나온다. 유형 전투력이 전투상황에서 효과를 보여주기 위해서는 무형의 요소가 물리적으로 유형화되는 과정이 필요하다. 이러한 과정에 대해서 정립된 이론이 OODA이며, 유형 전투력은 실행을 통해 비로소 효과를 발휘하게 된다. 예를 들어 단순히 조총이 있다는 것만으로 전투력이 발휘되는 것이 아니라 총탄의 발사를 통해 전투력이 발휘되는 것이다. 이런 일련의 과정을 정의한 것이 OODA 이론이며 그림 5.49가 OODA 이론의 과정을 표현하고 있다.

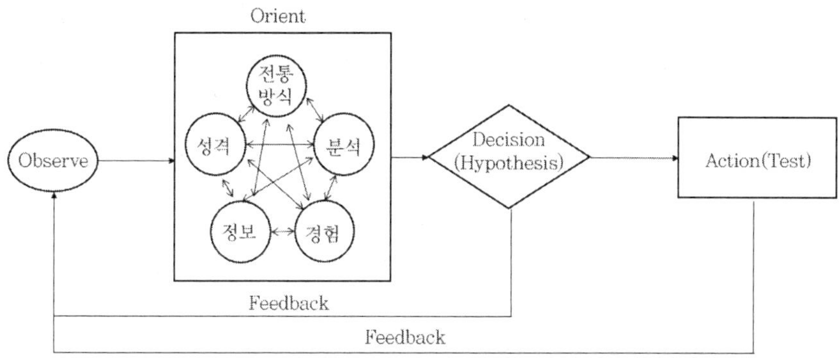

그림 5.49 OODA이론 구조

전투력이 발휘되기 위해서 가장 먼저 수행되어야 되는 것은 관찰(Observe)이다. 전장 환경과 적에 대한 정보를 관찰해야 다음 전투단계 진행이 가능하며, 관찰된 내용이 있으면 이를 기반으로 판단(Orient)하는 과정이 진행된다. 판단할 때 기존 경험, 새로운 정보, 전통 방식을 상호 관련지어 분석한다. 분석 결과를 통해서 앞으로 있을 전장 상황의 변화를 예상하여 가설을 설정하고, 전투력 발휘가 필요하다고 결심(Decide)하는 과정이 진행된다. 결심에 따른 지시에 의해 전력이 행동(Act)을 하게 되면 비로소 전투력이 발휘된다. 이렇게 크게 네 가지 단계가 연쇄적으로 진행되면서 전투력이 발휘되며, 각 단계가 진행되는 과정에서 상호 작용하며 보완하는 과정이 OODA 이론의 세부내용이다.

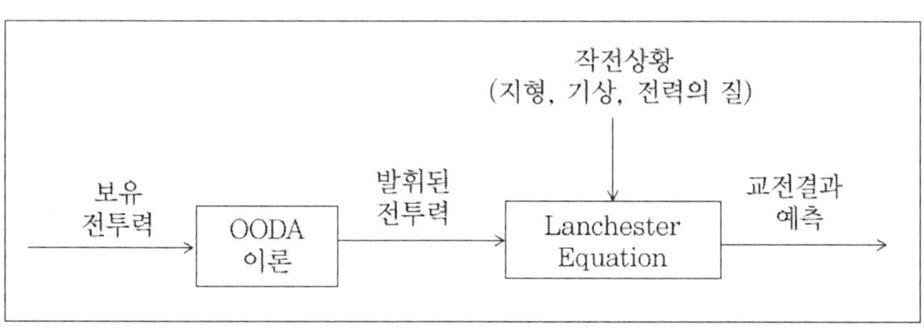

그림 5.50 명량해전 분석틀

명량해전에서 발휘된 유형 전투력은 OODA 이론을 통하여 도출한다. 앞서 기술했듯이 단순히 전장에 있던 함선의 수가 유형 전투력과 같지는 않다. 전투지역에 있었지만 적과 교전을 하지 않았다면 유형 전투력이 되지 못하며 OODA 과정을 거쳐 적에 대해 행동(Act)을 실시한 전투력만이 비로소 유형 전투력이 되는 것이다.

OODA를 통해 유형 전투력을 도출하면 Lanchester Equation을 통해 교전 결과를 예측하는데, 분류된 유형 전투규모와 당시 작전상황에 따른 상대군에 대한 전투력의 질을 정량적으로 도출하여 Lanchester Equation에 적용한다. 적용을 통해서 어떤 군이 승리하고, 잔존한 전력의 규모는 어떻게 될 것인가를 도출하며, 도출된 결과를 실제 역사적 기록과 대조하여 검증한다.

5.6.2.2 전투 배경

이순신 장군은 칠천량해전에서 살아남은 잔여 전력을 정비하여 반격을 계획한다. 13척뿐인 전력으로 300척이 넘는 적을 상대하기 위해서 수로 폭이 좁은 명량해협에서의 교전은 피할 수 없는 선택이었다. 그리고 이곳은 빠른 조류로도 유명한 곳이었다. 최대 11.5Knot로 매우 빠른 조류가 흘러서 20리 밖에서도 물 흐르는 소리가 들린다 해서 '울돌목' 이라 불릴 정도였다. 그만큼 수심이 얕고 수로폭이 좁으며, 조류가 빨라 항해하기 위험한 협수로였다.

1597년 9월 16일 07시 일본 함대는 명량 해협 인근에 있는 조선수군의 잔여전력을 격파하기 위해서 어란진에서 출전을 한다. 이러한 사항은 탐망군에 의해 즉시 이순신에게 보고되었고, 결전준비를 하게 된다. 조선수군은 오전 9~10시경에 전투 준비를 마치고 진형을 갖추어 일본 함대를 기다렸다.

9월 16일 11시 전후 일본함대는 명량해협을 통과한다. 그런데 300척이 넘는 전력 중에 대형 함선인 아다케는 좁은 수로를 통과하지 못하고, 소형 함선인 세키부네 133척만 명량해협을 통과하였다. 작전 환경으로 인해서 그만큼 많은 전력이 교전에 참가하지 못하게 된 것이다. 더욱이 12시를 지나면서 조류의 방향은 일본 함대에게 불리한 역 조류로 흐르게 된다. 결국 오후 2시가 될 때까지 일본수군은 군선 31척을 잃게 된다. 조류의 세기는 더욱 강해져 결국 많은 전력을 보유했던 일본 함대는 명량해전에서의 패배를 인정하고 후퇴하고 만다.

5.6.2.3 전투 경과

명량해전은 철저하게 조선 함대의 계획에 따라 진행되었다. 부족한 전력으로 조선 함대는 명량해협에서 반드시 교전을 해야만 했고 일본 함대를 유인했다. 일본 함대는 월등한 함선 수를 믿고 조선 함대 격파를 위해 16일 07시 출전을 결심한다. 이는 조선 함대에 관측(Observe)되어 이전에 판단(Orient)한 계획에 따라 진행되고 있었다. 반면에 전투력을 과신하고 있던 일본 함대는 명량해협의 좁은 수로와 빠른 유속이라는 환경요소를 고려하지 않고 불완전한 판단(Orient)과 결심(Decide)을 한다.

9월 16일 10시 일본 함대는 자신들의 불완전한 판단에 당황했을 것이다. 300척이 넘는 전력에서 대형함선인 아다케를 전투에서 제외시켜야 했기 때문이다. 명량해협은 소형함선인 세키부네 133척만 통과하게 된다. 일본 함대가 보유하고 있는 전력의 반 이상을 교전에서 제외시키는, 전투력에 있어서 막대한 손실이었다. 반면에 조선수군은 자신들의 계획에 따라 교전 장소에 만반의 준비를 하고 있었다.

9월 16일 12시 양측은 보유한 전력을 가지고 각자의 관측, 판단, 결심한 계획에 따라 총력전을 진행했다. 양측 모두 충분한 거리에서 관측할 수 있었고, 작전환경을 고려하여 자신에게 맞는 최적의 판단과 결심을 통해 전투력을 구사했다. 교전 직전상황에서 투입된 전투력은 일본 함대 세키부네 133척과 조선 함대 판옥선 13척이었다. 칠천량해전과 같이 기습작전으로 진행된 교전이 아니고, 표 5.42에서 보는 것과 같이 각자의 OODA 사이클이 정상적으로 순환하는 교전이었다.

임진왜란에 해전을 벌인 조선수군의 함선과 일본수군의 함선은 기본 전투력의 차이가 있었다. 일본군이 조선수군에 대항하기 위해 작성한 비밀문서의 내용을 보면 조선의 큰 배 한 척을 대적하기 위해서는 작은 배 5~6척 내지 7~8척으로 대적해야 한다고 기술되어 있다.

표 5.42 명량해전 OODA분석 결과

일시	O	O	D	A	전력량	전투력	O	O	D	A	전력량	전투력
16일 07시	○	△	△	X	300척	0척	○	○	○	X	13척	0척
16일 10시	○	△	△	△	300척	133척	○	○	○	○	13척	13척
16일 12시	○	○	○	○	133척	133척	○	○	○	○	13척	13척

* O (Observe), D (Decide), A (Act), ○(완전수행), △(불완전 수행), X(미수행)

따라서 조선수군의 주력함인 판옥선과 명량해전에 교전을 했던 일본수군의 세키부네 간의 전력 차이는 5~8:1로 예상할 수 있다. 조선수군의 판옥선은 함포에 의한 화공전을 장점으로 하는 함선이다. 복원한 함포를 이용한 사격한 실험결과 사거리가 550~1,590m에 이른다. 표 5.43은 판옥선 보유 함포의 사거리를 표시한 것이다.

표 5.43 판옥선 보유함포(천자총통)사거리

발사각	사거리	비행중 최고 고도
0도	134m	–
5도	152m	3.2m
10도	289m	13m
20도	525m	49.5m
30도	693m	102.6m
44도	786m	196.3m

특히, 천자총통에서 대장군전 발사 모델을 연구한 결과에 따르면 사거리 약 70m에서는 높은 명중률을 확보할 수 있었다. 일본함선의 화공무기인 조총의 유효사거리가 50m인 점을 고려하면 조선수군의 화공전력이 막강했음을 알 수 있다.

그림 5.51(a)를 보면 판옥선-세키부네 간 거리가 100~1,000m 인 경우에 조선수군에게 다소 유리한 상황이 전개된다. 일본수군은 조총의 사거리 밖이어서 전투력을 투사할 수 없다. 하지만 조선수군은 최대 사거리를 이용해서 위협사격을 할 수 있다. 물론 함포의 명중률이 저조하여 격파를 통한 무력화는 매우 제한될 것이다. 하지만, 위협사격을 통해서 다소 유리한 상황이 전개된다. 만약 판옥선와 세키부네간 거리가 100m 미만에서 접촉직전까지는 판옥선에게 절대적으로 유리한 상황이 전개된다. 판옥선 함포의 유효사격이 가능한 거리이기 때문이다.

반면에 일본수군은 조총을 이용해서 화력과 명중률이 약한 공격만 가능하다. 따라서 조선수군의 입장에서는 이 거리 간격을 얼마나 오래 유지할 수 있느냐가 전투의 승리에 주요한 영향을 미치게 된다. 한편, 판옥선과 세키부네가 접촉한 이후에는 일본수군에게 유리한 상황이 전개된다. 일본군의 기본전술은 ‘등선백병전’ 으로 배를 붙이고, 상대함정의 배위에서 백병전을 벌이는 것이다. 일본은 전통적으로 검을 이용한 백병전에 높은 전투력을 유지하고 있다. 반면에 판옥선의 많은 승조원은 노를 젓고 함포를 운용하는 임무에 할당되었기 때문에 백병전을 벌이면 열세의 상황이 전개된다.

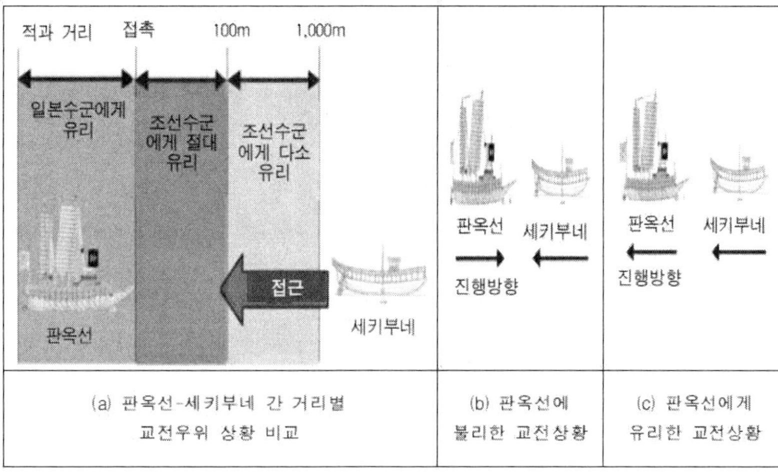

그림 5.51 판옥선에게 불리한 교전상황과 유리한 교전상황

앞서 확인되듯이 화공전의 장점을 최대화하기 위해서는 판옥선과 세키부네의 거리를 50m 이상으로 오래 유지해야 한다. 당시 일본수군이 역조류를 받으며 판옥선에 접근했음을 고려하면, 작전환경은 조선수군에게 매우 유리한 상황이었다. 따라서 일반적인 판옥선과 세키부네의 전력차이는 일반적인 차이에서 판옥선에게 가장 유리한 8:1 정도로 예상할 수 있다. 또한 교전에 참가한 전력의 양은 조선수군이 13척, 일본수군이 133척으로 일본수군이 10배가량 많지만 명량해협이 좁은 수로이기때문에 동시 교전에 참여할 수 있는 전력 수는 그에 훨씬 못 미쳤을 것이다. 교전 장소의 수로 폭에 따라서 동시 교전할 수 있는 함선의 숫자가 정해지게 된다. 그림 5.52의 명량해전의 교전 위치를 정확하게 알 수는 없지만 문헌을 통해서 3개의 교전위치가 예상된다

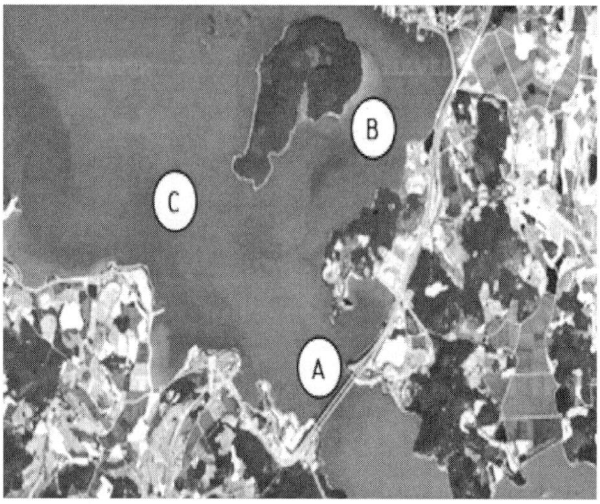

그림 5.52 명량해전 교전 예상위치((A, B, C)

5.6.2.4 명량 해전의 수학적 분석

Lanchester Equation을 이용하여 전투양상을 예측하기에 앞서 양측의 전력 양을 대입하기 위하여 3개의 예상위치별로 동시에 교전할 수있는 전력량을 계산하면 다음과 같다. A위치에서 교전이 발생했을 경우 조선수군은 수로 폭 1Km에서 최대 화력을 발휘하기 위해서 횡렬진을 펼칠 것으로 예상된다. 판옥선의 전폭이 34 m임을 고려하여 함선별 이동의 자유를 위해 최소한 100m 이상의 이격 거리가 필요하다. 100~200m의 함선별 거리를 계산하면 조선수군은 최대 6척이 횡렬진을 형성할 수 있다. 일본수군은 명량해협을 통과하기 위해 최대 3척의 횡렬진을 형성할 수밖에 없다. 수로 폭과 지형의 위험성을 고려하여 최대 3척 이상이 명량해협을 통과할 수는 없었을 것이기 때문이다. B의 위치에서 교전했을 경우 조선수군은 4척, 일본수군은 3척 정도가 동시 교전했을 것이다. 같은 수로 폭임에도 불구하고 일본수군이 조선수군과 동시 교전할 수 있는 척수가 1척 적다. 그 이유는 명량해협을 통과한 함선이 90도로 급격한 변침을 하기 때문에 조선수군과 같은 4척을 배열시키기는 어렵기 때문이다. 당시 함선이 10Knot 미만의 속력이었고, 조류가 강했음을 고려하면 3척 정도가 횡렬진을 유지하면서 급격한 변침을 하는 것도 어려웠을 것이다.

마지막으로, C의 위치에서 교전했을 경우 조선수군은 12척, 일본수군은 6척 정도가 교전했을 것이다. C의 교전위치는 세 군데 예상위치 중에서 가장 넓은 해역이다.

조선수군은 2Km의 수로 폭에서 전 전력으로 횡렬진은 형성할 수 있다. 일본수군 역시 3척으로 명량해협을 통과하고, 진행방향을 그대로 유지하면서 넓어지는 수로 폭을 이용하여 6척까지 진형 변화를 할 수 있다. 그림 5.53에서 확인할 수 있듯이 A위치에서는 일본수군의 진입방향이 한 군데인 데 반해 B나 C 위치에서는 일본수군의 진입이 두 방향에서 가능하므로 양쪽에서 협공, 또는 포위되는 것을 막기 위해서는 A위치가 선호되었을 것으로 예상된다.

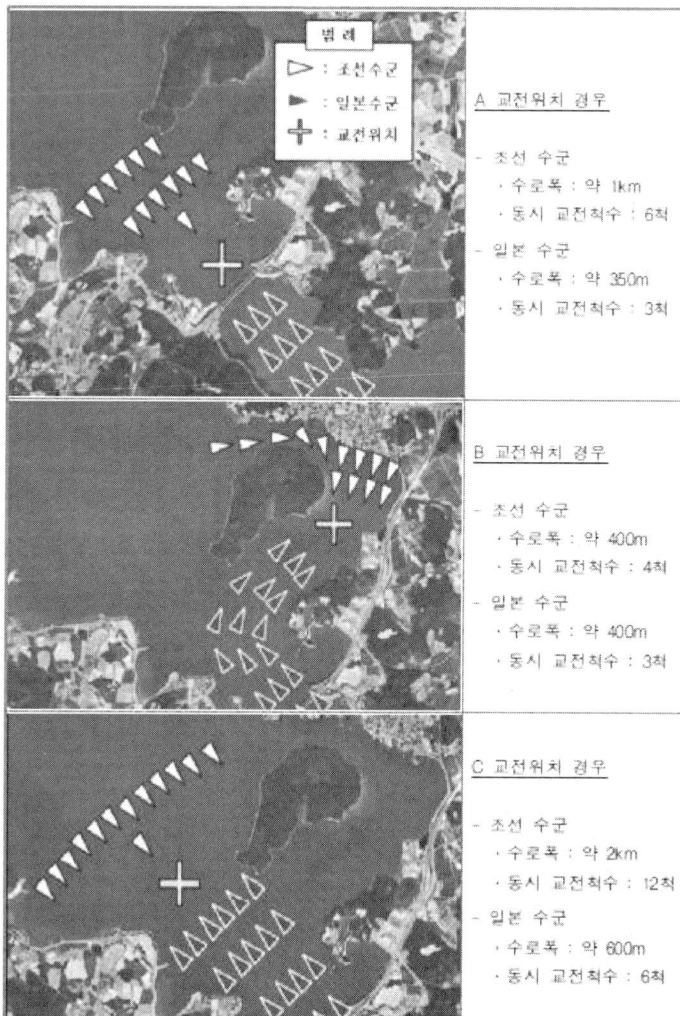

그림 5.53 예상 교전위치별 양측의 동시 교전 척수 비교

양측의 단위 전력별 전투력 차이와 동시교전 척수를 다음 식 대입하면 실시간 교전 결과를 예측할 수 있다. 그 구체적인 과정은 식 (5−94), (5−95)와 같다.

$$B(t) = \frac{1}{2}\left(B_0 - \sqrt{\frac{\alpha}{\beta}}R_0\right)e^{\sqrt{\alpha\beta}t} + \frac{1}{2}\left(B_0 - \sqrt{\frac{\alpha}{\beta}}R_0\right)e^{-\sqrt{\alpha\beta}t} \qquad (5-94)$$

$$R(t) = \frac{1}{2}\left(R_0 - \sqrt{\frac{\alpha}{\beta}}B_0\right)e^{\sqrt{\alpha\beta}t} + \frac{1}{2}\left(R_0 - \sqrt{\frac{\alpha}{\beta}}B_0\right)e^{-\sqrt{\alpha\beta}t} \qquad (5-95)$$

- 조선수군(Blue Force)과 일본수군(Red Force)의 전력손실률은 1:8이다. 즉, $\alpha = 1,\ \beta = 8$이다.
- 수로에서 동시 교전하는 전력 수를 Lanchester Equation의 초기값 B_0및 R_0에 대입한다.
- $B(t)$ 또는 $R(t)$ 가 1만큼 손실되는 시간을 구한다.
- $B(t)$ 또는 $R(t)$ 가 1만큼 손실되는 순간, 전력은 1만큼 보충되어 원래 상태를 회복하며, 상대측은 전력 보충 없이 $B(t)$ 또는 $R(t)$ 를 유지한다.
- 위의 과정을 반복한다.
- 더 이상 보충될 전력이 없으면 패배하는 측의 전력이 완전히 0이 될 때까지 교전은 계속된다.
- 패배하는 측의 전력이 완전히 0이 되는 순간 전쟁은 종료되며, 이때 승리하는 측의 잔존전력 및 교전시간을 구한다.

그림 5.54에 나타난 것과 같이 Lanchester Equation 계산 결과 A 위치에서는 조선수군이 승리하는 반면, B, C 위치에서는 일본수군이 승리하는 것으로 나타났다. A 위치에서 교선 시 조선수군의 잔존전력은 5.3척으로 개별 함선의 전력비가 8:1임에도 불구하고 판옥선 1척이 세키부네 17척을 상대하였다는 것은 괄목할 만한 결과다. 반면 B 위치에서 교전 시 일본수군의 잔존전력은 8.6척으로 판옥선 1척이 세키부네 9.6척을 상대하여 A 위치에 비해 절반 정도의 성과만을 거두었다는 것을 알 수 있다. 마지막으로 C 위치에서 교전 시 일본수군의 잔존 전력은 11.7척으로 판옥선 1척이 세키부네 9.4척을 상대하여 역시 A 위치의 절반정도의 성과에 불과했다.

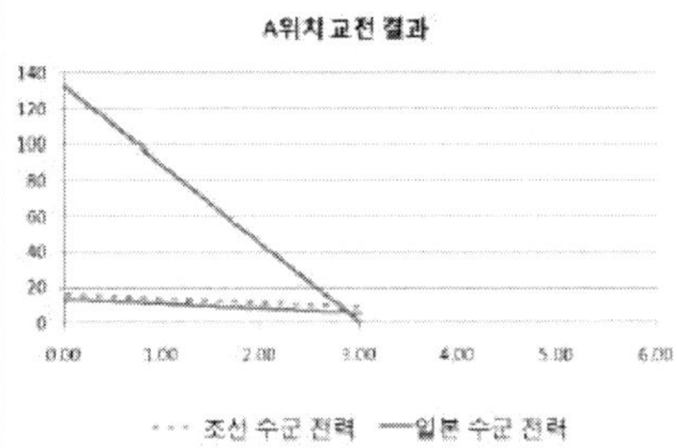	A위치에서 교전 결과 (6 : 3 배열) - 승리군 : 조선 수군 - 승리군 잔존 전력 : 5.3척 - 교전 시간 : 3.01단위시간
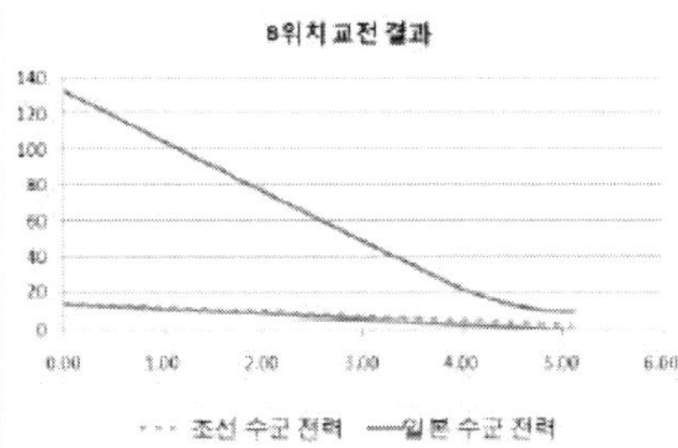	B위치에서 교전 결과 (4 : 3 배열) - 승리군 : 일본 수군 - 승리군 잔존 전력 : 8.4척 - 교전 시간 : 5.12단위시간
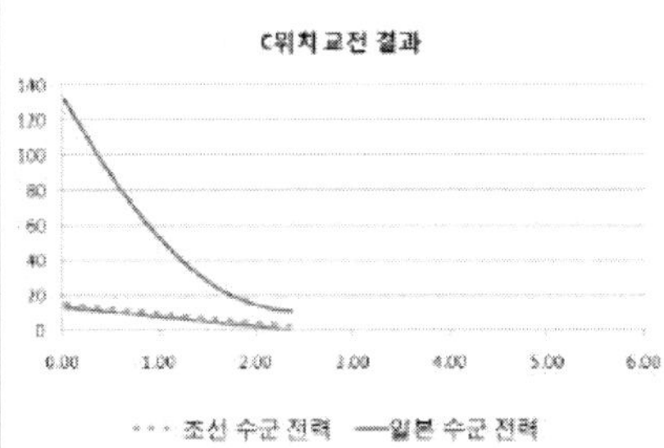	C위치에서 교전 결과 (12 : 6 배열) - 승리군 : 일본 수군 - 승리군 잔존 전력 : 11.3척 - 교전 시간 : 2.37단위시간

그림 5.54 예상 교전위치별 교전 결과 비교

실제 명량해전 결과 일본수군은 전선 31척을 잃고 후퇴하였고 조선수군의 전력 손실은 없었다. Lanchester Equation을 이용해서 예상 위치별로 일본함선 31척을 침몰시키는데 소요되는 조선수군의 전력을 산출했을 때, A, B, C위치에서 각각 1.78척, 2.78척 및 1.83척의 전력 손실이 있었으며 교전 시간은 각각 0.70, 1.10, 0.34 단위시간이 걸렸다.

Lanchester Equation에 입각하여 해석했을 때 역사적 기록과 가장 유사한 교전 결과는 A 위치에서의 교전이었다. 명량해전의 정확한 교전 위치가 기록에 남아 있지 않아서 의견이 학자마다 의견이 분분한데, Lanchester Equation에 입각한 분석결과만 보면 A위치에서 주 교전이 일어났음을 추정할 수 있다. 다만 일대일 교전시 조선수군과 일본수군의 전력 손실률을 1:8로 잡았는데, 조류와 교전 상황 등을 고려하여 50m 이상의 충분한 이격거리를 유지한다면 각 군의 전력 손실률은 1:10 이상이 될 것이므로 A, B, C위치 모두에서 조선수군이 승리할 것으로 기대할 수 있다.

만약 일본수군이 후퇴하지 않고 계속 전투를 벌였다면, 전멸에 가까운 패배를 당했을 것이다. 산출된 교전 결과를 보면 조선수군이 승리한 A 위치뿐만 아니라 B, C 위치의 교전에서도 일본수군의 잔존 전력은 10여 척에 불과할 정도로 전멸에 가깝다. 이런 결과를 전투 중에 인지하였을 것이고, 역조류의 세기도 더 강해져서 일본수군은 후퇴하지 않을 수 없었다. OODA 사이클에서 최초 총공격을 결심(Decide) 했지만 환류(Feedback)되어 새로운 관찰(Observe)을 발생시켜서 판단(Orient) 결과 처음과는 다른 후퇴라는 결심(Decide) 및 행동(Act)을 한 것이다.

그동안 명량해전이 유명한 해전으로 기억되는 이유는 강인한 무형 전투력이었다. "신에게는 아직 전선 12척이 남았나이다.", '필사즉생 필생즉사' 등과 같은 강한 정신력과 전투의지가 있어서 승리가 가능했다고 한다. 하지만 유형 전투력 분석결과를 보면 충분히 예고된 승리였다. 당시 작전환경과 전투를 수행하는 함선의 전투력 차이로 인한 당연한 결과이기 때문이다. 전투원에게 10배가 넘는 전력의 차이는 분명한 부담이었다. 교전시 우리에게 아무리 승산이 있다고 설명을 해도 눈앞에 보이는 많은 전력은 전투원을 긴장시켰을 것이다. 무형 전투력은 이러한 긴장감을 해소하고 본래 자신의 능력을 발휘할 수 있게 해주었다. 따라서 명량해전에서 무형 전투력의 의미를 재해석하고자 한다. 무형 전투력이 직접적으로 명량해전의 승리를 이끌었다기보다는 조선수군의 뛰어난 본래 능력을 발휘할 수 있도록 뒷받침했으며, 승리는 유형 전투력으로 충분히 예측 가능했다.

5.7 남북전쟁 (미국 내전)

5.7.1 남북전쟁 개요

미국 남북 전쟁(American Civil War)은 미국에서 일어난 내전이다. 1861년 4월, 노예제를 지지하던 남부州들이 모여 남부연합을 형성하며 미합중국으로부터의 분리를 선언한 뒤, 아메리카 남부 연합군(이하 '남부군')이 South Carolina주 Charleston항의 Sumter 요새를 포격하는 것으로 시작되어 1865년까지 4년 동안 벌어진 전쟁이다. 전쟁 결과 남부연합군이 패했고, 미국 전역에서 노예제가 폐지되는 중요한 계기가 되었다.

5.7.1.1 노예제

연방 분리의 원인의 주된 원인은 노예제 논쟁이다. 미국의 노예폐지 운동은 18세기부터 시작되었다. 1775년 첫 반노예제 모임이 Philadelphia에서 만들어졌고, Pennsylvania주 의회는 처음으로 노예해방법을 1780년에 통과시켰다. 이 후 4개의 다른 북부 주들도 이런 움직임에 동참했으며, 1787년 지금의 Ohio 주 및 그 주변인 북서부 지역에서도 북서부 조례를 통해 노예제도를 폐지했다. 이로 인해 노예제를 폐지한 북부와 노예제를 여전히 법으로 인정하는 남부의 두 지역으로 나뉘게 되었다. 물론 북부에서 노예제에 반대한 이유는 북부 사람들이 인도주의자들이어서가 아니라 농업을 중시하는 남부에 있는 노예들을 분산시켜 그 세력의 힘을 약화시킴과 동시에 북부지역 공업에 그 노동력으로 사용하고자 한 것이다.

노예 소유를 허용하는 남부와 금지하는 북부가 공존하는 상황에서 갈등은 피할 수 없었다. Lincoln 은 당시 노예제를 시행하는 주들에서 노예제를 철폐하는 법안을 제안하지는 않았지만, 1858 년 '분열된 집에 대한 연설' 에서 "노예제의 확산을 막고, 국민의 마음 속에 노예제의 궁극적 폐지가 불가피하다는 믿음을 심고 싶다." 는 의지를 표현했다. 1850 년대의 정치적 갈등은 새로 생긴 준주로 노예제를 확대할 지 여부에 대한 것들이 주를 이뤘다. 정부가 수립된 모든 준주(Organized Territories)는 자유주가 될 가능성이 높았기에 남부는 연방에서 분리되고자 노력했다. 북부와 남부 모두 노예제가 다른 지역으로 확장되지 않는다면 그 범위가 축소되거나 결국 폐지될 것이라고 믿고 있었다.

노예제를 반대하는 세력에 연방 정부의 통제권이 넘어갈 것에 대한 남부의 우려와 노예제 지지자들이 정부에 휘두르는 영향에 대한 북부의 혐오는 결국 1850 년 말의 위기 상황을 일으켰다. 노예제의 도덕성, 민주주의의 범위, 자유 노동과 노예제 간의 경제적 이득에 대한 논쟁들은 Whig 당과 'Know-Nothing' 이 무너지는 계기가 되었고, 1848 년의 자유지역당, 1854 년의 공화당, 1860 년의 헌법 연합의 새로운 정당들이 생겨나게 만들었다. 1860 년에 최후로 남은 전국 정당은 민주당이었지만, 민주당 역시 분파들로 나뉘게 되었다.

노예폐지주의자 William Lloyd Garrison 이나 중도 공화당 지도자 Lincoln 등의 북부 정치인들은 Thomas Jefferson 의 모든 인간이 평등하다는 선언문 구문을 강조했다. Lincoln 은 Gettysburg 연설에서 이 점을 언급하기도 했다. 1845 년 Missouri 타협선의 연장은 Texas 병합 결의문의 일부였고, 1850 년 타협과 1860 년의 Crittenden 타협에서는 이 선을 태평양까지 연장하는 것을 고려하기도 했다. 1787 년 헌법제정의회에서 있었던 헌법 35 조와 아프리카 노예 수입을 20 년간 연장하는 데 대한 논쟁을 비롯해 이 시기 거의 모든 지역간 분쟁에는 노예제가 관련돼 있었다. 1793 년 Elias Whitney 가 발명한 조면기(Cotton Gin)로 인해 하루에 가공될 수 있는 솜의 양은 50 배로 늘어났고, 이런 생산 방식의 변화로 인해 남부에서는 노예 수요가 폭발적으로 증가했다. 노예주인 Missouri 주를 연방에 편입시킬 것인가에 대한 논쟁 끝에 1820 년 Missouri 타협이 이뤄지기도 했다.

하원의 Gag Rule 은 1835 년부터 1844 년 간 노예제를 폐지하는데 대한 청원을 하원에서 논의하는 것을 금지했고, '명백한 운명' 론은 노예제를 확장시킬 수 있는 새로운 영토를 연방에 포함시키는데 대한 근거가 되었다. 1845 년에 Texas 를 다른 영토와 함께 노예주로 합병한 것은 멕시코 전쟁(1846~1848)을 촉발시켰고, 새 영토에서의 노예제 시행에 대한 갈등은 1850 년 타협으로 잠시나마 진정시킬 수 있었다. 1850 년 타협의 Wilmot Proviso 은 북부 정치가들이 멕시코로 부터 정복한 영토에서 노예제를 철폐하기 위한 노력에 따른 것이었다. 1852 년 Harriet Beecher Stowe 가 쓴 소설 Uncle Tom's Cabin 이 인기를 끌면서 북부에서는 1850 년 타협의 결과물인 도망노예법을 반대하는 목소리가 높아져갔다.

1854 년 Ostend manifesto 을 통해 남부는 Cuba 를 노예주로 합병하려 했으나 결국 실패했다. 1854 년 Kansas-Nebraska 법에서는 Missouri 타협이 노예제를 금지한 지역에 대한 노예제 폐지 여부를 국민주권에 따라 투표로 결정하도록 했고, 이 법이 통과된 뒤 제 2 기 정당 구조는 무너졌다. 또, '피의 Kansas' 논란 중 Kansas 주에서의 노예제를 둘러싸고 Missouri 주의 노예제 지지자들인 Border Ruffians 에 의해 자행된 대규모 부정 선거가 이뤄지기도 했다. 이 부정 선거는 친남부 대통령이었던 14 대 대통령 Franklin Pierce 와 15 대 대통령 James Buchanan 이 Kansas 를 노예주로 인정하려는 시도를 하게 했다. Buchanan 은 노예제 시행에 대한 구문을 포함한 Kansas 주 헌법안인 Lecompton 헌법을 지지했다.

Kansas 에서 노예제를 둘러싼 갈등은 Wakarusa 전쟁, Lawrence 약탈 사건, 공화당 상원의원 Charles Sumner 에 대한 하원 의원 Preston Smith Brooks 의 상원 의회 구타사건, Pottawatomie 학살, Black Jack 전투, Osawatomie 전투 그리고 Marais des Cygnes 대학살 등의 폭력적 형태로 나타났다. 그 후 1857 년 대법원의 'Dred Scott 판결' 은 Kansas 를 포함하여 다수가 노예제를 반대하는 지역에서조차 노예제를 허용할 수 있도록 했다.

1858 년의 Lincoln-Douglas 논쟁 중 북부 민주당의 지도자였던 Stephen Arnold Douglas 는 Dred Scott 판결이나 국민주권의 개념에 구애받지 않고도 노예제를 폐지할 수 있다는 'Freeport 주의' 를 주장해 Douglas 가 Lecompton 헌법을 입안하는 데 실패한 것과 더불어 민주당을 남부와 북부로 분열시키는 계기가 되었다. 북부 노예폐지주의자인 John Brown 은 1859 년에 Harpers Ferry 무기고를 습격해 노예반란을 시도하기도 했다. 1860 년에 남부 민주당은 새로 합병되는 준주에 노예제를 법으로 인정하자고 요구함으로써 남부와 북부로 나뉘는 지역간 갈등 구조를 완성시켰다.

연방탈퇴를 지지하는 세력은 지역마다 존재하는 수 많은 Plantation 농장의 수와 밀접한 관련이 있었다. Deep South 에는 Plantation 농장이 가장 밀집해있었기 때문에 이 지역의 주들이 가장 먼저 연방탈퇴를 선언했다. 그보다 약간 더 북쪽에 있는 노예州인 Virginia 와 North Carolina, Arkansas, Tennessee 에는 더 적은 수의 Plantation 농장이 존재했고, 이 주들은 Sumter 요새 전투 이후 탈퇴를 결정하기 전까지 연방탈퇴를 계속 거부했다. 경계에 위치한 주들은 더 적은 수의 Plantation 농장을 가지고 있었고 끝까지 연방탈퇴를 하지 않았다.

그림 5.55 Lincoln 제16대 대통령과 J. Davis 남부 대통령

1860 년경 남부에 노예를 소유한 백인가족들의 비율은 남부 중에서 남쪽 지역이 43%, 남부 중 북쪽지역이 36%, 그리고 남부와 북부의 경계 지역에서는 22%였다. 노예 소유주의 절반은 1 명에서 4 명의 노예를 가지고 있었다. 1850 년에 8,000 여명의 농장주들은 50 명 이상의 노예를, 그 중 1,800 명은 100 명 이상을 소유하고 있었다. 100 명 이상을 소유한 1,800 명의 노예 소유주들 중, 85%는 최남단 주에 살았고, 1% 정도만이 경계지역에 살고 있었다.

95%의 흑인이 남부에 살았고, 남부 전체 인구의 1/3 을 차지했지만, 북부에서는 흑인인구가 1% 정도에 지나지 않았으며 대부분은 New York 과 Philadelphia 같은 대도시에 살고 있었다. 따라서 노예들의 완전한 해방에 대한 걱정은 북쪽보다는 남쪽에서 훨씬 클 수밖에 없었다. 1857 년 Dred Scott v. Sandford 사건에 대해 미 대법원이 내린 판결은 논란을 더욱 가속화했다. 연방 대법원장인 Roger Brooke Taney 가 집필한 판결문에서 대법원은 다음과 같은 판결을 내렸다.

"노예들은 굉장히 열등한 존재이기 때문에 백인들이 가진 권한을 동일하게 가질 수 없다." - 1857년 연방 대법원 판결문 -

이 판결에서 대법원은 북위 36° 30' 위에 위치한 북부의 영토내에서 노예제도를 금지한 Missouri 타협도 역시 위헌이라고 판결했다. 판결문에서 Roger Taney 는 "북위 36° 30' 위의 북부 영토에 거주하는 시민들의 노예 소유를 금지하는 의회의 결정은 헌법에 근거하지 않은 사항이기에 이를 무효로 한다." 고 판시했다. 이러한

Taney 의 판결에 대해 민주당원은 열렬한 지지를 보냈지만 공화당원들은 이 결정에 '자의적인 헌법의 왜곡' 이라고 반발했다. 공화당원들은 Dred Scott 이 법적으로 소송을 제기하지 못한다면 대법원은 Missouri 타협의 합헌성에 대해 논할 권리가 없다고 주장했다. 이에 대해 Lincoln 은 '또 다른 Dred Scott 판결' 이 북부의 주들을 노예제도로써 위협할 수 있다고 경고했다.

Abraham Lincoln 은 "노예제와 관련된 문제는 그 무엇보다 중요한 일이고, 이제는 이 사안이 너무 중요해졌기에 다른 어떤 국가적 문제도 지금은 심리 대상이 될 수 없다." 고 말했다. 노예제 문제는 준주의 지배권 획득을 위한 민주당 내 파벌 경쟁과 관련이 있었고 이 준주에서 노예소유 규정을 명시하는 데 대한 남부 노예 소유주들의 요구는 민주당을 둘로 나누기위해 남부의 정치인들이 사용했던 쟁점이었다. 하지만 둘로 나뉜 민주당은 Lincoln 의 당선과 연방 분리라는 결과를 낳았을 뿐이었다. 연방 분리가 화두로 떠올랐을 때, South Carolina 의 대농장 지주이자 상원의원인 John Townsend 는 다음과 같이 주장했다.

"우리의 적인 공화당이 정부를 그들의 손아귀에 넣기 직전이다. 공화당은 변덕스럽고 광적인 이론과 노예제 폐지라는 목적에 따라 우리를 지배할 작정이다."

위와 비슷한 의견들은 논평과 정치적 연설 그리고 연방 탈퇴에 대한 이유를 밝히는 선언문을 통해 남부 곳곳에서 표출되었다. 비록 Lincoln 은 노예제가 이미 존재하는 주에서 이를 비합법화하려는 계획이 전혀 없었지만, 남부 전역에 걸쳐 백인들은 노예제도의 미래에 대한 우려를 표했다.

남부군이 걱정했던 것들은 노동력을 잃음으로써 겪게 되는 경제적인 손실뿐만 아니라 인종평등의 두려움까지 포함되어 있었다. Texas 주는 연방탈퇴의 이유로 아프리카민족이 백인의 하위 민족으로 정당하게 여기어지고 있어서 반노예를 추구하는 주들이 백인의 평등의 가치를 떨어뜨리는 일을 하고 있다고 말하였다. Alabama 주의 분리론자 Edmond Dargan 은 백인들과 자유를 얻은 흑인들이 절대로 같이 살수 없다고 경고했다. 그리고 만약에 흑인들이 자유의 몸이 되어 남부지방에서 살아갈 경우, 결과를 다음과 같이 주장하였다.

"우리가 직접 우리의 노예에 대한 형벌 집행자가 될 것이다. 북부지방의 정책은 이런 결과를 초래할 것이며, 우리는 더 가난해질 뿐 아니라 범죄를 저지르게 될 것이다."

1830 년대 초반부터 미국 우정공사 총재는 남쪽으로 보내지는 노예제도 폐지의 관한 모든 우편물을 전송하기 거부하였다. 남부지방에 사는 북부지방 출신의 선생들은 노예제도 폐지를 지지하는 기미가 조금이라도 보이면 쫓겨났고 또 노예제도 폐지론에 관한 책들은 모두 금지되었다. 그리고 남부지방의 백인들은 공화당이 노예제도 폐지를 지지하지 않는다는 주장을 믿지 않았다. 이러한 상황 속에서 북부 주들도 위협을 느꼈다. 미국의 역사학자 Eric Foner 에 의하면 북부지방 사람들이 노예제도를 정의에 반대되는 것이라고 보았고, 또한 그들의 근본적인 가치관과 관심사를 위협하는 것으로 보았다고 한다. 이러한 마찰들과 의심들과 근심들은 전쟁이 터지는 데에 아주 큰 기여를 하였다.

Lincoln 은 현재 노예제가 존재하는 주에서의 노예제 시행을 보호하는 내용을 담은 Corwin 헌법 수정안에 찬성했지만, 분리주의자들은 그마저도 무의미하다고 주장했다. 분리주의자들은 자유의 땅을 주창하던 북부주에게 Kansas 주를 빼앗기자 Kansas 에 인접한 주에서 노예가 부족해져 노예해방을 이끌고, 결론적으로 다른 남부주들에서도 연쇄적으로 노예 해방이 일어나게 되는 것을 두려워하고 있었다. 분리론자들은 공화당원들이 Hinton Rowan Helper 같은 노예제에 반대하는 남부 백인들과 남부의 노예들을 선동하기 위해 유화정책을 사용하는 것도 겁내고 있었다.

5.7.1.2 남북 지역차(Sectionalism)

'Sectionalism' 는 남부와 북부에서 서로 다르게 나타난 경제와 사회 구조, 관습, 정치적 차이를 말한다. 1800 년부터 1860 년의 기간 동안 북부 지역이 산업화, 도시화되고 생산성 높은 농장을 통해 노예제의 필요가 점점 없어졌던 반면, 가장 남쪽 주들에서는 여전히 노예 노동에 기반한 Plantation 농업과 가난한 백인들의 자급자족 농업이 여전히 주를 이루고 있었기 때문에 이런 지역주의 경향은 점진적으로 증가했다. 이 기간 중 남부 농장주들은 Alabama 주에서 Texas 주까지 남서부의 새로운 지역으로 세력을 확장시켰다. 하지만 경계주에서 노예제는 점점 줄어들고 있었고, 도시나 공업 지역에서는 노예를 찾아보기 어려웠기에 Baltimore,

Louisville, St. Louis 와 같은 도시에서는 노예가 점점 사라지고 있었다. 노예제에 의존하고 있는 곳은 남부지역 중에서도 대개 시골이나 비공업지역이었다. 한편으로 면화에 대한 수요가 늘면서 노예의 가격도 급격히 상승했다.

북부 공업지역과 남부 농업지역간의 경제적 차이가 전쟁을 일으켰는지에 대해서는 역사가들 간에 논란이 있다. 대부분의 역사가들은 1920 년대에 역사가 Charles A. Beard 가 주장했던 경제적 결정론에는 반대하며 북부와 남부의 경제가 상호보완적이었다고 강조한다.

하지만 역사가들은 두 지역간에 사회, 문화적 환경이 매우 달랐다는 것에는 동의한다. 남부에서 부자들이 모든 옥토를 소유하고 있었고, 가난한 백인 농부들은 생산성이 적은 자투리 땅을 가지고 있을 수밖에 없었다. 노예 반란에 대한 두려움과 노예해방 주의자들의 선전물은 남부의 군대를 노예해방 주의에 대해 적대적으로 만들었다.

남부인들은 자신들은 '미국 건국의 아버지' 들이 주장한 'Republican Value' 에 충실한 반면, 북부가 변화하고 있고, 새로운 가치에 너무 쉽게 변한다고 불평했다. Washington, Jefferson, Madison 등 많은 건국의 아버지들은 노예를 소유하고 있었다. Lincoln 은 공화당원들이 노예제의 확장을 막음으로써 헌법 입안자들의 전통을 따르고 있다고 말했다. 노예제를 받아들일 것이냐에 대한 문제는 감리교, 침례교, 장로교와 같은 큰 개신교 종파들을 북부와 남부 종파로 가르게 되었다. 산업화로 인해 8 명의 유럽 이민자 중 7 명은 북부에 정착했다. 이 시기 북부에서 남부로 이사하는 백인들보다 남부에서 북부로 가는 백인들이 두 배가량 많았기 때문에, 이런 인구의 이동 문제 역시 남부인들이 방어적이면서도 호전적인 정치적 모습을 보이는데 일조했다.

5.7.1.3 각 주의 권한

각 주가 특정한 권한들을 가졌다는 데에 대해서는 이견이 없다. 하지만 주의 주민이 그 주를 떠났을 때도 이 권한이 지속되어야 하는지에 대해서는 논란이 있었다. 남부는 모든 주의 시민들이 자신의 재산을 소유할 수 있는 권리를 가졌고, 주를 벗어난다고 그 재산을 빼앗길 수는 없다고 생각했다. 특히 노예주들이 노예를 데리고 미국 내 어디든 돌아다닐 수 있으며 그 노예는 자유주에서도 노예로 남아있어야 한다고 주장했다. 북부 사람들은 이 권리를 부정하며, 이는 자유주들이 각 주에서 노예제를 금지할 권한에 위배된다고 반발했다. 노예제를 확장시키는데 반대했던 공화당 당원들은 특히 노예를 데리고 자유주와 준주들을 다닐 수 있는 권리에 반대했다.

남부인들은 각 주가 미연방에서 탈퇴할 권한이 있다며, 미국 헌법은 단지 주들간의 협약의 축약판에 불과하다고 주장했다. Buchanan 대통령을 비롯한 북부인들은 이를 두고 '영구 연합' 을 위해 노력했던 미국 조상들의 정신에 위배된다며 각 주들이 연방에서 탈퇴할 권한이 있다는 의견에 반대했다.

5.7.1.4 Lincoln의 대통령 당선

1860 년에 있었던 Lincoln 의 당선은 남부의 연방 탈퇴의 시발점이 되었다. Corwin 수정안과 Crittenden 타협안을 통한 노력에도 불구하고 타협은 실패했고, 남부 지도자들은 Lincoln 이 노예제 확장을 중단하고 폐지시킬까 걱정을 하였다. 노예제가 존재하던 주들은 하원에서 이미 소수파로 전락하였고 세력이 늘어나는 북쪽과는 대조적으로 의회와 대통령 선거인단에서 앞으로도 계속 소수파로 남게 될 위기를 맞게 되었다.

5.7.1.5 연방 탈퇴

South Carolina 는 다른 어떤 연방 주보다 무효화와 탈퇴에 적극적이었다. South Carolina 는 1860 년 12 월 '연방 탈퇴의 원인과 정당성에 대한 즉각적인 원인의 선언' 을 채택했다. 그것에는 '남부에서의 노예주에 대한 권리' 를 담고 있었지만, 도망노예법을 지정한 북부의 권리에 대한 비난을 담고 있었다. 그들은 북부의 주가 헌법 하의 연방의 의무를 이행하지 않는다고 주장하였다. 남부 주의 권리에 대한 모든 침해는 노예제도와 관련되어 있었다.

Lincoln 이 대통령으로 취임하기 전, 일곱 개의 주들은 북부 연방으로부터의 분리 독립을 선언했다. 그 일곱 주들은 1861 년 2 월 4 일에 남부 정부인 '아메리카 연합국(Confederate)' 을 설립하였다. 1861 년 3 월 4 일부로 재임 기간이 끝남으로서 대통령 자리에서 물러나는 James Buchanan 이 작게 반발했음에도, 일곱 개의 주들은 자신의 주 경계내의 연방 정부 요새와 그 외 모든 재산 통제권을 장악하였다.

Buchanan 이 말하길, Dred Scott 의 결정은 남부가 분리 독립할 이유가 없었다는 것의 증거이고, 북부 연방이 '영속적이 되도록 의도' 되었지만 '무력으로 주가 북부 연방에 남도록 하는 것은 의회에 허락된 권력이 아니라고 하였다.' Texas 에 있는 전체 주둔지에 있는 미군의 1/4 은 사령관 David Twiggs 의 주 세력에 항복하였고, David Twiggs 는 이후, 남부 연방에 합류하였다. 남부사람들이 상원과 하원의 자리에서 사임하면서 분리 독립은 이후, 공산당원들이, 전쟁 전 남부 상원들이 반대하였던 프로젝트를 위한 법안을 통과시키는 것을 가능케 하였는데 이 법안에는 'Morrill 관세', 'Morrill 법', 'Homestead 법', '태평양 철도법', '국립은행법', 그리고 1862 년 '법정통화법' 의 허가가 포함된다. 1861 년의 수입법은 전비를 확보하기 위하여 소득세를 도입시켰다.

5.7.1.6 아메리카 연합국

7 개의 Deep South Cotton 주들은 South Carolina, Mississippi, Florida, Alabama, Georgia, Louisiana, Texas 의 순으로 1861 년 2 월까지 분리 독립하였다. 그래서 남부는 우선 7 주가 독립하면서 1861~1863 년까지 남부국기가 별이 7 개가 있는 국기와 함께 아메리카 연합국이라는 새로운 남부 국가명이 탄생하였다. 그리고 이 일곱 개의 주들은 Jefferson Davis 를 대통령으로 하는 아메리카 연합국과 미국 헌법을 모델로 한 정부의 구조를 형성하였다. Sumter 요새에의 공격 이후, Lincoln 대통령은 각각의 주로부터 의용군을 요청하는데, 그 후 2 개월이 되지 않아 네 개의 노예주인 Virginia, Arkansas, North Carolina 와 Tennessee 가 분리 독립을 선언했고 남부군에 합류했다. 1863 년 6 월 20 일, Virginia 주 북서부 지방은 Virginia 로부터 분리 독립하여 새로운 주인 West Virginia 로 북부 군에 합류했다. 그래서 남부 국기도 주가 더 늘었다는 이유로 완전히 다른 국기로 변경되었는데 바로 남부연방을 상징하는 국기가 새로 탄생하였다. 1861 년 말 Missouri 와 Kentucky 는 남부군 정부를 추방하고 북부군의 실효적 지배하에 있게 되었다.

5.7.1.7 아메리카 합중국

California, Connecticut, Delaware, Illinois, Indiana, Iowa, Kansas, Kentucky, Main, Maryland, Massachusetts, Michigan, Minnesota, Missouri, New Hampshire, New Jersey, New York, Ohio, Oregon, Pennsylvania, Rhode Island, Vermont, Wisconsin 23 개 주는 북부군의 지배 하에 남아 있었다. 전쟁 중에 Nevada와 West Virginia는 북부 군의 새 주로 합류했다. Tennessee와 Louisiana는 전쟁 초기에 북부 군의 군사적 지배 하로 반환되었다. Colorado, Dakota, Nebraska, Nevada, New Mexico, Utah 와 Washington 지역은 북부군측에 서서 싸웠다. 몇몇 노예소유의 미국 원주민 부족은 남부군을 지원했고, 소규모의 살벌한 전쟁이 있었던 현재 Oklahoma 라고 불리는 Indian 의 영토를 주었다. 그리고 당시에 1861 년부터 1863 년까지 미국은 34 개 주 정도였다. 미국은 1863 년 1 월 1 일에는 Lincoln 대통령이 흑인 노예 해방을 선언하였다.

5.7.1.8 경계지역의 주(州)들

남부 주 가운데 연방탈퇴 보다는 북부의 자유주와 타협했던 주들은 Virginia 에서 분리되어 독립적인 하나의 주가 된 West Virginia 와 최북단에 위치하고 있으며, 노예상태에 있던 Maryland, Delaware, Missouri 그리고 Kentucky 였다.

Maryland 는 남부연방이었다. 그들은 다리를 불태우고 Baltimore 에서 일어났던 반북부군 폭동을 견뎌냈었다. 그 때 Lincoln은 계엄령을 선포했고 군대를 투입하였다. 북쪽을 돌파한 민병대는 Washington D.C 와 Baltimore 를 향해서 공격했다. 남부연방은 어떤 일이 일어났는지 몰랐고, Lincoln 대통령은 Maryland 정부 요원들을 체포했다. 체포당한 사람들은 재판의 절차 없이 구속되었고, 그렇게 Lincoln 대통령은 Maryland 와 Columbia 지역을 확실히 통제할 수 있었다.

Missouri 에서 회의가 열렸는데, 이곳은 북부진영에 남아있기로 결정했다. 친남부연방 주지사 Claiborne F. Jackson 은 Militia 주를 호출했을 때 연방 군대의 Nathaniel Lyon 장군은 그곳을 공격했다. 그리고 나머지 주는 남서부의 주의 경계를 방어했다. 이후 북부군을 지지하는 회의는 다시 열렸고 Missouri 는 일시적으로 북부진영으로서 세력을 얻었다.

Kentucky 는 일단 중립이라 선언했고 분리독립을 하지 않았다. 남부연방 세력이 그곳을 1861 년 9 월에 쳐들어 갔을 때 그들은 중립임을 포기하면서도 노예 제도를 유지하려고 했다. 그리고 남부연방을 지지하는 사람들은 남부연방 연합을 조직했고 주지사를 취임시킨 뒤 연방 정부로부터 인정을 받았다. 그렇지만 그 반정부 세력은 곧 탈퇴를 하였고, Kentucky 를 다시는 통제하지 않았다.

Virginia 가 독립을 한 이후에 Wheeling 에 있는 북부군 정부는 48 개의 도시에 1861 년 10 월 24 일에 새로운 정부를 구성하기 위한 법령에 투표할 것을 요청했다. 투표자의 34%가 주의 청원서에 96%의 찬성하였다. 그 결과, 많은 도시가 새로운 주의 건립에 찬성을 했다. 처음에는 새로운 정부를 Kanawha 로 부르자고 했지만 1863 년 6 월 20 일에서 조합에서 West Virginia 로 명명하기로 결정했다. 그 해 말에는 Jefferson 주도로 새로운 주로 합병되었다. Virginia 의 서쪽 국가들은 분리에 대해 겨의 2 대 1 의 비율로 투표하였다. 비록 50 국 중 24 개국이 분리 쪽으로 투표하였지만. West Virginia 의 군사들의 숫자는 남부연방과 북부연방 사이에 균등하게 나뉘었다.

Tennessee 주에서 이와 비슷한 북부 연방주의자의 독립 시도가 있었으나 남부 연방주의자에 의해 저지되었다. Jefferson Davis 는 북부연방에 고위 관료로 추정되는 사람을 3,000 명 넘게 검거하고 재판도 없이 그들을 감금했다.

5.7.1.9 남북 전쟁

전쟁 중 10,000 건이 넘는 교전이 발생했었고 그 중 40%가 Virginia 주와 Tennessee 주에서 일어났다. 모든 주요전투와 많은 부차적인 전투들을 보도하던 기사들이 분열된 이후로 신문 기사는 큰 윤곽만을 보여주게 되었다. 남북 전쟁 중 더 많은 전투 기록과 전쟁 중 군사지도력을 보여준다.

전쟁의 시작: 1861 년

1860년에 Lincoln이 대통령 선거에서 승리하자 South Carolina는 서둘러 미합중국(Union) 탈퇴를 선언을 했고, 1861년 2월엔 남부의 여섯 개 주가 미합중국 탈퇴를 선언했다. 같은 해 2월 7일에 일곱 개 주가 남부 연합의 임시헌법을 채택했고,

또한 그 일곱 주의 주도로 Alabama주에 있는 Montgomery를 임시수도로 삼았다. 1861년 2월 Washington에서 열린 전쟁 전 평화회담은 위기상황을 극복하지 못한 채 결렬됐다. 남부 연합의 군사력은 남부 경계선 안에 있는 대부분의 요새를 장악했다. 이에 맞서 Buchanan 대통령은 보급선 USS Star of the West를 Sumter 요새에 보내 저항을 시도했다. 그러나 요새에 도착하기도 전에 South Carolina군에 의해 보급선이 불타버려 어떠한 군사적 성과도 거두지 못하고 작전에 실패했다. 그러나 Massachusetts, New York, Pennsylvania의 주지사들은 아무도 모르게 훈련된 의용군과 무기들을 사들였다.

1861 년 3 월 4 일, Abraham Lincoln 은 대통령에 당선되었다. 취임 연설에서, Lincoln 대통령은 헌법은 이전 연방의 법령보다 더 완벽한 연합이며, 의무를 부과하는 계약이라는 점에서 영구적인 연합이기도 하며, 모든 부분은 '법적으로 자유롭다.' 라고 하였다. 그는 남부를 공격할 의도도 없으며, 존재하는 노예제를 끝낼 의도 역시 없지만, 연방정부 재산의 소유를 지키기 위해 힘을 쓸 것이라 진술하였다. 그의 연설은 연합의 결속 재회복을 위한 선언과 함께 끝맺었다. 남부는 대통령에게 대표를 보내었고 연방 자산을 지불하고 미국과 평화조약을 시작하였다. Lincoln 대통령은 연합 의원과의 협상은 무조건 거절하였는데, 이는 남부연합 정부는 합법적인 정부가 아니며 이들과 조약을 체결하는 것은 이들을 완전히 독립된 정부로 인정하는 것과 같았기 때문이었다. 그러나, 주의 국무장관 William Seward 는 비공식적이고 간접적인 협상을 유도하였으나 실패하였다. South Carolina Charleston 의 Sumter 요새, Pickens 요새, 그리고 Taylor 요새는 연방에 남아있는 요새였고, Lincoln 대통령은 Sumter 요새를 사수하기로 결정하였다.

그림 5.56 남부 연합군에 의한 Sumter 요새의 포격

4월 12일 새벽 4시 30분 남부연합의 대통령 Jefferson Davis의 지휘 하에, 연합정부 Pierre Beauregard 장군이 이끄는 부대가 대포로 Sumter 요새를 포격하여, 요새의 항복을 강요하였다. 북부인들은 Lincoln 대통령의 지시하에 모든 주들이 요새를 탈환하고 Union 을 수호하고자 저항하였다. 대응군의 규모가 너무 적어서, Lincoln 대통령은 90 일간 75,000 명의 지원을 요청하였다. 그 전 몇 달간, 북부 의원들은 은밀하게 주방위군을 준비하였고, 다음날 병력을 움직이기 시작하였다. Liberty 의 Liberty Arsenal 과 Missouri 는 Sumter 요새가 함락된 8 일 이후 포위되었다. 계속해서 남부연합과의 협상을 반대한 남부 상단의 4 주 Tennessee, Arkansas, North Carolina, Virginia는 이제 이웃에 군사를 보내는 것을 거절하였고, 계승을 주장하였으며, 남부연합에 참여하였다. Virginia 에 보답하기 위하여, 남부연합의 중심은 Richmond 로 옮겨졌다. 그 도시는 남부연합의 상징이었다. Richmond는 복잡한 남부연합 보급선의 끝에 위치한 매우 공격받기 쉬운 곳에 자리잡고 있었다. Richmond 는 중무장 상태였지만, Sherman 의 Atlanta 포위에 의해 Richmond 의 보급로는 줄어들었고, Grant 장군이 남부 자본의 공급주였던 Petersburg와 철로를 포위할 때 거의 중단되었다.

Texas 점령: 1861년

미군 사령관 Winfield Scott 장군은 가능한 한 적은 희생으로 전쟁에 이기기 위해 Anacondas 작전을 제안했다. 그는 북부군의 남부 주요 항구 봉쇄가 남부 경제를 약하게 할 것이고 그리고 난 뒤 Mississippi 강을 포획하면 남부는 분리될 것이라고 생각했다. Lincoln 은 그 작전을 수용하였다. 하지만 그는 Richmond 에 대한 즉각적인 공격을 반대했던 Scott의 경고는 기각하였다.

1861년 5월, Lincoln은 남부 모든 항구에 북부군의 봉쇄작전을 실행했다. 그리고 그 작전으로 인해 남부군으로 운송되던 정기적인 국제 운송물은 더 이상 운반되지 못했다. 침입자들의 배와 화물들이 압류되자 항해의 주도권은 북부군에게 부여되었다. 1861년 말까지 그 봉쇄는 대부분의 항구 운항을 정지시켰으며 또한 King Cotton을 제한하여 남부의 경제를 악화시켰다. 영국 투자자들은 작고 빠른 'Blockade Runners' 를 만들어 무기와 Bermuda, Cuba 그리고 Bahamas에서 들여온 보물들을 고가의 면, 담배와 맞바꾸었다. 이것으로 Texas 주는 북부연맹한테 점령되었다. Texas 는 북부연맹에 되돌아왔다.

1862 년 3 월 8 일, 북부군의 해군은 철갑선인 USS Virginia 가 봉쇄로를 공격했을 때 남부군의 해군에 대항하여 전투를 계속했다. 목선으로 대항해 USS Virginia 는 막을 수 없을 것처럼 보였다. 그러나 다음날, USS Virginia 는 북부군의 새로운 군함인 USS Monitor 와 철갑선끼리의 전투를 치러야했다. 그 전투는 무승부로 끝났지만, 봉쇄가 견고했다는 점에서 북부군에게 전략적 승리나 다름없었다. 남부군은 북부군의 포획을 막기 위해 고의로 USS Virginia 에 구멍을 내 침몰시킴으로써 그 함정을 잃게 되고, 북부군은 USS Monitor 의 많은 복제선들을 건조하였다. 효율적인 군함을 만들어 내는 기술이 부족했던 남부군은 영국으로부터 군함들을 획득하기 위한 시도를 하기도 했다. 1865 년 1 월 북부군이 제 2 차 Fisher 요새전투에서 승리하고, 이 승리가 마지막으로 유용한 남부 항구를 닫게 하자 사실상 봉쇄의 운영은 끝이 났다.

<u>동부 전선: 1861 년~1863 년</u>

1861 년 Manassas 와 Virginia 에서 몇 개의 최초 남부 연방 군대의 격렬한 저항 때문에 Irvin McDowell 소장의 지령하의 북부 연방 군대는 Bull Run 에서의 첫 전투인 제 1 차 Bull Run 전투에서 Manassas 에 정지되었고, McDowell 의 군대는 Joseph Johnson, 그리고 Pierre Beauregard 장군의 지령 하의 남부 연방군에 의해 Washington D.C.까지 후퇴하여야 했다. 남부군 장교 Thomas Jackson 이 "북부군에 대항하여 서있는 돌로된 벽과 같다." 고 하여 붙여진 'Stonewall' 이라는 별명도 이 전쟁에서 붙게 되었다.

전쟁으로 인한 큰 손실에 놀라, 노예 유출의 심각성을 느꼈으며 노예주의 북부 연방 탈퇴를 막기 위해 미국 의회는 그 해 7 월 25 일 그 전쟁의 목적이 노예제도의 종식이 아닌 주연합의 보존임을 정의하는 Crittenden-Johnson 결의안을 가결시켰다.

북부연합 Potomac 군 사령관 장교 George McClellan 은 7 월 26 일에 지령을 받았고 그 전쟁은 1862 년 본격적으로 시작되었다. 공격적인 전략을 시작하라는 Lincoln 대통령의 강력한 요구에 따라 McClellan 은 1862 년 York 강과 James 강 사이의 반도 즉 Richmond 의 남동부를 거쳐서 Virginia 를 공격했다. McClellan 의 군대가 반도 전역의 Richmond 의 입구에 도달했지만, Johnston 은 Seven Pines 전투에서 McClellan 군의 전진을 저지시켰다. 그 때 장교 Robert Lee 그리고 그의 부하인 James Longstreet 와 Stonewall Jackson 은 7 일 간의 전투에서 McClellan 을 패배시켰다. 제 2 차 Bull Run 전투를 포함하는 북 Virginia 작전에서는 남부군의 잇따른 승리로 막을 내렸다. McClellan 은 Virginia 의 John Pope 의 군대에게 지원군을 보내라는 총사령관 Halleck 의 명령을 거부했다.

제2차 Bull Run 전투로 자신감을 얻은 남부군은 최초로 북쪽을 침입했다. 9월 5일, Lee 장군은 자신의 북 Virginia 군 45,000명을 이끌고 Potomac 강을 건너 Maryland주로 이동했다. Lincoln은 Pope의 병력을 McClellan에게 돌려주었고 Lee와 McClellan은 1862년 9월 17일 Sharpsburg 근처에서 미국 역사상 가장 많은 하루 사상자를 낳았던 Antietam 전투를 치른다. Lee의 군대는 여기서 마침내 저지되었고 McClellan이 쫓아오기 전에 Virginia로 돌아간다. Antietam 전투가 북부군의 승리로 여겨지는 이유는 Lee의 침공을 저지했으며 Lincoln이 노예해방을 선언할 기회를 제공했기 때문이다.

조심스런 McClellan 이 Antietam 전투 뒤의 후속조치를 제대로 취하지 못하자, Ambrose Burnside 소장이 그를 교체하게 된다. Burnside 는 1862 년 12 월 13 일 Fredericksburg 전투에서 패배한다. 이 전투에서 북부군은 Marye 고지에 비효율적인 정면 반복 공격을 감행하여 12,000 명이 넘는 사상자를 기록했다. 전투 후 Burnside 는 Joseph Hooker 소장으로 교체되었으나 Hooker 장군 또한 Lee 의 군대를 이길 수 없었다. 1863 년 5 월의 Chancellorsville 전투에서 남부군보다 두 배가 넘는 병력을 보유했음에도 불구하고 Hooker 장군은 이 전투에서 패배하였다. 그해 6 월 Lee 가 두 번 째로 북쪽을 침략하자 Hooker 는 George Meade 소장으로 교체된다.

남북 전쟁에서 가장 많은 사상자를 낳은 1863 년 7 월 1 일~3 일의 Gettysburg 전투에서 Meade 장군은 Lee 장군에게 승리를 하는데 이를 두고 종종 남북 전쟁의 전환점으로 평가한다. 7 월 3 일에 감행된 Pickett 사단의 돌격은 종종 남부군의 절정이라고도 불리는 데 이 돌격으로 북쪽에서 Washington 을 압박하려 했던 Lee 장군의 계획이 수포로 돌아갔으며, 그 다음날 Mississippi 강에 대한 지배권에 핵심적인 Mississippi 주 Vicksburg 가 북부군에게 함락되었기 때문이다. Lee 장군의 군대는 28,000 명의 사상자를 입었으며, 그에 비해 Meade 군의 사상자는

23,000 명이었다. 그러나 Lincoln 은 Meade 장군이 Lee 의 퇴각을 차단하지 못한 것에 불만스러웠고, Meade 의 가을 군사 작전이 결정적인 성과를 내지 못하자 다시 새로운 지휘자를 찾아 서부전역으로 눈을 돌렸다.

서부 전선: 1861 년~1863 년

Chickamauga 전투는 서부전선에서 가장 사상자를 많이 낸 전투 중 하나였다. 남부연합군은 동부전역에서 수없이 많은 승리를 거두었으나 서부에서는 여러 차례 패배했다. 남부연합군은 Pea Ridge 전투 이후 전쟁초반에 Missouri주로 쫓겨났다. Leodinas Folk의 Kentucky주 Columbus 침략은 Kentucky의 중립정책을 폐지하고 Kentucky주가 남부군에게서 등을 돌리게 했다. Nashville과 중앙 Tennessee는 1862년 초 북부군에 함락되었다. 그리고 이는 지역식량공급과 가축의 소모를 야기했고 사회조직의 와해를 초래했다.

북부군이 New Madrid, Missouri 주, Tennessee 주를 장악하면서 북부군은 Mississippi 강에 대한 통제권을 확보했다. 1862 년 5 월, 북부군 해군은 큰 전투를 벌이지 않고 New Orleans 를 장악했고 이로 인해 북부군은 Mississippi 강을 상륙했다. 북부군은 Mississippi 강 전체의 통제권을 확보했으나 Mississippi 주의 요새 도시 Vicksburg 만은 예외였다.

Bragg 장군은 남부 연맹의 지원이 부족하여 Kentucky 침공을 중단하고 철수할 수밖에 없었다. 그가 이끈 남부 연맹의 2 번째 Kentucky 침공 역시, Perryville 전투에서 Buell 장군에게 이기나마나한 승리를 따냈을 뿐이었다. 그는 Tennessee 주의 Stones 강에서 벌어진 전투에서, William Rosecrans 부대에게 아쉽게 패배했다. 서부에서 남부 연맹이 거둔 확실한 승리는 Chickamauga 전투다. Bragg 장군은 동부의 Robert Edward Lee 장군이 보낸 James Longstreet 부대의 지원을 받아 George Thomas 소장의 용맹한 방어 전선을 무너뜨리고 Rosecrans 를 패배시켰다. Rosecrans 는 당시 Bragg 가 포위하고 있던 Chickamauga 까지 후퇴했다.

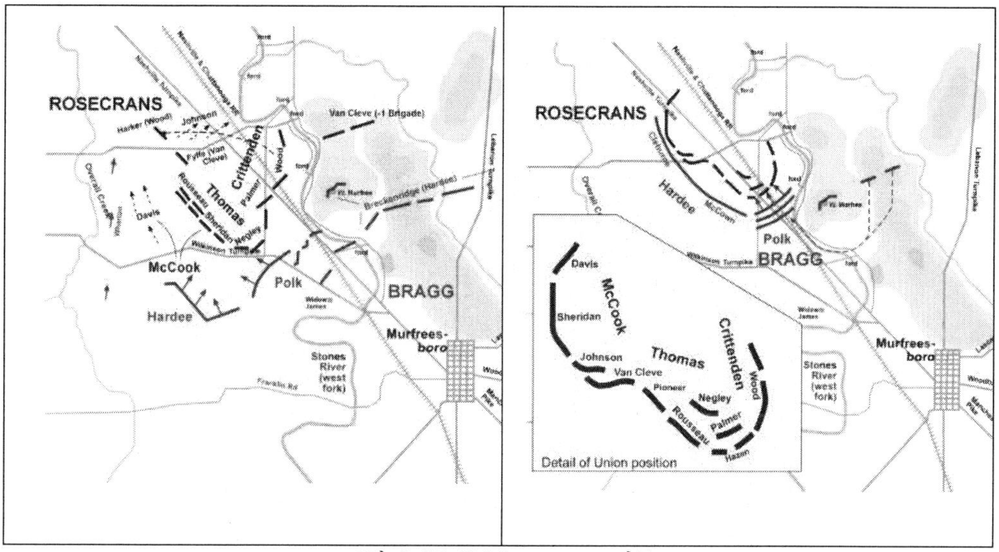

그림 5.57 Chickamauga 전투

Mississippi 강 주변의 전선: 1861 년~1865 년

Missouri 지역은 게릴라 활동이 왕성한 전쟁터로 변했다. Missouri 는 남북기간 중 세 번째 치열한 전쟁터였다. 서부의 다른 주들은 동쪽으로 전쟁터에서 지리적으로 격리되어 있었고, 많은 소규모의 작전이 있었다. 이 지역의 전투는 북부군의 Missouri 와 Indian 준주, 그리고 New Mexico 준주를 지키는 역할을 했다. New Mexico 준주에 대한 남부군의 습격은 1862 년 격퇴되었고, Indian 준주를 지키기 위한 북부군의 작전은 1863 년 성공을 거두었다. 전쟁 말기, 북부군의 Red 강 작전은 실패로 끝났다. Texas 는 전쟁 내내 남부군의 지배 하에 남아있었지만, 1863 년 Vicksburg 함락 후에 이곳은 남부군에서 떨어져 나갔다. 그리하여 북부군이 Mississippi 강 유역의 통제권을 얻게 되었다.

Virginia 점령과 종전: 1864 년~1865 년

그림 5.58 1865년 3월 28일 River Queen 호 선상에서의 내전 토의
(좌로부터 William Sherman 장군, Grant 장군, Lincoln 대통령, David Porter 제독)

1864 년 초에 Lincoln 은 Grant 장군을 모든 북부연방군 사령관으로 임명했다. Grant 장군은 Potomac 군대를 본대로 정하고 William Sherman 소장에게 대부분의 서부 군대의 지휘권을 주었다. Grant 장군은 Lincoln 과 Sherman 과 함께 총공세의 의미를 이해하고 있었다. 그것은 남부 동맹의 군사력과 경제적 바탕의 총체적인 패배만이 전쟁을 끝낼 수 있다는 것이다. 이 총공세는 민간인 살상을 의미하는 것이 아니라 집, 농장, 철도의 파괴를 뜻한다. Grant 장군은 남부 동맹 전체를 여러 방향에서 동시에 일사불란하게 공격할 전략을 고안했다. George Meade 장군과 Benjamin Butler 장군은 Richmond 근처에서 Lee 장군을 공격하도록 명령받았고 Franz Sigel 장군, 그리고 차후에는 Philip Sheridan 장군이 Shenandoah 계곡을, 그리고 Sherman 장군은 Atlanta 를 점령 후 대서양으로 진군하도록 되어있었으며 George Crook 장군과 William Averell 장군은 West Virginia 의 철도 보급선을 공격하고 마지막으로 Nathaniel Banks 소장은 Alabama 주의 Mobile 을 점령하게 되었다.

동부 전선의 북부군은 Lee 장군을 지나가는 책략을 시도했으며 동부 작전의

Grant의 대평원에서 여러 전투를 치렀다. Wilderness, Spotsylvania, Cold Harbor에서의 Grant 장군이 치른 소모전은 북부군에 큰 손실을 안겨주었지만 Lee 장군으로 하여금 반복적으로 퇴각하게 만들었다. Butler 장군 지휘 하에 Lee 장군을 남쪽으로부터 측면 공격을 하려던 시도는 Butler 장군이 Bermuda Hundred 강에서 포위되어 실패하였다. Grant 장군은 집요하였고 7개 주에 65,000명의 사상자를 내는 어마어마한 손실에도 불구하고 Lee 장군의 북 Virginia 군을 Richmond에 잡아두는데 성공하였다. Grant 장군은 9개월에 걸쳐 두 군대가 참호전을 펼친 Pittsburg 포위전에서 남부군을 꼼짝 못하게했다.

Grant 는 마침내 1864 년 Valley 작전에서 이기기에 충분히 공격적인 Philip Sheridan 장군을 찾아냈다. Sheridan 은 Cedar Creek 전투에서의 마지막 결정적인 승리를 포함하여 초기의 여러 전투들에서 Jubal 소장을 이겼다. 그리고 Sheridan 은 Shenandoah Valley 의 농업 기반을 계속 파괴했다. 이것은 Georgia 주에서 이후 고용된 Sherman 의 전술과 비슷한 전략이었다.

그 동안에 Sherman 은 Johnston 과 John Bell Hood 와 함께 남부연방의 Joseph 장군을 이기면서 Chickamauga 부터 Atlanta 까지 행진하였다. 1864 년 11 월 2 일 Atlanta 의 가을은 Lincoln 대통령의 재선의 매우 중요한 원인이 되었다. Hood 는 Sherman 의 보급로를 위협하고 Tennessee 주의 Franklin-Nashville 작전에 침입하기 위해 Atlanta 지역을 떠났다. 하지만 연방의 John Schofield 소장은 Hood 와 싸운 Franklin 전투에서 이겼으며 George Thomas 또한 효과적으로 Hood 의 군대를 파괴시킴으로써 Hood 를 상대로 대승을 거두었다.

Atlanta 와 보급품 기지를 떠난 Sherman 의 군대는 목적지를 알리지 않은 채 행군하여 Georgia 주 농장의 약 20%를 초토화시켰는데 이것이 바로 'March to the Sea' 이다. 1864 년 12 월, Sherman 은 Georgia 주의 대서양과 인접한 Savannah 에 도착했다. Sherman 의 군대는 수천의 해방된 노예들이 뒤를 쫓고 있었으나 큰 전투는 없었다. Sherman 은 South Carolina 와 North Carolina 를 경유해 북으로 진군했고, 남쪽에서부터 Virginia 연맹에 접근하며 Lee의 군대에 점차 압박을 가하여 왔다.

그러나 Lee 의 군대는 탈영과 사상자로 인해 그 수가 줄어든 상태였고, Grant 의 군대보다도 훨씬 더 적은 수였다. 공화당은 4 월 1 일 Five Forks 전투에서 Lee 의 군대를 Petersburg 와 Richmond 에서 내몰며 확정적 승리를 거두었다. 연방 수도는 흑인 군대로 구성된 Union 25 부대의 손아귀로 떨어졌다. 남아있는 연방 조직들은 서쪽으로 달아났고 Sayler Creek 전투에서의 패배 이후로는 Robert Lee 가 공화당에 대항해 싸우는 것 자체가 전술상 및 병력상 모두 불가능하다는 것이 분명해졌다.

남부연방의 항복

북 Virginia 의 군대를 이끄는 Lee 장군은 1865 년 4 월 9 일 Appomattox Court House 마을의 McLean House 에서 항복을 했다. 5 일 후인 1865 년 4 월 14 일 Lincoln 대통령은 남부 동정론자인 John Wilkes Booth 에게 저격을 당했다. Lincoln 은 다음 날 아침 일찍 사망했으며, McLean House 이 대통령직을 맡았다. 그동안 남부 전역의 남부군이 Lee 장군의 항복 소식을 듣고 항복을 했다.

5.7.2 남북전쟁의 의미

미국의 남북전쟁은 현대전은 아니나 기계화전 시대의 진입 지점에 있다. 남북전쟁은 부대의 수송을 위해 철도가 광범위하게 사용된 최초의 전쟁이며 전신을 통해 지휘통제를 하였고 전투에서 철로 제작된 해군함정이 전투에서 교전했으며 다인승의 잠수함이 상대측의 함정을 격침시켰고 포병이 일반적으로 사용되었으며 야전축성을 위해 철조망이 사용되었고 대부대에 의해 연속 발사사격이 이루어진 전쟁이다.

전쟁 그 자체로 남북전쟁 데이터는 미래 전쟁에 적용하는 데는 본질적인 가치가 있는 것은 아니나 남북전쟁이 어떤 형태의 전쟁이라도 한부분을 설명하는데 사용될 수 있는 더 일반적인 질문에 답을 해 줄 수도 있다. 여기서 남북전쟁에 관련하여 참전한 부대의 규모, 전투의 횟수, 총손실 수, 병력비율과 손실비율의 분포를 설명하고자 한다. 전투를 '강화된 전선에 대한 공격' 과 '기타 전투' 로 구분하는 것이 의미가 있다고 보인다. 그 다음으로 손실비율과 전투지속능력 사이의 관계에 대해 설명될 것이고 전투의 승리 확률은 상대적 손실률의 함수로 잘 설명될 수 있는 것으로 보인다.

5.7.3 남북전쟁 분석 데이터

남북전쟁을 분석하는데 사용된 데이터는 Phister 의 '통계적 기록' 과 Livermore 의 '남북전쟁의 수치와 손실' , Bodart 의 'Kriegs-Lexikon' 을 사용하였다. Phister 기록은 전쟁 중 2,261 개 교전을 기록하고 있는데 총손실이 500 명 이상 되는 149 개의 전투에서 북부군(Union)의 전사, 전상과 실종을 기록하고 있다. 그러나 이 자료에는 단지 남부군(Confederate)의 경우는 총손실만 기록하고 있다.

Livermore는 세심한 노력으로 전쟁 중 양측이 참전한 총전투원수를 기록하였는데 모든 전투의 각측에서 1,000개 이상의 전사나 전상과 같은 숫자가 기록되어 있다. Livermore은 64개 전투를 나열하고 그 중 대부분 전투에서 각측의 전투참가 병력규모를 기술하고 각측의 전사나 전상의 수를 기록하고 있다. 추가적으로 Livermore은 대부분의 전투의 승리한 측과 패배한 측을 적시하고 강화된 전선에 대한 공격인지를 기록하고 있다. 이렇게 강화된 전선에 대한 공격인지를 기록한 것은 데이터 분석에서 매우 중요한 의미를 가지고 있다.

세번째 자료인 Bodart의 'Kriegs-Lexikon' 은 50개 전투의 자료를 기록하고 있다. 여기에 기록된 수치는 일반적으로 Livermore의 자료와 일치하지만 Livermore의 자료가 실제로 교전한 병력수 추정이 더 세부적으로 잘 되어 있어 여기에서는 Livermore의 자료를 사용한다. 그러나 Bodart의 자료는 전투에 참가한 화포의 수, 포로 수, 보병·포병·기병 부대의 규모뿐만 아니라 장군·장교·병의 손실을 구분하여 기록하고 있다. 다양한 범주와 출처에 대해 연도별 전투빈도와 교전의 분포는 각각 그림 5.59, 표 5.44와 같다.

1861년 초 북부군 측에 속한 주(州)의 인구는 약 18,900,000명이었다. 노예제를 채택하고 북부군 측에 머물러 있던 4개 주의 백인의 수는 약 2,600,000명이었고 노예의 수는 430,000명이었다. 이 4개 주는 북부군과 남부군 양측에 거의 동일한 수의 병력을 제공한 것으로 알려져 있다. 1861년 남부군 측의 백인의 수는 약 5,500,000명이었고 노예의 수는 약 3,500,000명이었다.

Livermore는 남부군의 평균 규모을 북부군의 55%로 추정하였고 그 비율은 1861년 60%에서 1865년에는 50%로 감소한 것으로 보고 있다. Livermore는 북부군의 전투력의 최고 정점을 1,000,000명 이하로 추정하고 있고 다른 자료들은 거의 1,000,000명으로 본다. 전쟁에 참전한 총병력수를 아주 광범위하게 보면 북부군은 2,000,000명에서 3,000,000명 정도로 보고 있고 남부군은 600,000명에서 1,500,000명 수준으로 보고 있다.

표 5.44 다양한 출처의 남북전쟁의 전투와 교전

연도	출처1	출처2	출처3	출처4	출처5	출처6
1861	N/A	156	44	5	2	3
1862	N/A	564	146	37	20	16
1863	N/A	627	122	22	11	11
1864	N/A	729	154	62	26	16
1865	N/A	135	29	23	5	4
합계	6,000	2,261	495	149	64	50

· 출처1: 'Facts about the Civil War', The Civil War Centennial Commission, Washington, D.C., 1960 남북전쟁의 6,000개의 교전에 대한 기록이 있음.

· 출처2: F. Phister, Statistical Record of the Armies of the United States, J. Brussel, pub., The Blue & The Gray Press, Distributors, New York. 교전 연대기를 수록

· 출처3: The Army Almanac, U.S. Superintendent of Documents, Washington(1950)

· 출처4: F. Phister, Statistical Record of the Armies of the United States, J. Brussel, pub., The Blue & The Gray Press, Distributors, New York. 북부군의 손실이 500이상인 전투를 기록

· 출처5: T.L. Livermore, Numbers and Losses in the Civil War in America, 1861-65, Civil War Centennial Series, Indiana University Press, Bloonington(1957). 양측의 손실이 1,000이상이 되는 전투를 기록

· 출처6: G. Bodart, Militar-historisches Kreigs-Lexikon(1618-1905), C. W. Stern, pub., Wien und Leipzig, 1909 양측의 손실이 총 2,000이상이 되는 전투를 기록

Livermore에 의해 추정된 북부군의 총 전사와 전상자 수는 385,000명이고 남부군은 329,000명이다. 비록 평균병력비가 북부군이 남부군에 비해 거의 2배 우월하였지만 양측의 손실이 거의 동일한 사실은 각 전투에서 모든 병력비율이 그대로 투입되었다고 가정하고 Lanchester Law를 적용하면 Square Law보다는 Linear Law가 더 적합한 것으로 보인다.

왜냐하면, 만약 Square Law를 적용하면 북부군의 손실은 남부군의 손실의 1/4로 예측되기 때문이다. 나중에 설명하겠지만 남부군은 전체적인 상대적 전투력에서는

열세했지만 개별 전투에서 언제나 더 높은 병력비율을 확보하는데 성공하였고 이로 인해 Square Law는 적합하지 않은 것으로 보인다.

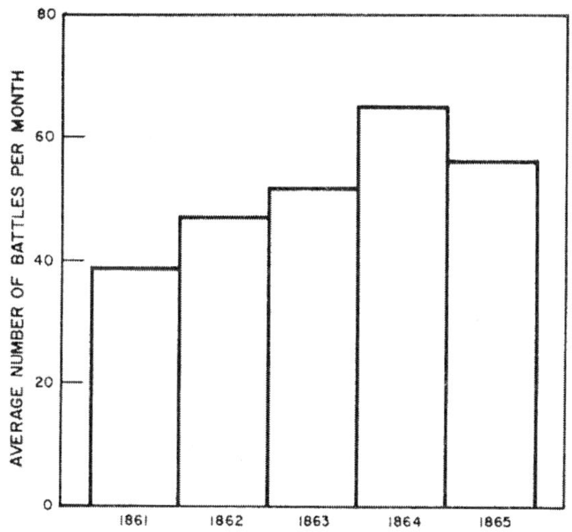

그림 5.59 연도별 월 평균 전투 횟수

5.7.4 남북전쟁의 수학적 분석

수백명의 손실이 난 전투는 1861년 7월에 있었던 Manassas 전투부터 1865년 4월까지 약 3.75년 동안에 발생한 것이며 이들 전투를 대상으로 분석한다. Phister의 자료로부터 연도별 전투의 평균수와 전사, 전상, 실종과 같은 누적 손실은 그림 5.60과 같다.

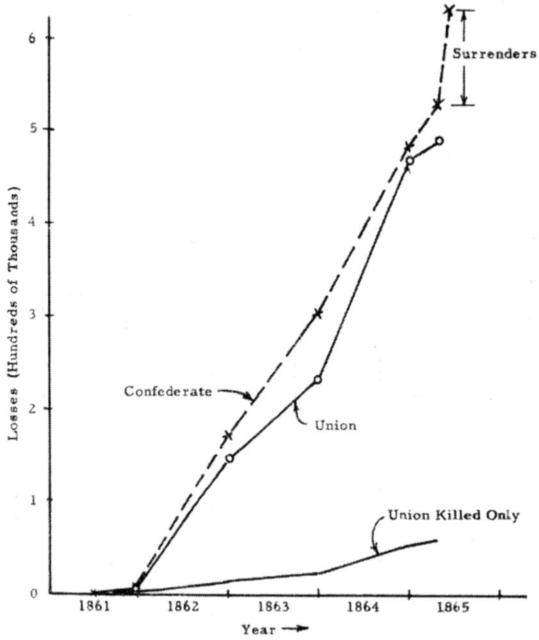

그림 5.60 누적 손실 병력수

양측의 누적손실이 거의 같은데 주목할 필요가 있다. 누적손실은 Phister 자료로부터 계산한 것인 데 149개 전투 중 16개의 남부군 손실수가 기록이 되어 있지 않다. 누락된 남부군의 손실은 북부군의 손실과 동일한 것으로 가정하고 계산된 것이다. 1864년에는 57,000명의 남부군을 추가하였는데 이 연도를 제외하고 이러한 수정은 무시할 만하다. 왜냐하면 Phister의 남부군 손실 데이터는 가장 정확성이 낮고 양측이 손실뿐만 아니라 실종을 포함하고 있어서 2개의 누적 곡선 사이의 작은 차이는 큰 의미를 가지지 못하기 때문이다.

표 5.44에서 보는 것과 같이 확인된 교전의 수가 하한값으로 사용된 손실률과 매우 크게 다르다. 그림 5.61 은 규모에 의한 전투의 분포를 보여주고 있는데 예를 들어 규정된 수치보다 큰 북부군의 손실이 발생한 전투의 횟수다. 유사하게 북부군의 전사자 분포도 보여주고 있다. 양측의 손실이 전투당 평균적으로 같기 때문에 양측의 총 손실은 2배를 넘는 곡선으로 보인다.

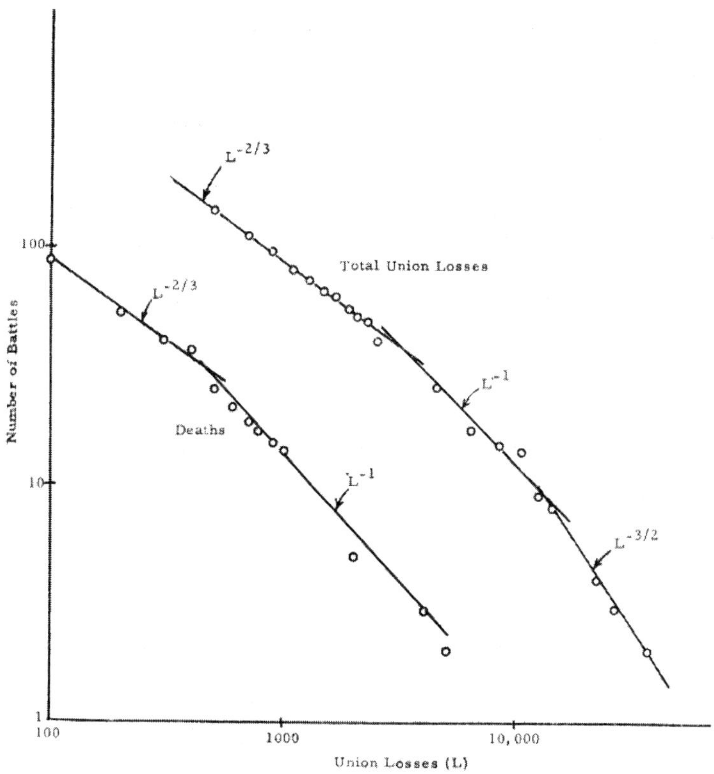

그림 5.61 북부군의 손실 'L' 을 초과하는 전투 수

5.7.4.1 전투에서의 병력비율

전쟁이 진행되면서 북부군에 대비해 남부군의 총병력비가 악화되었던 것이 각 전투의 병력비에 영향을 끼치게 되었다. 그림 5.62는 Livermore의 데이터에 근거한 것인데 초기 주요전투의 다수에서 남부군이 전장의 수적 우세를 힘겹게 유지하고 있으나 전쟁이 진행될수록 그 능력을 서서히 상실해 갔다.

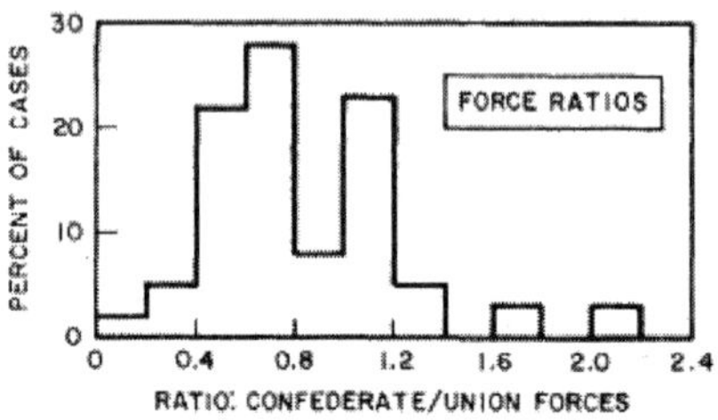

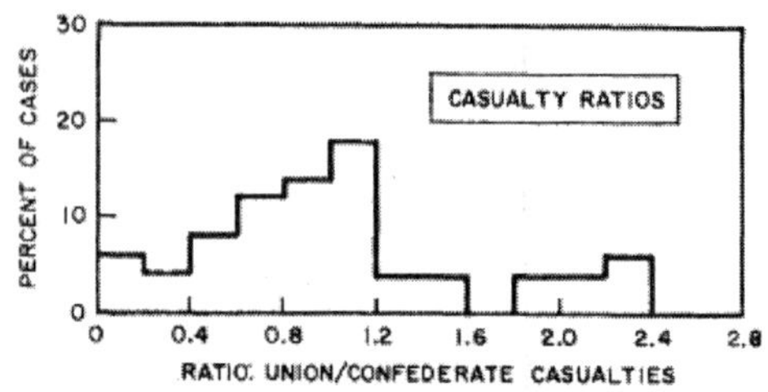

그림 5.62 병력/손실 비율과 전투횟수 비율

이러한 사실에도 불구하고 남부군은 모든 기간동안 북부군의 총병력수의 50~60%를 유지하고 있는 것에 주목할 필요가 있다. Livermore의 자료에 의하면 남부군은 거의 모든 전장에서 이 비율보다 더 높은 비율을 확보하는데 예외없이 성공하고 있다. 그림 5.63은 이러한 사실을 표현하고 있다.

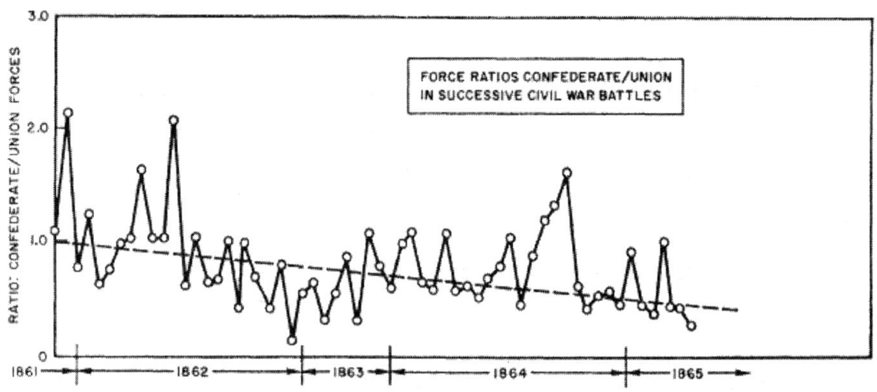

그림 5.63 연도별 전투력 비율

전투를 거쳐서 손실률의 변동성에 대한 어떤 생각을 구하기 위해 그림 5.64의 Histogram을 Livermore의 데이터로부터 구성하였다. 전투당 평균 남부군 손실률은 12.3%이고 북부군의 전투당 평균 손실률은 10.9%이다. 상대측 손실을 자측 손실로 나눈 한 전투원이 상대측 손실을 발생시키는 능력은 남부군 평균이 15.5%이고 북부군은 11.5%이다. 그러므로 북부군은 남부군보다 전투당 발생시킨 손실률이 낮아 고전했으며 전투당 및 한명의 전투원당 발생시킨 손실률이 남부군보다 약간 작았다.

여기에서 병력비율과 손실비율 사이의 인식할 수 있는 관계가 있는지 결정하고자 한다. Lanchester Linear Law에서는 교환율 즉 손실률은 병력비율과 독립적이어야 한다. Lanchester Square Law에서는 병력비율과 역비례하여야 한다. Willard 연구는 Bodart 자료에 의해 지상전투에 있어서 Lanchester Law가 만족하지 않고 대규모 병력은 더 큰 손실수를 발생시키는 경향이 있다고 알려준다.

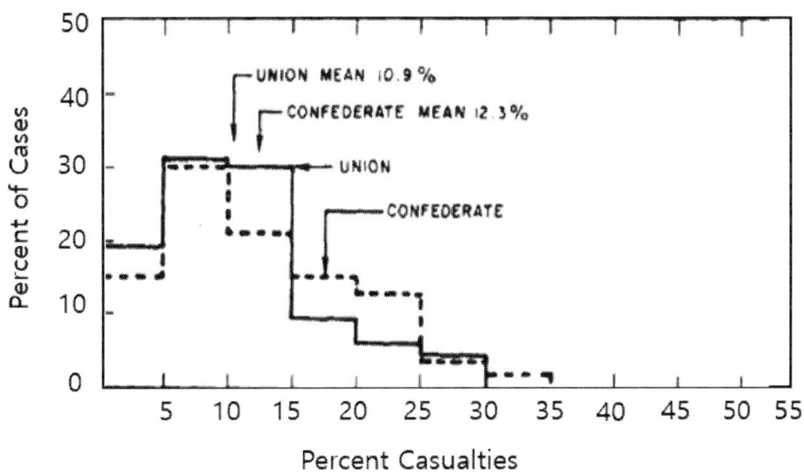

그림 5.64 손실률 분포(I)

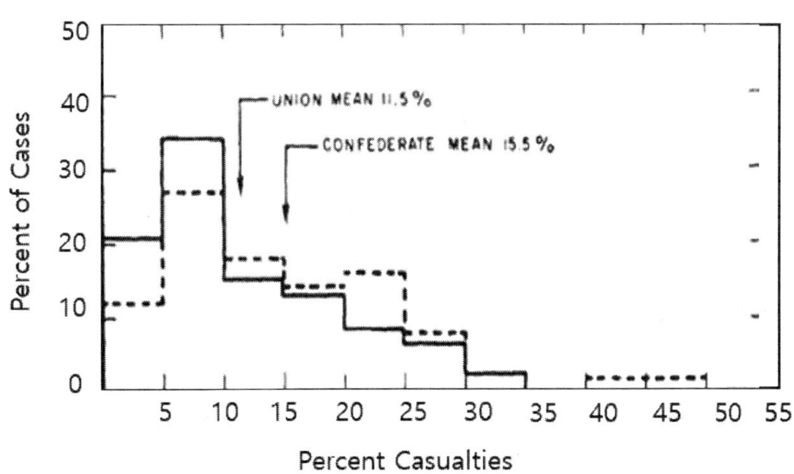

그림 5.65 손실률 분포(II)

각 전투에 대하여 Livermore 목록에는 계산된 손실률과 병력비율과 같은 데이터들이 필요한 정량적 수치들이 포함되어 있다. 손실률과 병력비율간의 관계성을 보기 위해 산포도를 그려보면 이 둘 사이에는 명확한 상관관계가 있는 것 같지는 않다. 각 점들은 도표상 광범위하게 흩어져 있다.

이 점에서 Livermore 는 '강화된 전선에 대한 공격' 의 형태로 몇 개의 전투를 선정하였다. 편의상 이러한 전투를 하나의 범주로 통합하고 다른 모든 전투들을 '조우전' 으로 명명하여 다른 범주로 분류하였다. '강화된 전선에 대한 공격' 을 포함하는 전형적인 전투는 Chattanooga 전투와 Vicksburg 전투이며 '조우전' 에 해당하는 전투는 Chancellorsville 전투, Shiloh 전투, Antietam 전투이다.

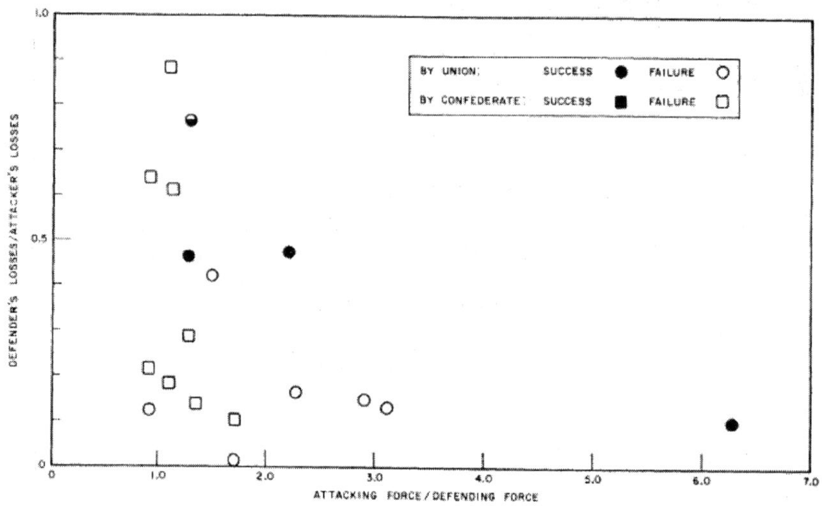

그림 5.66 강화된 전선에 대한 공격의 병력비율과 손실률

Chattanooga에서 Cumberland의 군에 대한 남부군의 포위를 제거하기 위해서 북부군 부대가 Tunnel Hill과 Missionary Ridge를 포함한 연속된 강화된 진지를 유린하는 것이 필요하였다. Missionary Ridge에서 Cleburne의 사단은 아주 견고하게 참호가 구축되어 있어서 전투기간 중 Shurman의 지휘 아래 6개 사단을 성공적으로 방어하고 있었다. 따라서 Thomas의 부대가 남부군의 중앙에 있는 참호를 유린하고 정지함이 없이 능선을 확보하도록 결정되었다.

Chancellorsville 에서는 양측이 참호를 파고 대치하고 있었지만 Lee 부대는 그의 병력 일부로 Hooker 부대의 주의를 고정하고 Jackson 부대가 북부군 부대의 주위로 우회하여 후방으로 공격하여 북부군의 취약한 우측방으로 포위하였다. Shiloh 에서는 Johnston 부대가 북부군 주둔지를 덮쳤을 때 북부군 부대는 참호를 구축하지 않고 준비도 되어 있지 않아 북부군을 야전 숙영지에서 사로잡을 수 있었다. 1863 년 Grant 부대가 공격했을 때 Vicksburg 는 남부군 부대가 철수하기 전까지 매우 견고하게 참호로 요새화되어 있어서 연속된 북부군의 공격이 실패하였다. Vicksburg 는 포위에 위해 마침내 항복하였다.

Livermore가 전투별로 범주화시킨 전투를 조사하지 않고, 요약하면, 강화된 전선의 전투가 전체 전투의 작은 부분을 차지하거나, 강화된 전선을 회피하여 전투하거나, 자연적 지형의 특성이 주요 부분이면 '강화된 전선에 대한 공격' 으로 간주되지 않는 것으로 보인다. Livermore의 이분법의 중요성이 갖는 함의는 전투 데이터를 2가지 다른 특성으로 나눈 것으로 보인다. 이러한 것은 차례로 연구될 것이다.

그림 5.66 은 강화된 전선에 대한 공격의 병력비율과 손실률을 보여주고 있다. 공격하는 측이 항상 방어하는 측보다 더 큰 손실을 유지하는 조건에서는 손실률이 매우 광범위한 범위에 분포되어 있다는 것과 거의 공격이 성공하지 못한다는 것에 주목할 필요가 있다. 그러나 방어하는 측은 요새화된 진지의 보호를 받으면서 사격을 하기 때문에 이러한 형태의 공격에서 공격하는 측에 대한 방어하는 측의 손실률은, 공격하는 측이 충분한 전력으로 강화된 진지를 유린하지 않으면, 쉽게 0 으로 접근한다. 이러한 병력비율에서 공격하는 측은 진지를 유린하는 것이 불가능하고 공격하는 측의 손실률은 아마도 공격을 포기하기 전 손실을 수용할 만한 공격하는 측의 의지의 함수가 될 것이다. 그림 5.66 으로부터 승리하는데 요구되는 병력비율은 적어도 3.0 이상이 되어야 승리할 확률이 높은 것처럼 보인다.

강화된 전선에 대한 공격 이외의 전투를 조사해 보면 그림 5.67에서 보는 것과 같이 더 동질적인 결과를 낳는다. 손실률과 병력비율간 명확한 상관관계가 없어서 Lanchester Linear Law가 여기에 적합한 것으로 생각된다. 전투로부터 전투까지 교환율의 산포도는 기껏해야 단지 2가지 요소로 정리되는 것 같다.

북부군의 손실을 남부군의 손실에 대해 관계성을 그려보면 그림 5.66과 그림 5.67에서 보는 것과 같이 손실은 양측에서 꽤 동등한 것으로 보인다. 즉, 한측이 아주 큰 손실을 입고 다른 측이 아주 작은 손실을 입는 경우는 없다는 것이다.

그림 5.67로부터 병력비율이 북부군이 우위에 있을 때 전투의 우세는 북부군의 승리의 결과로 나타났다. 이러한 특성은 데이터의 차후 분석을 밝게 하는 것을 암시한다. '강화된 전선에 대한 공격 이외' 의 범주에 속한 전투는

편의상 '조우전' 라고 정한다. 그러나 '조우전' 는 반드시 각 전투의 시작 형태를 설명하는 것은 아니다.

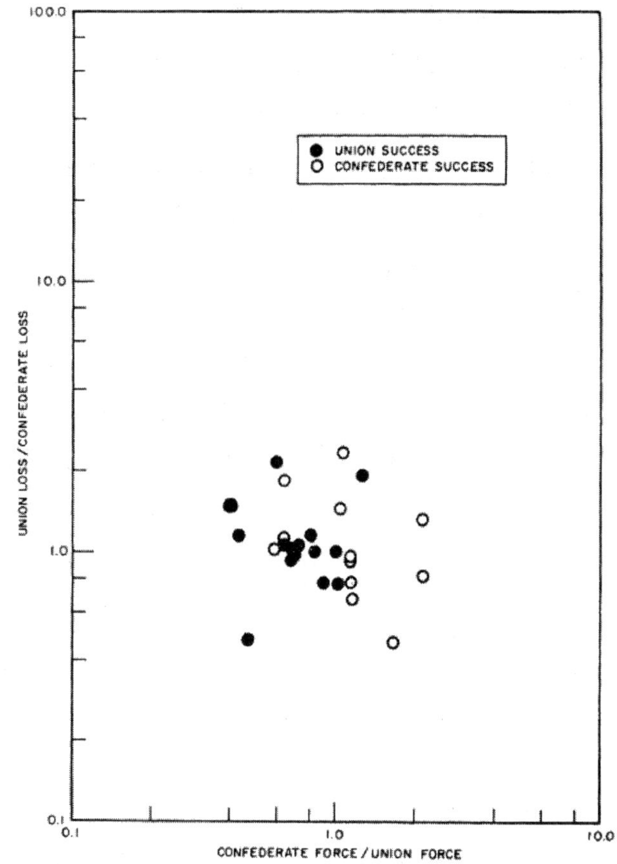

그림 5.67 강화된 진지 이외의 병력비율과 손실률

5.7.4.2 조우전

공격하는 측과 방어하는 측 사이의 구분을 위한 광범위한 요새화의 구분이 없는 것조차 유의할 수도 있다고 생각되기 때문에 거의 대부분의 기록된 전투가 조사되어 어떤 측이 공격하는 측인지 판단되었다. 주어진 데이터로 비록 적어도 하나의 경우에 Bodart와 다른 의견이지만 Livermore의 각 전투에서 승리한 측에 대한 판단이 수용되었다. 많은 전투에서 어느 측이 승리하였는가는 남북전쟁에 대해서는 아직도 논란의 여지가 있다.

여기서 고려된 전투 중에서 Livermore에 따르면 Marlvern Hill에 대한 Peach Orchard 전투와 Williamsburg 전투에서는 어떤 측도 결정적 승리를 잡지 못했다. 왜냐하면 전자는 북부군이 후자는 남부군이 격퇴를 위한 공격 후 철수하였기 때문이다. Appomattox 주둔지의 경우에는 Livermore는 남부군의 손실을 추정하였지만 포함되어 있다. 그림 5.68은 북부군과 남부군의 상대적 손실을 표시하고 있다.

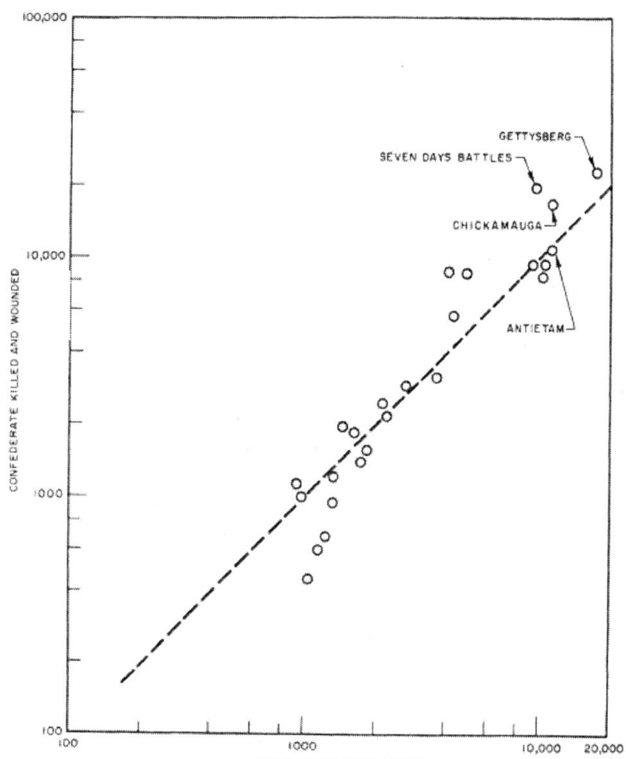

그림 5.68 북부군과 남부군의 상대적 손실

이러한 검토는 24개의 '조우전' 에 대해 병력과 손실정보와 공격하는 측과 승리하는 측을 식별하였다. 물론, Peach Orchard 전투와 Williamsburg 2가지 전투는 결정적이지 못한 결과를 가지는 것으로 생각된다. 표 5.45는 평균 손실률을 보여준다.

표 5.45 평균 손실률: 북부군/남부군 (조우전)

승리한 측	공격한 측	
	북부군	남부군
북부군	1.09 (4)	1.06 (8)
남부군	1.14 (4)	1.13 (6)

( ): 전투의 횟수를 표시

표 5.46은 22개의 잔여 전투에 대한 평균 병력 비율을 보여주고 있다. 괄호 안의 숫자는 각 칸의 평균을 구성하는 전투의 횟수를 표시한다.

표 5.46 평균 병력비율 : 남부군/북부군 (조우전)

승리한 측	공격한 측	
	북부군	남부군
북부군	0.62 (4)	0.70 (8)
남부군	1.14 (4)	1.28 (6)

( ): 전투의 횟수를 표시

승리한 측에 의해 분리된 이러한 형태의 전투에 대해서는 병력비율도 손실률도 어떤 측이 공격하는 측으로 판단되느냐 하는 함수로 매우 유의하게 변동한다. 가능한 함축된 의미는 다음과 같다. (1) 양측에 의해 거의 같은 비율로 추가적인 부대가 전투에 진입해서 전투가 진행되었어서 최초의 공격의 효과가 상실되었다. (2) 각 전투가 양측에 의해 공격과 반격이 연속적으로 이루어졌다. (3) 공격하는 측 지정이 잘못되었다. 각 전투의 더 상세한 전투상보 연구는 이러한 가능성의 일부를 해결할 수 있을 것이다.

그러나 승리한 측이 평균적으로 더 큰 병력비율을 가진다는 것을 적시할 것이다. 유리한 병력비율이 통상적인 공격의 사전 요구사항이고 결과에 상관없이 각측의 평균병력비율을 비교한다면 24개의 전투에서 북부군은 평균적으로 15%의 병력 우세를 가지고 있었다.

반면, 남부군은 5% 병력 열세한 상태에서 공격을 했다. 다른 관점에서 24개의 전투를 살펴보면 북부군은 15개 전투 중 7개의 전투에서 47%가 병력이 우월한 상태에서 공격을 한 반면 남부군은 8개 전투 중 6개 전투에서 75%의 병력이 우월한 상태에서 공격을 하였다. 1개 전투에서 병력 비율이 동일한 상태에서 남부군이 공격을 하였다.

표 5.47 공격하는 측의 평균 병력비

공격	평균 비율: 남부군/북부군
북부군	0.87 (9)
남부군	0.96 (15)

( ): 전투의 횟수를 표시

이러한 평균이 가리키는 전술에서 차이는 전쟁의 질적인 분석의 기초 주제였다. 승리의 확률에 대한 병력 비율의 관계를 보이기 위하여 모든 24개 전투들을 모았고 공격하는 측이 결정되지 않은 4개의 전투가 추가되었다.

표 5.48 남부군/북부군 병력 비율과 북부군 승리 전투의 평균 병력비와 50% 신뢰구간

남부군/북부군 병력비율	전투	북부군이 승리한 전투 비율	
		평균	50% 신뢰 구간
0.40~0.49	3	1.00	(1.00, 0.63)
0.50~0.79	11	0.68	(0.80, 0.54)
0.80~1.25	11	0.50	(0.64, 0.36)
1.26~2.00	1	0	(0.75, 0)
2.01~2.50	2	0	(0.50, 0)
계	28		

비결정적인 2개의 전투에 대해서는 각측의 50%로 간주하였다.

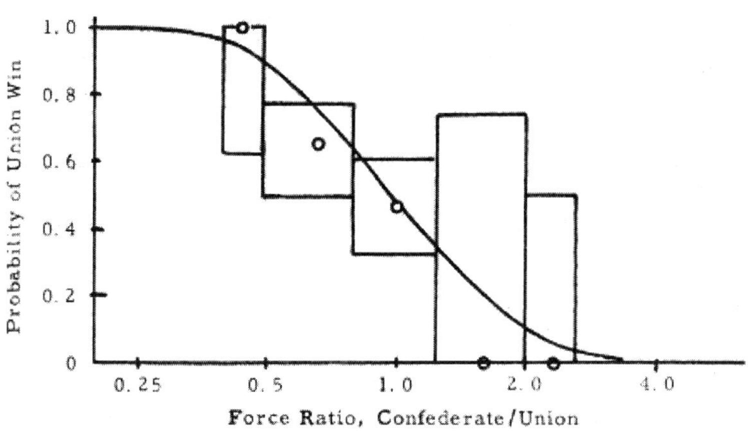

그림 5.69 28개 전투에 대한 북부군의 승리의 확률과 병력 비율

표 5.48과 그림 5.69는 그 결과를 보여준다. 그림 5.69에서는 50%의 신뢰구간이 그려져 있다. 또한 완만한 곡선에서 보는 것과 같이 함수는 $P = (1+\mu^3)^{-1}$, 여기서 μ는 '남부군병력수/북부군병력수' 인 병력비율이다.

28개 전투에서 2개 전투와 병력비율이 같은 1개 전투를 제외하여 25개 전투를 취하면 북부군의 병력이 남부군 병력보다 많을 때 15개 전투 중 12개 전투를 승리하였으며 비율로는 80%이다. 반면 남부군이 북부군보다 병력이 많을 때는 10개 전투 중 2개 전투에서 승리하여 20%의 승률을 보이고 있다.

비록 표 5.45가 어느 측이 승리하는 것에 손실률에서 약간의 차이를 보이지만 공격하는 측이 지정되지 않은 4개의 전투가 표에 추가되었을 때의 평균 비율은 표 5.49에 나타나 있다. 병력 비율에 대한 손실률 또는 어느 측이 승리한 것을 표시한 것과는 상관이 없다.

그러므로 '조우전' 으로서 여기에서 수집한 완전한 조우전의 표본은 손실률은 병력비율과 명확하게 관련된다고 할 수 없다는 것과 양측의 손실은 약 2.0 이내에서는 같은 것으로 보인다. 그러나 지형과 각 전투의 행동에 대한 더 자세한 연구가 전투에서 전투의 차이를 설명하는데 더 도움을 줄 수 있다.

표 5.48 에 제시된 28 개 전투 중에서 12 개 전투에서 손실률은 1 보다 작았고 2 개의 전투에서는 동일했으며 14 개 전투에서는 1 보다 크다. 손실률은 전투 전반에 걸쳐서 Log-Normal 분포를 따르는 경향이 있다. 그러므로 표 5.49 와 그 이전의 표에서 보는 것과 같이 손실률의 산술평균은 1 에 가까운 중간값과 일치한다.

표 5.49 평균 손실률, 남부군/북부군 조우전

병력비율	> 1.0	< 1.0
손실비율	1.17 (10)	1.14 (15)
승리한 측	남부군	북부군
손실비	1.15 (12)	1.13 (14)

( ): 전투의 횟수를 표시

손실은 거의 같아지는 경향이 있고 큰 병력을 가진 부대가 이기는 경향이 있어서 승리하는 측의 손실이 패배하는 측보다 평균적으로 적을 것으로 기대한다. 표 5.50은 이러한 경우를 보여준다. 패배하는 측의 손실률은 15%이고 승리하는 측의 손실은 12%이다.

표 5.50 평균 손실률

구분	부대	
	북부군 (%)	남부군 (%)
승리한 측	11.6 (14)	12.6 (12)
패배한 측	14.2 (12)	15.9 (14)

( ): 전투의 횟수를 표시

이것은 생존한 부대의 손실의 함수로서 전투를 지속할 수 있는 능력에 기반한 전투모형을 제시한다. 이러한 모형은 다음에서 발전된다.

5.7.4.3 승리의 확률을 위한 모형

지금까지 발견한 것을 개략적으로 말하면 다음과 같다.

1. 승리의 가능성은 초기 전투력 비율의 강한 관계를 가진 함수로 보인다.
2. 손실률은 어느 측이 공격을 하느냐 하는 것과 어느 측이 승리하느냐 하는 것과 초기 병력 비율과는 독립적이고 0.46에서 2.33의 극단적 값 사이에 있다.
3. 평균적으로 패배한 측은 15%의 손실률을, 승리한 측은 12%의 손실률을 보인다.

다음의 단순한 전투모형이 제시되었다. 전투가 시작되고 진행되고 양측의 손실이 누적될수록 각측은 지속적으로 전투를 지속할 능력을 평가하는데 평가방법으로 평가 시점에서의 자측의 누적 손실을 단일 기준으로 사용한다. 어떤 분석가는 전투 이전의 정보에 의해 최초 상대적 전투력의 지식에 의한 결정을 각측에서 수정하여 더 복잡한 기준을 생각할 수도 있고 전투 중에 전투 정보에 의해 상대적 손실률을 기준으로 삼거나 전투 중에 상대적 전력 이동을 기준으로 삼을 수도 있다. 위에서 언급한 기준과 기타 기준을 개선된 기준으로 제시하는 추가적인 연구도 있을 수 있다. 더욱이 각 전투의 종료시 손실률은 해당 전투의 교환율 특성을 나타내며 전투를 통해서 상수로 유지된다. 상대적 손실률 증가의 확률적 모형화는 흥미있을 수 있으나 여기서는 단순한 선택으로 하는 방법이 제시되었다.

양측을 홀수군와 짝수군라고 정의하고 Δy_1, Δy_2를 홀수군과 짝수군의 t시간에서의 누적 손실량이라고 하자. 그리고 Δx_1, Δx_2 를 홀수군과 짝수군의 전투 종료시 누적 손실량이라고 하자. 또, x_{10}, x_{20}를 홀수군과 짝수군의 초기 병력이라고 하자.

$$g_1 = \frac{\Delta y_1}{x_{10}}; \quad g_2 = \frac{\Delta y_2}{x_{20}} \qquad (5-96)$$

$$f_1 = \frac{\Delta x_1}{x_{10}}; \quad f_2 = \frac{\Delta x_2}{x_{20}} \qquad (5-97)$$

$h_1(g_1)dg_1$: g_1 손실을 입고 dg_1안에 홀수군이 항복할 확률
$h_2(g_2)dg_2$: g_2 손실을 입고 dg_1안에 짝수군이 항복할 확률
$\phi_1(g_1)$: g_1 손실을 입을 때까지 최소한 홀수군이 전투를 계속할 확률

홀수군이 항복하지 않고 적어도 g_1에 이르기 까지 전투를 계속할 확률을 생각해 보자. g_1을 n개의 작은 간격으로 나누고 각 간격의 폭을 Δg_1이라고 하자. 홀수군이 j번째 간격안에 항복하지 않을 확률은 식 (5−98)과 매우 근접하다.

$$1 - h_1(j\Delta g_1)\Delta g_1 \qquad (5-98)$$

그리고 홀수군이 n 간격의 어느 시점에도 항복하지 않을 확률은 이전 결정에 독립적이기 때문에 식 (5−99)와 같다.

$$\phi_1(g_1) \cong \prod_{j=1}^{n}[1 - h_1(j\Delta g_1)\Delta g_1] = exp \sum ln\,[1 - h_1(j\Delta g_1)\Delta g_1] \qquad (5-99)$$

또는 Δg_1을 매우 작게 하여 Logarithm을 확장하고 $(\Delta g_1)^2$과 그 이상을 버리면 식 (5−100)의 적분에 의한 합으로 대치된다.

$$\phi_1(g_1) = exp - \int_0^{g_1} h_1(g)\,dg \qquad (5-100)$$

같은 방법으로 $\phi_2(g_2)$는 식 (5−101)과 같다.

$$\phi_2(g_2) = exp - \int_0^{g_2} h_2(g)\,dg \qquad (5-101)$$

다음으로 전투 동안 일정한 교환율의 가정에 부합하게 상수 R을 식 (5−102)와 같이 정의한다.

$$R = g_1/g_2 = f_1/f_2 \qquad (5-102)$$

g_1, g_2 손실이 날 때까지 양측이 항복하지 않을 확률 ϕ는 식 (5−103)과 같다.

$$\phi = \phi_1\phi_2 \qquad (5-103)$$

g_1, g_2까지 전투가 진행되어 홀수군이 dg_1안에 항복할 확률은 식 (5−104)와 같다.

$$dQ_1 = \phi h_1(g_1)dg_1 \qquad (5-104)$$

홀수군이 결국 항복하게 되는 확률은 모든 g_1을 합한 것이 되며 식 (5−105)와 같다.

$$Q_1 = \int_0^1 \phi_1\phi_2 h(g_1)\, dg_1 = \int_0^1 \phi_2 d\phi_1 \qquad (5-105)$$

$\phi_1 = \phi_1(g_1)$, $\phi_2 = \phi_2(g_2)$이고 $R = g_1/g_2$이라는 사실로부터 ϕ_1을 ϕ_2의 함수로 결정할 수 있고 적분으로 평가할 수 있다. 홀수군이 승리할 확률은 식 (5−106)과 같다.

$$P_1 = 1 - Q_1 \qquad (5-106)$$

따라서 짝수군이 항복할 확률은 식 (5−107)과 같다.

$$Q_2 = \int_0^1 \phi_1 d\phi_2 \qquad (5-107)$$

뒤에 전개되겠지만 $\phi = exp - 300f^3$ 은 식 (5−108)과 같이 쓸 수 있다.

$$\phi_2 = {\phi_1}^a \qquad (5-108)$$

여기에서 a는 R의 함수이며 각 전투 동안은 상수이다. $Q_1 = \int_0^1 \phi_2 d\phi_1$, $Q_2 = \int_0^1 \phi_1 d\phi_2$를 적분하면 식 (5–109)와 같은 관계를 얻을 수 있다.

$$P_1 = a/(1+a),\ P_2 = 1/(1+a) \qquad (5-109)$$

5.7.4.4 기대 손실 부분

전투에서 손실의 기댓값 f는 다음과 같이 얻어진다. dg_1내에 전투가 종료될 확률은 $-(\frac{\partial\phi}{\partial g_1})dg_1$이다. 그러므로 기댓값은 식 (5–110)과 같다.

$$f_1 = -\int_0^1 g_1 \left(\frac{\partial\phi}{\partial g_1}\right) dg_1 = \int_0^1 g_1\, d\phi \qquad (5-110)$$

부분 적분하고 $g_1 = 0,\ \phi = 1.0;\ g_1 = 1.0,\ \phi = 0$로 하면 f_1과 f_2는 식 (5–111), (5–112)와 같다.

$$f_1 = \int_0^1 \phi\, dg_1 \qquad (5-111)$$

$$f_2 = \int_0^1 \phi\, dg_2 = R^{-1}\int_0^1 \phi\, dg_1 \qquad (5-112)$$

5.7.4.5 전투 데이터에 적용

식 (5–111), (5–112)를 적용하기 위하여 기초적인 함수로서 $h(g)$를 정의할 필요가 있다. 먼저 전투 데이터로부터 $\phi(g_1)$을 결정하여야 한다.

전투 종결시점에서 홀수군이 입은 손실 f_1 증가순으로 모든 조우전의 순위를 매긴다. N_0를 표본의 총수라고 하자. 지금 만약 홀수군이 패배했다면 f_1을 초과하는 손실을 가르키는 $N_0\phi_1(f_1)$ 요소를 발견하는 것을 기대하여야 한다. 사실, 특별한 f_1을 선택하는 것은 짝수군이 패배했기 때문에 L_2 전투는 f_1보다 작은 값에서 종료되는 것을 안다. 이러한 전투가 홀수군이 유리하도록 종료되지 않았다면 $L_2\phi_1$가 f_1까지 지속되어야 한다고 기대했어야 한다. 우리는 전투 데이터에서 O_1전투가 f_1에 이르는 것을 관측한다. 이것은 기대 수가 짝수군에 의해 종결된 기대수보다 적다는 것과 동일하다. 예를 들어 $O_1 = N_0\phi_1 - L_2\phi_1$이므로 ϕ_1은 식 (5−113)과 같이 추정 가능하다.

$$\phi_1 = O_1/(N_0 - L_2) \qquad (5-113)$$

짝수군에 대해 계속하면 동일한 전투가 f_1 증가순으로 순서가 매겨지고 ϕ_2는 식 (5−114)와 같이 계산 가능하다.

$$\phi_2 = O_2/(N_0 - L_1) \qquad (5-114)$$

홀수군을 북부군으로 짝수군을 남부군으로 하면 지속전투 확률 대 손실비율 결과는 그림 5.70과 같이 보는 것과 같다. 데이터는 $f_j\ (j = 1,2)$ 에 대해 $ln\,(\frac{1}{\phi_j})$ 의 형태로 연관성을 표현한 것이며 $l\,n\left(\frac{1}{\phi_j}\right) = kf_j^3$, $k = 150$ 이라는 것을 알 수 있다. 이러한 방법은 양측의 데이터에 모두 적합하다. 단순화를 위해 ϕ_1, ϕ_2 모두에 대해 같은 함수를 사용하는 것이 합리적이라는 것이 그림 5.70에서 알 수 있고 분리된 데이터 집합이 약간 다른 함수를 얻을 수 있고 더 좋은 적합도를 제공한다. 유사하게, 곡선보다 약간 낮은 차수의 f는 적합도를 개선할 수 있다. 그러나 이러한 시도는 차후 계산에 복잡도를 증가시킨다.

$$\phi_1(g_1) = exp - kf_1^3 \qquad (5-115)$$

$$\phi_2(g_2) = exp - kf_2^3 \qquad (5-116)$$

$$\phi_2 = {\phi_1}^a \qquad (5-117)$$

여기서 $a = (\frac{f_1}{f_2})^3 = R^3$ 이므로 $P_1 = a/(1 + a)$, $P_2 = 1/(1 + a)$로부터 $P_1 = 1/(1 + R^3)$, $P_2 = R^3/(1 + R^3)$을 유도할 수 있다.

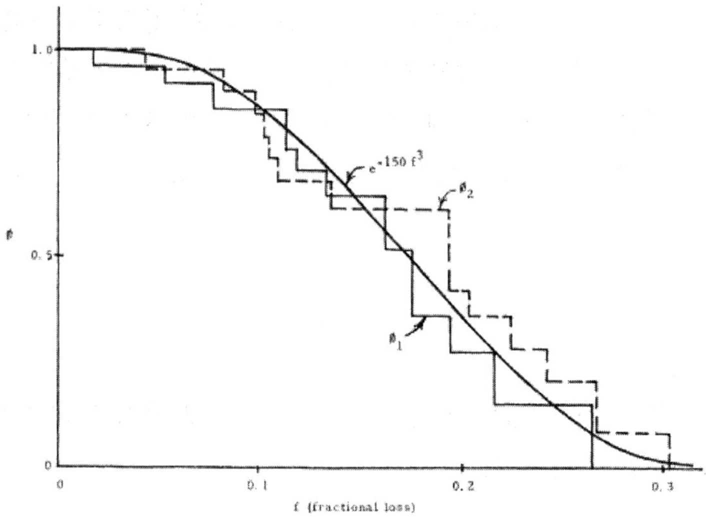

그림 5.70 지속전투 확률 대 손실률 (조우전)

$f_1 = \int_0^1 \phi\, dg_1$, $f_2 = \int_0^1 \phi\, dg_2 = R^{-1}\int_0^1 \phi\, dg_1$은 식 (5−118), (5−119)와 같이 전환 가능하다.

$$f_1 = \int_0^1 exp - kg_1^3(1 + R^{-3})dg_1 \qquad (5-118)$$

$$f_1 = \Gamma\left(\frac{4}{3}\right)k^{-\frac{1}{3}}(1 + R^{-3})^{-\frac{1}{3}} - S \qquad (5-119)$$

여기서 $S < t^{\frac{1}{3}}e^{-t}/3$, $t = k(1 + R^{-3}) > k$이다. $k = 150$이므로 S는 현재의 목적상 무시 가능하다. $f_1 = \Gamma\left(\frac{4}{3}\right)k^{-\frac{1}{3}}(1 + R^{-3})^{-\frac{1}{3}} - S$을 식 (5−120)과 같이 더 대칭적인 형태로 쓸 수 있다.

$$f_1R^{-1/2} = f_2R^{1/2} = \Gamma\left(\frac{4}{3}\right)/(kR^{\frac{3}{2}} + kR^{-\frac{3}{2}})^{1/3} \qquad (5-120)$$

부분적 손실의 비율 R은 이러한 수식의 계수로 나타나기 때문에 전투 데이터를 R의 범위를 4개의 그룹으로 세분화하여 각 그룹의 데이터 평균과 $P_1 = a/(1 + a)$, $P_2 = 1/(1 + a)$ 와 $f_1R^{-1/2} = f_2R^{1/2} = \Gamma\left(\frac{4}{3}\right)/(kR^{\frac{3}{2}} + kR^{-\frac{3}{2}})^{1/3}$ 를 비교해 본다. 그 결과는 표 5.51과 같다.

표 5.51 조우전의 모형 결과와 데이터의 비교

R의 범위	0.22~0.69	0.70~0.79	0.80~1.11	1.12~2.78
평균 R	0.56	0.73	0.94	1.91
전투의 횟수	7	7	7	7
북부군 승리 비율	0.79	0.57	0.50	0.29
평균 R내의 승리확률 P_1	0.85	0.72	0.55	0.13
평균 남부군 손실비율	0.17	0.19	0.11	0.08
식 (5-118)으로 계산된 f_2	0.16	0.15	0.13	0.08

식 $P_1 = a/(1+a)$, $P_2 = 1/(1+a)$ 은 손실률 R 의 함수로서 승리의 확률을 기술한다. 그러나 그림 5.69는 병력 비율 μ가 훌륭한 지표라는 것을 말해준다. 그 이유는 이러한 전투에서 손실률은 병력비율과 독립적이기 때문인 것으로 보인다. 그러므로 주어진 μ에 대해 손실률은 γ로 적으면 $R = \mu\gamma$에서 Log-Normal 분포에서 γ에 대해 평균화하는 것은 $\gamma = 1.0$ 중앙을 일치시키는 것이다.

$$P(\mu) = \int_0^\infty g(\gamma)P(\mu\gamma)dr = \int_0^\infty g(r)[1/(1+\mu^3\gamma^3)]dr \qquad (5-121)$$

$P(\mu\gamma)$ 과 크게 다르지 않은 $P(\mu)$ 곡선을 얻을 수 있다. 손실률의 퍼짐이 이 단락에서 가정해 온 것 보다 $h(g)$상에 μ의 더 감지하기 힘든 효과를 감추고 있는 것을 알 수 있다.

5.7.4.6 강화된 전선에 대한 공격

요새화되어 있는 강화된 전선에 대한 공격은 앞의 단락에서 고려한 전투와는 다르다. 이런 형태의 전투에서는 공격하는 측의 손실률은 방어하는 측의 손실보다 항상 크며 극단적으로 광범위하게 흩어져 있다. 그러나 앞의 모형의 어떤 요소들은 적용 가능하다. $\phi_1 = O_1/(N_0 - L_2)$ 과 $\phi_2 = O_2/(N_0 - L_1)$ 를 이용하여 계산하면 북부군과 남부군이 공격하는 측으로서 ϕ_j를 구할 수 있다. 그림 5.71에서 보는 것과 같이 하나의 곡선 $\phi = exp - 300f^3$은 공격하는 측의 ϕ_1과 ϕ_2로 꽤 잘 적합시킬 수 있다.

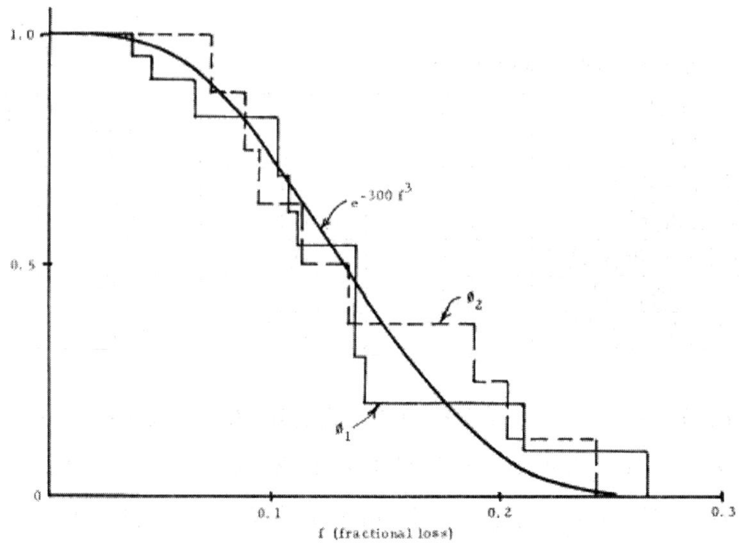

그림 5.71 전투지속 확률 대 손실률(공세전에서 공격하는 측)

그림 5.71을 그림 5.70과 비교를 해 보면 남부군과 북부군 둘 다 요새화된 진지에 대한 공격은 조우전이거나 일정 기간 전투를 하는 것보다 공격을 포기하기 전 특정 손실을 수용하기는 어려울 것 같다. 이러한 차이는 다음의 이유 중 하나로 설명될 수 있다고 추측한다.

1. 방어하는 측이 공격하는 측보다 손실이 더 작고 공격간 손실이 너무 높아 공격하는 측이 방어하는 측을 유린하기가 어렵다. 예를 들어 공격하는 측은 잔여 적의 전투력을 고려함이 없이 언제 공격을 중단할 것인지 결정하기가 실제로 어렵다. 공격하는 측은 방어하는 측은 그렇지 않은데 자측이 약화된 것을 인식했을 때 공격을 중지한다.

2. 요새화된 진지를 공격하는 심리적 효과는 공격하는 측에 공격을 중단하는 효과가 있다. 공격하는 측은 방어하는 측이 얼마나 피해를 입었는지 확인할 길이 없다. 공격하는 측은 모든 전력을 다 투입하여도 방어진지를 유린할 수 없다고 생각할 수도 있다.

방어하는 측도 다른 심리적 위치에 있는 것으로 보인다. Livermore 데이터에는 단지 3개의 북부군의 공격이 기록되어 있는데 방어하는 측, 즉 남부군의 손실이 주어져 있고 공격은 성공적이다. 방어하는 측의 손실은 2.4%, 5.5%, 12.3%이고 공격하는 측의 손실은 3.6%, 9.7%, 12.4%이다. 그러므로 방어하는 측은 조우전에서 기대되는 것보다 더 낮은 손실률로서 3개의 전투 중 2개의 전투를 패배하고 있다. 그러나 이것은 극단적으로 작은 표본이고 데이터는 $\phi = exp - 300f^3$을 방어시에도 사용하지 않는 근거에 대해 확신을 주지 않는다.

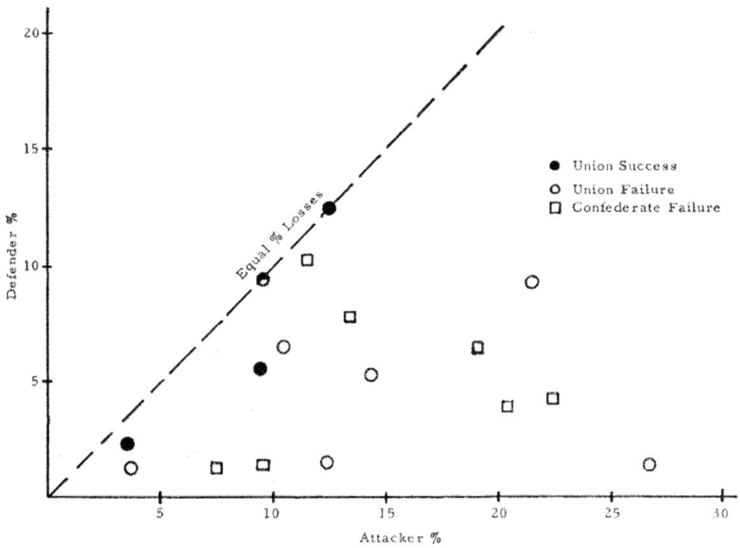

그림 5.72 공격전에서 상대적 손실률

강화된 진지에 대한 성공적인 공격의 요구사항의 지표는 그림 5.72 에 주어져 있는데 공격하는 측과 방어하는 측의 손실을 비교하고 있다. 같은 손실선의 근처에 위치한 것은 거의 성공적인 공격이 이루어지지 않았다.

북부군의 공격에 대한 손실의 비 f_1/f_2를 비교해 보면 4 가지 전투의 경우에 이 비율은 1.01 과 1.5 사이에 있었고 북부군은 3 개의 전투에서 성공을 했으며 1 개의 전투에서는 부분적인 성공을 달성하였다. 비율이 1.61 과 20.5 사이에 있는 6 개의 전투 중 북부군이 성공한 경우는 없다. 남부군이 공격을 한 경우 손실의 비 f_1/f_2가 1.1 과 5.9 사이에 있는 경우는 어떠한 경우도 성공하지 못했다.

공격의 모형은 아마도 2 개의 일련의 부분으로 구성되어야 한다. 공격에서는 공격하는 측의 손실이 상대적으로 높다. 진지가 유린당할 때까지 계속 공격한다면 방어하는 측의 손실도 증가하기 시작한다. 그러나 방어하는 측의 진지의 강도에 따라 방어하는 측의 손실이 더 커질 수도 있다.

데이터를 보면 하나의 예외가 있다는 것을 알 수 있는데 비록 북부군이 승리하였지만 북부군의 손실에 상응한 남부군의 손실이 작았다. 이것은 원칙적으로 공격하는 측의 손실과 최초 병력비율을 살펴보아야 한다는 것을 제시한다. 만약 공격하는 측의 손실이 크고 초기 병력비율이 작다면 공격하는 측은 공격 이후에 승리하기 위한 충분한 전투력을 가지지 못할 것이다. 더욱이 공격에서 공격하는 측의 손실은 방어의 강도와 어떤 연관성을 가지고 있다.

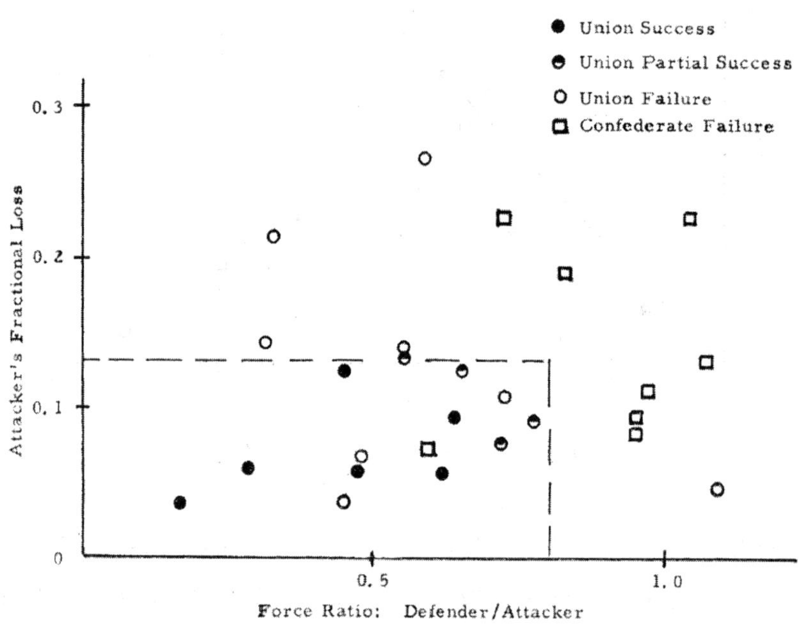

그림 5.73 병력비율과 공격하는 측의 손실비

그림 5.73 은 모든 공격작전에서 병력비율에 대한 공격하는 측의 손실비를 그린 도표이다. 공격하는 측이 전투력의 13%보다 적게 손실을 입을 때와 1.25 배 더 우세한 병력우세로 시작할 때 14 개 전투 중 6 개의 전투에서 승리하였고 4 개의 전투에서는 부분적 성공을 거두었고 단지 4 개의 전투에서 완전한 패배를 하였다. 언급한 범위 밖 11 개 전투에서는 공격하는 측이 결코 성공하지 못했다.

만약 공격하는 측의 손실이 방어하는 측의 강도에 비례적이라면 공격하는 측의 손실률은 병력 비율에 대해 비례적일 것이며 초기 전투력 비율이 조우전에서 발견한 것처럼 승리를 결정짓는 주요한 요소라고 간주할 수 있다. 그림 5.73은 이러한 경우는 아닌 것을 보여 주며 그림 5.74는 소규모 전투에서 손실률의 많은 변동성이 그 이유라는 것을 암시한다.

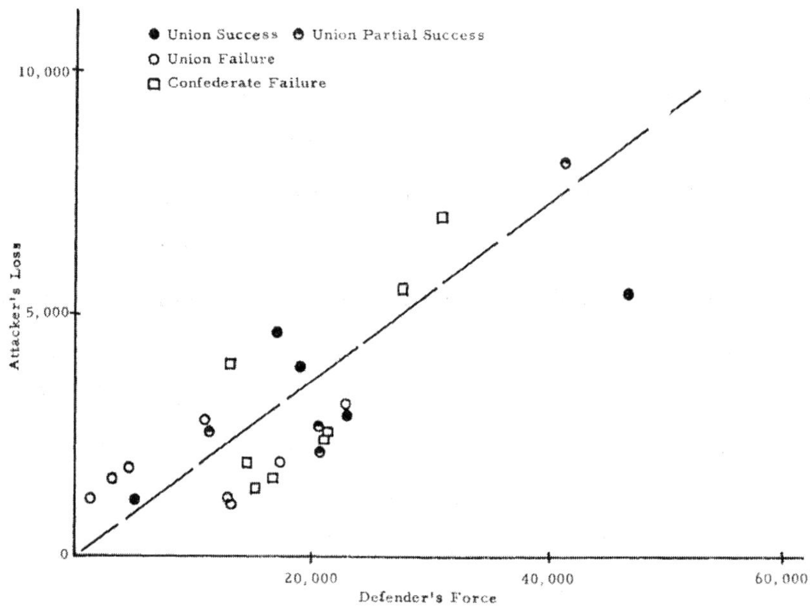

그림 5.74 방어하는 측의 병력과 공격하는 측의 손실관계

그림 5.74 는 공격하는 측의 손실 대 방어하는 측의 전투력의 관계를 보여준다. 일반적으로 공격하는 측의 손실은 방어하는 측의 전투력에 비례하고 이 평균은 병력의 규모와 독립적인 분산을 보인다. 즉, 식 (5-122)와 같다.

$$\Delta x_a = cx_d + s;\ \ c \cong 0.2;\ \ s \cong 1{,}500; \qquad (5-122)$$

여기서 s는 모든 공격을 아우르는 확률변수이다. 그러나 이것은 공격하는 측의 손실비는 대규모 전투보다는 소규모 전투에서 더 큰 가변성을 가진다. 이것은 부분적으로는 모든 손실 데이터안에 있는 불확실성을 반영할 수도 있다.

병력이 투입된 크기에 따라 병력비율이 0.80보다 작은 전투를 2개의 그룹으로 나누어 보면 총병력이 40,000명보다 작은 전투에서는 8개의 전투 중 3개의 전투에서 공격하는 측이 승리를 하고 40,000명 초과 전투에서는 공격하는 측이 10개의 전투 중 7개의 전투에서 승리하였다.

요약하면 강화된 진지에 대한 공격에서는 공격하는 측은 최소한 1.25이상의 병력비율을 가질 필요가 있다는 것이고 공격하는 측의 병력비율이 3을 초과하는 전투에서는 공격이 성공적이었다. 총 투입병력이 40,000명 이상이고 병력비율이 최소한 1.25배인 경우에는 공격하는 측은 40,000명 이하인 경우보다 거의 2배의 성공을 보이는 것으로 보인다.

5.7.4.7 대규모 병력의 안정화 효과

조우전의 손실률을 간단히 검토해 보면 북부군/남부군의 손실 비율이 총손실이 대규모일 때보다 총 손실이 소규모일 때 더 큰 변동성을 보인다. 이것은 위에서 지적된 것처럼 공격시에 해당한다. 이것은 수학적 Modeling에 의해 전투의 결과를 예측하기 위한 중요한 암시라고 할 수 있다. Lanchester Equation의 확률적 구성은 일반적이나 예측된 결과는 수십 개의 부대가 관련된 사항에 대해서 확실하게 접근한다. 확률로 유도하는 적절한 방법은 특정한 인원이 살상당하는 확률을 상수로 설정하는 것보다는 각 전투에서의 지형, 무기체계, 이동, 전장 주도권, 여러 전장에서의 지휘관의 지휘능력 등의 변동성에 의해 결정된 교환율의 변동성에 있다.

대규모 전투에서는 대규모 남북전쟁 전투에서 교환율의 안정성에 의해 증명된 것처럼 이러한 요소들은 국외의 논의사항처럼 보인다. 소규모 전투에서는 소규모 부대가 더 큰 부대를 패퇴시킬수도 있다. 대규모 전투에서는 이러한 요행은 도박의 패착과 같이 작용한다.

대규모와 소규모 전투를 분리하여 현재의 데이터로 추가적인 연구를 한다면 모형을 개선시키고 관련성을 더 명확하게 할 것이다.

5.7.4.8 강화된 진지에 대한 공격 모델

두 단계로 공격에 대한 모형을 구축해 보자. 1 단계에서는 방어하는 측의 손실이 비교적 경미하나 공격하는 측의 손실은 Δx_{al}명이라고 하자. 이러한 손실의 결과로 공격하는 측은 진지를 유린할 수 없다. 공격하는 측이 공격을 포기할 확률은 식 (5-123)과 같다.

$$exp - k_a(\frac{\Delta x_{al}}{x_a})^3 \qquad (5-123)$$

여기에서 x_a는 공격하는 측의 초기 병력규모이고 $\phi = exp - 300f^3$ 식으로부터 $k_a = 300$이다.

2 단계에서는 공격하는 측이 방어하는 측에 가까이 접근하여 성공한다. 여기에서 양측의 손실률 증가는 동일하다는 것을 가정한다. 2 단계 동안 특정 시간 t에서 공격하는 측의 총손실 Δx_{at}은 식 (5-124)와 같다. 여기서 Δx_{dt}는 시간 t에서 방어하는 측의 손실이다.

$$\Delta x_{at} = \Delta x_{al} + \Delta x_{dt} \qquad (5-124)$$

그러므로 시간 t에서 공격하는 측의 손실은 식 (5-125)와 같다.

$$g_{at} = g_{al} + \eta g_{dt} \qquad (5-125)$$

여기에서 g_{al}은 공격작전간 공격하는 측의 손실이며 x_d는 방어하는 측의 초기 병력규모이다.

$$g_{dt} = \Delta x_{dt}/x_d \qquad (5-126)$$

$$\eta = x_d/x_a \qquad (5-127)$$

$Q_1 = \int_0^1 \phi_1\phi_2 \hbar(g_1)\, dg_1 = \int_0^1 \phi_2 d\phi_1$ 식을 방어하는 측의 손실 확률에 적용하면

$$Q_d = -\int_0^1 e^{-k_a g_{at}^3}\left[\frac{\partial(e^{-k_d g_{dt}^3})}{\partial g_{dt}}\right] dg_{dt} \qquad (5-128)$$

Exponential 함수는 아주 급격히 감소하기 때문에 적분은 상한을 무한대로 대체하면 대략적으로 평가할 수 있다. $g_d^* = [\frac{2}{3k_d}]^{1/3}$ 점 주위의 수열에 $e^{-kg_{at}^3}$ 를 확장하고 항 대 항을 적분하면 된다. 첫 항은 $k_a = k_d = 300$을 가정하면 $Q_d = exp - 300(g_{al} + 0.13\eta)^3$이다.

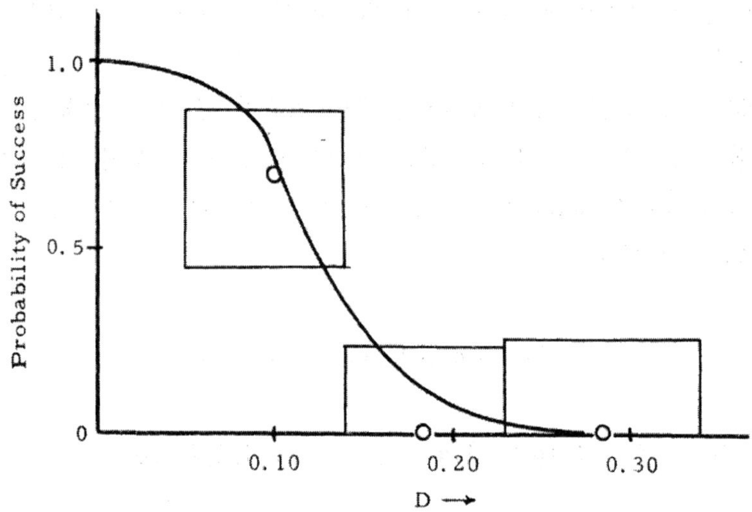

그림 5.75 18개 전투의 강화된 진지에 대한 공격시 성공확률

우리는 각 개별 전투에 대한 g_{al}을 알 수 없다. 그러나 $g_{at} = g_{al} + \eta g_{dt}$ 식에 기록된 총 손실비율 f_a, f_d를 대입하여 각 전투의 g_{al}을 추정할 수 있다. 그러면 식 (5−129)은 강화된 전선에 대한 공격시 성공 또는 실패의 차별식이 될 수 있다.

$$D = g_{al} + 0.13\eta \qquad (5-129)$$

$$D = f_a - \eta fd + 0.13\eta \qquad (5-130)$$

데이터가 가용한 18개 전투에 대한 D를 계산하면 이것은 정말 맞는 경우라는 것을 나타낸다. $D < 0.14$ 인 북부군이 실시한 5개 공격은 3개의 성공적인 전투와 1개의 부분적 성공이 있었다. 남부군과 북부군이 실시한 $D > 0.14$인 13개의 공격전투에서 성공을 한 전투는 없었다. 성공의 확률로 $P_a = e^{-kD^3}$을 취하면 이러한 평균은 그림 5.75의 $P_a = e^{-kD^3}$와 비교된다.

각 공세행동에서 공격하는 측에 의해 유발된 손실은 가변적 요새화 강도에 관련이 있다. 그러나 진지를 유린하는 공격하는 측에 의해 발생한 손실비의 추정이 주어진 공격에서 성공의 확률은 $Q_d = exp - 300(g_{al} + 0.13\eta)^3$으로 사용 가능하다.

결론적으로 남북전쟁에서 병력, 병력 비율, 손실률을 조사함에 따라 도출된 다음의 일반적 결론을 내릴 수 있다.

1. 양측의 누적 총손실은 첫해의 절반 기간에 아주 활발한 적대행위를 지나고는 꽤 균등한 비율로 보인다.
2. 평균적으로 남부군은 전체적인 국면보다는 각개 전투에서 국부적으로 우세한 병력비율 현상을 보였다고 할 수 있다. 이러한 병력비율은 전쟁이 진행됨에 따라 악화되었다.
3. 양측의 손실은 강화된 전선에 대한 공격은 그렇지 않지만 전체적 또는 각 전투에서 놀라울 정도로 동일하다.
4. 강화된 전선 공격 이외의 전투에서 손실률은 병력비율과 독립적이다. 승리의 확률은 이러한 경우에는 명확하게 병력비율의 함수이다. 병력비율이 2:1 우세를 달성하면 승리의 비율은 87%정도이다. 양측의 손실은 두가지 요소안에서 동일하다. 결과적으로 승리하는 측은 패배하는 측보다 작은 손실률을 가지는 경향이 있다.
5. 총손실로 측정하면 많은 전투에 있어서 전투가 대규모일수록 손실률에서 가변성이 더 낮게 관측된다.
6. 강화된 전선에 대한 공격에서 공격하는 측의 손실은 방어하는 측의 병력 규모에 비례한다. 조우전에서는 이 범주의 모든 규모의 전투에서 손실률은 병력비율과 관련성이 없다.
7. 강화된 전선에 대한 공격에서 손실률은 대단히 큰 가변성이 있다. 성공적 공격의 확률은 방어하는 측의 병력에 대한 공격하는 측의 병력비에 따라서 증가한다. 총병력이 투입된 규모라면 유리한 병력비율이 성공적인 공격의 확률을 증가시킨다. 성공의 원칙적 결정요인은 공격하는 측에 의해 유발된 손실비이다.

5.8 Napoleon 의 Russia 원정

5.8.1 Napoleon의 Russia 원정

5.8.1.1 원정 배경

Russia 원정은 1812년 France 황제였던 Napoleon이 Russia 제국을 침공하여 일어난 전쟁을 가리킨다. 제6차 대France 동맹의 시발점이 되었고. 이 전쟁의 완패를 계기로 Napoleon의 몰락이 시작되었다. Russia에서는 Patriotic War 이라 부르며 Napoleon 스스로는 이 전쟁을 제2차 Poland 전쟁이라고 명명했다

1807 년 체결된 Tilsit 조약에 의해 Russia 제국은 Napoleon 의 동맹국이 되었고 1806 년 Berlin 에서 Napoleon 이 선포한 대륙 봉쇄에 참가했다. 1808 년 가을 동맹 경신 외에는 별로 양국의 우호 관계 증진에 이바지하는 바 없이 끝난 Erfurt 회담 이후 Napoleon 은 Alexander 1 세의 여동생과의 혼인을 제안했으나 혼담이 별 진전이 없자 대신 1810 년 4 월 Austria 의 황녀 Marie Louise 와 결혼했다.

북해나 Baltic 해에 면해 있는 지방에선 대륙 봉쇄를 피해 영국과의 밀수가 성행했는데 Napoleon 은 여기에 강경하게 대응해 1810 년 7 월에는 Holland 왕국을, 12 월에는 북해에 인접해 있는 독일 북서부에서 Baltic 해의 항구 도시 Lubeck 까지를 France 제국에 병합하였다. Alexander 1 세는 매제가 공작으로 있던 Oldenburg 공국 역시 Napoleon 이 자신과의 상의 없이 병합하자 안 그래도 자국 경제에 큰 타격을 입히고 있던 대륙 봉쇄에서 사실상 탈퇴해 자주적 조건으로 영국과의 무역을 재개했다.

이처럼 대륙 봉쇄를 둘러싸고 관계가 급속도로 냉각되자 양국은 1811 년부터 전쟁 준비에 돌입했다. 외교적인 해결은 대륙 봉쇄의 준수를 고집하는 Napoleon 의 태도로 인해 결실을 맺기 힘들었는데 원래 대륙 봉쇄 자체가 전 유럽 대륙을 망라하고 철저하게 지켜지지 않으면 확실한 효과를 볼 수 없는 정책이었기에 영국과의 교역량이 적잖은 Russia 에게 예외를 인정하는 것은 목적에 반하는 일이었다.

해전의 대승 이후 해군력이 절대적으로 우세한 영국에 대해선 끝내 상당한 양보를 통한 타협을 거부하고 경제적 압박이란 수단으로 대결하기로 결정한 이상

Napoleon 은 대륙에서 유일하게 독자적으로 France 에 대항할 만한 힘을 가진 Russia 를 꺾고 의지를 관철시키기 위해 군사 행동을 일으켜 상황을 원하는 방향으로 이끌어 나가기로 결심하고 선제 공격을 계획한다.

5.8.1.2 Russia 원정의 시작

1812 년 6 월 24 일 Napoleon 군이 국경인 Neman 강을 넘어 Russia 원정을 시작했다. Barclay de Tolly 가 지휘하는 Russia 의 제 1 서부군은 100,000 여명 이상의 대군이었으나 Napoleon 군에 비하면 그래도 크게 열세였다. Barclay de Tolly 는 Neman 강가의 Kaunas 에서 원정군의 전위 부대와 맞닥뜨린 후 가망 없어 보이는 싸움을 피해 Vilnius 를 버리고 Drissa 로 후퇴하면서 좀 더 남서쪽 국경 지대에 주둔해 있던 Bagration 이 지휘하는 약 30,000 여 명의 제 2 서부군에게 합류를 요구했다. Vilnius 에서 후퇴한 후 Alexander 1 세는 Barclay de Tolly 에게 총지휘권을 넘겨주고 Moscow 를 경유해 St. Petersburg 로 이동했다. Drissa 요새는 Napoleon 군의 침공을 받으면 전장으로 선택할 Drissa 주변의 주요 거점으로 쓰기 위해 세운 시설이었지만 원정군의 우세를 감당하기엔 부족하다고 판단한 Barclay de Tolly 는 Drissa 역시 포기하고 내륙으로의 후퇴를 계속했다. 7 월 중순에는 Macdonald 의 군대가 Riga 를 점령했다. Prussia 군 23,000 명이 주력인 이 방면의 32,000 여 원정군은 더 이상 공세로 나가지 않고 12 월까지 Latvia 에 주둔했다.

7 월 한여름의 무더움과 강행군으로 인한 인마의 손실이 유난히 높았다. 특히 말먹이 풀의 부족은 큰 전투 없이도 원정 초반 거의 100,000 명에 달하던 원정군 기병을 점차 와해할 정도였다. 위생 환경은 극도로 불량해서 행군로 주변에 시체와 오물이 널렸고 위생대의 수송 물자들은 다른 수레들처럼 뒤에 처져서 제대로 필요한 의약품을 적시에 공급할 처지가 못 되었다. 티푸스 등의 전염병도 돌기 시작해 나중에 겨울이 되자 죽은 동료의 옷마저 껴입는 일이 다반사가 되었을 때 이로 인해 병이 빠르게 퍼지게 되었다. 탈영병도 속출했는데 이들은 붙잡히면 대개 총살되었으므로 전쟁으로 인한 어수선함을 기회로 여겨 주위를 약탈하며 떠돌거나 은거했다. 낙오자들도 적지 않게 생겼는데 이들에게는 Cossack 족이나 Russia 민병대들의 습격 등으로 인한 위험이 여기저기 도사리고 있었다. 양군이 소비하는 식량과 물자는 엄청났고 원정군은 보통 Russia 군이 후퇴한 길을 따라 이동했으므로

행군로 인근은 양쪽에 의해 완전히 약탈당했다. 전쟁 초반에는 전투보다는 다른 악조건들과 군기 저하로 인해 Napoleon 군의 본대는 수가 급속도로 줄어들었다.

Polotsk 에서 St. Petersburg 로 통하는 길목을 방어하도록 Wittgenstein 장군이 지휘하는 25,000 명의 병력을 남겨둔 Barclay de Tolly 는 나머지 군대를 이끌고 Moscow 쪽으로 통하는 길을 따라 Vitebsk 로 이동했다. Russia 의 두 서부군은 여기서 합류해 원정군에 대항할 계획이었으나 7 월 23 일에 Davout 가 이끄는 Napoleon 군과 Bagration 의 Russia 군 사이에 전투가 벌어져 Bagration 의 군대가 패하고 Vitebsk 로 가는 길이 막혔다. 그 결과 Smolensk 가 새로운 합류 지점으로 선별되었고 Barclay de Tolly 는 휘하 전군과 함께 Vitebsk 를 떠나 Smolensk 로 향했다. 7 월 28 일 무방비 상태의 Vitebsk 에 입성한 Napoleon 은 진격을 멈추고 도시를 겨울 숙영지로 선택했다.

그러나 우세를 이용해 Russia 군 본대와 승부를 가리기로 마음먹은 Napoleon 은 추격을 곧 재개했고 8 월 초에 드디어 합류하는 데 성공한 Russia 군도 퇴각을 그만두고 전투 태세에 들어가 8 월 중반 Smolensk 전투가 벌어지게 되었다. Barclay de Tolly 는 Smolensk 를 중심으로 방어전을 전개했는데 Bagration 이 이끌고 온 30,000 여 명은 도시를 방위하도록 하고 나머지 100,000 여 병력은 날개와 후방의 Dorogobuzh 에 배치했다. 원정군의 대대적인 포격을 받게 된 Smolensk 는 목재 건물이 대부분을 차지하고 있어 의도적 방화까지 겹쳐 거의 잿더미가 되었다. Napoleon 군이 계속 도시 중심부로 육박해오자 Barclay de Tolly 는 결전을 피해 군대에게 도시를 벗어나 철수할 것을 명령했다. Smolensk 공격을 최전선에서 지휘하던 Ney 원수는 30,000 여 병력으로 Russia 군을 추격해 다음 날 Barclay de Tolly 가 직접 지휘하는 40,000 여 명의 Russia 군 후위대와 Valutino 전투를 치렀다. 이는 승부없이 끝났고 Russia 군은 퇴각할 기회를 확보하는 데에 성공했다.

같은 시점 Oudinot 원수가 지휘하는 Napoleon 군이 Wittgenstein 의 Russia 군과 싸워 Polotsk 를 점령했으나 양측의 전력은 그 후에도 비슷했으므로 이 방면에서 양군은 10 월 중순, Finland 에서 온 Russia 의 증원군이 Wittgenstein 군대와 합류하기까지 서로를 견제하며 대치 상태에 들어갔다. 이 전투에서 부상당한 Oudinot 원수를 대신해 Saint-Cyr 대장이 한동안 군대를 지휘하게 되었다.

5.8.1.3 Borodino 전투와 Moscow 입성

Alexander 1세는 8월 20일 Barclay de Tolly 를 Kutuzov로 교체했다. Kutuzov는 내륙으로 후퇴하여 Napoleon의 본대를 병참에서 계속 멀어지게 한다는 기본 전략을 변경하진 않고 군대를 동쪽의 Gzhat로 후퇴하였다. 참모장 Bennigsen이 여기서 대대적인 전투를 벌이는 것에 반대해 Kutuzov의 Russia군 본대는 또다시 동쪽으로 후퇴, 9월 초 Moscow에서 서쪽으로 약 110Km 가량 떨어진 Borodino에 도착했다.

여기서 Russia군은 Moscow로 가는 길 부근에서 뒤따라온 Napoleon군과 격전을 벌였는데 이것이 Borodino 전투다. 양군은 각각 130,000여 병력에 600여 문의 대포를 보유하고 있어 수적으로는 거의 대등하였다. 전투 초반은 Napoleon의 뜻대로 진행되어 Eugène de Beauharnais가 이끄는 좌익은 Borodino 마을을 점거한 다음 우익에 포진해 있던 Russia군 주력을 묶었고 Davout가 이끄는 중앙의 주력은 Russia군 1 방어선을 돌파하는 데에 성공하고 우익은 Russia군 극좌익을 무너뜨리고 지휘관 Tutchkov를 죽였다. 그러나 Poniatowsk의 기병대가 Russia군 좌익을 우회하는 것을 심하게 방해받아 결국 정면 공격만 남게 되었고 끝없는 포격으로 인해 연기가 전장의 시야를 가린 상황에서 이른 아침부터 오후까지 처절한 전투가 벌어졌다. 결국 전력의 30% 이상을 잃은 데다 Napoleon의 근위대가 개입하는 것을 염려한 Kutuzov가 퇴각을 지시하고 Napoleon은 사투를 벌인 병사들의 상태를 참작해 추격 명령을 내리지 않아 전투는 일단락되었다. Napoleon군도 거의 30,000 명의 사상자를 내었고 Napoleon조차 이 광경을 보고 자신이 경험한 가장 끔찍한 전투였다고 묘사했다. 이 전투에서는 수많은 상급 장교들도 희생되었는데 대표적인 예가 Bagration이다. 그림 5.76 Napoleon군의 진격로를 나타낸 것이다.

Moscow로 후퇴한 Kutuzov는 오히려 승리를 가장하고 승전보를 St. Petersburg 로 보내었고 이를 접한 Alexander를 1세는 Kutuzov를 원수로 임명했다. Moscow 주민들이 처음에 피난을 가지 않은 데에는 이 점이 강하게 작용했다. Kutuzov는 9월 12일 Moscow를 단념하고 군대와 함께 멀리 떨어진 동부의 Kazan 방향으로 퇴각했다. 9월 14일 Napoleon은 Moscow에 입성했다. 다른 대도시들과는 달리 Moscow에서는 환영하는 군중도, 정식 사절단도 없었고 Napoleon은 무척 의아해했다.

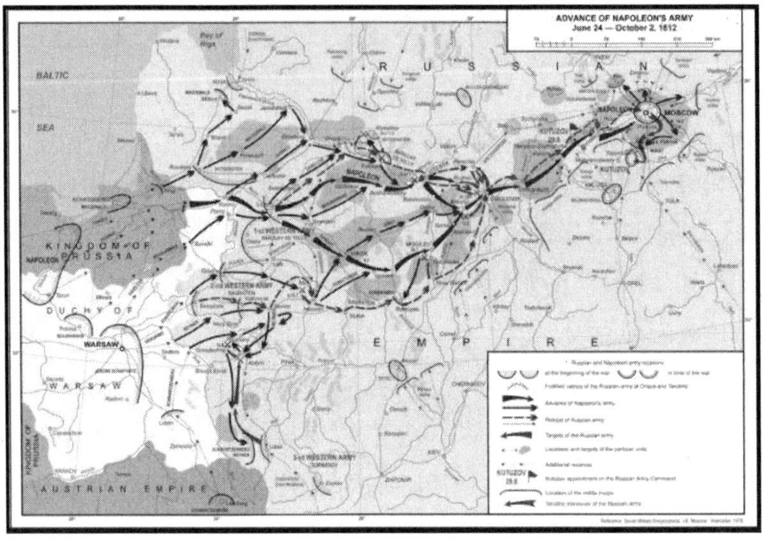

그림 5.76 Napoleon군의 진격로

5.8.1.4 Moscow 대화재

1812년 9월 14일 Napoleon은 목표하던 Moscow에 입성했다. 입성한 당일 밤, 이미 시내에서 화재가 일어났는데 다음날 아침까지 불길을 잡을 수 있었다. 그러나 15일 밤에 또다시 화재가 발생했고 강한 바람을 타고 불이 걷잡을 수 없는 속도로 확산되어 18일까지 목조 구조물이 3분의 2 정도를 차지하는 Moscow에 있던 건물들의 70% 이상이 소실되었다. 이때 석조 건물이기도 한 Kremlin은 무사했다. 화재의 원인에 대해선 여러 주장이 있는데 Napoleon군의 실화라는 설도 있으나 당시 Moscow 총독으로 도시에 여전히 남아 있던 Rostopchin 백작이 남은 수하들에게 명령해 실행한 고의적인 방화였다는 설이 더 유력하다.

5.8.1.5 Napoleon의 Moscow 체류와 교섭 시도

화재를 진압한 후 다시 Kremlin궁에 머무르면서 Napoleon은 Alexander 1세가 협상을 청해오기를 기다렸으나 무소식이었고 이에 스스로 평화 협정을 제안했으나 Alexander는 회답하지 않았다. Alexander 1세가 Moscow 함락 이후에도 비타협적인 태도를 고수할 것이라고 생각하지 않았던 그는 교신을 몇 차례 더 시도했으나 성과가 없었고 시간만 흘렀다. 이 동안에 Borodino 전투에서 큰 손실을 입었던 Russia 군 본대는 병력과 물자를 보충할 여유를 얻었고 남부에서는 Ottoman 제국과의 전쟁에 투입되었던 병력이, 북부에서는 Finland에 주둔하던 Russia군이 Napoleon군과의 거리를 계속 좁혀 왔다. 10월 초 Alexander 1세는 Kutuzov에게도 교섭을 금지시켰고 Napoleon은 재차 전쟁 발발 전까지 Russia에 주재하던 특무 대사를 Kutuzov에게 사절로 파견했으나 결국 뜻을 달성하지 못했다. 한편 영국은 Russia가 Napoleon와 강화를 맺는 것을 막기 위해 Russia에 대한 자금과 물자 지원을 아끼지 않는 등 외교적으로 더욱 적극적으로 나갔다. Moscow의 함락 이후 Russia 상류층 사이에서도 Napoleon와의 화평을 원하는 목소리가 강해졌으나 Alexander 1세는 끝내 방침을 바꾸지 않았다.

협정이 성사되지 않은 데다가 Cossack 기병대가 수송대와 전령을 습격하는 일이 잦아지고 겨울이 다가오자 보급이 날이 갈수록 불확실해지는 Moscow에 체류하는 것이 위험하다고 여긴 Napoleon은 철군을 결정했다. 이 무렵 Finland에서 남하하던 Russia군이 Wittgenstein의 군대와 합류했고 Wittgenstein은 우세해진 전력으로 Saint-Cyr의 군대를 공격해 Polotsk를 탈환했다. 10월 19일 Napoleon은 Moscow를 떠났고 10월 말에는 남아 있던 후위부대가 퇴각을 개시했다. 탈취한 물건들을 실은 수레가 가득했으나 부상병이나 환자들은 다수가 도시에 남겨져 운명에 맡겨졌다. 실제로 이들은 맨 먼저 입성한 Cossack 족과 도시민들에 의해 비참한 최후를 맞이하게 되었고 후에 Vilna에서도 비슷한 참극이 벌어졌다. Moscow에 거주하던 외국인들이 꽤 되었는데 Napoleon이 입성한 후에도 도망가지 않았던 이들은 원정군이 도시를 떠난 후 있을 보복이나 무질서 상황을 염려해 후퇴 행렬에 가담했다. 이 시점에서 Moscow를 떠난 Napoleon군 본대는 대략 90,000 명 정도였다.

5.8.1.6 Napoleon군의 후퇴

Napoleon의 원정군은 Moscow에서 남서쪽 방향에 있는 Kaluga쪽으로 이동하기 시작했다. 10월 24일, 말로야로슬라베츠에서 Eugène de Beauharnais의 군대가 Kutuzov가 전위 부대로 보낸 Dokhturov의 사단과 싸워 Russia군을 물리쳤다. Kutuzov는 퇴각하는 원정군과의 전면적인 대결을 피하면서 추격했다. Napoleon이 Moscow를 떠난 지 얼마 안 된 10월 22일에서 23일 사이 Paris에서 탈옥한 Claude de Malet 장군이 Napoleon의 사망과 임시 정부의 수립을 공언하며 쿠데타를 일으켰다가 Paris 총독에게 체포되어 총살당했다.

Napoleon은 Smolensk 부근에 예비 병력으로 남겨두었던 Victor–Perrin 원수의 군대와 합류하기 위해 남서쪽 길을 벗어나 Moscow로 진격할 때의 행군로에 다시 들어섰다. 주변이 이미 전번의 행군으로 인해 완전히 황폐해져 있었기 때문에 후퇴가 더욱 고단해졌다. 11월 초에는 Biazma에서 Miloradovich 장군이 지휘하는 한 Russia 군대가 Davout의 후위대를 가로막고 전투를 벌였다. Vyazma의 Russia군은 포병대의 우세를 활용해 원정군을 동요 상태로 몰아넣고 위기에 빠뜨렸으나 지원 병력 요청을 받은 Kutuzov가 3,000 명의 기병만 보내는 바람에 활로를 뚫는 데 성공한 원정군은 10,000여 명의 병력을 잃고 궁지를 벗어나 Smolensk에 도착할 수 있었다. 여기서 Napoleon은 민스크를 새로운 목표 지점으로 선택하고 Wittgenstein의 군대에게 연합해 대항하던 Oudinot와 Victor–Perrin에게 Vitebsk 근방을 떠나 군대를 남쪽으로 인솔해 자신과 합류할 것을 명령했다. 그 다음 Napoleon은 그 때까지 제일선에 투입되지 않았던 근위대와 함께 선두에 서고 Eugène de Beauharnais, Davout, 최종적으로는 Ney의 군대가 차례로 뒤따르게 한 후 11월 중순 Dnieper 강을 건널 지점으로 정한 Orsha로 이동하기 시작했다.

그림 5.77 Napoleon 군의 Moscow 입성과 퇴각

5.8.1.7 Krasny 전투

Napoleon이 근위대와 함께 중계점인 Krasny 마을로 들어가는 것을 방치한 후, 그가 온 길을 이미 주변부에서 대기하던 Miloradovich의 Russia군이 단절하고 Kutuzov에게 이를 전했다. Moscow에서 퇴각하기 시작한 원정군을 줄곧 남쪽에서 간격을 유지하며 추격해온 Kutuzov는 Krasny에 있는 Napoleon의 근위대를 북쪽의 Golitsyn, 서쪽에서 오는 Tormassov, 동쪽의 Miloradovich의 군대와 협력해 포위할 계획을 세웠다. Krasny로 향하던 Eugène de Beauharnais의 군대는 길을 막은 Miloradovich 군의 공격으로 인해 병력의 3분의 1에 해당하는 2,000여 명을 잃고 간신히 목적지로 들어갔고 다음날 근방에 도착한 Davout의 군대 역시 고전을 면치 못했다.

포위망이 좁혀지자 Napoleon은 Eugène de Beauharnais에게 Orsha로 통하는 서북쪽 길을 열어 두는 역할을 맡기고 자신은 10,000여 명의 근위대와 함께 남동쪽으로 수Km까지 접근한 Kutuzov의 본대를 상대로 오히려 공세로 나갔다. 그러자 Napoleon과의 정면 대결을 꺼린 Kutuzov는 월등한 전력을 보유하고 있었음에도 불구하고 멀리서 포격만 하며 전진하지 않는 쪽을 선택했다. 북쪽에서는 Napoleon의 청년 근위대가 중심이 되어 Golitsyn 군대의 소수 병력이 지키는 Uvarovo마을을 공격해 빼앗고 Davout의 군대가 Krasny로 진입하는 것을 원호했다. Miloradovich의 군대가 Kutuzov의 명령을 받고 서쪽으로 이동하자 틈이 생겼고 덕분에 돌파구를 찾지 못하고 크게 소모되어 있었던 Davout의 군대는 Krasny에 도달할 수 있었다. Golitsyn의 군대가 반격으로 나가 우월한 포병과 기병을 내세워 공격을 되풀이해서 6,000명이 정원이었던 청년 근위대는 절반이나 되는 사상자를 내고 마을을 다시 내주었다.

Tormassov의 군대가 서쪽에서 바싹 다가와 퇴로를 차단할 것을 우려한 Napoleon은 Smolensk에서 마지막으로 출발한 Ney의 후위대를 기다리지 않고 Orsha로의 후퇴를 재개했다. Kutuzov는 Krasny 마을을 되찾는 것으로 일단 만족했는데 이런 영문을 모르던 Ney의 8,000여 병력과 수만 명의 인파는 지원이 없는 상황에서 주변에 집결한 Russia군을 상대하게 되어 항복을 거부하고 구사일생으로 위기를 탈출한 Ney와 1,000여 명을 제외한 나머지는 전사하거나 포로가 되었다. Kutuzov는 열세인 원정군을 완전히 격파할 호기를 놓쳤으나 그럼에도 공적을 인정받아 Smolensk 공의 작위를 하사받았다. 이 시점 Moldova 주둔군 30,000여 명을 이끌고 북상한 Chichagov는 Minsk에 입성했다.

5.8.1.8 Berezina 전투

Napoleon은 남은 군대와 함께 Orsha에서 Dnieper 강을 건너 Victor-Perrin과 Oudinot의 남은 30,000여 정규군과 재결합해 약 50,000명의 체계 잡힌 병력과 그 절반 가량의 낙오병, 비전투원들을 움직이게 되었다. 북쪽에서는 Wittgenstein의 군대가 Vitebsk 일대를 탈환한 후 Victor-Perrin과 Oudinot의 군대를 뒤쫓아 남하하여 압박해오고 있었다. Chichagov와 Wittgenstein이 이끄는 두 군대가 합류한 후 원정군의 후퇴를 저지하며 Kutuzov의 본대와 연계해 공격해오면 탄약과 물자가 거의 다 떨어진 상황에서 여지없이 전멸할 상황이었기 때문에 Napoleon은 휘하 군대를 독려해 최대한 빨리 서쪽으로 가 Borisov에서 Berezina 강을 건너려고 했다. 이 즈음에는 기온이 다시 올라가 Dnieper 강도, Berezina 강도 얼어붙어 있지 않았다.

Russia의 혹독한 추위가 Napoleon의 원정군에게 결정적인 타격을 주었다는 것이 통설이지만 전쟁은 여름에 시작되어 Napoleon이 Moscow에 입성할 무렵에는 가을이었고 그 무렵 Napoleon군 본대는 이미 100,000여 명으로 줄어 있었다. 크고 작은 전투와 병력의 분산을 고려해도 너무 적은 숫자로 이 때까지 적어도 150,000명이 넘는 병력이 다른 이유에서 와해되었다고 볼 수 있다. Napoleon이 Moscow에서 퇴각을 시작한 10월 중순부터 추위가 닥쳐와 양측에 상당한 손실을 입힌 것은 사실로 당시 Russia군도 전원이 동계 전투에 잘 대비해 있지는 않았다.

Napoleon은 Dombrowski의 연대를 Borisov에 먼저 보내어 수비하게 했는데 이 정보를 입수한 Chichagov는 군대를 이끌고 Minsk를 떠나 Dombrowski를 공격, 5,000여 병력의 저항을 분쇄하고 주변의 다리들을 파괴한 다음 강 좌안을 경비했다. 며칠 후 도착한 Napoleon은 강 좌안에 교두보를 확보할 때까지 어떻게든 Chichagov의 주력을 도강 지점에서 떼어 놓을 필요가 있었으므로 이를 위해 몇몇 곳에서 동시에 도강 준비 작업을 하고 있는 것처럼 위장했다. Chichagov는 원정군이 Borisov보다 하류에 위치한 지점을 골라 도강할 것이라고 오판해 주력을 이끌고 남쪽으로 내려갔는데 덕분에 Eblé 장군이 감독하는 Napoleon군 공병대는 Borisov의 약간 상류에 있는 마을에서 방해를 받지 않고 다리 건설에 들어갈 수 있었다. 동반한 이동식 부교들은 Dnieper 강을 건널 때 사용한 후 수거하지 못하고 없애 버렸으므로 새로운 다리를 만들어야 했는데 공병들은 알맞은 자재도 부족하고 한겨울에 강물 속에서 몇 시간 동안이나 작업하는 등 험악한 조건을 딛고 두 개의 부교를 완성했다. 이렇게 해서 근위대를 포함한 Napoleon군은 하루 이상 거의 방해받지 않고 강 너머로 건너갈 수 있었다. 이틀째 되는 날 아침 착각을 깨닫고 군대를 되돌린 Chichagov가 강 좌안을 방어하는 Oudinot와 네의 군대를 총공격했으나 저항도 격렬하여 교두보를 빼앗지 못했다. 한편 북쪽에서 접근한 Wittgenstein의 군대는 아직도 강 우안에 있던 원정군을 공격하고 다리에 포격을 가했지만 Victor-Perrin이 이끄는 4,000여 명의 후위 부대는 5배에 가까운 Russia군의 공격을 견뎌 내었다. 부교는 자주 손상되었으나 주변에 널린 시체 등을 이용해서 간신히 지탱할 수 있었다. 이날 밤 Victor-Perrin의 후위대 역시 강을 건넜고 이튿날 아침 Wittgenstein의 군대가 접근해오자 Eblé는 결국 다리를 폭파하라는 지시를 내렸다. 강 우안에는 정규군은 더 이상 없었지만 부상자와 환자, 낙오병들과 비전투원들이 가득했고 다리 폭파 후 이들 대부분은 Russia군의 포로가 되었다.

양측을 막론하고 포로가 된 병사들의 사망률이 매우 높았는데 이는 가혹한 처분 외에도 실제로 많은 포로들을 부양하기가 어렵기도 했기 때문이다. 나중에 Russia는 포로로 잡힌 병사가 소속된 나라가 Russia 편에 서는 대로 이들을 본국으로 돌려보냈다. 이 동안 Kutuzov의 본대는 전장에서 동쪽으로 50Km 이상 떨어져 있었고 이 전투에 참가하지 않았다.

5.8.1.9 원정의 끝

11월 말에 남은 정규군을 이끌고 Berezina 강을 건너 에움을 벗어나는 데 성공한 Napoleon은 12월 초 시달릴 대로 시달린 생존자들과 함께 Vilnius에 도착했다. 적지를 거의 벗어났으므로 Napoleon은 한시라도 빨리 군대를 재건하고 불안정한 수도의 정세를 완화시키기 위해 근위대를 뒤따라오게 하고 일부 측근들만 대동하여 즉시 Paris로 떠났다. 총지휘권은 Murat에게 인계했는데 Napoli 왕이기도 했던

Murat는 12월 10일 Vilnius를 포기하고 남은 군대와 함께 얼어붙은 Neman 강을 뒤로 건너 Warsaw공국으로 후퇴한 후 자신의 부재로 인해 왕국 내에서의 입지가 흔들리는 것을 미연에 방지하기 위해 Eugène de Beauharnais에게 총지휘권을 넘겨주고 Napoli로 떠나버렸다. 남아 있는 병사는 원정 직전과 비교하면 얼마되지 않아 12월 14일 Neman 강 서쪽에 도착한 Murat의 보고에 따르면 겨우 5,000여명만이 싸울 수 있는 상태였다.

Macdonald이 이끄는 Latvia의 Napoleon군은 12월 20일 철수를 시작했다. 12월 30일, 자국군과 함께 후위를 맡아야 했던 Yorck는 Macdonald 군대와의 연락이 끊어지자 Lithuania의 Tauragė에서 Russia의 Von Divichi 소장과 비밀리에 정전에 합의하고 동Prussia 으로 퇴각했다.

개전 후 Schwarzenberg의 Austria군은 천천히 동북쪽으로 나아가 Freepet 늪지대 남쪽에 다다른 후에는 교전을 회피하며 몇 달 동안 더 이상 내륙으로 전진하지 않고 있었는데 원정군 본대의 운명을 전해 듣고는 1813년 1월 초 전투를 중지하고 같은 달에 Russia와 무기한 정전 협정을 맺은 다음 본국으로 철수했다. 이리하여 Russia를 침공했던 원정군은 총퇴각했다.

그림 5.78은 Charles Joseph Minard 이 만든 Napoleon군이 Russia 원정시 출발부터 퇴각까지의 병력의 규모를 나타낸 도표이다. 위에 있는 굵은 부분이 Napoleon군의 병력 크기를 나타낸 것이며 왼쪽에서 오른쪽으로 Moscow로 진격하면서 점점 병력규모가 작아지면서 손실이 많아 지고 있는 현상을 나타내고 있다. 아래의 가는 선은 후퇴하는 병력의 규모를 나타낸 것으로 오른쪽에서 왼쪽으로 가면서 점점 작아지고 있다. 아래에는 기온을 표시하고 있다. Russia 원정에서는 기온이 대단히 중요한 군사적 승패에 영향을 미쳤다고 알려져 있다. 섭씨로 환산하기 위해서는 $1\frac{1}{4}$을 곱해야 한다. 예를 들어 −30° R = −37.5° C이다.

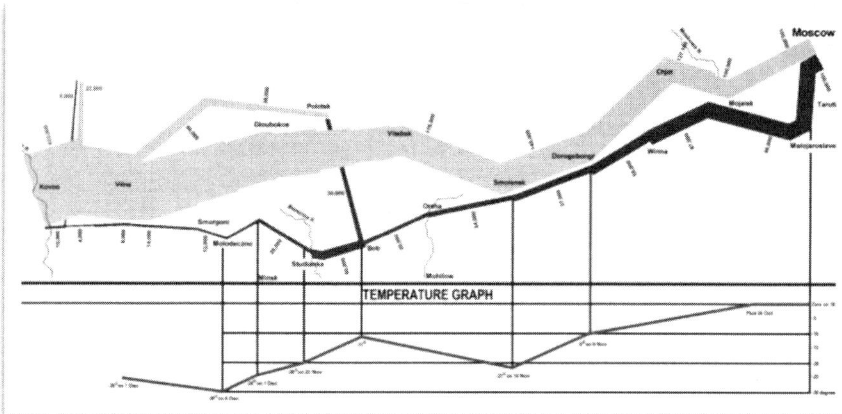

그림 5.78 Napoleon군의 병력 변화

5.8.2. Moscow 원정 Modeling 및 실험

정원일, 변무현, 조성진과 강성진(2011)은 Moscow 원정에서 군수지원의 제한이 없었다면 어떤 결과가 도출되었는지 즉, 정상적인 군수지원이 전투력 발휘에 어느 정도의 효과를 나타냈는지 정량적으로 산출하고자 연구하였으며 이를 바탕으로 Moscow 점령 지역을 안정적으로 유지하기 위한 보급지원 규모를 산출하였다.

이러한 결과를 도출하기 위해 정원일 등은 우선, Moscow 원정 외에 다른 전쟁사를 통해 Napoleon군과 Russia군의 손실계수 비율을 식 (5-131), (5-132)의 Lanchester Square Law를 이용하여 산출하고, 이 결과를 Moscow 원정에서 Napoleon군과 Russia군의 손실계수 비율로 가정하여 적용하였다.

$$\frac{dB}{dt} = -\alpha R \qquad (5-131)$$

$$\frac{dR}{dt} = -\beta B \qquad (5-132)$$

다음으로 Moscow 진격까지 Napoleon군이 정상적인 군수지원을 유지하였다면 Moscow 원정 결과가 어떻게 도출되었는지 판단하기 위해 산출된 손실계수 비율을 Agent Based Simulation 전투 Model인 MANA에 적용하여 Modeling하고 실험하였다. 이 때 Modeling 및 실험방법은 전투개체와 전장환경 Modeling에

초점을 두고 실시하였으며, 반복 실험하였다.

5.8.3 손실계수 비율 산정

Napoleon군과 Russia군의 전투 능력을 비교하기 위해 손실계수 비율을 산정하였다. Moscow 원정 간 일어난 전투를 기초로 손실계수 비율을 산정 시 비정상적인 군수지원에 따른 손실이 포함되어 있으므로 양국 간의 전투 능력을 신뢰성 있게 산정하기에는 제한적이다.

따라서, 전투 능력 비교를 위해 Russia 원정 이전 1805년 10월 20일 ~ 12월 9일의 Napoleon군과 Russia군 간 Austerlitz 전역의 전투 결과를 기초로 손실계수 비율을 산정하였다. Austerlitz 전역에서의 최초 교전 병력은 Napoleon군(Blue Force)이 141,000명이고 Russia군(Red Force)이 187,000명이며, 전쟁 후 잔존 병력은 Russia군이 134,200명, Russia군이 162,000명이었다. 이 자료를 기초로 식 (5−131), (5−132)을 이용하여 Napoleon군 전투 손실률 α 와Russia 군 전투 손실률 β 의 비율인 손실계수 비율을 산정하면 $\alpha/\beta = 0.214$이며, 이를 정리하면 표 5.52와 같다.

표 5.52 손실계수 비율 산정

구분	최초 병력		잔존 병력		손실계수 비율
병력(명)	Napoleon	Russia	Napoleon	Russia	0.214
	141,000	187,000	134,200	162,000	

산정된 손실계수 비율을 간단히 해석하면 "Napoleon군 0.214명과 Russia군 1명의 전투 능력이 동일하다." 라고 해석할 수 있다.

5.8.4 전투개체 Modeling

Moscow 원정에서 화포 이외에 특별한 무기체계가 없는 전쟁상황을 전제로 할 때 정원일 등의 연구에서는 중심적인 전투개체를 병력으로 선정하고 Modeling하였다. 병력은 전투를 수행하는 기본 단위이므로 병력의 특성이 Model에 반영되어야 한다.

Moscow 원정기간 중 최초에 대치한 병력수는 Napoleon군이 450,000명, Russia군이 220,000명이고, Russia군의 정규 잔존 병력은 380,000명이었다. 또한, 손실계수 비율은 $\alpha/\beta = 0.214$로서 이를 기초로 전투개체를 Modeling하였다. 우선, 병력수 Modeling은 1개체 당 5,000명으로 가정하여 Napoleon군을 90개의 개체로 Modeling하고 Russia군은 44개의 개체로 Modeling하였으며, Russia군의 정규 잔존 병력은 76개의 개체로 Modeling하였다. 그리고, 양측의 전투 능력으로 볼 수 있는 손실계수 비율 적용은 Napoleon군에 1발당 명중률을 1로 설정하고 Russia군에는 1발당 명중률을 0.214로 설정하여 Simulation 전투 결과가 역사적 결과와 비슷하도록 하였다.

1814년 영국의 Hanger 대령이 Napoleon 시대에 사용된 그림 5.79의 Flintlock Musket 소총의 유효사거리에 대해 언급한 것이 기록으로 남아 있는데, 이 기록에 따르면 유효사거리가 100yd로 대략 90m 정도이다. 하지만, Flintlock Musket 소총은 총강내에 강선이 새겨져 있지 않았을 뿐만 아니라 가늠쇠만 있고 가늠자가 없어 정확도에 상당한 문제가 있었다. 그리고, 일단 교전이 시작되면 Flintlock Musket 소총에 사용되던 화약에 의해 자욱한 연막으로 휩싸였기 때문에 조준사격이 의미가 없었고, 근접전투인 점을 감안하여 사격 범위를 50m로 가정하여 Model에 반영하였다. 무기체계들이 비교적 단순하여 5,000명이 같은 무기를 가진 것으로 설정하여 MANA Model의 개체 단위로 Modeling하였다.

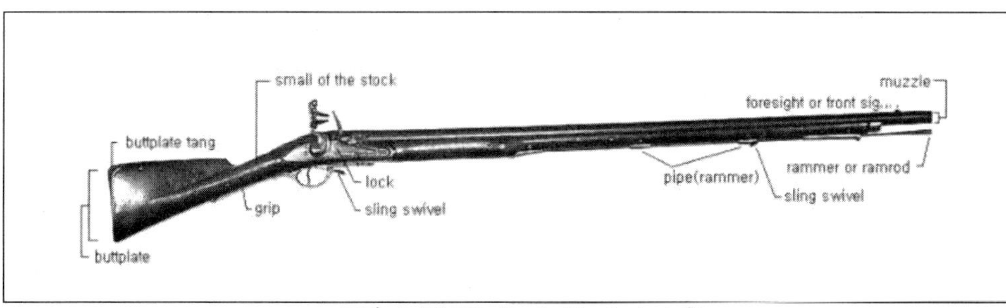

그림 5.79 Flintlock Musket 소총

5.8.5 전장환경 Modeling

전장환경 Modeling을 위해서 일자별 진출거리 및 소요 일수에 대해 살펴보았다. 표 5.53에서 표시된 것과 같이 Moscow 원정은 Napoleon군 450,000명이

Nimen강을 1812년 6월 24일에 도하하여 6월 27일에는 Vilnius, 7월 27일에는 Vitsebsk, 8월 5일은 Smolensk, 9월 7일에는 Borodino로 진격했으며, 9월 14일에는 Napoleon군 180,000명이 Moscow에 입성했다.

표 5.53 일자별 진출거리 및 병력

일자	6.24	6.27	7.27	8.5	9.7	9.14
진출거리 (Miles)	0	71	291	374	591	641
병력 (10,000명)	45	결측치	23	결측치	결측치	18

이를 기초로 Napoleon군은 Nimen강 도하에서부터 Moscow 입성까지 총 이동거리는 641 *mile*이고 일수로는 81일이 소요되었으며 일자별 진출거리를 그래프로 표현하면 그림 5.80에서 보는 것과 같이 거의 등속도로 이동했음을 알 수 있다.

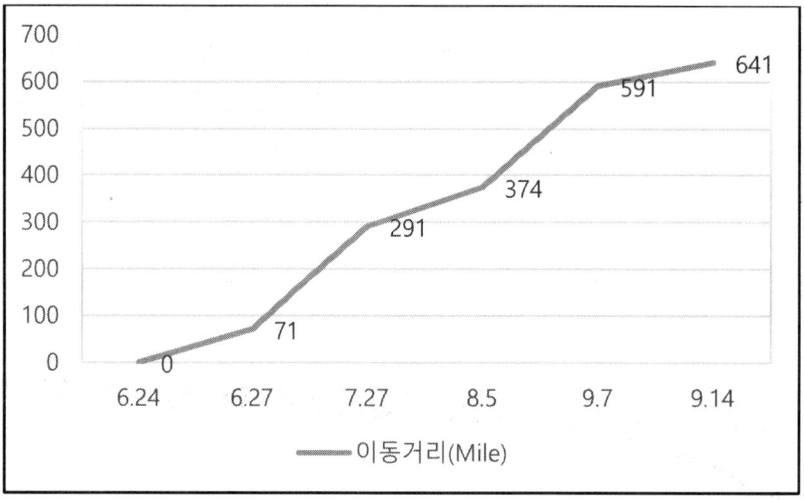

그림 5.80 Napoleon군의 일자별 이동거리

이를 기초로 전장환경을 Modeling한 결과, 전체 지형의 넓이는 450mile × 200mile이며 이를 MANA Model에서 200 × 200 좌표로 Modeling하여 1 × 1좌표 당 실제 거리가 2.25mile × 1mile 이 되도록 하였다. 또한, 시간 단위는 MAMA Model의 1 Step을 0.3 Day로 정하여 Moscow 입성까지 등속도로 실제 소요 기간이 81일이 되도록 하였다. 또한, 병력의 이동 범위를 제한하기 위해 MANA Model에서

Next Waypoint 가중치를 100으로 두었다. 그리고 개체간 친밀도는 한 쪽으로 치우치지 않도록 평균 가중치인 50으로 두었다. 그림 5.81은 Moscow 원정의 Modeling 결과를 그림 5.78을 바탕그림으로 하여 MANA Model에서 구현한 화면이다.

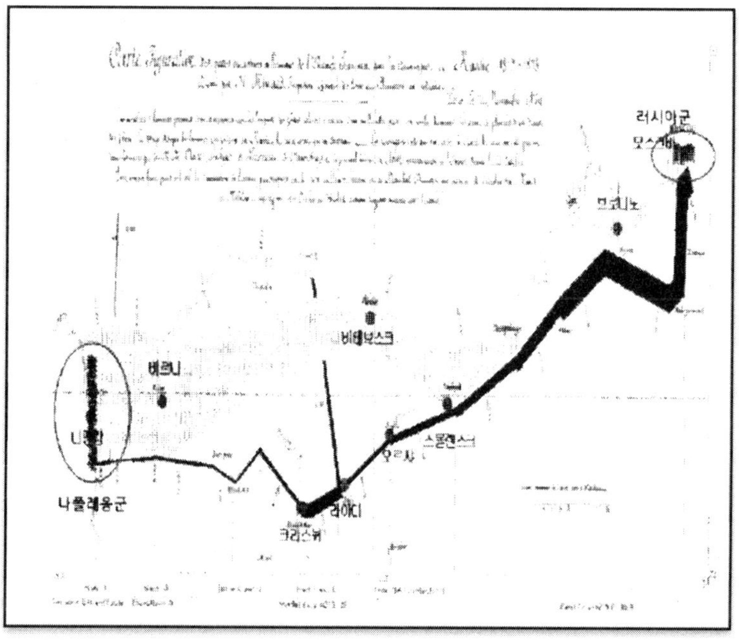

그림 5.81 Moscow 원정의 Modeling 결과를 MANA Model에서 구현

5.8.6 실험 시나리오

실험 시나리오는 2가지 경우로 Napoleon군의 Moscow 원정 시 Russia 초기 투입 병력 220,000명 외의 정규 잔존 병력인 380,000명의 본대 지원 유무에 따라 구분하였다. 이를 구체적으로 설명하면 다음과 같다. Case(I)은 Russia 군의 정규 잔존 병력이 투입되지 않을 경우로 Napoleon군의 정상적인 군수지원 하에 전투 결과를 알아보기 위한 시나리오다. 이를 토대로 비정상적인 군수지원에 의한 전투 결과와의 비교를 통해 정상적인 군수지원이 전투 결과에 미치는 효과를 산출하고자 한다. 또한 Simulation 결과, 정상적인 군수지원 하에 생존 병력을 토대로

Napoleon군이 Moscow 점령을 지속적으로 유지하기 위한 소요 물자를 판단하고자 한다. Case(II)는 Russia 군의 정규 잔존 병력이 투입되었을 경우로 정상적인 군수지원이 이루어졌다는 가정하에 우발 상황에 대한 결과를 예측하기 위한 시나리오다. 각 시나리오별 Simulation 횟수는 50회를 실시하고 전투결과 산출은 Napoleon군 및 Russia군의 전후 생존 및 손실 병력이다. 표 5.54는 정원일 등의 연구에서 구성한 실험 시나리오의 전체적인 내용이다.

표 5.54 실험 시나리오

구 분	Case(I)	Case(II)
내용	Russia군 정규 잔존병력 미지원시	Russia군 정규 잔존병력 지원시
목적	· 정상적인 군수지원이 전투 결과에 미치는 효과 분석 · 지속적 점령을 위한 소요 물자 판단	· 우발 상황에 대한 결과 예측
산출요소	생존 및 손실 병력	

5.8.7 실험 결과 및 분석

역사적 결과에 대한 사실적 분석은 Simulation 결과와의 비교를 통해 군수지원의 중요성을 정량적으로 산출하기 위해 반드시 필요한 요소이다. 이에 따라, Moscow 원정 결과에 대한 역사적 사실을 분석하였다.

정원일 등의 연구에서는 군수지원 능력이 전투력에 어느 정도의 효과를 나타내는지 분석하는 것이 목적이므로, Moscow 원정간 Napoleon군의 군수지원 능력이 어느 정도인지 산출하기 위해 몇 가지 가정이 설정하였다. 첫 번째 가정은 군수지원 부족으로 병력이 손실했다고 가정한다. 병력의 손실이 다양한 원인으로부터 기인하겠지만 Moscow 진격시까지는 군수지원에 대한 문제의 비중이 가장 컸다. 두 번째 가정은 기간별 군수지원 능력을 균등분포로 가정하였다. 이것은 군수지원 능력에 대한 자료들이 간헐적으로 기록이 남아 있으므로 Moscow 원정 전체 기간에 걸쳐 일일이 군수지원 능력을 판단하기에는 제한사항이 따르기 때문이다. 세 번째 가정은 표 5.55의 전투력 지수를 군수지원 능력 지수로 가정하여 Moscow 진격 시 생존 병력 및 손실 병력에 각각 '황색' 및 '적색' 수준의 군수지원 능력을 보유하고 있는 것으로 가정하였다.

표 5.55 전투력 지수

구 분	전투력 수준(%)	전투지속능력
녹색	100 ~ 90	충분
황색	89 ~ 75	다소 제한
적색	74 ~ 50	크게 제한
흑색	49 ~ 0	전투지속불가

이것은 전투력 지수가 어떤 수준이라면 일반적으로 군수지원 능력 또한 유사한 수준으로 볼 수 있으므로 전투력 지수를 군수지원 능력 지수로 가정하였다. 또한 역사적 기록에 의한 기간별 군수지원 능력을 판단하여 군수지원 수준을 설정하였다.

MANA Model은 시간 경과에 따른 이벤트 기능이 있기 때문에 이러한 가정들을 전제로 Modeling하여 일일 평균 군수지원 능력을 산출하였다. 기간 설정은 기록이 남아 있는 역사적 자료를 기준으로 기간 및 기간 II로 나누었다. 군수지원 능력 부족에 따라 병력이 손실했다고 가정했으므로 평균 군수지원 능력은 식 (5-133)을 이용하여 산정하였다.

$$MLC = LLCI \times LFE/LFS + LCID \times DFE/LFS \qquad (5-133)$$

이 때, MLC(Mean Logistic Capability)은 기간별 평균 군수지원 능력이고, LCIL(Logistic Capability Index for Live forces)는 생존자 군수지원 능력 지수(황색: 0.82), LFE(Live Forces on End time)는 종료일 생존병력, LFS(Live Forces on Start time)는 시작일 생존병력, LCID(Logistic Capability Index for Damaged forces)는 손실병력 군수지원 능력 지수(흑색: 0.245), DFE(Damaged Forces on End time)는 종료일 손실병력이다.

시작일 및 종료일은 역사적 자료가 남아있는 일자를 기준으로 기간 I 은 6월 24일 ~ 7월 27일로 설정하였고, 기간 II는 7월 28일 ~ 9월 14일로 설정하였다. 기간별 일수로 기간 I 은 33일이 되고, 기간 II 는 48일이 되며 총 일수는 81일이다. 일수 표준화는 Moscow 진격 시까지 전체 일수에 대한 기간별 일수 비율을 나타내는 것으로 기간 I 은 0.407이고 기간 II 는 0.593이다. 일일 평균 군수지원 능력은 Moscow 진격 시까지 일일 평균 군수지원 능력을 나타내는 것으로 기간 I 은 0.220이고 기간 II 는 0.412이며 전체 일일 평균 군수지원 능력은 0.316이다.

여기에서 기간 I 동안 군수지원 능력이 기간 II 에 비해 2배 정도 열악했음을 정량적으로 판단할 수 있으며 전체 일일 평균 군수지원 능력이 31.6% 수준이었음을 확인할 수 있다. Napoleon군의 군수지원 능력을 전체적으로 정리하면 표 5.56 과 같다.

표 5.56 Napoleon군의 군수지원 능력

구 분	기간 I	기간 II	전체기간
시작일	6월 24일	7월 28일	–
종료일	7월 27일	9월 14일	–
총 일수	33일	48일	81일
일수 표준화 (전체기간을 1로 할 때)	0.407	0.593	1
일일 평균 군수지원능력	0.220	0.412	0.316

<u>Case(I) 실험 결과</u>

Case(I)은 Russia 군의 정규 잔존 병력 380,000명이 투입되지 않을 시 Napoleon군의 정상적인 군수지원 하에 전투 결과를 산출하고자 하는데 목적이 있다. Case(I) 실험결과는 표 5.57 과 같이 Napoleon군의 생존병력은 375,000명이고 손실병력은 75,000명이다. 이에 비해, Russia군은 220,000명 모두 전멸하였다.

이를 토대로 정상적인 군수지원이 전투 결과에 미치는 효과를 산출하고자 한다. 이를 산출하기 위해 역사적 사실에 의한 생존병력과 Case(I)에 의한 생존병력을 비교함으로써 분석할 수 있다. 즉, Simulation 결과, Moscow에 375,000명이 입성하였으므로 일일 평균 군수지원 능력이 0.316이었던 역사적 사실에 의한 Napoleon군 생존 병력이 180,000명임을 감안해 볼 때, 정상적인 군수지원이 이루어졌다면 즉, 일일 평균 군수지원 능력이 1이었다면 2.08배의 전투효과 증가를 추정할 수 있다.

표 5.57 Case(I) 결과

구 분	Nimen강 도하		Moscow 입성		비고
	Napoleon	Russia	Napoleon	Russia	
생존병력(명)	450,000	220,000	375,000	0	생존율 : Napoleon 83%, Russia 0%
손실병력(명)	0	0	75,000	220,000	손실률 : Napoleon 17%, Russia 100%

이 결과를 통해 정상적인 군수지원이 얼마나 중요한지 정량적으로 확인할 수 있다. 표 5.58은 Napoleon군의 정상적인 군수지원에 대한 전투 효과를 나타낸다.

표 5.58 전투 효과분석 결과

구 분	Nimen강 도하		Moscow 입성		전투효과
	전쟁사	Case(I)	전쟁사	Case(I)	
생존병력(명)	450,000		180,000	375,000	2.08

다음으로 Simulation 결과에 따른 Napoleon군 생존 병력이 Moscow 점령을 지속적으로 유지하기 위한 소요 물자를 산출하고자 한다. 정원일 등의 연구에서는 소요 물자 중 가장 핵심인 병력과 군마에 대한 소요 식량으로 한정하여 산출하였다.

이를 산출하기 위해 당대의 군마 및 병력에 대한 급식 기준량을 중심으로 산출하면 좋으나 당대 기준량을 확인하기 어려워 병력에 대한 기준량은 서양식 기준량으로 1일 1.65Kg으로 설정하고, 군마에 대한 기준량은 경주마의 기준량인 1일 1.2Kg으로 가정하였다. 또한, 군마의 수는 최초 약 250,000마리였는데 Case(I)에 의한 병력 생존율을 적용하여 208,333마리로 가정하였다. 이를 토대로 병력 및 군마에 대한 1일 소요량을 산정하면 표 5.59 와 같이 각각 723t, 250t이며 총 973t으로 추정된다.

표 5.59 Napoleon군의 군수지원 능력

구 분	식량		
	병력	군마	계
1일 기준량 (Kg)	1.2	1.65	2.85
지원대상 (명, 마리)	208,333	438,314	646,647
1일 총 소요량 (Kg)	250,000	723,218	973,218

Case(II) 실험 결과

Case(II)는 Napoleon군과 Russia군의 1차 전투 후에 Russia군의 정규 잔존 병력 380,000명이 추가로 투입된 경우로 Napoleon군의 정상적인 군수지원이 이루어졌다는 가정 하에 우발 상황에 대한 결과를 예측하기 위한 시나리오다. Case(II) 실험 결과 표 5.60 과 같이 Napoleon군의 생존병력은 210,000명이고 손실병력은 165,000명이다. 이와 대조적으로, Russia군은 600,000명 모두 전멸하였다.

이러한 결과를 볼 때, 정상적인 군수지원이 이루어지지 않았을 때에는 Russia군의 정규 잔존 병력과의 2차 전투는 상상도 할 수 없을 정도로 Napoleon군의 전투능력이 미약했다. 하지만, 정상적인 군수지원이 유지되었다면, Case(II)의 결과를 통해 알 수 있듯이 Russia군의 정규 잔존 병력과의 2차 전투를 실시했더라도 승리를 확신할 수 있었을 것이다.

표 5.60 Case(II) 결과

구 분	1차 전투 후		2차 전투 후		비고
	Napoleon	Russia	Napoleon	Russia	
생존병력 (명)	375,000	380,000	210,000	0	생존율 : Napoleon 56%, Russia 0%
손실병력 (명)	75,000	220,000	165,000	380,000	손실률 : Napoleon 44%, Russia 100%

5.8.8 실험결과에 따른 Moscow 원정 분석

Napoleon의 Moscow 원정 분석은 군수지원 외의 요소도 찾아볼 수 있지만, 정원일 등의 연구에서는 군수 지원 요소에 중점을 두고 도출하였다.

첫째, Napoleon군이 정상적인 군수지원체계 정비를 간과한 채 무리한 작전을 수행함으로써 Moscow 원정이 실패한 것으로 판단된다. 만약, Napoleon군이 군수지원체계를 정비한 후 Moscow로 진격했다면, 표 5.59 과 표 5.60의 결과처럼 높은 생존율로 Moscow에 입성함과 동시에 Moscow 원정의 성공 가능성이 높을 수 있었을 것이다.

둘째, Napoleon군은 군수지원을 현지 획득에 지나치게 의존하였다. 표 5.58의 전역사 결과 부분에서 볼 수 있듯이 Russia군의 초토화전술에 의해 현지획득 제한으로 정상적인 군수지원이 이루지지 않음으로써 비전투손실 병력이 커졌고 이에 전투력 유지에 많은 제한이 발생했다. 이를 통해 군사작전 계획 시 중요한 고려 사항은 다음과 같다.

첫째, 정량적 분석에 의해 산출된 표 5.58의 전투효과 분석결과를 통해 볼 수 있듯이 정상적 군수지원 환경에서의 전투가 비정상적 군수지원 환경보다 2.08배 수준으로 전투능력을 발휘할 수 있었을 것이다. 따라서, 군수지원 능력이 갖추어져 있지 않은 상태에서 무리하게 전투를 수행한다면, 그 만큼 많은 전투력 손실을 감안해야 한다. 그러므로, 전투 능력을 십분 발휘하기 위해서는 군수지원체계를 충분히 갖춘 후 전투를 실시해야 한다.

둘째, 장기간 전투시 현지획득 개념은 너무나도 위험하다. 아무리 치밀하고도 완벽한 계획을 할지라도 전투간 많은 변수가 있으므로 반드시 군수지원 능력을 높은 수준으로 유지해야 한다. 만약, Napoleon군이 현지획득 개념을 우발계획으로 수립하고 지속적으로 군수지원 능력을 갖추고 있었다면, Napoleon군의 Moscow 원정은 실패할 가능성이 낮았을 것이다

제 6 장. Lanchester 전투모형 이외의 전투모형

6.1 Epstein 전투모형

6.1.1 Lanchester 전투모형의 제한점과 극복방안

Lanchester 방정식에 의한 전투력 손실은 오직 손실계수 및 초기 전투력에 의해서 계산하고 손실의 감소를 위한 전술 즉 철수를 반영하지 못하고 있으며 손실교환율은 체감없이 전투력비가 증가할수록 전투력비에 일정 상수 비율로 증가한다는 것이 가장 기본적인 문제점으로 지적되고 있다.

J. M. Epstein 은 이러한 Lanchester 방정식의 문제점을 해결하고자 새로운 단순집약적 방정식을 설정하여 쌍방의 손실률에 철수율을 고려해 주었다. 그러나 손실교환율을 일정 상수로 준 점과 초기 철수율을 0 으로 설정한 점 등의 문제점이 발견되었다.

전투의 결과를 결정하는 것은 적군 및 아군 쌍방간의 병력이나 장비의 수 이외에 조기경보, 준비태세, 지형, 전술, 협조, 군수, 사기, 군기, 단결력, 정신력 등이 복합적으로 작용하는 것이므로 이들 요인들의 개별적 평가만으로서는 전투시 우위를 비교할 수 없다. 실제로 평화시 무기 재고의 수량 비교가 국가 전시목표 달성의 기준으로서 이용된다면 위험을 초래할 수 있다. 즉 수치상의 불일치가 곧 군사능력의 불균형으로 된다는 가정하에서는 자원배분의 오류와 적능력의 과대 또는 과소 평가를 유발하여 분쟁의 격화와 전쟁의 확전으로 치닫게 된다. 이러한 오류를 피하고 군사적 자산에 근거한 합리적인 판단이 이루어 지려면 전투시 군사력을 입력 받아 전시임무 수행시의 능력을 자연스럽게 출력하는 해석적 방법을 택해야 하며 특히 주요변수와 변수들간의 상호 작용을 시간경과에 따라 가능한 분명히 나타낼 수 있어야 한다.

앞에서 설명한 Lanchester Equation 은 많은 장점을 가지고 있어 수학적 전투모형으로서 많이 활용되고 해석되어져 왔다. 그러나 Lanchester Equation 의 제한점으로 다음과 같은 것을 들 수 있다.

첫째, 철수의 필요성과 철수에 따른 결과를 고려하지 못하고 있다. 지상전 모형이 타당성 있게 받아 들여지기 위해서는 손실과 전선이동간의 관계를 내포하여야 한다. 역사적으로 볼 때 철수의 근거는 손실감소에 있다. 즉 만약 방어를 하는 측이 손실이 한계치를 초과한다면 후퇴할 수도 있고 후퇴는 손실을 감소시킨다. 그러나 기본 Lanchester Equation 은 이러한 철수를 고려하지 않고 있으며 철수의 결과에 대한 반영을 하지 못한다. 왜냐하면 양측의 전투력은 오직 시간과 양측의 손실률 계수와 초기 전투력에 의해 결정되기 때문이다.

둘째, 공간을 고려하지 않고 시간만 반영되고 있다. 철수율로부터 손실률에 이르는 반영이 없기 때문에 Lanchester Equation 은 방어를 하는측이 수십 Km 를 철수했느냐 안했느냐에 상관없이 전투지속시간이 결정되고 이에 따른 손실이 결정된다. Lanchester 지속시간은 철수율 또는 전선에서부터의 철수속도에 상관없이 구해지기 때문이다. t_R, t_B를 각각 Red Force 와 Blue Force 가 소멸되는 시간이라 할 때 걸리는 시간은 식 (6-1), (6-2)와 같이 구해진다.

$$t_R = \frac{1}{2\sqrt{\alpha\beta}} ln\left(\frac{\sqrt{\beta}B_0+\sqrt{\alpha}R_0}{\sqrt{\beta}B_0-\sqrt{\alpha}R_0}\right) \qquad (6-1)$$

$$t_B = \frac{1}{2\sqrt{\alpha\beta}} ln\left(\frac{\sqrt{\beta}B_0+\sqrt{\alpha}R_0}{\sqrt{\alpha}R_0-\sqrt{\beta}B_0}\right) \qquad (6-2)$$

식 (6-1)과 (6-2)에서 보는 것과 같이 t_R, t_B는 오직 양측의 손실계수와 초기치의 함수로 표시된다. 그러므로 Lanchester Equation 은 전투에서 가장 근본적인 전술적 고려사항인 철수공간을 표현할 수 없다.

셋째, 수확체감 현상을 고려하고 있지 않다. Lanchester Square 모형에서는 교착상태란 양측의 손실률 계수와 전투력의 제곱을 곱했을 때 양측의 전투력이 동일할 때를 뜻한다. 즉, $\beta B_0^2 = \alpha R_0^2$ 인 경우이다. 그러나 이와 같은 사실은 1973 년도에 발생한 이스라엘의 Golan Height 에 있는 7 여단이 수적으로 5 배나 우수한 상대편과 교착상태에 빠졌다면 손실률 계수는 25 배로 계산되며 이는 현실적으로 Lanchester 모형의 타당성을 의심하는 계기가 된다.

Lanchester 방정식을 보면 그림 6-1 에서 보는 것과 같이 Blue Force 대 Red Force 의 한계비는 전투력비의 선형함수이다.

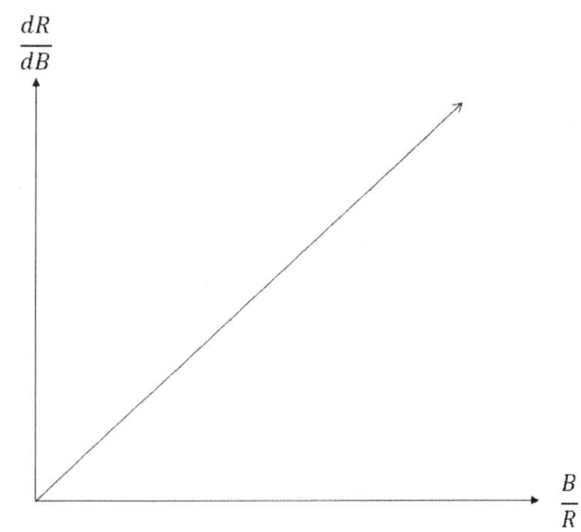

그림 6.1 Lanchester 방정식 Blue Force 대 Red Force 의 한계비와 전투력비

그러므로 손실교환율은 체감없이 전투력비가 증가할수록 전투력비에 일정 상수 비례로 증가한다. 그 결과는 교전부대의 동태적 상호작용에는 영향을 미치나 추후에 전선에 투입된 증원병력인 예비병력과는 상관이 없다. 한편, Linear Law 에서 양측과 Mixe Law 에서의 선형법칙을 만족하는 한측은 각각의 손실률 적용법칙이 달라져 불균형의 해를 쉽게 유도할 수 있다.

6.1.2 Epstein 전투모형

Epstein 전투모형을 설명하기 위해 먼저 다음과 같이 Notation 을 정의한다.

$A_g(t)$: t번째 일 시작시 공격하는 측의 가용 지상 전투력

$\alpha_g(t)$: 공격하는 측의 일일 지상군 공격계획소모율, $0 \le \alpha_g(t) \le 1$

$\alpha(t)$: 근접항공지원 미포함된 공격하는 측의 일일 지상전 손실률, $0 \le \alpha(t) \le 1$

$\alpha_a(t)$: 근접항공지원 미포함된 공격하는 측의 일일 총 지상 전투력 손실률, $0 \le \alpha_a(t) \le 1$

α_{aT}: 공격하는 측의 균형 손실률, 즉 공격하는 측이 성취 유지하려는 $\alpha_a(t)$ 값,
$0 \le \alpha_{aT} \le 1$

$D_g(t)$: t번째 날, 시작시 방어하는 측의 가용 지상 전투력

ρ: $\frac{\text{공격하는 측의 손실된 지상전투력}}{\text{방어하는 측의 손실된 지상전투력}}$ (평균 지상전 손실교환율)

$\alpha_{dT}(t)$: 방어하는 측의 균형 손실률 즉, 이동 한계치, $0 \leq \alpha_{dT}(t) \leq 1$

$\alpha_d(t)$: 근접항공지원 포함된 방어하는 측의 총 지상전 손실률, $0 \leq \alpha_d(t) \leq 1$

$W(t)$: 방어하는 측의 철수율 $Km/$일

W_{max}: 방어하는 측의 최대 철수율

t: 일수 $t = 1,2,3, \ldots$

공격하는 측은 전투의 주도권을 가지고 있어서 전력의 소모율을, 공격중단시는 0 의 값, 결정할 수 있다. 공격하는 측은 전략, 전술, 정책 등의 이유로 빠른 결전이 최선이라고 판단한다면 최대의 속도로 공격을 감행할 것이며 따라서 큰 손실도 감수하려고 할 것이다.

손실교환율을 통하여 방어하는 측에게 손실을 적용할 것이며 방어하는 측은 자기의 위치를 고수하여 공격하는 측의 손실교환율을 받아들이거나 아니면 일정한 속도로 후퇴함으로써 손실을 감소하려고 할 것이다. Epstein 모형은 이러한 전술적 상황뿐만 아이라 지상전에서의 동태적 이동묘사도 허용한다. 이러한 전선이동은 전통적인 방법에 의해서 생성되는 평탄한 곡선이라기 보다는 실전의 전투양상인 전투개시와 중단을 반영하는 들쭉날쭉한 곡선을 형성한다.

Epstein 모형의 구성은 식 (6-3)과 같이 전개된다. 먼저 근접항공지원을 제외하고 전개시키면 t 일에 있어서 공격하는 측의 지상전투력 $A_g(t)$ 는 $(t-1)$ 일의 지상전투력에서 $(t-1)$ 일의 손실을 뺀 값이다. $\alpha(t-1)$ 을 $(t-1)$ 일의 공격하는 측의 손실률이라고 한다면 식 (6-3)과 같이 표시할 수 있다.

$$A_g(t) = A_g(t-1) - \alpha(t-1) \cdot A_g(t-1) \qquad (6-3)$$

t일의 방어하는 측의 지상전투력 $D_g(t)$은 $(t-1)$일의 지상전투력에서 $(t-1)$일의 손실을 뺀 값이다. ρ를 공격하는 측의 손실 대 방어하는 측의 손실로 정의하면 방어하는 측의 손실은 공격하는 측의 손실에 $1/\rho$를 곱한 값과 같게 된다. 그러므로 t일의 방어하는 측의 전투력은 식 (6-4)와 같이 표시할 수 있다.

$$D_g(t) = D_g(t-1) - \frac{\alpha(t-1)}{\rho} A_g(t-1) \qquad (6-4)$$

손실교환율 ρ 및 공격하는 측의 초기 $t=1$ 전투력이 주어졌을 때 공격하는 측의 시간 종속적인 손실률 $\alpha(t)$만으로 방어하는 측의 전투력이 나타난다. 공격하는 측의 손실률은 공격하는 측의 공격계획소모율 $\alpha_g(t)$ 방어하는 측의 최대 철수율 W_{max} 및 실제 철수율 $W(t)$에 의존한다고 가정하면 식 (6-5)를 설정할 수 있다. 여기서 공격계획소모율은 공격하는 측이 자기의 의도대로 공격하기 위하여 감수해야 하는 계획된 소모율을 의미한다. 단, 조기 철수율은 0이다.

$$\alpha(t) = \alpha_g(t)\left(1 - \frac{W(t)}{W_{max}}\right) \qquad (6-5)$$

만약 방어하는 측이 철수하지 않는다면 철수율은 0이며 전투의 의도는 근본적으로 공격하는 측의 판단에 달려 있다. 그러나 방어하는 측은 철수함으로써 손실을 조정할 수 있으며 철수는 방자의 손실률이 이동한계치를 초과할 때부터 시작되는 것을 원칙으로 한다. t일의 방자의 손실률은 그날이 경과한 후 계산할 수 있기 때문에 t일의 방어하는 측의 손실률은 $(t-1)$일의 손실률의 함수이다. 방어하는 측의 철수율의 변동은 방어하는 측의 실제 손실률 $\alpha_d(t)$과 이동한계치 $\alpha_{dT}(t)$의 차이에 의존한다. 방어하는 측의 손실률이 1에 가까워 질수록 방어하는 측의 철수율이 최대 철수율에 근접되도록 식을 세우면 식 (6-6)과 같다.

$$W(t) = \begin{cases} W(t-1) + \left(\frac{W_{max} - W(t-1)}{1-\alpha_{dT}(t)}\right)(\alpha_d(t-1) - \alpha_{dT}), & \alpha_d(t-1) > \alpha_{dT} \\ 0 & \alpha_d(t-1) \le \alpha_{dT} \end{cases} \qquad (6-6)$$

$$where \quad \alpha_d(t) = \frac{\alpha_g(t) - \alpha_a(t+1)}{\alpha_a(t)}$$

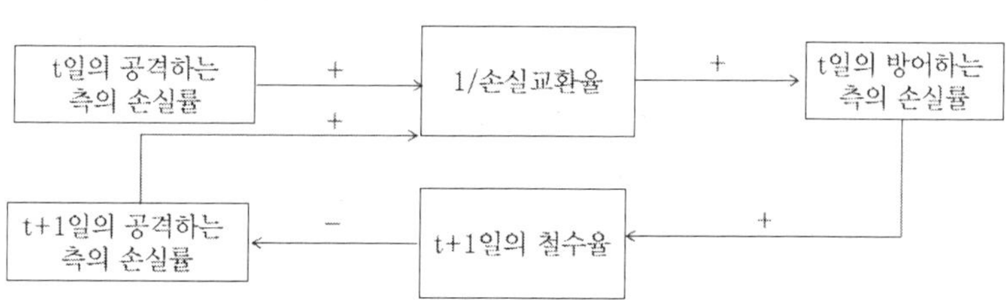

그림 6.2 방어하는 측의 행동양식

즉 방어하는 측이 손실은 손실교환율의 역을 이용하여 산출한다. 만약 이 값이 방어하는 측의 이동 한계치를 초과하면 $t+1$ 일 방어하는 측은 철수하게 되어 공격하는 측의 손실률을 감소시킨다. 방어하는 측은 철수율이 반영된 더 적응된 시스템이 되었는데 철수율은 손실조정용 자동제어장치로 작동된다. 그동안 방어하는 측 또한 적응하는데 공격계획소모율 $\alpha_g(t)$가 자동제어장치가 된다. 방어하는 측이 철수를 시작하는 한계치가 있는 것처럼 공격하는 측도 균형 손실률 $\alpha_{aT}(t)$를 가지고 있다. $t-1$일에 공격하는 측의 총손실률 $\alpha_a(t)$가 균형손실률을 초과하면 공격하는 측의 전투의 속도를 조정하는 공격계획소모율을 감소시킨다. 만약 공격하는 측의 총손실률이 균형손실률보다 적으면 공격하는 측은 공격계획소모율을 올려서 공격을 증가시킨다.

한편 공격하는 측의 총손실률이 균형손실률에 접근한다면 공격계획소모율의 변화는 0에 접근한다. 따라서 다음과 같이 식 (6-7), (6-8)을 수립할 수 있다.

$$\alpha_g(t) = \alpha_g(t-1) - \left(\frac{\alpha_a(t) - \alpha_g(t-1)}{\alpha_a(t)}\right)\left(\alpha_a(t-1) - \alpha_a(t)\right) \qquad (6-7)$$

$$\alpha_a(t) = \frac{A_g(t) - A_g(t+1)}{A_g(t)} \qquad (6-8)$$

양측은 상대방의 적응성에 따라 확대, 축소 및 역공 등의 대응으로 나타난다. 즉 교전 쌍방간에 균형을 찾아 상황적응을 해 가면서 교전하게 되는데 이것이 바로 동태적 작용이며 양측의 실제 이동과 실제 손실로 나타난다.

6.1.3 근접항공지원을 추가한 Epstein 전투모형

지상과 공중전투력을 망라한 총손실은 지상전 전투력에 의한 손실에 추가하여 근접항공지원에 의해서 발생한 손실을 더해 주는 것이 되며, 이때 근접항공지원 Sortie 율 및 Sortie 당 손실률이 적용된다. 즉 항공기 Sortie 당 전투력을 장갑전투차량의 전투력으로 환산하여 대입하는 것이다. 근접항공지원은 전투기가 모두 피격되거나 또는 한쪽의 지상전투력이 계산정지 점수 이하로 떨어질 때까지 진행된다. 계산정지 점수는 임의로 지정할 수 있다.

먼저 근접항공지원 전력을 포함하는 모형을 만들기 위해 다음과 같은 Notation 을 정의한다.

$D_a(t)$: 방어하는 측의 t번째일 시작시 생존하는 근접항공지원 전투기 대수 (소요 대수)
α_{da}: 방어하는 측의 Sortie 당 근접항공지원 전투기 손실률, $0 \le \alpha_{da} \le 1$
S_d: 방어하는 측의 CAS 일일 Sortie 율
K_d: 방어하는 측의 CAS Sortie 당 공격하는 측의 손실된 장갑전투차량 (AFVs)
$A_a(t)$: 공격하는 측의 t번째 일 시작시 생존하는 근접항공지원 전투기 대수
α_{aa}: 공격하는 측의 Sortie 당 근접항공지원 전투기 손실률, $0 \le \alpha_{aa} \le 1$
S_a: 공격하는 측의 근접항공지원 일일 Sortie 율
K_a: 공격하는 측의 근접항공지원 Sortie 당 방어하는 측의 손실된 장갑전투차량 (AFVs)
V: 사단급 장갑전투차량 효과지수
L: 사단급 부대효율지수
$ACAS(t)$: t번째 날 공격하는 측의 근접항공지원에 의해서 손실된 방어하는 측의 지상 전투력
$DCAS(t)$: t번째 날 방어하는 측의 근접항공지원에 의해서 손실된 공격하는 측의 지상 전투력

t 일 경과 후 공격하는 측의 근접항공지원에 의하여 손실된 방어하는 측의 지상전투력 $ACAS(t)$와 방어하는 측의 근접항공지원에 의해 손실된 공격하는 측의 지상전투력 $DCAS(t)$는 각각 식 (6-9)와 (6-10)과 같다.

$$ACAS(t) = \frac{L}{V} A_a(1)(1-\alpha_{aa})^{S_a(t-1)}[K_a \textstyle\sum_{i=1}^{S_a}(1-\alpha_{aa})^i] \qquad (6-9)$$

$$DCAS(t) = \frac{L}{V} D_a(1)(1-\alpha_{aa})^{S_d(t-1)}[K_d \textstyle\sum_{i=1}^{S_d}(1-\alpha_{da})^i] \qquad (6-10)$$

6.1.4 Epstein 전투모형의 문제점과 보완

Epstein 은 공방 양측의 손실교환율 ρ를 상수로 두고 있으나 실제 전투에서는 손실교환율이 공방간의 전투력 크기 및 전투 구간, 전투준비태세 등에 따라 상이할

수 있다. 즉, 교전시간이 경과함에 따라 양측의 전투력비가 달라지며 또 어떤 전투구간은 다른 구간에 비해서 방어진지 구축이 잘 되어 있으므로 해서 방어하는 측의 손실률이 감소하는 경우가 있다. 또한 방어하는 측의 손실을 줄이기 위해서 철수를 하는 경우에는 방어하는 측과 공격하는 측 공히 손실률이 작아지지만 상대적으로 공격하는 측은 공격계획소모율을 증가시키기 때문에 공격하는측의 손실률을 방어하는 측의 손실률로 나눈 손실교환율의 값이 커진다. 그러므로 ρ를 철수거리 상 공간 및 방어진지 구축에 따라 조정할 수 있도록 전투지역전단으로부터의 이동거리 s의 함수로 식 (6-11)과 같은 손실 교환율의 함수를 정한다. 즉 전투구간을 종심 $10km$씩 구분하여 각 구간에서의 손실교환율의 함수로 설정한다.

$$\rho(s) = a - b_i \times \left(\frac{10-s(mod\ 10)}{10}\right) \qquad (6-11)$$

여기서 사용한 Notation은 다음과 같다.

$i = 1,2,\ldots\ldots,n,$ 여기서 n은 설정한 구간의 수

a: 최초 접적상에서의 손실교환율

b_i: i번재 구간의 진지강도, 즉 방어진지 상태에 다른 진지의 방호성을 나타내는 인수이며 진지 유형별 방어하는 측의 손실인수로 정의 $0 \le b \le 1$

진지손실에 따른 인수를 준비된 방어진지를 0.5 를 기준으로 하여 표 6.1 과 같이 정의한다면 손실교환율은 요새화 강도에 비례한다. 따라서 방어하는 측의 전투손실률은 요새화강도에 반비례한다는 전투손실 기준원리를 만족하고 있다는 사실을 알 수 있다.

표 6.1 진지별 손실인수

구분	진지 유형별 손실인수
요새화 진지	0.0
준비된 방어진지	0.5
급편 방어진지	1.0

요새화 진지란 시간, 인력, 물자가 가용할 때 영구적인 제반시설을 구축하여 편성한 진지를 말하며 준비된 진지란 적과 접촉이 없거나 또는 접적이 긴박하지 않아 진지편성에 상당한 시간이 가용할 때 편성하는 진지이며 급편진지는 적과 접촉중이거나 접적이 긴박하여 진지편성을 위한 가용시간이 크게 제한될 때 편성하는 진지이다.

지금까지 설명한 논리를 전방에서 20Km 까지 준비된 진지로 되어 있을 때 이동거리의 변화에 따른 손실교환율의 변화를 통해 살펴보면 표 6.2 와 같다. 단 최초 접적선상에서의 손실교환율을 1.65 라고 가정한다.

표 6.2 이동거리별 손실교환율

이동거리	손실교환율
12Km	1.25
15Km	1.40
18Km	1.55

다음으로 전투개시일에 방어하는 측이 철수해야 할 경우에 철수율 (Km/일)을 미리 결정해 주어야 하는데 Epstein 모형에서는 $W(1) = 0$로 정함으로써 이의 결정 방법 제시가 없다. 철수는 전투력뿐만 아니라 지형, 방어하는 측의 부대유형 및 교전 유형에 따라 달라진다.

그러므로 이러한 모든 요소를 고려하여 과거 전투자료에서 얻어진 전진 또는 철수를 위한 한계전투력지수를 설정하여 초기철수율을 정한다. u를 공격하는 측의 초기 전투력 대 방어하는 측의 초기 전투력비율이라고 정의한다. u_A를 공격하는 측이 철수하는 시점의 전투력비, 즉 방어하는 측이 전진을 시작하는 시점에서의 전투력비율(전진 전투력비율)이라고 정의한다. 또, u_R 을 방어하는 측이 철수하는 시점의 전투력비라고 하고 W_{max} 를 최대철수율이라고 하면 초기철수율은 식 (6-12)와 같다.

$$W(1) = \begin{cases} \frac{W_{max}}{u_A}\left(\frac{u-u_A}{u+1.0}\right), & 0 \le u < u_A \\ 0, & u_A \le u \le u_R \\ W_{max}\left(\frac{u-u_R}{u+1.0}\right), & u_R < u \end{cases} \qquad (6-12)$$

여기서 u_A를 전진전투력비율, u_R을 철수전투력비율이라고 정의한다.

$W(1)$이 0 보다 작아지는 경우는 방어하는 측의 초기 대응전투력이 우세하여 공격하는 측이 철수하는 모습이라고 할 수 있다. 여기에서는 $u_A = 0.7, u_R = 1.7$로 가정하여 모형의 분석한다. 입력요소를 표 6.3 과 같이 결정하여 모형을 진행시켜 본다.

초기의 공격하는 측의 지상전투력 대 방어하는 측의 지상전투력 비율은 1.74 로써 방어하는 측의 초기철수율은 0.3Km 이고 다음날 방어하는 측은 철수를 하지 않고 전투를 벌이지만 손실이 이동한계치 5%를 초과하기 때문에 그 이후 철수를 시작한다. 초기에 방어하는 측은 지상전투력이 약했지만 30 일이후부터는 공격하는 측의 지상전투력보다 우세하여 궁극적으로 방어하는 측의 승리로 끝난다. 30 일째 방어하는 측은 철수를 중단하며 총 전투지역전단 이동거리는 45.5Km 가 되었다.

표 6.3 모형 입력변수

변수	값	변수	값
$A_g(1)$	330,000	α_{da}	0.05
$\alpha_g(1)$	0.020	S_d	1.50
$D_g(1)$	190,000	K_d	0.50
ρ	1.65	$A_a(1)$	250
α_{dT}	0.050	α_{aa}	0.05
α_{aT}	0.075	K_a	0.25
W_{max}	20.00	S_a	1.00
$D_a(1)$	300	V	1,200
		L	47,490

양측의 행동양식을 보면 공격하는 측은 처음 25 일 동안 꾸준히 공격계획소모율, $\alpha_g(t)$를 올려 손실률을 7.4%까지 증가시킨다. 반면 방어하는 측은 처음 25 일 동안 철수율을 증가시켜 손실률은 4.971%까지 감소시킨다. 그러나 공격하는 측은 26 일 너무 과도한 공격을 감행하여 손실률이 거의 8.3%까지 올라가게 되며 이때부터 손실률은 균형손실률 이하로 낮추기 위하여 공격계획소모율을 감소시킨다. 방어하는 측은 27 일부터 29 일까지 약간의 철수를 시도한 뒤에 30 일부터는 전투의 안정된 속도를 찾는다.

공격하는 측은 다소 주저하면서 즉 2%의 계획소모율로 전투를 시작하며 방어하는 측이 공격하는 측 만큼 손실을 감당할 능력이 없다는 사실을 인지하여 전투의 속도를 높인다. 그 결과 2 일째 방어하는 측의 손실은 5.579%까지 증가하여 방어의 이동한계치 5%를 초과하게 되어 3 일째 방어하는 측은 공격계획소모율을 계속 증가시키기 때문에 방어하는 측의 손실률 감소는 이루어지지 않으며 방어하는 측의 철수율은 계속 증가된다.

마침내, 25 일째 3.0Km 의 철수율은 방어하는 측의 손실을 4.971%까지 감소시킨다. 방어하는 측의 계속되는 철수는 공격하는 측이 공격계획소모율을 증가시킴에도 불구하고 방어하는 측으로 하여금 표적을 찾는데 혼란을 야기시켜 균형손실률 7.5%를 초과하게끔 한다. 한편 25 일째 방어하는 측의 3.0Km 철수는 방어하는 측의 손실률을 균형손실률 즉 이동한계치보다 감소시켜 26 일째는 철수를 중단한다. 따라서 26 일 전투가 개시되면 공격하는 측은 25 일의 7.414%의 손실률을 산출한 공격계획소모율과 거의 같은 값을 가지고도 공격하는 측의 손실률은 8.32%가 된다.

즉 철수율에 따라 똑 같은 공격계획소모율의 값으로 매우 다른 손실률을 산출해 낸다. 그러나 8.32%는 공격하는 측의 균형손실률을 초과하기 때문에 공격하는 측은 전투가 끝날 때까지 공격계획소모율을 감소시킨다. 방어하는 측은 30 일째 균형을 찾지만 공격하는 측은 시도에도 불구하고 56 일째 전투가 끝날 때까지 형평에 도달하는 것은 실패한다. 여기서 전투가 끝나는 시점의 설정은 전투력이 사단급 부대유효지수의 10%가 될 때까지로 한다. 주어진 입력자료 중 손실교환율 및 공격하는 측과 방어하는 측의 초기 지상전투력을 변화시켜 승자 및 전투지역전단의 이동거리를 알아보면 표 6.4와 같다.

표 6.4 승자 및 전투지역전단의 이동거리

손실교환율	공격하는 측의 초기 지상 전투력	방어하는 측의 초기 지상 전투력	총 전투지역전단 이동거리(Km)	승자
1.65	330,000	190,000	45.5	방어하는 측
1.65	330,000	200,000	13.1	방어하는 측
1.5	330,000	190,000	약 360.0	공격하는 측
1.5	330,000	200,000	76.6	방어하는 측

6.2 Osipov 전투모형

6.2.1 개요

Osipov Equations 은 전투관계를 설명한 방정식으로 러시아의 M. Osipov 가 1915 년 Military Collection 이라는 Journal 에 'The Influence of the Numericla Strength of Opposed Forces on Their Casualiteis' 라는 논문 제목으로 전투 시의 손실 상황과 병력 사이의 관계를 계량적으로 파악하기 위해 만든 수학적 공식이다.

불행하게도 이 방정식을 만든 Osipov 가 어떤 인물인지는 명확하게 알 수는 없어 그의 이름이나 생년월일, 직업 등은 불명확하다. 언제 이러한 논문을 작성하였는지 다른 나라와의 전쟁이나 내전, 사회적 격변기, 러시아 혁명 이후 지식인이나 유산자 계급에 가해진 공격에서 생존했는지 알 수도 없을 뿐만 아니라 다른 발간 논문도 있는지 알 수 없다. Osipov 는 논문에서 그 자신을 군사적인 실제 경험이 없다고 말하고 있으나 러시아 야전군 규칙과 공격제대에 적용되는 부대의 비율, 보병의 화포 비율, 공격 제대의 교리적 공간과 같은 군사적 용어를 잘 알고 있는 것으로 보인다. Osipov 는 종종 군사(軍史)와 관련된 일반적 지식을 이야기하고 있고 Hyperbolic 함수와 그의 시대에 매우 어려운 수학적, 통계적 분석 능력도 보이고 있으며 논문에서는 학문적 배경을 짐작하게 하는 우아하고 다양한 어휘를 사용하고 있어 간접적으로 그의 배경을 짐작할 수 있다.

러시아는 Osipov 가 Lanchester Equation 이라고 통상 알려진 미분 방정식과 Lanchester Square Law 를 발견했다고 주장한다. 이것은 누가 먼저 전투를 묘사하는 수학적 전투모형을 발견했느냐 하는 것에 대한 논쟁이라고 할 수 있다.

19 세기와 20 세기 초 동안 공중 전투에 대한 과학적 이론들이 발전되어 왔다. Clausewitz, Jomini, Bloch, Fuller, Mahan 과 같은 많은 군사사상가들이 전투를 지배하는 과학적 법칙과 전투력의 상호작용에 관한 기본적 원칙을 이해하려고 노력해 왔다. 이러한 관심은 그들이 기록한 많은 저서에 반영되어 알려져 있다.

Tolstoy 는 '군대의 요체는 전투력 크기에 의한 요소로 전투 결과를 알 수 있다는 것이다' 라고 기록하였다. 이러한 알려지지 않는 요소의 중요성을 정의하고 표현하기 위해 군대의 핵심은 과학의 문제라고 할 수 있다. 15 명의 인원과 싸우는 10 명이 4 명의 손실로 상대방의 모든 인원을 살상하거나 포로로 잡아 승리한다면 결론적으로 승리한 측의 4 명은 상대방의 15 명과 동일하다. 그러므로 $4x = 15y$가 되고 $\frac{x}{y} = \frac{15}{4}$가 된다. 이러한 식은 미지의 요소의 값을 알려주지는 않지만 두 개의 미지의 요소 사이의 비율은 알려준다. 선택된 많은 역사적 전투, 전역, 전쟁 기간 동안의 부대를 수식에 입력하면 어떤 일련의 수가 나오고 어떤 전투 법칙이 존재하는지 알 수도 있다. 또 다른 어떤 연구자들은 이러한 전투 법칙 연구에 통계학을 적용하여 결과를 도출하기도 했다.

러시아는 군사문제에 적용하는 군사 통계학과 응용 수학에 대해 오래 전부터 관심을 보였다. 이러한 관심은 Alexander II 세와 III 세, Nicholas II 세 휘하에 각각 참모총장을 역임했던 D. A. Miliutin 과 N. N. Obruchev 의 연구에 특별히 나타나 있다. 그러나 더 직접적으로 연관된 연구는 H. K. Weiss 에 의해 보고된 것과 같이 1905 년 Bradley A. Fiske 의 연구에서 나타난 Lanchester–Osipov 수식의 이산적 형태로 표현된 핵심적 생각에서 처음으로 관찰된다.

F. W. Lanchester 의 잘 알려진 책, 'Aircraft in Warfare: The Dawn of the Fourth Arm' 은 1916 년 1 월 런던에서 출판되었다. 그러나 특별히 V 장과 VI 장과 같은 앞 부분은 1914 년 9 월부터 12 월 동안에 영국의 학술지 'Engineering' 에 게재되었으며 잘 알려진 'N–Square' Law 는 1914 년 10 월 2 일 'Engineering' 에 게재되었다. Lanchester 저서의 초고는 1913~1914 년 겨울에 준비된 것이다.

Lanchester 의 논문과 비교를 위해 Osipov 의 논문의 발행일자를 보면 1915 년 6 월부터 10 월에 발간되었다. Osipov 의 논문의 구조, 범위 그리고 놀라운 독창성을 미루어 볼 때 긴 세월동안 그가 치열한 생각을 했다는 것을 증명하고 있다. Osipov 가 Lanchester 나 Fiske 의 논문에 대해 특별한 지식이나 직접적인 관련이 없다는 것과 Osipov 의 성과는 Lanchester 나 Fiske 와는 독립적이라는 것은 그의 저서의 내용을 보면 충분히 증명될 수 있다.

6.2.2 Osipov 연구의 의의

Osipov 가 Fiske 혹은 Lanchester 의 연구내용을 알았다고 나중에 알려진다고 해도 Osipov 의 독특한 생각이 우리 사회에 한 기여는 충분히 의미가 있으며 전투이론과 관련된 선구자의 위치에 그를 위치시키는데 주저함이 없을 것이다. 예를 들어

Lanchester 의 Blue Force 와 Red Force 에 대한 두가지 미분 방정식에 대한 해의 식에 대한 최초의 출판물은 Osipov 에서 찾을 수 있다. Osipov 는 Lanchester 미분방정식으로부터 시간 매개변수를 처음으로 소거하여 해를 구한 일반적 유도뿐만 아니라 해를 구하는 방법에 있어서 그 이전과 이후에 다른 어떤 곳에서도 나타나지 않은 독특한 방법으로 구하였다. Osipov 는 또한 차분식에 대한 미분방정식을 명확하게 연관지었고 후자의 방법에 의한 해가 시간이 0 으로 접근함에 따라 전자의 방법에 의한 해에 접근한다는 것을 보였다.

또 다른 시간에 대한 독특한 특징은 비동질적 부대에 대한 Osipov 의 처리이다. 병력에 대한 수식의 경우, 잔류 생존 인원을 구하는 것은 오직 소총으로만 무장한 보병과 같이 하나의 부대 형태로만 구성된 것으로 시작하였다. Osipov 는 계속하여 포병이나 기관총과 같은 다른 형태의 부대들도 적용하였다. Osipov 는 이러한 포병과 기관총들을 보병의 점수로 전환하였는데 그는 이를 '전환 요소'라고 불렀다. 그는 하나의 화포는 약 100 명의 보병과 동일하다고 추정한 역사적인 사실에 기반을 두었다. Osipov 의 개념적 접근은 오늘날 부대를 각 무기체계의 지수로 통합하는 모형과 많은 유사점이 있다. Osipov 는 전환요소를 위한 지수를 역사적 자료에 기반하여 찾을려고 노력하였다.

Osipov 는 또한 실제 전투는 한측이 완전히 전멸될 때까지 지속되지 않는다는 것을 알고 있었으며 한측이 손실이 특정 비율에 도달하면 전투를 이탈한다는 것을 명확하게 가정하였다. Osipov 는 이 비율을 역사적 자료로부터 20%라고 추정하였다. 이러한 개념은 오늘날 아주 자주 사용되며 오늘날 아주 잘 알려져 피할 수 없는 적용 요소이다. 추가적으로 Osipov 는 적을 각개격파 또는 전체에 대해 대응하기 위한 전투력의 최적 할당 문제에 대해서도 연구하였다.

그러나 Osipov 의 가장 독창적이고 중요한 기여는 그의 시대에 꽤 첨단으로 간주되는 공식적인 통계 방법으로 역사적인 정량적 자료를 명확하고 체계적으로 적용하였다는 것이다. Osipov 는 그가 세운 가정과 이론적 매개변수를 철저히 현대적 관점에서 경험적 수치로 시험하였다. 이러한 접근법의 훌륭한 성과는 'Osipov Law' 라는 식으로 창출되었다. 이것은 B_0, R_0가 각각 Blue Force 와 Red Force 의 최초 전투력이라고 하고 B_f, R_f 가 각각 Blue Force 와 Red Force 의 최종 전투력이라고 하면 식 (6-13)으로 표현될 수 있다.

$$B_0{}^n - B_f{}^n = R_0{}^n - R_f{}^n \qquad (6-13)$$

여기서 Osipov 는 지수 n을 3/2 또는 2로 고려하였으며 경험적 역사자료를 바탕으로 3/2이 가장 적합하다고 주장하였다. Osipov 는 10 개의 이유를 들어 왜 지수가 2가 될 수 없는지 분석하였다. 우리가 알고 있는 한 Joseph Engel 이 Lanchester Equation 을 제 2 차 세계대전시 태평양 전쟁의 한 국면인 Iwo Jima 전투에 대해 분석하여 논문을 출판할 때까지 40 년간 이러한 주장에 필적할 다른 논문을 본 적이 없다.

6.2.3 Osipov 전투모형

6.2.3.1 Osipov 전투모형 개요

제 1 차 세계대전은 아주 자연스럽게 군사적 기술에 대한 매우 기초적인 질문을 제기한다. 무엇이 전투에서 승리하는 환경과 주된 원인인가? 역사는, 비록 시간적으로 멀리 떨어져 있어도 언제나, 수적으로 우세한 측이 주로 승리한다는 것을 보여준다. 이러한 질문에 대한 더 깊은 연구는 질문을 수정하게 한다. 그것은 '수적으로 우세한 부대를 대상으로 싸우는 수적으로 열세한 측이 승리한다는 경우도 가끔씩은 있고 전혀 없다는 것은 아니다' 라는 것이다. 그러므로 병력의 수는 매우 중요한 유의성을 가진다.

그러므로 전투에 병력수의 역할에 대해 이해를 원하는 것은 당연한 것이며 동일하게 수적으로 우세한 측의 손실이 전투에 영향에 미치는데 대해서도 관심이 있다. '병력의 수가 전투의 승패에 영향을 미치느냐?' 하는 질문에 관심이 있는데 왜냐하면 많은 기본적인 군사 기술의 원칙이 당연한 결과를 가지고 연역적 분석을 한다는 것이다.

전술의 기본적 목적은 작은 병력으로 최소의 손실을 내면서 전투에서 가장 큰 성과를 내는 규칙들을 제공하는 것이다. 그러므로 효과적인 부대는 군사 조직의 원칙적 값을 전장에서 표현한다. 최소한의 손실이라는 개념속에는 전사, 전상, 포로 등을 손실로 의미한다는 것은 분명하다. 동시에 교전의 목적은 적에게 최대한의 손실을 강요하는 것도 당연히 포함하고 있다. 그러므로 교전하는 측 사이의 손실에 대한 문제는 가장 큰 중요성을 가진 군사적인 문제이다.

그러므로 손실에 대한 적절한 해법이 전술과 전략의 기본적인 측면과 아주 밀접히 연결되어 있다는 것으로 증명된다는 것은 누구나 예측 가능하다. 그러나 특정한 전투 조건이 너무 다양해서 이러한 문제의 완전한 해법은 불가능하다. 그러므로 이러한 조건들로부터 우리는 단지 소총과 포병, 기관총 등과 같은 수적인 전투력을 선택하고 손실 수량으로 전투의 법칙을 알아내려고 노력하는 것이다. 이러한 관점에서 가장 간단한 가정은 아주 작은 시간 간격 동안에는 손실량과 전투력이 반비례한다는 것이다. 이런 가정으로부터 어떤 이상적 조건의 전투력과 손실 사이에 연계된 일련의 식으로부터 추론을 유도해 낼 수 있다.

역사적 전투의 결과에 대한 이러한 가설의 증명은 일반적으로 말해 75,000 명이 넘지 않는 작은 군대에 대해서는 사실에 가까운 것으로 보인다. 그러나 한측의 손실은 전투력 수의 제곱근과 반비례하는 것이 사실에 더 가까운 것으로 보인다. 그러나 어떠한 경우에도 단순한 손실의 반비례성과 전투력 수량으로 주어진 상대방의 전투력에 대해 각측 손실의 3/4 보다 더 큰 지수를 갖는다는 것을 예측한다. 어떠한 허용가능한 규칙에 따라 전투력과 손실량과 역으로 연계된 모든 경우에 있어서 그러한 반비례 결과로 우리는 위대한 많은 전술과 전략의 기본 원칙을 유도할 수 있다. 이러한 기본 원칙들은 모든 실제 전투의 경험으로 검증되기 때문에 전투력과 손실량의 반비례 관계를 전투결과 관측의 결과로 볼 수 있을 것이다. 그러므로 수적 전투력과 손실량 사이의 관계는 군사적 관점에서 매우 큰 관심사항이다. 이러한 문제의 의미와 결과가 아직 군사 논문에서 다루어 지지 않았기 때문에 많은 오류와 생략의 가능성이 있다.

6.2.3.2 전제 조건

처음으로 언급해야 할 문제는 '전투에서 상대방의 전투력과 상대방의 손실량 사이에 관계가 존재하는가?' 하는 문제이다. 광범위하게 기술된 이 질문에 대한 해답은 군사(軍史)로부터 얻은 자료로 찾는 것이 가장 좋은 접근방법이다. 표 6.5 는 19 세기와 20 세기에서 벌어진 주요 38 개 전투에 대한 것인데 전투에 참가한 병력과 손실을 기술하고 있다. 표 6.5 는 정규군과 비정규군간의 전투에 대해서는 없으며 분견대나 한측이 요새진지 또는 강력한 참호속에서 보호를 받는 것도 포함되어 있지 않다. 추가적으로 지난 세기동안 모든 주요 전역으로부터 예를 포함하려고 노력하였다.

표 6.5 의 전투 목록으로부터 38 개의 전투 중 28 개의 승리가 좌측에 표시되어 있다. 이것은 수적으로 우세한 부대가 승리한 전투가 28 개인 것을 말하고 단지 10 개만이 수적으로 불리한 부대가 승리한 것이다. 즉 4 개 중 1 개의 전투만이 수적으로 불리한 부대가 승리했다는 것을 의미한다. 또한 38 개 전투 중 14 개의 경우 병력이 큰 부대가 아주 큰 손실을 입었다는 것을 알 수 있다. 나머지 24 개 전투의 경우 3 개의 전투에 있어서 각측이 동일한 손실을 입었다. 그리고 21 개의 전투의 경우 큰 부대가 작은 손실을 입었다. 이것으로 병력수와 손실량 사이의 역관계가 있다는 것을 알 수 있다. 전체적인 관점에서 보더라도 이것은 사실이다. 그러므로 대략적으로 말해서 손실량은 일반적으로 큰 병력의 부대가 작은 병력의 부대보다 작은 손실을 입는 분포를 가진다는 것이다.

그러나 각 개별 전투의 손실량은 부대의 병력수뿐만 아니라 부대원의 사기, 부대운영의 효과성, 더 나은 무기체계, 강력한 화포, 지형, 요새화 등 많은 다른 조건들에 의존한다는 것이다. 열거된 요소는 특정 전투에서 각측의 손실량에 영향을 미치지만 전투를 전투력과 같이 어떤 범주별로 묶으면 합산된 수에 대한 통합효과는 손실을 증가시키거나 감소시키는 많은 요소들에 의해 영향을 받을 것이다. 그러나 이러한 유리점이 한측이나 다른 측에 영향을 미칠 것이다. 그러므로 다른 요소의 통합의 취소를 통해 결과가 전투원의 수에 주로 영향을 받도록 해야 하며 이것이 왜 전투 목록을 수적 크기에 의해 정렬한 이유이다.

6.2.3.3 손실량을 계산하는 가장 간단한 절차

손실량을 결정하는 것은 수적 전투력과 연관된 약간 대략적인 방법이어서 이 관계를 경험적으로 획득하려고 노력한다. 이 질문에 대해 답하기 위해 가장 간단한 경우로부터 시작하여 점차 더 복잡한 것으로 전환하는 방법으로 처음에는 연구를 명확한 상황으로 제한할 필요가 있다. 그러므로 조사를 시작할 때 처음에는 양측이 용기, 전투기술, 무장, 교전시 전개형태, 밀도 등 모든 측면이 완벽하게 동일하지만 상이한 전투원 수로 교전하고 있다고 가정하고 시작한다.

표 6.5 주요 38개 전투에 참가한 병력과 손실

No	전투명	연도	Blue	전투참가 인원	피해인원	포로	Red	전투참가 인원	피해인원	포로
1	Austerlitz*	1805	Allies	83	27	-	French*	75	12	-
2	Jena	1806	French*	74	4	-	Prussians	43	12	15
3	Auerstadt*	1806	Prussians	48	8	4	French*	30	7	-
4	Investment of Eylau	1807	French*	80	25	-	Russians	64	26	-
5	Friedland	1807	French*	85	12	-	Russians	60	15	-
6	Aspern	1809	Austrians*	75	25	-	French	70	35	-
7	Wagram	1809	French*	160	25	-	Austrians	124	25	-
8	Borodino	1812	French*	130	35	-	Russians	103	40	-
9	Berezhina	1812	Russians*	75	6	-	French	45	15	20
10	Lutzen*	1813	French*	157	15	-	Allies	92	12	-
11	Bautzen*	1813	French*	163	18	-	Allies	96	12	-
12	Dresden*	1813	Allies	160	20	10	French*	125	15	-
13	Katzbach	1813	Allies*	75	3	-	French	65	12	18
14	Kulm	1813	Allies*	46	9	-	French	35	10	12
15	Dennewitz*	1813	French	70	9	9	Allies*	57	9	-
16	Leipzig	1813	Allies*	300	50	-	French	200	60	30
17	Hanau*	1813	French*	75	15	-	Allies	50	9	-
18	Craonne*	1814	French*	30	8	-	Russians	18	5	-
19	Laon	1814	Allies*	100	2	-	French	45	6	3
20	Ligny	1815	French*	120	11	-	Prussians	85	18	-
21	Waterloo.	1815	French*	100	22	-	French	72	32	-
22	Grochow	1831	Russian*	72	9	-	Poles	56	12	-
23	Alma	1854	Allies*	62	3	-	Russians	34	6	-
24	Chernaya River	1855	Allies*	60	2	-	Russians	56	8	-
25	Inkerman*	1854	Russians	90	12	-	Allies*	63	6	-
26	Magenta*	1859	Austrians	58	10	-	French*	54	5	-
27	Solferino*	1859	Austrians	170	20	-	French*	150	18	-
28	Custozza	1866	Austrians*	70	8	-	Italians	51	8	-
29	Koeniggratz	1866	Prussians*	222	10	-	Austrians	215	43	-
30	Worth*	1870	Germans*	100	10	-	French	45	5	9
31	Mars-la-Tour	1870	French*	125	16	-	Germans	65	16	-
32	Gravelotte*	1870	Germans*	220	20	-	French	130	12	-
33	Sedan	1870	Germans*	245	9	-	French	124	17	107
34	Metz	1870	Germans*	200	6	-	French	173	20	153
35	Aladja	1877	Russians*	60	2	-	Turks	36	15	7
36	Liaoyang	1904	Russians	150	18	-	Japanese*	120	24	-
37	Sha-Ho*	1904	Russians	212	40	-	Japanese*	157	20	-
38	Mukden	1905	Russians	330	59	31	Japanese*	280	70	-
			총계	4,652	603	54		3,363	692	374
	승리한 측의 중복 수정			-260	-37	-54		260	37	54
	총 승리한 측 인원			4,392	566	0		3,623	729	428

단위 :1,000명　　　　*: 승리한 측

만약 소총병이 적의 집단이 전진하여 다가오는 것을 발견한다면 소총병에 의해 사격을 받는 적의 수는 오직 소총병이 사격하는 발수에 의존할 것이며 공격을 받는 적의 수와는 연관이 없다. 전투전단의 아군 소총병의 수를 B라고 하면 단위시간의 적

손실은 B의 소총병 수의 어떤 비율과 동일할 것이며 적의 소총병 수 R와는 연관이 없다. 반대로 동일한 시간에 아군의 손실은 적 소총병의 수 R의 비율과 동일할 것이며 아군의 소총병 수 B와는 관련이 없다.

그러나, 만약 이러한 절차를 모든 시간에 대해 하나 하나 연속적으로 반복하면 각측의 손실은 적의 전투력 규모뿐만 아니라 작은 정도이기는 하지만 아군의 규모에도 의존하게 된다. 이 모든 것이 숫자로 예를 든 예로 설명하는 것이 더 이해하기 용이하다.

[예제 6-1]

다른 요소는 모두 동일하다고 가정하고 $\mathrm{B} = 1{,}000$ 명의 소총병을 보유하고 있고 $R = 800$ 명의 소총병을 보유하고 있다. 각측은 4%의 손실률을 가지고 있다고 가정하자. 그러면 시간 경과에 따른 손실은 첫 번째 단위시간에는 B의 손실수는 $0.04\,R = 0.04 \times 800 = 32$ 명이 되고 R의 손실수는 $0.04\,B = 0.04 \times 1{,}000 = 40$ 명이 된다. 그러므로 두 번째 단위시간의 시작 시점에는 B는 $1{,}000 - 32 = 968$명이 되고 R은 $800 - 40 = 760$명이 된다. 두 번째 단위시간의 B손실은 $0.04\,R = 0.04 \times 760 = 30$ 명이 되고 R의 손실은 $0.04\,B = 0.04 \times 968 = 39$ 명이 된다. 세 번째 단위시간 시작 시점의 B는 $968 - 30 = 938$명이 되고 R은 $760 - 39 = 721$명이 된다. 세 번째 단위시간의 손실은 B와 R이 각각 29 명과 38 명이 되며 잔여 인원은 각각 909 명과 683 명이 된다. 그러므로 처음 8 단위시간 동안의 동일한 절차에 의한 계산은 표 6.6과 같다.

표 6.6 시간진행별 피해와 잔여인원

시간	병력		피해 인원		누적 피해인원		잔여 인원	
	B	R	B	R	B	R	B	R
1	1,000	800	32	40	32	40	968	760
2	968	760	30	39	62	79	938	721
3	938	721	29	38	91	117	909	633
4	909	683	27	36	118	153	382	647
5	882	647	26	35	144	188	856	612
6	856	612	24	34	168	222	832	578
7	832	578	23	33	191	255	809	545
8	809	545	22	32	213	287	787	513

만약 시간을 4 배로 작게 하여 진행하고 살상률은 4 배 작게 하여 0.01 로 하여 유사한 계산을 하면 결과는 표 6.7 과 같다.

표 6.7 시간 세분화 및 손실률 감소의 경우

단위시간		병력	손실	병력	손실
신	구	B	B	R	R
1	1	1,000	8.0	800	10.0
2	…	992	7.9	790	9.9
3	…	984	7.8	780	9.8
4	…	976	7.7	770	9.8
5	2	969	…	760	…
…	…	…	…	…	…
…	…	…	…	…	…
9	3	939	…	772	…
13	4	911	…	685	…
17	5	884	…	649	…
21	6	858	…	614	…
25	7	834	…	580	…
29	8	811	…	547	…

표 6.6 과 표 6.7 을 비교해 보면 표 6.7 의 5, 9, 13, … ,29 시점의 B,R 잔여 병력은 표 6.6 의 잔여병력과 단지 약간 다르다는 것을 알 수 있다. 단위 시간을 더 세밀하게 줄인다면 잔여병력이 표 6.7 의 잔여병력과 크게 다르지 않은 결과를 얻을 수 있으며 그 다음 단계도 유사하다. 일반적으로 더 작은 단위시간의 잔여 병력은 분명히 어떤 한계에 도달한다. 이러한 환경은 전투에서 한측의 잔여 병력과 병력수는 서로 고정적인 관계가 있다는 것을 제시하고 있다. 우리는 표 6.7 과 같이 시간을 진행시키면서 노력하여 결과를 얻는 것보다는 단위시간의 크기와 살상률에 독립적이며 명백하게 정확한 결과를 얻기 위한 확실한 수식을 가지기를 원한다.

이를 진행시키기 위해서는 많은 수학적 기법들이 사용되어야 한다는 것을 미리 동의하여야 한다. 그러나 전투원과 손실 사이의 관계를 결정하기 위해서는 이들이 숫자로 표현되어야 한다는 사실을 명심할 필요가 있다. 수학적이지 않다면 어떻게 이런 정보를 적절히 표현하겠는가? 군 역사의 기록은 기본적 숫자를 제공할 수 있으나 그들의 관계를 설명하는 것은 수학의 영역에 속한다.

6.2.3.4 손실량을 결정하는 간단한 수식의 유도

Blue Force 와 Red Force 의 병력수를 각각 B, R 이라고 하고 작은 시간 기간동안 b와 r이 병력수에 반비례하는 각각 Blue Force 와 Red Force 의 손실량이라고 하면 임의 시간이 지난 후 Blue Force 와 Red Force 의 잔여 병력은 각각 $B' = B - b$, $R' = R - r$이다. 잔여병력과 최초 병력의 간단한 관계는 식 (6−14)로 표현 가능하다.

$$B'^2 - R'^2 = B^2 - R^2 \qquad (6-14)$$

이것은 전투원 수의 제곱의 차이가 전투의 모든 단계를 통해 일정하다는 사실을 말한다. 예를 들어 $B = 1{,}000, R = 800$ 이라면 일정 시간 단위가 지난 후 잔여 병력은 살상률과 독립적이며 항상 식 (6−15)를 만족한다.

$$B'^2 - R'^2 = B^2 - R^2 = 1{,}000^2 - 800^2 = 600^2 \qquad (6-15)$$

이것은 표 6.6 과 표 6.7 의 잔여 병력의 결과의 근사화와 동일하다. 더욱이 식 $B'^2 - R'^2 = B^2 - R^2$ 을 전쟁사의 예에 적용해 보면 식 (6−16)으로 더 용이하게 이해할 수 있다.

$$Bb = Rr \qquad (6-16)$$

$B'^2 - R'^2 = B^2 - R^2$은 적분 계산을 통해 더 쉽게 구할 수 있으나 여기서는 다른 수식의 방법으로 구하는 방법을 제시한다.

B, R을 각각 Blue Force 와 Red Force 의 초기 소총병의 수라고 하고 α를 단위 시간동안 소총병에 의한 살상확률이라고 하면 B와 R의 병력수가 시간 진행에 따라 변동하는 모습은 표 6.8 과 같이 구할 수 있다. Δ를 무한히 작은 시간 간격이라고 하자.

이러한 형태로 Newton's Binomial Formula와 유사하게 구성하면 식 (6−17)과 같다.

$$n \triangle t \begin{cases} B_n' = B - n(\alpha \triangle t)R + \frac{n(n-1)}{1\cdot 2}(\alpha \triangle t)^2 B - \frac{n(n-1)(n-2)}{1\cdot 2\cdot 3}(\alpha \triangle t)^3 R + \cdots \\ R_n' = R - n(\alpha \triangle t)B + \frac{n(n-1)}{1\cdot 2}(\alpha \triangle t)^2 R - \frac{n(n-1)(n-2)}{1\cdot 2\cdot 3}(\alpha \triangle t)^3 B + \cdots \end{cases} \quad (6-17)$$

표 6.8 시간간격별 각측의 잔류병력

시간간격	B의 잔류병력	R의 잔류병력
$\triangle t$	$B_1' = B - (\alpha \triangle t)R$	$R_1' = R - (\alpha \triangle t)B$
$2 \triangle t$	$B_2' = B - 2(\alpha \triangle t)R + (\alpha \triangle t)^2 B$	$R_2' = R - 2(\alpha \triangle t)B + (\alpha \triangle t)^2 R$
$3 \triangle t$	$B_3' = B - 3(\alpha \triangle t)R$ $+3(\alpha \triangle t)^2 B - (\alpha \triangle t)^3 R$	$R_3' = R - 3(\alpha \triangle t)B + 3(\alpha \triangle t)^2 R$ $- (\alpha \triangle t)^3 B$

마지막 수식에 $(n/n)^0$, $(n/n)^1$, $(n/n)^2$,.... 을 곱하면 $n \triangle t = t$ 가 되고 n 이 무한대로 가면 $1/n$, $2/n$, $3/n$, ...은 0 에 접근한다. 식 (6−18)을 유도하는 것은 어렵지 않다.

$$\begin{aligned} B' &= B - R(\alpha t) + \frac{B}{1\cdot 2}(\alpha t)^2 - \frac{R}{1\cdot 2\cdot 3}(\alpha t)^3 + \frac{B}{1\cdot 2\cdot 3\cdot 4}(\alpha t)^4 \cdots\cdot \\ R' &= R - B(\alpha t) + \frac{R}{1\cdot 2}(\alpha t)^2 - \frac{B}{1\cdot 2\cdot 3}(\alpha t)^3 + \frac{R}{1\cdot 2\cdot 3\cdot 4}(\alpha t)^4 \cdots\cdots \end{aligned} \quad (6-18)$$

식 (6−18)은 식 (6−19)의 수열을 보면 쉽게 간략화 할 수 있다.

$$\begin{aligned} &1 - (\alpha t) + \frac{1}{1\cdot 2}(\alpha t)^2 - \frac{1}{1\cdot 2\cdot 3}(\alpha t)^3 + \frac{1}{1\cdot 2\cdot 3\cdot 4}(\alpha t)^4 \cdots\cdot \\ &1 - (\alpha t) + \frac{1}{1\cdot 2}(\alpha t)^2 - \frac{1}{1\cdot 2\cdot 3}(\alpha t)^3 + \frac{1}{1\cdot 2\cdot 3\cdot 4}(\alpha t)^4 \cdots\cdots \end{aligned} \quad (6-19)$$

식 (6−18)을 자연 Log $e = 2.718281828$....로 표현하면 식 (6−20)과 같다.

$$\begin{aligned} B' &= B\frac{e^{\alpha t} + e^{-\alpha t}}{2} - R\frac{e^{\alpha t} - e^{-\alpha t}}{2} \\ R' &= R\frac{e^{\alpha t} + e^{-\alpha t}}{2} - B\frac{e^{\alpha t} - e^{-\alpha t}}{2} \end{aligned} \quad (6-20)$$

식 (6−20)은 $cosh\theta = \frac{1}{2}(e^{\theta} + e^{-\theta})$, $sinh\theta = \frac{1}{2}(e^{\theta} - e^{-\theta})$ 공식을 사용하면 식 (6−21)과 같이 정리 가능하다.

$$\begin{aligned} B' &= B \cdot cosh(\alpha t) - R \cdot sinh(\alpha t) \\ R' &= R \cdot cosh(\alpha t) - B \cdot sinh(\alpha t) \end{aligned} \qquad (6\text{-}21)$$

$cosh(\alpha t)$의 값은 표 6.9와 같다. 진하게 기울려서 쓴 1.0289는 $cosh(0.24)$값이다.

표 6.9 $cosh(\alpha t)$ 값

αt	0	1	2	3	4	5	6	7	8	9
0.0	1.0000	1.0001	1.0002	1.0005	1.0008	1.0013	1.0018	1.0025	1.0032	1.0041
0.1	1.0050	1.0061	1.0072	1.0085	1.0098	1.0113	1.0128	1.0145	1.0162	1.0181
0.2	1.0201	1.0221	1.0243	1.0266	***1.0289***	1.0314	1.0340	1.0367	1.0395	1.0423
0.3	1.0453	1.0485	1.0516	1.0549	1.0584	1.0619	1.0655	1.0692	1.0731	1.0770
0.4	1.0811	1.0854	1.0895	1.0939	1.0984	1.1030	1.1077	1.1125	1.1174	1.1225
0.5	1.1276	1.1333	1.1383	1.1438	1.1494	1.1551	1.1609	1.1669	1.1730	1.1792

$sinh(\alpha t)$ 의 값은 표 6.10과 같다.

표 6.10 $sinh(\alpha t)$ 값

αt	0	1	2	3	4	5	6	7	8	9
0.0	0.0000	0.0100	0.0200	0.0300	0.0400	0.0500	0.0600	0.0701	0.0801	0.0901
0.1	0.1002	0.1102	0.1203	0.1304	0.1405	0.1506	0.1607	0.1708	0.1810	0.1911
0.2	0.2013	0.2115	0.2218	0.2320	0.2423	0.2526	0.2629	0.2733	0.2837	0.2941
0.3	0.3045	0.3150	0.3255	0.3360	0.3466	0.3572	0.3678	0.3785	0.3892	0.4000
0.4	0.4108	0.4216	0.4325	0.4434	0.4543	0.4653	0.4764	0.4875	0.4986	0.5098
0.5	0.5211	0.5324	0.5438	0.5552	0.5666	0.5782	0.5897	0.6014	0.6131	0.6248

예를 들어 $B = 1{,}000, R = 800, \alpha = 0.04, t = 5$ 단위시간이라면 $\alpha t = 0.20$이 되고 $cosh(0.20) = 1.0201$, $sinh(0.20) = 0.2013$이므로 $B' = B \cdot cosh(\alpha t) - R \cdot sinh(\alpha t) = 1{,}000 \times 1.0201 - 800 \times 0.2013 = 859$ 이 되고 $R' = R \cdot cosh(\alpha t) - B \cdot sinh(\alpha t) = 800 \times 1.0201 - 1{,}000 \times 0.2013 = 615$가 된다. 이것은 표 6.6에서 얻은 5단위 시간 이후의 전투력 $B' = 856$, $R' = 612$와 매우 가깝다. 결론적으로 $B' = B \cdot cosh(\alpha t) - R \cdot sinh(\alpha t)$와 $R' = R \cdot cosh(\alpha t) - B \cdot sinh(\alpha t)$식은 근사 계산이 필요없고 B, R 측의 잔여 전투력으로 결정하는 정확한 이론적 값이다. 이 식은 α와 t가 포함되어 있어서 실제 전쟁사에서는 잘 알려지지 않은 값이어서 편한 식은 아니다. 이러한 어려움을 회피하기 위해서 식 (6-20)의 양변을 더하고 빼서 식 (6-22)와 (6-23)을 구한다.

$$B' + R' = (B + R)e^{-\alpha t} \qquad (6-22)$$
$$B' - R' = (B - R)e^{\alpha t} \qquad (6-23)$$

식 (6−22), (6−23)으로부터 좌우변을 각각 곱하면 식 (6−24)을 얻는다.

$$B'^2 - R'^2 = B^2 - R^2 \quad (6-24)$$

예를 들어 Blue Force는 1,000명의 소총병으로 구성되어 있고 Red Force 소총병 800 명 중 살상된 병력이 185 명이라면 Red Force 의 잔여 소총병은 $R' = 800 - 185 = 615$ 명이고 Blue Force 의 잔여 소총병은 $B' = \sqrt{B^2 - R^2 + R'^2} = \sqrt{1{,}000^2 - 800^2 + 615^2} = 859$ 명이 된다. 이 결과는 $B' = B \cdot cosh(\alpha t) - R \cdot sinh(\alpha t)$, $R' = R \cdot cosh(\alpha t) - B \cdot sinh(\alpha t)$식으로 구한 결과와 완벽하게 일치한다.

또 다른 예로 패한 측이 생존자가 없는 상태에서 승리한 측의 잔여 병력은 얼마인가? 하는 문제를 풀어보자. $R' = 0$이므로 $B' = \sqrt{B^2 - R^2} = \sqrt{1{,}000^2 - 800^2} = 600$ 명이다. $B'^2 - R'^2 = B^2 - R^2$ 식을 유도할 때 양측이 아주 다른 정면크기를 가짐으로 해서 강한 측의 측면 병력이 어떤 표적에 대해서도 교전하지 못하는 큰 차이를 고려하지는 못했다. 비록 이런 경우는 해를 구하기는 복잡하겠지만 이런 상황도 고려는 가능하다.

그러나 이런 새로운 문제는 단지 복잡성을 증가시키고 계산결과에 대한 더 강한 신뢰를 주지 못하는 결과를 초래할 것이다. 왜냐하면 실제 전투대형은 연속적이지 않기 때문이다. 더욱이 이 식에는 포병지원, 포위 및 다른 요소들은 전혀 고려가 안되고 있다. 그러므로 이 식이 완전하고 정확한 답이라고 말하지는 못한다. 다만 이 식은 원래의 설정에 대한 이론적 기반을 제공해 주며 작거나 약간의 전투력 차이에 대해서는 충분히 타당하다. 그래서 실증적 평가를 제공하는 표본 전투에 대해 이 이론을 시험한다. 어떤 전투의 경우라 하더라도, 이론적 타당성 또는 타당성 부족이 수로 표현된 손실의 관계를 평가하는 기본적 측정방법을 제공한다. 그리고 가장 좋은 수식을 결정한 이후 더 적절한 현실적인 조건들을 추가할 수 있다.

그러므로 앞의 이론을 개발하는 것을 계속하면 서로 상이한 소총병의 전투기량이나 무기의 질, 이의 결과로 발생하는 양측의 각 전투병의 살상률의 차이 등과 새로운 요소를 추가할 수도 있다. 이를 설명하기 위해 다음 예를 든다.

Blue Force는 **1,000명**, Red Force는 800명 소총병으로 구성되어 있고 단위 시간당 Blue Force가 Red Force를 살상하는 살상률 $\beta = 0.05$, Red Force가 Blue Force를 살상하는 살상률 $\alpha = 0.04$라 가정한다. 4 단위 시간 이후의 Blue Force와 Red Force의 잔류 병력은 몇 명이 될 것인지 계산해 보면 표 6.11과 같다. 먼저 앞에서 한 것처럼 시간 단위로 손실을 계산하는 방식을 따르면 표 6.11 과 같다. 첫번째 단위시간에 Blue Force의 손실은 $800 \times 0.04 = 32$명이 된다.

표 6.11 $B = 1{,}000$명, $R = 800$명 $\alpha = 0.04, \beta = 0.05$ 인 경우

시간	B	B 손실	R	R 손실
1	1,000	32	800	50
2	968	30	750	48
3	938	28	702	47
4	910	26	655	46
손실병력		116		191
잔여병력	884		609	

일반적인 경우에는 식 (6−25), (6−26)으로 해를 구한다.

$$\sqrt{\beta}B' = \sqrt{\beta}B\cosh\left(\sqrt{\alpha\beta}t\right) - \sqrt{\alpha}R\sinh\left(\sqrt{\alpha\beta}t\right) \qquad (6-25)$$

$$\sqrt{\alpha}R' = \sqrt{\alpha}R\cosh\left(\sqrt{\alpha\beta}t\right) - \sqrt{\beta}B\sinh\left(\sqrt{\alpha\beta}t\right) \qquad (6-26)$$

식 (6−25), (6−26)으로 해를 구해보면 $\sqrt{\alpha\beta}t = \sqrt{0.04 \times 0.05} \times 4 = 0.1789$, $\sqrt{\alpha/\beta} = 0.8944$, $\sqrt{\beta/\alpha} = 1.1180$, $cosh(0.1789) = 1.0160$, $sinh(0.1789) = 0.1799$ 이며 따라서 $B' = 1{,}000 \times 1.0160 - 0.8944 \times 800 \times 0.1799 = 887$ 명, $R' = 612$ 명이 된다.

이러한 계산을 함으로써, 위에서 한 것과 같이 손실량을 시간의 함수로 하여 표로 준비하는 것이 훨씬 더 쉽다는 것과 결과가 아주 정확한 값과는 크게 다르지 않다는 것을 확신시키는데 용이하다.

식 (6-25), (6-26)을 식 (6-24)에 대입하여 단순화할 수 있다. 이를 위해서 식 (6-21)을 식 (6-25), (6-26)으로 변환하는 것이 필요하다. 두 식에서 보는 것과 같이 αt를 $\sqrt{\alpha\beta}t$ 로, B를 $B\sqrt{\beta}$로, R을 $R\sqrt{\alpha}$로, B'를 $B'\sqrt{\beta}$로, R'를 $R'\sqrt{\alpha}$로 변경하면 된다. 이렇게 하면 복잡한 식이 단순하게 변경된다.

그러므로 식 (6-21)의 α대신 $\sqrt{\alpha\beta}$를 대입하면 잔여 병력수를 알 수 있다. 이 값을 식 (6-24)에 대입하면 새로운 관계식 (6-27)을 얻을 수 있다.

$$\beta\left(B^2 - B'^2\right) = \alpha\left(R^2 - R'^2\right) \qquad (6\text{-}27)$$

이 식에 앞의 문제를 적용해 보면 다음과 같다.

$B = 1{,}000,\ R = 800,\ R' = 612,\ \beta = 0.05,\ \alpha = 0.04$ 이고 $B' = B^2 - \left(\frac{\alpha}{\beta}\right)\left(R^2 - R'^2\right) = 887$이다. 이는 위에서 계산한 것과 완벽히 일치한다.

6.2.3.5 포병에 의한 화력지원과 기관총을 전투에 추가시 전투모형화

앞에서는 소총병만으로 구성된 전투원의 교전에 대해 설명하였고 전장에서 더 큰 손실을 가할 수 있는 포병에 의한 화력지원은 고려하지 않았다. 포병에 의한 화력지원을 고려하기 위해서 다음의 문제를 해결한다. Blue Force는 B 명의 소총병과 M 문의 포병으로 구성되어 있고 Red Force 는 R 명의 소총병과 N 문의 포병으로 구성되어 있으며 소총병에 의한 살상률을 α라 하고 포병에 의한 살상률을 β라고 가정한다. 즉, 양측의 소총병에 의한 살상률과 포병에 의한 살상률은 각각 동일하다. 또 손실은 전투에 참가하는 소총병만 입고 포병은 손실을 당하지 않는다고 가정한다. 즉, 포병은 전투 기간 중에 일정한 전투력을 유지한다. 문제는 전투 중 t 시간 이후에 얼마나 많은 소총병이 생존할 것인가 하는 것이다.

이 문제의 전투모형 방정식의 유도는 약간 복잡하지만 앞에서 보인 소총병으로만 구성되어 있을 때의 방정식의 유도절차와 유사하다. 앞에서 유도한 것과 같이 무한히 작은 시간 $dt, 2dt, 3dt, \ldots$ 등이 지난 이후 생존 전투병 수를 유도하는 것이다. 그러므로 여기서 절차는 설명하지 않으나 t 시간 이후의 Blue Force 와 Red Force 소총병의 각 생존자 수 B', R'은 식 (6-28), (6-29)와 같다.

$$(B' + (\frac{\beta}{\alpha})M) = (B + (\frac{\beta}{\alpha})M)cosh\,(\alpha t) - (R + (\frac{\beta}{\alpha})N)sinh\,(\alpha t) \quad (6-28)$$
$$(R' + (\frac{\beta}{\alpha})N) = (R + (\frac{\beta}{\alpha})N)cosh\,(\alpha t) - (B + (\frac{\beta}{\alpha})M)sinh\,(\alpha t) \quad (6-29)$$

소총병으로만 구성된 생존 잔류인원 수를 구하는 방정식과 비교해 보면 B', B, R', R의 수를 제외하고 $(\frac{\beta}{\alpha})M$과 $(\frac{\beta}{\alpha})N$ 수만 증가되었다. $(\frac{\beta}{\alpha})M$과 $\left(\frac{\beta}{\alpha}\right)N$ 항은 포병 M과 N의 효과를 대체할 수 있는 소총병의 가상적 수를 의미한다. 그러므로 포병 수와 상응하는 수만큼 증가된 소총병이 수를 제외하고 앞에서 설정한 공식을 사용할 수 있다.

만약, 포병 추가 외에 Blue Force 와 Red Force 가 각각 살상률 γ를 가진 P, Q 기관총을 가진 전투원이 추가된다면 양측의 수는 식 (6-30), (6-31)과 같이 간주된다.

$$B + M\left(\frac{\beta}{\alpha}\right) + P\left(\frac{\gamma}{\alpha}\right) \quad (6-30)$$
$$R + N\left(\frac{\beta}{\alpha}\right) + Q\left(\frac{\gamma}{\alpha}\right) \quad (6-31)$$

여기서 $\frac{\gamma}{\alpha}$ 은 기관총을 소총병과 동일하게 전환하는 계수이다.

앞의 소총병으로만 구성된 전투모형에서 유도한 것과 완전히 유사하게 식을 유도하면 식 (6-32)를 구할 수 있다.

$$(B + \left(\frac{\beta}{\alpha}\right)M)^2 - (B' + (\frac{\beta}{\alpha})M)^2 = \left(R + \left(\frac{\beta}{\alpha}\right)N\right)^2 - (R' + (\frac{\beta}{\alpha})N)^2 \quad (6-32)$$

식 (6-32)에서 $B,\ R,\ M,\ N,\ R',\ \frac{\beta}{\alpha}$을 안다면 B'을 결정할 수 있다. 또는 $B,\ R,\ M,\ N$과 각측의 손실 b, r을 안다면 $\frac{\beta}{\alpha}$를 결정할 수 있다. $B' = B - b,\ R' = R - r$로 두고 공통된 항을 제거하여 식 (6-32)를 확장하여 식 (6-33)으로 만들 필요가 있다.

$$(B^2 - B'^2) = (R^2 - R'^2) - 2\left(\frac{\beta}{\alpha}\right)(bM - rN) \quad (6-33)$$

[예제 6-2]

표 6.12 의 Borodino, Lutzen, Waterloo 전투를 참고하여 포병을 소총병과 동일한 수로 전환하는 계수를 결정하라.

표 6.12 포병을 소총병과 동일한 수로 전환하는 계수를 결정하는 입력자료

구분	포병 우세			포병 열세		
전투	B (000's)	b (000's)	M (cannon)	R (000's)	r (000's)	N (cannon)
Borodino	100	40	640	130	35	590
Lutzen	92	12	650	157	15	350
Waterloo	72	32	240	100	22	200
계	264	84	1,530	387	72	1,140

해법 1:

손실의 법칙이 $B'^2 - R'^2 = B^2 - R^2$ 을 따른다고 가정하고 $(B^2 - B'^2) = (R^2 - R'^2) - 2\left(\frac{\beta}{\alpha}\right)(bM - rN)$ 식에 의해 $\frac{\beta}{\alpha}$를 결정한다. 최초 전투병력수와 손실수, 잔여 병력수 그리고 1,000 단위로 환산된 포병 화포의 수를 입력한다.

$B' = 264 - 84 = 180, R' = 387 - 72 = 315$, $M = 1.53, N = 1.14$ 을 식에 입력하면 $\frac{\beta}{\alpha} = 142.6$된다. 이것은 화포 한 문이 거의 소총중대와 같은 효과를 낸다는 의미이다.

해법 2:

앞에서 설명한대로 손실률은 $Bb = Rr$ 으로 계산할 수 있다. $B = 264 + 1.53\left(\frac{\beta}{\alpha}\right)$, $R = 387 + 1.14\left(\frac{\beta}{\alpha}\right)$, $b = 84, r = 72$. 그러므로 $(264 + 1.53\left(\frac{\beta}{\alpha}\right))/(387 + 1.14\left(\frac{\beta}{\alpha}\right)) = 72/84$이고 $\frac{\beta}{\alpha} = 123$이다.

<u>해법 3:</u>

앞에서 제시한 38 개 전투를 관찰해 보면 손실수는 $b\sqrt{B} = r\sqrt{R}$ 를 따른다. $B = 264 + 1.53\left(\frac{\beta}{\alpha}\right)$, $R = 387 + 1.14\left(\frac{\beta}{\alpha}\right)$, $b = 84, r = 72$ 를 적용해 보면 $(264 + 1.53\left(\frac{\beta}{\alpha}\right))/(387 + 1.14\left(\frac{\beta}{\alpha}\right)) = 72^2/84^2$이고 $\frac{\beta}{\alpha} = 59$이다.

위에서 설명한 세가지 해법으로 구한 $\frac{\beta}{\alpha}$의 값이 상이하여 신뢰성이 떨어진다. 이러한 결과는 손실에 대한 부정확한 법칙으로부터 부분적인 영향이 있고 각 전투별로 큰 변동이 있을 수 있다. 또한 화포와 관련된 소총병 수가 보고된 값과 일치하지 않을 수도 있을 수 있다. 그 뿐만 아니라 전투를 위한 군의 조직이 거의 동일해서 우리의 식에 대한 답이 항상 0/0 의 형태와 근접할 수 있다는 등의 원인이 있다.

$\frac{\beta}{\alpha}$ 를 결정하는 현실적인 방법은 (1) 소총에 의한 살상 병력수 대 포병에 의한 살상 병력 수 (2) 각 전투집단에 의한 화포 사격 발수 대 소총 사격 발수의 비율을 취해 (1)을 (2)로 나누는 것이다.

식 (6-28), (6-29)에는 내포된 흥미있는 다른 의미가 있다. 강한 측은 정면에 B 소총병과 측방의 C 병력을 배치하고 약한 측은 단지 정면에 R 소총병만 배치한다고 가정하자. 전투에서 포위기동이 어려워서 측방에 배치된 C 는 R 의 소총사격에 노출되지 않는다고 가정한다. 그러나 포병의 경우 측방 전력은 정면 사격 α의 m배의 포병에 의한 단지 $\beta = m\alpha$ 타격의 효과만 낸다. 그러면 측방전력이 전환되는 순간으로부터 결정된 각측의 생존 병력 B' 과 R'로 식 (6-34), (6-35), (6-36)과 같이 결정된다.

$$B' + mC = (B + mC)\cos h(\alpha t) - R\sin h(\alpha t) \quad (6\text{-}34)$$

$$R' = R\cosh(\alpha t) - (B + mC)\sinh(\alpha t) \quad (6\text{-}35)$$

$$(B + mC)^2 - (B' + mC)^2 = R^2 - R'^2 \quad (6\text{-}36)$$

$m=1$ 인 경우는 $B+C$가 R 소총병에 대해 정면 공격하는 것을 의미한다. 그러나, 측방전력이 전환될 때. 즉 m이 1보다 클 때에는, B'는 증가하고 R'는 감소하는 것을 보이기 위해 이러한 수식을 유도하였다. 더 일반적으로 두 전투원들은 단위 시간당 B 소총병들은 β 살상률을 가지고 있고, M 포병은 γ 살상률을, P 기관총은 ϵ 살상률을, R 소총병들은 α 살상률을 가지고 있고, N 포병은 δ 살상률을, Q 기관총은 ξ 살상률을 가지고 있다고 하자.

그러면 전투에서 t 시간이 지난후 B'과 R'는 식 (6-37), (6-38), (6-39)와 같다.

$$\sqrt{\beta}\left(B'+\frac{\gamma}{\beta}M+\frac{\epsilon}{\beta}P\right)=\sqrt{\beta}\left(B+\frac{\gamma}{\beta}M+\frac{\epsilon}{\beta}P\right)cosh\left(\sqrt{\alpha\beta}t\right)$$
$$-\sqrt{\alpha}\left(R+\frac{\delta}{\alpha}N+\frac{\xi}{\alpha}Q\right)sin\,h\left(\sqrt{\alpha\beta}t\right) \qquad (6-37)$$

$$\sqrt{\alpha}\left(R'+\frac{\delta}{\alpha}N+\frac{\xi}{\alpha}Q\right)=\sqrt{\alpha}\left(R+\frac{\delta}{\alpha}N+\frac{\xi}{\alpha}Q\right)cosh\left(\sqrt{\alpha\beta}t\right)$$
$$-\sqrt{\beta}\left(B+\frac{\gamma}{\beta}M+\frac{\epsilon}{\beta}P\right)sin\,h\left(\sqrt{\alpha\beta}t\right) \qquad (6-38)$$

$$\left(B'+\frac{\gamma}{\beta}M+\frac{\epsilon}{\beta}P\right)^2=\left(B+\frac{\gamma}{\beta}M+\frac{\epsilon}{\beta}P\right)^2$$
$$-\frac{\alpha}{\beta}\left[\left(R+\frac{\delta}{\alpha}N+\frac{\xi}{\alpha}Q\right)^2-\left(R'+\frac{\delta}{\alpha}N+\frac{\xi}{\alpha}Q\right)^2\right] \qquad (6-39)$$

손실 이론과 관련하여 식 (6-37), (6-38), (6-39)로 다음과 같이 결론 내릴 수 있다. 식 (6-37), (6-38), (6-39)를 유도한 모든 것이 아주 작은 시간동안 손실크기는 수적 크기에 반비례하게 발생한다는 명확한 가정으로 출발하였다. 그러므로 다음과 같은 식 (6-40)이 성립하였다.

$$dB\times B=dR\times R \qquad (6-40)$$

만약, 무한히 작은 시간동안 손실에 대한 가정을 $dB\sqrt{B}=dR\sqrt{R}$ 이라고 하면 ${B'}^2-{R'}^2=B^2-R^2$식은 식 (6-41)과 같이 변경하여야 한다.

$$B^{3/2}-{B'}^{3/2}=R^{3/2}-{R'}^{3/2} \qquad (6-41)$$

즉, 다른 가설로 다른 식을 얻는 것이다. 좀처럼 보기 힘든 $cosh$과 $sinh$함수가 있는 식 (6-20)과 식 (6-25), (6-26)은 미리 설정된 초기 조건이 있는 경우에 정확한 답을 제공한다.

같은 방법으로 식 (6-24) 대신에 큰 수의 제곱이 들어가면 $Bb = Rr$를 사용하는 것이 좋으나 만약 약한 측의 손실이 20~25%보다 크다면 식 (6-24) 같은 정확한 식을 사용하는 것이 더 좋다.

식 $Bb = Rr$은 식 (6-24)로부터 유도된 것이며 이식은 $(B - B')(B + B') = (R - R')(R + R')$, $B - B' = b$, $R - R' = r$ 의 형태로 쓸 수 있으며 대개의 b, r의 값은 각각 B, R의 크기에 거의 비례할 것이다. 이것은 다음의 단순한 대체 식 (6-42)의 기본도 된다.

$$\beta Bb = \alpha Rr \quad (6-42)$$

또한, 식 (6-41)의 대안으로 식 (6-43)과 같이 간단히 사용할 수 있다.

$$b\sqrt{B} = r\sqrt{R} \qquad (6-43)$$

참고문헌

A. Goldberger, "Structural Equations Methods in the Social Science", Econometrica, Vol. 40, pp.979-1001, 1972.

A. Ilachinski, "Exploring self-organized emergence in an agent-based synthetic warfare lab," Kybernetes, The International Journal of Systems & Cybernetics, Vol.32, No.1-2, pp.38-76, 2003.

A. Ilachinski, "Irreducible Semi AutonomousAdaptive Combat (ISAAC) : An Artificial Life Approach to Land Combat," Military Operations Research, Vol.5, No.3, pp.29-46, 2000.

A. Karr, Lanchester Attrition Processes and Theatre-Level Combat Models, Mathematics of Conflict, pp.89-126, Elsevier (North-Holland), 1983.

A. Karr, Stochastic Attrition Models of Lanchester Type, report no. P-1030, Institute for Defense Analyses, Arlington VA, 1974.

A. Maradudin, G. Weiss, "Method for Evaluating Interaction Integrals", American Journal of Physics 26, No. 7, pp. 499-500, 1958.

B. Brumback, L. Winner, G. Casella, M. Ghosh., A. Hall, J. Zhang, L. Chorba, P. Duncan, "Esimating a Weighted Average of Stratum-Specific Parameters, Statistics in Medicine",Vol. 27, pp.4972-4991, 2008.

B. Carlin, S. Chib, "Bayesian Model Choice via Markov chain Modnte Carlo", Journal of the Royal Statistical Society B, Vol.57, pp.473-84, 1995.

B. Efron, R. Tibshirani, An introduction to the bootstrap, Chapman and Hall, New York, 1993.

B. Kasturi, Military Intelligence in India: An Analysis, The Indian Defence Review, Lancer Publishers & Distributors. 12, 1995.

B. McCue, Combat Analysis-Lanchester and the Battle of Trafalgar, PHALANX, MORS, 1999.

B. Wilson, J. Rothenburg, Situational Force Scoring (SFS) in the Joint Integrated Contingency Model (JICM), RAND, 1999.

C. Hawkins, Modeling the Breakpoint Phenomena, Signal, July, 1989.

C. MacDonald., A Time for Trumpets, William Morrow, New York, 1985.

Center for Army Analysis, Kursk operation simulation and validation exercise—Phase II (KOSAVE II), The U.S. Army's Center for Strategy and Force Evaluation Study Report, CAA-SR-98-7, Fort Belvoir, VA, 1998.

D. Bitters, Properties of the Battle Trace, Military Operations Research Vol.5, p.67, 2000.

D. Dunson, "Bayesian Latent Variable Models for Clustered Mixed Outcomes", Journal of the Royal Statistical Society B, 62, Part 2, pp.355-366, 2000.

D. Glantz and J. House, The Battle of Kursk (Modern War Studies), University Press of Kansas, Lawrence, KS, 1999.

D. Hartley III and R. Helmbold, "Validating Lanchester's Square Law and other attrition models", Naval Res Logist Vol.42, pp.609–633, 1995.

D. Hartley III, K. Kruse, Historical Support for a Mixed law Lanchester attrition Model, Oak Ridge TN K/DSRD-113, 1989.

D. Hartley III, Predicting Combat Effects, INFORMS, Linthicum Md, 2001.

D. Hartley, "A Mathematical Model of Attrition Data," Naval Research Logistics, Vol.42, pp.585–607, 1995.

D. Hartley, "Can the Square Law Be Validated?" Report No. K/DSRD-114/R1, Martin

Marietta Energy Systems, Inc., Oak Ridge, TN, 1989.

D. Hartley, "Confirming the Lanchestrian Linear-Logarithmic Model of Attrition," Report No. K/DSRD-262/R1, Martin Marietta Energy Systems, Inc., Oak Ridge, TN, 1991.

Donghyun Kim, Hyungil Moon, Donghyun Park and Hayong Shin, "An efficient approximate solution for stochastic Lanchester models", Journal of the Operational Research Society, Volume 68, Issue 11, pp. 1470–1481, 2017.

D. Teague, Combat Models: Investigating the Unusual Effectiveness of Guerilla a Warfare, NC School of Science and Mathematics, 2000.

D. Willard, "Lanchester as Force in History: An Analysis of Land Battles of the Years pp.1618–1905," DTIC No. AD297275L, Alexandria, VA, 1962.

Data Memory Systems Inc., The Ardennes Campaign simulation Data base (ACSDB) Final Report, Center for Army Analysis, Fort Belvoir, VA, February 1990.

DoD Modeling and Simulation Glossary, DOD 5000.59-M, 1998.

E. Segawa, S. Emery, S. Curry, "Extended Generalized Linear Latent and Mixed Model", Journal of Educational and Behavioral Statistics, Vol.33, No.4, pp.464-484, 2008.

F. Lanchester, Aircraft in warfare: The dawn of the fourth arm, Constable, London, 1916.

G. Astor, A Blood-Dimmed Tide, Donald I. Fine, New York, 1992.

G. Kimball, P. Morse, Methods of Operations Research, MIT Press, 1951.

G. Weiss, "Comparison of a Deterministic and a Stochastic Model for Interaction between Antagonistic Species", International Biometric Society, Vol.19, No.4, pp. 595-602, 1963.

H. Weiss, "Combat Models and Historical Data : The Civil War", Operations Research, Vol.14, pp.759-790, 1966.

H. Weiss, Requirements for the theory of combat, Mathematics of Conflict, Elsevier, 1983.

https://ko.wikipedia.org/wiki/%EB%9F%AC%EC%8B%9C%EC%95%84_%EC%9B%90%EC%A0%95

https://ko.wikipedia.org/wiki/%EB%9F%AC%EC%8B%9C%EC%95%84_%EC%9B%90%EC%A0%95

https://ko.wikipedia.org/wiki/%EB%AF%B8%EA%B5%AD_%EB%82%A8%EB%B6%81_%EC%A0%84%EC%9F%81

https://ko.wikipedia.org/wiki/%EB%B2%8C%EC%A7%80_%EC%A0%84%ED%88%AC

https://ko.wikipedia.org/wiki/%EC%9D%B4%EC%98%A4_%EC%84%AC_%EC%A0%84%ED%88%AC

https://ko.wikipedia.org/wiki/%EC%A0%9C2%EC%B0%A8_%EC%84%9C%EC%9A%B8_%EC%A0%84%ED%88%AC

https://ko.wikipedia.org/wiki/%EC%BF%A0%EB%A5%B4%EC%8A%A4%ED%81%AC_%EC%A0%84%ED%88%AC

I. David, "Lanchester Modeling and the Biblical Account of the Battles of Gibeah," Naval Research Logistics Vol.42, pp.579–584,1995.

J. Appleget, "The combat simulation of Desert Storm with applications for contingency operations," Warfare Modeling, J. Bracken, M. Kress, and R. Rosenthal (Editors), Military Operations Research Society, Alexandria, VA, pp. 549–571, 1995.

J. Bracken, "Lanchester Models of the Ardennes Campaign," Naval Research Logistics, Vol.42, pp.559–577, 1995.

J. Bracken, "Lanchester Models of the Ardennes Campaign", Warfare Modeling, pp.417-

435, MORS, 1995.

J. Busse, An Attempt To Verify Lanchester's Equations, Developments in Operations Research, B. Aviltzhak et al. (Eds.), Gordon and Breach, New York, 1971.

J. Dunnigan, Wargame Handbook, 3rd Edition, Writers Club Press, USA, 2000.

J. Engel, "Verification of Lanchester's Law", Oper Res Vol.2, pp.163–171, 1954.

J. Epstein, The Calculus of Conventional War, The Brookings Institution, Washington DC, 1985.

J. Moffat, M. Passman, Metamodels and Emergent Behaviour in Models of Conflict, Simulation Study Group Workshop, March, 2002.

J. Neter, M. Kutner, C. Nachtsheim, and W. Wasserman, Applied linear statistical models, 3rd edition, Irwin, Chicago, IL, 1996.

J. Taylor, Lanchester Models of warfare (two volumes), Operations Research Society of America, Arlington, VA, 1983.

J. Taylor, "Mathematical Analysis of Non linear Helmbold type equations of warfare", Journal of the Franklin Institute, Vol. 311, Issue 4, pp. 243-265, 1981.

J. Wright, T. Bateson, "A Sensitivity of Bias in Relative Risk Esimates due to Disinfection by-Product Exposure Misclassification", Journal of Exposure analysis and Epideiology, Vol.15, pp.212-216, 2005.

K. Joreskog,. A General Methods for Estimating a Linear Structural Equation System, In Goldberger, A. S. and Duncan, O. D., eds., Structural Equation Models in the Social Science, New York: Academic Press, pp.85-112, 1973.

M. Lauren , "Firepower concentration in cellular automaton combat models-an alternative to Lanchester," Journal of the Operational Research Society, Vol.53, No.6, pp.672-679,

2000.

M. Lauren, A Metamodel for describing the outcomes of the MANA Cellular Automaton Combat Model based on Lauren's attrition equation, DTA Report 205, NR 1409, ISSN 1175-6594, New Zealand Defence Force, 2005.

M. Lauren, G. McIntosh, N .Perry, J. Moffat, "Art of war hidden in Kolmogorov's equations",, Chaos Vol.17, 2007.

M. Osipov, The influence of the numerical strength of engaged sides on thier losses. Military Collection (USSR) Part One, No 6 (June), pp.59 - 74; Part Two, No 7 (July) , pp. 25-36; Part Three, No. 8 (August), pp. 31-40; Part Four, No 9 (September), pp. 25-37; Part Five (Addendum), No 10 (October), pp. 93-96. 1915.

M. Sammel, L. Ryan, J. Lecler, "Latent Variable Models for Mixed Discrete and Continuous Outcomes", Journal of the Royal Statistical Society B. Vol.57, No.3, 667-678, 1997.

M. Schaffer, "Lanchester Models of Guerrilla Engagements", Operations Research, Vol.16, pp.457-488, 1968.

M. Wiper, L. Pettit, K. Young, "Bayesian Inference for a Lanchester Type Combat Model", Naval Research Logistics, Vol.47, pp.541-558, 2000.

MacDonald and Janes, Numbers, Predictions and War, T N Dupuy, London, 1979.

N. Draper, H. Smith, Applied Regression Analysis, Wiley, New York, 1966.

N. Franks, L. Partridge, "Lanchester Battles and the Evolution of Ants," Animal Behavior, Vol.45, pp.197–199, 1993.

N. Jaiswal, B. Nagabhushana, "Combat Modeling with Spatial Effects", Computers and Operations Research, Vol.21, pp.615-628, 1994.

N. Jaiswal, B. Nagabhushana, "Termination Decision Rules in Combat Attrition Models",

Naval Combat Logistics Vol.42, pp.419-433, 1995.

N. Jaiswal, Y. Sangeeta, S. Gaur, "Stochastic Modeling of Combat with Reinforcement", European Journal of Operational Research, Vol. 100, Issue 1, pp. 225-235, 1997.

N. Perry, Fractal Effects in Lanchester Models of Combat, Joint Operations Division DSTO-TR-2331, Defence Science and Technology Organisation, Defense Science and Technology Organisation in Australian Department of Defense.

N. Perry, Verification and Validation of the Fractal Attrition Equation, , DSTO-TR-1822, Australian Department of Defence, 2006.

ORSA, Lanchester Type Models of Warfare, H K Weiss, Proc.First International Conference on Operations Research, 1957.

P. Chen, P. Chu, "Applying Lanchester's Linear Law to model the Ardenns Campaign," Naval Research Logistics, Vol.48, pp.653-661, 2001.

P. Davis, Technology for the USN and USMC 2000-2035 Volume 9 Appendix I, D B Blumenthal and D Gaver, National Academy of Science, Washington DC, 1997.

P. Morse, G. Kimball, Methods of operation research, Wiley, New York, 1951.

P. Tsouras, The Great Patriotic War, Presidio Press, Novato, CA, 1992.

P. Young (Editor), Great generals and their battles, The Military Press, Greenwich, CT, 1984.
Peitgen, Jurgens, Saupe, Chaos and Fractals, Springer, 2004.

R. Fricker, Attrition Models of the Ardennes Campaign, Naval Research Logistics, Vol.45, pp.1-22, 1998.

R. Helmbold, "A Modification of Lanchester's Equations", Operations Research, Vol.13, No.5, pp. 857-859, 1965.

R. Helmbold, Air Battles and Land Battles- a common pattern?, AD 718 975, DTIC, 1971.

R. Helmbold, Decision in Battle: Breakpoint Hypotheses and Engagement Termination Data, RAND R-772-PR, 1971.

R. Helmbold, Historical Data and Lanchester's Theory of Combat, US Army Training and doctrine Command, AD480975, 1961.

R. Helmbold, Rates of Advance in Historical Land Combat Operations, US Army Concepts Analysis Agency, CAA-RP-90-1, 1990.

R. Johnson, Lanchester's Square Law in Theory and Practice, US CGSC , AD A225 484-5, 1990.

R. Myers, Classical and modern regression with applications, Duxbury, Boston, 1986.

R. Petersen, "On The Logarithmic Law of Attrition and Its Application to Tank Combat", Operations Research, Vol.15, No,7, 557-558, 1967.

R. Salway, D. Lee, G. Shaddick, S. Walker, "Bayesian Latent Variable Modeling in Studies of Air Pollution and Health", Statistics in Medicine, Vol.29, pp. 2732-2742, 2010.

R. Samz., "Some Comments on Engel's 'A Verification of Lanchester's Law' " , Operations Research, Vol.20, pp.49–50,1972.

R. Santoro, J. Dockery, "Combat Modeling with partial differential equations, V Protopopescu", European Journal of Operations Research Vol.38, pp.178-183, 1989.

R. Speight, "Lanchester's equations and the structure of the operational campaign: Within-campaign effects", Mil Oper Res 6(1) , pp.81–103, 2001.

S. Clemens, "The application of Lanchester Models to the Battle of Kursk", Yale University, New Haven, CT, 5 May 1997.

S. Deichman, "A Lanchester Model of Guerrilla Warfare", Operations Research, Vol.10., pp.818-827, 1962.

S. Dietchman, "A Lanchester Model of Guerrilla Warfare", Operations Research, 10, pp.818-827, 1962.

S. Lee, "A Bayesian Approach to Confirmatory Factor Analysis", Psychometrika, Vol.46, pp.153-160, 1991.

S. Powers, R. Gerlach, J. Stamey, "Bayesian variable selection for Poisson regression with nderreported responses", Computational Statistics and Data Analysis,Vol. 54, pp.3289-3299, 2010.

S. Press, K. Shigemasu, Bayesian Inference in Factor Analysis, In L. Gleser, M. D. Perlman, S. J. Press, & A. R. Sampson(Eds), Contirbutions to Probability and Statistics, New York: Springer Verlag, pp.271-289, 1989.

T. Bagchi, "Force Multiplier Effects in Combat Simulation", Proceedings of the 7th Asia Pacific Industrial Engineering and Management Systems Conference 2006, Bangkok, Thailand, pp. 1244-1250, 2006.

T. Dupuy, D. Bongard, R. Anderson, Hitler's Last Gamble: The Battle of the Bulge, December 1944–January 1945, HarperPerennial, New York, 1994.

T. Hoshino, "A Bayesian Propensity Score Adjustment for Latent Variable Modeling and MCMC Algorithm", Computational Statistics & Data Analysis, Vol.52, pp.1413-1429, 2008.

T. Lucas, T. Turkes, "Fitting Lanchester Equations to the Battles of Kursk and Ardennes," Naval Research Logistics, Vol.51, pp.95-116, 2004.

T. Turkes, Fitting Lanchester and other equations to the Battle of Kursk data, Masters Thesis, Department of Operations Research, Naval Postgraduate School, Monterey, CA, 2000.

US General Accounting Office, Models, Data and War, PAD-80-21, 1980.

W. Bauman, Quantification of the Battle of Kursk, USCAA ,1999.

김각규, 최경환, 이상헌, “전투 시뮬레이션에서의 지형정보효과에 관한 고찰” , 한국시뮬레이션 학회지 논문지, Vol.21, No.2, pp.11-17, 2012.

김충영, 민계료, 하석태, 강성진, 최석철, 최상영, 군사 OR 이론과 응용, 도서출판 두남, 2004.

박동현, 김동현, 문형일, 신하용, “혼합 군에 대한 확률적 란체스터 모형의 정규근사, Journal of the Korean Institute of Industrial Engineers, Published Online, pp. 1-10, 2016.

유병주, 란체스터 모형의 베이지안 추정, 고려대 박사학위 논문, 2011.

이상헌, “Lanchester 모형을 이용한 전투사례 분석” , 군사과학연구, Vol.3, No.1, pp.1-14. 2009.

정성진, 조성진, 홍성필, “세포 자동자 시뮬레이션을 이용한 네트워크 중심전 전투효과도 평가 연구” , 경영과학 제 22권, 2호, pp. 135-145, 2005.

정성진, 조성진, 홍성필, “프랙탈을 이용하여 지형요소가 전투효과에 미치는 영향 연구” , 2007 한국경영과학회/대한산업공학회 춘계공동학술대회 논문집, pp. 372-375, 2007.

정원일, 변무현, 조성진, 강성진, “시뮬레이션을 이용한 전쟁사 군수지원 요소의 정량적 분석 : 나폴레옹의 모스크바 원정 사례” , 한국국방경영분석학회지 제 37권 1호, pp. 27-38, 2011.

정완희, 민승식, “칠천량해전과 명량해전의 유형 전투력 분석” , 군사 제 91호, pp.

261-290, 2014.

조성진, "시뮬레이션을 이용한 역사적 전투사례의 승패요인 분석: 임진왜란시 명량해전 사례에 대하여", 경영과학 제 27권, 1호, pp. 61-73, 2010.

조성진, 이상헌, "프랙탈 차원과 에이전트 기반 시뮬레이션을 이용한 지형이 전투효과에 미치는 영향 연구", 한국시뮬레이션학회지, 제 18권, 4호, pp.21-28, 2009.

채수덕, "비란체스터형 전투분석 모형", 국방정책연구 제 6호, pp.227-249, 1988.

합동참모본부, 도시지역 작전 (원저 : 미합동교범 3-06(2002)), 합동참모본부 교리훈련부, 2004.

찾아 보기

A

B

C

E

F

G

H

I

J

K

L

M

N

O

P

R

S

T

W

ㄱ

ㄴ

ㄷ

ㅁ

전쟁사(戰爭史)의 수학적 분석과 평가

초판 발행 2019년 1월 25일
초판 1쇄 발행 2023년 6월 20일

지은이 권오정
펴낸이 오판근
펴낸곳 (주) 교우
주 소 서울시 동대문구 약령시로 8 교우빌딩 2층 (주)교우
전 화 02-925-2861 / **팩 스** 02-925-2860, **편집부** 02-925-2825
홈페이지&북스토어 www.kyowoo.co.kr / 이메일 kyowoo@kyowoo.co.kr

등 록 1994년 3월 24일 제1994-000013호
ISBN 979-11-251-0272-4 (93410)

Published by Kyowoo Co., Ltd. Printed in Korea

(주) 교우는 보다 혁신적이고 참신한 도서를 다양하게 기획하고 있습니다.
책으로 펴내고자 하는 아이디어나 원고는 메일로 보내주세요.
(주) 교우는 전과정을 책임지고 최선을 다하겠습니다.

값 40,000원

교우미디어는 (주) 교우의 Imprint 사입니다.
수학정원·과학정원은 (주) 교우의 새로운 브랜드명입니다.

잘못된 책은 구입하신 서점에서 교환해 드립니다.